清华大学机械工程基础系列教材

工程测试技术(第2版)

Engineering Measurement Technology (Second Edition)

王伯雄　王　雪　陈非凡　主编
Wang Boxiong　Wang Xue　Chen Feifan

清华大学出版社
北　京

内容简介

本书是《工程测试技术》一书的修订版，原书是根据清华大学机械工程学院平台课"测试与检测技术基础"的教学大纲编写的一本有关测试技术理论与应用的教材。全书分两大部分，共12章。第一部分共7章，主要介绍测试技术的理论基础，内容包括：绪论，测试信号分析与处理，测试系统特性分析，被测量的获取，测试信号的转换与调理，信号的输出，虚拟测试系统。第二部分共5章，主要介绍力及其导出量、振动、温度、流量和声学的测量。每章后附有习题。

本书可作为高等院校机械、仪器、测控、自动化、信息等专业的教材，也可作为工程技术人员的专业参考书。

图书在版编目（CIP）数据

工程测试技术/王伯雄等主编. --2版. --北京：清华大学出版社，2012.10（2024.1重印）
（清华大学机械工程基础系列教材）
ISBN 978-7-302-29819-9

Ⅰ. ①工… Ⅱ. ①王… Ⅲ. ①工程测试－高等学校－教材 Ⅳ. ①TB22

中国版本图书馆CIP数据核字(2012)第194621号

责任编辑：庄红权
封面设计：常雪影
责任校对：赵丽敏
责任印制：曹婉颖

出版发行：清华大学出版社
网　　址：https：//www.tup.com.cn，https：//www.wqxuetang.com
地　　址：北京清华大学学研大厦A座　　邮　　编：100084
社 总 机：010-83470000　　邮　　购：010-62786544
投稿与读者服务：010-62776969，c-service@tup.tsinghua.edu.cn
质量反馈：010-62772015，zhiliang@tup.tsinghua.edu.cn
印 装 者：三河市龙大印装有限公司
经　　销：全国新华书店
开　　本：185mm×260mm　　印　　张：30　　字　　数：720千字
版　　次：2006年1月第1版　　2012年10月第2版　　印　　次：2024年1月第8次印刷
定　　价：85.00元

产品编号：048803-06

“机械工程基础”系列教材编委会

序言

随着科学技术的发展和经济全球化，当今人类已进入知识经济社会和信息社会。我国经济体制将进一步由计划经济向社会主义市场经济接轨，经济的竞争性、变动性大大加强。过去在计划经济下形成的对口专业教育的观念，需要转向适应不断变化的社会需求，也就是说由对口性转向适应性。由于技术进步迅速发展，知识更新的周期缩短，现代教育观念将转变为终身教育。

认清当前教育改革的发展趋势，进一步转变教育思想和教育观念。需要培养“高层次、高素质、多样化、创新型”人才。高层次人才要具有良好的高素质，包括政治思想素质、业务素质和文化素质。通识教育给学生以宽广的知识面，为进一步深造和就业打下坚实的基础。

通识教育是当代学科发展趋势的需要，通过多学科的交叉和本硕统筹教育模式，把通与专结合起来，使学生既具有本学科的坚实基础，又通晓相关学科的发展趋势和知识；在综合学科的基础上，培养出多样化创新型的人才。我国当前国情与发达国家不尽相同，我国现状是工业化与知识化并存，所以不能照搬国外的培养模式。大学教育应成为提供高素质人才的基础，为我国的经济发展作出贡献。所以通过课程结构调整、教学内容更新和教学方法的改革，改善人才的知识结构才能创造出具有特色的一流人才培养模式。

教材在培养人才中起着举足轻重的作用，是深化课程体系和教学内容的改革和教学方式改革成果的总结。清华大学精密仪器系组织编写的系列教材，主要涉及机械工程学科本科生课程中的基础课、专业课和实践课。本着“先进性、创新性、实用性”的宗旨，力争反映当代机械科学技术的基本内容和发展趋势，尽可能地将最新的生产和科研成果纳入教材。在编写中力图符合教学特点和学生的认识规律，全面提升教材质量，创出新的教学体系。

中国科学院院士

2003年2月24日

第 2 版前言

《工程测试技术》自 2006 年出版以来，得到广大读者的信任和使用，期间也收到不少读者的反馈意见。另外，在自身的教学实践中我们也进一步积累了经验，如今确有必要对本书的内容做一次全面的审视和修改。

本书是对《工程测试技术》一书的改版。新版书在原版书的基础上，主要做了以下调整和修改：

（1）以加强课程内容学习的系统性为目的，调整了章节讲述的内容，增删了内容讲述的要点，使全书的内容更加丰富。

（2）根据课程的新教学大纲，以介绍测试技术的原理、方法和技术为主，突出各章的重点，同时加强了第二部分的 5 种典型物理量测试方法的介绍，以求在基础理论学习的基础上，满足学生对测试技术实际应用的了解。

（3）紧跟测试技术的发展，删除已显陈旧的知识点，力求把最新的技术展示给读者。

第 2 版内容依然遵循第 1 版的章节安排，共分两大部分。第一部分为测试技术的理论基础，分 7 章；第二部分为典型物理量的测试技术和应用，共分 5 章，分别介绍 5 种典型物理量的测试方法和应用。全书以测试信号的传输和处理为主线，结合组成测试系统的各功能块展开叙述。使用者可根据自身的教学要求对内容有侧重地选择。

由于作者水平有限，书中错误在所难免，恳请广大读者批评指正。

作　者

2012 年 7 月于清华园

第 1 版前言

测试技术是对客观世界的信息进行感知的基本技术，是信息技术的基础，具有任何技术不可替代的作用，在当今社会的发展中起着举足轻重的作用。

现代科学技术和生产的发展极大地促进了工程测试技术的发展，对各种物理量的测量提出了越来越广泛的要求，同时对测试技术人员的需求也变得越来越迫切。在高等教育领域，测试技术课程的教学已经得到越来越多的重视和普及。清华大学是全国最早开设测试技术课程的高校之一，测试技术被列为机械类专业本科生必修的一门专业基础课。近年来，在清华大学"211"工程和"985"项目的支持下，又对原有的测试技术课程体系进行了改革，统筹机械类各专业测试技术课程的教学大纲。本书根据清华大学机械工程学院平台课"测试与检测技术基础"的新教学大纲进行编写，旨在提供一本适合于本科生教学的有关工程测试技术基础理论知识的教材。

本书内容按照如下主线展开：信号理论—测试系统特性—信号传感—信号调理—信号输出。在阐述基本测试理论、测试手段和方法的基础上，结合工程实际应用例子，介绍测试技术发展的新方向和学科前沿知识。

全书共分两大部分共 12 章。第一部分共 7 章，主要介绍有关工程测试技术的理论基础。其中第 1 章为绪论，介绍测试技术的发展、意义及内容，测量标准和国际单位制。第 2 章介绍信号理论、测试信号的分析与处理。第 3 章介绍测试系统特性描述的方法与理论。第 4～6 章分别涉及测试信号的传感、调理和输出的理论及应用。虚拟仪器技术的发展为现代测试技术开辟了一个新的领域，本书第 7 章介绍虚拟测试技术的概况。另外，微纳米技术及微型传感器技术的发展给传感器领域带来了新的活力，4.16 节介绍微型传感器的知识。第二部分内容共 5 章，介绍典型测试技术的工程应用，主要介绍 5 种常见物理量的测试与检测：振动（位移、速度、加速度）、力（压力）、温度、流量和声学。使读者在学习第一部分内容的基础上，进一步掌握综合利用测试技能进行不同物理量测试的知识。本书可作为本科机械类不同专业测试技术及相关课程的教学用书，课时适用于 48～64 学时。在安排教学时，对第二部分内容可根据不同的专业和教学对象来加以取舍。本书每章末尾均附有习题，供学生练习用。书中标有"*"号的部分为选学内容。

本书第 6 章由陈非凡副教授编写，4.15 节和第 7 章由王雪副教授编写，2.3.6 节和全书的习题由罗秀芝高级工程师编写，其余各章节由王伯雄教授编写；全书由王伯雄教授统稿；由装甲兵工程学院的胡仲翔教授主审。本书内容的录入与整理由陈华成、朱从锋、刘振江完成。

由于作者水平有限，书中缺点和错误在所难免，恳请广大读者批评指正。

作　者

2005年6月于清华园

目录

第一部分　测试技术的理论基础

第二部分　典型物理量的测试技术和应用

第一部分

测试技术的理论基础

1 绪　论

1.1 测试技术的发展与研究的内容

知识的获取往往从测量(measurement)开始。人类在其自身的社会发展中创造并发展了测量科学。英国物理学家开尔文勋爵(William Thomson,温度单位 K 即以他的名字来命名)说过:“凡存在之物,必以一定的量存在。”他又说:“我经常说,当你能测量你在谈及的事物并将它用数字表达时,你对它便是有所了解的;而当你不能测量它,不能将它用数字表达时,你的知识是贫瘠且不能令人满意的。”开尔文勋爵的这两段话指出了测量的广博性,也指出了测量的内涵及其科学性。

人类早期的测量活动涉及对长度(距离)、时间、面积和重量等量的测量。随着社会的进步和科学的发展,测量活动的范围不断扩大,测量的工具和手段不断精细和复杂化,从而也不断丰富和完善了测量的理论。早在公元前 3000 年,古埃及人出于对工程和生产的需要建立了长度的统一标准——埃尔(Ell),他们将当时统治埃及的法老的自肘关节到中指指尖的长度加上他手中一根棕榈枝长的总长度定义为“1 埃尔”,并将该长度标准用黑色花岗岩来实现,作为原始长度标准。埃及人在建造众多的祠庙和金字塔的浩大工程中正是使用了这一长度标准。秦始皇在统一六国后便立即建立了统一的度量衡制度。这些都说明了测量对促进当时生产发展和社会进步的重要性。今天,测量已渗透到人类活动的各个领域。从日常生活的“三表”(水表、电表、煤气表)、每日的天气预报、医院中的病人监护设施、汽车中的各种指示仪表,直至宇宙飞船的姿态控制装置、飞机的导航仪表,测量无处不在。科学技术的发展给测量学这一古老的学科注入了新的活力,现代电子技术,尤其是信息技术的发展更进一步推动了测量学科的发展。测量学是一门多学科交叉的边缘学科。毫不夸张地说,任何一门学科都可以在测量学科中找到它的踪迹。反过来说,测量学科的发展也进一步促进了其他学科的发展。

世界已进入信息化时代,信息技术正成为推动国民经济和科技发展的关键技术。信息技术包括计算机、通信和仪器测量技术,而仪器测量技术是对客观世界的信息进行感知的基本技术,因此它是信息技术的源头和基础,具有任何技术不可替代的作用,在当今社会的发展中起着举足轻重的作用。

测量提供有关物理变量和过程的现实状态的定量信息,如果没有测量,对这种现实状态便只能进行估计。测量是对客观世界重新认识的工具,也是对任何理论或设计的最终检验。

测量是一切研究、设计和开发的基础，它的作用在工程中十分显著。

所有的工程设计均涉及3个要素：经验要素、理性要素和实验要素。经验要素基于之前对类似系统的经历，是基于工程人员的一种共同感觉；理性要素依据定量的工程原理和物理定律；而实验要素则以测量为基础，亦即它基于对被开发的装置或过程操作和性能方面的不同量的测量。测量则在被期望的和实际所得到的结果之间提供一种比较。

测量也是控制过程的一个基本元素。当实施一个控制过程时，则要求在实际的和所希望的性能间具有测量到的差别。控制装置必须知道该差别的大小和方向，以此来作出明智的反应。

许多日常的操作要求通过测量来获取正确的性能。如一个现代化的中央发电厂，要求对温度、流量、压力以及振动幅度等量用测量来加以恒定监测，以保证系统的正常工作。此外，测量对于商业也是不可缺少的。商业上各项费用的确定是建立在对材料、动力、时耗和工耗以及其他约束条件的定量分析基础上的。

我们处在一个广大的物质世界中，面对着众多的测量对象和任务，被测的量千差万别、种类各异。但根据被测的物理量随时间变化的特性，可将它们总体地分成静态量和动态量。静态量指静止的或缓慢变化的物理量，对这类物理量的测量称为静态测量；动态量指随时间快速变化的物理量，对它们的测量相应地称为动态测量。测试技术(measurement and testing)是关于测量和试验的技术：为了保证加工零件的质量，要对机床主轴的振动特性进行监测和分析；飞机在飞行时依靠众多的仪表来测量和指示航向、速度、加速度、里程等一系列数据，从而确保飞机位于正确的航程中；轧钢过程中需要对轧制的带钢厚度及宽度尺寸进行连续自动检测；旋转机械因轴承摩擦磨损而引发的机械故障的诊断和预报……。

本书主要研究对动态量的测量，亦即动态测量的理论、方法及应用。

一个测量或测试系统(measurement system)总体上可用如图1.1所示的原理方框图来加以描述。

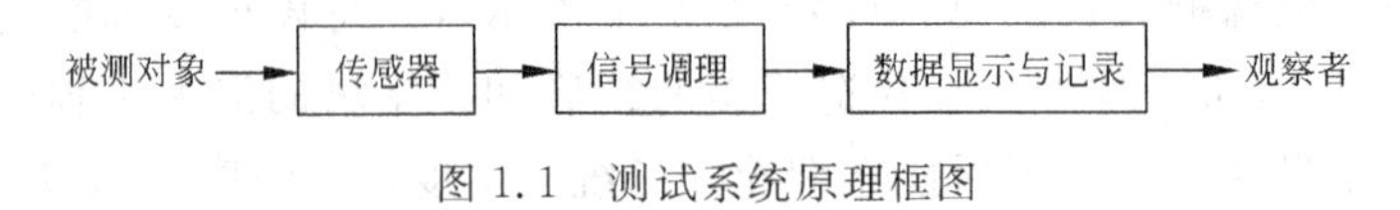

图1.1 测试系统原理框图

传感器(sensor，transducer)是测试系统中的第一个环节，用于从被测对象获取有用的信息，并将其转换为适合于测量的变量或信号。如在测量物体受力时使用弹簧秤，其中的弹簧便是一个传感器或敏感元件，它将物体所受的力转换成弹簧的变形——位移量。又如在测量物体的温度变化时，采用水银温度计作传感器，将热量或温度的变化转换为汞柱亦即位移的变化；同样也可采用热敏电阻来测温，此时温度的变化便被转换为电参数——电阻率的变化。再如在测量物体振动时，采用磁电式传感器，将物体振动的位移或振动速度通过电磁感应原理转换成电压变化量。由此可见，对于不同的被测量要采用不同的传感器，由此所依据的构成传感器原理的物理效应便千差万别。对于一个测量任务来说，首先是能够(有效地)从被测对象来取得能用于测量的信息，因此传感器在整个测量系统中的作用十分重要。

信号调理(signal conditioning)是对从传感器所输出的信号作进一步的加工和处理，包括对信号的转换、放大、滤波、存储、重放和一些专门的信号处理。由于从传感器出来的信号往往除有用信号外，还夹杂有各种干扰和噪声，因此在作进一步处理之前必须要将干扰和噪声滤除掉。另外,传感器的输出信号具有光、机、电等多种形式,而对信号的后续处理往往都采取电的方式,因而必须将传感器的输出信号转换为适宜于电路处理的电信号,包括信号的放大。通过信号调理部分的处理,最终希望获得能便于传输、显示和记录以及可作进一步后续处理的信号。

显示和记录(data displaying and recording)部分是将经信号调理处理过的信号用便于人们所观察和分析的介质和手段进行记录或显示。

测试系统是用来测量被测信号的,被测信号在经系统的加工和处理之后以不同的形式在系统的输出端输出。输出信号应该真实地反映原始被测信号,这样的测试过程被称为"精确测试"或"不失真测试"。如何实现一个"精确的"或"不失真"的测试?系统各级应具备什么样的条件才能实现精确的测试?这是测试技术研究的一个主要问题。本书在下面的叙述中将始终围绕精确测试这一主题在各章节展开讨论。

"测试技术"是高等院校机械工程类各专业的一门专业基础课。通过对本课程的学习,要求学生掌握有关测试技术的基本理论和技术,掌握使用测试仪器对不同参数进行测量和分析的方法和手段,从而为进一步研究和处理工程测试技术问题打下基础。因此,本书的重点如下:

(1) 信号与信号处理的理论和方法,包括信号的时域和频域的描述方法,信号的频谱分析方法,信号的卷积与相关,数字信号处理的基本理论和方法。

(2) 测试系统的参数及其评价方法,包括测试系统传递特性的时域、频域描述,脉冲响应函数和频率响应函数,一、二阶系统的动态特性描述及其参数的测量方法,不失真测试的条件。

(3) 传感器理论,包括各类常用传感器的原理、结构及性能参数,以及传感器的典型应用。

(4) 信号调理的原理和方法,包括电桥电路,信号的调制与解调,信号的滤波,信号的模/数转换,以及上述各种电路的原理及典型应用。

(5) 常用显示与记录仪器的工作原理及结构,它们的动态性能及应用。

(6) 典型物理量(力、位移、温度、流量、声学)的测试方法与工程应用。

测试技术是一门实践性很强的课程。本课程在理论学习的同时,强调学生实验能力的培养。为此,在每章的学习过程中均安排有实验,使学生通过做实验来进一步加深对所学章节内容的消化和理解,同时培养学生运用测试技术解决工程问题的能力。

1.2 测量的本质和基本前提

广义地讲,测量过程一方面是采集和表达被测物理量,另一方面是与标准作比较。因此测量数值总是与一定的标准紧密相连的。

将度量数字 x 作为比较量 N(标准)的倍数赋予被测量 X,则有

$$X = xN \tag{1.1}$$

从量纲上考虑对应上式有下述公式成立:

$$[\mathrm{d}] = [-] \cdot [\mathrm{d}] \tag{1.2}$$

式中,[d]表示量纲;[—]表示无量纲。

式(1.1)和式(1.2)即为测量定义的数学表达。应注意的是,上述操作亦即测量只有在满足以下两个基本前提条件下才能实施:

(1) 被测的量必须有明确的定义(definition);

(2) 测量标准必须通过协议(convention)事先确定。

这两个条件并不是自然地就能被满足的,亦即并非所有的量都有明确的定义。像长度、时间和重量等量是已经被人们明确定义了的,而另外一些量,诸如空调技术中的"环境舒适度"或人的"智力"等,至今也不可能有一致公认的定义,因而在上述意义上是不可测的(unmeasurable)。

彼此相互独立的标准称为绝对标准或基本标准(basic standard)。在国际计量大会(Conférence Générale des Poids et Mésures, CGPM)上定义了7个基本标准:长度、质量、时间、温度、电流、光强和原子物理中的物质的量。

1.3 标准及其单位

所有的国家在商业及其他涉及公众利益的范围内都制定有法定计量学的规定条例,这些条例涉及法定计量学的三大范畴:

(1) 确定单位和单位制;

(2) 确定国家施加影响的范围(测量仪表的校准义务,官方的监督职能和校准能力);

(3) 实施校准和官方监督。

这一体制一方面用于保证正当竞争,另一方面应保护公民免遭不公平的对待或由不正确计量结果所带来的损害。而最重要的是要保护消费者的利益,使之能得到计量准确的商品,并通过对计量仪器提出的最低要求来促进有效的竞争。通常在上述规定范围内所使用的仪器必须经过校验,这种校验多数情况下要事先经过上级计量局的准许,它大多数由国家级机构进行的多级检验所组成,最后盖章完成。

目前各国对给予许可和进行校验所依据的条文的规定还不完全相同,因为它涉及仪表结构和误差的范围。一些国际团体,如作为米制公约组织的国际计量大会、法定计量学国际组织以及欧共体等正努力统一各国的法定条例。

1.3.1 国际单位制及其基本单位

国际计量大会在1960年将大会以前所确定的7个基本单位所组成的系统命名为"国际单位制",国际上统一缩写为SI(Système International d'Unités)。这7个基本单位分别赋予7个基本量,经协议规定被认为是彼此独立的(表1.1)。SI基本单位的定义如下:

(1) 1米定义为真空中的光在$\frac{1}{299\ 792\ 458}$s(秒)时间内所经过的距离(1983年)。该标准的复制精度可达$\pm 10^{-9}$。

(2) 1千克定义为国际千克原型器的质量(1889年),该国际千克原型器是保存在法国巴黎塞夫勒博物馆中的一根铂铱合金圆柱体。其复制精度可达10^{-9}数量级。

(3) 1秒定义为铯133原子基态的两个超精细能级间的跃迁所对应的辐射的9 192 631 770个周期的持续时间(1967年)。

(4) 1安培定义为流经在真空中两根平行且相距1m(米)的无限长直导线(其圆横截面可忽略不计)并能在其每米长导线之间产生0.2×10^{-6}N(牛)的电动力的不随时间变化的电流量(1948年)。

表 1.1 国际单位制的基本量和基本单位

量的名称	量 纲	SI 单 位	
		单位名称	单位符号
长度	L	米	m
质量	M	千克	kg
时间	T	秒	s
电流	I	安[培]	A
热力学温度	Θ	开[尔文]	K
物质的量	N	摩[尔]	mol
发光强度	J	坎[德拉]	cd

(5) 1 开尔文定义为水的三相点的热力学温度的 1/273.16(1967 年)。

(6) 1 摩尔定义为一个由确定成分组成的系统,如果它含有粒子的个数等于碳 12 原子核的$\frac{12}{1\,000}$kg(千克)质量中所含原子的个数,则该系统的物质的量为 1 摩尔(1971 年),此处所述的粒子可以是原子、分子、离子或电子及其特定组合。

(7) 1 坎德拉定义为一个在一定方向上发送频率为 540×10^{12} Hz(赫兹)的单色光辐射的辐射源,在该方向上的辐射强度为$\frac{1}{683}$W/sr(瓦/立体角)时的光强(1979 年)。

1.3.2 国际单位制的导出单位

导出单位从基本单位出发,用乘、除符号以代数式来表达。不同的导出单位有各自专门的名称和专门的单位符号,这些单位名称和单位符号可单独使用,也可和基本单位一起合成进一步的导出单位 。

热力学温度(T)除用开尔文表示外,也可用摄氏温度(t)表示,定义如下:

$$t = T - T_0$$

式中规定 $T_0=273.15$K。摄氏度的单位等于开尔文的单位。

球面度(sr)在本书中作为基本单位来处理。

国际单位制的导出单位分别示于表 1.2、表 1.3 和表 1.4。

表 1.2 用基本单位表示的 SI 导出单位

量的名称	SI 导出单位	
	名 称	符号
面积	平方米	m^2
体积	立方米	m^3
速度	米每秒	m/s
加速度	米每二次方秒	m/s^2
波数	每米	m^{-1}
密度	千克每立方米	kg/m^3
电流密度	安培每平方米	A/m^2
磁场强度	安培每米	A/m
物质的量浓度	摩尔每立方米	mol/m^3
[光]亮度	坎德拉每平方米	cd/m^2

表 1.3 具有专门名称的 SI 导出单位

量的名称	SI 导出单位		
	名　称	符号	用 SI 基本单位表示
频率	赫[兹]	Hz	s^{-1}
力	牛[顿]	N	$m \cdot kg \cdot s^{-2}$
压强	帕[斯卡]	Pa	$m^{-1} \cdot kg \cdot s^{-2}$
能[量],功,热量	焦[耳]	J	$m^2 \cdot kg \cdot s^{-2}$
功率,辐射通量	瓦[特]	W	$m^2 \cdot kg \cdot s^{-3}$
电荷[量]	库[仑]	C	$s \cdot A$
电压,[电势]	伏[特]	V	$m^2 \cdot kg \cdot s^{-3} \cdot A^{-1}$
电容	法[拉]	F	$m^{-2} \cdot kg^{-1} \cdot s^4 \cdot A^2$
电阻	欧[姆]	Ω	$m^2 \cdot kg \cdot s^{-3} \cdot A^{-2}$
电导	西门子	S	$m^{-2} \cdot kg^{-1} \cdot s^3 \cdot A^2$
磁通[量]	韦[伯]	Wb	$m^2 \cdot kg \cdot s^{-2} \cdot A^{-1}$
磁通密度,磁感应强度	特[斯拉]	T	$kg \cdot s^{-2} \cdot A^{-1}$
电感	亨[利]	H	$m^2 \cdot kg \cdot s^{-2} \cdot A^{-2}$
摄氏度	摄氏度	℃	K
光通量	流[明]	lm	$cd \cdot sr$
[光]照度	勒[克斯]	lx	$m^{-2} \cdot cd \cdot sr$
[放射性]活度	贝可[勒尔]	Bq	s^{-1}
吸收剂量	戈[瑞]	Gy	$m^2 \cdot s^{-2}$

表 1.4 专用名称单位表示的导出单位

量的名称	SI 导出单位		
	名　称	符　号	用 SI 基本单位表示
[动力]黏度	帕秒	Pa・s	$m^{-1} \cdot kg \cdot s^{-1}$
力矩	牛[顿]米	N・m	$m^2 \cdot kg \cdot s^{-2}$
表面张力	牛[顿]每米	N/m	$kg \cdot s^{-2}$
熵	焦[耳]每开[尔文]	J/K	$m^2 \cdot kg \cdot s^{-2} \cdot K^{-1}$
比内能	焦[耳]每千克	J/kg	$m^2 \cdot s^{-2}$
热导率	瓦[特]每米开[尔文]	W/(m・K)	$m \cdot kg \cdot s^{-3} \cdot K^{-1}$
能量密度	焦[耳]每立方米	J/m^3	$m^{-1} \cdot kg \cdot s^{-2}$
电场强度	伏[特]每米	V/m	$m \cdot kg \cdot s^{-3} \cdot A^{-1}$
电荷[体]密度	库[仑]每立方米	C/m^3	$m^{-3} \cdot s \cdot A$
电通[量]密度,电位移	库[仑]每平方米	C/m^2	$m^{-2} \cdot s \cdot A$
介电常数	法[拉]每米	F/m	$m^{-3} \cdot kg^{-1} \cdot s^4 \cdot A^2$
磁导率	亨[利]每米	H/m	$m \cdot kg \cdot s^{-2} \cdot A^{-2}$
摩尔内能	焦[耳]每摩[尔]	J/mol	$m^2 \cdot kg \cdot s^{-2} \cdot mol^{-1}$
摩尔熵,摩尔热容	焦[耳]每摩[尔]开[尔文]	J/(mol・K)	$m^2 \cdot kg \cdot s^{-2} \cdot K^{-1} \cdot mol^{-1}$

1.3.3 单位的十进制倍数和小数

表 1.5 列出的国际单位制词头可用来表示国际单位制中单位的十进制倍数或小数。

表 1.5 国际单位制的词头

因数	词头名称		符号	因数	词头名称		符号
	英文	中文			英文	中文	
10^{18}	exa	艾[可萨]	E	10^{-1}	deci	分	d
10^{15}	peta	拍[它]	P	10^{-2}	centi	厘	c
10^{12}	tera	太[拉]	T	10^{-3}	milli	毫	m
10^{9}	giga	吉[咖]	G	10^{-6}	micro	微	μ
10^{6}	mega	兆	M	10^{-9}	mano	纳[诺]	n
10^{3}	kilo	千	k	10^{-12}	pico	皮[可]	p
10^{2}	hecto	百	h	10^{-15}	femto	飞[母托]	f
10^{1}	deca	十	da	10^{-18}	atto	阿[托]	a

词头紧接着写在单位名称前，词头符号也紧接着写在单位符号前，中间不留空位，如：

千米(单位符号：km)；

毫米(单位符号：mm)；

微米(单位符号：μm)。

不允许使用两个以上的词头符号，如百万分之一秒(10^{-6} s)不能写成 mμs，只能写成 ns。

有关计量单位的其他立法规定，请参阅有关的文献资料[27～29]，这里不再详述。

习　题

1-1 什么是测量？试用数学关系式表达一个测量过程。

1-2 实施测量的基本前提条件是什么？

1-3 什么是国际单位制？其基本量及其单位是什么？

1-4 试述一个测试系统的基本组成及其各环节的功能。

1-5 考虑一根玻璃水银温度计作为一个测温系统，详细讨论组成该系统的各级。

1-6 自己选择一本有关测试的参考书，写一篇关于其中一章测量某物理量的过程与方法的总结。

测试信号分析与处理

2.1 信号与测试系统

在第1章已经介绍过，一个测试系统从大的方面来讲主要是由信号的传感部分、信号的调理、信号的显示与记录3部分组成。测试系统的任务是获取和传递被测对象的各种参数（温度、压力、速度、位移、流量等）。为了将被测参量传输到接收方或观察者，必须采用适当的转换设备将这些参量按一定的规律转换成相对应的信号，一般为电的信号，再经合适的传递介质，如传输线、电缆、光缆、空间等将信号传递到接收方。图2.1所示为一个接收物体振动信号的测试系统结构框图，图中被测的物理量假设为一物体的简谐振动，其振动的位移为x，频率为f_x。采用位移传感器将该振动信号转换为毫伏量级的电压信号。但同时该传感器也敏感到邻近设备的高频干扰信号，该信号叠加到有用信号上。采用一个放大器将上述信号放大到一个足以方便计算机进行记录和处理的电平（图2.1中放大器的增益为100）。同时，为了去除不希望的干扰噪声信号，在放大之后设置了一级低通滤波器。经过滤波后的信号再送给计算机进行记录或显示。在上述测试系统中，放大器和低通滤波器组成了系统的信号调理部分，而计算机组成了系统的显示与记录部分。对于不同的被测参量，测试系统的构成及作用原理可以不同。另外，根据测试任务的复杂程度，测试系统也可以有简单和复杂之分。一个较复杂的系统可以像图2.1所示的系统那样，包括有数个功能部件；但有时候一个简单的测试系统可能仅包括传感器本身。根据不同的作用原理，测试系统可以是机械

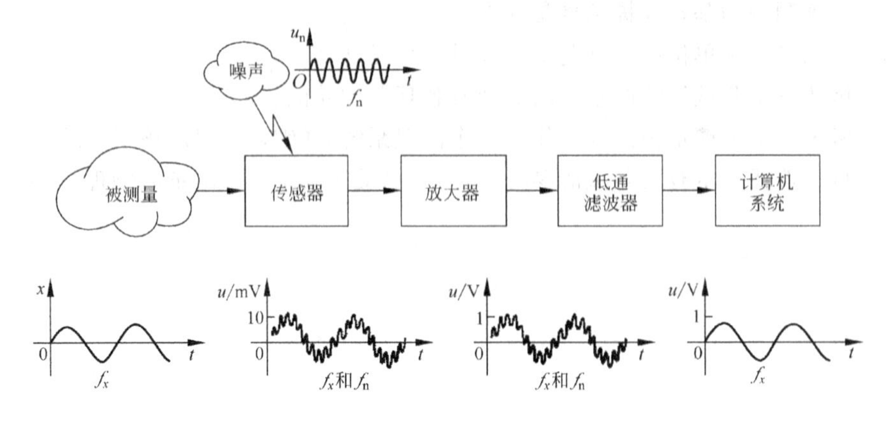

图2.1 简谐振动信号测试系统结构框图

的、电的和液压的等。尽管这些系统所处理的对象有所不同，但它们都可能具有相同的信号传递特性。实际中，在属性各异的各类测试系统中，常常略去系统具体的物理含义，而将其抽象为一个理想化的模型，目的是得到系统共性的规律。将系统中变化着的各种物理量，如力、位移、加速度、电压、电流、光强等称为信号。客观地研究信号作用于测试系统的变化规律，可揭示系统对信号的传递特性。

因此，信号与系统是紧密相关的。信号按一定的规律作用于系统，系统在输入(input)信号的作用下，对它进行加工(processing)，并输出(output)加工后的信号。通常将输入信号称为系统的激励(excitation)，而将输出信号称为系统的响应(response)，如图 2.2 所示。

图 2.2 系统与信号的关系

由图 2.2 可见，信号与系统之间的关系共涉及 3 个量：输入、输出和系统特性。在这 3 个量中，一般总希望通过已知的两个量，来求出第三个量，因此这 3 个量之间可能的组合情况为：

(1) 已知输入和输出，求系统在各频率下的传输特性。例如，对机器和各种结构的频响特性的测定，对各类传感器特性的测试等。

(2) 已知输入和系统特性，估计系统的输出。例如，我们经常涉及的对各种物理量的测量。

(3) 根据系统的传输特性和输出量的测试结果来估计输入量。例如，对机械零件或机构进行动平衡，以及对机械进行故障诊断等。

可以看出，测试所处理的对象是信号，信号的理论包括信号分析、信号处理和信号综合。信号分析涉及信号的表示和性质。由于信号分析与测试系统的分析紧密相关，因此本章将着重介绍信号与信号分析的基本概念，在此基础上，在第 3 章中深入展开对测试系统动态特性分析的讨论。

2.2 信号描述

信号(signal)一词最初起源于符号(sign)、记号(signum——拉丁语)，表示用来作为信息向量的一个物体、一个记号、一种语言的元素或一个特定的符号等。信号的历史可追溯到史前时代。19 世纪 30 年代，随着电报的发明(Morse, Cooke, Wheatstone, 1830—1840 年)诞生了电信号。此后很快又发明了电话(Bell,1876)和无线电波发送技术(Popov, Marconi,1895—1896 年)。20 世纪初电子学的诞生(Fleming,Lee de Forest,1904—1907 年)使得人们能检测和放大微弱信号，通常认为这是信号处理学说的真正起始点。早在 1822 年，傅里叶(Fourier)在研究热传播的过程中便已建立起他的傅里叶解析方法学。后人又将这一方法学应用到对电流波动的数学研究中，做了大量基础性工作。20 世纪 30 年代，维纳和辛钦(Wiener 和 Khintchine)首次发表了有关将傅里叶解析方法应用于随机信号及现象分析方面的著作，从而将信号的理论大大地向前推进了一步。第二次世界大战期间，通信与雷达技术的发展进一步促进了信息和信号理论的发展。早在 1920 年前后，奈奎斯特(Nyquist)和哈特利(Hartley)便已着手研究在电报线上所传输的信息量，且已经观察到信号的最高传输率与所用的频带宽成正比。1948—1949 年，香农(Shannon)发表了有关通信的数学理论的基础性著作，维纳(Wiener)发表了关于控制论以及对受噪声影响的信号或数据进行最优处理的著作，其中主要考虑了所研究现象亦即信号的统计特征。20 世纪 30 年代是信号理论发展较快的时代，出现了一系列的有关著作。到了 1948 年出现了第一支晶体管，几年之后又发明了集成电路，从而使得实现复杂的信号处理系统成为可能，同时也大大扩展了信号处理的应用范围。1965 年由库利(Cooley)和图基(Tukey)提出了一种适合于计算机运算的离散傅里叶变换(DFT)的快速算法，即后来被称为快速傅里叶变换(Fast Fourier Transform，FFT)的算法，使人们能用计算机来进行复杂的信号处理。快速傅里叶变换的问世标志着数字信号处理这一学科的开始，大大促进了数字信号分析技术的发展，同时也使科学分析的许多领域面貌一新。如今，信号处理已经是个成熟的科研和应用领域。随着计算机技术的迅速发展，信号理论与信号处理技术已经被广泛应用到机械、电子、医学、农业等几乎所有的科学领域，成为科研和生产中一种不可缺少的工具和手段。

以上是对信号理论发展的一个历史回顾。

2.2.1 信号的定义

信号是信号本身在其传输的起点到终点的过程中所携带的信息的物理表现。

例如，在研究一个质量-弹簧系统在受到一个激励后的运动状况时，便可以通过系统质量块的位移-时间关系来描述。反映质量块位移的时间变化过程的信号则包含了该系统的固有频率和阻尼比的信息。

在讲到信号时不能不提及噪声(noise)的概念。噪声也是一种信号，定义为任何干扰对信号的感知(perception)和解释(interpretation)的现象。“噪声”一词本来源于声学，意思也是指那些干扰对声音信号的感知和解释的声学效应。

信噪比是信号被噪声所污染的程度的一种度量。信噪比 ξ 表达为信号功率 P_s 与噪声功率 P_n 之比：

$$\xi = P_s/P_n \tag{2.1}$$

通常将信噪比用分贝所测量的对数刻度来表示：

$$\xi_{dB} = 10 \lg\xi \tag{2.2}$$

必须指出的是，信号与噪声的区别纯粹是人为的，且取决于使用者对两者的评价标准。某种场合中被认为是干扰的噪声信号，在另一种场合却可能是有用的信号。举例来说，齿轮噪声对工作环境来说是一种“污染”，但这种噪声也是齿轮传动缺陷的一种表现，因而可用来评价齿轮副的运动状态，并用它来对齿轮传动机构作故障诊断。从这个意义上讲，它又是一个有用的信号。一个被干扰的信号仍然是一个信号，因此仍采用相同的模型来描述有用信号及其干扰，这样，信号理论也必须包括噪声理论。

2.2.2 信号的分类

对信号的分类(signal classifications)有多种方法，其中主要的有以下几种：

(1) 表象(phenomenological)分类法。这是一种基于信号的演变类型、信号的预定特点或者信号的随机特性的分类方法。

(2) 能量(energy)分类法。这种方法规定了两类信号，其中一类为具有有限能量的信号，另一类为具有有限平均功率但具有无限能量的信号。

(3) 形态(morphological)分类法。这是一种基于信号的幅值或者独立变量是连续的还是离散的特点的分类方法。

(4) 维数(dimensional)分类法。这是一种基于信号模型中独立变量个数的分类方法。

(5) 频谱(spectral)分类法。这是一种基于信号频谱的频率分布形状的分类方法。

以下分别加以介绍。

1. 确定性(deterministic)信号和随机(random)信号

表象分类法是考虑信号沿时间轴演变的特性所作的一种分类。根据这种时域分类法可定义两大类信号：确定性信号和随机信号。

确定性信号是指可以用合适的数学模型或数学关系式来完整地描述或预测其随时间演变情形的信号。

随机信号是指那些具有不能被预测的特性且只能通过统计观察(statistical observations)来加以描述的信号。

确定性信号又分为周期(periodic)信号和非周期(nonperiodic)信号。

(1) 周期信号：满足下面关系式的信号，即

$$x(t) = x(t + kT) \tag{2.3}$$

式中，T 为周期。即周期信号服从一种规则的、周期重复的规律，重复的周期为 T。

(2) 非周期信号：不具有上述性质的确定性信号。

周期信号一般又分为正余弦(sinusoidal)信号、多谐复合(periodic compound)信号和伪随机(pseudo-random)信号。其中正余弦信号具有如下的一般表达式(图 2.3)：

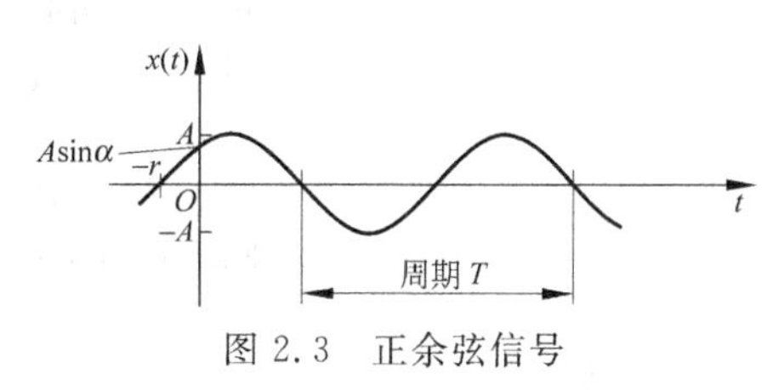

图 2.3 正余弦信号

$$x(t) = A\sin\left(\frac{2\pi}{T}t + \alpha\right) = A\sin\left[\frac{2\pi}{T}(t + \tau)\right] \tag{2.4}$$

多谐复合信号由多个具有谐波频率的信号组成，其基本特性与正余弦信号的相同。

伪随机信号组成周期信号的一个特殊范畴，它们具有准随机的特性(图 2.4)。

非周期信号又可分成准周期(quasi-periodic)信号和瞬态(transient)信号两类。其中准周期信号由多个具有周期不成比例的正弦波之和形成，或者称组成信号的正(余)弦信号的频率比不是有理数(图 2.5)。瞬态信号是指时间历程短的信号(图 2.6)。

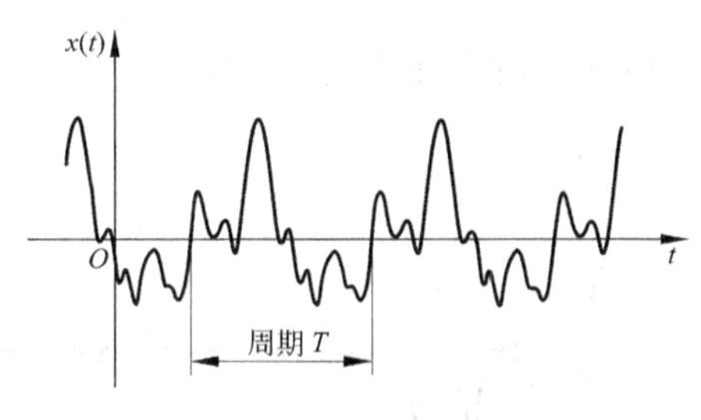

图 2.4 伪随机信号

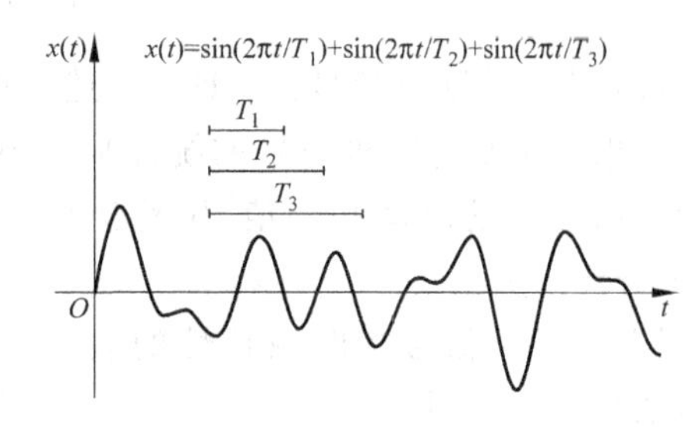

图 2.5 准周期信号

随机信号又可分成两大类：平稳(stationary)随机信号和非平稳(nonstationary)随机信号。

(1) 平稳随机信号：信号的统计特征是时不变的(图 2.7)。

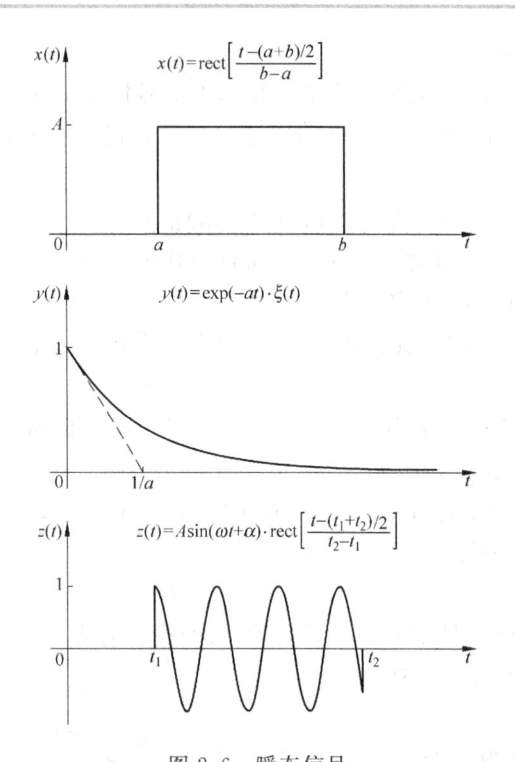

图 2.6 瞬态信号

$x(t)$—矩形脉冲信号(rect); $y(t)$—衰减指数脉冲信号; $z(t)$—正弦脉冲信号

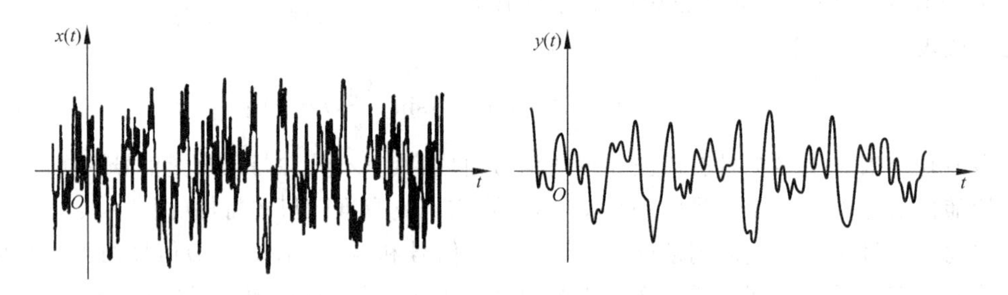

图 2.7 平稳随机信号

$x(t)$—宽带信号(白噪声); $y(t)$—经低通滤波后的信号

(2) 非平稳随机信号：不具有上述特点的随机信号称为非平稳随机信号(图 2.8)。

如果一个平稳随机信号的统计平均值或它的矩等于该信号的时间平均值，则称该信号为各态历经(ergodic)的。

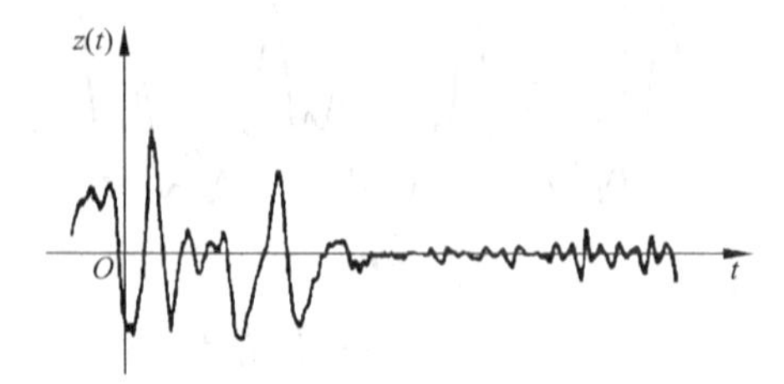

图 2.8 非平稳随机信号

综上所述，信号按时域特性的表象分类法所进行的分类示于图 2.9。

2. 能量(energy)信号和功率(power)信号

图 2.10 所示为一个单自由度振动系统，其中 $x(t)$为质量 m 的位移，由弹簧所积蓄的弹性势能为 $x^2(t)$。若 $x(t)$表示运动速度，则 $x^2(t)$反映的是系统运动中的动能。测量中常将被测的

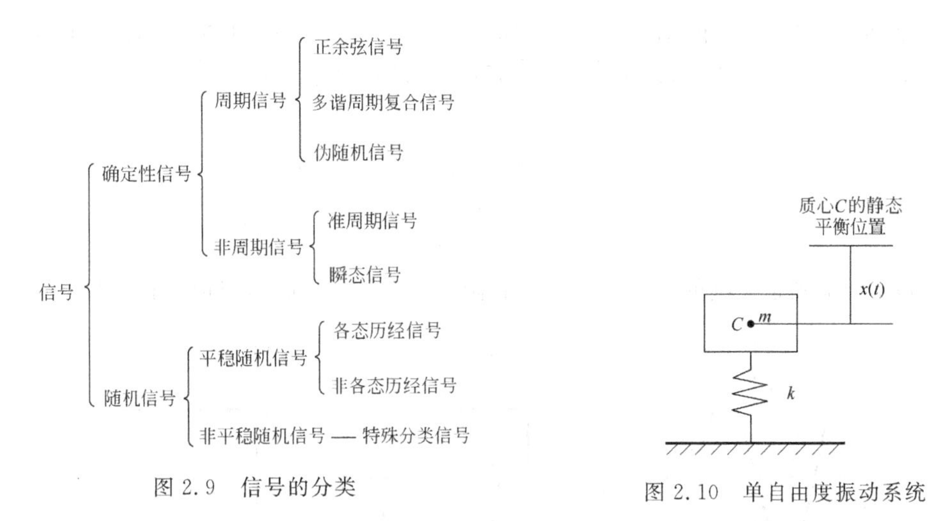

图 2.9 信号的分类

图 2.10 单自由度振动系统

机械量(位移、速度等)转换为电信号(电压、电流)来加以处理。把电压信号加到单位电阻 R($R=1\Omega$)上,得到瞬时功率:

$$P(t)=\frac{x^2(t)}{R}=x^2(t) \tag{2.5}$$

而瞬时功率 $P(t)$的积分便是信号的总能量 $W(t)$:

$$W(t)=\int_{-\infty}^{\infty}P(t)\mathrm{d}t=\int_{-\infty}^{\infty}x^2(t)\mathrm{d}t \tag{2.6}$$

从而便把信号的幅值 $x(t)$和信号的能量联系起来了。

当 $x(t)$满足关系式

$$\int_{-\infty}^{\infty}|x(t)|^2\mathrm{d}t<\infty \tag{2.7}$$

时,则称信号 $x(t)$为有限能量信号,亦称平方可积信号,简称能量信号,如矩形脉冲、衰减指数信号等均属这类信号。能量信号仅在有限时间区段内有值,或在有限时间区段内其幅值可衰减至小于给定的误差值或趋近于零。它们的平均功率为零。

当信号满足条件

$$0<\lim_{T\to\infty}\frac{1}{T}\int_{-T/2}^{T/2}|x(t)|^2\mathrm{d}t<\infty \tag{2.8}$$

时,亦即信号具有有限的(非零)平均功率时,则称信号为有限平均功率信号,简称功率信号。

图 2.10 所示为无阻尼振动系统,其位移信号 $x(t)$便是能量无限的正弦信号。但在一定的时间区间内,其功率是有限的。如果该系统加上阻尼之后,其振动将逐渐衰减,此时的信号便是能量有限的。

3. 连续(continuous)信号和离散(discrete)信号

基于信号的形态分类法可将信号分成连续信号和离散信号两大类。分类的根据是信号的幅值及其自变量(即时间 t)是连续的还是离散的。

若信号的独立变量或自变量是连续的,则称该信号是连续信号;若信号的独立变量或自变量是离散的,则称该信号为离散信号。对连续信号来说,信号的独立变量(时间 t 或其他量)是连续的,而信号的幅值或值域可以是连续的,也可以是离散的。自变量和幅值均为连续的信号称为模拟(analog)信号(图 2.11(a));自变量是连续的,但幅值为离散的信号称为量化(quantized)信号(图 2.11(b))。图 2.11(b)中的信号 $f_2(t)$ 为

$$f_2(t)=\begin{cases}0, & t<-1\\ 1, & -1<t<1\\ -1, & 1<t<3\\ 0, & t>3\end{cases} \tag{2.9}$$

其自变量 t 的范围是连续的$(-\infty,\infty)$,而其函数值或信号的幅值只取$-1,0,1$。

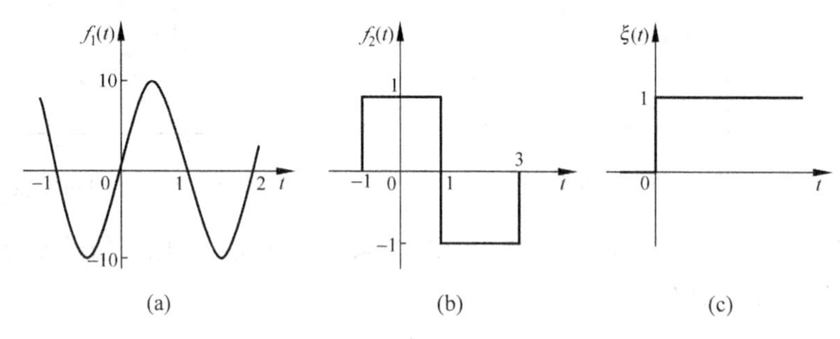

图 2.11 连续时间信号

信号 $f_2(t)$ 在 $t=-1,t=1$ 和 $t=3$ 处有间断点,一般不可以定义间断点的函数值(式(2.9))。为使函数定义更加完整而规定:若函数 $f(t)$在 $t=0$ 处有间断点,则函数在该点的值等于其左极限 $f(t_{0-})$与其右极限 $f(t_{0+})$之和的 1/2, 即

$$f(t_0)=\frac{1}{2}[f(t_{0-})+f(t_{0+})] \tag{2.10}$$

式中,$f(t_{0-})\overset{\text{def}}{=}\lim\limits_{\varepsilon\to 0}f(t_0-\varepsilon)$,$f(t_{0+})\overset{\text{def}}{=}\lim\limits_{\varepsilon\to 0}f(t_0+\varepsilon)$。

由此,信号在定义域$(-\infty,\infty)$均有确定的函数值。图 2.11(c)所示的单位阶跃函数 $\xi(t)$定义为

$$\xi(t)\overset{\text{def}}{=}\begin{cases}0, & t<0\\ 1/2, & t=0\\ 1, & t>0\end{cases} \tag{2.11}$$

对于离散信号来说,若信号的自变量及幅值均为离散的,则称为数字(digital)信号,因为它们能表达为一个数字序列,因此有时亦称这样的信号为序列。若信号的自变量为离散值,但其幅值为连续值时,则称该信号为被采样(sampled)信号。

表 2.1 示出了上述 4 种信号的表达形式,读者可对它们加以比较,从中体会出它们之间的差别。实际应用中,连续信号与模拟信号两词常不加区分,而离散信号与数字信号两词也常互相通用。

此外,在对信号作频谱分析中还常常根据信号的能量或功率的频谱来将信号区分为低频信号、高频信号、窄带信号、宽带信号、带限信号等;根据信号的波形相对于纵轴对称性将信号分为奇信号和偶信号;根据信号的函数值是实数还是复数将它们分为实信号和复信号等。在此不再一一讨论。

表 2.1 信号按形态分类法区分的 4 种形式

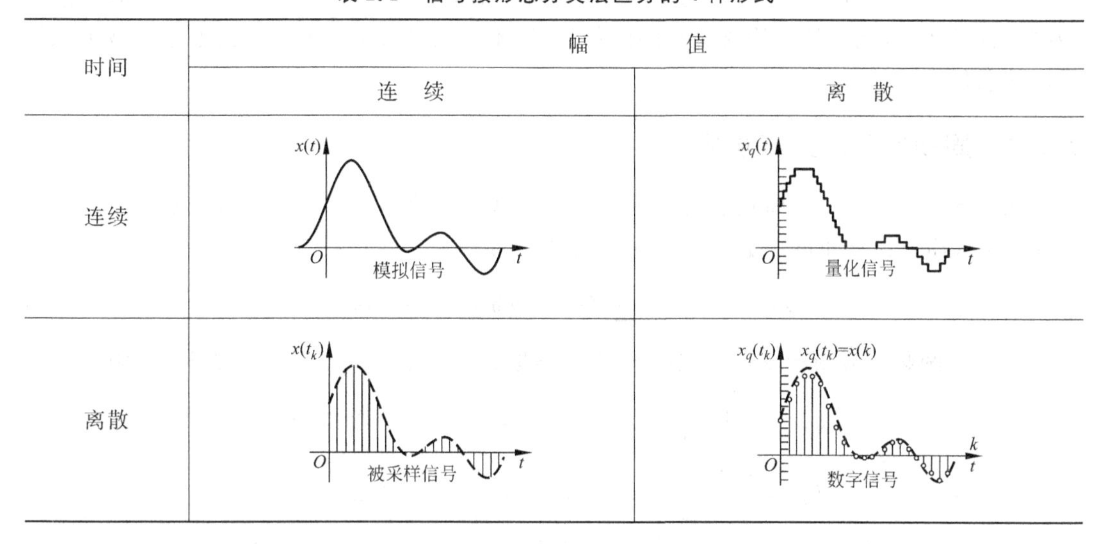

时间	幅值	
	连续	离散
连续	$x(t)$ 模拟信号	$x_q(t)$ 量化信号
离散	$x(t_k)$ 被采样信号	$x_q(t_k)$ $x_q(t_k)=x(k)$ 数字信号

2.2.3 信号的时域和频域描述方法

描述一个信号的变化过程通常有时域和频域两种方法。在时域描述法(time-domain description)中,信号的自变量为时间,信号的历程随时间而展开。信号的时域描述主要反映信号的幅值随时间变化的特征。与之相对应,对一个测试系统的时域分析法也是直接分析时间变量函数或序列,研究系统的时间响应特征。在分析一个系统时,除了采用经典的微分或差分方程外,还可借助卷积积分的方法,引入单位脉冲响应和单位序列响应的概念。一个线性系统对于一个输入 $x(t)$(激励)所引起的零状态响应是输入 $x(t)$ 与该系统的单位脉冲响应的卷积积分(连续系统)或 $x(t)$ 与系统单位序列响应的卷积和(离散系统)。

频域分析法(frequency-domain description)是将信号和系统的时间变量函数或序列变换成对应频率域中的某个变量的函数,来研究信号和系统的频域特性。对于连续系统和信号来说,常采用傅里叶变换和拉普拉斯变换;对于离散系统和信号则采用 Z 变换。频域分析法将时域分析法中的微分或差分方程转换为代数方程,给问题的分析带来了方便。

一般来说,实际信号的形式通常比较复杂,直接分析各种信号在一个测试系统中的传输情形常常是困难的,有时甚至是不可能的。因此常将复杂的信号分解成某些特定类型的基本信号之和,这些基本信号应满足一定的数学条件,且易于实现和分析。常用的基本信号有正弦信号、复指数型信号、阶跃信号、冲激信号等。

因此,信号的频域描述即是将一个时域信号变换为一个频域信号,根据任务分析的要求将该信号分解成一系列基本信号的频域表达形式之和,从频率分布的角度出发研究信号的结构及各种频率成分的幅值(amplitude)和相位(phase)关系。

将一个复杂的信号分解为一系列基本信号之和,对于分析一个线性系统来说特别有利。这是因为这样的系统具有线性和时不变性,多个基本信号作用于一个线性系统所引起的响应等于各基本信号单独作用所产生的响应之和。此外,这些信号都属于同一种类型,比如都是正弦信号,因此系统对它们的响应也都具有共同性。

采用时域法或频域法来描述信号和分析系统,完全取决于不同测试任务的需要。时域描述直观地反映信号随时间变化的情况，频域描述则侧重描述信号的组成成分。但无论采用哪一种描述法，同一信号均含有相同的信息量，不会因采取不同的方法而增添或减少原信号的信息量。

2.2.4 周期信号的频域描述

在有限区间上，一个周期信号 $x(t)$ 当满足狄里赫利条件* 时可展开成傅里叶级数(Fourier series)。傅里叶级数的三角函数展开式为

$$x(t) = \frac{a_0}{2} + \sum_{n=1}^{\infty}(a_n \cos n\omega_0 t + b_n \sin n\omega_0 t) \tag{2.12}$$

式中，ω_0 为圆频率或角频率，$\omega_0 = 2\pi/T$；T 为周期；a_n(含 a_0)，b_n 为傅里叶系数，其中

$$a_n = \frac{2}{T}\int_{-T/2}^{T/2} x(t)\cos n\omega_0 t\mathrm{d}t, \quad n = 0,1,2,3,\cdots \tag{2.13}$$

$$b_n = \frac{2}{T}\int_{-T/2}^{T/2} x(t)\sin n\omega_0 t\mathrm{d}t, \quad n = 0,1,2,3,\cdots \tag{2.14}$$

由式(2.13)和式(2.14)可见，傅里叶系数 a_n 和 b_n 均为 $n\omega_0$ 的函数，其中 a_n 是 n 或 $n\omega_0$ 的偶函数(even function)，$a_{-n} = a_n$；而 b_n 则是 n 或 $n\omega_0$ 的奇函数(odd function)，有 $b_{-n} = -b_n$。

将式(2.12)中正、余弦函数的同频率项合并并整理，可得信号 $x(t)$ 的另一种形式的傅里叶级数表达式：

$$x(t) = \frac{a_0}{2} + \sum_{n=1}^{\infty} A_n \cos(n\omega_0 t + \varphi_n) \tag{2.15}$$

式中，

$$\left.\begin{aligned} A_n &= \sqrt{a_n^2 + b_n^2} \\ \varphi_n &= -\arctan\frac{b_n}{a_n} \end{aligned}\right\}, \quad n = 1,2,\cdots \tag{2.16}$$

A_n 为信号频率成分的幅值(amplitude)，φ_n 为初相角(phase)。比较式(2.12)和式(2.15)，可看出两式中系数之间有如下的关系：

$$\left.\begin{aligned} a_n &= A_n \cos\varphi_n \\ b_n &= -A_n \sin\varphi_n \end{aligned}\right\}, \quad n = 1,2,\cdots \tag{2.17}$$

由式(2.16)可见，A_n 是 n 或 $n\omega_0$ 的偶函数，$A_{-n} = A_n$；而相角 φ_n 是 n 或 $n\omega_0$ 的奇函数，即 $\varphi_{-n} = -\varphi_n$。傅里叶系数的这些重要性质在分析问题中是很有用的。

从式(2.15)可知，周期信号可分解成众多具有不同频率的正、余弦(谐波)分量，式中第一项 $\frac{a_0}{2}$ 为周期信号中的常值或直流分量，从第二项依次向下分别称为信号的基波或一次谐波、二次谐波、三次谐波、……、n 次谐波。A_n 为 n 次谐波的幅值，φ_n 为其初相角。为直观地表示出一个信号的频率成分结构，将信号的角频率 ω_0 作为横坐标，可分别画出信号幅值 A_n 和相角 φ_n 随频率 ω_0 变化的图形，分别称为信号的幅频谱和相频谱图。从式(2.15)可知，由

---

* 狄里赫利(Dirichlet)条件是：(1)函数在任意有限区间内连续，或只有有限个第一类间断点(当 t 从左或右趋向于该间断点时，函数有有限的左极限和右极限)；(2)在一个周期内，函数有有限个极大值或极小值。

于 n 为整数，各频率分量仅在 $n\omega_0$ 的频率处取值，因而得到的是关于幅值 A_n 和相角 φ_n 的离散谱线。因此，周期信号的频谱是离散的。

例 2.1 求图 2.12 所示的周期方波信号 $x(t)$ 的傅里叶级数。

解：信号 $x(t)$ 在它的一个周期中的表达式为

$$x(t)=\begin{cases}-1, & -\dfrac{T}{2}<t<0\\ 1, & 0<t<\dfrac{T}{2}\end{cases}$$

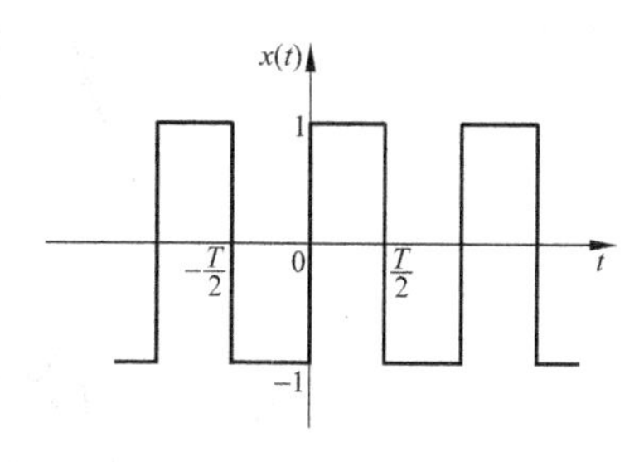

图 2.12 周期方波信号

根据式(2.13)和式(2.14)，有

$$a_n=\frac{2}{T}\int_{-T/2}^{T/2}x(t)\cos n\omega_0 t\mathrm{d}t=0$$

这是因为本例中 $x(t)$ 为一奇函数，而 $\cos n\omega_0 t$ 为偶函数，两者的积 $x(t)\cos n\omega_0 t$ 也为奇函数，而一个奇函数在上、下限对称区间上的积分值等于零。

$$\begin{aligned}b_n&=\frac{2}{T}\int_{-T/2}^{T/2}x(t)\sin n\omega_0 t\mathrm{d}t\\&=\frac{2}{T}\left[\int_{-T/2}^{0}(-1)\sin n\omega_0 t\mathrm{d}t+\int_{0}^{T/2}\sin n\omega_0 t\mathrm{d}t\right]\\&=\frac{2}{T}\left[\frac{1}{n\omega_0}\cos n\omega_0 t\Big|_{-T/2}^{0}+\frac{1}{n\omega_0}(-\cos n\omega_0 t)\Big|_{0}^{T/2}\right]\\&=\frac{2}{n\pi}(1-\cos n\pi)\\&=\begin{cases}\dfrac{4}{n\pi}, & n=1,3,5,\cdots\\ 0, & n=2,4,6,\cdots\end{cases}\end{aligned}$$

根据式(2.12)，便可得到图 2.12 所示周期方波信号的傅里叶级数表达式：

$$x(t)=\frac{4}{\pi}\left(\sin\omega_0 t+\frac{1}{3}\sin 3\omega_0 t+\frac{1}{5}\sin 5\omega_0 t+\cdots\right)$$

它的频谱图如图 2.13 所示，其幅频谱(amplitude spectrum)仅包含信号的基波和奇次谐波，各次谐波的幅值以$\frac{1}{n}$的倍数收敛。信号的相频谱(phase spectrum)中，基波和各次谐波的相角均为零。

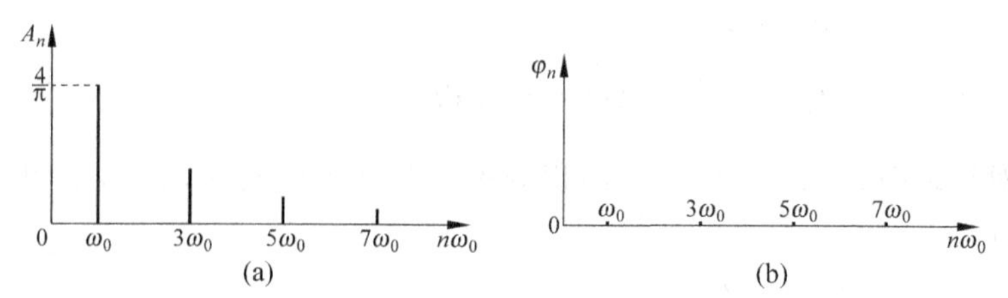

图 2.13 周期方波信号的频谱图

(a) 幅频谱；(b) 相频谱

从以上计算结果可以看到，信号本身可以用傅里叶级数中的某几项之和来逼近。所取的项数越多，亦即 n 越大，近似的精度就越高。图 2.14 示出用方波信号 $x(t)$ 的傅里叶级数

来逼近 $x(t)$本身的情形。

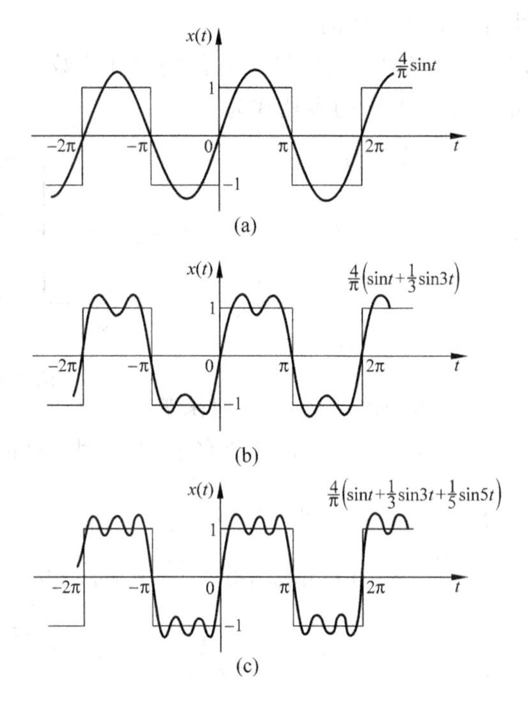

图 2.14 用傅里叶级数的部分项之和逼近信号的例子

(a) 用一次谐波逼近；(b) 用一次和三次谐波之和逼近；

(c) 用一次、三次和五次谐波之和逼近

例 2.1 中，在计算信号的傅里叶级数时，由于信号 $x(t)$是一个不对称于纵坐标轴的方波信号，因此 $x(t)$为奇函数，从而根据奇、偶函数积分的性质直接得出系数 $a_n=0$，这样便简化了整个计算过程。同样，若一个信号是偶函数，那么在傅里叶系数的计算中也会有某些简化过程。了解这些特点对求取信号的傅里叶级数会起到简化的作用。奇、偶函数的傅里叶系数的计算有如下特点。

1) $x(t)$为奇函数

上例分析了奇函数的情形，即 $x(-t)=-x(t)$。于是有

$$\left.\begin{aligned} a_n &= 0 \\ b_n &= \frac{4}{T}\int_0^{T/2} x(t)\sin n\omega_0 t\,\mathrm{d}t \end{aligned}\right\}, \quad n=1,2,\cdots \tag{2.18}$$

亦即 $x(t)$在对称区间$(-T/2,T/2)$上的积分等于其在半区间$(0,T/2)$上积分的 2 倍。由式(2.16)可知

$$\left.\begin{aligned} A_n &= |\,b_n\,| \\ \varphi_n &= \frac{2m+1}{2}\pi,\ (m\text{ 为整数}) \end{aligned}\right\}, \quad n=1,2,\cdots \tag{2.19}$$

2) $x(t)$为偶函数

若 $x(t)$是 t 的偶函数，即 $x(-t)=x(t)$，则信号波形对称于纵坐标轴(图 2.15)。由于 $x(t)\cos n\omega_0 t$ 是偶函数，$x(t)\sin n\omega_0 t$ 为奇函数，因而有

$$\left.\begin{aligned} b_n &= 0 \\ a_n &= \frac{4}{T}\int_0^{T/2} x(t)\cos n\omega_0 t\mathrm{d}t, \quad n = 0,1,2,\cdots \end{aligned}\right\} \tag{2.20}$$

进而,有

$$\left.\begin{aligned} A_n &= |a_n| \\ \varphi_n &= m\pi,\ (m\ \text{为整数}) \end{aligned}\right\}, \quad n = 1,2,\cdots \tag{2.21}$$

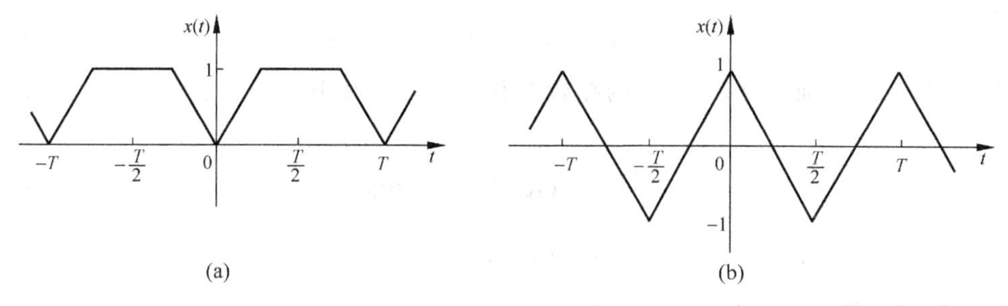

图 2.15 偶函数例子(图中函数为对称于纵轴的三角波)

以上介绍的是将傅里叶级数表达为三角函数的形式。傅里叶级数还可表达成指数函数的形式。

由欧拉公式(Euler formulum)可知

$$\left.\begin{aligned} \cos\omega t &= \frac{1}{2}(\mathrm{e}^{-\mathrm{j}\omega t} + \mathrm{e}^{\mathrm{j}\omega t}) \\ \sin\omega t &= \frac{\mathrm{j}}{2}(\mathrm{e}^{-\mathrm{j}\omega t} - \mathrm{e}^{\mathrm{j}\omega t}) \end{aligned}\right\} \tag{2.22}$$

将上式代入式(2.12),有

$$x(t) = \frac{a_0}{2} + \sum_{n=1}^{\infty}\left[\frac{1}{2}(a_n + \mathrm{j}b_n)\mathrm{e}^{-\mathrm{j}n\omega_0 t} + \frac{1}{2}(a_n - \mathrm{j}b_n)\mathrm{e}^{\mathrm{j}n\omega_0 t}\right]$$

令

$$\left.\begin{aligned} C_n &= \frac{1}{2}(a_n - \mathrm{j}b_n) \\ C_{-n} &= \frac{1}{2}(a_n + \mathrm{j}b_n), \quad n = 1,2,3,\cdots \\ C_0 &= \frac{a_0}{2} \end{aligned}\right\} \tag{2.23}$$

则

$$x(t) = C_0 + \sum_{n=1}^{\infty} C_{-n}\mathrm{e}^{-\mathrm{j}n\omega_0 t} + \sum_{n=1}^{\infty} C_n\mathrm{e}^{\mathrm{j}n\omega_0 t}, \quad n = 1,2,3,\cdots \tag{2.24}$$

或

$$x(t) = \sum_{n=-\infty}^{\infty} C_n\mathrm{e}^{\mathrm{j}n\omega_0 t}, \quad n = 0,\pm 1,\pm 2,\cdots \tag{2.25}$$

式(2.24)和式(2.25)即为傅里叶级数的两种指数函数的表达式。

将式(2.13)和式(2.14)代入式(2.23),求得

$$C_n = \frac{1}{T}\left[\int_{-T/2}^{T/2} x(t)\cos n\omega_0 t\mathrm{d}t - \mathrm{j}\int_{-T/2}^{T/2} x(t)\sin n\omega_0 t\mathrm{d}t\right]$$

$$=\frac{1}{T}\left[\int_{-T/2}^{T/2}x(t)(\cos n\omega_0 t-\mathrm{j}\sin n\omega_0 t)\mathrm{d}t\right],\quad n=0,\pm1,\pm2,\cdots$$

$$=\frac{1}{T}\int_{-T/2}^{T/2}x(t)\mathrm{e}^{-\mathrm{j}n\omega_0 t}\mathrm{d}t \tag{2.26}$$

式(2.26)为计算指数形式傅里叶级数的复系数 C_n 的公式。

从式(2.26)可知,C_n 是离散频率 $n\omega_0$ 的函数,称为周期信号 $x(t)$ 的离散频谱。C_n 一般为复数,可写为

$$C_n=|C_n|\mathrm{e}^{\mathrm{j}\varphi_n}=\mathrm{Re}C_n+\mathrm{jIm}C_n \tag{2.27}$$

式中的 $|C_n|$ 和 φ_n 分别为复系数 C_n 的振幅与相位,$\mathrm{Re}C_n$ 和 $\mathrm{Im}C_n$ 分别表示 C_n 的实部与虚部,且有

$$|C_n|=\sqrt{(\mathrm{Re}C_n)^2+(\mathrm{Im}C_n)^2} \tag{2.28}$$

$$\varphi_n=\arctan\frac{\mathrm{Im}C_n}{\mathrm{Re}C_n} \tag{2.29}$$

以下证明离散频谱的两个重要性质。

性质 1 每个实周期函数的幅值谱是 n(或 $n\omega_0$)的偶函数,而其相位谱是 n(或 $n\omega_0$)的奇函数。

证明:根据式(2.26),有

$$C_n=\frac{1}{T}\int_{-T/2}^{T/2}x(t)\mathrm{e}^{-\mathrm{j}n\omega_0 t}\mathrm{d}t \tag{2.30}$$

将上式的 n 用 $-n$ 替代,有

$$C_{-n}=\frac{1}{T}\int_{-T/2}^{T/2}x(t)\mathrm{e}^{\mathrm{j}n\omega_0 t}\mathrm{d}t \tag{2.31}$$

由式(2.30)和式(2.31)可见 C_n 与 C_{-n} 为复共轭的,即 $C_n=C_{-n}^*$。于是有 $|C_n|=|C_{-n}|$,因此 $|C_n|$ 是 n(或 $n\omega_0$)的偶函数。

另外,根据式(2.16),有

$$\varphi_n=-\arctan\frac{b_n}{a_n} \tag{2.32}$$

于是有

$$\varphi_{-n}=\arctan\frac{b_n}{a_n}$$

因此 $\varphi_n=-\varphi_{-n}$,即 φ_n 为 n(或 $n\omega_0$)的奇函数。

性质 2 当周期信号有时间移位 τ 时,其幅值谱不变,相位谱发生 $\pm n\omega_0\tau$ 弧度的变化。

证明:由式(2.25),得

$$x(t)=\sum_{n=-\infty}^{\infty}C_n\mathrm{e}^{\mathrm{j}n\omega_0 t} \tag{2.33}$$

当 $x(t)$ 在时间轴上有移位 τ 时,式(2.33)变为

$$x(t\pm\tau)=\sum_{n=-\infty}^{\infty}C_n\mathrm{e}^{\mathrm{j}n\omega_0(t\pm\tau)}$$

$$=\sum_{n=-\infty}^{\infty}C_n\mathrm{e}^{\pm\mathrm{j}n\omega_0\tau}\mathrm{e}^{\mathrm{j}n\omega_0 t}$$

$$=\sum_{n=-\infty}^{\infty}\hat{C}_n e^{jn\omega_0 t} \tag{2.34}$$

式中，$\hat{C}=C_n e^{\pm jn\omega_0\tau}$。

将 C_n 表达为振幅与相角的复数形式 $C_n=|C_n|e^{j\varphi_n}$，则

$$\hat{C}_n=|C_n|e^{j(\varphi_n\pm n\omega_0\tau)} \tag{2.35}$$

由此可见，经时间移位 τ 之后的信号幅值谱与原信号的幅值谱相同，但相位发生 $\pm n\omega_0\tau$ 的角度变化。

比较傅里叶级数两种展开式的频谱图(图 2.16)可知，由三角函数表达的傅里叶级数的频谱为单边谱，角频率 ω 的变化范围为 $0\sim+\infty$；而以复指数函数表达的傅里叶级数的频谱为双边谱，角频率 ω 的变化范围扩大到负轴方向，即为 $-\infty\sim+\infty$。两种形式的幅值谱在幅值上的关系是 $|C_n|=\frac{1}{2}A_n$，即双边谱中各谐波的幅值为单边谱中各对应谐波幅值的一半。

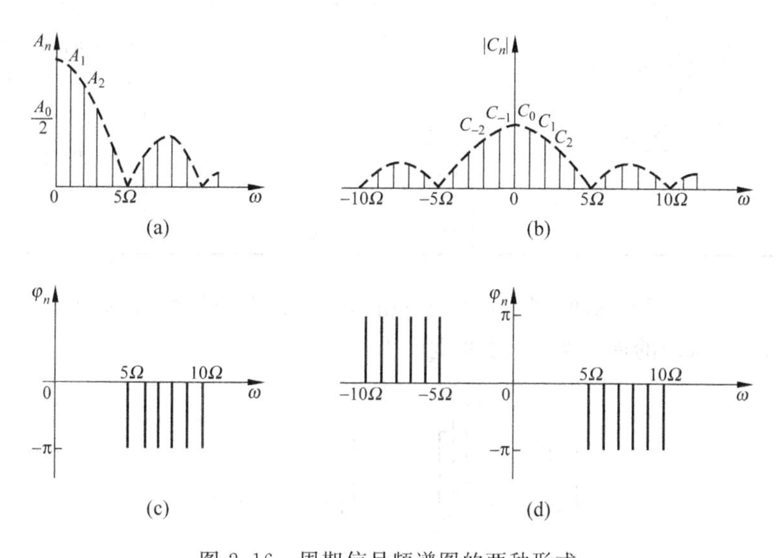

图 2.16　周期信号频谱图的两种形式

(a) 单边幅度谱；(b) 双边幅度谱；(c) 单边相位谱；(d) 双边相位谱

在双边谱中将频率的范围扩大到负轴方向，出现了“负频率”的概念，这是由于在推导用指数函数表达的傅里叶级数时将 n 从正值扩展到了正、负值(式(2.25))。工程实际中将旋转机械在一个方向上的转动规定为正转，而在相反方向上的转动规定为反转，相应地其转动角速度便也有了正、负之分。“负频率”的概念可以从这个意义上来理解。

表 2.2 总结了三角函数型和指数函数型傅里叶级数的表达式、傅里叶系数表达式以及系数间的关系。

归纳起来，周期信号的频谱具有以下 3 个特点：

(1) 周期信号的频谱是离散谱。

(2) 周期信号的谱线仅出现在基波及各次谐波频率处。

(3) 周期信号的幅值谱中各频率分量的幅值随着频率的升高而减小，频率越高，幅值越小。

表 2.2 周期信号的傅里叶级数表达形式

形式	展开式	傅里叶系数	系数间的关系
指数形式	$x(t)=\sum_{n=-\infty}^{\infty}C_n e^{jn\omega_0 t}$ $C_n=\lvert C_n\rvert e^{j\varphi_n}$	$C_n=\frac{1}{T}\int_{-T/2}^{T/2}x(t)e^{-jn\omega_0 t}dt$ $n=0,\pm1,\pm2,\cdots$	$C_n=\frac{1}{2}A_n e^{j\varphi_n}$ $=\frac{1}{2}(a_n-jb_n)$ $\lvert C_n\rvert=\frac{1}{2}A_n$ $=\frac{1}{2}\sqrt{a_n^2+b_n^2}$ 是 n 的偶函数； $\varphi_n=-\arctan\frac{b_n}{a_n}$ 是 n 的奇函数
三角函数形式	$x(t)=\frac{a_0}{2}+\sum_{n=1}^{\infty}a_n\cos(n\omega_0 t)$ $+\sum_{n=1}^{\infty}b_n\sin(n\omega_0 t)$ $=\frac{A_0}{2}+\sum_{n=1}^{\infty}A_n\cos(n\omega_0 t$ $+\varphi_n)$	$a_n=\frac{1}{T}\int_{-T/2}^{T/2}x(t)\cos(n\omega_0 t)dt$ $n=0,1,2,\cdots$ $b_n=\frac{1}{T}\int_{-T/2}^{T/2}x(t)\sin(n\omega_0 t)dt$ $n=1,2,\cdots$ $A_n=\sqrt{a_n^2+b_n^2}$ $\varphi_n=-\arctan\frac{b_n}{a_n}$	$a_n=A_n\cos\varphi_n$ $=C_n+C_{-n}$ 是 n 的偶函数； $b_n=-A_n\sin\varphi_n$ $=j(C_n-C_{-n})$ 是 n 的奇函数 $A_n=2\lvert C_n\rvert$

例 2.2 求图 2.17 所示的周期矩形脉冲的频谱，其中周期矩形脉冲(periodic sequence of rectangular pulses)的周期为 T，脉冲宽度为 τ。

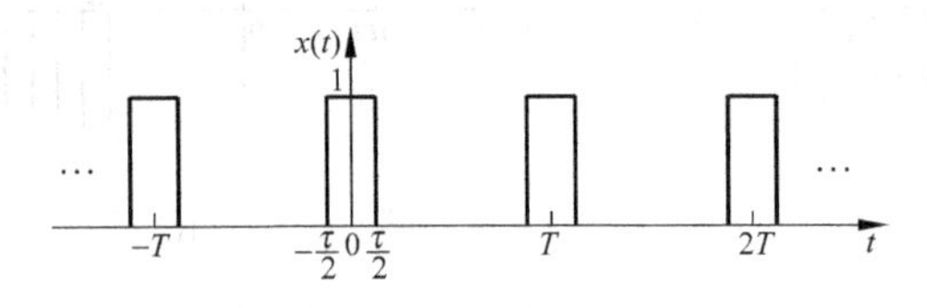

图 2.17 周期矩形脉冲

解：根据式(2.26)，有

$$C_n=\frac{1}{T}\int_{-T/2}^{T/2}x(t)e^{-jn\omega_0 t}dt=\frac{1}{T}\int_{-\tau/2}^{\tau/2}e^{-jn\omega_0 t}dt=\frac{1}{T}\cdot\frac{e^{-jn\omega_0 t}}{-jn\omega_0}\Bigg|_{-\tau/2}^{\tau/2}$$

$$=\frac{2}{T}\cdot\frac{\sin\left(\frac{n\omega_0\tau}{2}\right)}{n\omega_0}=\frac{\tau}{T}\cdot\frac{\sin\left(\frac{n\omega_0\tau}{2}\right)}{\frac{n\omega_0\tau}{2}},\quad n=0,\pm1,\pm2,\cdots$$

由于 $\omega_0=\frac{2\pi}{T}$，代入上式得

$$C_n=\frac{\tau}{T}\cdot\frac{\sin\left(\frac{n\pi\tau}{T}\right)}{\frac{n\pi\tau}{T}},\quad n=0,\pm1,\pm2,\cdots \tag{2.36}$$

定义

$$\mathrm{sinc}(x) \stackrel{\mathrm{def}}{=} \frac{\sin x}{x} \tag{2.37}$$

则式(2.36)变为

$$C_n = \frac{\tau}{T}\mathrm{sinc}\left(\frac{n\pi\tau}{T}\right) = \frac{\tau}{T}\mathrm{sinc}\left(\frac{n\omega_0\tau}{2}\right), \quad n = 0, \pm 1, \pm 2, \cdots \tag{2.38}$$

从而根据式(2.25)可得到周期矩形脉冲信号的傅里叶级数展开式为

$$x(t) = \sum_{n=-\infty}^{\infty} C_n \mathrm{e}^{\mathrm{j}n\omega_0 t} = \frac{\tau}{T}\sum_{n=-\infty}^{\infty}\mathrm{sinc}\left(\frac{n\pi\tau}{T}\right)\mathrm{e}^{\mathrm{j}n\omega_0 t} \tag{2.39}$$

图 2.18 示出了周期矩形脉冲信号的频谱，其中设 $T=4\tau$，亦即$\frac{\tau}{T}=\frac{1}{4}$。由于 C_n 在本例中为实数，因此其相位为 0 或 π。

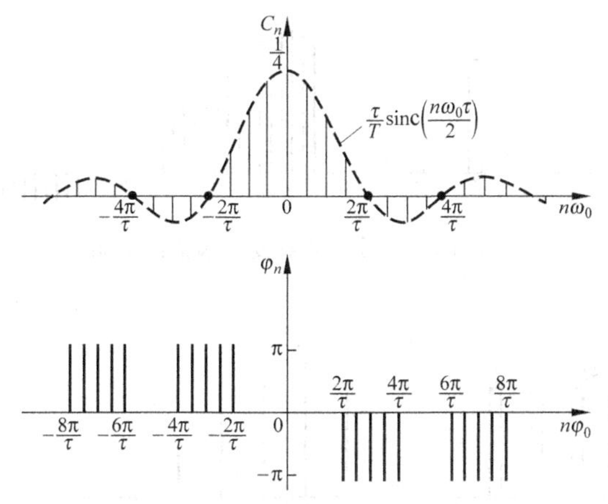

图 2.18 周期矩形脉冲的频谱($T=4\tau$)

与一般的周期信号频谱特点相同，周期矩形脉冲信号的频谱也是离散的，它仅含有 $\omega=n\omega_0$ 的主频率分量，相邻谱线间的距离为 $\omega_0=\frac{2\pi}{T}$。图 2.18 仅示出了 $T=4\tau$ 时的谱线，显然当周期 T 变大时，谱线间隔 ω_0 变小，频谱变得稠密；反之则变稀疏。但不管谱线变稠变稀，频谱的形状亦即其包络不随 T 的变化而变化，在$\frac{\omega\tau}{2}=m\pi$ ($m=\pm 1,\pm 2,\cdots$)处，各频率分量为零。由于各分量的幅值随频率的增加而减小，因此信号的能量主要集中在第一个零点$\left(即\ \omega=\frac{2\pi}{\tau}\right)$以内。在允许一定误差的条件下，通常将 $0\leqslant\omega\leqslant\frac{2\pi}{\tau}$这段频率范围称为周期矩形脉冲信号的带宽，用符号 ΔC 表示：

$$\Delta C = \frac{1}{\tau} \tag{2.40}$$

周期矩形脉冲信号的周期和脉宽改变时它们的频谱变化情形示于图 2.19 和图 2.20。图 2.18(图中未按比例画出)示出了信号的周期相同、脉宽不同的频谱。可以看到，由于信号的周期相同，因而信号的谱线间隔相同。由式(2.40)可知，脉冲宽度愈窄，信号的带宽愈大，从而使得频带中包含的频率分量愈多。另外，当信号周期不变而脉宽减小时，由式(2.39)可知信号的频谱幅值也减小。

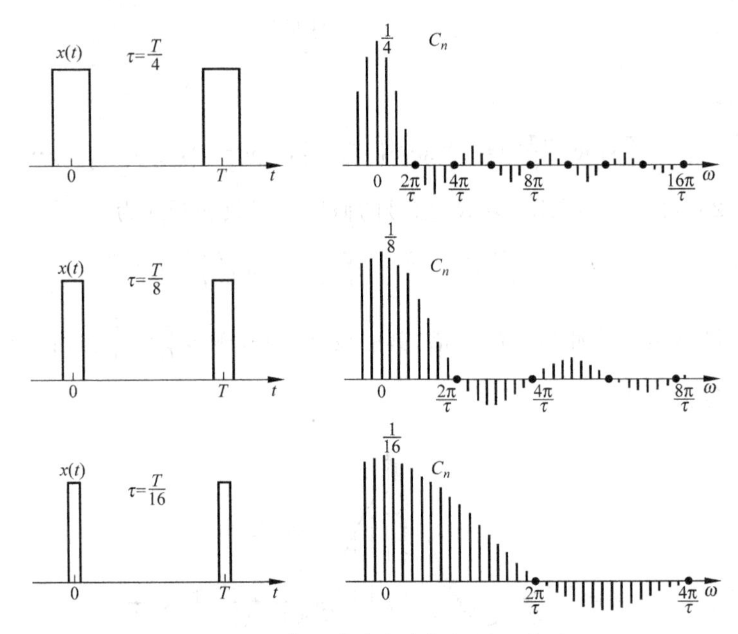

图 2.19 信号脉冲宽度与频谱的关系

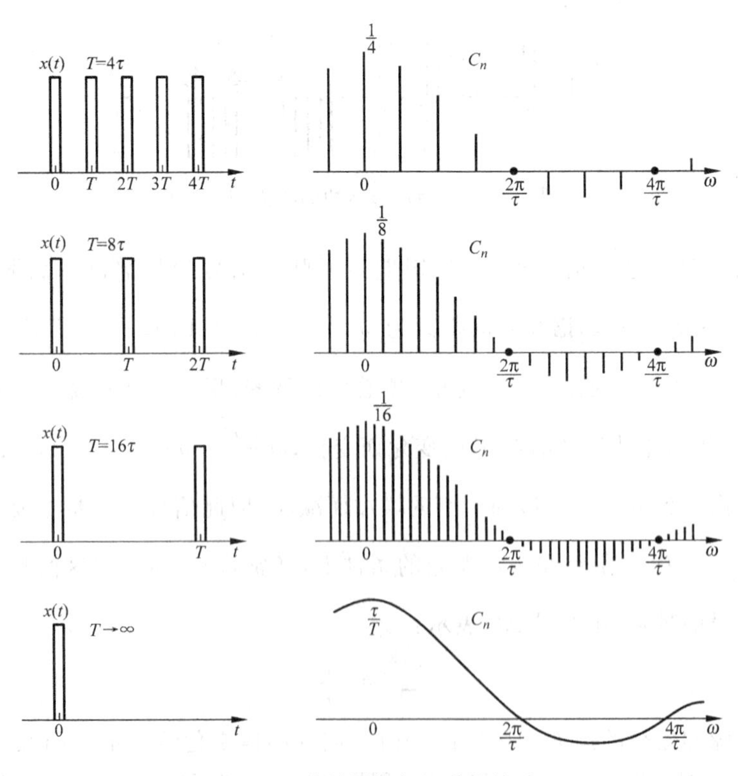

图 2.20 信号周期与频谱的关系

当信号的脉冲宽度相同而周期不同时，其频谱变化情形示于图 2.20。由于脉宽相同，因而信号的带宽相同。当周期变大时，信号谱线的间隔便减小。若周期无限增大，亦即当$T\to\infty$时，原来的周期信号便变成非周期信号。此时，谱线变得越来越密集，最终谱线间隔趋近于零，整个谱线便成为一条连续的频谱。同样由式(2.39)可知，当周期增大而脉宽不变时，各频率分量幅值相应变小。

2.2.5 周期信号的功率

在2.2.2节信号的分类中曾提到，一个周期信号$x(t)$的功率定义为

$$P=\frac{1}{T}\int_{-T/2}^{T/2}x^2(t)\mathrm{d}t \tag{2.41}$$

式(2.41)表示信号$x(t)$在时间区间$\left(-\frac{T}{2},\frac{T}{2}\right)$上的平均功率。

将式(2.15)代入式(2.41)，有

$$P=\frac{1}{T}\int_{-T/2}^{T/2}\left[\frac{a_0}{2}+\sum_{n=1}^{\infty}A_n\cos(n\omega_0t+\varphi_n)\right]^2\mathrm{d}t \tag{2.42}$$

在展开上式过程中，利用余弦函数$\cos(n\omega_0t+\varphi_n)$在一个周期上的积分为零的性质，以及根据正交函数的性质，形为$A_n\cos(n\omega_0t+\varphi_n)\cdot A_m\cos(m\omega_0t+\varphi_m)$的项，当$m\neq n$时，上述积分为零，而当$m=n$时，其积分则等于$\frac{T}{2}A_n^2$，可得式(2.41)展开后的结果为

$$P=\frac{1}{T}\int_{-T/2}^{T/2}x(t)^2\mathrm{d}t=\left(\frac{a_0}{2}\right)^2+\sum_{n=1}^{\infty}\frac{1}{2}A_n^2 \tag{2.43}$$

上式等号右端的第一项表示信号$x(t)$的直流功率，第二项则为信号的各次谐波的功率之和。根据实函数周期信号的性质可知，$|C_n|$是n(或$n\omega_0$)的偶函数。又$|C_n|=\frac{1}{2}A_n$(表2.2)，故式(2.43)又可写为

$$P=\frac{1}{T}\int_{-T/2}^{T/2}x(t)^2\mathrm{d}t=|C_0|^2+2\sum_{n=1}^{\infty}|C_n|^2=\sum_{n=-\infty}^{\infty}|C_n|^2 \tag{2.44}$$

式(2.43)和式(2.44)称为巴塞伐尔定理(Parseval's theorem)。它表明周期信号在时域中的信号功率等于信号在频域中的功率。

周期信号$x(t)$的功率谱(power spectrum)定义为

$$P_n=|C_n|^2,\quad n=0,\pm1,\pm2,\cdots \tag{2.45}$$

式中，P_n表示信号第n个功率谱点。

由以上讨论可知，功率谱具有以下性质：

(1) P_n是非负的。

(2) P_n是n的偶函数。

(3) P_n不随时移τ而改变。

对应于式(2.45)，可定义

$$p_n=\sqrt{P_n},\quad n=0,\pm1,\pm2,\cdots \tag{2.46}$$

式中，p_n为功率谱P_n的非负平方根。

这样，傅里叶频谱C_n可由傅里叶功率谱和相位谱表示为

$$C_n=|C_n|\mathrm{e}^{\mathrm{j}\varphi_n}=\sqrt{P_n}\mathrm{e}^{\mathrm{j}\varphi_n},\quad n=0,\pm1,\pm2,\cdots \tag{2.47}$$

或

$$C_n = p_n e^{j\varphi_n}, \quad n = 0, \pm 1, \pm 2, \cdots \tag{2.48}$$

例 2.3 求例 2.2 中所示的周期矩形脉冲信号的功率，设 $\tau=0.2\text{s}$, $T=5\tau$。

解：根据信号功率的公式(2.41)，有

$$P = \frac{1}{T}\int_{-T/2}^{T/2} x^2(t)\mathrm{d}t = \frac{1}{T}\int_{-\tau/2}^{\tau/2} x^2(t)\mathrm{d}t$$

$$= \frac{1}{1}\int_{-0.1}^{0.1} 1^2 \mathrm{d}t = 0.2$$

若将 $x(t)$ 展开为傅里叶级数，有

$$x(t) = \sum_{n=-\infty}^{\infty} C_n e^{jn\omega_0 t}$$

根据例 2.2 的计算结果，其傅里叶系数或频谱为

$$C_n = \frac{\tau}{T}\mathrm{sinc}\left(\frac{n\pi\tau}{T}\right) = 0.2\mathrm{sinc}(0.2n\pi)$$

其频谱如图 2.21(b)所示。

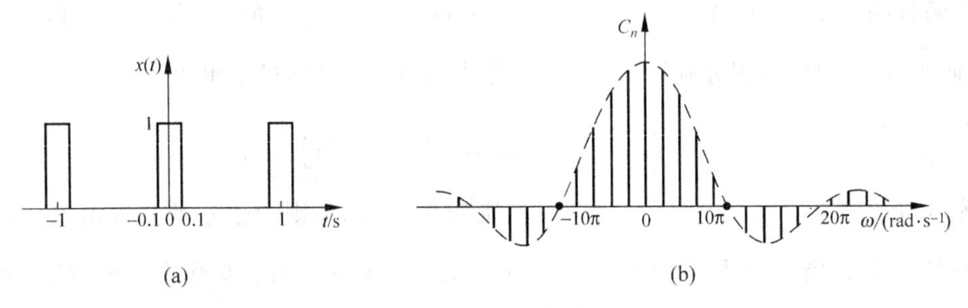

图 2.21 周期矩形脉冲信号及其频谱($\tau=0.2\text{s}$, $T=5\tau$)

上述信号频谱中第一个过零点以内所含各频率分量的功率总和占总功率的百分比计算如下。

由图 2.21 可知，此时 $n=5$，因此其频率分量功率总和 P' 为

$$\begin{aligned}
P' &= \sum_{n=-5}^{5} |C_n|^2 \\
&= |C_0|^2 + 2(|C_1|^2 + |C_2|^2 + |C_3|^2 + |C_4|^2 + |C_5|^2) \\
&= (0.2)^2 + 2\times(0.2)^2[\mathrm{sinc}^2(0.2\pi) + \mathrm{sinc}^2(0.2\times 2\pi) + \mathrm{sinc}^2(0.2\times 3\pi) \\
&\quad + \mathrm{sinc}^2(0.2\times 4\pi) + \mathrm{sinc}^2(0.2\times 5\pi)] \\
&= 0.04 + 0.08\times(0.875 + 0.573 + 0.255 + 0.055 + 0) \\
&= 0.181
\end{aligned}$$

频率分量的功率总和占总功率的百分比为

$$\frac{P'}{P} = \frac{0.181}{0.2} = 90.3\%$$

由此可见，信号频率中第一个过零点以内(或称频谱主瓣，spectrum main lobe)所包含频率分量的功率之和已占信号总功率的绝大部分。

2.2.6 非周期信号的频域描述

2.2.6.1 傅里叶变换与连续频谱

在2.2.4节和2.2.5节讨论了周期信号表达成傅里叶级数的问题。但实际问题中遇到的信号大都是非周期的。从对周期信号的研究中可知，要了解一个周期信号，仅需考查该周期信号在一个周期上的变化；而要了解一个非周期信号，则必须考查它在整个时间轴上的变化情况。

在2.2.4节研究了周期矩形脉冲信号的周期和脉宽变化时其离散频谱的变化，可以看到，当信号的脉宽不变而周期趋向于无穷大时，原来的周期信号便可当作非周期信号来处理，信号的相邻谱线间隔则趋向于无穷小，谱线变得越来越密集，最终成为一条连续的频谱。各频率分量的幅度尽管也相应地趋向无穷小，但这些分量间仍保持着一定的比例关系。

非周期函数的频谱特性，可以用数学关系式来描述。设 $x(t)$ 为区间 $\left(-\frac{T}{2},\frac{T}{2}\right)$ 上的一个周期函数，它可表达为傅里叶级数的形式：

$$x(t) = \sum_{n=-\infty}^{\infty} C_n e^{jn\omega_0 t} \tag{2.49}$$

式中，

$$C_n = \frac{1}{T}\int_{-T/2}^{T/2} x(t) e^{-jn\omega_0 t} dt \tag{2.50}$$

将式(2.50)代入式(2.49)，得

$$x(t) = \sum_{n=-\infty}^{\infty} \left(\frac{1}{T}\int_{-T/2}^{T/2} x(t) e^{-jn\omega_0 t} dt\right) e^{jn\omega_0 t} \tag{2.51}$$

当 $T\to\infty$ 时，区间 $\left(-\frac{T}{2},\frac{T}{2}\right)$ 变成 $(-\infty,\infty)$，另外，频率间隔 $\Delta\omega=\omega_0=\frac{2\pi}{T}$ 变为无穷小量 $d\omega$，离散频率 $n\omega_0$ 变成连续频率 ω。于是由式(2.51)得到

$$\begin{aligned} x(t) &= \int_{-\infty}^{\infty} \frac{d\omega}{2\pi}\left(\int_{-\infty}^{\infty} x(t) e^{-j\omega t} dt\right) e^{j\omega t} \\ &= \frac{1}{2\pi}\int_{-\infty}^{\infty}\left(\int_{-\infty}^{\infty} x(t) e^{-j\omega t} dt\right) e^{j\omega t} d\omega \end{aligned} \tag{2.52}$$

将式(2.52)中括号中的积分记为

$$X(\omega) = \int_{-\infty}^{\infty} x(t) e^{-j\omega t} dt \tag{2.53}$$

它是变量 ω 的函数。则式(2.52)可写为

$$x(t) = \frac{1}{2\pi}\int_{-\infty}^{\infty} X(\omega) e^{j\omega t} d\omega \tag{2.54}$$

将 $X(\omega)$ 称为 $x(t)$ 的傅里叶变换(Fourier transform，FT)，而将 $x(t)$ 称为 $X(\omega)$ 的逆傅里叶变换(inverse Fourier transform，IFT)，两者之间存在着一一对应的关系，式(2.53)和式(2.54)称为傅里叶变换对，记为

$$x(t) \Leftrightarrow X(\omega) \tag{2.55}$$

非周期函数 $x(t)$ 存在有傅里叶变换的充分条件是 $x(t)$ 在区间 $(-\infty,+\infty)$ 上绝对可积，即

$$\int_{-\infty}^{\infty} |x(t)| \mathrm{d}t < \infty$$

但上述条件并非必要条件。因为当引入广义函数概念之后，许多原本不满足绝对可积条件的函数也能进行傅里叶变换。

若将上述变换公式中的角频率 ω 用频率 f 来替代，则由于 $\omega=2\pi f$，式(2.53)和式(2.54)分别变为

$$X(f)=\int_{-\infty}^{\infty} x(t)\mathrm{e}^{-\mathrm{j}2\pi ft}\mathrm{d}t \tag{2.56}$$

$$x(t)=\int_{-\infty}^{\infty} X(f)\mathrm{e}^{\mathrm{j}2\pi ft}\mathrm{d}f \tag{2.57}$$

相应的傅里叶变换对可写成

$$x(t)\Leftrightarrow X(f) \tag{2.58}$$

从式(2.57)可知，一个非周期函数可分解成频率 f 连续变化的谐波的叠加，式中的 $X(f)\mathrm{d}f$ 是谐波 $\mathrm{e}^{\mathrm{j}2\pi ft}$ 的系数，决定着信号的振幅和相位。由于不同的频率 f，$X(f)\mathrm{d}f$ 项中的 $\mathrm{d}f$ 是相同的，而只有 $X(f)$ 才反映不同谐波分量的振幅与相位的变化情况，因此称 $X(f)$ 或 $X(\omega)$ 为 $x(t)$ 的连续频谱。由于 $X(f)$ 一般为实变量 f 的复函数，故可将其写为

$$X(f)=|X(f)|\mathrm{e}^{\mathrm{j}\varphi(f)} \tag{2.59}$$

上式中的 $|X(f)|$（或 $|X(\omega)|$，当变量为 ω 时）称为非周期信号 $x(t)$ 的幅值谱，$\varphi(f)$（或 $\varphi(\omega)$）称为 $x(t)$ 的相位谱。

尽管非周期信号的幅值谱 $|X(f)|$ 与周期信号的幅值谱 $|C_n|$ 在名称上相同，但 $|X(f)|$ 是连续的，而 $|C_n|$ 为离散的。此外，两者在量纲上也不一样。由式(2.25)可知，$|C_n|$ 与信号幅值量纲一致；而由式(2.57)可知，$|X(f)|$ 的量纲与信号量纲不一致，$x(t)$ 与 $X(f)\mathrm{d}f$ 的量纲一致，$|X(f)|$ 是单位频宽上的幅值。因此严格地说，$X(f)$ 是频谱密度函数(spectrum density function)。

例 2.4 求图 2.22 所示的单边指数函数(one-sided exponential pulse) $\mathrm{e}^{-at}\xi(t)$ $(a>0)$ 的频谱。

解：由式(2.56)，有

$$\begin{aligned} X(f) &= \int_{-\infty}^{\infty} x(t)\mathrm{e}^{-\mathrm{j}2\pi ft}\mathrm{d}t \\ &= \int_{-\infty}^{\infty} \mathrm{e}^{-at}\xi(t)\mathrm{e}^{-\mathrm{j}2\pi ft}\mathrm{d}t \\ &= \int_{0}^{\infty} \mathrm{e}^{-at}\mathrm{e}^{-\mathrm{j}2\pi ft}\mathrm{d}t \\ &= \frac{1}{a+\mathrm{j}2\pi f} \end{aligned}$$

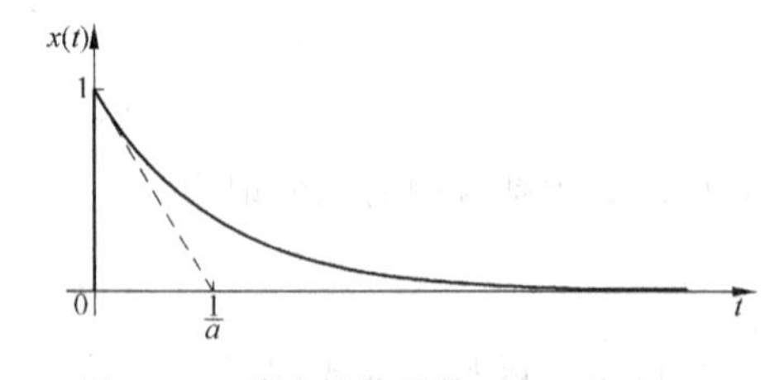

图 2.22 单边指数函数 $\mathrm{e}^{-at}\xi(t)$ $(a>0)$

于是，

$$\begin{cases} |X(f)| = \dfrac{1}{\sqrt{a^2+(2\pi f)^2}} \\ \varphi(f) = -\arctan\dfrac{2\pi f}{a} \end{cases}$$

其幅频谱与相频谱分别示于图 2.23。

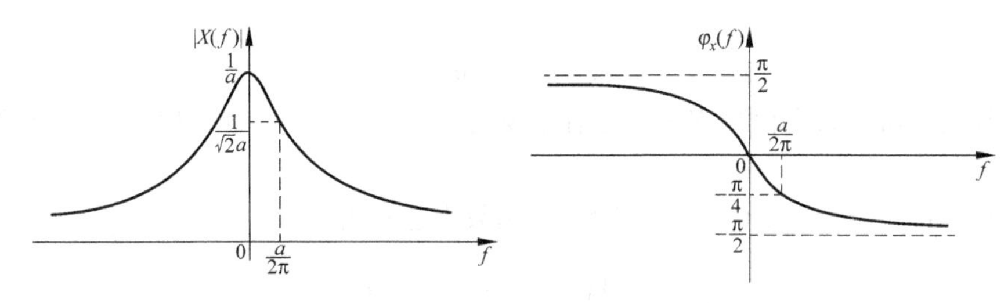

图 2.23 单边指数函数 $e^{-at}\xi(t)$ $(a>0)$的频谱

例 2.5 图 2.24 所示为一矩形脉冲(rectangular pulse)(又称窗函数或门函数(gate function)),用符号 $g_T(t)$表示:

$$g_T(t)=\begin{cases}1, & |t|<\dfrac{T}{2}\\ 0, & \text{其他}\end{cases}$$

求该函数的频谱。

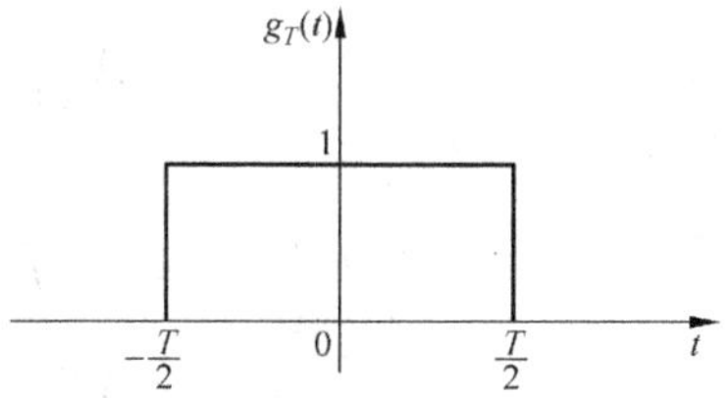

解:

$$\begin{aligned}G_T(\omega)&=\int_{-\infty}^{\infty}g_T(t)e^{-j\omega t}dt\\&=\int_{-T/2}^{T/2}1\cdot e^{-j\omega t}dt\\&=\frac{e^{-j\omega t}}{-j\omega}\bigg|_{-T/2}^{T/2}\\&=\frac{1}{-j\omega}(e^{-j\omega T/2}-e^{j\omega T/2})\\&=T\cdot\frac{\sin\left(\dfrac{\omega T}{2}\right)}{\left(\dfrac{\omega T}{2}\right)}\\&=T\text{sinc}\left(\frac{\omega T}{2}\right)\end{aligned}\tag{2.60}$$

图 2.24 矩形脉冲函数

其幅频谱和相频谱分别为

$$\left.\begin{aligned}&|G_T(\omega)|=T\left|\text{sinc}\left(\frac{\omega T}{2}\right)\right|\\&\varphi(\omega)=\begin{cases}0, & \text{sinc}\left(\dfrac{\omega T}{2}\right)>0\\ \pm\pi, & \text{sinc}\left(\dfrac{\omega T}{2}\right)<0\end{cases}\end{aligned}\right\}\tag{2.61}$$

可以看到,窗函数 $g_T(t)$的频谱 $G_T(\omega)$是一个正或负的实数,正、负符号的变化相当于在相位上改变一个 π 弧度。$G_T(\omega)$的图形示于图 2.25。

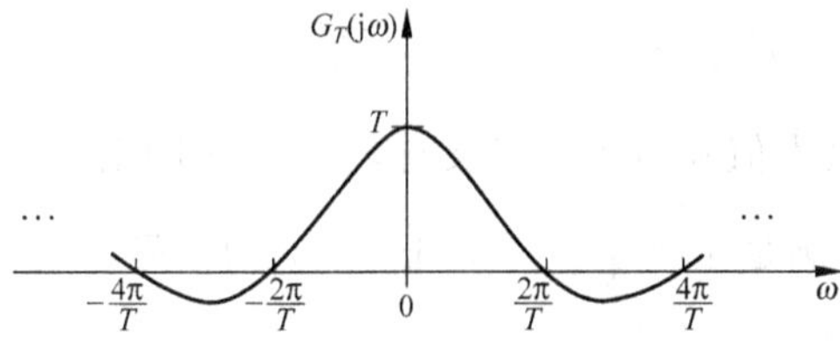

图 2.25 矩形脉冲函数的频谱 $G_T(\omega)$

读者可自行画出 $g_T(t)$的幅频谱和相频谱。

矩形脉冲函数与 sinc 函数之间是一对傅里叶变换对,若用 rect(t)表示矩形脉冲函数,

则有

$$\mathrm{rect}(t) \Leftrightarrow \mathrm{sinc}(\omega) \tag{2.62}$$

矩形脉冲函数或窗函数在信号理论中起着重要的作用，后面的信号处理部分还会进行详细讨论。

例 2.6　图 2.26 示出了一个三角波，其函数表达式为

$$x(t)=\begin{cases}A\left(1-\dfrac{|t|}{T}\right), & |t|<T\\ 0, & \text{其他}\end{cases}$$

求该函数的频谱。

解：根据傅里叶变换的定义，有

$$\begin{aligned}X(\omega)&=\int_{-\infty}^{\infty}x(t)\mathrm{e}^{-\mathrm{j}\omega t}\,\mathrm{d}t\\&=\int_{-T}^{0}\left(\frac{At}{T}+A\right)\mathrm{e}^{-\mathrm{j}\omega t}\,\mathrm{d}t+\int_{0}^{T}\left(\frac{-At}{T}+A\right)\mathrm{e}^{-\mathrm{j}\omega t}\,\mathrm{d}t\\&=\frac{A}{T}\left\{\left[\frac{t\mathrm{e}^{-\mathrm{j}\omega t}}{-\mathrm{j}\omega}-\frac{1}{(\mathrm{j}\omega)^2}\mathrm{e}^{-\mathrm{j}\omega t}\right]\Bigg|_{-T}^{0}\right\}+\frac{A\mathrm{e}^{-\mathrm{j}\omega t}}{-\mathrm{j}\omega}\Bigg|_{-T}^{0}\\&\quad+\frac{-A}{T}\left\{\left[\frac{t\mathrm{e}^{-\mathrm{j}\omega t}}{-\mathrm{j}\omega}-\frac{1}{(\mathrm{j}\omega)^2}\mathrm{e}^{-\mathrm{j}\omega t}\right]\Bigg|_{0}^{T}\right\}+\frac{A\mathrm{e}^{-\mathrm{j}\omega t}}{-\mathrm{j}\omega}\Bigg|_{0}^{T}\\&=AT\,\mathrm{sinc}^2\left(\frac{\omega T}{2}\right)\end{aligned}$$

其频谱示于图 2.27。该频谱对所有的 ω 均为非负的实数。

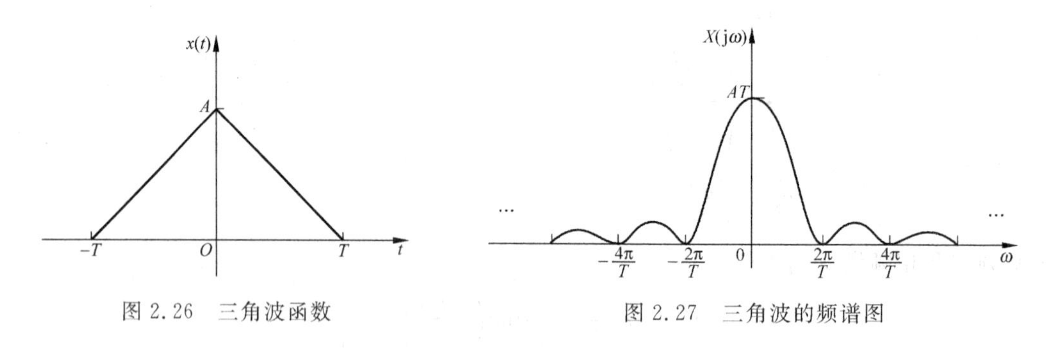

图 2.26　三角波函数　　图 2.27　三角波的频谱图

2.2.6.2　能量谱

在 2.2.5 节周期信号的研究中，已经从它的功率推导出功率谱的概念。在研究非周期信号的傅里叶变换时也曾指出，只有那些满足狄里赫利(Dirichlet)条件的函数才具有傅里叶变换，即

(1) $x(t)$必须是绝对可积的，即 $\int_{-\infty}^{\infty}|x(t)|\,\mathrm{d}t<\infty$。

(2) $x(t)$在任何有限的区间上具有有限个最大值和最小值以及有限个第一类间断点。

这些条件也包括所有有用的能量信号，亦即满足条件 $\int_{-\infty}^{\infty}x^2(t)\,\mathrm{d}t<\infty$ 的信号，如窗函数、三角形脉冲函数、单边或双边指数衰减信号等。

信号的能量与频谱之间满足一定的关系式。一个非周期函数 $x(t)$的能量定义为

$$E=\int_{-\infty}^{\infty}x^2(t)\mathrm{d}t \tag{2.63}$$

将式(2.54)代入上式可得

$$\begin{aligned}E&=\int_{-\infty}^{\infty}x^2(t)\mathrm{d}t\\&=\int_{-\infty}^{\infty}x(t)\cdot\left(\frac{1}{2\pi}\int_{-\infty}^{\infty}X(\omega)\mathrm{e}^{\mathrm{j}\omega t}\mathrm{d}\omega\right)\mathrm{d}t\\&=\frac{1}{2\pi}\int_{-\infty}^{\infty}X(\omega)\cdot\left(\int_{-\infty}^{\infty}x(t)\mathrm{e}^{\mathrm{j}\omega t}\mathrm{d}t\right)\mathrm{d}\omega\\&=\frac{1}{2\pi}\int_{-\infty}^{\infty}X(\omega)\cdot X(-\omega)\mathrm{d}\omega\end{aligned} \tag{2.64}$$

对于实信号 $x(t)$，有 $X(-\omega)=X^*(\omega)$，$X^*(\omega)$ 为 $X(\omega)$ 的复共轭函数。因此式(2.64)变为

$$\begin{aligned}E&=\frac{1}{2\pi}\int_{-\infty}^{\infty}X(\omega)\cdot X(-\omega)\mathrm{d}\omega\\&=\frac{1}{2\pi}\int_{-\infty}^{\infty}X(\omega)\cdot X^*(\omega)\mathrm{d}\omega\\&=\frac{1}{2\pi}\int_{-\infty}^{\infty}|X(\omega)|^2\mathrm{d}\omega\end{aligned}$$

由此得

$$E=\int_{-\infty}^{\infty}x^2(t)\mathrm{d}t=\frac{1}{2\pi}\int_{-\infty}^{\infty}|X(\omega)|^2\mathrm{d}\omega \tag{2.65}$$

式(2.65)亦称为巴塞伐尔(Parseval)方程或能量等式。它表示，一个非周期信号 $x(t)$ 在时域中的能量可由它在频域中连续频谱的能量来表示。

由于 $|X(\omega)|^2$ 为 ω 的偶函数，故式(2.65)亦可写成

$$\begin{aligned}E&=\frac{1}{2\pi}\int_{-\infty}^{\infty}|X(\omega)|^2\mathrm{d}\omega\\&=\frac{1}{\pi}\int_{0}^{\infty}|X(\omega)|^2\mathrm{d}\omega\\&=\int_{0}^{\infty}S(\omega)\mathrm{d}\omega\end{aligned} \tag{2.66}$$

其中 $S(\omega)=|X(\omega)|^2/\pi$，称 $S(\omega)$ 为 $x(t)$ 的能量谱密度函数(energy spectrum density function)，简称能量谱函数。信号的能量谱 $S(\omega)$ 是 ω 的偶函数，它仅取决于频谱函数的模，而与相位无关。周期信号中每个谐波分量与一定量的功率可以相互联系起来；同样，能量信号中的能量同连续的频带也可以联系起来。比如在例 2.5 的矩形脉冲例子中，可相应地求出它的能量谱(图 2.28)，从中求出 $g_T(t)$ 的能量，如 $g_T(t)$ 在频带 (ω_1,ω_2) 中的能量可用能量谱曲线下对应的阴影面积来表示。

2.2.6.3 傅里叶变换的性质

对任何一个信号可以有两种描述方式：时域描述和频域描述。两种描述方式之间用傅里叶变换来建立一一对应的关系。傅里叶变换具有某些基本性质。了解这些基本性质有助于对复杂信号时、频域转换的分析和理解。

1. 对称性(亦称对偶性)(symmetry，duality)

若 $x(t)\Leftrightarrow X(\omega)$，则有

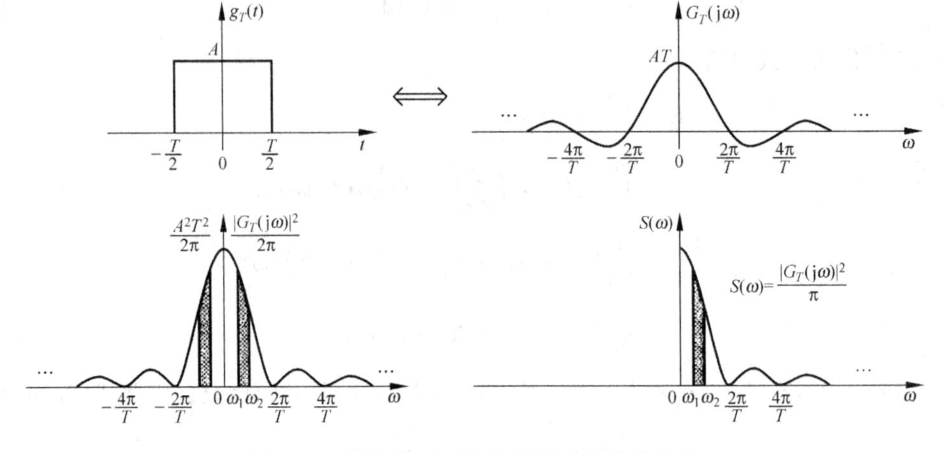

图 2.28 矩形脉冲函数的能量谱曲线及能量

$$X(t)\Leftrightarrow 2\pi x(-\omega) \tag{2.67}$$

证明：因为

$$x(t)=\frac{1}{2\pi}\int_{-\infty}^{\infty}X(\omega)e^{j\omega t}d\omega$$

故有

$$2\pi x(-t)=\int_{-\infty}^{\infty}X(\omega')e^{-j\omega' t}d\omega'$$

将上式中的变量 t 换成 ω，得

$$2\pi x(-\omega)=\int_{-\infty}^{\infty}X(\omega')e^{-j\omega'\omega}d\omega'$$

由于积分与变量无关，再将上式中的 ω' 换为 t，于是得

$$2\pi x(-\omega)=\int_{-\infty}^{\infty}X(t)e^{-j\omega t}dt$$

上式表明，时间函数 $X(t)$ 的傅里叶变换为 $2\pi x(-\omega)$。由此证明了式(2.67)。

例 2.7 利用下列三角波来演示其时、频域转换的对称性，三角波函数为

$$x(t)=\begin{cases}1-\dfrac{|t|}{A}, & |t|<A\\ 0, & \text{其他}\end{cases}$$

解：由例 2.6 的计算结果可知

$$X(\omega)=A\text{sinc}^2\left(\frac{\omega A}{2}\right)$$

根据对称性，时间函数 $X(t)=A\text{sinc}^2\left(\dfrac{tA}{2}\right)$ 的频谱可直接写出为

$$2\pi x(-\omega)=\begin{cases}2\pi\left(1-\dfrac{|\omega|}{A}\right), & |\omega|<A\\ 0, & |\omega|>A\end{cases}$$

图 2.29 示出了两对傅里叶变换的图形。

2. 线性性(linearity)

如果有 $$x_1(t)\Leftrightarrow X_1(\omega)$$

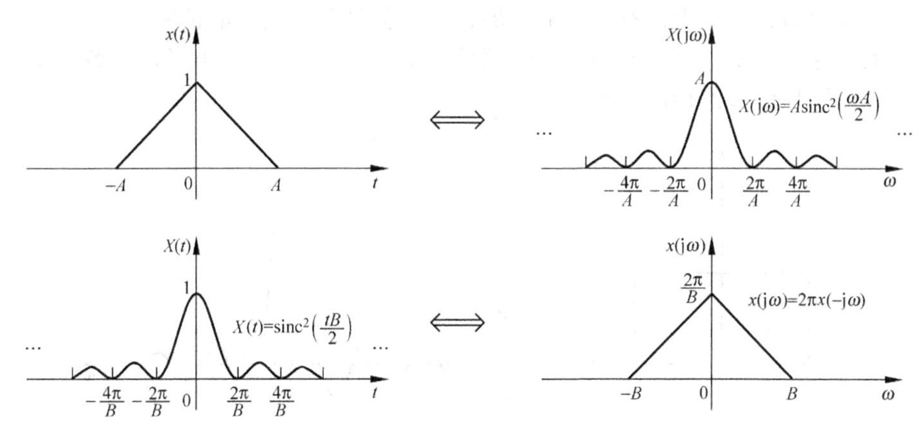

图 2.29 三角波函数的时、频域对称性示例

$$x_2(t) \Leftrightarrow X_2(\omega)$$

则

$$ax_1(t) + bx_2(t) \Leftrightarrow aX_1(\omega) + bX_2(\omega) \tag{2.68}$$

其中，a，b 为常数。

这一性质可直接由傅里叶变换的计算公式(2.53)和公式(2.54)简单证明。傅里叶变换的线性性质不难推广到有多个信号的情况。

3. 尺度变换性(scaling property)

如果有 $x(t) \Leftrightarrow X(\omega)$，则对于实常数 a，有

$$x(at) \Leftrightarrow \frac{1}{|a|} X\left(\frac{\omega}{a}\right) \tag{2.69}$$

证明：设 $a>0$，则 $x(at)$ 的傅里叶变换为

$$F[x(at)] = \int_{-\infty}^{\infty} x(at) \mathrm{e}^{-\mathrm{j}\omega t} \mathrm{d}t$$

式中，$F[\;]$表示傅里叶变换，逆傅里叶变换相应地用 $F^{-1}[\;]$来表示。作变量置换，设 $u=at$，代入上式得

$$F[x(at)] = \int_{-\infty}^{\infty} x(u) \mathrm{e}^{-(\mathrm{j}\omega u/a)} \frac{\mathrm{d}u}{a}$$

$$= \frac{1}{a} X\left(\frac{\omega}{a}\right)$$

若 $a<0$，则

$$F[x(at)] = \frac{-1}{a} X\left(\frac{\omega}{a}\right)$$

综合上两种结果，有

$$x(at) \Leftrightarrow \frac{1}{|a|} X\left(\frac{\omega}{a}\right)$$

式(2.69)表明，若信号 $x(t)$ 在时间轴上被压缩至原信号的$\frac{1}{a}$，则其频谱函数在频率轴上将展宽 a 倍，而其幅值相应地减至原信号幅值的$\frac{1}{|a|}$。亦即，信号在时域上所占据时间的

压缩对应于其频谱在频域中占有频带的扩展;反之,信号在时域上的扩展对应于其频谱在频域中的压缩。这一性质称尺度变换性或时频域展缩性。图 2.30 示出了窗函数 $x(t)$ 在尺度因子 $a=3$ 时的时、频域波形的变化情形。

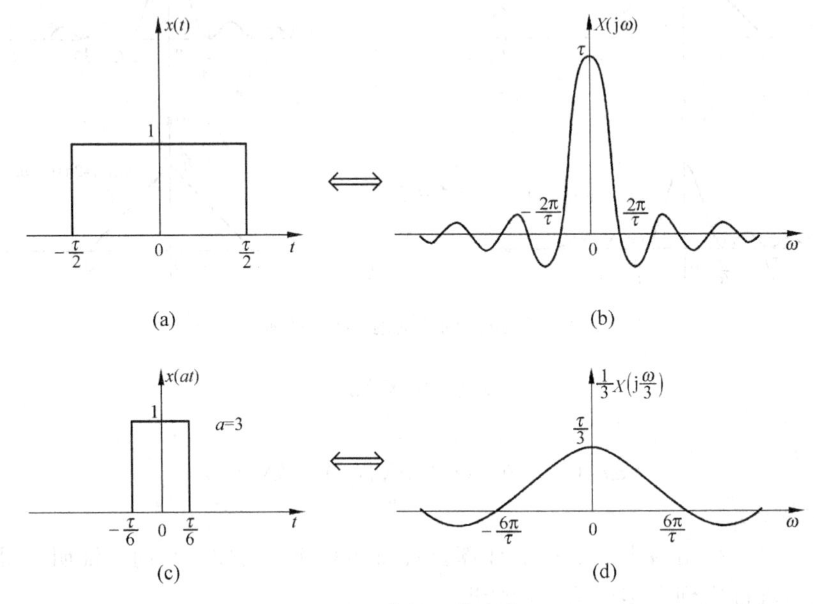

图 2.30　窗函数的尺度变换($a=3$)

尺度变换性表明,信号的持续时间与信号占有的频带宽成反比。对窗函数 $g_T(t)$ 来说,其带宽 $\Delta f=\frac{1}{T}$。在测试技术中,有时需要缩短信号的持续时间,以加快信号的传输速度,相应地在频域中便必须展宽频带。

4. 奇偶性(odd-even property)

普通的实际信号常为时间的实函数,而其傅里叶变换 $X(\omega)$ 则是实变量 ω 的复数函数。

设 $x(t)$ 为时间 t 的实函数,由式(2.53)且根据 $e^{-j\omega t}=\cos\omega t-j\sin\omega t$ 可得

$$\begin{aligned}X(\omega)&=\int_{-\infty}^{\infty}x(t)e^{-j\omega t}dt\\&=\int_{-\infty}^{\infty}x(t)\cos\omega t\,dt-j\int_{-\infty}^{\infty}x(t)\sin\omega t\,dt\\&=\mathrm{Re}X(\omega)+j\mathrm{Im}X(\omega)\\&=|X(\omega)|e^{j\varphi(\omega)}\end{aligned}$$

上式中频谱函数的实部和虚部分别为

$$\left.\begin{aligned}\mathrm{Re}X(\omega)&=\int_{-\infty}^{\infty}x(t)\cos\omega t\,dt\\\mathrm{Im}X(\omega)&=-\int_{-\infty}^{\infty}x(t)\sin\omega t\,dt\end{aligned}\right\}\tag{2.70}$$

因此得出频谱函数的模和相角分别为

$$\left.\begin{aligned}|X(\omega)|&=\sqrt{\mathrm{Re}X(\omega)^2+\mathrm{Im}X(\omega)^2}\\\varphi(\omega)&=\arctan\frac{\mathrm{Im}X(\omega)}{\mathrm{Re}X(\omega)}\end{aligned}\right\}\tag{2.71}$$

由式(2.70)可见,由于 $\cos\omega t$ 为偶函数,而 $\sin\omega t$ 为奇函数,则当 $x(t)$ 为实函数时,对于其频谱 $X(\omega)$ 来说,有

$$\mathrm{Re}X(\omega)=\mathrm{Re}X(-\omega),\quad \mathrm{Im}X(\omega)=-\mathrm{Im}X(-\omega)$$

且由式(2.71)可知

$$|X(\omega)|=|X(-\omega)|,\quad \varphi(\omega)=-\varphi(-\omega)$$

另外,从式(2.70)还可知,若 $x(t)$ 为时间 t 的实函数且为偶函数,亦即 $x(t)=x(-t)$ 时,$x(t)\sin\omega t$ 便为 t 的奇函数,则有 $\mathrm{Im}X(\omega)=0$;相反,$x(t)\cos\omega t$ 便为 t 的偶函数,则有

$$X(\omega)=\mathrm{Re}X(\omega)=\int_{-\infty}^{\infty}x(t)\cos\omega t\,\mathrm{d}t=2\int_{0}^{\infty}x(t)\cos\omega t\,\mathrm{d}t$$

由此可见,$X(\omega)$ 为 ω 的实、偶函数。

若 $x(t)$ 为时间 t 的实函数且为奇函数,亦即 $x(t)=-x(-t)$ 时,$x(t)\cos\omega t$ 便为 t 的奇函数,则有 $\mathrm{Re}X(\omega)=0$;相反,$x(t)\sin\omega t$ 便为 t 的偶函数,则有

$$X(\omega)=\mathrm{jIm}X(\omega)=-\mathrm{j}\int_{-\infty}^{\infty}x(t)\sin\omega t\,\mathrm{d}t=-\mathrm{j}2\int_{0}^{\infty}x(t)\sin\omega t\,\mathrm{d}t$$

由此可见,$X(\omega)$ 为 ω 的虚、奇函数。

根据定义,$x(-t)$ 的傅里叶变换可写为

$$F[x(-t)]=\int_{-\infty}^{\infty}x(-t)\mathrm{e}^{-\mathrm{j}\omega t}\mathrm{d}t$$

令 $\tau=-t$,得

$$\begin{aligned}F[x(-t)]&=\int_{\infty}^{-\infty}x(\tau)\mathrm{e}^{\mathrm{j}\omega\tau}\mathrm{d}(-\tau)\\&=\int_{-\infty}^{\infty}x(\tau)\mathrm{e}^{-\mathrm{j}(-\omega)\tau}\mathrm{d}(\tau)\\&=X(-\omega)\end{aligned}$$

由于 $\mathrm{Re}X(\omega)$ 为 ω 的偶函数,而 $\mathrm{Im}X(\omega)$ 为 ω 的奇函数,则有

$$\begin{aligned}X(-\omega)&=\mathrm{Re}X(-\omega)+\mathrm{jIm}X(-\omega)\\&=\mathrm{Re}X(\omega)-\mathrm{jIm}X(\omega)\\&=X^*(\omega)\end{aligned}$$

式中,$X^*(\omega)$ 为 $X(\omega)$ 的共轭复函数。于是有

$$x(-t)\Leftrightarrow X(-\omega)=X^*(\omega)\tag{2.72}$$

式(2.72)亦称傅里叶变换的反转性。

以上结论适合于 $x(t)$ 为时间 t 的实函数的情况。若 $x(t)$ 为 t 的虚函数,则有

$$\left.\begin{aligned}&\mathrm{Re}X(\omega)=-\mathrm{Re}X(-\omega),\quad \mathrm{Im}X(\omega)=\mathrm{Im}X(-\omega)\\&|X(\omega)|=|X(-\omega)|,\quad \varphi(\omega)=-\varphi(-\omega)\end{aligned}\right\}\tag{2.73}$$

$$x(-t)\Leftrightarrow X(-\omega)=-X^*(\omega)\tag{2.74}$$

5. 时移性(time shifting)

如果有 $x(t)\Leftrightarrow X(\omega)$,则

$$x(t-t_0)\Leftrightarrow X(\omega)\mathrm{e}^{-\mathrm{j}\omega t_0}\tag{2.75}$$

证明:根据傅里叶变换的定义可得

$$F[x(t-t_0)]=\int_{-\infty}^{\infty}x(t-t_0)\mathrm{e}^{-\mathrm{j}\omega t}\mathrm{d}t$$

令 $u=t-t_0$，代入上式得

$$F[x(t-t_0)]=\int_{-\infty}^{\infty}x(u)\mathrm{e}^{-\mathrm{j}\omega(u+t_0)}\mathrm{d}u$$
$$=\mathrm{e}^{-\mathrm{j}\omega t_0}X(\omega)$$

证毕。

这一性质表明，原先的频谱 $X(\omega)$ 乘以 $\mathrm{e}^{-\mathrm{j}\omega t_0}$，频谱的幅值并未受影响，但每一个频率分量则在相位上被移动一个 $-\omega t_0$ 的量。

例 2.8 求图 2.31 所示矩形脉冲函数的频谱，该矩形脉冲宽度为 T，幅值为 A，中心位于 $t_0\neq 0$ 的位置。

解：该函数的表达式可写为

$$x(t)=A\mathrm{rect}\left(\frac{t-t_0}{T}\right)$$

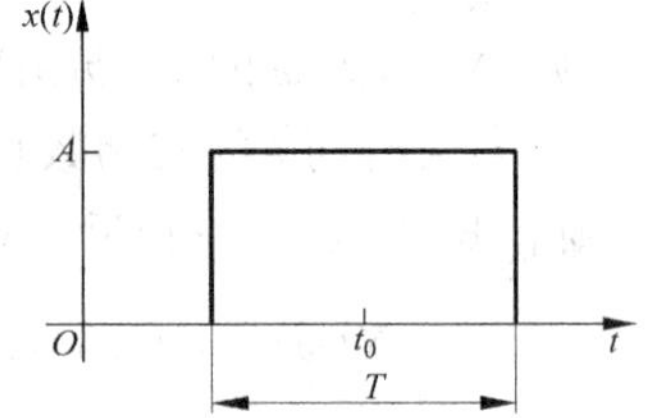

图 2.31 具有时移 t_0 的矩形脉冲

它可被视为一个中心位于坐标原点的矩形脉冲时移至 t_0 点位置所形成。因此，由式(2.59)和式(2.75)可得函数 $x(t)$ 的傅里叶变换为

$$X(f)=AT\mathrm{sinc}(\pi fT)\mathrm{e}^{-\mathrm{j}2\pi ft_0}$$

由此可得它的幅频谱和相频谱分别为

$$|X(f)|=AT|\mathrm{sinc}(\pi fT)|$$

$$\varphi(f)=\begin{cases}-2\pi t_0 f, & \mathrm{sinc}(\pi fT)>0\\ -2\pi t_0 f\pm\pi, & \mathrm{sinc}(\pi fT)<0\end{cases}$$

从计算结果可见，幅频谱不因为有时移而有任何改变，时移产生的效果仅仅是相频谱增加了一个随频率呈线性变化的项。图 2.32 示出了幅频谱和 3 种不同时移 t_0 情况下的相频谱。

6. 频移性(亦称调制性)(frequency shifting-modulation)

如果有 $x(t)\Leftrightarrow X(\omega)$，则

$$x(t)\mathrm{e}^{\mathrm{j}\omega_0 t}\Leftrightarrow X(\omega-\omega_0) \tag{2.76}$$

式中，ω_0 为常数。

证明：根据定义，$x(t)\mathrm{e}^{\mathrm{j}\omega_0 t}$ 的傅里叶变换为

$$F[x(t)\mathrm{e}^{\mathrm{j}\omega_0 t}]=\int_{-\infty}^{\infty}x(t)\mathrm{e}^{\mathrm{j}\omega_0 t}\mathrm{e}^{-\mathrm{j}\omega t}\mathrm{d}t$$
$$=\int_{-\infty}^{\infty}x(t)\mathrm{e}^{-\mathrm{j}(\omega-\omega_0)t}\mathrm{d}t$$
$$=X(\omega-\omega_0)$$

亦即

$$x(t)\mathrm{e}^{\mathrm{j}\omega_0 t}\Leftrightarrow X(\omega-\omega_0)$$

式(2.76)是信号调制的数学基础。

例 2.9 设 $x(t)$ 为调制信号，$\cos\omega_0 t$ 为载波信号，求两者乘积亦即调制后信号 $x(t)\cos\omega_0 t$ 的频谱。

解：根据信号的线性性和频移性，可求得 $x(t)\cos\omega_0 t$ 的频谱为

$$F[x(t)\cos\omega_0 t]=F\left[x(t)\frac{\mathrm{e}^{\mathrm{j}\omega_0 t}+\mathrm{e}^{-\mathrm{j}\omega_0 t}}{2}\right]$$

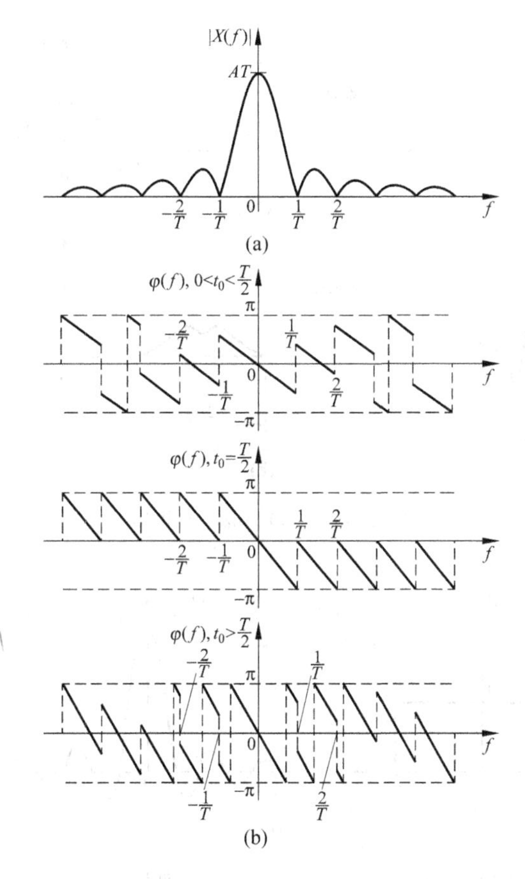

图 2.32 具有时移 t_0 的矩形脉冲函数的幅频谱和相频谱

(a) 幅频谱；(b) 相频谱

$$=\frac{1}{2}F[x(t)e^{j\omega_0 t}]+\frac{1}{2}F[x(t)e^{-j\omega_0 t}]$$

$$=\frac{1}{2}[X(\omega-\omega_0)+X(\omega+\omega_0)] \tag{2.77}$$

从以上计算结果可以看出，时间信号经调制后的频谱等于将调制前原信号的频谱进行频移，使得原信号频谱的一半的中心位于 ω_0 处，另一半位于 $-\omega_0$ 处(图 2.33)。

类似可以得到已调制信号 $x(t)\sin\omega_0 t$ 的频谱函数为

$$F[x(t)\sin\omega_0 t]=-\frac{1}{2}j[X(\omega-\omega_0)-X(\omega+\omega_0)] \tag{2.78}$$

信号的频移性被广泛应用在各类电子系统中，如调幅、同步解调等技术都是以频移特性为基础实现的。例 2.9 中的运算可用图 2.34 所示的一个乘法器来实现。调制信号 $x(t)$ 与载波信号 $\cos\omega_0 t$ 或 $\sin\omega_0 t$ 相乘来得到高频已调制信号 $y(t)$，其中 $y(t)=x(t)\cos\omega_0 t$。

7. 卷积(convolution)

卷积是一种表征时不变线性系统输入-输出关系的特别有效的手段。但进行卷积积分有时不太容易。将时域的卷积积分转换为频域中的一种相对应的运算则可避免原有的卷积运算。这方面存在两种卷积定理：时域卷积定理和频域卷积定理。

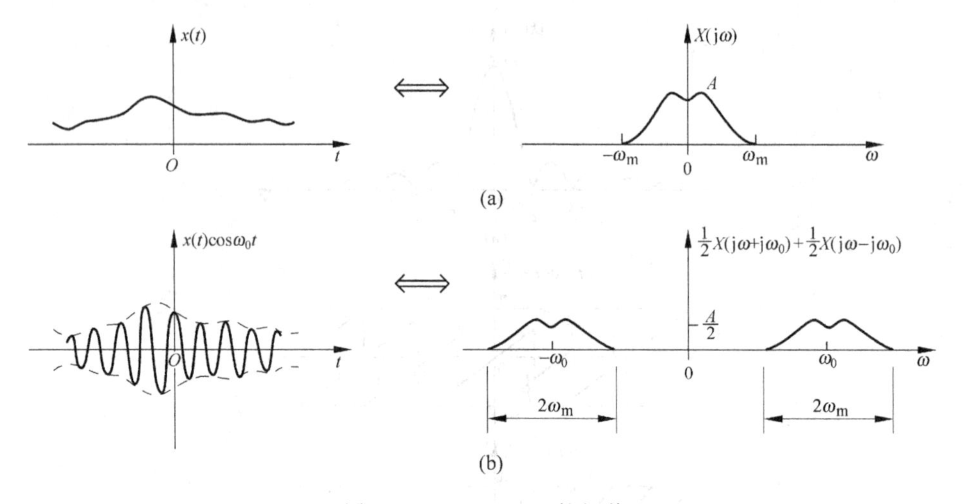

图 2.33 $x(t)\cos\omega_0 t$ 的频谱

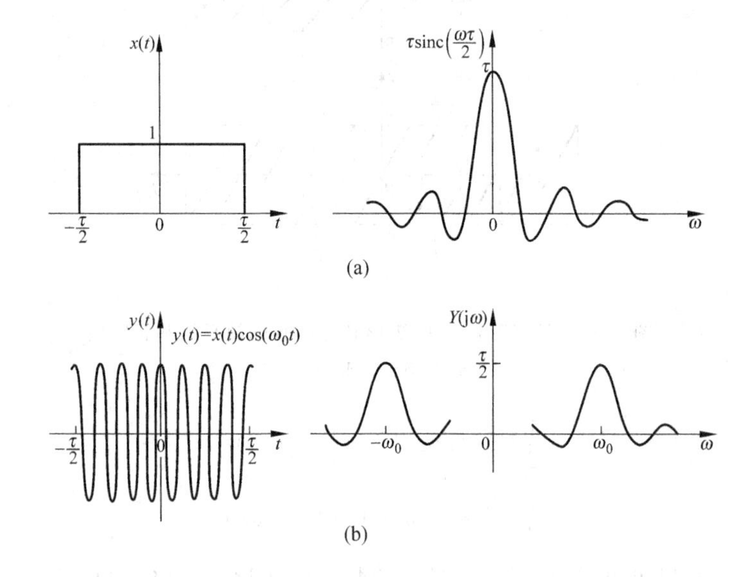

图 2.34 频移实现的原理图

1）时域卷积(time convolution)

如果有

$$\begin{cases} x(t) \Leftrightarrow X(\omega) \\ h(t) \Leftrightarrow H(\omega) \end{cases}$$

则

$$x(t) * h(t) \Leftrightarrow X(\omega) \cdot H(\omega) \tag{2.79}$$

式中，$x(t) * h(t)$表示 $x(t)$与 $h(t)$的卷积。

证明：根据卷积积分的定义，有

$$x(t) * h(t) = \int_{-\infty}^{\infty} x(\tau) \cdot h(t-\tau) \mathrm{d}\tau \tag{2.80}$$

其傅里叶变换为

$$F[x(t)*h(t)]=\int_{-\infty}^{\infty}\mathrm{e}^{-\mathrm{j}\omega t}\left[\int_{-\infty}^{\infty}x(\tau)\cdot h(t-\tau)\mathrm{d}\tau\right]\mathrm{d}t$$

$$=\int_{-\infty}^{\infty}x(\tau)\left[\int_{-\infty}^{\infty}h(t-\tau)\mathrm{e}^{-\mathrm{j}\omega t}\mathrm{d}t\right]\mathrm{d}\tau$$

由时移性可知

$$\int_{-\infty}^{\infty}h(t-\tau)\mathrm{e}^{-\mathrm{j}\omega t}\mathrm{d}t=H(\omega)\mathrm{e}^{-\mathrm{j}\omega\tau}$$

代入上式得

$$F[x(t)*h(t)]=\int_{-\infty}^{\infty}x(\tau)\cdot H(\omega)\mathrm{e}^{-\mathrm{j}\omega\tau}\mathrm{d}\tau$$

$$=H(\omega)\int_{-\infty}^{\infty}x(\tau)\mathrm{e}^{-\mathrm{j}\omega\tau}\mathrm{d}\tau$$

$$=H(\omega)\cdot X(\omega)$$

此即式(2.79)。

2) 频域卷积(frequency convolution)

如果有
$$\begin{cases}x(t)\Leftrightarrow X(\omega)\\ h(t)\Leftrightarrow H(\omega)\end{cases}$$

则

$$x(t)\cdot h(t)\Leftrightarrow\frac{1}{2\pi}X(\omega)*H(\omega)\qquad(2.81)$$

证明：考虑$\dfrac{[X(\omega)*H(\omega)]}{2\pi}$的逆傅里叶变换，有

$$F^{-1}\left[\frac{X(\omega)*H(\omega)}{2\pi}\right]$$

$$=\left(\frac{1}{2\pi}\right)^2\int_{-\infty}^{\infty}\mathrm{e}^{\mathrm{j}\omega t}\int_{-\infty}^{\infty}X(u)H(\omega-u)\mathrm{d}u\mathrm{d}\omega$$

$$=\left(\frac{1}{2\pi}\right)^2\int_{-\infty}^{\infty}X(u)\int_{-\infty}^{\infty}H(\omega-u)\mathrm{e}^{\mathrm{j}\omega t}\mathrm{d}\omega\mathrm{d}u$$

令 $v=\omega-u$，则 $\mathrm{d}v=\mathrm{d}\omega$，$\omega=v+u$，有

$$F^{-1}\left[\frac{X(\omega)*H(\omega)}{2\pi}\right]$$

$$=\left(\frac{1}{2\pi}\right)^2\int_{-\infty}^{\infty}X(u)\int_{-\infty}^{\infty}H(v)\mathrm{e}^{\mathrm{j}(v+u)t}\mathrm{d}v\mathrm{d}u$$

$$=\frac{1}{2\pi}\int_{-\infty}^{\infty}X(u)\mathrm{e}^{\mathrm{j}ut}\mathrm{d}u\cdot\frac{1}{2\pi}\int_{-\infty}^{\infty}H(v)\mathrm{e}^{\mathrm{j}vt}\mathrm{d}v$$

$$=x(t)\cdot h(t)$$

两个信号 $x(t)$ 和 $y(t)$ 的卷积概念可用以下的图解过程来加深理解。图 2.35 示出了 $x(t)$ 和 $y(\tau-t)$ 的图形，可以看到 $y(\tau-t)$ 为 $y(t)$ 的一个“镜像”。卷积的过程即是将 $y(\tau-t)$ 相对于 $x(t)$ 位移，求取两者的乘积并积分的过程。

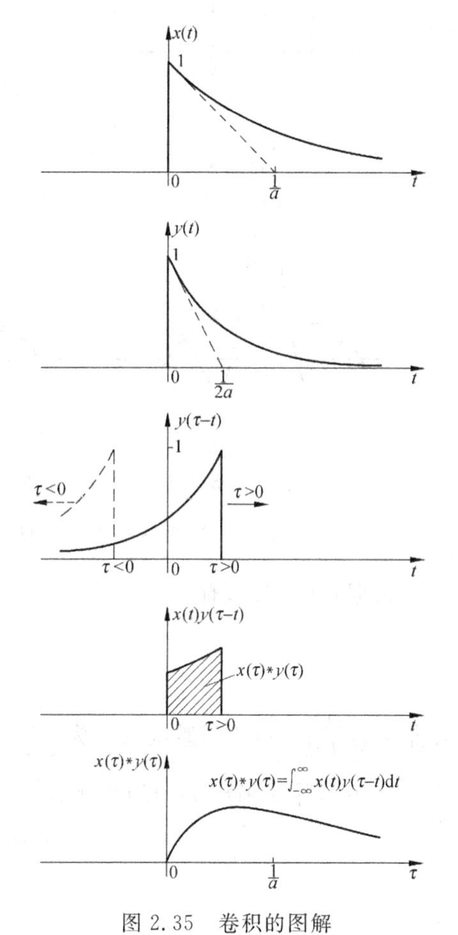

图 2.35　卷积的图解

例 2.10 求三角形脉冲

$$x(t)=\begin{cases}A\left(1-\dfrac{|t|}{T}\right), & |t|<T\\ 0, & 其他\end{cases}$$

的频谱。

解：在例 2.6 中利用傅里叶变换的定义求过三角形脉冲的频谱。本题利用卷积定理来求取它的频谱。

用两个完全相同的矩形脉冲函数的卷积可得到一个三角形脉冲。这里可将矩形脉冲函数的宽度选为 T，幅度为 $\sqrt{A/T}$，亦即构筑一个矩形脉冲函数 $x_1(t)$，使得

$$x_1(t)=\sqrt{\frac{A}{T}}g_T(t)$$

这样，两个矩形脉冲函数 $x_1(t)$ 作卷积便可得到三角形脉冲 $x(t)$（图 2.36(a)），相应的频域表示如图 2.36(b)所示。请读者根据卷积的定义自行验证。

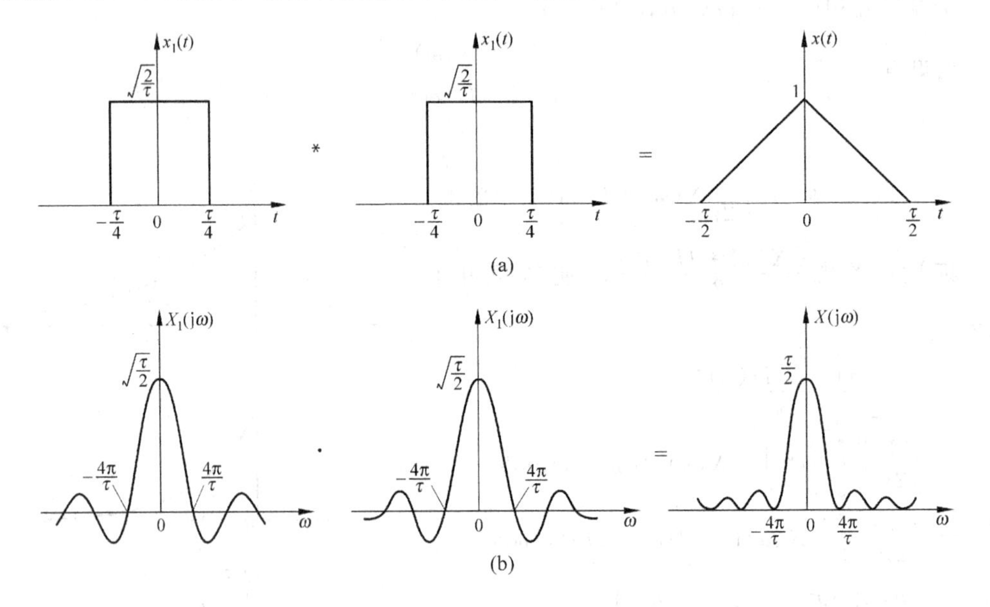

图 2.36 用卷积定理求取三角形脉冲的频谱$\left(T=\frac{\tau}{2},A=1\right)$

(a) 时域 $x_1(t)*x_1(t)=x(t)$；(b) 频域 $X_1(\mathrm{j}\omega)\cdot X_1(\mathrm{j}\omega)=X(\mathrm{j}\omega)$

根据式(2.62)，有

$$g_T(t)\Leftrightarrow T\mathrm{sinc}\left(\frac{\omega T}{2}\right)$$

则信号 $\sqrt{\frac{A}{T}}g_T(t)$ 的频谱函数应为 $\sqrt{\frac{A}{T}}T\mathrm{sinc}\left(\frac{\omega T}{2}\right)$。根据时域卷积定理公式(2.79)可直接得到三角形脉冲函数 $x(t)$ 的频谱为

$$\begin{aligned}X(\omega)&=F[x(t)]\\&=F[x_1(t)*x_1(t)]\\&=X_1(\omega)\cdot X_1(\omega)\end{aligned}$$

$$=\left[\sqrt{\frac{A}{T}}T\operatorname{sinc}\left(\frac{\omega T}{2}\right)\right]^2$$

$$=AT\operatorname{sinc}^2\left(\frac{\omega T}{2}\right)$$

结果与例 2.6 一样。

卷积积分有以下几种重要的性质，掌握它们有助于简化系统的分析。

(1) 卷积的代数运算

① 交换率

$$x_1(t)*x_2(t)=x_2(t)*x_1(t) \tag{2.82}$$

证明：由式(2.80)，有

$$x_1(t)*x_2(t)=\int_{-\infty}^{\infty}x_1(\tau)\cdot x_2(t-\tau)\mathrm{d}\tau$$

将变量 τ 换为 $t-u$，上式变为

$$x_1(t)*x_2(t)=\int_{\infty}^{-\infty}x_1(t-u)\cdot x_2(u)\mathrm{d}(-u)$$

$$=\int_{-\infty}^{\infty}x_2(u)\cdot x_1(t-u)\mathrm{d}(u)$$

$$=x_2(t)*x_1(t)$$

② 分配律

$$x_1(t)*[x_2(t)+x_3(t)]=x_1(t)*x_2(t)+x_1(t)*x_3(t) \tag{2.83}$$

上式可由卷积定义直接导出。

③ 结合律

$$[x_1(t)*x_2(t)]*x_3(t)=x_1(t)*[x_2(t)*x_3(t)] \tag{2.84}$$

证明：

$$[x_1(t)*x_2(t)]*x_3(t)=\int_{-\infty}^{\infty}\left[\int_{-\infty}^{\infty}x_1(\tau)x_2(u-\tau)\mathrm{d}\tau\right]x_3(t-u)\mathrm{d}u$$

交换上式积分次序，并将 $u-\tau$ 置换为 v，得

$$[x_1(t)*x_2(t)]*x_3(t)=\int_{-\infty}^{\infty}x_1(\tau)\left[\int_{-\infty}^{\infty}x_2(u-\tau)x_3(t-u)\mathrm{d}u\right]\mathrm{d}\tau$$

$$=\int_{-\infty}^{\infty}x_1(\tau)\left[\int_{-\infty}^{\infty}x_2(v)x_3(t-\tau-v)\mathrm{d}v\right]\mathrm{d}\tau$$

$$=\int_{-\infty}^{\infty}x_1(\tau)x_{23}(t-\tau)\mathrm{d}\tau$$

$$=x_1(t)*[x_2(t)*x_3(t)]$$

式中，

$$x_{23}(t-\tau)=\int_{-\infty}^{\infty}x_2(v)x_3(t-\tau-v)\mathrm{d}v$$

令 $t-\tau=t'$，则

$$x_{23}(t-\tau)=x_{23}(t')$$

$$=\int_{-\infty}^{\infty}x_2(v)x_3(t'-v)\mathrm{d}v$$

$$=x_2(t')*x_3(t')$$

亦即

$$x_{23}(t-\tau)=x_2(t)*x_3(t)$$

(2) 卷积的微分与积分

对任一函数 $x(t)$,若

$$x(t)=x_1(t)*x_2(t)=x_2(t)*x_1(t)$$

则有

$$\frac{\mathrm{d}x(t)}{\mathrm{d}t}=\frac{\mathrm{d}x_1(t)}{\mathrm{d}t}*x_2(t)=x_1(t)*\frac{\mathrm{d}x_2(t)}{\mathrm{d}t} \tag{2.85}$$

令 $x^{(-1)}(t)\overset{\text{def}}{=}\int_{-\infty}^{t}x(u)\mathrm{d}u$, 并设 $x^{(-1)}(\infty)=0$,则

$$x^{(-1)}(t)=x_1^{(-1)}(t)*x_2(t)=x_1(t)*x_2^{(-1)}(t) \tag{2.86}$$

证明:

$$\begin{aligned}\frac{\mathrm{d}x(t)}{\mathrm{d}t}&=\frac{\mathrm{d}}{\mathrm{d}t}\int_{-\infty}^{\infty}x_1(\tau)x_2(t-\tau)\mathrm{d}\tau\\&=\int_{-\infty}^{\infty}x_1(\tau)\frac{\mathrm{d}}{\mathrm{d}t}x_2(t-\tau)\mathrm{d}\tau\\&=x_1(t)*\frac{\mathrm{d}x_2(t)}{\mathrm{d}t}\end{aligned}$$

同理,

$$\begin{aligned}\frac{\mathrm{d}x(t)}{\mathrm{d}t}&=\frac{\mathrm{d}}{\mathrm{d}t}\int_{-\infty}^{\infty}x_2(\tau)x_1(t-\tau)\mathrm{d}\tau\\&=x_2(t)*\frac{\mathrm{d}x_1(t)}{\mathrm{d}t}\\&=\frac{\mathrm{d}x_1(t)}{\mathrm{d}t}*x_2(t)\end{aligned}$$

又

$$\begin{aligned}x^{(-1)}(t)&=\int_{-\infty}^{t}\left[\int_{-\infty}^{\infty}x_1(\tau)x_2(u-\tau)\mathrm{d}\tau\right]\mathrm{d}u\\&=\int_{-\infty}^{\infty}x_1(\tau)\left[\int_{-\infty}^{t}x_2(u-\tau)\mathrm{d}u\right]\mathrm{d}\tau\\&=\int_{-\infty}^{\infty}x_1(\tau)\left[\int_{-\infty}^{t-\tau}x_2(u-\tau)\mathrm{d}(u-\tau)\right]\mathrm{d}\tau\\&=x_1(t)*x_2^{(-1)}(t)\end{aligned}$$

同理可得

$$\begin{aligned}x^{(-1)}(t)&=\int_{-\infty}^{t}\left[\int_{-\infty}^{\infty}x_2(\tau)x_1(u-\tau)\mathrm{d}\tau\right]\mathrm{d}u\\&=x_2(t)*x_1^{(-1)}(t)\\&=x_1^{(-1)}(t)*x_2(t)\end{aligned}$$

8. 时域微分和积分(time differentiation and integration)

如果有 $x(t)\Leftrightarrow X(\omega)$,则

$$\frac{\mathrm{d}x(t)}{\mathrm{d}t}\Leftrightarrow \mathrm{j}\omega X(\omega) \tag{2.87}$$

以及

$$\int_{-\infty}^{t} x(t)\mathrm{d}t \Leftrightarrow \frac{1}{\mathrm{j}\omega}X(\omega) \tag{2.88}$$

条件是 $X(0)=0$。

证明：因为

$$x(t) = \frac{1}{2\pi}\int_{-\infty}^{\infty} X(\omega)\mathrm{e}^{\mathrm{j}\omega t}\mathrm{d}\omega$$

故

$$\frac{\mathrm{d}x(t)}{\mathrm{d}t} = \frac{1}{2\pi}\int_{-\infty}^{\infty} X(\omega)\mathrm{j}\omega\mathrm{e}^{\mathrm{j}\omega t}\mathrm{d}\omega$$

上式意味着

$$\frac{\mathrm{d}x(t)}{\mathrm{d}t} \Leftrightarrow \mathrm{j}\omega X(\omega)$$

重复上述求导过程，则可得到 n 阶微分的傅里叶变换公式：

$$\frac{\mathrm{d}^n x(t)}{\mathrm{d}t^n} \Leftrightarrow (\mathrm{j}\omega)^n X(\omega) \tag{2.89}$$

设函数 $g(t)$ 为

$$g(t) = \int_{-\infty}^{t} x(t')\mathrm{d}t'$$

其傅里叶变换为 $G(\omega)$。由于

$$\frac{\mathrm{d}g(t)}{\mathrm{d}t} = x(t)$$

利用式(2.87)，可得

$$\mathrm{j}\omega G(\omega) = X(\omega)$$

或

$$G(\omega) = \frac{1}{\mathrm{j}\omega}X(\omega)$$

亦即

$$\int_{-\infty}^{t} x(t)\mathrm{d}t \Leftrightarrow \frac{1}{\mathrm{j}\omega}X(\omega)$$

推导过程中要注意的是，对于 $g(t)$ 来说，要想具有傅里叶变换 $G(\omega)$，则 $G(\omega)$ 必须存在。因此其条件是

$$\lim_{t\to\infty} g(t) = 0$$

这意味着

$$\int_{-\infty}^{\infty} x(t)\mathrm{d}t = 0$$

上式等价于 $X(0)=0$，因为

$$X(\omega)\big|_{\omega=0} = \int_{-\infty}^{\infty} x(t)\mathrm{d}t$$

若 $X(0)\neq 0$，那么 $g(t)$ 不再为能量函数，而 $g(t)$ 的傅里叶变换便包括一个冲激函数，即

$$\int_{-\infty}^{t} x(t)\mathrm{d}t \Leftrightarrow \frac{1}{\mathrm{j}\omega}X(\omega) + \pi X(0)\delta(\omega) \tag{2.90}$$

应用时域微分性质可以简化傅里叶变换的运算，以下举一个例子。

例 2.11 求下列矩形函数的傅里叶变换。

解：$x(t)$的导数为

$$\frac{\mathrm{d}x}{\mathrm{d}t}=\frac{A}{b-a}\left\{\mathrm{rec}\left[\frac{t+(b+a)/2}{b-a}\right]-\mathrm{rec}\left[\frac{t-(b+a)/2}{b-a}\right]\right\}$$

如图 2.37 所示。利用式(2.87)可得

$$\begin{aligned}F[\mathrm{d}x/\mathrm{d}t]&=\mathrm{j}2\pi f\cdot X(f)\\&=2A\mathrm{j}\,\mathrm{sinc}[(b-a)f]\cdot\sin[\pi(b+a)f]\end{aligned}$$

于是有

$$X(f)=A(b+a)\mathrm{sinc}[(b-a)f]\mathrm{sinc}[(b+a)f]$$

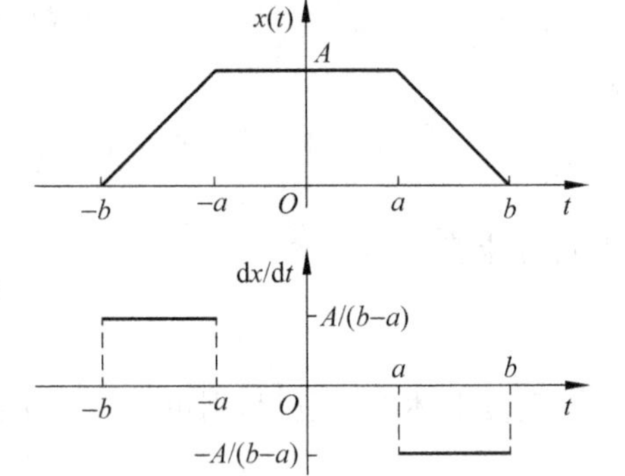

图 2.37 矩形函数 $x(t)$及其导数图

9. 频域微分和积分(frequency differentiation and integration)

如果有 $x(t)\Leftrightarrow X(\omega)$，则

$$-\mathrm{j}tx(t)\Leftrightarrow\frac{\mathrm{d}X(\omega)}{\mathrm{d}\omega}\tag{2.91}$$

进而可扩展为

$$(-\mathrm{j}t)^n x(t)\Leftrightarrow\frac{\mathrm{d}^n X(\omega)}{\mathrm{d}\omega^n}\tag{2.92}$$

和

$$\pi x(0)\delta(t)+\frac{1}{-\mathrm{j}t}x(t)\Leftrightarrow\int_{-\infty}^{\infty}X(\omega)\mathrm{d}\omega\tag{2.93}$$

式中，$x(0)=\frac{1}{2\pi}\int_{-\infty}^{\infty}X(\omega)\mathrm{d}\omega$。

若 $x(0)=0$，则有

$$\frac{x(t)}{-\mathrm{j}t}\Leftrightarrow\int_{-\infty}^{\infty}X(\omega)\mathrm{d}\omega\tag{2.94}$$

以上式子的证明与时域微分和积分公式的证明类似，此处从略。

表 2.3 总结了傅里叶变换的几种主要性质。

表 2.3 傅里叶变换的主要性质

序号	主要性质	傅里叶变换的公式表达
1	线性性	$ax_1(t)+bx_2(t)\Leftrightarrow aX_1(\omega)+bX_2(\omega)$
2	对称性	$X(t)\Leftrightarrow 2\pi x(-\omega)$
3	尺度变换性	$x(at)\Leftrightarrow\frac{1}{\lvert a\rvert}X\left(\frac{\omega}{a}\right)$
4	时移性	$x(t-t_0)\Leftrightarrow X(\omega)\mathrm{e}^{-\mathrm{j}\omega t_0}$
5	频移性(调制性)	$x(t)\mathrm{e}^{\mathrm{j}\omega_0 t}\Leftrightarrow X(\omega-\omega_0)$
6	时域卷积	$x_1(t)*x_2(t)\Leftrightarrow X_1(\omega)\cdot X_2(\omega)$
7	频域卷积(乘法性)	$x_1(t)\cdot x_2(t)\Leftrightarrow\frac{1}{2\pi}X_1(\omega)*X_2(\omega)$

续表

序号	主要性质	傅里叶变换的公式表达
8	时域微分	$\frac{\mathrm{d}^n x(t)}{\mathrm{d}t^n} \Leftrightarrow (\mathrm{j}\omega)^n X(\omega)$
9	时域积分	$\int_{-\infty}^{t} x(\tau)\mathrm{d}\tau \Leftrightarrow \frac{1}{\mathrm{j}\omega}X(\omega) + \pi X(0)\delta(\omega)$
10	频域微分	$-\mathrm{j}tx(t) \Leftrightarrow \frac{\mathrm{d}X(\omega)}{\mathrm{d}\omega}$
11	频域积分	$\frac{x(t)}{-\mathrm{j}t} \Leftrightarrow \int_{-\infty}^{+\infty} X(\omega)\mathrm{d}\omega$
12	反转性	$x(-t) \Leftrightarrow X(-\omega)$

2.2.6.4 功率信号的傅里叶变换

在前面研究傅里叶变换存在的条件时曾指出，并非所有的函数均具有傅里叶变换，只有那些满足狄里赫利条件的信号才具有傅里叶变换。常见的能量信号均满足狄里赫利条件，亦即它们在区间$(-\infty,\infty)$是可积的，因此存在傅里叶变换。然而，有些十分有用的信号如正弦函数、单位阶跃函数等却不是绝对可积的，亦即它们不满足

$$\int_{-\infty}^{\infty} |x(t)| \mathrm{d}t < \infty$$

但可以利用单位脉冲函数(δ函数)和某些高阶的奇异函数的傅里叶变换来实现这些函数的傅里叶变换。上述的这一类信号称为功率信号，即前面讲述信号分类时所提到的有限平均功率信号，它们在$(-\infty,\infty)$区域上的能量可能趋近于无穷，但它们的功率是有限的，即满足

$$P = \lim_{T\to\infty}\frac{1}{T}\int_{-T/2}^{T/2} x^2(t)\mathrm{d}t < \infty \tag{2.95}$$

前面已研究了几种特殊的能量信号如矩形脉冲、三角形脉冲及单边指数衰减函数等的傅里叶变换，这里着重介绍几种典型的功率信号的傅里叶变换。

1. 单位脉冲函数(unit impulse)

设在时间Δ内激发有一矩形脉冲$p_\Delta(t)$，如图2.38所示，$p_\Delta(t)$的幅值为$\frac{1}{\Delta}$，亦即该矩形脉冲的面积为1。当$\Delta\to 0$时，该矩形脉冲$p_\Delta(t)$的极限便称为单位脉冲函数或δ函数。

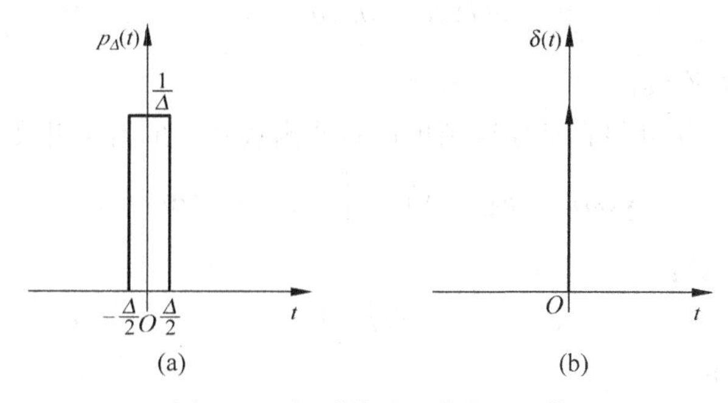

图2.38 矩形脉冲函数与δ函数

粗略地讲，单位脉冲函数或 δ 函数是一个幅值无限、持续时间为零的脉冲。实际中可抽象为一个点电荷或点质量。单位脉冲函数应被当作一个广义函数来处理，因为不可能像对待其他普通函数那样来逐点规定其数值。从图 2.38 可得到 $\delta(t)$ 具有如下性质：

$$\delta(t)=\begin{cases}\infty, & t=0\\ 0, & t\neq 0\end{cases} \tag{2.96}$$

$$\int_{-\infty}^{\infty}\delta(t)\mathrm{d}(t)=1 \tag{2.97}$$

实际上可利用对其他一些函数求极限的过程来获得单位脉冲函数。在任何一个非负函数 $S(t)$ 的基础上都可以建立起一个函数序列 $\{S_k(t)\}$，其中 $\int_{-\infty}^{\infty}S(t)\mathrm{d}t=1$。设 $S_k(t)=kS(kt)$，则有

$$\begin{aligned}\delta(t)&=\lim_{k\to\infty}S_k(t)\\&=\lim_{k\to\infty}kS(kt)\end{aligned} \tag{2.98}$$

例如，考虑函数 $S(t)=\frac{1}{\pi(1+t^2)}$，该函数对所有的 t 都具有单位面积。根据 $S(t)$ 的函数系列 $S_k(t)$ 为

$$S_k(t)=kS(kt)=\frac{k}{\pi(1+k^2t^2)}$$

对 $S_k(t)$ 求极限便得到单位脉冲函数：

$$\delta(t)=\lim_{k\to\infty}S_k(t)=\lim_{k\to\infty}\left[\frac{k}{\pi(1+k^2t^2)}\right]$$

实际上有许多函数序列的广义极限均可用来定义单位脉冲函数 $\delta(t)$，除了上例的函数外，还有

高斯(钟形)函数 $\delta(t)=\lim\limits_{k\to\infty}k\mathrm{e}^{-\pi(kt)^2}$、采样函数 $\delta(t)=\lim\limits_{k\to\infty}\frac{\sin(kt)}{\pi t}$、双边指数函数 $\delta(t)=\lim\limits_{k\to\infty}\frac{1}{2k}\mathrm{e}^{-\frac{|t|}{k}}$。

其实，用来获取一个单位脉冲函数的特殊函数序列并不重要，值得关心的是这些函数的极限形式即 $\delta(t)$ 函数的性质。

将 $\delta(t)$ 函数的上述两条性质式(2.96)和式(2.97)总结起来可得到如下等式：

$$\int_{-\infty}^{\infty}x(t)\delta(t-t_0)\mathrm{d}t=x(t_0) \tag{2.99}$$

其中，$x(t)$ 在 $t=t_0$ 处连续。

因此，从式(2.99)便可很容易地得到单位脉冲函数 $\delta(t)$ 的傅里叶变换：

$$X(\omega)=F[\delta(t)]=\int_{-\infty}^{\infty}\delta(t)\mathrm{e}^{-\mathrm{j}\omega t}\mathrm{d}t=1 \tag{2.100}$$

从而得到傅里叶变换对：

$$\delta(t)\Leftrightarrow 1 \tag{2.101}$$

其图形如图 2.39 所示。

利用傅里叶变换的时移定理还可得到时移单位脉冲函数 $\delta(t-t_0)$ 的傅里叶变换对：

$$\delta(t-t_0)\Leftrightarrow \mathrm{e}^{-\mathrm{j}\omega t_0} \tag{2.102}$$

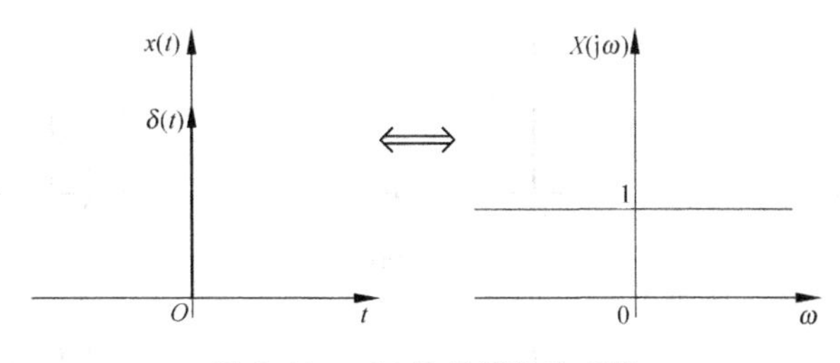

图 2.39 $\delta(t)$及其傅里叶变换

如图 2.40 所示，$\delta(t-t_0)$的傅里叶变换对所有的 ω 具有单位幅值以及一个线性相位。

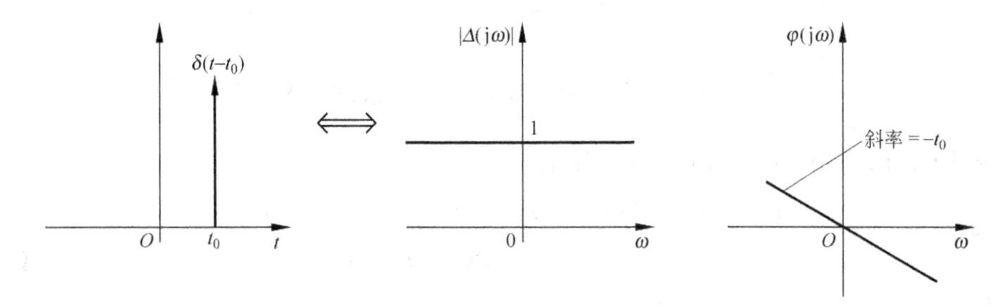

图 2.40 $\delta(t-t_0)$及其傅里叶变换

利用对称性，又可得到以下的傅里叶变换对：

$$e^{j\omega_0 t} \Leftrightarrow 2\pi\delta(\omega-\omega_0) \tag{2.103}$$

$$1 \Leftrightarrow 2\pi\delta(\omega) \tag{2.104}$$

如图 2.41 所示，常数 1 的傅里叶变换是一位于坐标原点、面积等于 2π 的单位脉冲。

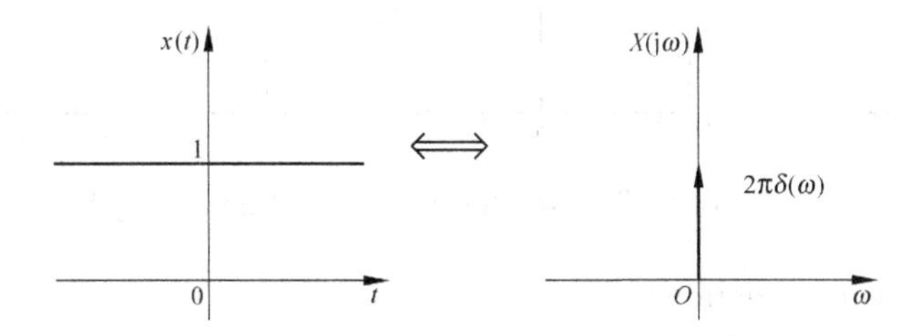

图 2.41 常数 1 及其傅里叶变换

单位脉冲函数 $\delta(t)$与任一函数 $x(t)$的卷积有如下公式成立：

$$x(t) * \delta(t) = \delta(t) * x(t) = x(t) \tag{2.105}$$

利用单位脉冲函数的采样性质和卷积运算交换律（见式(2.82)）可对式(2.105)证明如下：

$$\begin{aligned} x(t) * \delta(t) &= \delta(t) * x(t) \\ &= \int_{-\infty}^{\infty} \delta(\tau) x(t-\tau) \mathrm{d}\tau \\ &= x(t) \end{aligned}$$

上式表明，任一函数与一个单位脉冲函数的卷积的结果即是该函数本身。式(2.105)是卷积运算的重要性质之一。将式(2.105)推广可得

$$x(t) * \delta(t-t_0) = \delta(t-t_0) * x(t) = x(t-t_0) \tag{2.106}$$

式(2.105)和式(2.106)的图形分别如图 2.42 所示。

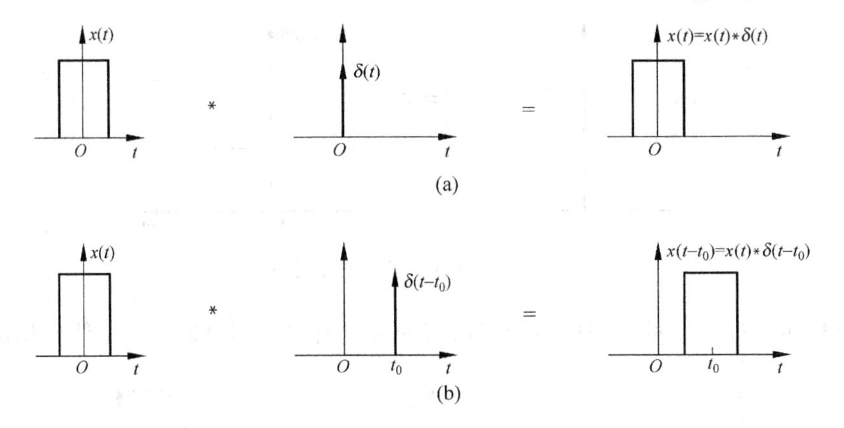

图 2.42 任一函数与单位脉冲函数的卷积

若令式(2.106)中 $x(t)=\delta(t-t_1)$,则有

$$\begin{aligned}\delta(t-t_1)*\delta(t-t_0)&=\delta(t-t_0)*\delta(t-t_1)\\&=\delta(t-t_0-t_1)\end{aligned}\tag{2.107}$$

此外还有

$$\begin{aligned}x(t-t_1)*\delta(t-t_0)&=x(t-t_0)*\delta(t-t_1)\\&=x(t-t_0-t_1)\end{aligned}\tag{2.108}$$

其图形如图 2.43 所示,读者可自行证明式(2.108)。

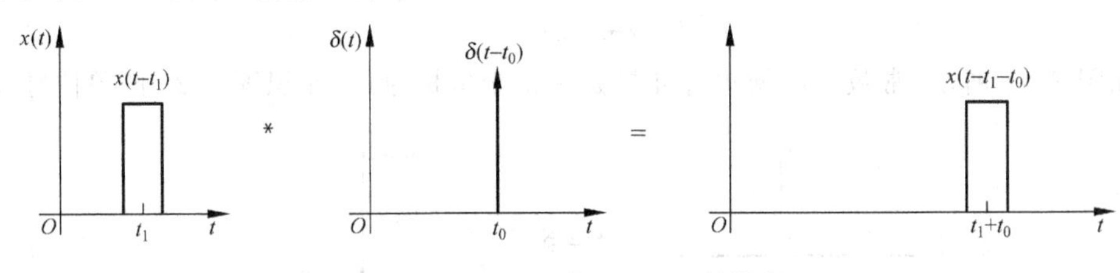

图 2.43 $x(t-t_1)$与 $\delta(t-t_0)$的卷积

2. 余弦函数(cosine function)

根据欧拉公式,有

$$\cos\omega_0 t=\frac{e^{j\omega_0 t}+e^{-j\omega_0 t}}{2}\tag{2.109}$$

又根据式(2.103),便可得余弦函数的频谱为

$$\cos\omega_0 t\Leftrightarrow\pi[\delta(\omega-\omega_0)+\delta(\omega+\omega_0)]\tag{2.110}$$

类似地还可得到正弦函数 $\sin\omega_0 t$ 的傅里叶频谱:

$$\sin\omega_0 t\Leftrightarrow j\pi[\delta(\omega+\omega_0)-\delta(\omega-\omega_0)]\tag{2.111}$$

图 2.44 分别示出了上述两函数的频谱。

在前面讨论傅里叶变换的频移时曾涉及对 $x(t)\cos\omega_0 t$ 傅里叶变换的计算。这里利用卷积定理并根据式(2.110)来计算上述变换:

$$\begin{aligned}F[x(t)\cos\omega_0 t]&=X(\omega)*\pi[\delta(\omega-\omega_0)+\delta(\omega+\omega_0)]\\&=\pi[X(\omega-\omega_0)+X(\omega+\omega_0)]\end{aligned}$$

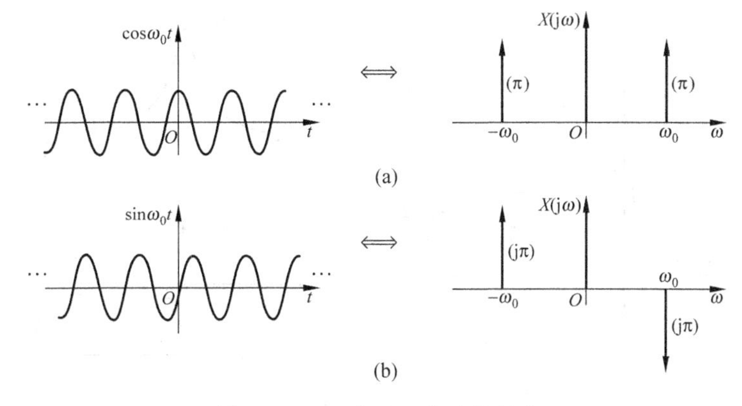

图 2.44 正、余弦函数及其频谱

3. 符号函数(signum function)

符号函数的定义为

$$\operatorname{sgn}(t)=\begin{cases}-1, & t<0\\ 0, & t=0\\ 1, & t>0\end{cases} \tag{2.112}$$

求 sgn(t)的频谱时,可利用傅里叶变换的微分性质。如果 $x(t)\Leftrightarrow X(\omega)$,则

$$\frac{\mathrm{d}x(t)}{\mathrm{d}t}\Leftrightarrow \mathrm{j}\omega X(\omega)$$

对符号函数微分,有

$$\frac{\mathrm{d}}{\mathrm{d}t}\operatorname{sgn}(t)=2\delta(t)$$

则$\frac{\mathrm{d}}{\mathrm{d}t}\operatorname{sgn}(t)$的傅里叶变换为

$$\frac{\mathrm{d}}{\mathrm{d}t}\operatorname{sgn}(t)\Leftrightarrow \mathrm{j}\omega X(\omega)$$

而

$$\mathrm{j}\omega X(\omega)=F[2\delta(t)]=2$$

于是有

$$X(\omega)=\frac{2}{\mathrm{j}\omega}$$

亦即

$$\operatorname{sgn}(t)\Leftrightarrow \frac{2}{\mathrm{j}\omega} \tag{2.113}$$

图 2.45 示出了符号函数及其频谱。

4. 单位阶跃函数(unit step function)

单位阶跃函数可根据符号函数表达为

$$\xi(t)=\frac{1}{2}+\frac{1}{2}\operatorname{sgn}(t) \tag{2.114}$$

利用式(2.104)和式(2.113)可得 $\xi(t)$的频谱:

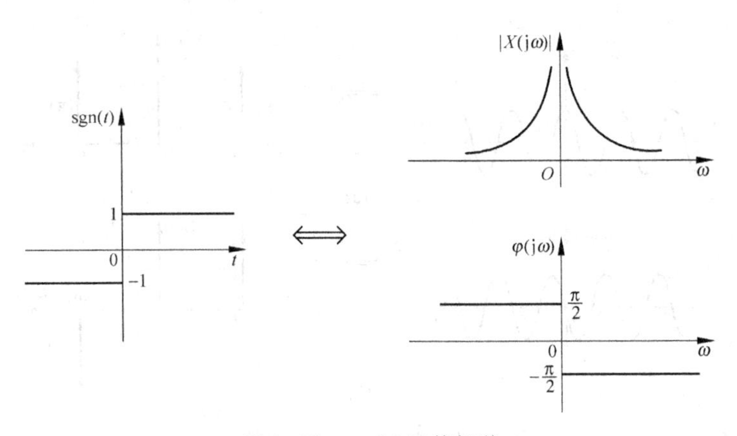

图 2.45 sgn(t)及其频谱

$$F[\xi(t)]=F\left(\frac{1}{2}\right)+F\left[\frac{1}{2}\mathrm{sgn}(t)\right]$$

$$=\pi\delta(\omega)+\frac{1}{\mathrm{j}\omega} \tag{2.115}$$

讨论傅里叶变换的时域积分性时曾提到，时间函数 $x(t)$ 的积分的傅里叶变换也包括一个单位脉冲函数的傅里叶变换，即有公式

$$\int_{-\infty}^{t}x(t)\mathrm{d}t \Leftrightarrow \frac{X(\omega)}{\mathrm{j}\omega}+\pi X(0)\delta(\omega) \tag{2.116}$$

以下用公式(2.103)证明上式。

令
$$g(t)=\int_{-\infty}^{t}x(t')\mathrm{d}t'$$

并将 $g(t)$ 写为函数 $x(t)$ 与单位阶跃函数的卷积：

$$\begin{aligned}g(t)&=x(t)*\xi(t)\\&=\int_{-\infty}^{\infty}x(t')\xi(t-t')\mathrm{d}t'\\&=\int_{-\infty}^{t}x(t')\mathrm{d}t'\end{aligned}$$

利用卷积定理可得

$$\begin{aligned}G(\omega)&=F[x(t)*\xi(t)]\\&=F[x(t)]\cdot F[\xi(t)]\\&=X(\omega)\cdot\left(\pi\delta(\omega)+\frac{1}{\mathrm{j}\omega}\right)\\&=\pi X(\omega)\delta(\omega)+\frac{X(\omega)}{\mathrm{j}\omega}\\&=\pi X(0)\delta(\omega)+\frac{X(\omega)}{\mathrm{j}\omega}\end{aligned}$$

此即式(2.90)。

图 2.46 示出了函数 $\xi(t)$ 及其频谱，并分别示出了它的实部和虚部图。

5. 周期函数(periodic function)

一个周期函数可以表示成复指数函数和的形式，由于可根据式(2.103)来求得复指数函数的傅里叶变换，因而也就可以求得一般周期函数的傅里叶变换。

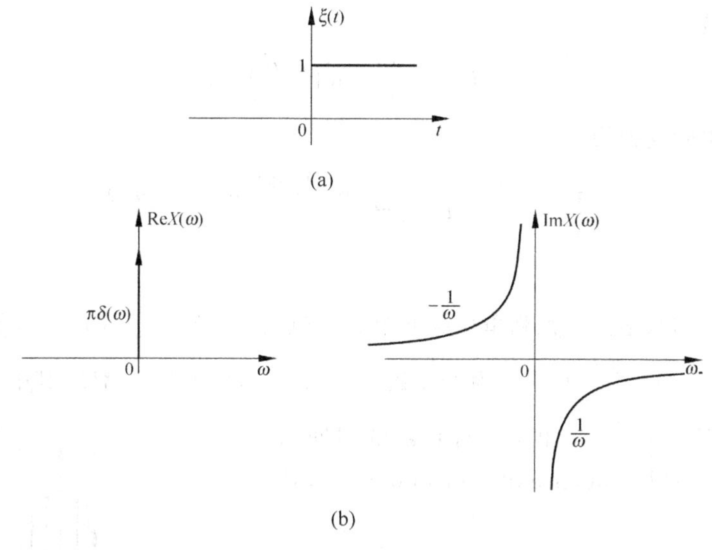

图 2.46 单位阶跃函数及其频谱

设周期函数 $x(t)$可表达为傅里叶级数的形式：

$$x(t) = \sum_{n=-\infty}^{\infty} C_n e^{jn\omega_0 t}$$

其中，傅里叶系数 C_n 为

$$C_n = \frac{1}{T}\int_{-T/2}^{T/2} x(t) e^{-jn\omega_0 t} dt$$

故 $x(t)$的傅里叶变换为

$$\begin{aligned} X(\omega) &= F[x(t)] \\ &= F\left[\sum_{n=-\infty}^{\infty} C_n e^{jn\omega_0 t}\right] = \sum_{n=-\infty}^{\infty} C_n F[e^{jn\omega_0 t}] \\ &= 2\pi \sum_{n=-\infty}^{\infty} C_n \delta(\omega - n\omega_0) \end{aligned} \tag{2.117}$$

式(2.117)表明，一个周期函数的傅里叶变换由无穷多个位于 $x(t)$的各谐波频率上的单位脉冲函数组成。与各脉冲函数相关联的面积等于傅里叶系数的 2π 倍。式(2.117)其实仅仅是指数形式的傅里叶级数所包含信息的另一种表达形式而已。

例 2.12 求图 2.47 所示的周期性开关脉冲序列的傅里叶变换。

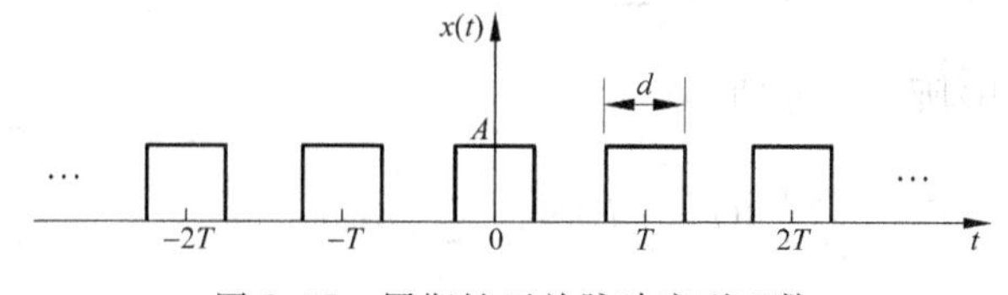

图 2.47 周期性开关脉冲序列函数

解：例 2.2 中已经求得该函数的傅里叶级数表达式为

$$x(t) = \sum_{n=-\infty}^{\infty} C_n e^{jn\omega_0 t}$$

其中,傅里叶系数

$$C_n = \frac{Ad}{T}\mathrm{sinc}\left(\frac{n\pi d}{T}\right)$$

因而 $x(t)$ 的傅里叶变换为

$$F[x(t)] = \frac{2\pi Ad}{T}\sum_{n=-\infty}^{\infty}\mathrm{sinc}\left(\frac{n\pi d}{T}\right)\delta(\omega - n\omega_0)$$

式中,$\omega_0 = \frac{2\pi}{T}$。

该函数 $x(t)$ 的频谱由一系列单位脉冲组成,它们分别位于 $\omega=0, \pm\omega_0, \pm 2\omega_0, \cdots$,每一脉冲强度为 $\frac{2\pi Ad}{T}\mathrm{sinc}\ \frac{n\pi d}{T}$,其中 n 为谐波数。图 2.48 示出了其频谱图,其中 $T=4d$。

例 2.13 图 2.48(a)示出了一种特殊的周期函数——单位脉冲序列(sequence of unit impulses),其表达式为

$$x(t) = \sum_{k=-\infty}^{\infty}\delta(t - kT) \tag{2.118}$$

求它的傅里叶变换。

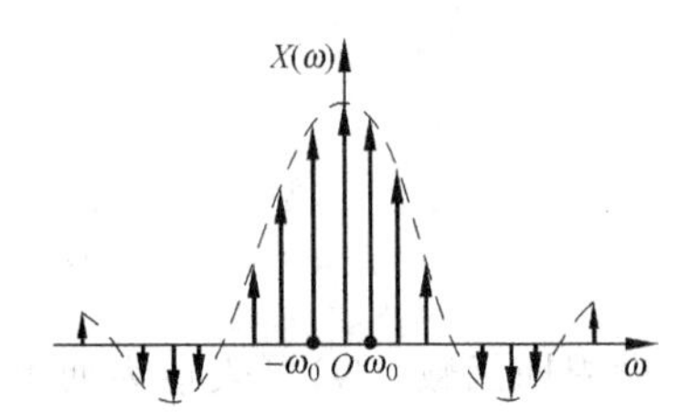

图 2.48 周期矩形脉冲序列的频谱 $\left(T=4d,\ \omega_0=\frac{2\pi}{T}\right)$

解:$x(t)$ 的傅里叶级数形式为

$$x(t) = \sum_{n=-\infty}^{\infty} C_n \mathrm{e}^{\mathrm{j}n\omega_0 t}$$

其中,傅里叶系数

$$C_n = \frac{1}{T}\int_{-T/2}^{T/2} x(t)\mathrm{e}^{-\mathrm{j}n\omega_0 t}\mathrm{d}t = \frac{1}{T}\int_{-T/2}^{T/2}\delta(t)\mathrm{e}^{-\mathrm{j}n\omega_0 t}\mathrm{d}t = \frac{1}{T}$$

于是有

$$x(t) = \frac{1}{T}\sum_{n=-\infty}^{\infty}\mathrm{e}^{\mathrm{j}n\omega_0 t} \tag{2.119}$$

对式(2.119)两边作傅里叶变换,得

$$X(\omega) = F\left[\frac{1}{T}\sum_{n=-\infty}^{\infty}\mathrm{e}^{\mathrm{j}n\omega_0 t}\right]$$

根据式(2.117),可得

$$X(\omega) = \frac{2\pi}{T}\sum_{n=-\infty}^{\infty}\delta(\omega - n\omega_0),\quad \omega_0 = \frac{2\pi}{T}$$

其频谱图如图 2.49(b)所示。亦即

$$\sum_{k=-\infty}^{\infty}\delta(t-kT) \Leftrightarrow \omega_0\sum_{n=-\infty}^{\infty}\delta(\omega - n\omega_0) \tag{2.120}$$

从图 2.49 可见,一个周期脉冲序列的傅里叶变换仍为(在频域中的)一个周期脉冲序列。单个脉冲的强度为 $\omega_0 = \frac{2\pi}{T}$,且各脉冲分别位于各谐波频率 $n\omega_0 = \frac{n2\pi}{T}$ 上,$n=0, \pm 1, \pm 2, \cdots$。

周期脉冲序列函数是一个十分有用的函数,常用在对时域波形的采样中。

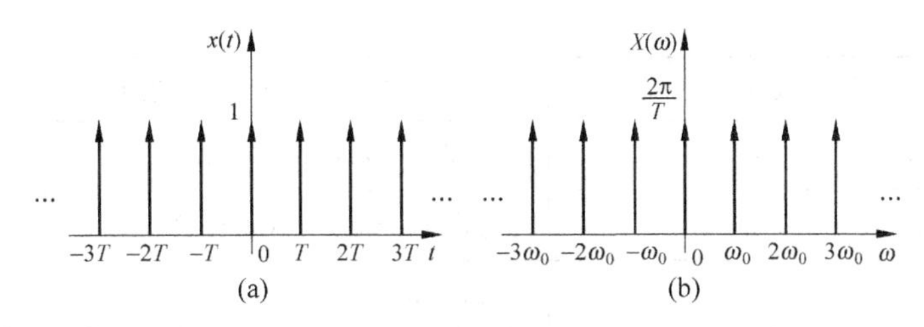

图 2.49 周期脉冲序列函数及其频谱

例 2.14 图 2.49(a)为一个周期 T 的脉冲序列 $x_1(t)$(亦称梳状函数,用 $\mathrm{comb}_\tau(t)$ 表示):

$$x_1(t)=\sum_{k=-\infty}^{\infty}\delta(t-kT),\quad k\ \text{为整数} \tag{2.121}$$

函数 $x_2(t)$为一三角脉冲(图 2.49(b)),求 $x_1(t)*x_2(t)$。

解:由卷积运算的分配律公式(2.83)得

$$\begin{aligned}x(t)&=x_1(t)*x_2(t)=x_2(t)*\sum_{k=-\infty}^{\infty}\delta(t-kT)\\&=\sum_{k=-\infty}^{\infty}[x_2(t)*\delta(t-kT)]\\&=\sum_{k=-\infty}^{\infty}x_2(t-kT)\end{aligned}$$

$x(t)$的图形见图 2.50(c),可见也是一个周期为 T 的周期信号,它在每个周期内的波形与 $x_2(t)$相同。

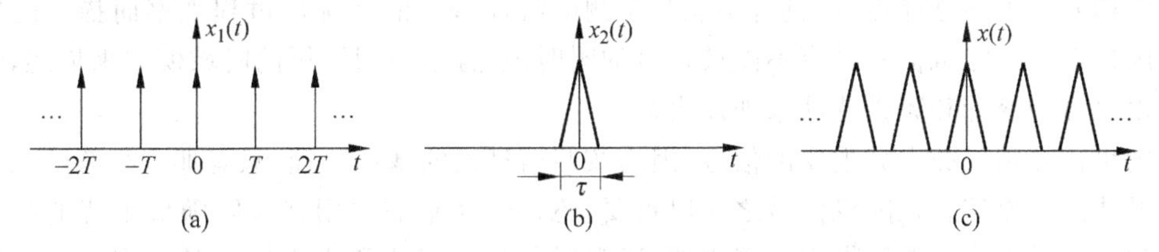

图 2.50 梳状函数与三角脉冲的卷积

问题:如果 $x_2(t)$的宽度 $\tau>T$,那么 $x_1(t)*x_2(t)$的波形将发生什么样的变化?

表 2.4 总结了一些常用的功率信号的傅里叶变换。

表 2.4 常用功率信号的傅里叶变换

序号	原函数 $x(t)$	傅里叶变换 $X(\omega)$
1	$k\delta(t)$	k
2	k	$2\pi k\delta(\omega)$
3	$\xi(t)$	$\pi\delta(\omega)+\dfrac{1}{\mathrm{j}\omega}$
4	$\mathrm{sgn}(t)$	$\dfrac{2}{\mathrm{j}\omega}$

续表

序号	原函数 $x(t)$	傅里叶变换 $X(\omega)$
5	$\cos\omega_0 t$	$\pi[\delta(\omega-\omega_0)+\delta(\omega+\omega_0)]$
6	$\sin\omega_0 t$	$j\pi[\delta(\omega+\omega_0)-\delta(\omega-\omega_0)]$
7	$e^{j\omega_0 t}$	$2\pi\delta(\omega-\omega_0)$
8	$t\xi(t)$	$j\pi\delta^{(1)}(\omega)-\frac{1}{\omega^2}$
9	$\sum_{k=-\infty}^{\infty}\delta(t-kT)$	$\omega_0\sum_{n=-\infty}^{\infty}\delta(\omega-n\omega_0),\quad \omega_0=\frac{2\pi}{T}$
10	$\sum_{n=-\infty}^{\infty}C_n e^{jn\omega_0 t}$	$2\pi\sum_{n=-\infty}^{\infty}C_n\delta(\omega-n\omega_0)$
11	$\frac{d^n\delta(t)}{dt^n}$	$(j\omega)^n$
12	$\|t\|$	$\frac{-2}{\omega^2}$
13	t^n	$2\pi j^n\frac{d^n\delta(\omega)}{d\omega^n}$

2.2.7 随机信号描述

2.2.7.1 概述

在信号分类中已经指出，具有不能被预测的特性且只能经统计过程观察而描述的信号称为随机信号。随机信号具有不能被预测的瞬时值，且不能用解析的时域模型来描述，然而却能由自身的统计和频谱特性来加以表征。

随机信号是一类十分重要的信号，因为按照信息论的基本原理，只有那些具有随机行为的信号才能传递信息。随机信号之所以重要，还在于经常需要用来排除随机干扰的影响或来辨识和测量出淹没在强噪声环境中的，以微弱信号的形式所表现出的各种现象。一般来说，信号总是受环境噪声所污染的。前面所研究过的确定性信号仅仅是在一定条件下所出现的特殊情况，或是在忽略某些次要的随机因素后抽象出的模型。因此，研究随机信号具有更普遍和现实的意义。

一个被观察到的随机信号必须被视为是由所有能被同一现象或随机过程所产生的相似信号形成的一个集(set)(或总体，ensemble)的一种特殊的试验实现。

对随机信号的描述必须采用概率统计的方法。将随机信号按时间历程所作的各次长时间的观察记录称为一个样本函数(sample function)，记作为 $x_i(t)$(图 2.51)。在有限时间区间上的样本函数称为样本记录。将同一试验条件下的全部样本函数的集(总体)称为随机过程 $\{x(t)\}$，即

$$\{x(t)\}=\{x_1(t),x_2(t),\cdots,x_i(t),\cdots\} \tag{2.122}$$

如果一个随机过程 $\{x(t)\}$ 对于任意的 $t_i\in T$，$\{x(t_i)\}$ 都是连续随机变量，则称此随机过程为连续随机过程，其中 T 为 t 的变化范围。与之相反，如果随机过程 $\{x(t)\}$ 对于任意的

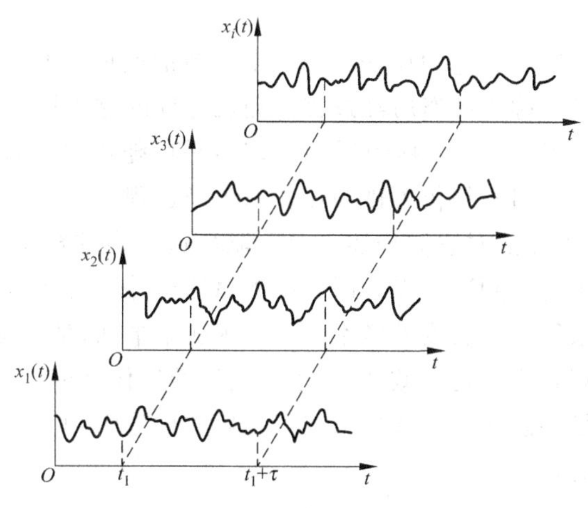

图 2.51 随机过程与样本函数

$t_i \in T$，$\{x(t_i)\}$都是离散随机变量，则称此随机过程为离散随机过程。

随机过程并非无规律可循。事实上，只要能获得足够多和足够长的样本函数（即时间历程记录），便可求得其概率意义上的统计规律。常用的统计特征参数有均值、均方值、方差、概率密度函数、概率分布函数和功率谱密度函数等。这些特征参数均是按照集平均（set average）来计算的，即并不是沿某个样本函数的时间轴来进行，而是在集中的某个时刻 t_i 对所有的样本函数的观测值取平均（图 2.51）。为了与集平均相区分，将按单个样本的时间历程所进行的平均称为时间平均。例如，根据图 2.51 按集平均来计算某时刻 t_1 的均值（mean value）和均方值（mean square value）为

$$\text{均值：}\mu_x(t_1) = \lim_{N\to\infty}\frac{1}{N}\sum_{i=1}^{N}x_i(t_1) \tag{2.123}$$

$$\text{均方值：}\psi_x^2(t_1) = \lim_{N\to\infty}\frac{1}{N}\sum_{i=1}^{N}x_i^2(t_1) \tag{2.124}$$

随机过程又分为平稳随机过程和非平稳随机过程。平稳随机过程是指过程的统计特性不随时间的平移而变化，或者说不随时间原点的选取而变化的过程。严格地说便是：如果对于时间 t 的任意 n 个数值 $t_1, t_2, \cdots, t_n$ 和任意实数 ε，随机过程 $\{x(t)\}$ 的 n 维分布函数满足关系式：

$$\begin{aligned}&F_n(x_1, x_2, \cdots, x_n; t_1, t_2, \cdots, t_n)\\ &= F_n(x_1, x_2, \cdots, x_n; t_1+\varepsilon, t_2+\varepsilon, \cdots, t_n+\varepsilon), \quad n = 1, 2, \cdots\end{aligned} \tag{2.125}$$

则称$\{x(t)\}$为平稳随机过程（stationary random process），简称平稳过程。不符合上述条件的随机过程称为非平稳过程。

实际中要按照关系式（2.125）来判断一个随机过程的平稳性并非易事。但对于一个被研究的随机过程，若前后的环境及主要条件均不随时间变化，则一般可认为是平稳的。平稳性反映在观测记录，即样本曲线方面的特点是：随机过程的所有样本曲线都在某一水平直线周围随机波动。日常生活中，热噪声电压过程、船舶的颠簸、测量运动目标的距离时产生的误差、地质勘探时在某地点的振动过程、照明用电网中电压的波动以及各种噪声和干扰等在工程上均被认为是平稳的。平稳过程是很重要、很基本的一类随机过程，工程中遇到的许

多过程都可认为是平稳的。

对于一个平稳随机过程,若它的任一单个样本函数的时间平均统计特征等于该过程的集平均统计特征,则该过程称为各态历经过程。随机过程的这种性质称为各态历经性,亦称遍历性或埃尔古德(Ergodic)性。工程中遇到的许多平稳随机过程都具有各态历经性。有些虽不是严格的各态历经过程,但仍可被当作各态历经过程来处理。对于一般的随机过程,常需要取得足够多的样本才能对它们描述。而要取得这么多的样本函数,则需要进行大量的观测,实际上往往不可能做到这一点。因此在测试工作中常把对象的随机过程按各态历经过程来处理,从而可采用有限长度的样本记录的观测来推断、估计被测对象的整个随机过程,以其时间平均来估算其集平均。诚然,在进行这样的工作之前必须首先对一个随机过程进行检验,看其是否满足各态历经的条件。本书以后的讨论中,所有的随机信号如无特殊说明均指各态历经的随机信号。

2.2.7.2 随机过程的主要特征参数

1. 均值(mean value)、均方值(mean square value)和方差(variance)

对于一个各态历经过程 $x(t)$,其均值 μ_x 定义为

$$\mu_x = E[x] = \lim_{T\to\infty}\frac{1}{T}\int_0^T x(t)\,\mathrm{d}t \tag{2.126}$$

式中,$E[x]$为变量 x 的数学期望值;$x(t)$为样本函数;T 为观测的时间。均值是信号的常值分量。

随机信号的均方值 ψ_x^2 定义为

$$\psi_x^2 = E[x^2] = \lim_{T\to\infty}\frac{1}{T}\int_0^T x^2(x)\,\mathrm{d}t \tag{2.127}$$

其中,$E[x^2]$表示 x^2 的数学期望值。均方值描述信号的能量或强度,它是 $x(t)$平方的均值。

随机信号的方差 σ_x^2 定义为

$$\sigma_x^2 = \lim_{T\to\infty}\frac{1}{T}\int_0^T [x(t)-\mu_x]^2\,\mathrm{d}t \tag{2.128}$$

方差 σ_x^2 表示随机信号的波动分量,它是信号 $x(t)$偏离其均值 μ_x 的平方的均值。方差的平方根 σ_x 称为标准偏差(standard deviation)。

上述 3 个参数 μ_x,σ_x^2 和 ψ_x^2 之间的关系为

$$\sigma_x^2 = \psi_x^2 - \mu_x^2 \tag{2.129}$$

另外,均方值 ψ_x^2 的平方根称为均方根,用 x_{rms} 表示。当 $\mu_x=0$ 时,有

$$\sigma_x^2 = \psi_x^2,\quad \sigma_x = x_{\mathrm{rms}} \tag{2.130}$$

实际工程应用中,常常以有限长的样本记录来替代无限长的样本记录。用有限长度的样本函数计算出来的特征参数均为理论参数的估计值,因此随机过程的均值、方差和均方值的估计(estimate)公式为

$$\hat{\mu}_x = \frac{1}{T}\int_0^T x(t)\,\mathrm{d}t \tag{2.131}$$

$$\hat{\psi}_x^2 = \frac{1}{T}\int_0^T x^2(t)\,\mathrm{d}t \tag{2.132}$$

$$\hat{\sigma}_x^2 = \frac{1}{T}\int_0^T [x(t)-\hat{\mu}_x]^2\,\mathrm{d}t \tag{2.133}$$

2. 概率密度函数(probability density function)和概率分布函数(probability distribution function)

概率密度函数是指一个随机信号的瞬时值落在指定区间$(x,x+\Delta x)$内的概率对Δx比值的极限值。如图2.52所示，在观察时间长度T的范围内，随机信号$x(t)$的瞬时值落在$(x,x+\Delta x)$区间内的总时间和为

$$\begin{aligned}T_x &= \Delta t_1 + \Delta t_2 + \cdots + \Delta t_n \\ &= \sum_{i=1}^{n} \Delta t_i\end{aligned} \tag{2.134}$$

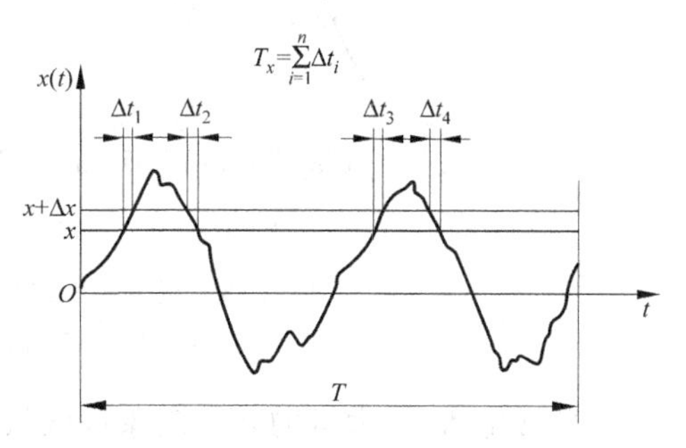

图2.52 概率密度函数的物理解释

当样本函数的观察时间$T\to\infty$时，$\frac{T_x}{T}$的极限便称为随机信号$x(t)$在$(x,x+\Delta x)$区间内的概率，即

$$P[x < x(t) \leqslant x + \Delta x] = \lim_{T\to\infty} \frac{T_x}{T} \tag{2.135}$$

概率密度函数$p(x)$则定义为

$$p(x) = \lim_{\Delta x\to 0} \frac{P[x < x(t) \leqslant x + \Delta x]}{\Delta x} = \lim_{\substack{\Delta x\to 0 \\ T\to\infty}} \frac{T_x/T}{\Delta x} \tag{2.136}$$

若随机过程变量x的概率密度函数具有如下的经典高斯形式：

$$p(x) = \frac{1}{\sigma_x\sqrt{2\pi}} \exp\left[-\frac{(x-\mu_x)^2}{2\sigma_x^2}\right], \quad -\infty < x < \infty \tag{2.137}$$

则称该过程为高斯(Gaussian)过程或正态(normal)过程。许多工程振动过程均十分接近于正态过程。

概率分布函数$P(x)$表示随机信号的瞬时值低于某一给定值x的概率，即

$$P(x) = P[x(t) \leqslant x] = \lim \frac{T_x'}{T} \tag{2.138}$$

式中，T_x'为$x(t)$值小于或等于x的总时间。

概率密度函数与概率分布函数间的关系为

$$p(x) = \lim_{\Delta x\to 0} \frac{P(x+\Delta x) - P(x)}{\Delta x} = \frac{\mathrm{d}P(x)}{\mathrm{d}x} \tag{2.139}$$

$$P(x) = \int_{-\infty}^{x} p(x)\,\mathrm{d}x \tag{2.140}$$

$x(t)$的值落在区间(x_1,x_2)内的概率为

$$P[x_1 < x(t) \leqslant x_2] = \int_{x_1}^{x_2} p(x)\,\mathrm{d}x = P(x_2) - P(x_1) \tag{2.141}$$

对于式(2.137)所表示的正态过程，随机变量x的概率分布函数为

$$\begin{aligned}P(x) &= \int_{-\infty}^{x} p(x)\,\mathrm{d}x \\ &= \frac{1}{\sqrt{2\pi}\sigma_x}\int_{-\infty}^{x} \mathrm{e}^{-\frac{(x-\mu_x)^2}{2\sigma_x^2}}\,\mathrm{d}x\end{aligned} \tag{2.142}$$

图2.53示出了正态过程的概率密度函数和概率分布函数的图形。

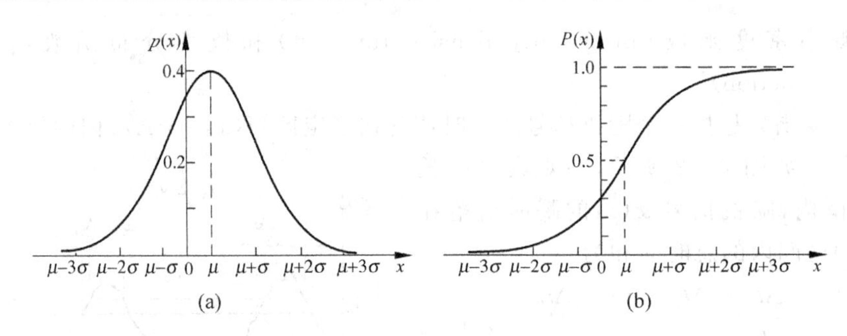

图 2.53 正态过程的概率密度函数和概率分布函数

(a) 概率密度函数；(b) 概率分布函数

在日常生活中，大量的随机现象都服从或近似服从正态分布。如某地区成年男性的身高、测量零件长度的误差、海洋波浪的高度、半导体器件中的热噪声电流和电压等。因此正态随机变量在工程应用中起着重要的作用。

利用概率密度函数还可识别不同的随机过程。这是因为不同的随机信号其概率密度函数的图形也不同。图 2.54 示出了 4 种均值为零的随机信号的概率密度函数图形。

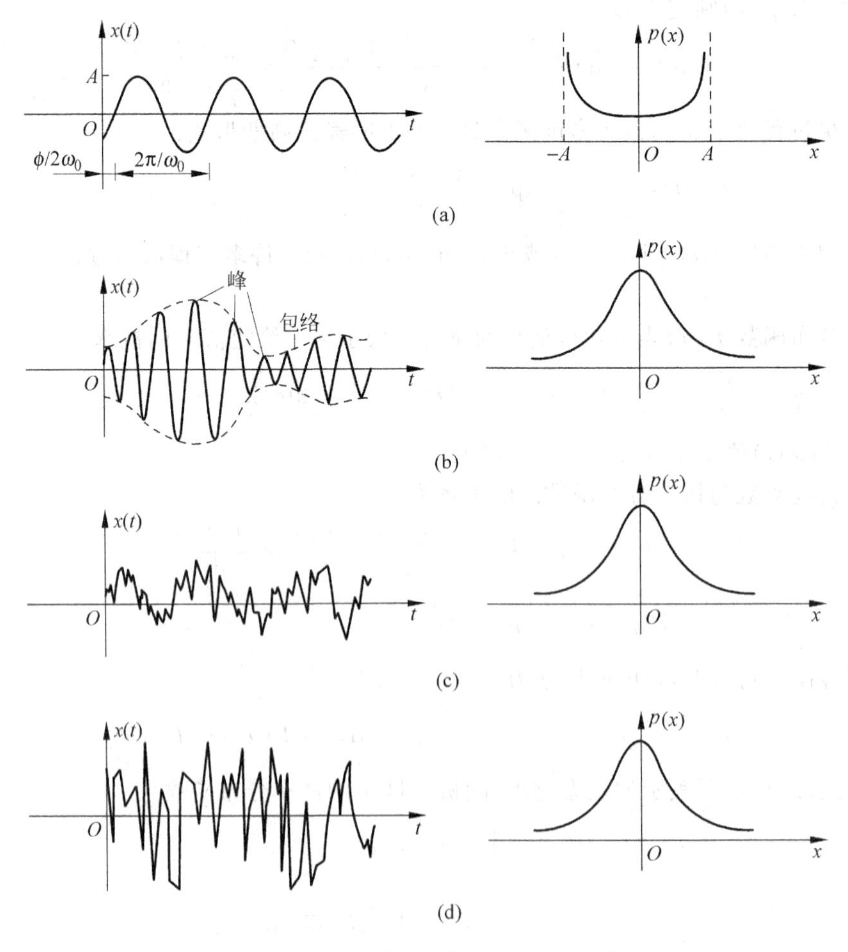

图 2.54 典型随机信号的概率密度函数

(a) 正弦信号；(b) 窄带随机信号；(c) 宽带随机信号；(d) 白噪声信号

2.2.7.3 相关分析

1. 相关(correlation)

由概率统计理论可知,相关是用来描述一个随机过程自身在不同时刻的状态间,或者两个随机过程在某个时刻状态间线性依从关系的数字特征。

对于确定性信号来说,两变量间的关系可用确定的函数来描述,但两个随机变量间却不具有这种确定的关系。然而,它们之间却可能存在某种内涵的、统计上可确定的物理关系。图 2.55 所示为两个随机变量 x 和 y 的若干数据点的分布情况,其中图(a)是 x 和 y 精确线性相关的情形;图(b)是中等程度相关,其偏差常由于测量误差引起;图(c)为不相关情形,数据点分布很散,说明变量 x 和 y 间不存在确定性的关系。

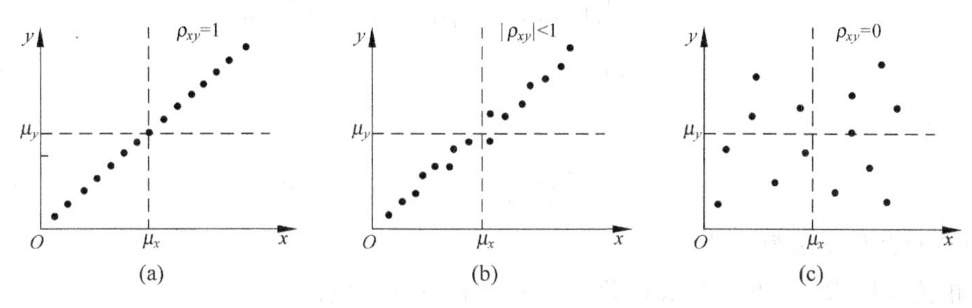

图 2.55 变量 x 和 y 的相关性

(a) 精确相关;(b) 中等程度相关;(c) 不相关

评价变量 x 和 y 间线性相关程度的经典方法是计算两变量的协方差 σ_{xy} 和相关系数 ρ_{xy},其中协方差(covariance)定义为

$$\sigma_{xy}=E[(x-\mu_x)(y-\mu_y)]$$

$$=\lim_{N\to\infty}\frac{1}{N}\sum_{i=1}^{N}(x_i-\mu_x)(y_i-\mu_y) \tag{2.143}$$

式中,E 为数学期望值;$\mu_x=E[x]$为随机变量 x 的均值;$\mu_y=E[y]$为随机变量 y 的均值。

随机变量 x 和 y 的相关系数(correlation coefficient)定义为

$$\rho_{xy}=\frac{\sigma_{xy}}{\sigma_x\sigma_y},\quad -1\leqslant\rho_{xy}\leqslant 1 \tag{2.144}$$

其中,σ_x,σ_y 分别为 x,y 的标准偏差。而 x 和 y 的方差 σ_x^2 和 σ_y^2 则分别为

$$\sigma_x^2=E[(x-\mu_x)^2] \tag{2.145}$$

$$\sigma_y^2=E[(x-\mu_y)^2] \tag{2.146}$$

利用柯西-许瓦兹不等式:

$$E[(x-\mu_x)(y-\mu_y)]^2\leqslant E[(x-\mu_x)^2]E[(y-\mu_y)^2] \tag{2.147}$$

可知$|\rho_{xy}|\leqslant 1$。当 $\rho_{xy}=1$ 时,所有数据点均落在 $y-\mu_y=m(x-\mu_x)$的直线上,因此 x 和 y 两变量是理想的线性相关,如图 2.55(a)所示,此时变量 x 和 y 是同相展开的,称 x 和 y 是"协变"的;$\rho_{xy}=-1$ 也是理想的线性相关,但直线斜率为负,此时 x 和 y 是反向变化的,称它们是"逆变"的;而当 $\rho_{xy}=0$ 时,$(x_i-\mu_x)$与$(y_i-\mu_y)$的正积之和等于其负积之和,因而其平均积 σ_{xy} 为 0,表示 x,y 之间完全不相关,如图 2.55(c)所示。

2. 互相关函数(cross-correlation function)与自相关函数(auto-correlation function)

对于各态历经过程,可定义时间变量 $x(t)$和 $y(t)$的互协方差(cross-covariance)函数为

$$\begin{aligned}C_{xy}(\tau) &= E[\{x(t)-\mu_x\}\{y(t+\tau)-\mu_y\}]\\ &= \lim_{T\to\infty}\frac{1}{T}\int_0^T\{x(t)-\mu_x\}\{y(t+\tau)-\mu_y\}\mathrm{d}t\\ &= R_{xy}(\tau)-\mu_x\mu_y\end{aligned} \tag{2.148}$$

其中，

$$R_{xy}(\tau)=\lim_{T\to\infty}\frac{1}{T}\int_0^T x(t)y(t+\tau)\mathrm{d}t \tag{2.149}$$

称为 $x(t)$ 与 $y(t)$ 的互相关函数，自变量 τ 称为时移。

当 $y(t)\equiv x(t)$ 时，得自协方差(auto-covariance)函数为

$$\begin{aligned}C_x(\tau) &= \lim_{T\to\infty}\frac{1}{T}\int_0^T\{x(t)-\mu_x\}\{x(t+\tau)-\mu_x\}\mathrm{d}t\\ &= R_x(\tau)-\mu_x^2\end{aligned} \tag{2.150}$$

其中，

$$R_x(\tau)=\lim_{T\to\infty}\frac{1}{T}\int_0^T x(t)x(t+\tau)\mathrm{d}t \tag{2.151}$$

称为 $x(t)$ 的自相关函数。

自相关函数 $R_x(\tau)$ 和互相关函数 $R_{xy}(\tau)$ 具有下列性质：

(1) 根据定义，自相关函数总是 τ 的偶函数，即

$$R_x(-\tau)=R_x(\tau) \tag{2.152}$$

而互相关函数通常不是自变量 τ 的偶函数，也不是 τ 的奇函数，且 $R_{xy}(\tau)\neq R_{yx}(\tau)$，但

$$R_{xy}(-\tau)=R_{yx}(\tau) \tag{2.153}$$

(2) 自相关函数总是在 $\tau=0$ 处有极大值，且等于信号的均方值，即

$$R_x(0)=R_x(\tau)\Big|_{\max}=\psi_x^2=\sigma_x^2+\mu_x^2 \tag{2.154}$$

而互相关函数的极大值一般不在 $\tau=0$ 处。

(3) 在整个时移域 $(-\infty<\tau<\infty)$ 内，$R_x(\tau)$ 的取值范围为

$$\mu_x^2-\sigma_x^2\leqslant R_x(\tau)\leqslant\mu_x^2+\sigma_x^2 \tag{2.155}$$

$R_{xy}(\tau)$ 的取值范围则为

$$\mu_x\mu_y-\sigma_x\sigma_y\leqslant R_{xy}(\tau)\leqslant\mu_x\mu_y+\sigma_x\sigma_y \tag{2.156}$$

(4)

$$R_x(\tau\to\infty)\to\mu_x^2 \tag{2.157}$$

$$R_{xy}(\tau\to\infty)\to\mu_x\mu_y \tag{2.158}$$

(5) 不难证明有下列互相关不等式成立：

$$|R_{xy}(\tau)|\leqslant\sqrt{R_x(0)R_y(0)} \tag{2.159}$$

由式(2.143)定义的相关系数可扩展为相关系数函数：

$$\begin{aligned}\rho_{xy}(\tau) &= \frac{C_{xy}}{\sqrt{C_x(0)C_y(0)}}\\ &= \frac{R_{xy}(\tau)-\mu_x\mu_y}{\sqrt{[R_x(0)-\mu_x^2][R_y(0)-\mu_y^2]}}\end{aligned} \tag{2.160}$$

且 $|\rho_{xy}|\leqslant 1$ 对所有的 τ 均成立。

(6) 周期函数的自相关函数仍为周期函数，且两者的频率相同，但丢掉了相角信息。如果两信号 $x(t)$ 与 $y(t)$ 具有同频的周期成分，则它们的互相关函数中即使 $\tau\rightarrow\infty$ 也会出现该频率的周期成分，不收敛。如果两信号的周期成分的频率不等，则它们不相关。亦即同频相关，不同频不相关。

图 2.56 示出了典型的自相关函数和互相关函数曲线及其有关性质。

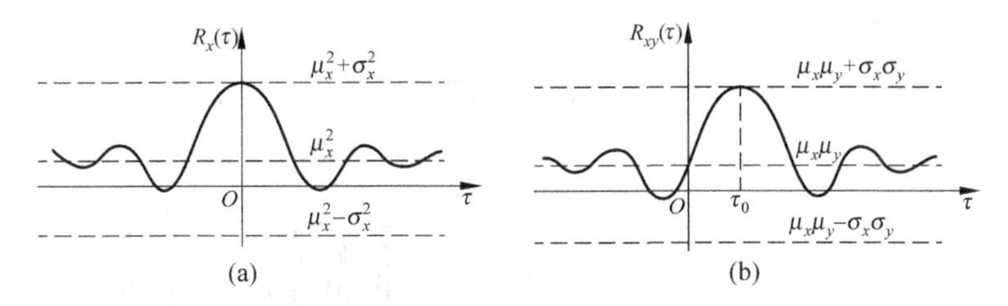

图 2.56 典型的自相关函数和互相关函数曲线

(a) 自相关函数；(b) 互相关函数

例 2.15 求正弦函数 $x(t)=A\sin(\omega t+\varphi)$ 的自相关函数。

解：正弦函数 $x(t)$ 是一个均值为零的各态历经随机过程，其各种平均值可用一个周期内的平均值来表示。该正弦函数的自相关函数为

$$R_x(\tau)=\lim_{T\to\infty}\frac{1}{T}\int_0^T x(t)x(t+\tau)\mathrm{d}t$$

$$=\frac{1}{T_0}\int_0^{T_0} A\sin(\omega t+\varphi)\sin[\omega(t+\tau)+\varphi]\mathrm{d}t$$

式中，T_0 为 $x(t)$ 的周期，$T_0=\frac{2\pi}{\omega}$。令 $\omega t+\varphi=\theta$，则 $\mathrm{d}t=\frac{\mathrm{d}\theta}{\omega}$，由此得

$$R_x(\tau)=\frac{A^2}{2\pi}\int_0^{2\pi}\sin\theta\sin(\theta+\omega\tau)\mathrm{d}\theta=\frac{A^2}{2}\cos\omega\tau$$

由以上计算结果可知，正弦函数的自相关函数是一个与原函数具有相同频率的余弦函数，它保留了原信号的幅值和频率信息，但失去了原信号的相位信息。

自相关函数可用来检测淹没在随机信号中的周期分量。这是因为随机信号的自相关函数当 $\tau\rightarrow\infty$ 时趋于零或某一常值(μ_x^2)，而周期成分由例 2.15 可知其自相关函数可保持原有的幅值与频率等周期性质。

图 2.57 示出了一个周期信号和随机噪声分离的例子。对玻璃杯中的水进行加热并用搅拌器将其搅拌均匀，加热过程中用一热电偶来测量水温，所测得的温度 $e_{\mathrm{th}}(t)$ 如图 2.57(a)所示，可以看出该温度曲线上叠加有高频噪声信号。对一般的温度测量来说，仅需用一低通滤波器将该噪声滤除即可。但我们的问题是要来辨识该噪声信号，因此采用一高通滤波器将该噪声信号取出并放大，得到如图 2.57(b)所示的信号波形 $n(t)$(图中对该信号放大了 1 000 倍)。对 $n(t)$ 进行采样、数字化并求其自相关函数(图 2.57(c))，可以看出，该自相关函数 $R_{\mathrm{n}}(\tau)$ 包含一个随机成分和一个周期成分。该随机成分是由热运动紊流特性造成的，而该周期成分则是由搅拌器运动产生的。随机成分很快趋于零值，剩下的便是周期成分。由该周期信号曲线还可以知道信号的周期，从而可以进一步确定搅拌器马达的转速。上述有关信号的信息均包含在该噪声中，而只有通过相关分析才能将它们辨识出来。因此这也是一个用相关分析来识别不同信号的例子。

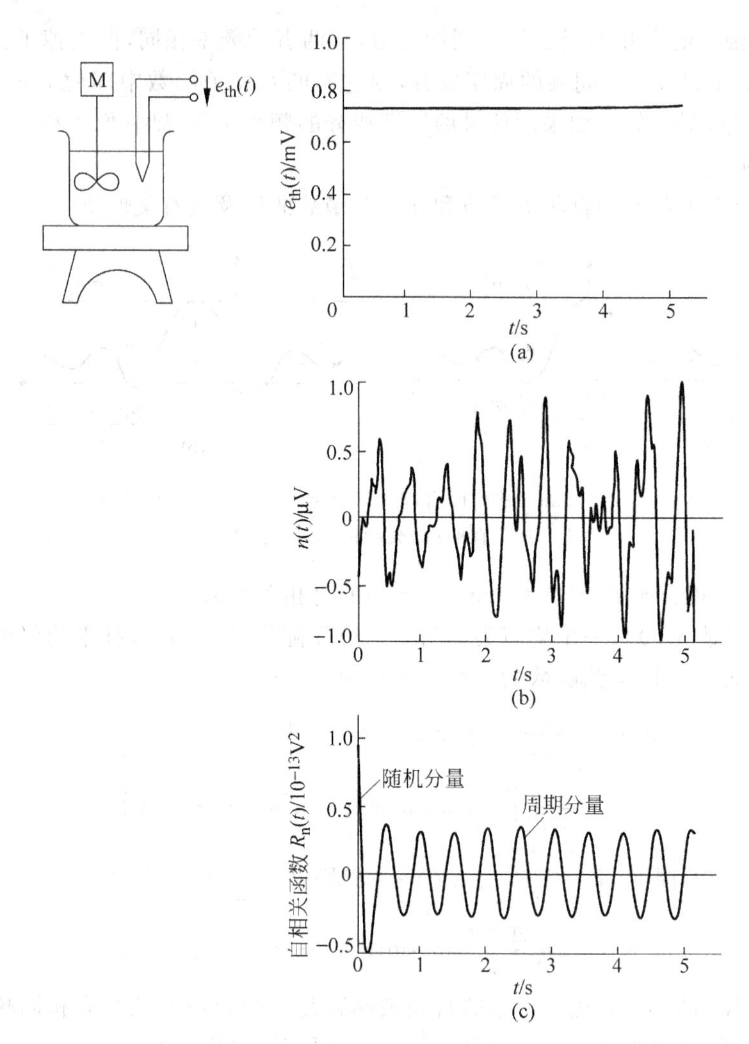

图 2.57 周期信号与随机噪声的分离

例 2.16 设周期信号 $x(t)$和 $y(t)$分别为

$$x(t) = A\sin(\omega t + \theta)$$

$$y(t) = B\sin(\omega t + \theta - \varphi)$$

式中，θ 为 $x(t)$的初始相位角；φ 为 $x(t)$与 $y(t)$的相位差。

试求其互相关函数 $R_{xy}(\tau)$。

解：由于 $x(t)$，$y(t)$为周期函数，故可用一个周期的平均值代替其整个时间历程的平均值，其互相关函数为

$$\begin{aligned} R_{xy}(\tau) &= \lim_{T\to\infty} \frac{1}{T}\int_0^T x(t)y(t+\tau)\mathrm{d}t \\ &= \frac{1}{T_0}\int_0^{T_0} A\sin(\omega t + \theta)B\sin(\omega(t+\tau) + \theta - \varphi)\mathrm{d}t \\ &= \frac{1}{2}AB\cos(\omega\tau - \varphi) \end{aligned}$$

由上述结果可知，两具有相同频率的周期信号，其互相关函数中保留了该两个信号的频

率 ω、对应的幅值 A 和 B，以及相位差 φ 的信息。

根据相关函数的定义，它应在无限长的时间内进行运算，但在实际应用中，任何观察时间均是有限的，通常以有限时间的观察值，亦即有限长的样本来估计相关函数的真值。因此自相关和互相关函数的估计 $\hat{R}_x(\tau)$ 和 $\hat{R}_{xy}(\tau)$ 分别定义为

$$\hat{R}_x(\tau) = \frac{1}{T}\int_0^T x(t)x(t+\tau)\mathrm{d}t \tag{2.161}$$

$$\hat{R}_{xy}(\tau) = \frac{1}{T}\int_0^T x(t)y(t+\tau)\mathrm{d}t \tag{2.162}$$

此外，在实际运算中，要将一个模拟信号不失真地沿时间轴作时移是很困难的，因此模拟信号的相关处理只适用于某些特定的信号，例如正余弦信号等。而在数字信号处理技术中，上述工作则很容易完成，因为只需将信号时序进行增减便是进行了时移。由于上述原因，相关处理一般均采用数字技术来完成。因此具有有限个数据点 N 的相关函数估计的数字处理表达式为

$$\hat{R}_x(r) = \frac{1}{N}\sum_{n=0}^{N-1} x(n)x(n+r) \tag{2.163}$$

$$\hat{R}_{xy}(r) = \frac{1}{N}\sum_{n=0}^{N-1} x(n)y(n+r), \quad r = 0,1,2,\cdots,r < N \tag{2.164}$$

3. 相关函数的工程意义及应用

相关函数在工程中有着广泛的用途。例 2.15 介绍了用自相关来检测淹没在随机信号中的周期信号，下面介绍自相关和互相关函数的其他一些典型应用。

1) 不同类别信号的辨识

工程中常会遇到各种不同类别的信号，这些信号的类型从其时域波形往往难以辨别，利用自相关函数则可以十分简单地加以识别。图 2.58 示出了几种不同信号的时域波形和自相关函数波形。其中，图(a)为窄带随机信号，它的自相关函数具有较慢的衰减特性；图(b)为一宽带随机信号，其自相关函数较之窄带随机信号很快衰减到零；图(c)是一个具有无限带宽的脉冲函数，因此它的自相关函数具有最快的衰减，且也是一个脉冲函数；图(d)为一正弦信号，其自相关函数也是一个周期函数，且永远不衰减；图(e)则是周期信号与随机信号叠加的情形，其自相关函数也由两部分组成，一部分为不衰减的周期信号部分，另一部分为由随机信号所确定的衰减部分，而衰减的速度取决于该随机信号本身的性质。

利用信号的自相关函数特征来区分其类别，在工程应用中有着重要的意义。例如，利用某一零件被切削加工表面的粗糙度波形的自相关函数可以识别导致这种粗糙度的原因中是否有某种周期性的因素，从中可查出产生这种周期因素的振动源所在，达到改善加工质量的目的。又如在分析汽车中车座位置上的振动信号时，利用自相关分析来检测该信号中是否含有某种周期性成分(比如由发动机工作所产生的周期振动信号)，从而可进一步改进座位的结构设计来消除这种周期性影响，达到改善舒适度的目的。

2) 相关测速和测距

利用互相关函数还可以测量物体运动或信号传播的速度和距离。

图 2.59 示出了用相关函数来测量声音传播的距离及材料音响特性的原理。图中扬声器为声源，记录的声信号为 $x(t)$，麦克风为声接收器，所记录的信号为 $y(t)$。信号 $y(t)$ 包括

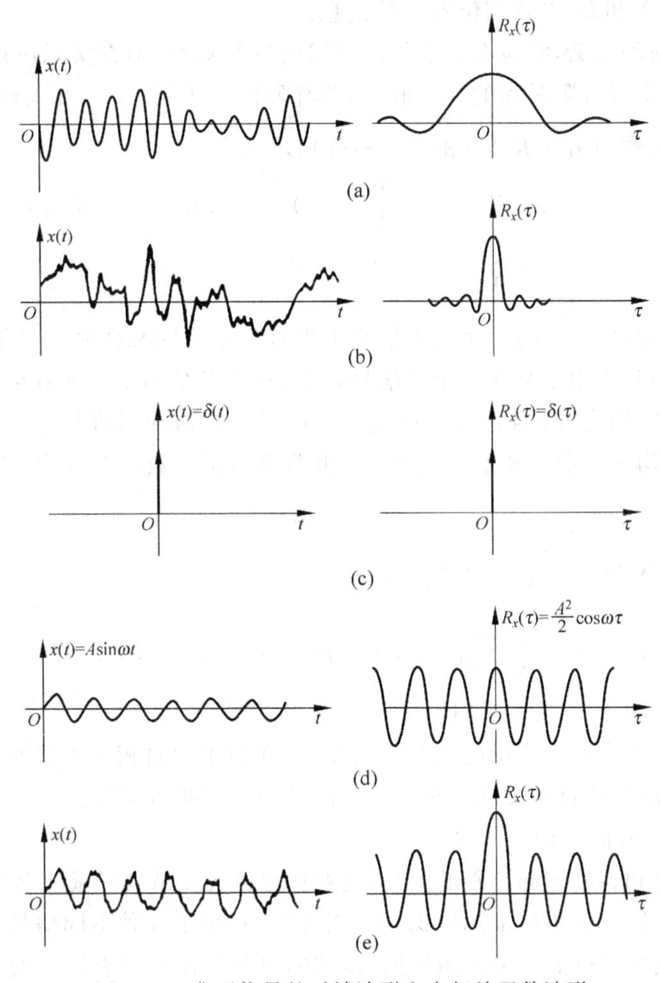

图 2.58 典型信号的时域波形和自相关函数波形

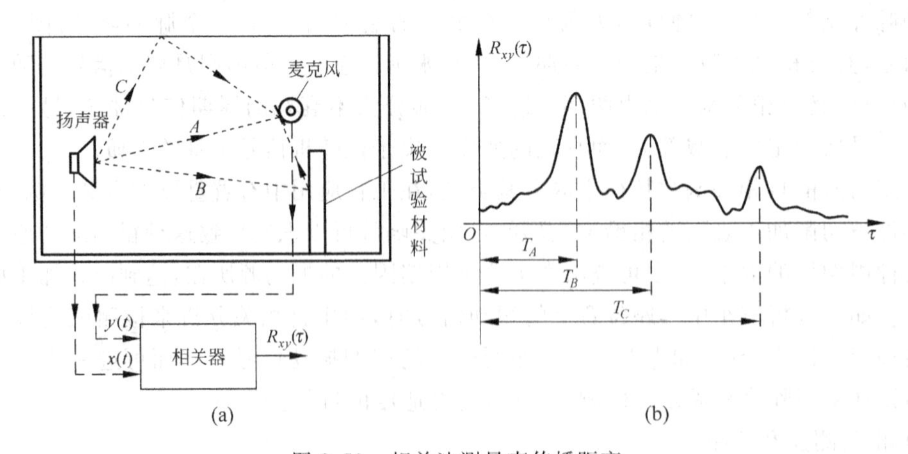

图 2.59 相关法测量声传播距离

3 部分：第一部分来源于从扬声器经直线距离 A 直接传过来的声波信号；第二部分则是经被试验材料反射后传播的声波，这部分声波经过的路程为 B；第三部分为经室壁反射后传至麦克风的信号，经过的路程为 C。对 $x(t)$ 和 $y(t)$ 所作的互相关运算所得结果 $R_{xy}(\tau)$ 的曲线可出现 3 个峰，第一个峰值出现在 $T_A=A/v$ 处，v 为声速；第二个峰值出现在 $T_B=B/v$ 处；第三个峰值在 $T_C=C/v$ 处。因此由 T_B 及其峰值幅度便可测出被试验材料的位置及其音响特性。反过来，在已知声传播距离的条件下，也可测定声音传播的速度。这种方法常用来识别振动源或振动传播的途径，也被用于测定运动物体的速度。

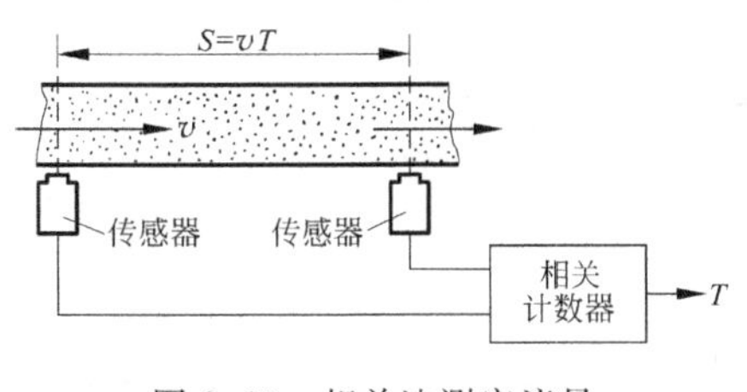

图 2.60 相关法测定流量

利用相关法还可以测量流速和流量。图 2.60 示出了用相关法测流量的原理。在流体流动的方向相继放置两个传感器，理想状况下它们会产生两个相同的信号。由于两传感器相隔一定的距离，因而两信号间存在一个时间差 T。相关法测量的基本做法是将第一个传感器接收到的信号人为地延迟一个时间 τ。相关计数器的任务是调整延迟时间 τ，使 $\tau=T$，目的在于使延迟信号 $\mu_1(t-\tau)$ 等于第二个传感器收到的信号 $\mu_2=\mu_1(t-T)$。一般来说，相关计数器应使两信号的均方差为最小：

$$\begin{aligned} E(\Delta\mu^2) &= E\{[\mu_1(t)-\mu_2(t)]^2\} \\ &= E\{[\mu_1(t-\tau)-\mu_1(t-T)]^2\} \\ &= \min \end{aligned} \tag{2.165}$$

对一个稳态信号来说，理想情况下有

$$E[\mu_1^2(t-\tau)] = E[\mu_1^2(t-T)] = \text{const} \tag{2.166}$$

$$E[\mu_1(t-\tau)\cdot\mu_1(t-T)] = R_{\mu_1\mu_2}(\tau-T) \tag{2.167}$$

当 $\tau=T$ 时，两信号的相关函数为最大。相关计数器用扫描方式逐步求出互相关为最大的运行时间 $\tau_{\max}$，从而有 $T=\tau_{\max}$，通过确定传感器间的距离 S，便可由公式 $v=\dfrac{S}{T}$ 求出流速。由流速进而又可确定流量。

相关法测流量的出发点是假设流体中存在随机干扰，由涡流或其他混合物造成的干扰引起流动介质的压力、温度、导电性、静电荷、速度或透明度的局部、无规则的波动便是这种随机干扰的表现形式，因此用作测量的传感器也可以有多种不同的形式。

3）信号源定位

采用相关分析还可以确定物体或信号源的位置。图 2.61 所示为用互相关法确定船只位置的原理。利用无线发送一定的样本信号，该信号的一部分由被测物体（本例中为船只）反射并在一定的时间 T 之后被无线所在的信号发射站接收。将被反射的信号与发送信号作相关运算，其中发送信号被延迟一时间 τ（图 2.61）。当 $\tau=T$ 时，两信号的互相关函数有最大值。由此可求得时间 τ，进而可根据下式来求得船的直线距离 l：

$$l = 0.5Tc \tag{2.168}$$

式中，c 为信号光速。

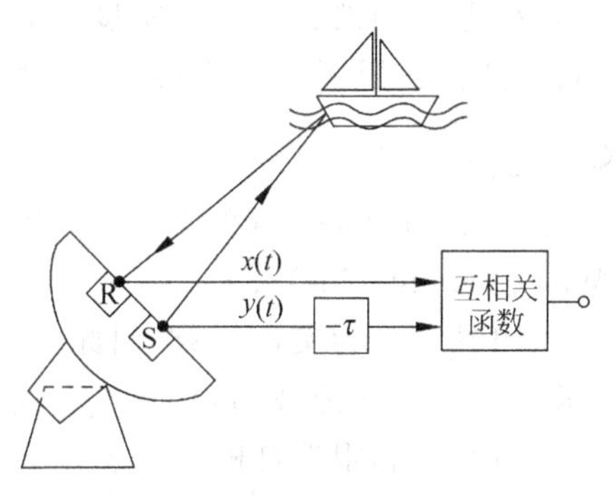

图 2.61 相关法测定船只位置

S—发送器；R—接收器

利用相同的原理也可以检测地下管道的泄漏位置。如图 2.62 所示，在地下管道可能泄漏的位置两侧放置两声强检测器，由于管道泄漏位置处破损的原因，管道中流经的液体会在该位置处激发起噪声。该噪声经管道传播后为两声检测器所接收。将这两个信号作互相关运算，便可得出信号分别传播到两传感器所经过的时间差，进而确定管道泄漏处的位置。

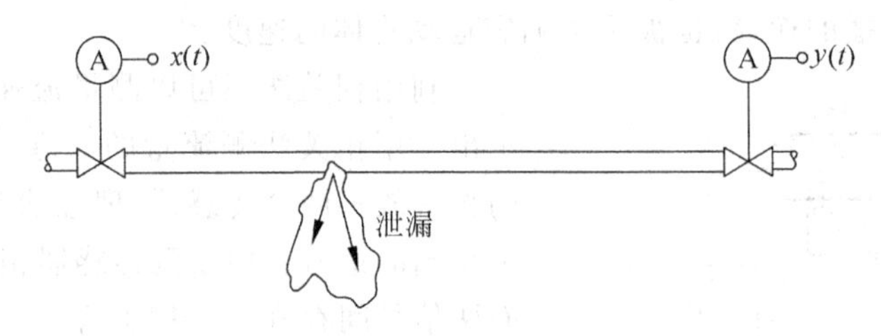

图 2.62 地下水管泄漏定位

A—声传感器

2.2.7.4 功率谱分析

2.2.7.3 节引入的相关函数可用于描述时域中的随机信号，如果对相关函数应用傅里叶变换，则可得到一种相应频域中描述随机信号的方法，这种傅里叶变换称为功率谱(power spectrum)密度函数。

1. 自功率谱密度函数(auto power spectral density function)

设 $x(t)$ 为一零均值的随机过程，且 $x(t)$ 中无周期性分量，其自相关函数 $R_x(\tau)$ 在当 $\tau \to \infty$ 时有

$$R_x(\tau \to \infty) = 0$$

于是，该自相关函数 $R_x(\tau)$ 满足傅里叶变换的条件 $\int_{-\infty}^{\infty} |R_x(\tau)| \mathrm{d}\tau < \infty$。对 $R_x(\tau)$ 作傅里叶变换，可得

$$S_x(f) = \int_{-\infty}^{\infty} R_x(\tau) \mathrm{e}^{-\mathrm{j}2\pi f\tau} \mathrm{d}\tau \tag{2.169}$$

其逆变换为

$$R_x(\tau) = \int_{-\infty}^{\infty} S_x(f) \mathrm{e}^{\mathrm{j}2\pi f\tau} \mathrm{d}f \tag{2.170}$$

$S_x(f)$ 称为 $x(t)$ 的自功率谱密度函数，简称自谱或功率谱。功率谱 $S_x(f)$ 与自相关函数 $R_x(\tau)$ 之间是傅里叶变换对的关系，亦即 $R_x(\tau) \underset{\mathrm{IFT}}{\overset{\mathrm{FT}}{\Longleftrightarrow}} S_x(f)$。

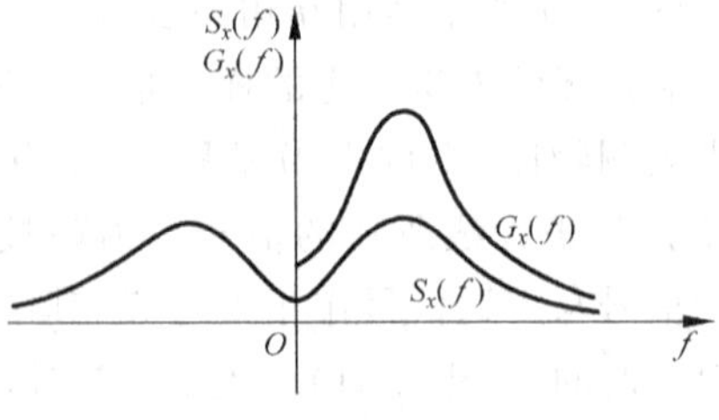

式(2.169)和式(2.170)称为维纳-辛钦(Wiener-Khintchine)公式。

由于 $R_x(\tau)$ 为实偶函数，因此 $S_x(f)$ 亦为实偶函数，其图形如图 2.63 中 $S_x(f)$ 曲线所示。

$S_x(f)$
$G_x(f)$
$G_x(f)$
$S_x(f)$
O
f

图 2.63 单边功率谱和双边功率谱

当 $\tau = 0$ 时，根据自相关函数 $R_x(\tau)$ 和自功率谱密度函数 $S_x(f)$ 的定义，可得

$$R_x(0) = \lim_{T\to\infty} \frac{1}{T} \int_{-T/2}^{T/2} x^2(t) \mathrm{d}t = \int_{-\infty}^{\infty} S_x(f) \mathrm{d}f \tag{2.171}$$

由此可见，$S_x(f)$曲线下面和频率轴所包围的面积即为信号的平均功率，$S_x(f)$就是信号的功率谱密度沿频率轴的分布，故也称 $S_x(f)$为功率谱。

2. 巴塞伐尔定理(Parseval theorem)

设有变换对

$$x(t) \Leftrightarrow X(f)$$

$$h(t) \Leftrightarrow H(f)$$

按频域卷积定理，有

$$x(t) \cdot h(t) \Leftrightarrow X(f) * H(f)$$

$$\int_{-\infty}^{\infty} x(t)h(t)\mathrm{e}^{-\mathrm{j}2\pi kt}\,\mathrm{d}t = \int_{-\infty}^{\infty} X(f)H(k-f)\,\mathrm{d}f$$

令 $k=0$，有

$$\int_{-\infty}^{\infty} x(t)h(t)\,\mathrm{d}t = \int_{-\infty}^{\infty} X(f)H(-f)\,\mathrm{d}f$$

又令 $h(t)=x(t)$，得

$$\int_{-\infty}^{\infty} x^2(t)\,\mathrm{d}t = \int_{-\infty}^{\infty} X(f)X(-f)\,\mathrm{d}f$$

$x(t)$为实函数，故 $X(-f)=X^*(f)$，即为 $X(f)$的共轭函数，于是有

$$\int_{-\infty}^{\infty} x^2(t)\,\mathrm{d}t = \int_{-\infty}^{\infty} X(f)X^*(f)\,\mathrm{d}f = \int_{-\infty}^{\infty} |X(f)|^2\,\mathrm{d}f \tag{2.172}$$

式(2.172)即为巴塞伐尔定理，它表明信号在时域中计算的总能量等于在频域中计算的总能量。因此式(2.172)又称为信号能量等式(signal energy equality)。$|X(f)|^2$ 称为能量谱，它是沿频率轴的能量分布密度。这样在整个时间轴上信号的平均功率可计算为

$$P = \lim_{T\to\infty}\frac{1}{T}\int_{-T/2}^{T/2} x^2(t)\,\mathrm{d}t = \int_{-\infty}^{\infty} \lim_{T\to\infty}\frac{1}{T}|X(f)|^2\,\mathrm{d}f \tag{2.173}$$

上式是巴塞伐尔定理的另一种表达形式。由此可得自谱密度函数与幅值谱之间的关系：

$$S_x(f) = \lim_{T\to\infty}\frac{1}{T}|X(f)|^2 \tag{2.174}$$

利用式(2.174)便可对时域信号直接作傅里叶变换来计算功率谱。

$S_x(f)$是包含正、负频率的双边功率谱(图 2.63)。在实际测量中也常采用不含负频率的单边功率谱 $G(f)$。因此 $G(f)$也应满足巴塞伐尔定理，即它与 f 轴包围的面积应等于信号的平均功率，故有

$$P = \int_{-\infty}^{\infty} S_x(f)\,\mathrm{d}f = \int_{0}^{\infty} G_x(f)\,\mathrm{d}f \tag{2.175}$$

由此规定

$$G_x(f) = 2S_x(f), \quad f \geqslant 0$$

$G_x(f)$的图形如图 2.61 中 $G_x(f)$所示。

实际应用中有时还采用均方根谱，即有效值谱，用 $\psi_x(f)$表示，规定

$$\psi_x(f) = \sqrt{G_x(f)}, \quad f \geqslant 0 \tag{2.176}$$

根据信号功率(或能量)在频域中的分布情况，将随机过程区分为窄带随机、宽带随机和白噪声等几种类型。窄带过程的功率谱(或能量)集中于某一中心频率附近，宽带过程的能量则分布在较宽的频率上，而白噪声过程的能量在所分析的频域内呈均匀分布状态。

3. 互功率谱密度函数(cross power spectral density function)

与自功率谱密度函数的定义相类似，若互相关函数 $R_{xy}(\tau)$ 满足傅里叶变换的条件 $\int_{-\infty}^{\infty}|R_{xy}(\tau)|\mathrm{d}\tau<\infty$，则定义 $R_{xy}(\tau)$ 的傅里叶变换

$$S_{xy}(f)=\int_{-\infty}^{\infty}R_{xy}(\tau)\mathrm{e}^{-\mathrm{j}2\pi f\tau}\mathrm{d}\tau \tag{2.177}$$

为信号 $x(t)$ 和 $y(t)$ 的互功率谱密度函数，简称互谱密度函数或互谱。

根据维纳-辛钦关系，互谱与互相关函数也是一个傅里叶变换对，即

$$R_{xy}(\tau)\underset{\mathrm{IFT}}{\overset{\mathrm{FT}}{\Longleftrightarrow}}S_{xy}(f)$$

因此 $S_{xy}(f)$ 的傅里叶逆变换为

$$R_{xy}(\tau)=\int_{-\infty}^{\infty}S_{xy}(f)\mathrm{e}^{\mathrm{j}2\pi f\tau}\mathrm{d}f \tag{2.178}$$

定义信号 $x(t)$ 和 $y(t)$ 的互功率为

$$\begin{aligned}P&=\lim_{T\to\infty}\frac{1}{T}\int_{-T/2}^{T/2}x(t)y(t)\mathrm{d}t\\&=\int_{-\infty}^{\infty}\left[\lim_{T\to\infty}\frac{1}{T}Y(f)\cdot X^{*}(f)\right]\mathrm{d}f\end{aligned} \tag{2.179}$$

因此互谱和幅值谱的关系为

$$S_{xy}(f)=\lim_{T\to\infty}\frac{1}{T}Y(f)\cdot X^{*}(f) \tag{2.180}$$

正如 $R_{yx}(\tau)\neq R_{xy}(\tau)$ 一样，当 x 和 y 的顺序调换时，$S_{yx}(f)\neq S_{xy}(f)$。但根据 $R_{xy}(-\tau)=R_{yx}(\tau)$ 及维纳-辛钦关系式，不难证明

$$S_{xy}(-f)=S_{xy}^{*}(f)=S_{yx}(f) \tag{2.181}$$

其中，

$$S_{yx}(f)=\lim_{T\to\infty}\frac{1}{T}X(f)\cdot Y^{*}(f)$$

$S_{xy}^{*}(f)$ 和 $Y^{*}(f)$ 分别为 $S_{xy}(f)$ 和 $Y(f)$ 的共轭复数。

$S_{xy}(f)$ 也是含正、负频率的双边互谱，实用中常取只含非负频率的单边互谱 $G_{xy}(f)$，由此规定

$$G_{xy}(f)=2S_{xy}(f),\quad f\geqslant 0 \tag{2.182}$$

自谱是 f 的实函数，而互谱则为 f 的复函数，其实部 $C_{xy}(f)$ 称为共谱(cospectrum)，虚部 $Q_{xy}(f)$ 称为重谱(quad spectrum)，即

$$G_{xy}(f)=C_{xy}(f)+\mathrm{j}Q_{xy}(f) \tag{2.183}$$

或写为幅频和相频的形式：

$$\left.\begin{aligned}G_{xy}(f)&=|G_{xy}(f)|\mathrm{e}^{-\mathrm{j}\varphi_{xy}(f)}\\|G_{xy}(f)|&=\sqrt{C_{xy}^{2}(f)+Q_{xy}^{2}(f)}\\\varphi_{xy}(f)&=\arctan\frac{Q_{xy}(f)}{C_{xy}(f)}\end{aligned}\right\} \tag{2.184}$$

4. 自谱和互谱的估计

以上介绍了自谱和互谱的理论计算公式，但在实际的工程应用中，不可能也没有必要在无限长的时间上计算整个随机过程的自谱和互谱。只能采用有限长度的样本进行计算，亦

即用自谱和互谱的估计值来代替理论值。

定义功率谱亦即自谱的估计值为

$$\hat{S}_x(f) = \frac{1}{T} | X(f) |^2 \tag{2.185}$$

互谱的估计值为

$$\hat{S}_{xy}(f) = \frac{1}{T}X^*(f) \cdot Y(f) \tag{2.186}$$

$$\hat{S}_{yx}(f) = \frac{1}{T}Y^*(f) \cdot X(f) \tag{2.187}$$

通常采用计算机用快速傅里叶变换作数字运算,因此相应的计算公式为

$$\hat{S}_x(k) = \frac{1}{N} | X(k) |^2 \tag{2.188}$$

$$\hat{S}_{xy}(k) = \frac{1}{N}X^*(k) \cdot Y(k) \tag{2.189}$$

$$\hat{S}_{yx}(k) = \frac{1}{N}Y^*(k) \cdot X(k) \tag{2.190}$$

5. 工程应用

1) 求取系统的频响函数

线性系统的传递函数 $H(s)$或频响(frequency response)函数 $H(\mathrm{j}\omega)$是一个十分重要的概念,在机器故障诊断等多个领域常要用到它。比如,机器由于其轴承的缺陷而在机器运行中会造成冲击脉冲信号,此时若用安装在机壳外部的加速度传感器来接收时,必须考虑机壳的传递函数。又如当信号经过一个复杂系统被传输时,就必须考虑系统各环节的传递函数。

一个线性系统的输出 $y(t)$等于其输入 $x(t)$和系统的脉冲响应 $h(t)$的卷积,即

$$y(t) = x(t) * h(t) \tag{2.191}$$

根据卷积定理,上式在频域中可化为

$$Y(f) = H(f) \cdot X(f) \tag{2.192}$$

其中,$H(f)$为系统的频响函数,它反映了系统的传递特性。

通过自谱和互谱也可以求取 $H(f)$。式(2.192)两端乘以 $Y(f)$的复共轭并取期望值,有

$$S_y(f) = | H(f) |^2 S_x(f) \tag{2.193}$$

式(2.193)反映了输入与输出的功率谱密度和频响函数之间的关系。上式中没有频响函数的相位信息,因此不可能得到系统的相频特性。如果在式(2.192)两端乘以 $X(f)$的复共轭并取期望值,则有

$$Y(f)X^*(f) = H(f) \cdot X(f) \cdot X^*(f)$$

进而有

$$S_{xy}(f) = H(f) \cdot S_x(f) \tag{2.194}$$

由于 $S_x(f)$为实偶函数,因此频响函数的相位变化完全取决于互谱密度函数的相位变化。与式(2.193)相比,式(2.194)完全保留了输入、输出的相位关系,且输入的形式并不一定限制为确定性信号,也可以是随机信号。通常一个测试系统往往受到内部和外部噪声的

干扰，从而输出也会带入干扰。但输入信号与噪声是独立无关的，因此它们的互相关为零。这一点说明，在用互谱和自谱求取系统频响函数时不会受到系统干扰的影响。

图 2.64 为求取系统传递函数的配置框图。其中激励信号 $x(t)$ 通常采用白噪声，这是因为白噪声的自谱为一常数 K，这样由式(2.194)可得

$$S_{xy}(f)=KH(f) \tag{2.195}$$

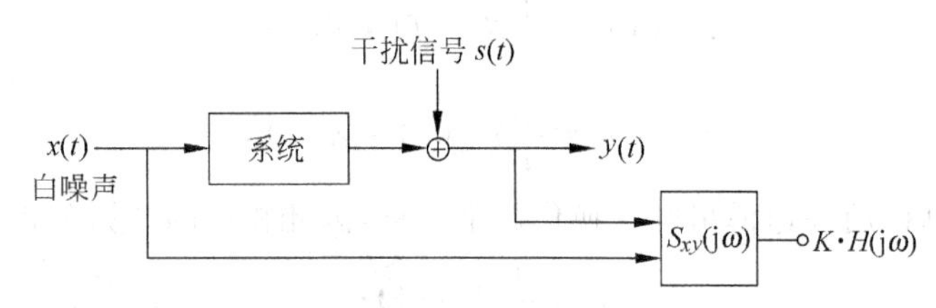

图 2.64　求取系统传递函数的配置框图

我们用计算机模拟来求取一个二阶系统的传递函数(有关二阶系统的传递特性请参看第 3 章的相关内容)。设二阶系统的固有频率为 $f_0=200\text{Hz}$，阻尼比 $\zeta=0.1$，则该二阶系统应具有图 2.65 所示的理论曲线。所用的白噪声 $x(t)$ 的有效值 $X_{\text{eff}}=0.1\text{V}$(图 2.64 中 $x(t)$)。又设系统受到的干扰信号 $S(t)$ 其有效值为 0.015V，系统的输出波形 $y(t)$ 如图 2.66 所示。对 $x(t)$ 和 $y(t)$ 分别采样并用 FFT 求取它们的幅值谱 $|X_d(f)|$ 和 $|Y_d(f)|$，如图 2.67(a)和(b)所示。根据 $X_d(f)$ 和 $|Y_d(f)|$ 可直接求取系统传递函数的幅值 $|H(f)|=\dfrac{|Y_d(f)|}{|X_d(f)|}$，如图 2.67(c)所示。从图看到，$|X_d(f)|$ 的低频分量在 $|H(f)|$ 的曲线上造成多个尖峰，如果我们先求出 $x(t)$ 的自谱 $S_x(f)$ 以及它和 $y(t)$ 的互谱 $S_{xy}(f)$，则可根据式(2.194)求得 $|H(f)|=\dfrac{|S_{xy}(f)|}{|S_x(f)|}=\dfrac{|S_{xy}(f)|}{K}$，如图 2.67(d)所示。可以看出，该传递函数完全不受干扰信号的影响，它能以足够的精度复现系统的其他传递特性。

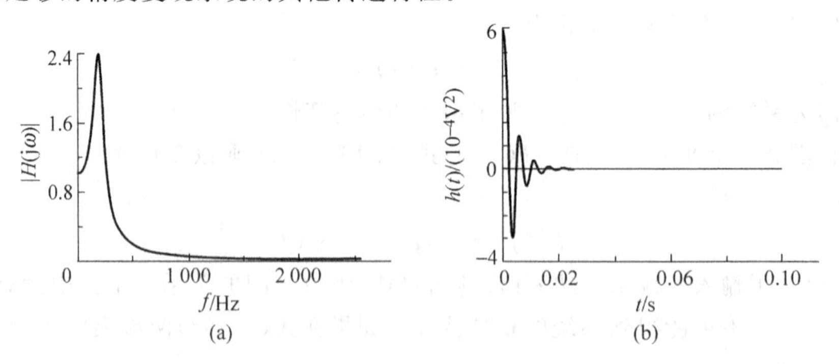

图 2.65　所举例的待识别二阶系统的传递函数和脉冲响应函数

2）旋转机械振动特性检测

旋转机械的转轴部件从起动、升速到额定转速的过程经历了全部转速的变化，因此在各个转速下的振动状态可用来对机器的临界转速、固有频率和阻尼比等各参数进行辨识。起动和停车过程包含了丰富的信息，是常规运行状态下无法获得的。描述这种瞬态过程的一种方法是三维频谱图，又名结联图、谱阵图、瀑布图，是以转速、时间、负荷、功率或温度等参

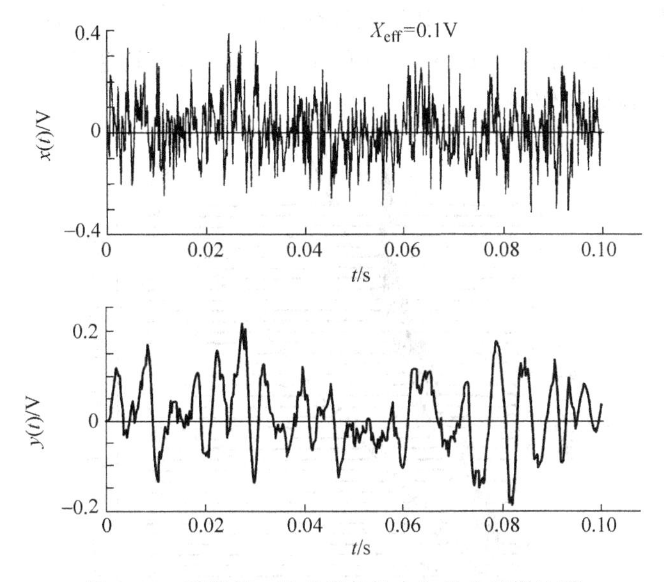

图 2.66 所举例二阶系统的输入与输出函数波形

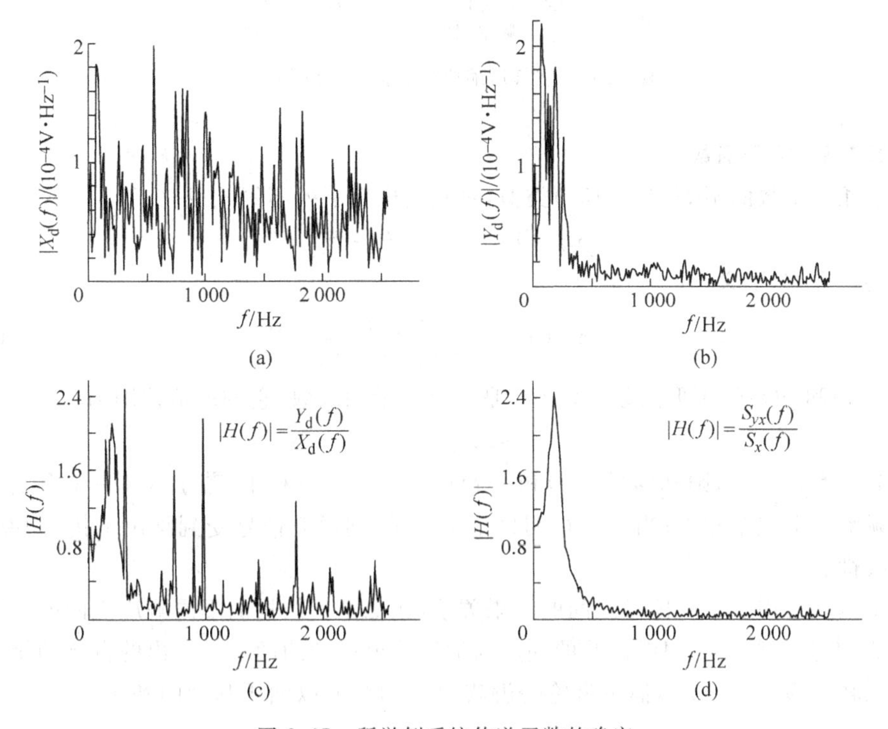

图 2.67 所举例系统传递函数的确定

量作为第三维绘制的频谱曲线集合，它形象地展现了旋转机械振动或停车过程中振动信号频谱随参量变化的规律。图 2.68 为一台空气压缩机轴承由油膜的“半速”涡动发展到油膜振荡的三维频谱图。图中 $1\times R$ 为不平衡响应振动分量，R 为转速，可看出，机械的第一临界转速约为 4 200r/min；图中的 $0.5\times R$ 频率分量为油膜的半速涡动，当转速超过低阶谐振频率的 2 倍以上时，会激起油膜振荡，此时，在该谱图中表现为频率不随转速升高而增加且恒等于第一阶共振频率的振荡分量，其幅值具有急剧增加的趋势，称为失稳转速或阈速。从图中可见，该失稳转速约为 9 000r/min。从图中还可看出，当转速等于第一阶临界转速时，能够对半速涡动起到扼制作用。

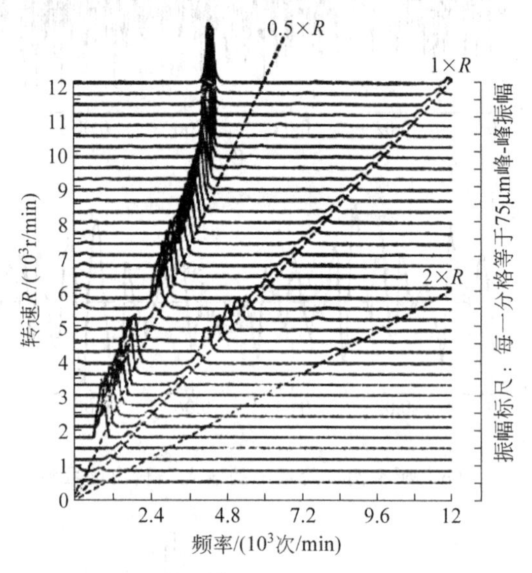

图 2.68 空气压缩机油膜振荡三维频谱图

2.2.7.5 相干函数

与互相关函数的不等式(2.159)类似，对互谱也有下列不等式成立：

$$|S_{xy}(f)|^2 \leqslant S_x(f) \cdot S_y(f) \tag{2.196}$$

根据上述不等式，定义

$$\gamma_{xy}^2(f) = \frac{|S_{xy}(f)|^2}{S_x(f) \cdot S_y(f)} \tag{2.197}$$

为信号 $x(t)$和 $y(t)$的相干函数。$\gamma_{xy}^2(f)$是一个无量纲系数，它的取值范围为

$$0 \leqslant \gamma_{xy}^2(f) \leqslant 1 \tag{2.198}$$

因此，如果 $\gamma_{xy}^2(f)=0$，则称信号 $x(t)$和 $y(t)$在频率 f 上不相干；若 $\gamma_{xy}^2(f)=1$，则称 $x(t)$和 $y(t)$在频率 f 上完全相干；当 $\gamma_{xy}^2(f)$明显小于 1 时，则说明信号受到噪声干扰，或说明系统具有非线性。

相干函数常用来检验信号之间的因果关系，比如鉴别结构的不同响应之间的关系。

图 2.69 是用柴油机润滑油泵的油压与油压管道振动的两信号求出的自谱和相干函数。润滑油泵转速为 781r/min，油泵齿轮的齿数为 $z=14$，所以油压脉动的基频是

$$f_0 = \frac{nz}{60} = 182.24\text{Hz}$$

所测得油压脉动信号 $x(t)$的功率谱 $S_x(f)$如图 2.69(a)所示，它除了包含基频谱线外，还由于油压脉动并不完全是准确的正弦变化，而是以基频为基础的非正弦周期信号，因此还存在 2,3,4 次甚至更高的谐波谱线。此时在油压管道上测得的振动信号 $y(t)$的功率谱图 $S_y(f)$如图 2.69(b)所示。将此二信号作相干分析，得到图 2.69(c)所示的曲线。由该相干函数图可见，当 $f=f_0$ 时，$\gamma_{xy}^2(f)\approx 0.9$；$f=2f_0$ 时，$\gamma_{xy}^2(f)\approx 0.37$；$f=3f_0$ 时，$\gamma_{xy}^2(f)\approx 0.8$；$f=$

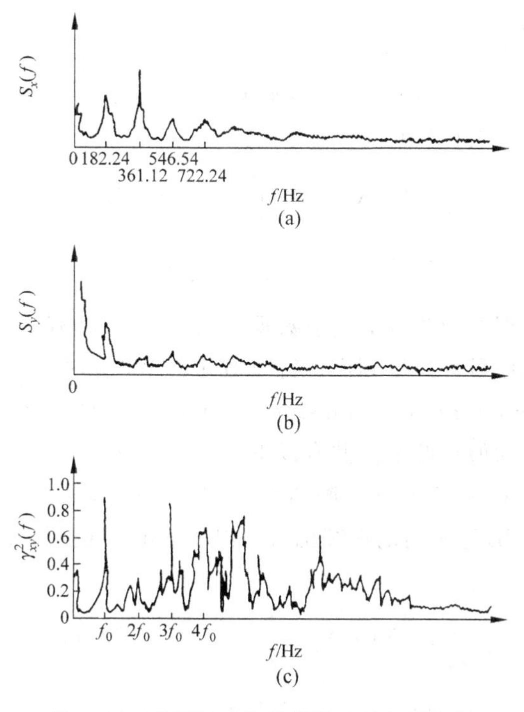

图 2.69　油压脉动与油管振动的相干分析

$4f_0$ 时，$\gamma_{xy}^2(f)\approx 0.75$……可以看到，由于油压脉动引起各阶谐波所对应的相干函数值都比较大，而在非谐波的频率上相干函数值很小。所以可以得出结论：油管的振动主要是由于油压脉动所引起。

2.3　数字信号处理

数字信号处理(digital signal processing)利用计算机或专用信号处理设备，以数值计算的方法对信号作采集、变换、估值与识别等处理，达到提取有用信息并付诸于各种应用的目的。

1965 年快速傅里叶变换(FFT)的问世标志着数字信号处理学科的开始。随着计算机和信息技术的飞速发展，数字信号处理技术也得到了迅猛的发展，形成了一套完整的理论体系，数字信号处理的理论主要包括：数字信号的分析、离散系统的描述与分析、信号处理中的快速算法(FFT、快速卷积与相关等)、信号的估值、数字滤波、信号的建模、数字信号处理技术的实现与应用等。与模拟信号处理技术相比较，数字信号处理技术具有处理精度高、灵活性强、抗干扰性强和计算速度快等特点，数字信号处理设备一般也比模拟信号处理设备尺寸小、造价低。由于数字信号处理技术的这些突出优点，使它在几乎所有的工程技术领域中得到了广泛应用。伴随其发展而研发生产的数字信号处理专用芯片及其相关算法软件也形成了一个巨大的产业和市场。

本节着重介绍数字信号处理中的离散傅里叶变换和快速傅里叶变换，有关数字信号处理的其他方面的内容，感兴趣的读者请参考其他专门著作。

2.3.1 离散傅里叶变换

对于一个非周期的连续时间信号 $x(t)$来说，它的傅里叶变换应该是一个连续的频谱 $X(f)$，其运算公式根据 2.2.6 节的内容有

$$\text{FT}: X(f)=\int_{-\infty}^{\infty} x(t)\mathrm{e}^{-\mathrm{j}2\pi ft}\mathrm{d}t \tag{2.199}$$

$$\text{IFT}: x(t)=\int_{-\infty}^{\infty} X(f)\mathrm{e}^{\mathrm{j}2\pi ft}\mathrm{d}f \tag{2.200}$$

由于计算机只能处理有限长度的离散数据序列，因此上两式不能直接被计算机所处理，必须首先对其连续时域信号和连续频谱进行离散化并截取其有限长度的一个序列，这也就是离散傅里叶变换(discrete Fourier transform, DFT)产生的基础。

对于无限连续信号的傅里叶变换共有以下 4 种情况(图 2.70)。图 2.70(a)为一非周期连续信号 $x(t)$及其傅里叶变换的频谱 $X(f)$，由图可见，通常 $x(t)$和 $X(f)$的范围均为$-\infty\sim+\infty$。图 2.70(b)为一周期连续信号，此时傅里叶变换转变为傅里叶级数，因而其频谱是离散的。

$$\text{FT}: X(f_k)=\frac{1}{T}\int_{-T/2}^{T/2} x(t)\mathrm{e}^{-\mathrm{j}2\pi f_k t}\mathrm{d}t \tag{2.201}$$

$$\text{IFT}: x(t)=\sum_{k=-\infty}^{\infty} X(f_k)\mathrm{e}^{\mathrm{j}2\pi f_k t} \tag{2.202}$$

式中，$f_k=k\Delta f\ (k=0,\pm1,\pm2,\cdots)$，$\Delta f$ 为相邻谱线的间隔，也就是基频，$\Delta f=\dfrac{1}{T}$。

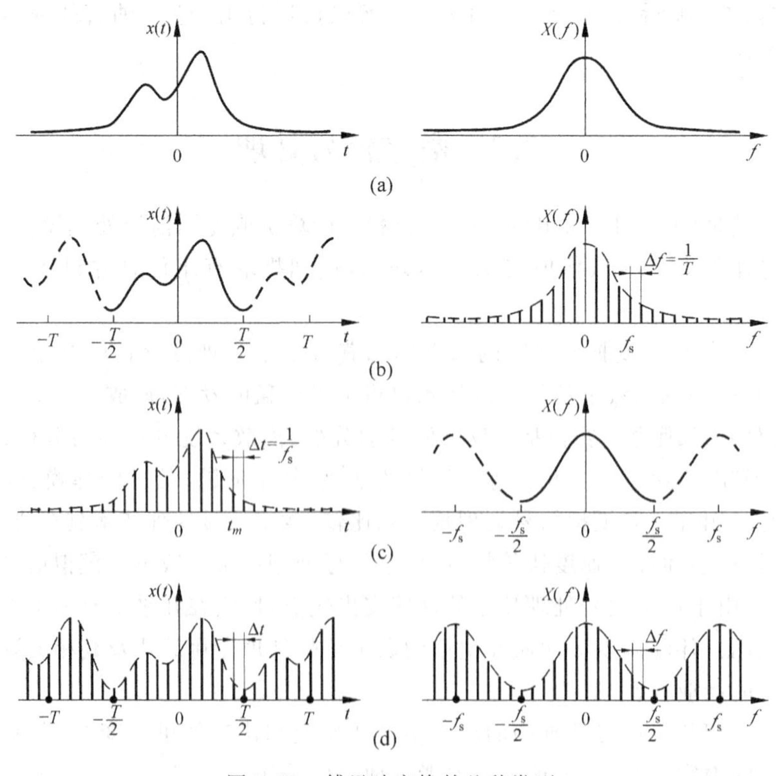

图 2.70 傅里叶变换的几种类型

图 2.70(c)为一非周期离散信号的傅里叶变换。与图 2.70(a)和(b)不同的是，图(c)的时域信号是离散的脉冲序列，这种时间序列可看成对一连续信号进行采样而得到。可以证明，无限长的离散时间序列的傅里叶变换是一个周期性的连续频谱，即

$$\mathrm{FT}:X(f)=\sum_{n=-\infty}^{\infty}x(t_n)\mathrm{e}^{-\mathrm{j}2\pi f t_n} \tag{2.203}$$

$$\mathrm{IFT}:x(t_n)=\frac{1}{f_s}\int_{-f_s/2}^{f_s/2}X(f)\mathrm{e}^{\mathrm{j}2\pi f t_n}\mathrm{d}f \tag{2.204}$$

式中，$t_n=n\Delta t\ (n=0,\pm1,\pm2,\cdots)$，$\Delta t$ 为脉冲序列的时间间隔，即采样间隔 $\Delta t=\frac{1}{f_s}$；f_s 是时域信号的采样频率，它等于该时间序列的频谱周期。

图 2.70(d)为一周期离散的时间序列的傅里叶变换，可以证明*(具体证明见 2.3.1 节最后)它的频谱也是周期离散的。设该时间序列的周期为 T，一个周期内有 N 个采样点，即采样间隔为 Δt，于是

$$T=N\Delta t$$

根据傅里叶变换的公式，它的频谱亦是周期的，周期 $f_s=\frac{1}{\Delta t}$，频率间隔 $\Delta f=\frac{1}{T}$，且它在一个周期内同样有 N 条谱线：$f_s=N\Delta f$。

从图 2.70 所示 4 个信号的时、频域转换中不难看出，若 $x(t)$ 是周期的，那么频域中 $X(f)$ 必然是离散的，反之亦然。同样，若 $x(t)$ 是非周期的，则 $X(f)$ 一定是连续的，反之亦然。尤其是对于第四种亦即时域和频域都是离散的信号，且都是周期的，这给人们利用计算机实施频谱分析提供了一种可能性。对这种信号的傅里叶变换，只需取其时域上一个周期(N 个采样点)和频域一个周期(同样为 N 个采样点)进行分析，便可了解该信号的全部过程。这种对有限长度的离散时域或频域信号序列进行傅里叶变换或逆变换，得到同样为有限长度的离散频域或时域信号序列的方法，便称为离散傅里叶变换(DFT)或其逆变换(IDFT)，从中导出离散傅里叶变换的公式为

$$\mathrm{DFT}:X(k)=\sum_{n=0}^{N-1}x(n)\mathrm{e}^{-\mathrm{j}\frac{2\pi}{N}nk}=\sum_{n=0}^{N-1}x(n)W_N^{nk},\qquad k=0,1,\cdots,N-1 \tag{2.205}$$

$$\mathrm{IDFT}:x(n)=\frac{1}{N}\sum_{k=0}^{N-1}X(k)\mathrm{e}^{\mathrm{j}\frac{2\pi}{N}nk}=\frac{1}{N}\sum_{k=0}^{N-1}X(k)W_N^{-nk},\qquad n=0,1,\cdots,N-1 \tag{2.206}$$

式中，$W_N=\mathrm{e}^{-\mathrm{j}\frac{2\pi}{N}}$，$x(n)$ 和 $X(k)$ 分别为 $\hat{x}(n\Delta t)$ 和 $\hat{X}(kf_0)$ 的一个周期，此处将 Δt 和 f_0 均归一化为 1。

显然 DFT 并不是一个新的傅里叶变换形式，它实际上来源于离散傅里叶级数的概念，只不过对时域和频域的信号各取一个周期，然后由这一周期作延拓，扩展至整个的 $\hat{x}(n\Delta t)$ 和 $\hat{X}(kf_0)$。

从周期离散的时序信号的傅里叶变换可以推导出离散傅里叶变换的计算公式，但在实际上还经常会碰到有限或无限长的非周期序列信号，对这样的信号作傅里叶变换得到的是周期的连续谱 $X(f)$。$X(f)$ 不能直接被计算机所接受，因此必须用 DFT 的公式(2.205)或式(2.206)对它进行处理。具体做法是：对有限长序列 $x(n)$，令其长度为 N；而对无限长序列 $x(n)$，则用窗函数将其截断为长度 N，并将该 N 个点的数据序列视为周期序

列 $\hat{x}(n)$ 的一个周期，因此 $\hat{x}(n)$ 是由 $x(n)$ 作周期延拓形成的。对 $\hat{x}(n)$ 求傅里叶级数，得到的 $\hat{X}(k)$ 也是以 N 为周期的序列，它的一个周期为 $X(k)$ $(k=0,1,\cdots,N-1)$，因此 $X(k)$ 是 $x(n)$ 的傅里叶变换或是对其傅里叶变换的一种近似。离散傅里叶变换的真正意义在于：可以对任意连续的时域信号进行采样和截断，并对其作离散傅里叶变换的运算，得到离散的频谱，该频谱的包络即是对原连续信号真正频谱的估计。关于因采样和截断带来的可能误差将在下节讨论。

一个离散傅里叶变换的过程和步骤可以通过图解来解释。简单地说，一个离散傅里叶变换的过程可分为时域采样、时域截断和频域采样 3 个步骤，现结合图 2.71 加以说明。

1. 时域采样(sampling in t-domain)

图 2.71(a)所示为一连续时域信号 $x(t)$ 及其频谱 $X(f)$。用一采样函数 $s_1(t)$ 对 $x(t)$ 在时域进行采样，$s_1(t)=\sum_{n=-\infty}^{\infty}\delta(t-nT_s)$，为一等时间间隔 T_s 的单位脉冲系列，其频谱 $S_1(f)$ 也是等频率间隔 $1/T_s$ 的周期脉冲序列，序列的强度为 $1/T_s$(图 2.71(b))。对 $x(t)$ 的采样即是 $x(t)$ 与 $s_1(t)$ 相乘，根据频域卷积定理，在频域上则是 $X(f)$ 与 $S_1(f)$ 作卷积运算，所得结果如图 2.71(c) 所示，为 $\frac{1}{T_s}X(f)*\sum_{r=-\infty}^{\infty}\delta\left(f-\frac{r}{T_s}\right)$，其图形是将 $X(f)$ 乘以权重因子 $1/T_s$ 之后移至各频率点 $\frac{r}{T_s}$ $(r=0,\pm1,\pm2,\cdots)$ 上，因此其频域图形亦呈周期化。在采样时应注意的一个问题是采样频率 $f_s=\frac{1}{T_s}$ 应满足采样定理，否则会产生频域图形混叠现象，从而带来误差，对此将在后面加以讨论。

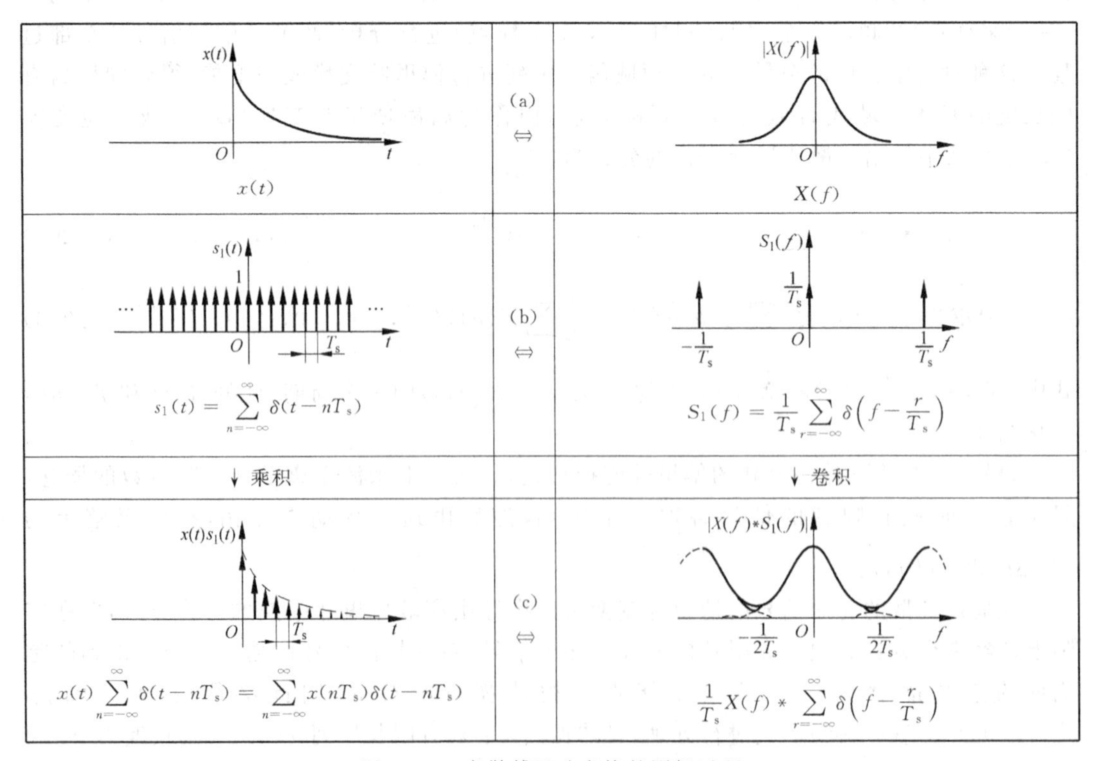

图 2.71 离散傅里叶变换的图解过程

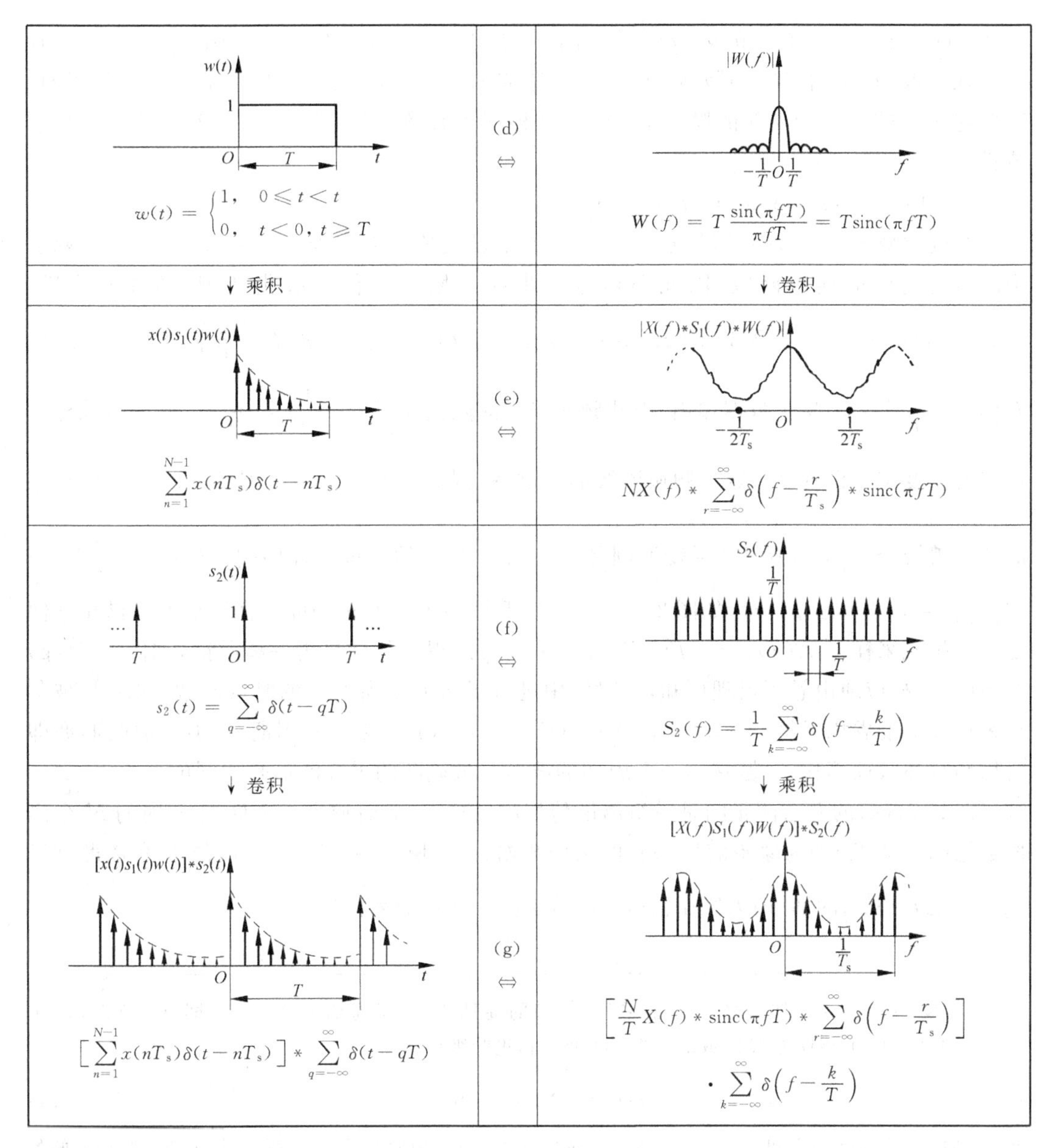

图 2.71(续)

2. 时域截断(trunction in t-domain)

在时域上对采样值系列作截断意味着取有限个(N 个)采样数据作下面的运算。截断的过程即是将时域数据乘以一个单位矩形函数 $w(t)$,亦称窗函数:

$$w(t)=\begin{cases}1, & 0\leqslant t<T\\ 0, & t<0, t\geqslant T\end{cases} \tag{2.207}$$

$w(t)$的频谱 $W(f)$为一 sinc 函数,其函数表达式为 $W(f)=T\dfrac{\sin\pi fT}{\pi fT}=T\mathrm{sinc}(\pi fT)$,如图 2.71(d)所示。加窗截断后在时域的运算结果即为 $x(t)s_1(t)w(t)$,在频域则为 $W(f)$与 $X(f)*S_1(f)$卷积,所得结果为 $W(f)*X(f)*S_1(f)$,其时、频域运算结果的图形示出于

图 2.71(e)中,图(e)右边的频域图形与图(d)右边,与未截断时的频域图形相比,它的频谱出现皱波,这是由于窗函数 $W(f)$的旁瓣造成的。另外,由于 $W(f)$总是频带无限宽的,因此卷积后的图形带来新的畸变和误差,这种误差被称为“泄漏误差”,详细讨论将在下节进行。

3. 频域采样(sampling in f-domain)

经过时域采样和截断后,信号 $x(t)$在时域上已变成了有限长度的离散序列,而频域上则成为周期化的连续函数,因此必须进一步在频域上进行离散化处理,即频域采样。图 2.71(f)示出了频域采样函数 $S_2(f)$,设 $S_2(f)=\frac{1}{T}\sum_{k=-\infty}^{\infty}\delta\left(f-\frac{k}{T}\right)$。由于在频段 $f_s\left(f_s=\frac{1}{T_s}\right)$内有 N 个数据输出,因此频域采样间隔便为$\frac{f_s}{N}=\frac{1}{NT_s}=\frac{1}{T}$。因此时域采样时选定窗长度实际也就是选定了频域谱线的分辨率。因此 $S_2(f)$ 为一系列频率间隔 $\Delta f=\frac{1}{T}$ 的离散谱线。$S_2(f)$ 的傅里叶逆变换则是时间间隔为 T 的单位脉冲序列 $s_2(t)=\sum_{q=-\infty}^{\infty}\delta(t-qT)$ $(q=0,\pm1,\pm2,\cdots)$,如图 2.71(f) 左图所示。$S_2(f)$ 与被截断采样波形的频谱相乘便是它的频域采样:$[X(f)*S_1(f)*W(f)]\cdot S_2(f)$,得到的结果为一离散谱,如图 2.71(g)右图所示。相应地由卷积定理可知,在时域中进行了 $S_2(f)$ 所对应的时域函数 $s_2(t)$ 与被截断采样波形的卷积运算:$[x(t)\cdot s_1(t)\cdot w(t)*s_2(t)]$,其结果为一周期 T 的时间序列,亦即时域函数亦被周期化了,但它的一个周期的波形与被截断的采样波形是相同的。

图 2.71(g)的左右两张图是一组离散傅里叶变换对,其时域中一个周期 T 内的 N 个离散数据($T=NT_s$)即为原始信号 $x(t)$的采样数据,而频域中一个周期 f_s 内的 N 条离散谱线$\left(f_s=N\Delta f=\frac{1}{T_s}\right)$的值,即为原始信号 $x(t)$的频谱 $X(f)$的采样值估计。

---

* 设 $\hat{x}(nT_s)$为周期信号 $\hat{x}(t)$的采样,$\hat{x}(t)$的周期为 T,每周期采 N 个点,即 $T=NT_s$,这样 $\hat{x}(nT_s)$也是周期的,周期为 NT_s 或 N。将 $\hat{x}(t)$展成傅里叶级数,得

$$\hat{x}(t)=\sum_{k=-\infty}^{\infty}X(k\omega_0)e^{jk\omega_0 t} \tag{*.1}$$

这里的周期函数 $\hat{x}(t)$的傅里叶系数写成了 $X(k\omega_0)$,与 2.2.6 节中的 C_n 写法有所不同,主要是强调它的各次谐波的特性,也是为了公式推导的需要。因此 $X(k\omega_0)$是离散和非周期的,$k=0,\pm1,\cdots$,$\omega_0=\frac{2\pi}{T}=\frac{2\pi}{NT_s}$。对 $\hat{x}(t)$进行采样,得

$$\hat{x}(nT_s)=\hat{x}(t)\big|_{t=nT_s}=\sum_k\hat{X}(k\omega_0)e^{jk\frac{2\pi}{NT_s}nT_s}=\sum_k\hat{X}(k\omega_0)e^{j\frac{2\pi}{N}nk} \tag{*.2}$$

由前面的叙述可知,离散信号的频谱是周期性的,周期即为 ω_s,因此上式中已将 $X(k\omega_0)$改记为 $\hat{X}(k\omega_0)$。由式(*.2)可知,上式对 k 的求和应在$\hat{X}(k\omega_0)$的一个周期内进行。由于 $\omega_s=\frac{2\pi}{T_s}=\frac{2\pi N}{T}=N\omega_0$,$\omega_0$ 为 $\hat{x}(t)$的基频,因此 $\hat{X}(k\omega_0)$应是 N 个点的周期序列。取其一个周期记为 $X(k)$,又因为 $e^{j\frac{2\pi}{N}nk}=e^{j\frac{2\pi}{N}n(k+lN)}$,$l$ 为整数,故式(*.2)可写为

$$\hat{x}(nT_s)=\sum_{k=0}^{N-1}X(k)e^{j\frac{2\pi}{N}nk} \tag{*.3}$$

上式中，当 $n=0,1,2,\cdots,N-1$ 和 $n=N,N+1,\cdots,2N-1$ 时，所求结果是相同的，亦即用上式只能计算出 N 个 $\hat{x}(nT_s)$ 的值，这个值组成 $\hat{x}(nT_s)$ 的一个周期，记为 $x(n)$，$n=0,1,\cdots,N-1$，这样可将式(*.3)中左边的 $\hat{x}(nT_s)$ 换成 $x(n)$，对式(*.3)两边作如下运算：

$$\sum_{n=0}^{N-1}x(n)\mathrm{e}^{-\mathrm{j}\frac{2\pi}{N}ln}=\sum_{n=0}^{N-1}\left[\sum_{k=0}^{N-1}X(k)\mathrm{e}^{\mathrm{j}\frac{2\pi}{N}nk}\right]\mathrm{e}^{-\mathrm{j}\frac{2\pi}{N}ln}=\sum_{k=0}^{N-1}X(k)\sum_{n=0}^{N-1}\mathrm{e}^{\mathrm{j}\frac{2\pi}{N}(k-l)n}$$

由于

$$\sum_{n=0}^{N-1}\mathrm{e}^{\mathrm{j}\frac{2\pi}{N}(k-l)n}=\begin{cases}N, & k-l=0,N,2N\\0, & \text{其他}\end{cases}$$

故上式右边等于 $NX(k)$，于是有

$$X(k)=\frac{1}{N}\sum_{n=0}^{N-1}x(n)\mathrm{e}^{-\mathrm{j}\frac{2\pi}{N}nk} \tag{*.4}$$

习惯上将标度因子放到式(*.3)的反变换中去。因此从以上的运算结果可得到离散周期信号的下列两组变换公式：

$$\left.\begin{aligned}X(k)&=\sum_{n=0}^{N-1}x(n)\mathrm{e}^{-\mathrm{j}\frac{2\pi}{N}nk}, \quad k=0,1,\cdots,N-1\\x(n)&=\sum_{k=0}^{N-1}X(k)\mathrm{e}^{\mathrm{j}\frac{2\pi}{N}nk}, \quad n=0,1,\cdots,N-1\end{aligned}\right\} \tag{*.5}$$

$$\left.\begin{aligned}\hat{X}(k)&=\sum_{n=0}^{N-1}\hat{x}(n)\mathrm{e}^{-\mathrm{j}\frac{2\pi}{N}nk}, \quad k=-\infty\sim+\infty\\\hat{x}(n)&=\sum_{k=0}^{N-1}\hat{X}(k)\mathrm{e}^{\mathrm{j}\frac{2\pi}{N}nk}, \quad n=-\infty\sim+\infty\end{aligned}\right\} \tag{*.6}$$

习惯上将式(*.6)称为离散周期信号的傅里叶级数(DFS)表达式。尽管式中的 n,k 均标注为从 $-\infty\sim+\infty$，但实际上只能算出 N 个独立的值。DFS 在时、频域都是周期和离散的(图 2.70(d))。式(*.5)和式(*.6)实际是一样的，只不过前者更强调仅取一个周期，该式即为离散傅里叶变换的基础。

2.3.2 离散傅里叶变换的性质

1. 线性性

若

$$\begin{cases}x_1(n)\Leftrightarrow X_1(k)\\x_2(n)\Leftrightarrow X_2(k)\end{cases}$$

则

$$\mathrm{DFT}[ax_1(n)+bx_2(n)]=aX_1(k)+bX_2(k) \tag{2.208}$$

式中，a,b 为常数。

2. 移位性

若 $x(n)\Leftrightarrow X(k)$，则有

$$\left.\begin{aligned}&\text{时移性：}x(n-m)\Leftrightarrow X(k)\mathrm{e}^{-\mathrm{j}2\pi km/N}\\&\text{频移性：}x(n)\mathrm{e}^{-\mathrm{j}2\pi kn/N}\Leftrightarrow X(k-m)\end{aligned}\right\} \tag{2.209}$$

3. 奇、偶、虚、实对称性

(1) 若 $x(n)$ 为复序列，$x(n)\Leftrightarrow X(k)$，则

$$\mathrm{DFT}[x^*(n)]=X^*(-k) \tag{2.210}$$

(2) 若 $x(n)$为实序列,则有

$$\left.\begin{aligned}&X^*(k)=X(-k)=X(N-k)\\&X_R(k)=X_R(-k)=X_R(N-k)\\&X_I(k)=-X_I(-k)=-X_I(N-k)\\&|X(k)|=|X(N-k)|\\&\arg[X(k)]=-\arg[X(-k)]\end{aligned}\right\}\tag{2.211}$$

式中,$X_R(k)$和 $X_I(k)$分别为 $X(k)$的实部和虚部。

(3) 若 $x(n)$为偶序列:$x(n)=x(-n)$,则 $X(k)$为实序列。

(4) 若 $x(n)$为奇序列:$x(n)=-x(-n)$,则 $X(k)$为纯虚序列。

4. 巴塞伐尔定理

$$\sum_{n=0}^{N-1}|x(n)|^2=\frac{1}{N}\sum_{k=0}^{N-1}|X(k)|^2\tag{2.212}$$

5. 卷积定理

若

$$\begin{cases}x(n)\Leftrightarrow X(k)\\y(n)\Leftrightarrow Y(k)\end{cases}$$

则

$$\left.\begin{aligned}&x(n)*y(n)\Leftrightarrow X(k)\cdot Y(k)\\&x(n)\cdot y(n)\Leftrightarrow X(k)*Y(k)\end{aligned}\right\}\tag{2.213}$$

2.3.3 采样定理

数字信号处理时首先要将一个模拟信号转变为一个数字信号,这一转变是通过对模拟信号的采样来完成的,而信号的采样是由模数转换电路(A/D)来实施的。(关于 A/D 转换器及其作用原理将在 5.4 节介绍。)对于信号采样来说,采样率的选择至关重要。对一个一定长度的模拟信号,若对它的采样间隔小,亦即采样率高,则采样的数据量大,要求计算机具有较大内存及较长的处理时间;若采样率过低即采样间隔大,则系列的离散时间序列不能真正反映原始信号的波形特征,在频域处理时会出现频率混淆现象,又称混叠(aliasing)。

不同的采样率使信号采样结果各异。图 2.72 示出了一正弦波信号在不同采样间隔进行采样时所得到的不同波形。图(a)为采样频率 f_s 等于信号频率 f 的情况,采样的结果是一条直线;图(b)中 f_s 在信号频率和 2 倍的信号频率之间,亦即 $2f>f_s>f$,采样得到的波形频率低于原信号频率 f;图(c)和图(d)均为 $f_s=2f$ 时的采样情况,从图(c)可见,被采到的离散序列能够复现原始信号的波形,亦即其信号频率等于原信号频率 f,但同样是 $f_s=2f$ 的情况,在图(d)中由于采样的起始时间延迟了 1/4 周期,其采样的结果又变成了一条直线;图(e)为 f_s 大于 2 倍的信号频率的情况,只有当 $f_s>2f$ 时,所得到的采样序列才能正确复现原始信号。从中看到,当采样频率低于 2 倍的信号频率时,采样所得的离散信号频率不等于原信号频率,这种现象称为混叠。因此对数字信号处理来说,当一个信号中包含多个频率成分时,为避免混叠产生,要求的采样频率 f_s 必须高于信号频率成分中最高频率 f_{max}的 2 倍,即

$$f_s>2f_{max}\tag{2.214}$$

这便是采样定理(sampling theorem),亦称香农定理。

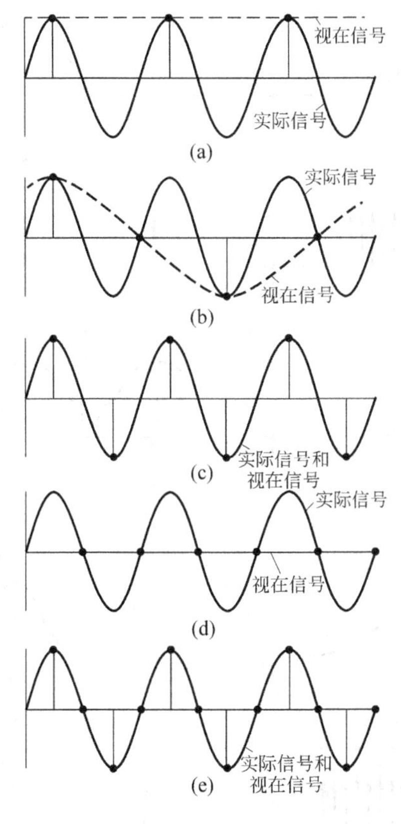

图 2.72 不同采样率对采样信号产生的影响

(a) $f_s=f$;(b) $2f>f_s>f$;(c) $f_s=2f$(起始时间无延迟);

(d) $f_s=2f$(起始时间有延迟);(e) $f_s>2f$

图 2.73 进一步说明了混叠现象和采样定理。图(a)和图(b)均为一个采样过程的时域和频域的波形变化情况。图(a)中,由于采样频率 f_s 小于 2 倍的信号 $x(t)$最高频率 f_{max},即 $f_s<2f_{max}$,也就是不满足采样定理,因而采样时间序列的频谱在 $f=\frac{f_s}{2}$的地方发生频谱交叠现象(亦即混叠);而在图(b)中,由于 $f_s>2f_{max}$,即满足采样定理,因此右图中的频谱不发生交叠现象。这种情况下只需设计一个中心频率 $f_0=0$,带宽为 $B=\pm\frac{f_s}{2}$的带通滤波器,便可将原信号 $x(t)$的完整的频谱 $X(f)$分离出来。

在给定的采样频率 f_s条件下,信号中能被分辨的最高频率称奈奎斯特(Nyquist)频率:

$$f_{Nyq}=\frac{f_s}{2} \tag{2.215}$$

只有那些低于奈奎斯特频率的频率成分才能被精确地采样,亦即为避免频率混叠,应使被分析信号的最高频率 f_{max}低于奈奎斯特频率。此外,如图 2.72(c)和(d)所示的相角模糊现象也不允许以奈奎斯特频率来采样。为防止产生这些问题,采样频率应选择高于信号最高频率的 2 倍以上。实际进行信号处理时,不可能无限制地提高采样频率,因此往往在信号进入 A/D 转换器之前先通过一个模拟低通滤波器,滤除信号中不加以考虑的高频成分,降低信

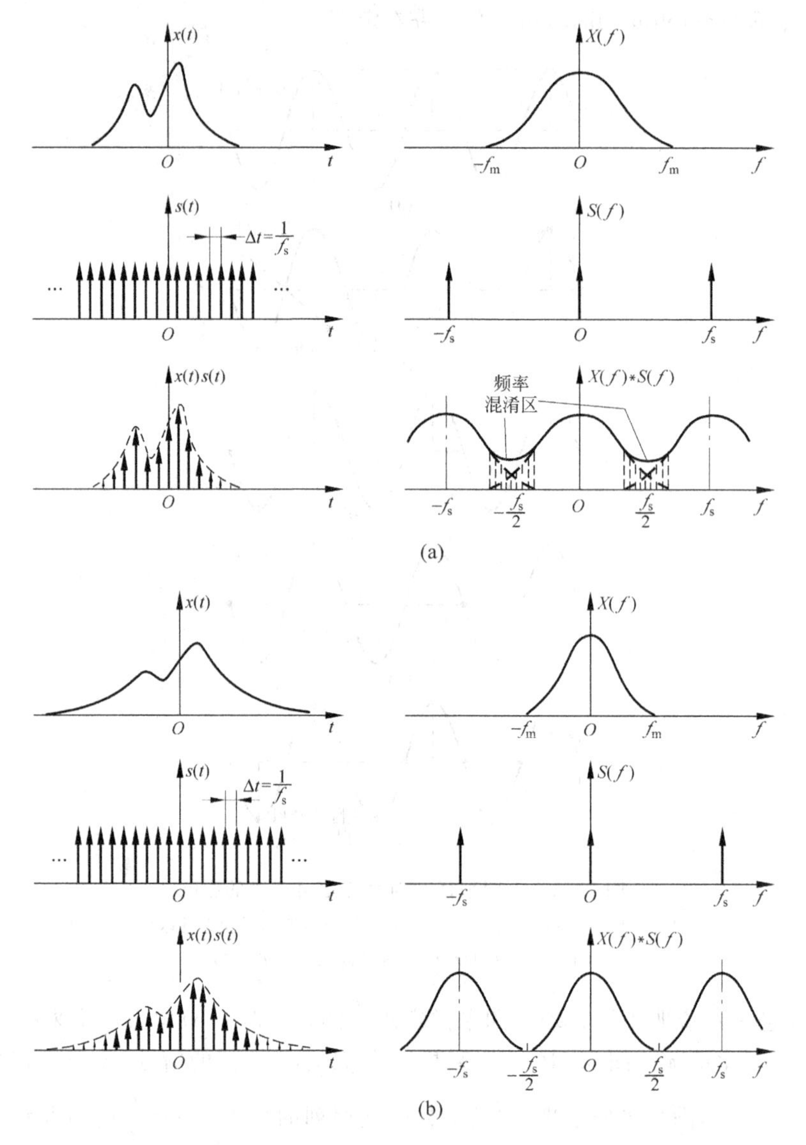

图 2.73 混叠产生的条件

(a) $f_s<2f_m$,产生频率混淆；(b) $f_s>2f_m$,无频率混淆

号中的最高频率,从而也降低了采样频率。(关于滤波器的内容请参见 5.3 节。)这种滤波也可以在 A/D 之后连接一个数字式低通滤波器来进行,这种用途的滤波器称为抗混滤波器。抗混滤波器的截止频率通常选择为等于信号中分析的最高频率。为能得到好的滤波效果,可采用椭圆滤波器,该滤波器的幅频特性曲线在其截止频率 ω_c 处具有较陡的幅值比衰减特性。但不管是何种形式的滤波器,均不可能具有理想的滤波特性,在其截止频率之外总还有一段过渡带。因此在实际中常将采样频率 f_s 选择为抗混滤波器截止频率 f_c 的 3～4 倍。从以上分析看到,理论上任何滤波器都不可能完全地将高频噪声滤除干净,因此也就不可能彻底消除混叠现象。在实际工程处理中只要能保证有足够的分析精度便可以了。

2.3.4 泄漏与加窗处理

在作 DFT 运算时必须对无限长的时域信号进行截断，使之成为有限长的信号，以便于计算机处理。从前面的分析可知，截断相当于在时域上将采样信号乘以一矩形窗函数 $w(t)$。而与 $w(t)$ 相对应的频域函数 $W(f)$ 则是一个无限带宽的 sinc 函数，因此即使 $x(t)$ 是一个限带信号，在经截断处理之后也必然会变成无限带宽的函数，这样信号的能量便会沿频率轴扩展开来。图 2.74 示出了一余弦信号被加窗截断的时频域演变过程。设 $x(t)=A\cos(2\pi f_0 t)$，则它的谱图是两根位于 $\pm f_0$ 处的对称的离散谱线。截断等于将原信号与一矩形窗函数在时域相乘，而在频域上则等于原信号频谱与窗函数频谱（sinc 函数）作卷积，由于 sinc 函数的旁瓣与主瓣的固有特点，因此被截断信号的频谱也由原来在 $\pm f_0$ 处单一的谱线变成了各有一主瓣外加诸如旁瓣的连续谱形式。换言之，从能量的角度来讲，原先集中于频率 f_0 处的功率现在分散到 f_0 附近一个很宽的频带上了，这一现象便称为泄漏（leakage）效应。如果原信号里有连续谱（图 2.71），在加窗后也会由于窗函数频谱的旁瓣作用使截断后信号的频谱包络线上产生皱折现象（图 2.71(e)）。

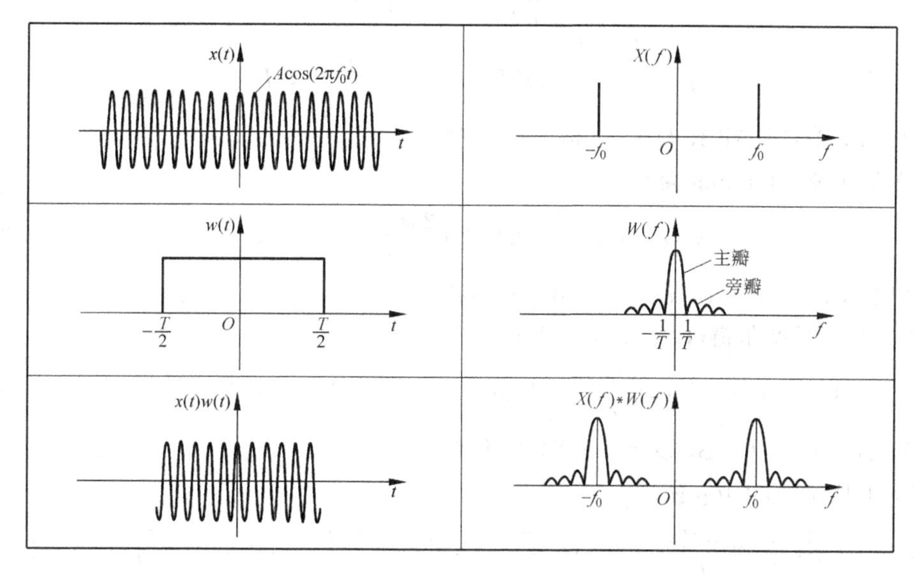

图 2.74 余弦信号加窗截断造成的泄漏现象

为了抑制或减小泄漏效应，需要选择性能更好的特殊窗来替代矩形窗，这种处理称为加窗（windowing）处理。加窗的目的，在时域是平滑截断信号两端的波形突变，而在频域则是尽可能地压低旁瓣的高度。虽然压低旁瓣高度常会带来主瓣高度变宽的现象，不过在一般情况下，旁瓣的泄漏仍是主要的。一般来说，一个好的窗函数其频谱的主瓣应窄，旁瓣应小。主瓣窄意味着能量集中，分辨率高；旁瓣小意味着能量泄漏少。评价一个窗函数的性能指标通常有以下几条：

（1）3dB 带宽 B，它是主瓣归一化的幅值下降至 -3dB 时的带宽。归一化 $|W(f)|=20\lg|W(f)/W(0)|$，带宽 B 为 $\Delta\omega$ 或 Δf。

（2）旁瓣幅度 A(dB)，表示最大旁瓣峰值 $A_{s,\max}$ 与主瓣峰值 A_m 之比，即 $20\lg(A_{s,\max}/A_m)$。

(3) 旁瓣峰值衰减率 D(dB/10 倍频),表示最大旁瓣峰值与相距 10 倍频处的旁瓣峰值之比,也以分贝表示。

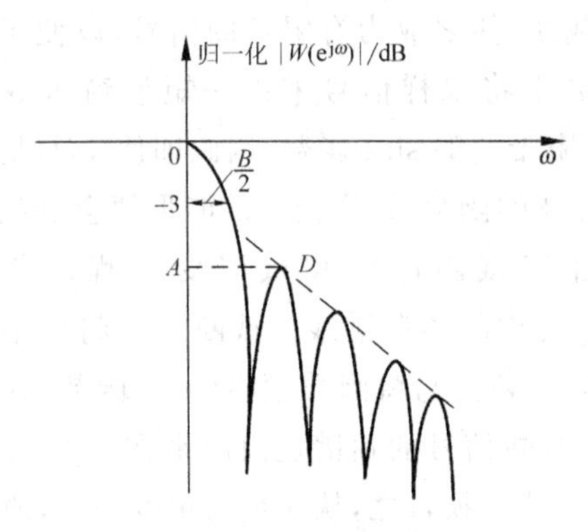

图 2.75 窗函数频谱中参数的定义

上述 3 个参数的定义示于图 2.75。理想的窗函数应具有最小的 B 和 A 以及最大的 D。此外,窗函数 $w(t)$ 还应是非负的实偶函数,且 $w(t)$ 从对称中心开始是非递增的。为保证功率谱的估计是渐近无偏的,窗函数还应该为

$$w(t)=\frac{1}{2\pi}\int_{-\pi}^{\pi}W(f)\mathrm{d}f=1 \tag{2.216}$$

以下介绍几种数字信号处理中常用的窗函数。

(1) 矩形窗

$$w(t)=1,\quad 0\leqslant t\leqslant T \tag{2.217}$$

$B=0.89\Delta f$, $A=-13$dB, $D=-20$dB/10 倍频。

(2) 三角窗(Bartlett 窗)

$$w(t)=\begin{cases}\dfrac{2t}{T}, & 0\leqslant t\leqslant \dfrac{T}{2}\\ w(T-t), & \dfrac{T}{2}<t\leqslant T\end{cases} \tag{2.218}$$

$B=1.28\Delta f$, $A=-27$dB, $D=-40$dB/10 倍频。

(3) 汉宁窗(Hanning 窗)

$$w(t)=0.5-0.5\cos\left(\frac{2\pi t}{T}\right),\quad 0\leqslant t\leqslant T \tag{2.219}$$

$B=1.44\Delta f$, $A=-32$dB, $D=-60$dB/10 倍频。

(4) 凯塞-贝塞尔窗(Kaiser-Bessel 窗)

$$w(t)=1-1.24\cos\frac{2\pi t}{T}+0.244\cos\frac{4\pi t}{T}-0.003\,05\cos\frac{6\pi t}{T},\quad 0\leqslant t\leqslant T \tag{2.220}$$

$B=1.71\Delta f$, $A=-67$dB, $D=-20$dB/10 倍频。

(5) 平顶窗(Flat-top 窗)

$$w(t)=1-1.93\cos\frac{2\pi t}{T}+1.29\cos\frac{4\pi t}{T}-0.388\cos\frac{6\pi t}{T}+0.032\,2\cos\frac{8\pi t}{T},\quad 0\leqslant t\leqslant T \tag{2.221}$$

$B=3.72\Delta f$, $A=-93.6$dB, $D=-40$dB/10 倍频。

(6) 布莱克曼窗(Blackman 窗)

$$w(t)=0.42-0.5\cos\left(\frac{2\pi t}{T}\right)+0.08\cos\left(\frac{4\pi t}{T}\right),$$

$$0\leqslant t\leqslant T \tag{2.222}$$

$B=1.68\Delta f$, $A=-58$dB, $D=-60$dB/10 倍频。

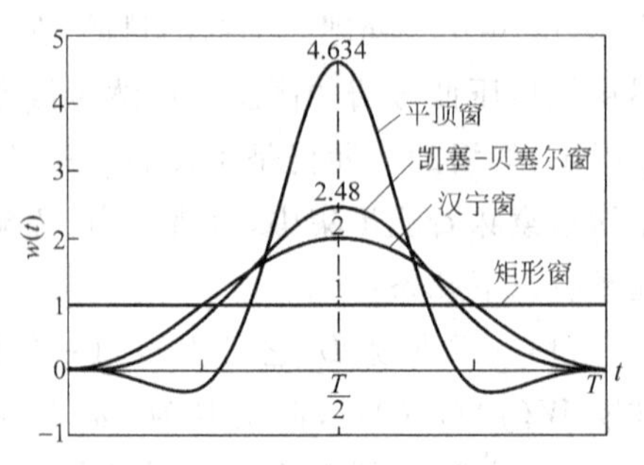

图 2.76 常用窗函数的时域图像

图 2.76 和图 2.77 分别给出了几种窗函数的时、频域图形的比较情况。

在实际进行信号处理时,应根据不同类型的信号选用合适的窗函数。在截断随机信号或对周期

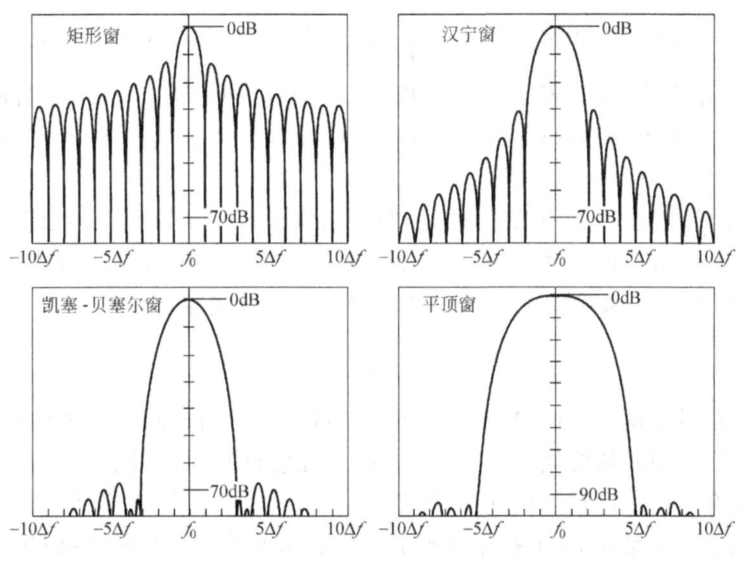

图 2.77 常用窗函数的频谱

信号的截断为非整周期时,被截取的信号两端会产生不连续的间断点,从而会在频谱中产生额外高频成分,造成泄漏误差。汉宁窗旁瓣衰减率为 60dB/10 倍频,旁瓣峰值降低十分明显,且主瓣并不因此而十分加宽,因此要有效地抑制泄漏,可对随机信号或周期信号加汉宁窗。图 2.78 示出了对一正弦信号加汉宁窗的情况,可以明显地看出,由于 DFT 过程周期化的效应,信号原先因非整周期截取造成的间断点在加汉宁窗处理后得到平滑和削弱,从而有利于后续处理。当然也可以加旁瓣很小的平顶窗或凯塞-贝塞尔窗处理。

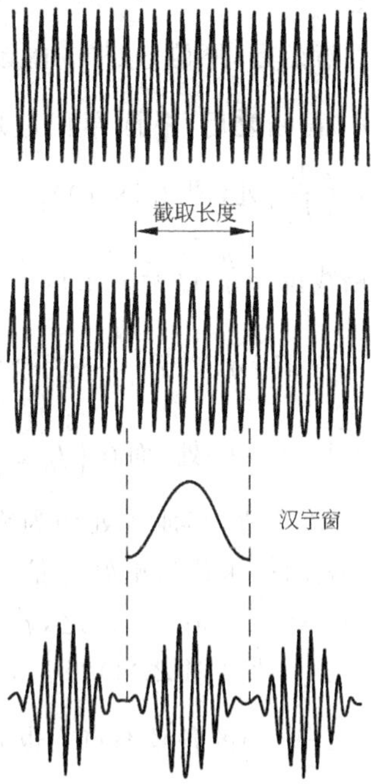

冲击和瞬态过程的情况与随机和周期信号有所不同。这些信号随时间而衰减,一般来说,开始时信号的信噪比比较好,随着响应信号的减弱,信噪比变坏。如果仍对这种信号加汉宁窗,由于汉宁窗对信号起始端的平滑与削弱作用,则会大大影响到信号的最重要部分。因此一般不加汉宁窗而加矩形窗(适用于冲击过程)或指数衰减窗(适用于衰减振动过程)。有关加窗技术的内容请读者参考有关文献。

截取长度

汉宁窗

图 2.78 正弦信号加汉宁窗的处理结果

2.3.5 栅栏效应

由以上对离散傅里叶变换过程的分析可知,被分析信号 $x(t)$的频谱 $X(f)$经离散傅里叶变换计算之后,所得的 N 根谱线的位置是在 $f_k=k\dfrac{1}{T}=k\dfrac{f_s}{N}$ $(k=0,1,2,\cdots)$的地方,亦即仅在基频$\dfrac{1}{T}$的整数倍的频率点上才有其各个频率成分,所有那些位于离散谱线之间的频谱图形都得不到显示,不能知道其精确的值。换言之，若信号中某频率成分的频率 f_i 等于 $k\frac{1}{T}$，即它与输出的频率采样点相重合，那么该谱线便可被精确地显示出来；反之若 f_i 与频率采样点不重合，便得不到显示，所得的频谱便会产生误差。上述这种现象称为栅栏效应（picket fence effect）。由栅栏效应产生的测量误差属谱估计的偏度误差。

在离散傅里叶变换中，将两条谱线间的距离称为频率分辨率 Δf，谱线间距越小，频率分辨率便越高，被栅栏效应所漏掉的频率成分便越少。当被分析的时域信号长度 T（即窗宽 $T=NT_s$）和采样频率 f_s 被确定之后，频率分辨率 Δf 也被确定：

$$\Delta f=\frac{f_s}{N}=\frac{1}{T} \tag{2.223}$$

因此，对于工程信号来说，一旦根据其分析的频带确定对它的最低采样频率 f_s 之后，为获得足够的频率分辨率，便必须要增加数据点数 N，由此使计算机的计算量急剧增加。为解决这一问题，通常有不同的途径加以选择，如频率细化（zoom）技术、Z 变换及现代谱分析等方法，但最有效的方法还是在 DFT 技术基础上发展起来的快速傅里叶变换（FFT）算法，它可以大大节省计算的工作量，有关 FFT 的讨论见 2.3.6 节。

然而，当数据点 N 增大，从而增加频率分辨率之后，是否就一定能得到精确的离散频谱结果呢？要回答这一问题，首先分析一个对余弦信号 $\cos 2\pi f_0 t$ 作 DFT 的例子。图 2.79 示出了信号 $x(t)=\cos(2\pi f_0 t)$ 的离散傅里叶运算过程，这一过程与图 2.71 的过程完全一样。要注意的是，原信号 $x(t)$ 在频域中位于 $\pm f_0\left(\text{即}\frac{1}{T_0}\right)$ 的一对对应谱线经时窗（窗宽为 $T=NT_s$）截断之后，根据卷积定理其对应的频域图形已将窗函数的频谱（sinc 函数）平移至 $\pm f_0\left(\frac{1}{T_0}\right)$ 处（图 2.79(e)）。显然，这种情况下的频率分辨率为 $\frac{1}{T}$，经频域采样后所得的离散谱线位于 $\frac{k}{T}$ $(k=0,\pm1,\pm2,\cdots)$ 的位置上，这些谱线将是对窗函数频谱（sinc 函数）的采样。若 $T=qT_0\left(T_0=\frac{1}{f_0}\text{为余弦函数的周期},q=1,2,\cdots\right)$，则频域卷积后将 sinc 函数的主瓣峰值移至 $\pm f_0$ 处，而在 $\left(f_0\pm\frac{k}{q}f_0\right)$ 的其他点处均为零（$q\neq k$），这样频域采样所得谱线仅在 $\pm f_0$ 处有值，其他各处均为零（图 2.79(g)），这样便真实地反映了原信号的频谱。式 $T=qT_0$ 表示窗函数长正好为信号周期的整数倍，因此将这种加窗截取称为整周期截取（full-period truncation）。反之，若 $T\neq qT_0$，如图 2.80(a)所示，加窗后所得频谱的主瓣峰值范围不在 $\pm f_0$ 处（图 2.80(b)），频域采样的结果将会使谱线不出现在主瓣峰值处，且在 $\left(f_0\pm\frac{k}{q}f_0\right)$ 的各频率点上也采到了值（图 2.80(d)），从而造成泄漏，使最终的谱线不能真实地反映原信号的大小。

因此，对周期信号作整周期截取是获取正确频谱的先决条件。理论上讲，对信号作离散傅里叶变换的结果是将用窗函数截取的时域信号作周期性延拓。如果实施整周期截取，则截断的整周期信号经延拓之后仍为周期信号，没有产生任何畸变；但若不是整周期截取，被截断的信号经延拓之后会在原先连续的波形上产生间断点，从而造成波形畸变，不能再复现原来的信号，而对应的频谱亦将发生畸变。

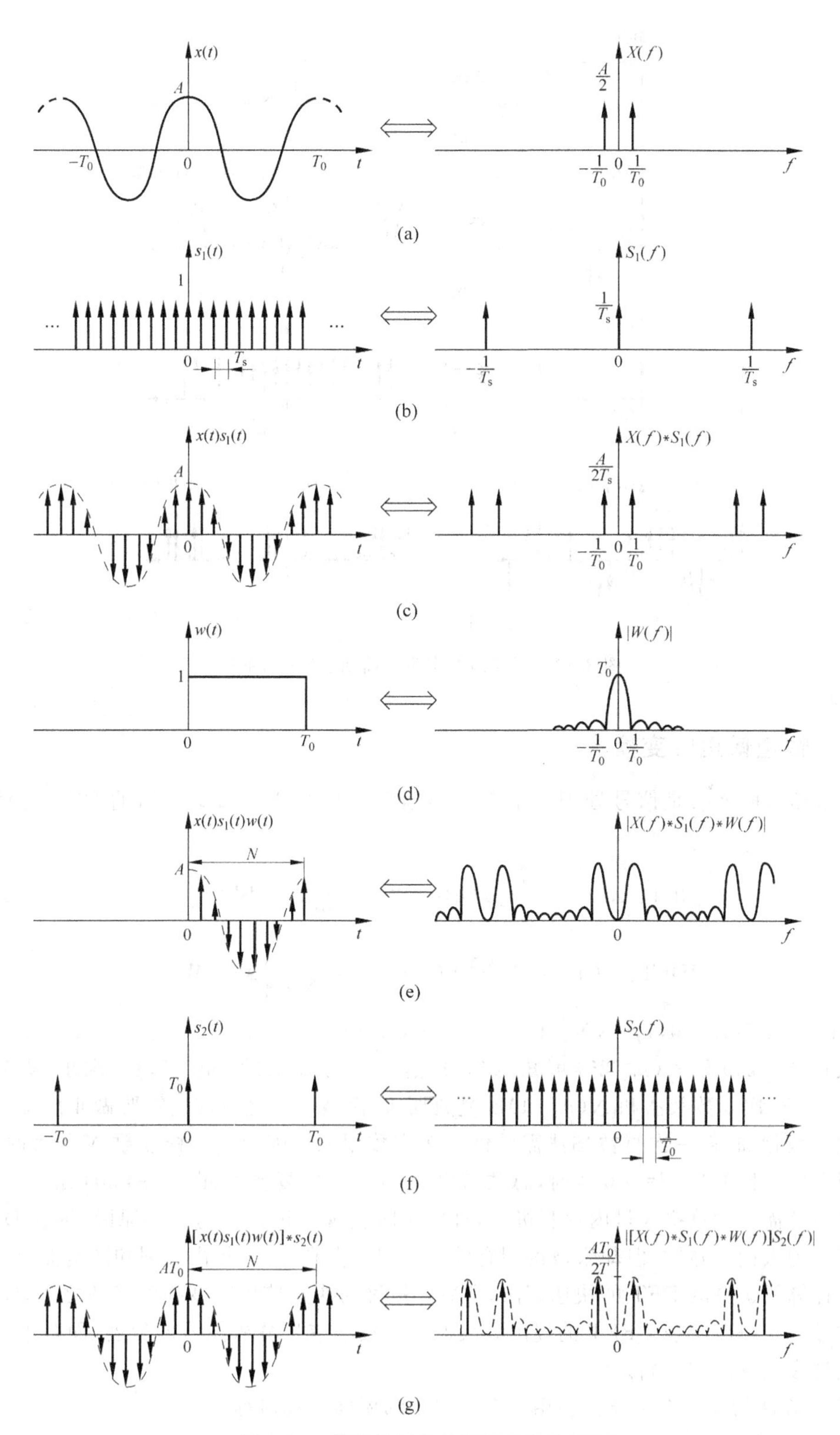

图 2.79 周期信号作整周期截取的 DFT

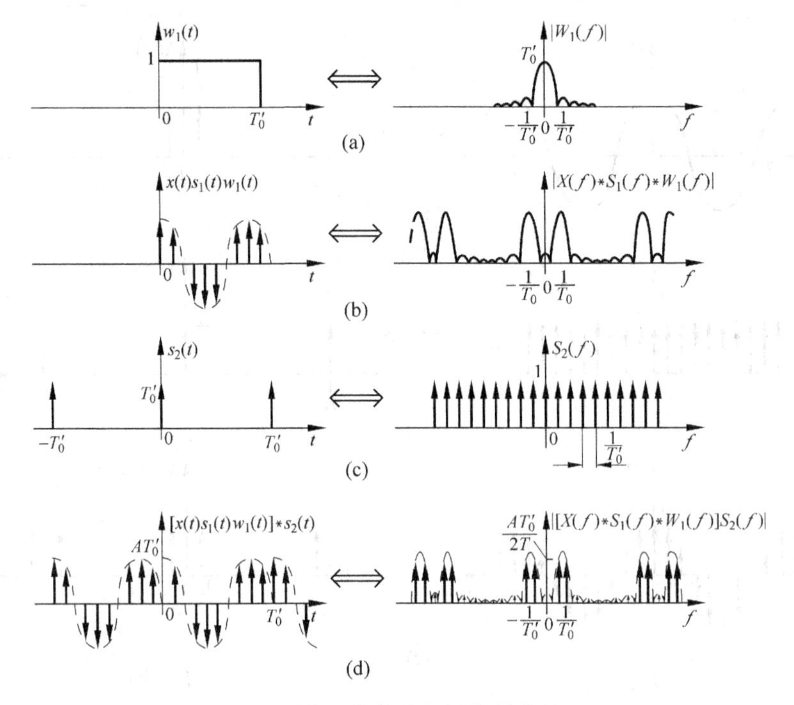

图 2.80 周期函数作非整周期截取的 DFT

2.3.6 快速傅里叶变换

离散傅里叶变换是信号处理中最常用的运算。在 2.3.1 节中给出的 DFT 的计算公式为

$$\text{DFT}: X(k)=\sum_{n=0}^{N-1}x(n)\mathrm{e}^{-\mathrm{j}\frac{2\pi}{N}nk}=\sum_{n=0}^{N-1}x(n)W_N^{nk} \tag{2.224}$$

$$\text{IDFT}: x(n)=\frac{1}{N}\sum_{n=0}^{N-1}X(k)\mathrm{e}^{\mathrm{j}\frac{2\pi}{N}nk}=\frac{1}{N}\sum_{k=0}^{N-1}X(k)W_N^{-nk} \tag{2.225}$$

式中，$W_N=\mathrm{e}^{-\mathrm{j}\frac{2\pi}{N}}$；$k=0,1,\cdots,N-1$，$n=0,1,\cdots,N-1$。

从式(2.224)和式(2.225)可知，如果按这两个公式来做 DFT 运算，求出 N 个点的 $X(k)$需做 N^2 次复数乘法和 $N(N-1)$次复数加法。而做一次复数乘法需要做 4 次实数相乘和 2 次实数相加，做一次复数加法需要做 2 次实数相加。因此当采样点数 N 很大时，计算量是很大的。比如当 $N=1\,024$ 时，总共需要 1 048 576 次复数乘，即 4 194 304 次实数乘法，这样的运算需占计算机大量内存和机时，难以实时实现。正是因为这一原因，尽管 DFT 的概念早已为人们所熟知，但却未被得到有效的应用。直到 1965 年由库利和图基提出了一种适合于计算机运算的 DFT 的快速算法，即后来被称为快速傅里叶变换的算法之后，DFT 的思想才被真正得以实现。FFT 的提出大大促进了数字信号分析技术的发展，同时也使科学分析的许多领域面貌一新。

FFT 算法的本质在于充分利用了 W_N 因子的周期性和对称性。

(1) 对称性

$$W_N^{\left(nk+\frac{N}{2}\right)}=-W_N^{nk} \tag{2.226}$$

(2) 周期性

$$W_N^{N+nk} = W_N^{nk} \tag{2.227}$$

根据上述两条性质，可以看到 W_N 因子中的 N^2 个元素实际上只有 N 个独立的值，即 $W_N^0, W_N^1, W_N^2, \cdots, W_N^{N-1}$，且其中 $N/2$ 个值与其余 $N/2$ 个值数值相等，仅仅符号相反。FFT 算法的基本思想便是避免在 W_N 运算中的重复运算，将长序列的 DFT 分割为短序列的 DFT 的线性组合，从而达到整体降低运算量的目的。依照这一思想，库利和图基提出的 FFT 算法使原来的 N 点 DFT 的乘法计算量从 N^2 次降至为 $\frac{N}{2}\log_2 N$ 次，如 $N=1\,024$，则计算量现在为 5 120 次，仅为原计算量的 4.88%！在库利和图基提出了 FFT 的算法之后，人们又提出了许多新的不同算法，着眼于进一步提高算法的效率和速度。其中最有代表性的有以下两种类型：一种是以采样点数 N 为 2 的整数次幂的算法，如基 2 算法、基 4 算法、实因子算法及分裂基(split-radix)算法又称基 2/4 算法等；另一种是 N 不等于 2 的整数次幂的算法，如 Winagrad 算法和素因子算法等。本节仅介绍 FFT 代表性的基 2 算法，附带介绍基 4 算法，使读者对 FFT 算法的基本思路有一深刻的了解。有关其他算法及 FFT 进一步的详细论述，请读者参考数字信号处理方面的专著。

基 2 算法又分为时间抽取基 2 算法和频率抽取基 2 算法，下面分别介绍。

1. 时间抽取(decimation in time, DIT)基 2 算法

对式(2.224)，令 $N=2^M$，M 为正整数。将 $x(n)$ 序列分割成长度各为 $\frac{N}{2}$ 的奇序列和偶序列，即令 $n=2r$ 和 $n=2r+1$，$r=0,1,\cdots,\frac{N}{2}-1$，则式(2.224)重写为

$$\begin{aligned} X(k) &= \sum_{r=0}^{\frac{N}{2}-1} x(2r) W_N^{2rk} + \sum_{r=0}^{\frac{N}{2}-1} x(2r+1) W_N^{(2r+1)k} \\ &= \sum_{r=0}^{\frac{N}{2}-1} x(2r) W_{\frac{N}{2}}^{rk} + W_N^k \sum_{r=0}^{\frac{N}{2}-1} x(2r+1) W_{\frac{N}{2}}^{rk} \end{aligned} \tag{2.228}$$

式中，$W_{\frac{N}{2}} = \mathrm{e}^{-\mathrm{j}\frac{2\pi}{\left(\frac{N}{2}\right)}} = \mathrm{e}^{\frac{-\mathrm{j}4\pi}{N}}$。这是因为

$$W_N^2 = \mathrm{e}^{-2\mathrm{j}\frac{2\pi}{N}} = \mathrm{e}^{-\mathrm{j}\frac{2\pi}{\left(\frac{N}{2}\right)}} = W_{\frac{N}{2}}$$

令

$$A(k) = \sum_{r=0}^{\frac{N}{2}-1} x(2r) W_{\frac{N}{2}}^{rk}, \quad k = 0,1,\cdots,\frac{N}{2}-1 \tag{2.229}$$

$$B(k) = \sum_{r=0}^{\frac{N}{2}-1} x(2r+1) W_{\frac{N}{2}}^{rk}, \quad k = 0,1,\cdots,\frac{N}{2}-1 \tag{2.230}$$

则式(2.228)可改写为

$$X(k) = A(k) + W_N^k B(k), \quad k = 0,1,\cdots,N-1 \tag{2.231}$$

注意到原 DFT 公式中 $x(k)$ 的变量 k 为 N 个数据点，而在式(2.231)中的 $A(k)$ 和 $B(k)$ 中的 k 仅为 $\frac{N}{2}$ 个数据点 $\left(k=0,1,\cdots,\frac{N}{2}-1\right)$，$k$ 中的后 $\frac{N}{2}$ 个数据点 $\left(k=\frac{N}{2},\ \frac{N}{2}+1,\cdots,N-1\right)$ 则可利用 W_N 的对称性直接调出，亦即

$$A\left(\frac{N}{2}+k\right)=A(k),\quad B\left(\frac{N}{2}+k\right)=B(k)$$

因此可将式(2.231)完整地写成

$$\left.\begin{aligned}X(k)&=A(k)+W_N^kB(k)\\X\left(k+\frac{N}{2}\right)&=A(k)+W_N^{\left(k+\frac{N}{2}\right)}B(k)\end{aligned}\right.,\quad k=0,1,2,\cdots,\left.\frac{N}{2}-1\right\}\tag{2.232}$$

又因为 $W_N^{\frac{N}{2}}=-1$,因此最终可得

$$\left.\begin{aligned}X(k)&=A(k)+W_N^kB(k)\\X\left(k+\frac{N}{2}\right)&=A(k)-W_N^kB(k)\end{aligned}\right.,\quad k=0,1,2,\cdots,\left.\frac{N}{2}-1\right\}\tag{2.233}$$

由此可见,由于序列变短了,在用 DFT 求 $A(k)$和 $B(k)$时只各做了$\left(\frac{N}{2}\right)^2$次复数乘,共$\frac{N^2}{2}$次复数乘法,加上 $B(k)$乘以 W_N^k 又做了$\frac{N}{2}$次乘法,这样总计为$\frac{N(N+1)}{2}$次复数乘法,较之用式(2.224)直接计算 DFT 所做的 N^2次复数乘法,经一次奇偶分割之后,计算工作量减少了约一半。图 2.81 示出了一个 $N=8$ 的 FFT 时间抽取算法分割一次后的$A(k)$,$B(k)$和 $X(k)$的关系图。

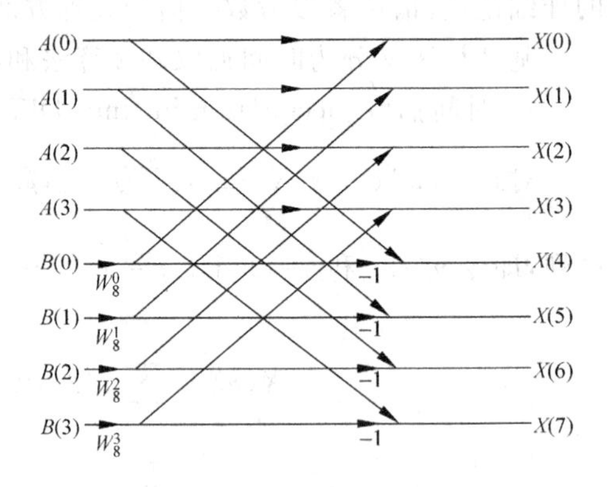

图 2.81 分割一次后的 $A(k)$,$B(k)$及 $X(k)$之间的关系($N=8$)

按照上述思路继续对 $A(k)$和 $B(k)$作奇偶序列分解。令 $r=2l$,$r=2l+1$,$l=0,1,\cdots,\frac{N}{4}-1$,则有

$$\begin{aligned}A(k)&=\sum_{l=0}^{\frac{N}{4}-1}x(4l)W_{\frac{N}{2}}^{2lk}+\sum_{l=0}^{\frac{N}{4}-1}x(4l+2)W_{\frac{N}{2}}^{(2l+1)k}\\&=\sum_{l=0}^{\frac{N}{4}-1}x(4l)W_{\frac{N}{4}}^{lk}+W_{\frac{N}{2}}^{k}\sum_{l=0}^{\frac{N}{4}-1}x(4l+2)W_{\frac{N}{4}}^{lk}\end{aligned}$$

令

$$C(k)=\sum_{l=0}^{\frac{N}{4}-1}x(4l)W_{\frac{N}{4}}^{lk},\quad k=0,1,\cdots,\frac{N}{4}-1\tag{2.234}$$

$$D(k)=\sum_{l=0}^{\frac{N}{4}-1}x(4l+2)W_{\frac{N}{4}}^{lk},\quad k=0,\cdots,1,\frac{N}{4}-1\tag{2.235}$$

则

$$A(k)=C(k)+W_{\frac{N}{2}}^{k}D(k),\quad k=0,1,\cdots,\frac{N}{4}-1\tag{2.236}$$

$$A\left(k+\frac{N}{4}\right)=C(k)-W_{\frac{N}{2}}^{k}D(k),\quad k=0,1,\cdots,\frac{N}{4}-1\tag{2.237}$$

同样,令

$$E(k)=\sum_{l=0}^{\frac{N}{4}-1}x(4l+1)W_{\frac{N}{4}}^{lk},\quad k=0,1,\cdots,\frac{N}{4}-1\tag{2.238}$$

$$F(k)=\sum_{l=0}^{\frac{N}{4}-1}x(4l+3)W_{\frac{N}{4}}^{lk},\quad k=0,1,\cdots,\frac{N}{4}-1 \tag{2.239}$$

则有

$$B(k)=E(k)+W_{\frac{N}{2}}^{k}F(k),\quad k=0,1,\cdots,\frac{N}{4}-1 \tag{2.240}$$

$$B\left(k+\frac{N}{4}\right)=E(k)-W_{\frac{N}{2}}^{k}F(k),\quad k=0,1,\cdots,\frac{N}{4}-1 \tag{2.241}$$

对于一个 $N=8$ 的序列，此时的 $C(k)$，$D(k)$，$E(k)$和 $F(k)$均已为两点的序列，无需再分，此时有(图 2.82)

$$\begin{aligned}
C(0)&=x(0)+x(4),\quad & E(0)&=x(1)+x(5)\\
C(1)&=x(0)-x(4),\quad & E(1)&=x(1)-x(5)\\
D(0)&=x(2)+x(6),\quad & F(0)&=x(3)+x(7)\\
D(1)&=x(2)-x(6),\quad & F(1)&=x(3)-x(7)
\end{aligned}$$

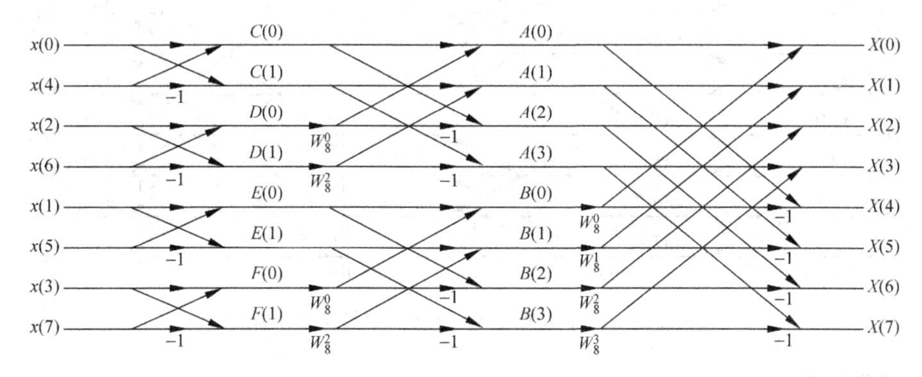

图 2.82 FFT 时间抽取算法信号流图($N=8$)

若 N 为大于 8 的 2 的更高次幂，可按上述方法继续分割下去，直至获得两点的序列为止。由于该法是将时间下标 n 按奇、偶序列进行分割，因此称时间抽取法。从图 2.83 中可看到，在 FFT 的整个运算过程中，每两个等式的运算过程可以用一个形似蝴蝶结的"X"形结构图来表示，8 个等式对应于 4 个蝶形结构，因此这种信号流程图称为 FFT 的蝶形运算(butterfly computation)流程图，将这种运算的基本单元称为蝶形运算单元(图 2.83)。遵照图 2.83，运算自左向右进行，两直线的交汇点表示两个相关的数值相加。线条旁标有 W_N 的幂次的，表示与相应的复指数做乘法运算；标有"－"号的表示将数值乘以"－1"，或简单反号。

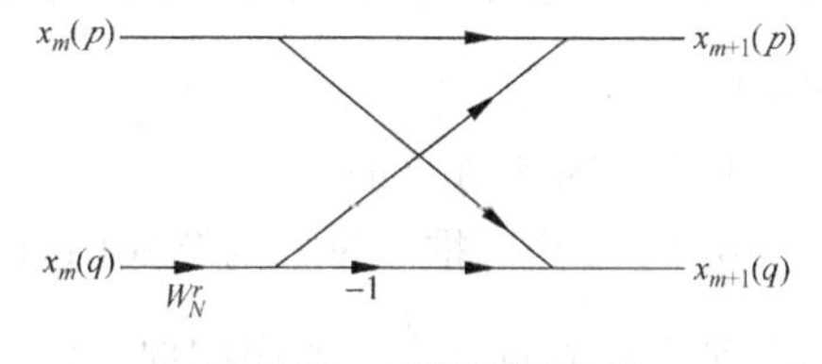

图 2.83 蝶形运算单元

从以上时间抽取算法的过程分析可得到如下规律。

1) 分级运算

FFT 的运算过程首先是一个不断分解的过程，将 N 个点的序列逐次对分，直至分到 $\frac{N}{2}$个两点的序列为止，这种运算的过程称为分级运算，每分一次，称为一级运算。由于 $M=$

$\log_2 N$，因此 N 点序列可分成 M 级，重画 FFT 运算的信号流程图如图 2.84 所示，从左到右的级次依次为 $m=0,1,2,3$ 级。图 2.84 与图 2.82 不同的是，每一级的数据自上而下均按自然顺序排列。在第 m 级(图 2.83)，则有

$$\left.\begin{aligned} x_{m+1}(p) &= x_m(p) + W_N^r x_m(q) \\ x_{m+1}(q) &= x_m(p) - W_N^r x_m(q) \end{aligned}\right\} \tag{2.242}$$

其中，p,q 为参与该蝶形单元运算的上、下节点的序号。从图可见，第 m 级的序号为 p,q 的两点仅参与这一蝶形单元的运算，运算结果在第 $m+1$ 级上，且该蝶形单元不再涉及其他点的运算。因此，在计算机编程时，可将蝶形单元输出仍放在输入数组中，这一运算方法称"同址运算"。另外，从图 2.84 可见，在第 m 级上，上、下节点 p,q 之间的距离有着下面的规律，即

$$p - q = 2^m \tag{2.243}$$

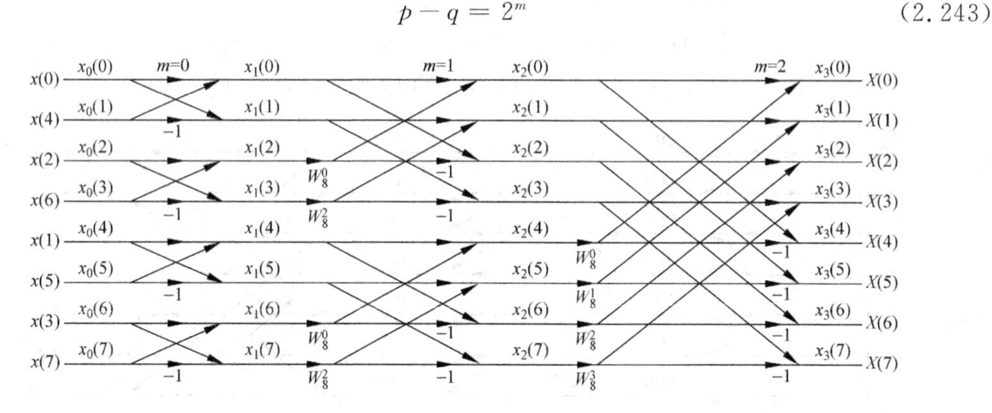

图 2.84　一个 8 点 FFT 时间抽取算法信号流图

2）蝶形运算单元组

由图 2.84 可以看到，在每一级上的 $N/2$ 个蝶形单元可分为若干组，称为蝶形运算单元组，每一组中的蝶形单元有着相同的结构和 W^r 因子分布，每级的蝶形单元组数目是不同的。如 $m=0$ 级有 4 组，而 $m=1$ 级为 2 组，依次类推，第 m 级的组数应为 $\dfrac{N}{2^{m+1}}$，$m=0,1,\cdots,M-1$。

3）W^r 因子的分布

从 FFT 算法推导过程的公式(式(2.228)～式(2.241))中可知，当第一次将一个 N 点的序列分割成两个 $\dfrac{N}{2}$ 点的序列时，式中出现的 W^r 因子为 $W_N^r\left(r=0,1,\cdots,\dfrac{N}{2}-1\right)$，如 $N=8$，则 $r=0,1,2,3$。此时的情况相当于图 2.84 中的最后一级。再往下分时，W^r 因子则依次变为 $W_{\frac{N}{2}}^r$，$W_{\frac{N}{4}}^r$，……因此每一级的 W^r 因子分布的规律如下：

$$\begin{array}{lll} m=0, & W_2^r, & r=0 \\ m=1, & W_4^r, & r=0,1 \\ m=2, & W_8^r, & r=0,1,2,3 \\ & \vdots & \\ m=M-1, & W_N^r, & r=0,1,\cdots,\dfrac{N}{2}-1 \end{array}$$

W^r 因子分布的一般规律为

$$W_{2^{m+1}}^{r}, \quad r = 0,1,\cdots,2^m - 1$$

其中，m 为级次。

4）数据排列顺序(data ordering)

从图 2.84 可见，变换后的输出序列 $X(k)$ 按正序排列，但在输入端序列 $X(n)$ 的排列次序不是原来的自然顺序，而变成了 0,4,2,6,1,5,3,7。这是由于对原序列作了 3 次奇偶分解后得到的，如图 2.85(a)所示。掌握这一规律可对 N 为 2 的任意次幂的序列作出正确的抽取顺序。

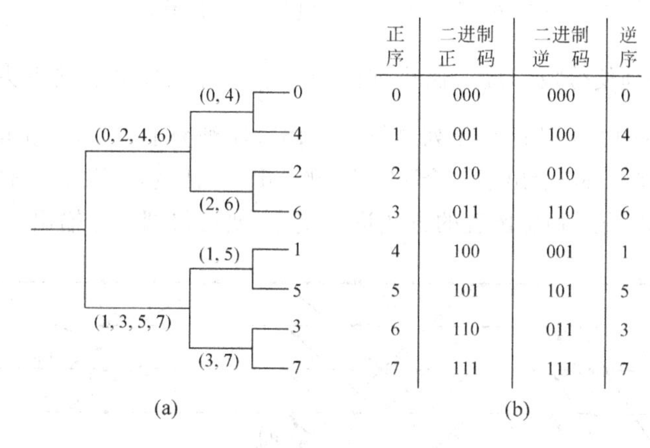

正序	二进制正码	二进制逆码	逆序
0	000	000	0
1	001	100	4
2	010	010	2
3	011	110	6
4	100	001	1
5	101	101	5
6	110	011	3
7	111	111	7

图 2.85　数据整序方法

(a) 奇偶分解整序；(b) 码位倒置整序

另外一种更为简单的整序方法即所谓的码位倒置排序法示于图 2.85(b)，该法只需将数据的正常自然排序的序号用二进制码表示，再将这些二进制码的码位倒置，得到的便是按奇偶抽取所得的最终排序。数据正常排列的序号称为正序，经码位倒置后得到的序号称为逆序，相应的二进制码分别称为正码和逆码。这种整序方法适用于 $N=2^M$(M 为正整数)的任何情况。

2. 频率抽取(decimation in frequency，DIF)基 2 算法

频率抽取基 2 算法是将频域序列 $X(k)$ 仿照时间抽取基 2 算法按奇、偶序列进行分割。由式(2.224)，将 $x(n)$ 按序号分成上、下两部分，得

$$\begin{aligned} X(k) &= \sum_{n=0}^{\frac{N}{2}-1} x(n) W_N^{nk} + \sum_{n=\frac{N}{2}}^{N-1} x(n) W_N^{nk} \\ &= \sum_{n=0}^{\frac{N}{2}-1} x(n) W_N^{nk} + \sum_{n=0}^{\frac{N}{2}-1} x\left(n+\frac{N}{2}\right) W_N^{nk} W_N^{\frac{Nk}{2}} \\ &= \sum_{n=0}^{\frac{N}{2}-1} \left[x(n) + W_N^{\frac{Nk}{2}} x\left(n+\frac{N}{2}\right) \right] W_N^{nk} \end{aligned}$$

式中，$W_N^{\frac{Nk}{2}} = (-1)^k$。

分别令 $k=2r$ 和 $k=2r+1$，$r=0,1,\cdots,\frac{N}{2}-1$，有

$$x(2r) = \sum_{n=0}^{\frac{N}{2}-1}\left[x(n) + x\left(n+\frac{N}{2}\right)\right]W_{\frac{N}{2}}^{nr} = \sum_{n=0}^{\frac{N}{2}-1} u(n) W_{\frac{N}{2}}^{nr} \tag{2.244}$$

$$x(2r+1) = \sum_{n=0}^{\frac{N}{2}-1}\left[x(n) - x\left(n+\frac{N}{2}\right)\right]W_{\frac{N}{2}}^{nr}W_N^n = \sum_{n=0}^{\frac{N}{2}-1} v(n) W_{\frac{N}{2}}^{nr} \tag{2.245}$$

式中，

$$u(n) = x(n) + x\left(n+\frac{N}{2}\right) \tag{2.246}$$

$$v(n) = \left[x(n) - x\left(n+\frac{N}{2}\right)\right]W_N^n \tag{2.247}$$

由此一个 N 点的序列便分成了按奇偶排列的两个$\frac{N}{2}$个点的序列。接下去的步骤与时间抽取基 2 算法相同，亦即将上述两个序列继续按奇偶次序细分下去，直至获得一系列的只有两个数据点的序列。图 2.86 给出了一个 $N=16$ 的 DIF 算法的流程图。图中输入为正序，输出为逆序。此时只需按照码位倒置的方法进行整序，便可得到正序输出。

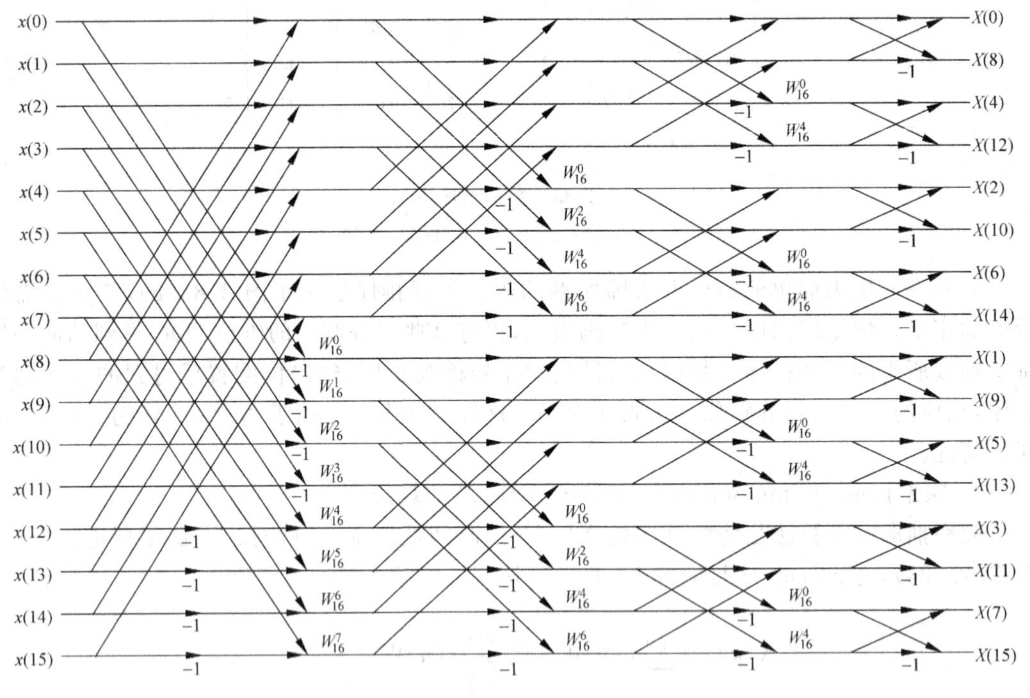

图 2.86 频率抽取基 2 算法($N=16$)

3. 频率抽取基 4 算法

与基 2 算法不同的是，频率抽取基 4 算法的数据点 N 为 4 的整数次幂，即 $N=4^M$，用该法作频率抽取的步骤如下：

$$x(k) = \sum_{n=0}^{\frac{N}{4}-1} x(n)W_N^{nk} + \sum_{n=\frac{N}{4}}^{\frac{N}{2}-1} x(n)W_N^{nk} + \sum_{n=\frac{N}{2}}^{\frac{3N}{4}-1} x(n)W_N^{nk} + \sum_{n=\frac{3N}{4}}^{N-1} x(n)W_N^{nk}$$

$$= \sum_{l=0}^{3} W_N^{lk} \sum_{n=0}^{\frac{N}{4}-1} x(4n+l) W_{\frac{N}{4}}^{nk} \tag{2.248}$$

按奇偶序列进行分割，令 $k=4r$，$k=4r+2$，$k=4r+1$ 和 $k=4r+3$，$r=0,1,\cdots,\frac{N}{4}-1$，则有

$$X(4r) = \sum_{n=0}^{\frac{N}{4}-1} \left\{ \left[x(n) + x\left(n+\frac{N}{2}\right) \right] + \left[x\left(n+\frac{N}{4}\right) + x\left(n+\frac{3N}{4}\right) \right] \right\} W_{\frac{N}{4}}^{nr}$$

$$X(4r+2) = \sum_{n=0}^{\frac{N}{4}-1} \left\{ \left[x(n) + x\left(n+\frac{N}{2}\right) \right] - \left[x\left(n+\frac{N}{4}\right) + x\left(n+\frac{3N}{4}\right) \right] \right\} W_N^{2n} W_{\frac{N}{4}}^{nr}$$

$$X(4r+1) = \sum_{n=0}^{\frac{N}{4}-1} \left\{ \left[x(n) - x\left(n+\frac{N}{2}\right) \right] - \mathrm{j}\left[x\left(n+\frac{N}{4}\right) - x\left(n+\frac{3N}{4}\right) \right] \right\} W_N^{n} W_{\frac{N}{4}}^{nr}$$

$$X(4r+3) = \sum_{n=0}^{\frac{N}{4}-1} \left\{ \left[x(n) - x\left(n+\frac{N}{2}\right) \right] + \mathrm{j}\left[x\left(n+\frac{N}{4}\right) - x\left(n+\frac{3N}{4}\right) \right] \right\} W_N^{3n} W_{\frac{N}{4}}^{nr}$$

图 2.87 给出了一个 $N=16$ 点的序列的基 4 算法的信号流程图。通过上述方法将一个 16 点的序列分成了 4 个四点序列，图中只有 $m=0$ 和 1 两级，右边的 4 个四点序列（图中虚线框）每个都是基 4 算法的基本蝶形运算单元。从上述算法可以看到，基 4 算法中仅需对一个纯虚数 j 做乘法，这是基 4 算法的方便之处。又由于基 4 算法使得计算 FFT 的级数减少一半（与基 2 算法相比），因此所需的乘法量也相应减少。读者可自行比较图 2.84、图 2.86 和图 2.87，便可以看出这两种算法的各自特点。但无论是哪种算法，其核心的思想始终是奇偶分解和蝶形运算。

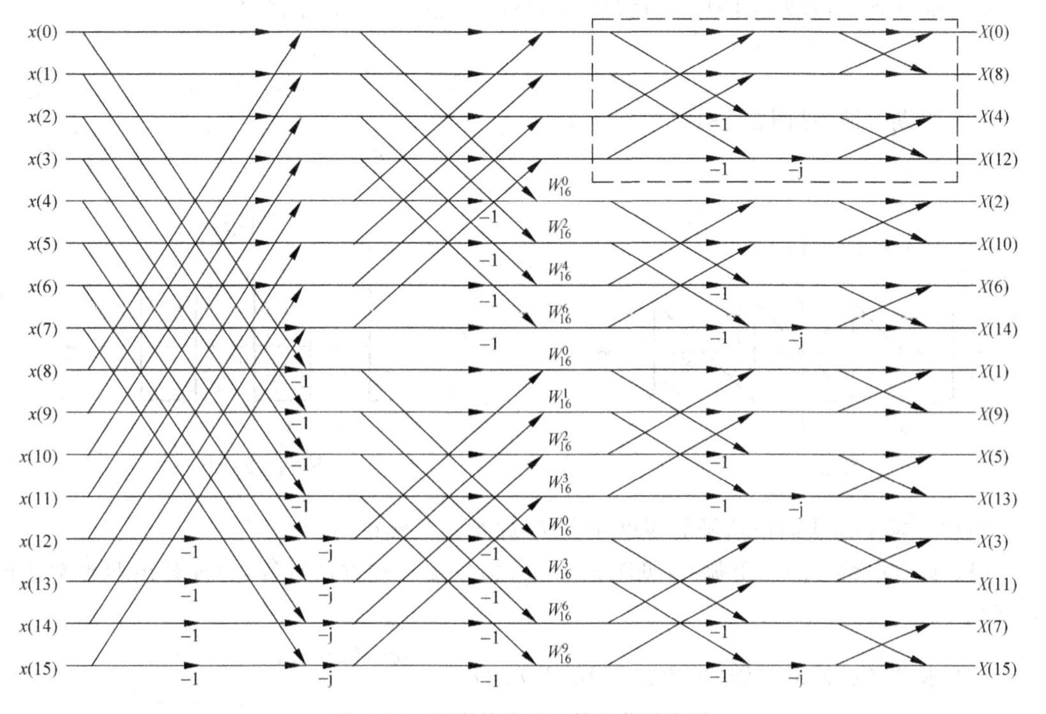

图 2.87　频率抽取基 4 算法信号流图

习 题

2-1 信号与测试系统间有何关系？试用振动信号的测试过程说明信号与测试系统间的关系。

2-2 试述信号的时域和频域两种描述方法各自的特点与用途。

2-3 试述周期信号与非周期信号频谱的各自特点。

2-4 什么是卷积？什么是相关？两者的异同点是什么？工程中各有什么样的用途？

2-5 试述傅里叶变换的基本性质。

2-6 什么叫功率谱密度函数？什么是自谱？什么是互谱？工程中各有什么应用？

2-7 信号的离散傅里叶变换的基本步骤是什么？试用图解法来描述一个连续信号的离散傅里叶变换的全部过程。

2-8 什么是信号的混叠、泄漏和栅栏效应？如何防止上述现象的产生？

2-9 FFT 算法的基本思想是什么？

2-10 何为采样定理？何为奈奎斯特频率？为实现信号的精确采样应使信号频率满足什么样的采样条件？

2-11 将一个点的位移表达为时间的函数如下：$y(t)=100+95\sin 15t+55\cos 15t$。

(1) 求单位为 Hz 时的基频；

(2) 用余弦项改写等式。

2-12 求周期信号的傅里叶级数，并绘出其频谱图。

(1) 周期性锯齿波(见图题 2-12(1))，$x(t)=\frac{2}{T}t,-\frac{T}{2}\leqslant t\leqslant\frac{T}{2}$

(2) 周期方波(见图题 2-12(2))，$x(t)=\begin{cases}-A, & -\frac{T}{2}\leqslant t\leqslant 0\\ A, & 0\leqslant t\leqslant\frac{T}{2}\end{cases}$

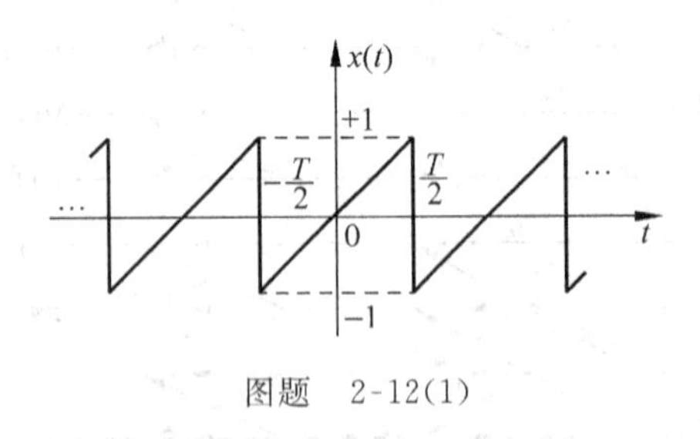

图题 2-12(1)

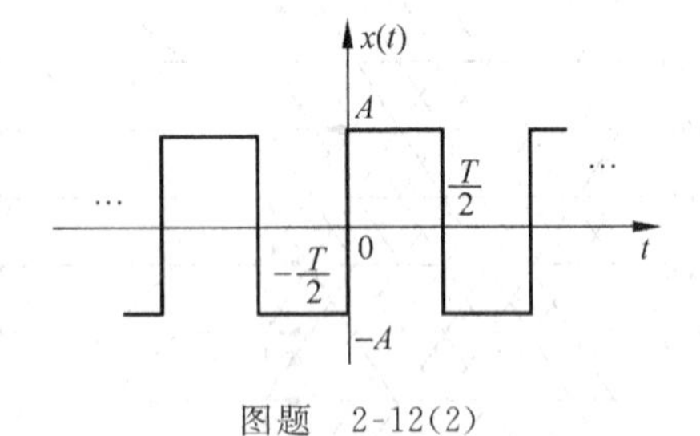

图题 2-12(2)

2-13 求下列非周期信号的傅里叶变换，并绘出其频谱图。

(1) 具有时移 τ 的三角脉冲(见图题 2-13(1))(按一种方法计算，另外列出两种解法的思路)。

(2) 求余弦脉冲的频谱(见图题 2-13(2)) $x(t)=\begin{cases}\cos(\pi t/\tau), & |t|<\tau/2\\ 0, & |t|\geqslant\tau/2\end{cases}$。

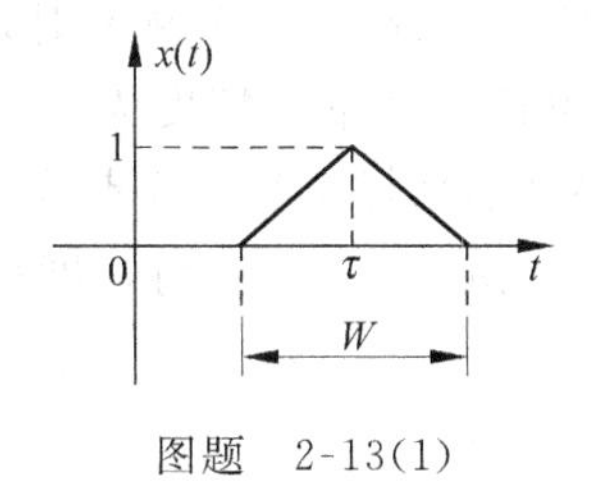

图题 2-13(1)

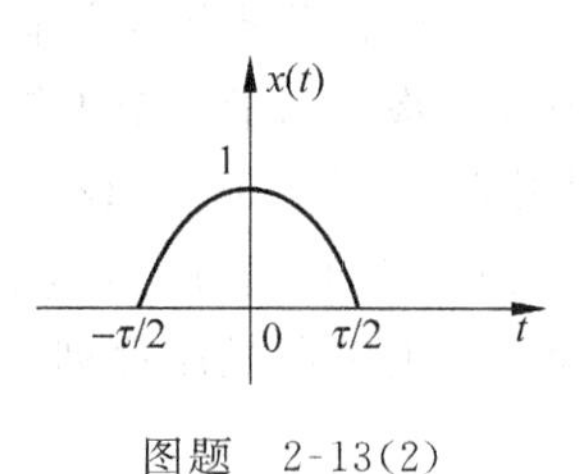

图题 2-13(2)

(3) 求被截断的正弦函数 $\sin\omega_0 t$ 的傅里叶变换(见图题 2-13(3))。$x(t)=\begin{cases}\sin(\omega_0 t), & |t|<T\\ 0, & |t|>T\end{cases}$。

(4) 求指数衰减振荡信号的 $x(t)=\mathrm{e}^{-at}\cos\omega_0 t(a>0,t\geqslant 0)$频谱(见图题 2-13(4))。

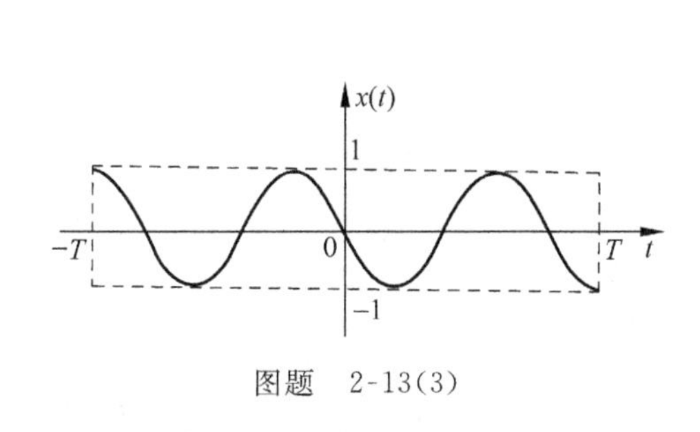

图题 2-13(3)

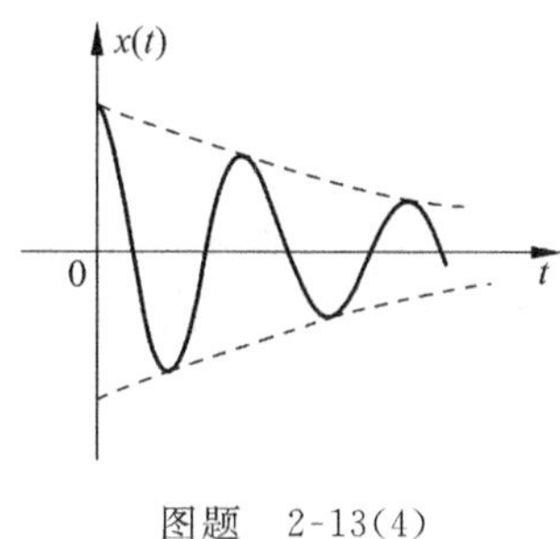

图题 2-13(4)

(5) 求符号函数(见图题 2-13(5)中(a))、单位阶跃函数(见图题 2-13(5)中(b))非周期信号的傅里叶变换,并绘出其频谱图。

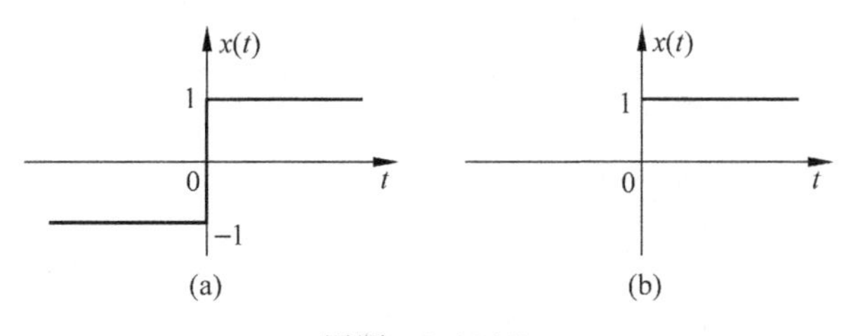

图题 2-13(5)

2-14 绘出 $x(t)=A\cos(2f_0 t+\Phi)+k$ 的时域图和频谱图。

2-15 用 4 096Hz 的频率来采样一个 500Hz 的正弦波,总采样点为 2 048 个,求:

(1) 奈奎斯特频率;

(2) 频率分辨率;

(3) 如果测量者怀疑采样的波形中有几个 500Hz 的谐波成分,问它们中哪些可以被正确测量?其他的情况又是如何?

2-16 (1) 假设以 750Hz 的采样率来采样一个 500Hz 的正弦信号,画出所得的离散时间信号并确定信号的视在频率。

(2) 如果(1)小题的信号中有 200Hz 的分量,它能否被检测出来?试说明理由。

(3) 如果(1)小题的信号中有 375Hz 的分量,它能否被检测出来?试说明理由。

2-17 一个温度测量电路完全响应低于 8.3kHz 的频率，当高于这个频率时，电路会衰减信号。用该电路来测量一个未知频谱的温度信号，希望频率分量的精度为 ±1Hz。如果在电路输出中没有高于 8.3kHz 的频率分量，问应采用多高的采样率和采样点数？

2-18 已知 $x(n)$是长度为 N 的有限长度序列，DFT[$x(n)$]=$X(k)$，将长度扩大 m 倍，得到长度为 mN 的有限长度序列 $y(n)$：

$$y(n)=\begin{cases}x(n), & 0\leqslant n\leqslant N-1\\ 0, & 0\leqslant n\leqslant mN-1\end{cases}$$

试求 DFT[$y(n)$]与 $X(k)$的关系。

2-19 求 $x(t)=A\sin\omega t$ 的概率密度函数，并绘出其曲线图。

2-20 求周期余弦信号 $x(t)=A\cos\omega_0 t$ 的自相关函数和功率谱，并绘出其图形。

3 测试系统特性分析

3.1 概　　述

在对物理量进行测量时，要用到各种各样的装置和仪器，这些装置和仪器对被测的物理量进行传感、转换与处理、传送、显示、记录以及存储，它们组成了所谓的测试系统。在2.1节中指出，信号与系统是紧密相关的。被测的物理量亦即信号作用于一个测试系统，而该系统在输入信号亦即激励的驱动下对它进行“加工”，并将经“加工”后的信号进行输出。由于受测试系统的特性以及信号传输过程中干扰的影响，输出信号的质量必定不如输入信号的质量。为了正确地描述或反映被测的物理量，实现“精确测试”或“不失真测试”，测试系统的选择及其传递特性的分析极其重要。

一个测试系统与其输入、输出之间的关系可用图3.1表示，其中 $x(t)$ 和 $y(t)$ 分别表示输入与输出量，$h(t)$ 表示系统的传递特性。三者之间一般有如下的几种关系：

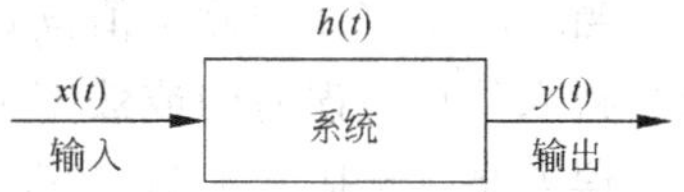

(1) 已知输入量和系统的传递特性，可求系统的输出量。

(2) 已知系统的输入和输出量，可求系统的传递特性。

(3) 已知系统的传递特性和输出量，来推知系统的输入量。

图3.1　测试系统与其输入、输出关系框图

对于一般的测试任务来说，常常希望输入与输出之间是一种一一对应的确定关系，因此要求系统的传递特性是线性的。对于静态测量来说，系统的这种线性特性尽管是希望的，但并非是必须的。因为对静态测量来说，比较容易采取曲线校正和补偿技术来作非线性校正。但对于动态测量来说，对测试装置或系统的线性特性关系的要求便是必需的。因为在动态测量的条件下，非线性的校正和处理难以实现且十分昂贵。实际的测试系统往往不是一种完全的线性系统，或者说不可能在全部的测量范围上保持一种线性的输入-输出关系，经常只是在一个有限的工作频段或范围上才具有线性的传递特性。因此谈到线性系统时，一定要注意系统的工作范围。

另外，在绪论部分讲到，一个测试系统并不仅仅局限用于测试的装置或仪器本身，它还应该包括被测的对象及观测者在内。因为后两者也会影响到系统的输入-输出关系，它们与测试装置和仪器一起决定了整个系统的传递特性。

3.2 测量误差

任何测量均有误差(error),误差 E 是指示值与真值或准确值的差:

$$E = x_m - x \tag{3.1}$$

式中,x_m 为指示值(indication);x 为真值(true value)或准确值。

准确值 x 是通过无误差测量仪器指示出的测量值。实际中该值是通过跟一个标准作比较或是用一个具有更高精度的标定仪器进行标定得到的。

校正值或修正值(correction)B 是与误差 E 的数值相等但符号相反的值:

$$B = x - x_m \tag{3.2}$$

因此,准确的测量值应为指示的测量值与校正值或修正值两者之和。

按误差的性质可将测量误差分成随机误差、系统误差以及过失或非法误差。

(1) 系统误差(systematic error)。每次测量同一量时,呈现出相同的或确定性方式的那些测量误差称为系统误差。它常常由标定误差、持久发生的人为误差、不良仪器造成的误差、负载产生的误差、系统分辨率局限产生的误差等因素所产生。

(2) 随机误差(random error)。每次测量同一量时,其数值均不一致,但却具有零均值的那些测量误差称为随机误差。它产生的原因有:测量人员的随机因素、设备受到干扰、实验条件的波动、测量仪器灵敏度不够等,比如机械摩擦或振动可能会使指示值在真值附近波动。

(3) 过失误差或非法误差(illegitimate error)。意想不到而存在的误差,如实验中因过失或错误引起的误差,实验之后的计算误差等。

当获取足够多的测量值读数时,随机误差具有明显的统计分布特性。因此常常采用统计分析来估计该误差的或然率大小。与此相反,系统误差则不可以用统计方法来处理,因为系统误差是一个固定的值,并不呈现一种分布的特征。然而,系统误差可采用将仪器同一更精确的标准加以比较,从人们对该仪器标定的知识以及人们使用该特殊类型仪器的经验中来加以估计。在实际中,系统误差和随机误差常常同时发生。图 3.2 示出了两种误差对被测量 x 重复测量的合成效应,其中图(a)为系统误差大于随机误差的情况,而图(b)则是随机误差大于系统误差的情况。因而一个特定的测量指示值的总误差是该测量的随机误差和系统误差之和。

根据测量的类型也可将误差分为静态误差和动态误差。

(1) 静态误差(static error)。用来确定时不变测量值的线性测量仪器,其传递特性为一常数;而相应的非线性测量仪器的输入-输出关系是用代数方程或超越方程来描述的。因而所产生的误差一般仅取决于测量值的大小,其本身不是时间的函数,这种误差称为静态误差。

(2) 动态误差(dynamic error)。在测量时变物理量时,要用微分方程来描述输入-输出关系,此时产生的误差不仅取决于测量值的大小,而且还取决于测量值的时间过程,将这种误差称为动态误差。

用一根温度计差不多可以"无误差"地测量恒定的温度,但由于其惯性的存在却不能精确跟随迅速变化的温度过程。从中可看出静态与动态误差之间的区别。

严格地说,应将静态误差视为动态误差的极限情况,在数学公式的描述中也将静态误差

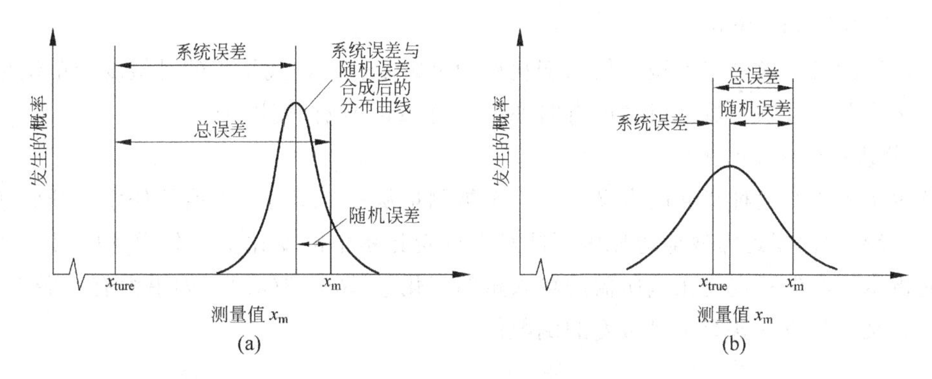

图 3.2 系统误差与随机误差

(a) 系统误差大于随机误差；(b) 随机误差大于系统误差

包括在动态误差中。但从实际应用出发，将两者区分开来处理是有效的，因为时不变量与准时不变量的测量是经常进行的，如前所述，对它们的描述方法较之动态变量的描述要简单得多，没有必要像动态量一样用微分方程来描述。

3.3 测试系统的静态特性

测试系统的性能特性分为静态特性（static characteristics）和动态特性（dynamic characteristics）。当测量问题是有关快速变化的物理量时，系统的输入与输出之间的动态关系是用微分方程来描述的。有关系统动态特性的描述将在 3.4 节讨论。当被测量是恒定的，或是慢变的物理量时，便不需要对系统作动态描述，此时涉及的则是系统的静态特性。静态特性一般包括重复性、漂移、误差、精确度、灵敏度、分辨率、线性度、非线性。以下分别加以讨论。

1. 重复性（repeatablility）

重复性亦称精度（precision），它是仪器最重要的静特性。重复性表示由同一观察者采用相同的测量条件、方法及仪器对同一被测量所做的一组测量之间的接近程度（closeness）。它表征测量仪器随机误差接近于零的程度。作为仪器的技术性能指标时，常用误差限来表示。

2. 漂移（drift）

仪器的输入未产生变化时其输出所发生的变化叫漂移。漂移常由仪器的内部温度变化和元件的不稳定性所引起。

3. 误差（error）

误差已在前面讨论过。这里还要指出的是，仪器的误差有两种表达方式：一种用专门的测量单位来表示，称为绝对（absolute）误差；另一种表达为被测量的一个百分比值，或表达为某个专门值（比如满量程指示值）的一个百分比，称为相对（relative）误差。

4. 精确度（accuracy）

精确度指测量仪器的指示值和被测量真值的符合程度，它通过所宣称的概率界限将仪器输出与被测量的真值关联起来。精确度是由诸如非线性、迟滞、温度变化、漂移等一系列因素所导致的不确定度之和。

5. 灵敏度(sensitivity)

单位被测量引起的仪器输出值的变化称为灵敏度。数显式仪表的灵敏度为单位被测量引起数字步距变化的个数。灵敏度有时亦称增益(gain)或标度因子。

6. 分辨率(resolution)

分辨率主要有两种普通的含义。当一个被测量从一个相对于零值的任意值开始连续增加时,一般来说由于迟滞效应等原因不能马上确定指示值的变化值。分辨率的第一种意义就是使指示值产生一定变化量所需的输入量的变化量(图 3.3(a))。如果没有迟滞现象,那么这样定义的分辨率就等于灵敏度的倒数值。

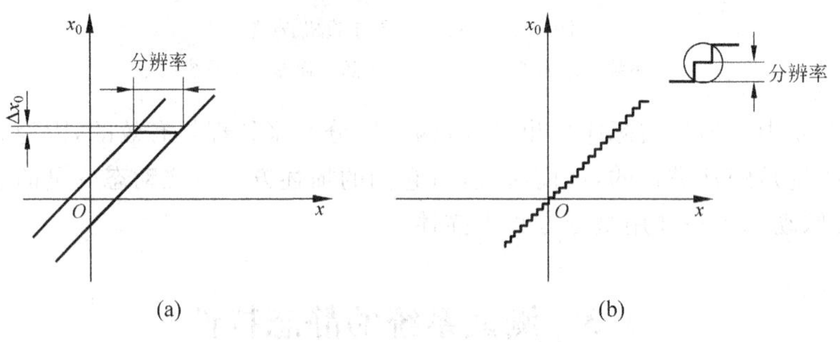

图 3.3 分辨率概念不同含义的例子

如果指示值不是连续的(如绕线式电位计),则将指示的不连续步距值称作分辨率(图 3.3(b))。该定义与数显式仪器普通使用的分辨率概念相吻合。数显式仪器的分辨率是指显示值最后一位数的数距。

7. 线性度(linearity)

如果希望从测量仪器中得到被测量和测量示值之间的一个线性关系,则要用到描述偏离所求直线的线性度这一概念。在多数情况下是用示值范围的百分比来给出偏离所求直线的最大值。线性度概念并未被标准化,因此对它有着不同的定义。常用的有如下两种:

第一种的原理是用理论刻度的端点值来确定该直线。一个无抑制范围的测量仪器的这条直线规定为穿过零点和最大值的终点。在此情况下,线性度按误差限的概念定义为最大的偏离量并以示值范围的百分比给出(图 3.4(a))。

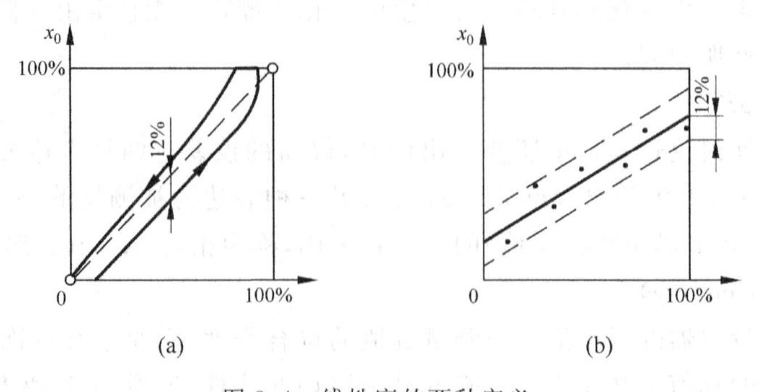

图 3.4 线性度的两种定义

第二种定义则是用定标测量点来描述这条参考直线。一般采用线性回归技术来求出该直线,使得测量值偏离该直线的误差平方之和为最小值。而最大的偏离量则按照测量的不确定度(uncertainty)的定义给出。所谓测量不确定度规定为在某个概率之下不被超过的误差值。

上面的第一种定义主要用于描述以系统误差为主的测量仪器或系统,第二种定义应用于以随机误差为主的测量系统。

8. 迟滞、回差和弹性后效(hysteresis,dead space)

如果测量仪器的指示值开始从小到大再从大到小连续地或一步一步地缓慢变化,对同一测量值会有不同的指示值,将这两个指示值的差定义为回差。回差是一种普遍的特性,其产生的原因是多种多样的。

机械传动件间的间隙(也称松动)具有类似图 3.5(a)那样的特性曲线。间隙典型的特性是定常的,不随测量值而变化。

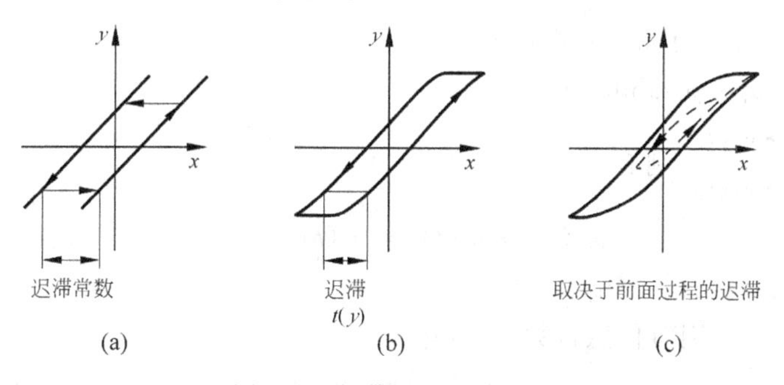

图 3.5 迟滞、回差特性举例

干摩擦产生的现象与此类似,但此时产生的回差却与测量值有关(图 3.5(b))。

图 3.5(c)所示的特性曲线主要是由铁磁材料的迟滞现象所产生。这种情况下,所产生的回差取决于前面的过程,即取决于测量值的开始返回点。迟滞效应也可以由机械因素产生,例如,因弹簧内摩擦导致弹簧重新释放时不能再重新获得全部的变形功,其残留的差值主要取决于弹簧振幅大小。另一种与此类似的现象称为弹性后效。如果一个可移动的、由弹簧支撑或推动的器械长时间地偏离其原来位置,那么它便不再重新回到其原来的平衡位置。残留的位移差值不仅取决于振幅大小,而且也取决于振动持续时间。这种弹性后效经过一段时间之后会重新消失。

回差和迟滞的概念一般要求进一步说明现象的种类以及发生时的条件。

9. 零点稳定性(zero stabilily)

零点稳定性指在被测量回到零值且其他变化因素(如温度、压力、湿度、振动等)被排除之后,仪器回到零指示值的能力。

3.4 测试系统的动态特性

在 3.1 节概述部分讲到,在动态测量中,测试装置或系统本身应该是一个线性的系统。这是因为,一方面仅能对线性系统作比较完善的数学处理,另一方面在动态测试中作非线性校正还比较困难。此外,实际中的系统往往在一定的工作误差允许范围内均可被视为线性系统。因此研究线性系统具有普遍性。

3.4.1 线性系统的数学描述

一个线性系统的输入-输出关系一般用微分方程来描述：

$$a_n\frac{\mathrm{d}^n y(t)}{\mathrm{d}t^n}+a_{n-1}\frac{\mathrm{d}^{n-1}y(t)}{\mathrm{d}t^{n-1}}+\cdots+a_1\frac{\mathrm{d}y(t)}{\mathrm{d}t}+a_0 y(t)$$

$$=b_m\frac{\mathrm{d}^m x(t)}{\mathrm{d}t^m}+b_{m-1}\frac{\mathrm{d}^{m-1}x(t)}{\mathrm{d}t^{m-1}}+\cdots+b_1\frac{\mathrm{d}x(t)}{\mathrm{d}t}+b_0 x(t) \tag{3.3}$$

式中，$x(t)$表示系统的输入；$y(t)$表示系统的输出；a_n，a_{n-1}，…，a_1，a_0 和 b_m，b_{m-1}，…，b_1，b_0 表示系统的物理参数。

若系统的上述物理参数均为常数，则该方程便是常系数微分方程，所描述的系统便是线性定常系统或线性时不变(linear time-invariant，LTI)系统。

线性时不变系统具有如下基本性质：

(1) 叠加性(superposability)

如有$\begin{cases}x_1(t)\to y_1(t)\\x_2(t)\to y_2(t)\end{cases}$，则有

$$x_1(t)+x_2(t)\to y_1(t)+y_2(t) \tag{3.4}$$

(2) 比例性(proportionality)

如有 $x(t)\to y(t)$，则对任意常数 a，均有

$$ax(t)\to ay(t) \tag{3.5}$$

(3) 微分特性(differentiation)

如有 $x(t)\to y(t)$，则有

$$\frac{\mathrm{d}x(t)}{\mathrm{d}t}\to\frac{\mathrm{d}y(t)}{\mathrm{d}t} \tag{3.6}$$

(4) 积分特性(integration)

如有 $x(t)\to y(t)$，则当系统初始状态为零时，有

$$\int_0^t x(t)\mathrm{d}t\to\int_0^t y(t)\mathrm{d}t \tag{3.7}$$

(5) 频率保持性(frequency preservability)

如有 $x(t)\to y(t)$，若 $x(t)=x_0\mathrm{e}^{\mathrm{j}\omega t}$，亦即输入为某个频率的正弦激励，则输出 $y(t)$也应是与之同频的正弦信号：$y(t)=y_0\mathrm{e}^{\mathrm{j}(\omega t+\varphi)}$。这条性质可简单证明如下。

按比例性有

$$\omega^2 x(t)\to\omega^2 y(t) \tag{3.8}$$

其中，ω 为某一已知频率。

根据微分特性有

$$\frac{\mathrm{d}^2 x(t)}{\mathrm{d}t^2}\to\frac{\mathrm{d}y^2(t)}{\mathrm{d}t^2} \tag{3.9}$$

将式(3.8)与式(3.9)相加有

$$\left[\omega^2 x(t)+\frac{\mathrm{d}^2 x(t)}{\mathrm{d}t^2}\right]\to\left[\omega^2 y(t)+\frac{\mathrm{d}y^2(t)}{\mathrm{d}t^2}\right] \tag{3.10}$$

由于 $x(t)=x_0 e^{j\omega t}$，则

$$\frac{d^2 x(t)}{dt^2}=(j\omega)^2 x_0 e^{j\omega t}=-\omega^2 x_0 e^{j\omega t}=-\omega^2 x(t)$$

因此，式(3.10)左边为零，亦即

$$\omega^2 x(t)+\frac{d^2 x(t)}{dt^2}=0$$

由此可知，式(3.10)右边亦应为零，即

$$\omega^2 y(t)+\frac{d^2 y(t)}{dt^2}=0$$

解此方程可得唯一的解为

$$y(t)=y_0 e^{j(\omega t+\varphi)}$$

式中，φ 为初相角。

以下几个例子，进一步说明了上述理论。

(1) 系统 $y(t)=x(t-a)$ 是线性时不变的。

(2) 系统 $y(t)=t^2 x(t)$ 是线性时变的。因为当输入 $x(t)$ 发生时移 t_0 时，$x(t-t_0)$ 的响应是 $t^2 x(t-t_0)$ 而不是 $(t-t_0)^2 x(t-t_0)$。

(3) 系统 $y(t)=|x(t)|$ 是非线性时不变的。因为对于任意两信号 $x_1(t)$ 和 $x_2(t)$ 以及常数 a_1,a_2，一般地

$$|a_1 x_1(t)+a_2 x_2(t)|\neq a_1|x_1(t)|+a_2|x_2(t)|$$

本书中以后讲到的系统，如无特殊声明，均指线性时不变系统。为书写方便，有时亦将线性时不变系统记为 LTI 系统。

线性系统的基本性质，尤其是频率保持性在动态测量中特别有用。对于一个线性系统来说，若已知其输入的激励频率，则测量信号必然具有与之相同的频率成分。反之，若已知输入、输出信号的频率，则可由两者频率的异同来推断系统的线性性。

3.4.2 用传递函数或频率响应函数描述系统的传递特性

3.4.2.1 传递函数

对 3.4.1 节描述的常系数微分方程，采用拉普拉斯变换的方法求解十分方便。这里可以采用拉普拉斯变换来建立测试系统传递函数(transfer function)的概念。

若 $y(t)$ 为时间变量 t 的函数，且当 $t\leqslant 0$ 时，有 $y(t)=0$，则 $y(t)$ 的拉普拉斯变换 $Y(s)$ 定义为

$$Y(s)=\int_0^{\infty} y(t)e^{-st}dt \tag{3.11}$$

式中，s 为复变量，$s=a+jb$，$a>0$。

若系统的初始条件为零，即认为输入 $x(t)$ 和输出 $y(t)$ 以及它们的各阶导数的初始值(即 $t=0$ 时的值)均为零，对式(3.3)作拉氏变换得

$$Y(s)(a_n s^n+a_{n-1}s^{n-1}+\cdots+a_1 s+a_0)$$

$$= X(s)(b_m s^m + b_{m-1} s^{m-1} + \cdots + b_1 s + b_0)$$

将输入和输出两者的拉普拉斯变换之比定义为传递函数 $H(s)$，即

$$H(s) = \frac{Y(s)}{X(s)} = \frac{b_m s^m + b_{m-1} s^{m-1} + \cdots + b_1 s + b_0}{a_n s^n + a_{n-1} s^{n-1} + \cdots + a_1 s + a_0} \tag{3.12}$$

传递函数 $H(s)$表征了一个系统的传递特性。其公式的分母中 s 的幂次 n 代表了系统微分方程的阶次，也称为传递函数的阶次。从式(3.12)不难得到如下几条传递函数的特性：

(1) 等式右边与输入 $x(t)$无关，亦即传递函数 $H(s)$不因输入 $x(t)$的改变而改变，它仅表达系统的特性。

(2) 由传递函数 $H(s)$所描述的一个系统对于任一具体的输入 $x(t)$都明确地给出了相应的输出 $y(t)$。

(3) 等式中的各系数 $a_n, a_{n-1}, \cdots, a_1, a_0$ 和 $b_m, b_{m-1}, \cdots, b_1, b_0$ 是由测试系统本身结构特性所唯一确定的常数。

将传递函数的定义式(3.12)应用于线性传递元件串、并联的系统，则可得到十分简单的运算规则。

如图 3.6(a)所示，两传递函数分别为 $H_1(s)$和 $H_2(s)$的环节串联后形成的系统的传递函数 $H(s)$为

$$H(s) = \frac{Y(s)}{X(s)} = \frac{Y_1(s)}{X(s)} \cdot \frac{Y(s)}{Y_1(s)} = H_1(s)H_2(s) \tag{3.13}$$

图 3.6(b)为两环节 $H_1(s)$与 $H_2(s)$并联后形成的组合系统，该系统的传递函数有

$$\begin{aligned} H(s) &= \frac{Y(s)}{X(s)} = \frac{Y_1(s) + Y_2(s)}{X(s)} \\ &= \frac{Y_1(s)}{X(s)} + \frac{Y_2(s)}{X(s)} \\ &= H_1(s) + H_2(s) \end{aligned} \tag{3.14}$$

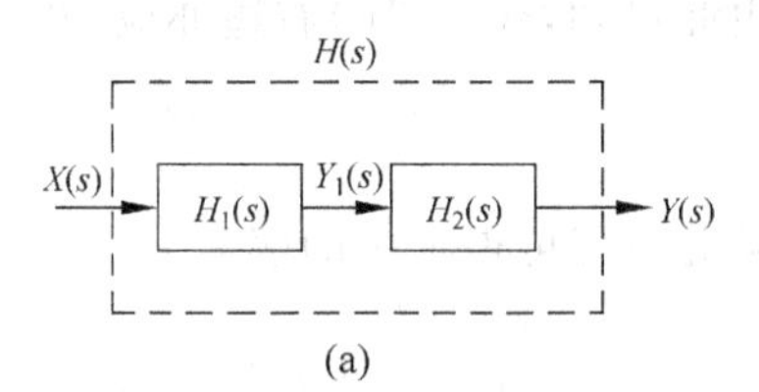

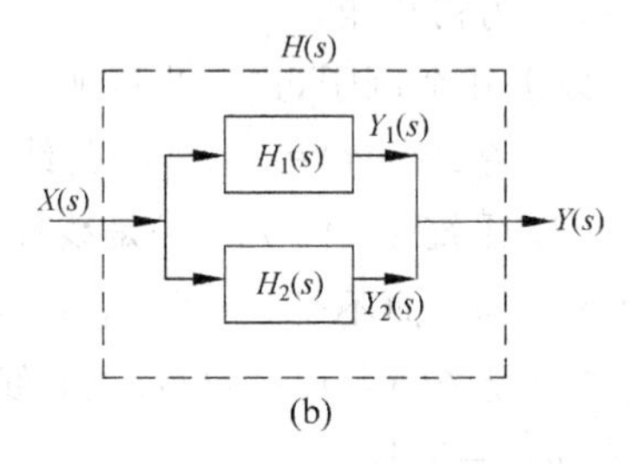

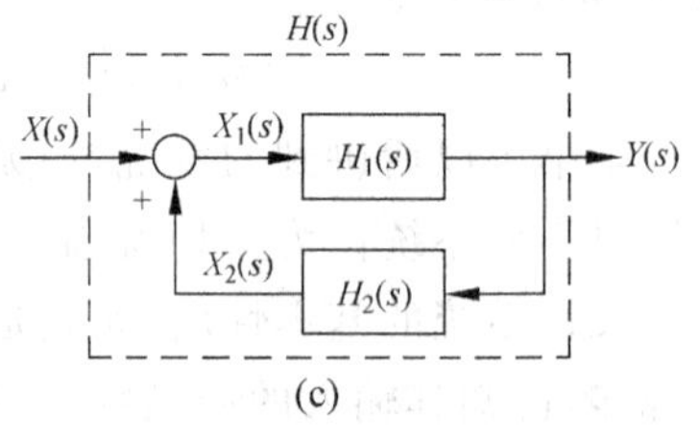

图 3.6 组合系统

(a) 串联；(b) 并联；(c) 闭环回路

图 3.6(c)为两环节 $H_1(s)$与 $H_2(s)$联结成闭环回路的情形，此时有

$$Y(s) = X_1(s)H_1(s)$$

$$X_2(s) = X_1(s)H_1(s)H_2(s)$$

$$X_1(s) = X(s) + X_2(s)$$

于是系统传递函数

$$H(s) = \frac{Y(s)}{X(s)} = \frac{H_1(s)}{1 - H_1(s)H_2(s)} \tag{3.15}$$

3.4.2.2 频率响应函数

对于稳定的线性定常系统，可设 $s=\mathrm{j}\omega$，亦即原 $s=a+\mathrm{j}b$ 中的 $a=0, b=\omega$，此时式(3.11)变为

$$Y(\mathrm{j}\omega) = \int_0^{\infty} y(t)\mathrm{e}^{-\mathrm{j}\omega t}\mathrm{d}t \tag{3.16}$$

上式即为第 2 章中叙述过的单边傅里叶变换公式。相应地有

$$H(\mathrm{j}\omega)=\frac{b_m(\mathrm{j}\omega)^m+b_{m-1}(\mathrm{j}\omega)^{m-1}+\cdots+b_1(\mathrm{j}\omega)+b_0}{a_n(\mathrm{j}\omega)^n+a_{n-1}(\mathrm{j}\omega)^{n-1}+\cdots+a_1(\mathrm{j}\omega)+a_0}=\frac{Y(\mathrm{j}\omega)}{X(\mathrm{j}\omega)} \tag{3.17}$$

$H(\mathrm{j}\omega)$称为测试系统的频率响应函数(frequency response function)。显然,频率响应函数是传递函数的特例。

频率响应函数也可由式(3.3)作傅里叶变换来推导得到,推导时应用了傅里叶变换的微分定理。

用传递函数和频率响应函数均可表达系统的传递特性,但两者的含义不同。在推导传递函数时,系统的初始条件设为零。而对于一个从 $t=0$ 开始所施加的简谐信号激励来说,采用拉普拉斯变换解得的系统输出将由两部分组成:由激励所引起的、反映系统固有特性的瞬态(transient)输出以及该激励所对应的系统的稳态(steady-state)输出。如图 3.7(a)所示,系统在激励开始之后有一段过渡过程,经过一定的时间以后,系统的瞬态输出趋于定值,亦即进入稳态输出。图 3.7(b)示出的是频率响应函数描述下系统的输入与输出之间的对应关系。当输入为简谐信号时,在观察时系统的瞬态响应已趋近于零,频率响应函数 $H(\mathrm{j}\omega)$表达的仅仅是系统对简谐输入信号的稳态输出。因此用频率响应函数不能反映过渡过程,必须用传递函数才能反映全过程。

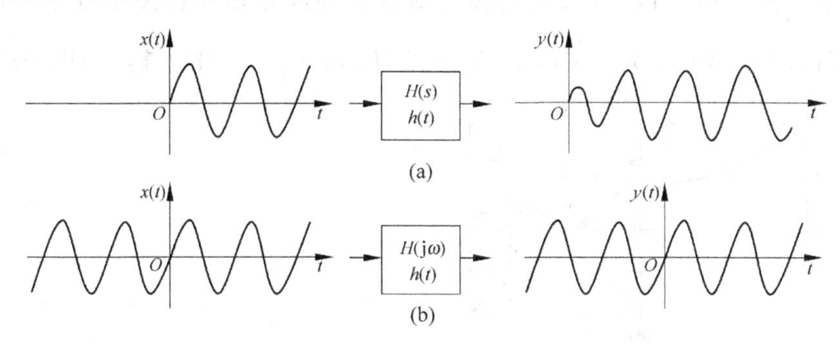

图 3.7 用传递函数和频率响应函数分别描述不同输入状态的系统输出

(a) 传递函数;(b) 频率响应函数

但是,频率响应函数直观地反映了系统对不同频率输入信号的响应特性。在实际的工程技术问题中,为获得较好的测量效果,常在系统处于稳态输出的阶段上进行测试。因此在测试工作中常用频率响应函数来描述系统的动态特性。而控制技术由于要研究典型扰动所引起的系统响应,研究一个过程从起始的瞬态变化过程到最终的稳态过程的全部特性,因此常常要用传递函数来描述。

传递函数与频率响应函数之间有着密切的内在关系。事实上频率响应函数是推导时简单地将传递函数的 s 算子用 $\mathrm{j}\omega$ 来替代得出的。因此,用传递函数推演出的系统串、并联的特性也都适用于采用频率响应函数的场合。

式(3.17)表达了系统对给定频率下稳态时输入与输出间的关系。一般来说,频率响应函数 $H(\mathrm{j}\omega)$是一个复数量,可将其写成幅值与相角表达的指数函数形式:

$$H(\mathrm{j}\omega)=A(\omega)\mathrm{e}^{\mathrm{j}\varphi(\omega)}=A(\omega)\underline{/\varphi(\omega)} \tag{3.18}$$

式中，$A(\omega)$为复数 $H(\mathrm{j}\omega)$的模(modulus)，且

$$A(\omega)=\frac{|Y(\omega)|}{|X(\omega)|}=|H(\mathrm{j}\omega)| \tag{3.19}$$

称为系统的幅频特性。

$\varphi(\omega)$为 $H(\mathrm{j}\omega)$的幅角(phase)，且

$$\varphi(\omega)=\arg H(\mathrm{j}\omega)=\varphi_y(\omega)-\varphi_x(\omega) \tag{3.20}$$

称为系统的相频特性。

若将 $H(\mathrm{j}\omega)$用实部和虚部的组合形式来表达：

$$H(\mathrm{j}\omega)=P(\omega)+\mathrm{j}Q(\omega) \tag{3.21}$$

则 $P(\omega)$和 $Q(\omega)$均为 ω 的实函数，式(3.19)也可写为

$$A(\omega)=\sqrt{P^2(\omega)+Q^2(\omega)} \tag{3.22}$$

以 ω 为自变量分别画出 $A(\omega)$和 $\varphi(\omega)$的图形，所得的曲线分别称为幅频特性曲线和相频特性曲线。将自变量 ω 用对数坐标表达，幅值 $A(\omega)$用分贝(dB)数来表达，此时所得的对数幅频曲线与对数相频曲线称为伯德(Bode)图(图 3.8)。

另外一种表达系统幅频与相频特性的作图法称为奈奎斯特(Nyquist)图法。它是将系统 $H(\mathrm{j}\omega)$的实部 $P(\omega)$和虚部 $Q(\omega)$分别作为坐标系的横坐标和纵坐标，画出它们随 ω 变化的曲线，且在曲线上注明相应频率。图中自坐标原点到曲线上某一频率点所作的矢量长便表示该频率点的幅值 $|H(\mathrm{j}\omega)|$，该向径与横坐标轴的夹角便代表了频率响应的幅角 $\underline{/H(\mathrm{j}\omega)}$。图 3.9 示出了图 3.8 所示的一阶系统 $H(\mathrm{j}\omega)=\frac{1}{1+\mathrm{j}\tau\omega}$用奈奎斯特图表示的情形。

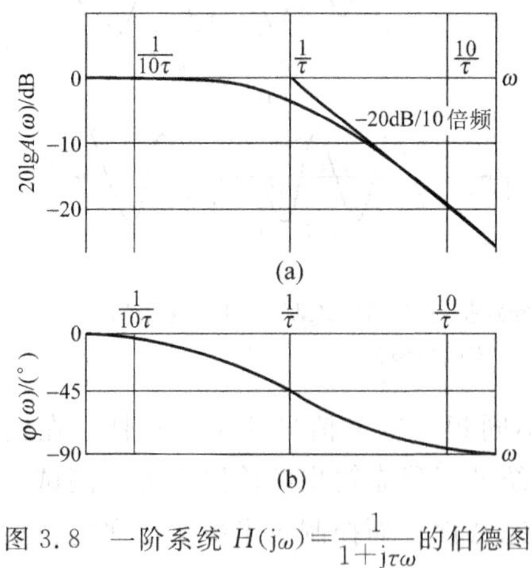

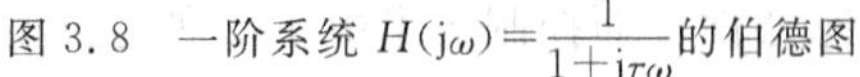
图 3.8 一阶系统 $H(\mathrm{j}\omega)=\frac{1}{1+\mathrm{j}\tau\omega}$的伯德图

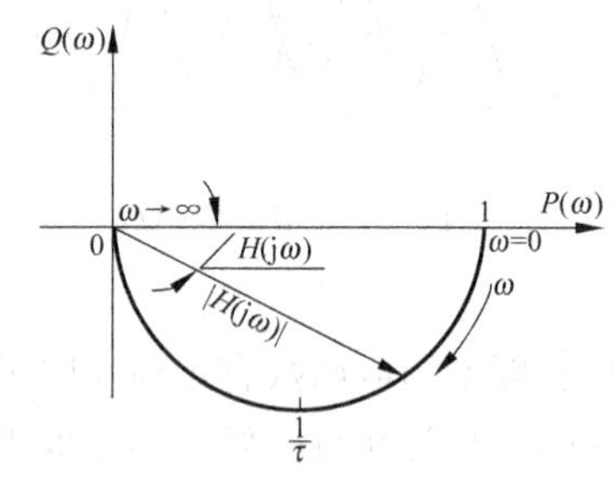

图 3.9 一阶系统 $H(\mathrm{j}\omega)=\frac{1}{1+\mathrm{j}\tau\omega}$的奈奎斯特图

3.4.2.3 一阶、二阶系统的传递特性描述

一般的测试装置总是稳定系统，系统传递函数表达式(3.12)的分母中 s 的幂次总高于分子中 s 的幂次，即 $n>m$，且 s 的极点应为负实数。将式(3.12)中的分母分解为 s 的一次和二次实系数因子式(二次实系数式对应其复数极点)，即

$$a_n s^n+a_{n-1}s^{n-1}+\cdots+a_1 s+a_0$$

$$= a_n \prod_{i=1}^{r} (s + p_i) \prod_{i=1}^{(n-r)/2} (s^2 + 2\zeta_i \omega_{ni} s + \omega_{ni}^2)$$

式中，p_i，ζ_i 和 ω_{ni} 为常量。因此式(3.12)可改写为

$$H(s) = \sum_{i=1}^{r} \frac{q_i}{s + p_i} + \sum_{i=1}^{(n-r)/2} \frac{\alpha_i s + \beta_i}{s^2 + 2\zeta_i \omega_{ni} s + \omega_{ni}^2} \tag{3.23}$$

式中，α_i，β_i 和 q_i 为常量。式(3.23)表明，任何一个系统均可视为是多个一阶、二阶系统的并联，也可将其转换为若干一阶、二阶系统的串联。

同样，根据式(3.17)，一个 n 阶系统的频率响应函数 $H(\mathrm{j}\omega)$ 仿照式(3.23)也可视为多个一阶和二阶环节的并联(或串联)：

$$H(\mathrm{j}\omega) = \sum_{i=1}^{r} \frac{q_i}{\mathrm{j}\omega + p_i} + \sum_{i=1}^{(n-r)/2} \frac{\mathrm{j}\alpha_i \omega + \beta_i}{(\mathrm{j}\omega)^2 + 2\zeta_i \omega_{ni} (\mathrm{j}\omega) + \omega_{ni}^2}$$

$$= \sum_{i=1}^{r} \frac{q_i}{\mathrm{j}\omega + p_i} + \sum_{i=1}^{(n-r)/2} \frac{\beta_i + \mathrm{j}\alpha_i \omega}{(\omega_{ni}^2 - \omega)^2 + \mathrm{j}2\zeta_i \omega_{ni} \omega} \tag{3.24}$$

因此，一阶和二阶系统的传递特性是研究高阶系统传递特性的基础。

1. 一阶惯性系统(first-order inertial system)

在式(3.3)中，若除了 a_1，a_0 和 b_0 之外令其他所有的 a 和 b 均为零，则得到等式

$$a_1 \frac{\mathrm{d}y(t)}{\mathrm{d}t} + a_0 y(t) = b_0 x(t) \tag{3.25}$$

任何测试系统若遵循式(3.25)的数学关系则被定义为一阶测试系统或一阶惯性系统。

将式(3.25)两边除以 a_0，得

$$\frac{a_1}{a_0} \frac{\mathrm{d}y(t)}{\mathrm{d}t} + y(t) = \frac{b_0}{a_0} x(t) \tag{3.26}$$

令 $K = \frac{b_0}{a_0}$ 为系统静态灵敏度，$\tau = \frac{a_1}{a_0}$ 为系统时间常数(time constant)。对式(3.26)作拉普拉斯变换，则有

$$(\tau s + 1) Y(s) = K X(s) \tag{3.27}$$

故一阶惯性系统的传递函数为

$$H(s) = \frac{Y(s)}{X(s)} = \frac{K}{\tau s + 1} \tag{3.28}$$

下面分析一个具体的例子。图 3.10 示出了一液柱式温度计，如以 $T_{\mathrm{i}}(t)$ 表示温度计的输入信号即被测温度，以 $T_{\mathrm{o}}(t)$ 表示温度计的输出信号即示值温度，则输入与输出间的关系为

$$\frac{T_{\mathrm{o}}(t) - T_{\mathrm{i}}(t)}{R} = C \frac{\mathrm{d}T_{\mathrm{o}}(t)}{\mathrm{d}t} \tag{3.29}$$

式中，R 为传导介质的热阻；C 为温度计的热容量。

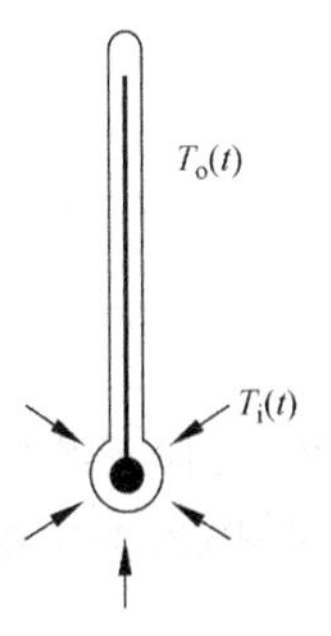

图 3.10 液柱式温度计

对式(3.29)两边作拉普拉斯变换，并令 $\tau = RC$(τ 为温度计时间常数)，则有

$$\tau s T_{\mathrm{o}}(s) + T_{\mathrm{o}}(s) = T_{\mathrm{i}}(s)$$

整理得系统的传递函数

$$H(s)=\frac{T_o(s)}{T_i(s)}=\frac{1}{\tau s+1} \tag{3.30}$$

相应地可得系统的频率响应函数

$$H(j\omega)=\frac{1}{j\tau\omega+1} \tag{3.31}$$

可以看出,液柱式温度计的传递特性是一个一阶惯性系统特性。从式(3.31)求得系统传递特性的幅频与相频特性分别为

$$A(\omega)=|H(j\omega)|=\frac{1}{\sqrt{1+(\tau\omega)^2}} \tag{3.32}$$

$$\varphi(\omega)=\angle H(j\omega)=-\arctan\omega\tau \tag{3.33}$$

图 3.11 示出了该液柱式温度计的幅频与相频特性曲线。其伯德图和奈奎斯特图分别如图 3.8 和图 3.9 所示。

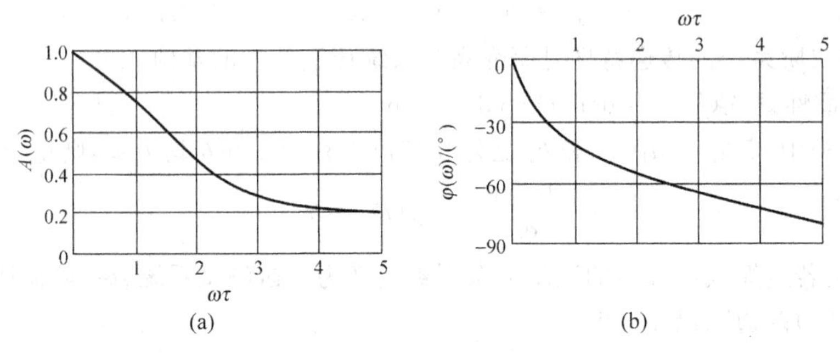

图 3.11 一阶系统的幅频与相频特性图

图 3.12 示出了另外两个一阶系统的例子。其中图(a)为忽略质量的单自由度振动系统,图(b)为一 RC 低通滤波电路。由系统的相似性理论可知,它们都具有与图 3.10 所示液柱式温度计相同的传递特性。读者可自行加以推导验证。

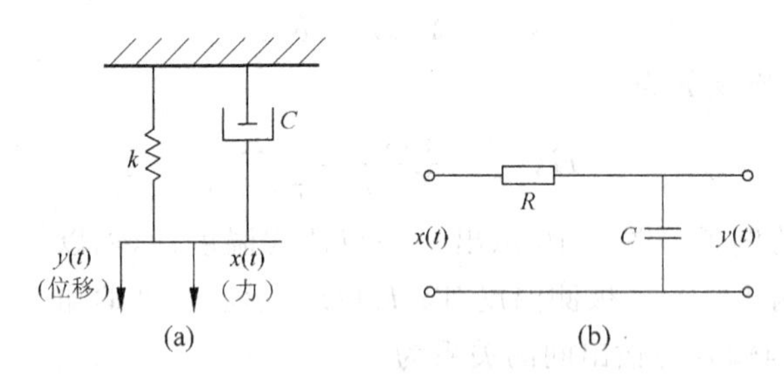

图 3.12 一阶系统

(a) 忽略质量的单自由度振动系统;(b) RC 低通滤波电路

2. 二阶系统(second-order system)

若式(3.3)中除了 a_2, a_1, a_0 和 b_0 以外的其余所有的 a 和 b 均为零,则得到

$$a_2\frac{d^2y(t)}{dt^2}+a_1\frac{dy(t)}{dt}+a_0y(t)=b_0x(t) \tag{3.34}$$

这便是二阶系统的微分方程式。

同样,令 $K=\dfrac{b_0}{a_0}$ 为系统静态灵敏度,$\omega_n=\sqrt{\dfrac{a_0}{a_2}}$ 为系统无阻尼固有频率(rad/s),$\zeta=\dfrac{a_1}{2\sqrt{a_0a_2}}$ 为系统阻尼比,对式(3.34)两边作拉普拉斯变换得

$$\left(\frac{s^2}{\omega_n^2}+\frac{2\zeta s}{\omega_n}+1\right)Y(s)=KX(s) \tag{3.35}$$

于是系统的传递函数为

$$H(s)=\frac{Y(s)}{X(s)}=\frac{K}{\dfrac{s^2}{\omega_n^2}+\dfrac{2\zeta s}{\omega_n}+1} \tag{3.36}$$

系统的频率响应函数则为

$$\begin{aligned}H(\mathrm{j}\omega)&=\frac{Y(\omega)}{X(\omega)}=\frac{K}{\left(\dfrac{\mathrm{j}\omega}{\omega_n}\right)^2+\dfrac{2\zeta\mathrm{j}\omega}{\omega_n}+1}\\&=\frac{K}{\left(1-\dfrac{\omega^2}{\omega_n^2}\right)+2\mathrm{j}\zeta\dfrac{\omega}{\omega_n}}\end{aligned} \tag{3.37}$$

图3.13示出了一个测力弹簧秤,它是一个二阶系统。设系统初始状态为零,亦即 $x_0=0$,$f_i=0$。由牛顿第二定律 $\sum F=ma$,得它的微分方程为

$$f_i-B\frac{\mathrm{d}x_0}{\mathrm{d}t}-kx_0=M\frac{\mathrm{d}^2x_0}{\mathrm{d}t^2} \tag{3.38}$$

式中,f_i 为施加的力,N;x_0 为指针移动距离,m;B 为系统阻尼常数,N/m·s^{-1};k 为弹簧系数,N/m。

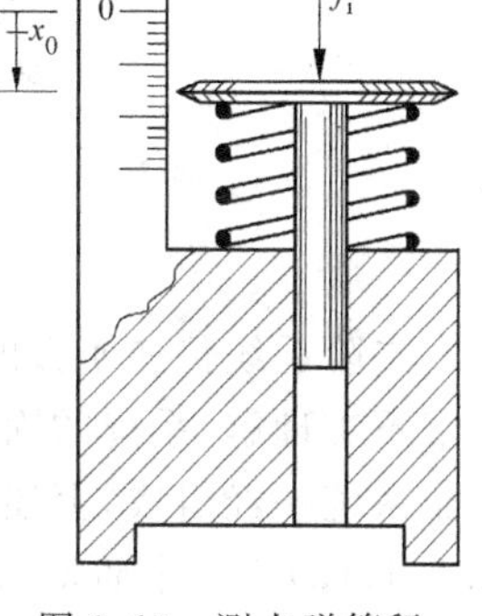

图3.13　测力弹簧秤

对上式作拉普拉斯变换,有

$$(Ms^2+Bs+k)X(s)=KF(s) \tag{3.39}$$

令 $\omega_n=\sqrt{\dfrac{k}{M}}$(rad/s),$\zeta=\dfrac{B}{2\sqrt{kM}}$,$K=\dfrac{1}{k}$ (m/N),则式(3.39)变为

$$\left(\frac{s^2}{\omega_n^2}+\frac{2\zeta s}{\omega_n}+1\right)X(s)=KF(s) \tag{3.40}$$

于是弹簧秤系统的传递函数为

$$H(s)=\frac{X(s)}{F(s)}=\frac{K}{\dfrac{s^2}{\omega_n^2}+\dfrac{2\zeta s}{\omega_n}+1} \tag{3.41}$$

此即式(3.36)。由此可得系统的幅频与相频特性分别为

$$\left.\begin{aligned}A(\omega)&=|H(\mathrm{j}\omega)|=K\frac{1}{\sqrt{\left[1-\left(\dfrac{\omega}{\omega_n}\right)^2\right]^2+4\zeta^2\left(\dfrac{\omega}{\omega_n}\right)^2}}\\\varphi(\omega)&=-\arctan\frac{2\zeta\dfrac{\omega}{\omega_n}}{1-\left(\dfrac{\omega}{\omega_n}\right)^2}\end{aligned}\right\} \tag{3.42}$$

图 3.14 示出了其幅频及相频图。

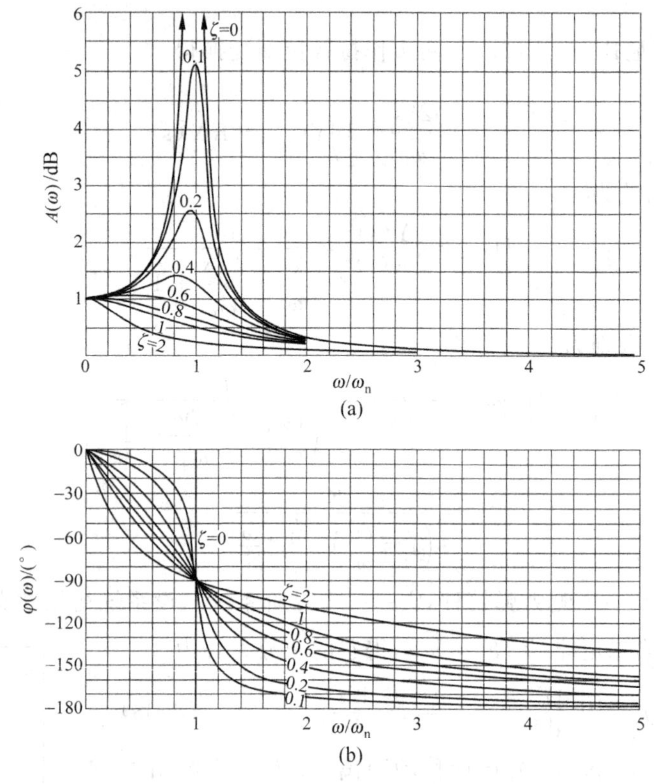

图 3.14 二阶系统幅频和相频图

二阶系统传递函数的伯德图和奈奎斯特图分别示于图 3.15 和图 3.16。

不难理解，系统的固有频率 ω_n、阻尼比 ζ 和静态灵敏度 K 均取决于系统的结构参数。一个系统一经组成，上述 3 个参数也就随之被确定。图 3.17 示出了其他形式的二阶系统，图 3.17(a)为一个质量-弹簧-阻尼系统，图 3.17(b)是一个 RLC 电路系统。同样根据系统相似性原理，它们具有与弹簧秤相同的传递函数和频率响应函数。读者可自行推导。

3.4.2.4 测试系统对典型激励的响应函数

传递函数和频率响应函数均描述一个测试装置或系统对正弦激励信号的响应。频率响应函数则描述了测试系统在稳态的输入-输出情况下的传递特性。在前面的讨论中也曾指出，在施加正弦激励信号的一段时间内，系统的输出中包含它的自然响应部分，亦即它的瞬态输出。研究自然响应或瞬态过程的目的有两个方面：一方面，在某些问题中值得感兴趣的是自然响应本身；另一方面，在研究自然响应中获取的系统各模态参数可作为对系统作进一步动力学分析的基础。瞬态输出随着时间逐渐衰减至零，系统的输出从而进入稳态输出的阶段。描述这两个阶段的全过程要采用传递函数，频率响应函数只是传递函数的一种特殊情况。

测试装置的动态响应还可通过对装置(或系统)施加其他激励的方式来获取，其中重要的激励信号有 3 种：单位脉冲函数、单位阶跃函数以及斜坡函数。这 3 种信号由于其函数形式简单和工程上的易实现性而被广泛使用。以下研究将它们分别作为激励信号时一、二阶测试系统的响应函数。

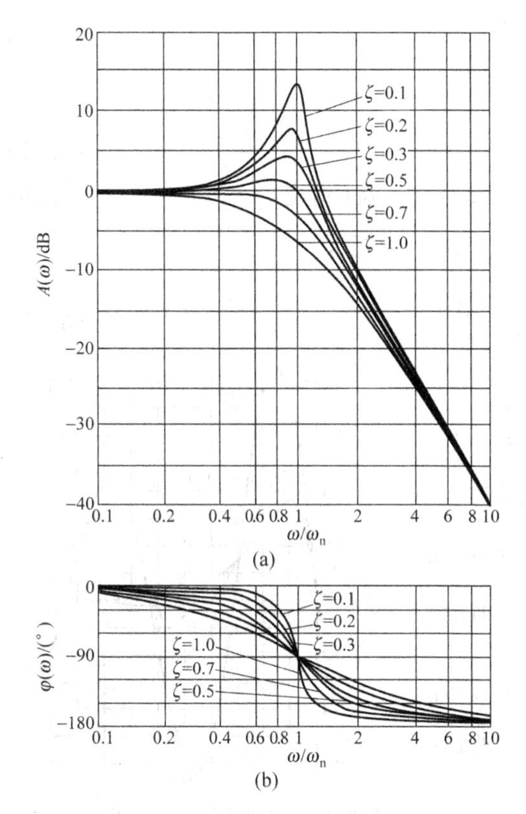

图 3.15 二阶系统的伯德图

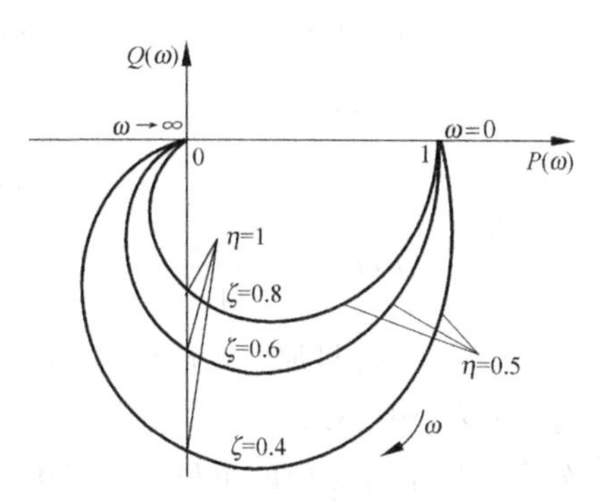

图 3.16 二阶系统的奈奎斯特图

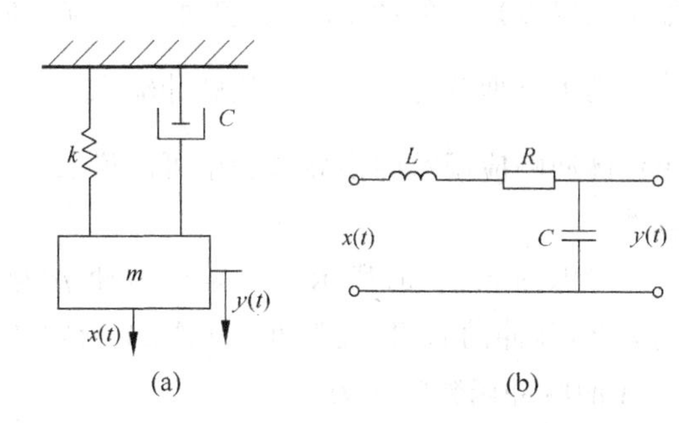

图 3.17 二阶系统实例

(a) 质量-弹簧-阻尼系统；(b) *RLC* 电路

1. 单位脉冲(unit impulse)输入下系统的脉冲响应函数

在第 2 章中已经介绍过单位脉冲函数 $\delta(t)$，其傅里叶变换 $\Delta(j\omega)=1$。同样，对于 $\delta(t)$ 的拉氏变换 $\Delta(s)=L[\delta(t)]=1$。因此，测试装置在激励输入信号为 $\delta(t)$ 时的输出将是 $Y(s)=H(s)X(s)=H(s)\Delta(s)=H(s)$，其中 $H(s)$ 为系统的传递函数。对 $Y(s)$ 作拉普拉斯反变换即可得装置输出的时域表达：

$$y(t)=L^{-1}[Y(s)]=h(t) \tag{3.43}$$

$h(t)$ 称为装置的脉冲响应(impulse response)函数或权函数。

以 3.4.2.3 节中的一阶惯性系统为例，其传递函数 $H(s)=\dfrac{1}{\tau s+1}$，则可求得它们的脉冲响应函数为

$$h(t)=\frac{1}{\tau}e^{\frac{-t}{\tau}} \tag{3.44}$$

式中，τ 为系统的时间常数，其图形示于图 3.18。

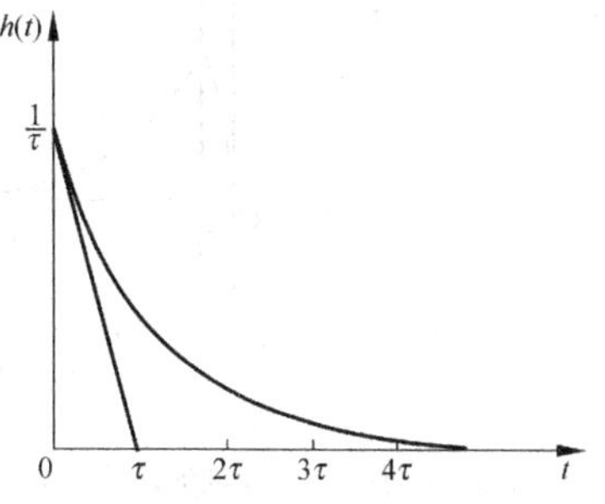

图 3.18 一阶惯性系统的脉冲响应函数

同样，对于一个二阶系统来说(如图 3.13 所示的弹簧秤实例)，其传递函数为

$$H(s)=\frac{1}{\dfrac{s^2}{\omega_n^2}+\dfrac{2\zeta s}{\omega_n}+1} \quad (\text{设静态灵敏度 } K=1)$$

则可求得其脉冲响应函数为

$$h(t)=\frac{\omega_n}{\sqrt{1-\zeta^2}}e^{-\zeta\omega_n t}\sin(\sqrt{1-\zeta^2}\omega_n t)$$

(欠阻尼(under damping) 情况,$\zeta<1$) (3.45)

$$h(t)=\omega_n^2 t e^{-\omega_n t} \quad (临界阻尼(critical damping) 情况,\zeta=1) \tag{3.46}$$

$$h(t)=\frac{\omega_n}{\sqrt{1-\zeta^2}}\left[e^{-(\zeta-\sqrt{\zeta^2-1})\omega_n t}-e^{-(\zeta+\sqrt{\zeta^2-1})\omega_n t}\right]$$

(过阻尼(over damping) 情况,$\zeta>1$) (3.47)

$h(t)$的图形示于图3.19。

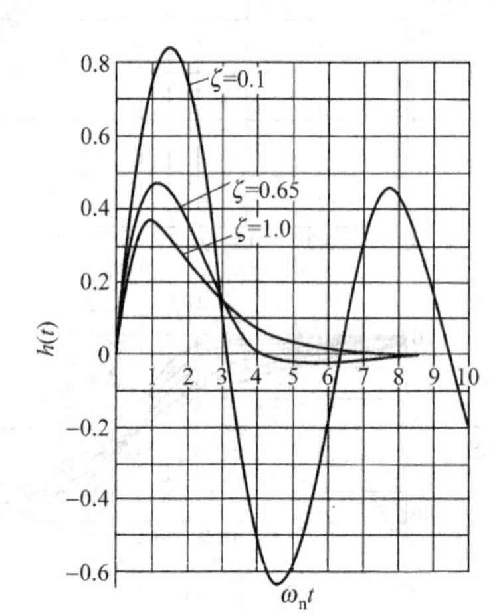

图3.19 二阶系统的脉冲响应函数

公式推导中所应用的单位脉冲函数在实际中是不存在的,工程中常采取时间较短的脉冲信号加以近似。比如给系统以短暂的冲击输入,其冲击持续的时间若小于$\frac{1}{10}\tau$,则可近似认为是一个单位脉冲输入。从一阶系统的单位脉冲响应函数的推导过程中可以说明上述近似的合理性。

考虑图3.20(a)所示的一矩形脉冲 $p(t)$,其持续时间为 T,脉冲的面积(或强度)为 A(A 为常数)。则强度为 A 的脉冲函数定义为

$$强度为A的脉冲函数\stackrel{\text{def}}{=}\lim_{T\to 0}p(t) \tag{3.48}$$

该函数的持续时间为无限小,其幅度为无限大,而其面积为 A。若 A 取1,则该函数便成为单位脉冲函数 $\delta(t)$。因此任何强度为 A 的脉冲函数均可写为 $A\delta(t)$。

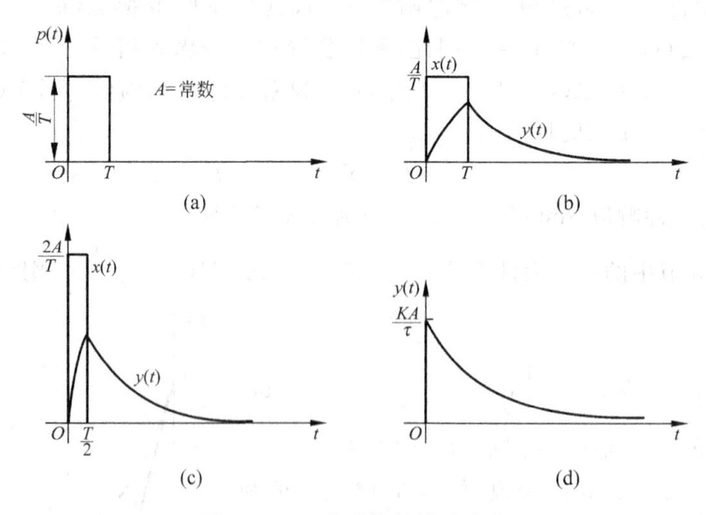

图3.20 一阶系统的脉冲响应

以下来求一个一阶系统对一个脉冲函数的响应。对于图3.20(a)所示的矩形脉冲 $p(t)$,当 $0<t<T$ 时,有

$$(\tau s+1)Y(s)=KX(s)=\frac{KA}{T} \tag{3.49}$$

从图 3.20(a)可见，到时间 T 为止，系统的输入实际上相当于一个大小为$\frac{A}{T}$的阶跃信号。设起始条件为 $y(t)=0\ (t=0^{+})$，则得解为

$$y(t)=\frac{KA}{T}(1-\mathrm{e}^{-\frac{t}{\tau}}) \tag{3.50}$$

上述解仅在 $0<t<T$ 时成立，在时间 T 时有

$$y(t)\mid_{t=T}=\frac{KA}{T}(1-\mathrm{e}^{-\frac{T}{\tau}}) \tag{3.51}$$

而对 $t>T$ 的情况，式(3.49)变为

$$(\tau s+1)Y(s)=KX(s)=0 \tag{3.52}$$

从而得

$$y(t)=C\mathrm{e}^{-\frac{t}{\tau}} \tag{3.53}$$

根据起始条件式(3.51)可得到

$$\frac{KA}{T}(1-\mathrm{e}^{-\frac{T}{\tau}})=C\mathrm{e}^{-\frac{T}{\tau}} \tag{3.54}$$

由此可求得

$$C=\frac{KA(1-\mathrm{e}^{-\frac{T}{\tau}})}{T\mathrm{e}^{-\frac{T}{\tau}}} \tag{3.55}$$

最后得

$$y(t)=\frac{KA(1-\mathrm{e}^{-\frac{T}{\tau}})\mathrm{e}^{-\frac{t}{\tau}}}{T\mathrm{e}^{-\frac{T}{\tau}}} \tag{3.56}$$

图 3.20(b)示出了对矩形脉冲 $p(t)$的响应，图 3.20(c)是时间为$\frac{T}{2}$时的响应变化情况。可以看出，当脉冲持续时间 T 越来越短时，响应的第一部分($t<T$)变得很小。这样对式(3.56)取极限得到

$$\lim_{T\to 0}\left[\frac{KA(1-\mathrm{e}^{-\frac{T}{\tau}})\mathrm{e}^{-\frac{t}{\tau}}}{T\mathrm{e}^{-\frac{T}{\tau}}}\right]=KA\mathrm{e}^{-\frac{t}{\tau}}\lim_{T\to 0}\frac{1-\mathrm{e}^{-\frac{T}{\tau}}}{T\mathrm{e}^{-\frac{T}{\tau}}} \tag{3.57}$$

对于$\lim\limits_{T\to 0}\frac{1-\mathrm{e}^{-\frac{T}{\tau}}}{T\mathrm{e}^{-\frac{T}{\tau}}}$，应用洛必达法则(L'Hospital's rule)有

$$\lim_{T\to 0}\frac{1-\mathrm{e}^{-\frac{T}{\tau}}}{T\mathrm{e}^{-\frac{T}{\tau}}}=\lim_{T\to 0}\frac{\frac{1}{\tau}\mathrm{e}^{-\frac{T}{\tau}}}{1}=\frac{1}{\tau} \tag{3.58}$$

最后便得到一阶系统的脉冲响应为

$$y(t)=\frac{KA}{\tau}\mathrm{e}^{-\frac{t}{\tau}} \tag{3.59}$$

其响应曲线示于图 3.20(d)。

由图 3.20(d)可知，$y(t)$在 $t=0$ 时有一无限的(垂直)斜率，且是在无限短的时间里从零值上升到一个有限值。这在实际系统中是不可能的，因为任何实际的系统均不可能以无限

大的速率来实现能量传递。如前述的温度计实例中，要使温度计中的液体温度一下子上升到某个值，则要求有一个无限大的传热速率，这是不可能实现的。数学上，这一无限大的传热率可通过让输入 $T_i(t)$ 为无限大，即 $T_i(t)$ 为一脉冲函数来实现。但在实际中，$T_i(t)$ 不可能为无限大。然而，如果让它的幅值足够大，且其持续时间相对于系统的响应速度足够短，则系统便十分近似地相当于对一脉冲函数作响应。

在图 3.20(a) 中，设 $A=1, T=0.01\tau$，则矩形脉冲此时可近似看作一单位脉冲，系统响应为

$$y(t)=\begin{cases}\dfrac{100K}{\tau}\left(1-\mathrm{e}^{-\frac{t}{\tau}}\right), & 0\leqslant t\leqslant T\\[2mm] \dfrac{100K\left(1-\mathrm{e}^{-0.01}\right)\mathrm{e}^{-\frac{t}{\tau}}}{\tau\mathrm{e}^{-0.01}}, & T\leqslant t\leqslant\infty\end{cases}\tag{3.60}$$

图 3.21 分别示出了一阶系统精确的和近似的单位脉冲响应。可以看出两条曲线有很好的一致性。这种接近的程度甚至当 $\dfrac{T}{\tau}=0.1$ 时在应用上也可以接受。还可看到，在上述推导过程中，矩形脉冲的形状无关紧要，只要脉冲的持续时间足够短，脉冲的面积才是起作用的因素。为进一步说明上述观点的正确性，对微分方程中的各项进行积分：

$$\tau\frac{\mathrm{d}y(t)}{\mathrm{d}t}+y(t)=Kx(t)\tag{3.61}$$

$$\int_0^{0^+}\tau\mathrm{d}y(t)+\int_0^{0^+}\tau y(t)\mathrm{d}t=\int_0^{0^+}Kx(t)\mathrm{d}t\tag{3.62}$$

于是有

$$\tau\left(y(t)\mid_{0^+}-y(t)\mid_0\right)+0=K(\text{从 } t=0 \text{ 到 } t=0^+ \text{ 之间输入 } x(t) \text{ 曲线之下的面积})$$

因此，

$$y(t)\mid_{0^+}=\frac{K}{\tau}\quad(\text{脉冲面积})$$

这一分析对精确的脉冲函数完全成立，且是对一个具有任意形状的矩形脉冲函数的很好近似，只要该矩形脉冲函数的持续时间足够短。需要指出的是，由于微分方程(3.61)的右端在 $t>0^+$ 时为零，一个单位脉冲(或一个短的矩形脉冲)便等价于具有非零($t=0^+$)起始条件的

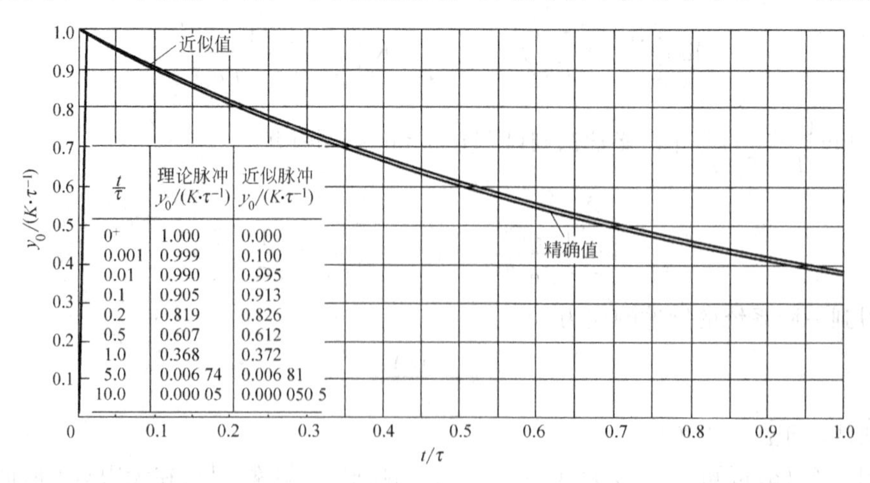

$\frac{t}{\tau}$	理论脉冲 $y_0/(K\cdot\tau^{-1})$	近似脉冲 $y_0/(K\cdot\tau^{-1})$
0^+	1.000	0.000
0.001	0.999	0.100
0.01	0.990	0.995
0.1	0.905	0.913
0.2	0.819	0.826
0.5	0.607	0.612
1.0	0.368	0.372
5.0	0.006 74	0.006 81
10.0	0.000 05	0.000 050 5

图 3.21　一阶系统精确的和近似的脉冲响应

一个零激励函数。这样

$$(\tau s+1)Y(s)=0$$

其解便是

$$y(t)=\frac{K}{\tau},\quad t=0^{+}$$

这完全与脉冲响应相等。

2. 单位阶跃(unit step)输入下系统的响应函数

在第 2 章中讲到,阶跃函数和单位脉冲函数间的关系是

$$\delta(t)=\frac{\mathrm{d}\xi(t)}{\mathrm{d}t} \tag{3.63}$$

亦即

$$\xi(t)=\int_{-\infty}^{t'}\delta(t)\,\mathrm{d}t \tag{3.64}$$

因此系统在单位阶跃信号激励下的响应便等于系统对单位脉冲响应的积分。

图 3.22 示出了一阶惯性系统 $H(s)=\dfrac{1}{\tau s+1}$对单位阶跃函数的响应,其响应函数为

$$y(t)=1-\mathrm{e}^{-\frac{t}{\tau}} \tag{3.65}$$

相应的拉普拉斯表达式为

$$Y(s)=\frac{1}{s(\tau s+1)} \tag{3.66}$$

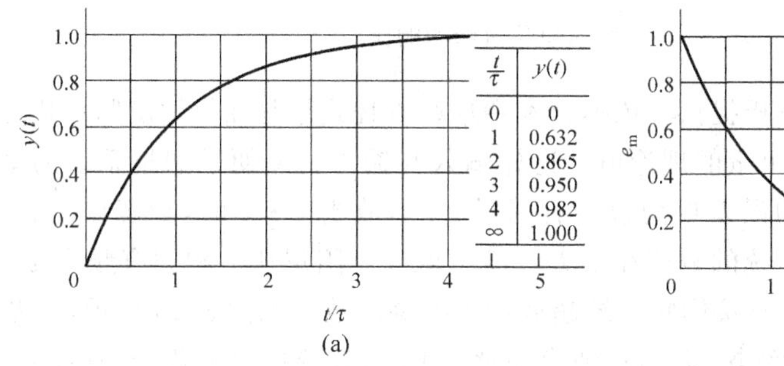

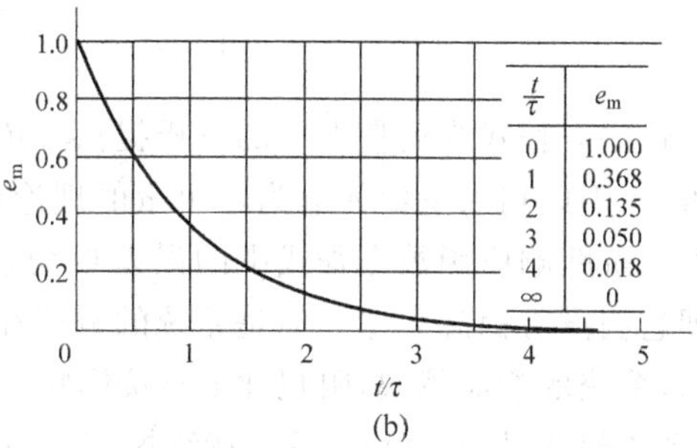

图 3.22 一阶系统对阶跃输入的响应

(a) 响应曲线;(b) 误差曲线

图 3.22 还示出了对应于不同时刻 $y(t)$的值,其中图 3.22(b)示出了误差 e_{m} 随时间常数变化的情况。可以看出,当 $t=4\tau$ 时,$y(t)=0.982$,此时系统输出值与系统稳定时的响应值之间的差已不足 2%,所以可近似认为系统已到达稳态。一般来说,一阶装置的时间常数 τ 越小越好。

阶跃输入的方式比较简单,对系统突然加载或去载均属于阶跃输入。又如,将一根温度计突然插入一定温度的液体中,液体的温度即是一个阶跃输入。由于阶跃输入方式简单易行,因此也常在工程中用来测量系统的动态特性。

对一个二阶系统,其传递函数为

$$H(s)=\frac{1}{\dfrac{s^{2}}{\omega_{\mathrm{n}}^{2}}+\dfrac{2\zeta s}{\omega_{\mathrm{n}}}+1}\quad(\text{设静态灵敏度 }K=1)$$

它对阶跃输入的响应函数可求得

$$y(t)=1-\frac{e^{-\zeta\omega_n t}}{\sqrt{1-\zeta^2}}\sin(\sqrt{1-\zeta^2}\omega_n t+\varphi)\quad(欠阻尼情况)\tag{3.67}$$

$$y(t)=1-(1+\omega_n t)e^{-\omega_n t}\quad(临界阻尼情况)\tag{3.68}$$

$$y(t)=1-\frac{\zeta+\sqrt{\zeta^2-1}}{2\sqrt{\zeta^2-1}}e^{-(\zeta-\sqrt{\zeta^2-1})\omega_n t}+\frac{\zeta-\sqrt{\zeta^2-1}}{2\sqrt{\zeta^2-1}}e^{-(\zeta+\sqrt{\zeta^2-1})\omega_n t}\quad(过阻尼情况)\tag{3.69}$$

式中，$\varphi=\arctan\frac{\sqrt{1-\zeta^2}}{\zeta}$。二阶装置的单位阶跃响应示于图 3.23。

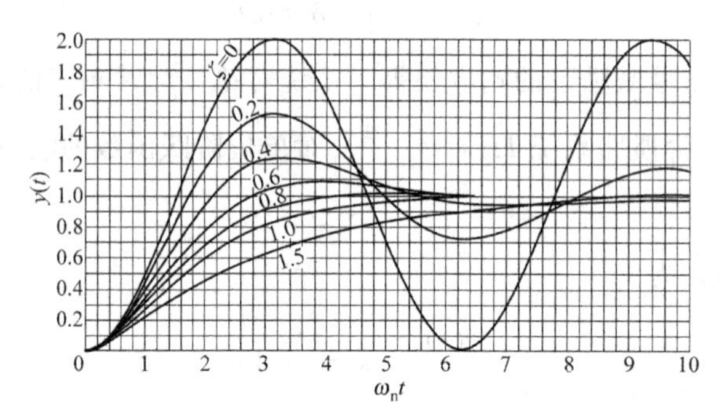

图 3.23 二阶系统对单位阶跃的响应

这些方程式为测量误差的分析提供了依据。本章这些方程式均是在灵敏度归一化之后求得的，因此输入量值便成为输出量的理论值。这样输入与输出之差便是测量系统的动态误差。阶跃响应函数方程式中的误差项均包含有因子 e^{-At}，故当 $t\to\infty$ 时，动态误差为零，亦即它们没有稳态误差。但是系统的响应在很大程度上取决于阻尼比 ζ 和固有频率 ω_n，ω_n 越高，系统的响应越快，阻尼比 ζ 直接影响系统超调量和振荡次数。如图 3.23 所示，当 $\zeta=0$ 时，系统超调量为 100%，系统持续振荡，达不到稳态；$\zeta>1$ 时，系统蜕化为两个一阶环节的串联，此时系统虽无超调（无振荡），但仍需较长时间才能达到稳态；对于欠阻尼情况，即 $\zeta<1$ 时，若选择 ζ 为 0.6～0.8，最大超调量约 2.5%～10%，对于 5%～2%的允许误差，认为达到稳态的所需调整时间最短，为 $\frac{3\sim4}{\zeta\omega_n}$。因此，许多测量装置在设计参数时也常常将阻尼比选择在 0.6～0.8 之间。

3. 单位斜坡(unit ramp)输入下系统的响应函数

斜坡函数也可视为是阶跃函数的积分，因此系统对单位斜坡输入的响应同样可通过系统对阶跃输入的响应的积分求得。

定义单位斜坡函数为(图 3.24)

$$\gamma(t)=\begin{cases}0, & t<0\\ t, & t\geqslant 0\end{cases}\tag{3.70}$$

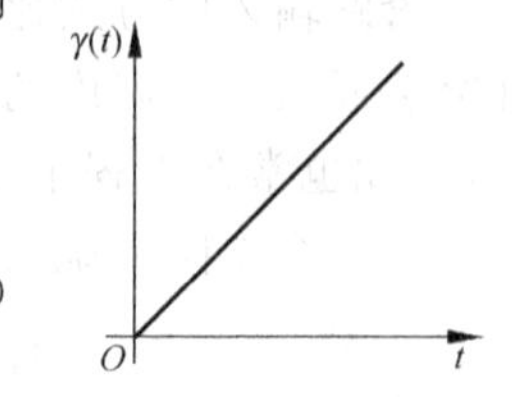

图 3.24 单位斜坡函数

则一阶系统的单位斜坡响应为

$$y(t)=t-\tau(1-e^{-\frac{t}{\tau}}) \tag{3.71}$$

其传递函数为

$$Y(s)=\frac{1}{s^2(\tau s+1)} \tag{3.72}$$

一阶系统的斜坡响应示于图 3.25。可以看到,由于输入量渐次增大,系统的输出也随之增大,但总滞后于输入一个时间,因此系统始终存在一个稳态误差。

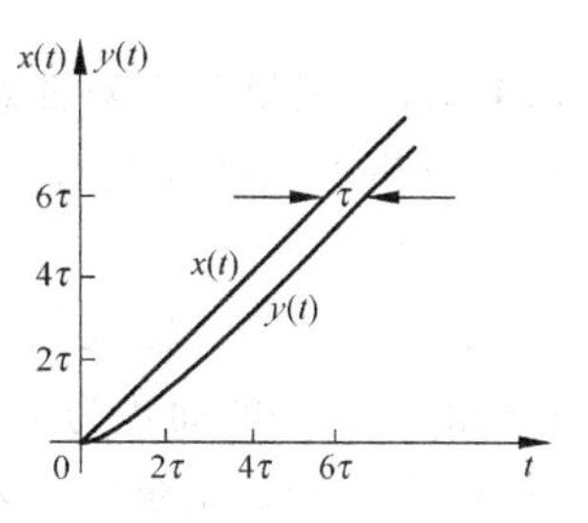

图 3.25 一阶系统的单位斜坡响应

二阶系统的斜坡输入响应为

$$y(t)=t-\frac{2\zeta}{\omega_n}+\frac{e^{-\zeta\omega_n t}}{\omega_n\sqrt{1-\zeta^2}}\sin(\omega_n\sqrt{1-\zeta^2}t+\varphi) \quad (欠阻尼情况) \tag{3.73}$$

$$y(t)=t-\frac{2}{\omega_n}+\frac{2}{\omega_n}\left(1+\frac{\omega_n t}{2}\right)e^{-\omega_n t} \quad (临界阻尼情况) \tag{3.74}$$

$$y(t)=t-\frac{2}{\omega_n}+\frac{1+2\zeta\sqrt{\zeta^2-1}-2\zeta^2}{2\omega_n\sqrt{\zeta^2-1}}e^{-(\zeta+\sqrt{\zeta^2-1})\omega_n t}$$

$$-\frac{1-2\zeta\sqrt{\zeta^2-1}-2\zeta^2}{2\omega_n\sqrt{\zeta^2-1}}e^{-(\zeta-\sqrt{\zeta^2-1})\omega_n t} \quad (过阻尼情况) \tag{3.75}$$

式中,$\varphi=\arctan\frac{2\zeta\sqrt{1-\zeta^2}}{2\zeta^2-1}$。其传递函数为

$$Y(s)=\frac{\omega_n^2}{s^2(s^2+2\zeta\omega_n s+\omega_n^2)} \tag{3.76}$$

其响应函数的图形示于图 3.26。

由图 3.26 看出,与一阶系统类似,二阶系统的响应输出总是滞后于输入量一段时间,都有稳态误差。

从一阶和二阶系统对斜坡输入的响应式中可以看到,函数式均包括 3 项,其中第一项等于输入,因此第二和第三项即为系统动态误差。第二项仅与装置的特性参数 τ 或 ω_n 和 ζ 有关,而与时间 t 无关,此项误差即为稳态误差。第三项规定的误差与时间 t 有关,也均含有 e^{-At} 因子。故当 $t\to\infty$ 时,此项趋于零。第二项的稳态误差随时间常数 τ 的增大或固有频率的减小和阻尼比 ζ 的增大而增大。

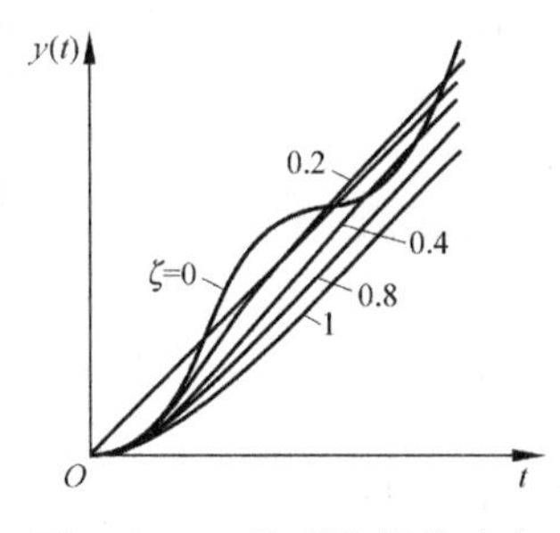

图 3.26 二阶系统斜坡响应

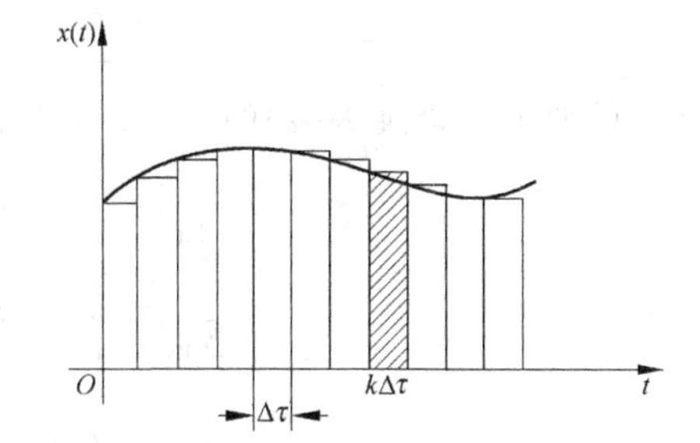

图 3.27 任意输入 $x(t)$ 的脉冲函数分解

3.4.2.5 测试系统对任意输入的响应

以上分析了测试系统对一些典型激励信号的响应，下面分析系统对任意输入的响应情况。

图 3.27 所示为一输入信号 $x(t)$，将其用一系列等间距 $\Delta\tau$ 划分的矩形条来逼近。在 $k\Delta\tau$ 时刻的矩形条的面积为 $x(k\Delta\tau)\Delta\tau$。若 $\Delta\tau$ 充分小，则可近似将该矩形条看作是幅度为 $x(k\Delta\tau)\Delta\tau$ 的脉冲对系统的输入。系统在该时刻的响应则为$[x(k\Delta\tau)\Delta\tau]h(t-k\Delta\tau)$，其响应的图形如图 3.20(b)所示。这样，在上述一系列窄矩形脉冲的作用下，系统的零状态响应根据线性时不变(LTI)系统的线性特性应该为

$$y(t) \approx \sum_{k=0}^{\infty} x(k\Delta\tau)h(t-k\Delta\tau)\Delta\tau \tag{3.77}$$

当 $\Delta\tau \to 0$(即 $k\to\infty$)，对上式取极限得

$$\begin{aligned} y(t) &= \lim_{\Delta\tau\to 0}\sum_{k=0}^{\infty} x(k\Delta\tau)h(t-k\Delta\tau)\Delta\tau \\ &= \int_0^{\infty} x(\tau)h(t-\tau)\mathrm{d}\tau \end{aligned} \tag{3.78}$$

此即两函数 $x(t)$与 $h(t)$的卷积积分，上述推导过程亦即卷积公式的另一种推导过程。将式(3.78)写为

$$y(t) = x(t) * h(t) \tag{3.79}$$

式(3.79)表明，系统对任意激励信号的响应是该输入激励信号与系统的脉冲响应函数的卷积。根据卷积定理，式(3.79)的频域表达式则为

$$Y(s) = X(s)H(s) \tag{3.80}$$

对于一个稳定的系统，在传递函数中用 $\mathrm{j}\omega$ 代替上式中的 s 便可得到系统的频率响应函数 $H(\mathrm{j}\omega)$。若输入 $x(t)$也符合傅里叶变换条件，即存在 $X(\mathrm{j}\omega)$，则有

$$Y(\mathrm{j}\omega) = X(\mathrm{j}\omega)H(\mathrm{j}\omega) \tag{3.81}$$

上式中也蕴含着线性时不变系统频率保持性的意义，即系统输出中的频率成分与输入频率成分一致。

实际上，式(3.78)也可以直接由傅里叶变换公式得出。由式(3.81)经逆傅里叶变换可求得输出：

$$y(t) = \frac{1}{2\pi}\int_{-\infty}^{\infty} H(\omega)X(\omega)\mathrm{e}^{\mathrm{j}\omega t}\mathrm{d}\omega \tag{3.82}$$

再将 $x(t)$的傅里叶变换 $X(\omega)$的计算公式代入上式，得

$$\begin{aligned} y(t) &= \frac{1}{2\pi}\int_{-\infty}^{\infty}\int_{-\infty}^{\infty} x(\tau)H(\omega)\mathrm{e}^{\mathrm{j}\omega t}\mathrm{e}^{-\mathrm{j}\omega\tau}\mathrm{d}\tau\mathrm{d}\omega \\ &= \frac{1}{2\pi}\int_{-\infty}^{\infty}\int_{-\infty}^{\infty} x(\tau)H(\omega)\mathrm{e}^{\mathrm{j}\omega(t-\tau)}\mathrm{d}\tau\mathrm{d}\omega \\ &= \int_{-\infty}^{\infty} x(\tau)\left(\frac{1}{2\pi}\int_{-\infty}^{\infty} H(\omega)\mathrm{e}^{\mathrm{j}\omega(t-\tau)}\mathrm{d}\omega\right)\mathrm{d}\tau \\ &= \int_{-\infty}^{\infty} x(\tau)h(t-\tau)\mathrm{d}\tau \\ &= x(t) * h(t) \end{aligned} \tag{3.83}$$

时域中求系统的响应要进行卷积积分的运算。常常采用计算机进行离散数字卷积计算，一般计算量较大。利用卷积定理将它转化为频域的乘积处理便相对比较简单。由以上推导过程可知，要求一个系统对任意输入的响应，重要的是要知道或求出系统对单位脉冲输入的响应亦即脉冲响应函数，然后利用输入函数与系统单位脉冲响应的卷积便可求出系统的总响应输出。而时域中的这种输入-输出关系在频域中则是通过拉普拉斯变换或傅里叶变换来实现的。

3.4.2.6 测试系统特性参数的实验测定

一个测试系统的各种特性参数表征了该系统的整体工作特性。为了获取正确的测量结果，应该精确地知道所用测试系统的各参数。此外也要通过定标和校准来维持系统的各类特性参数。

测量装置的静态特性参数测定相对简单，一般以标准量作输入信号，测出输入-输出曲线，从该曲线求出定标曲线、直线性、灵敏度以及迟滞等各参数。

测量装置的动态特性参数的测定则比较复杂和特殊。以下是一、二阶系统动态特性参数的一些实验测定方法。

1. 一阶系统动态特性参数测定

对一个一阶系统来说，其静态灵敏度 K 可通过静态标定来得到。因此系统的动态参数只剩下一个时间常数 τ。求取 τ 有多种方法，常用的是对系统施加一阶跃信号，然后求取系统达到最终稳定值的 63.2%所需时间，并将其作为系统的时间常数 τ。这一方法的缺点是不精确，因为它受到起始时间 $t=0$ 点不能够确定的影响，而且也不能够确定被测系统一定是一个一阶系统，另外它没有涉及响应的全过程。改用下述方法可以较为精确地确定时间常数 τ。

由式(3.65)得一阶系统的阶跃响应函数：

$$y(t)=1-e^{-\frac{t}{\tau}} \quad (\text{设静态灵敏度 } K=1) \tag{3.84}$$

式(3.84)可改写为

$$1-y(t)=e^{-\frac{t}{\tau}} \tag{3.85}$$

定义

$$Z=\ln[1-y(t)] \tag{3.86}$$

则有

$$Z=-\frac{t}{\tau} \tag{3.87}$$

进而有

$$\frac{dZ}{dt}=-\frac{1}{\tau} \tag{3.88}$$

式(3.87)表明，Z 亦即 $\ln[1-y(t)]$与时间 t 成线性关系。若画出 Z 与 t 的关系图，则可得到一根斜率为 $-\frac{1}{\tau}$ 的直线(图 3.28)。用上述方法可得到更为精确的 τ 值。另外，根据所测得的数据点是否落在一根直线上的情况，可判断该系统是否是一个一阶系统。倘若数据点与直线偏离甚远，那么也可断定，用 63.2%法所测得的 τ 值是相当不精确的，因为此时系统不是一个一阶系统。

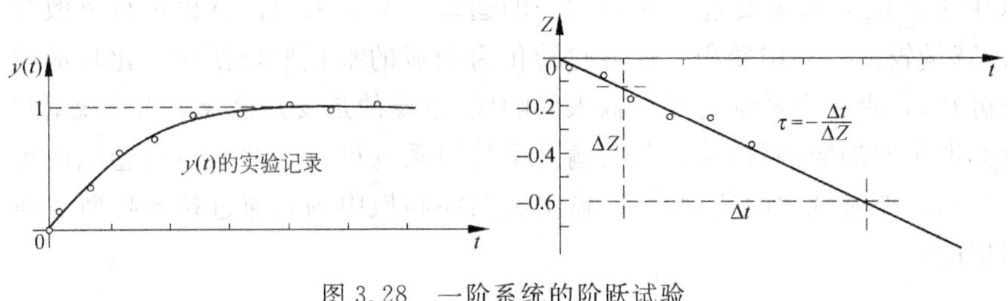

图 3.28 一阶系统的阶跃试验

一阶系统的动态特性也可用频率响应试验来获取或证实。将正弦信号在一个很宽的频率范围内输入被试验系统，记录系统的输入与输出值，然后用对数坐标画出系统的幅值比和相位(图 3.29)。若系统为一阶系统，则所得曲线在低频段为一水平线(斜率为零)，在高频段曲线斜率为－20dB/10 倍频，相角渐近地接近－90°。于是由曲线的转折点(转折频率)处可求得时间常数 $\tau=\frac{1}{\omega_{\text{break}}}$。同样也可从测得的曲线形状偏离理想曲线的程度来判断系统是否是一阶系统。

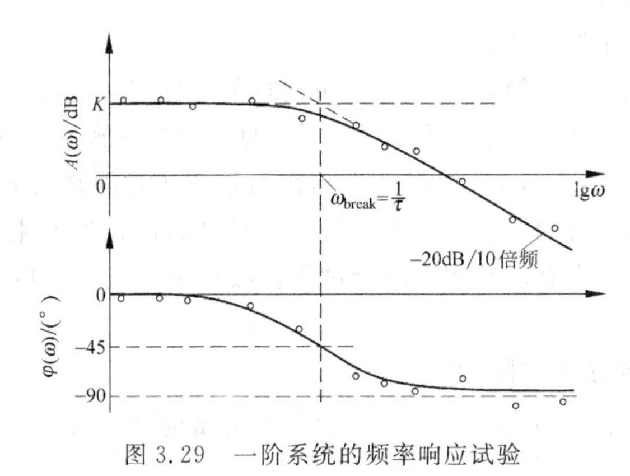

图 3.29 一阶系统的频率响应试验

2. 二阶系统动态特性参数测定

二阶系统的静态灵敏度同样也由静态标定来确定。系统的阻尼比 ζ 和固有频率 ω_n 也可用诸多方法来测定。常用的也是阶跃响应和频率响应测定法。图 3.30(a)示出了一种阶跃响应法测定欠阻尼二阶系统的 ζ 和 ω_n 的方法。

二阶系统欠阻尼情况下的阶跃响应根据式(3.67)为

$$y(t)=1-\frac{e^{-\zeta\omega_n t}}{\sqrt{1-\zeta^2}}\sin(\sqrt{1-\zeta^2}\omega_n t+\varphi) \tag{3.89}$$

式中，$\varphi=\arctan\frac{\sqrt{1-\zeta^2}}{\zeta}$。其瞬态响应是以 $\omega_n\sqrt{1-\zeta^2}$ 的圆频率作衰减振荡的，该圆频率称为系统的有阻尼固有频率，记作 ω_d。对上述响应函数求极值，可得曲线中各振荡峰值所对应的时间 $t_p=0,\frac{\pi}{\omega_d},\frac{2\pi}{\omega_d},\cdots\cdots$将 $t=\frac{\pi}{\omega_d}$代入式(3.89)中可求得此时系统的最大超调量 a：

$$a=\exp\left[-\left(\frac{\zeta\pi}{\sqrt{1-\zeta^2}}\right)\right] \tag{3.90}$$

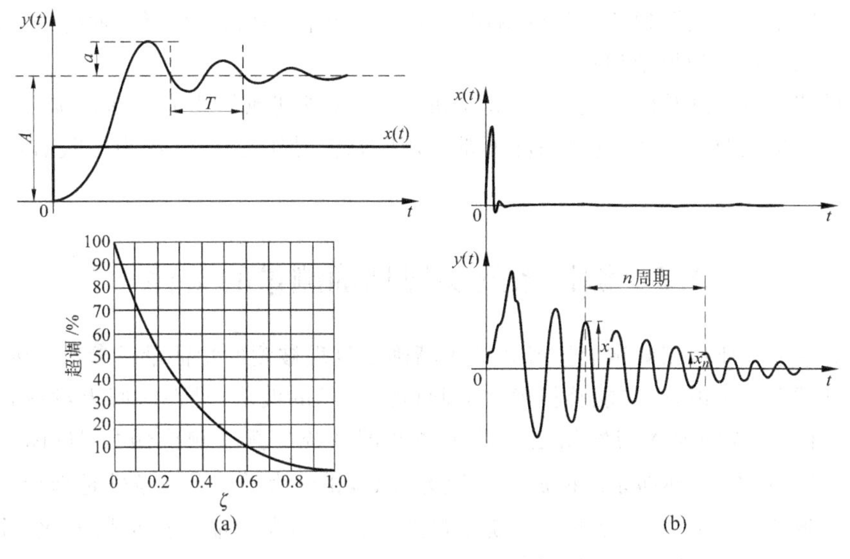

图 3.30　二阶系统的阶跃和脉冲响应试验

从而可得

$$\zeta=\sqrt{\frac{1}{\left(\frac{\pi}{\ln a}\right)^{2}+1}} \tag{3.91}$$

因此实际中测得 a 之后便可按上式求得 ζ。

系统的固有频率 ω_n 可按下式求得：

$$\omega_n=\frac{2\pi}{T\sqrt{1-\zeta^2}} \tag{3.92}$$

若系统阻尼较小，那么任何快速的瞬态输入所产生的响应将如图 3.30(b)所示。此时系统的 ζ 可用下式近似求得：

$$\zeta\approx\frac{\ln\left(\frac{x_1}{x_n}\right)}{2\pi n} \tag{3.93}$$

该近似公式的成立是假定系统阻尼比 ζ 较小，一般 $\zeta<0.1$，这样 $\sqrt{1-\zeta^2}\approx1.0$。此时 ω_n 的求法还是用式(3.92)。如果能记录到多个振荡周期，那么可用多个周期的平均值作为 T，这样求得的 ω_n 将更精确些。但如果系统是严格线性的和二阶的，那么数值 n 则无关紧要。该情况下对任意数量的周期所得的 ζ 是相同的。因此，如果对不同的 n 值，比如 $n=1,2,4,\cdots\cdots$ 求得的 ζ 值差别较大，则可说明系统并不是精确的二阶系统。

也可用频率响应法来求出 ζ 和 ω_n 或 τ_1 和 τ_2。图 3.31 示出了应用该方法的情况和各参

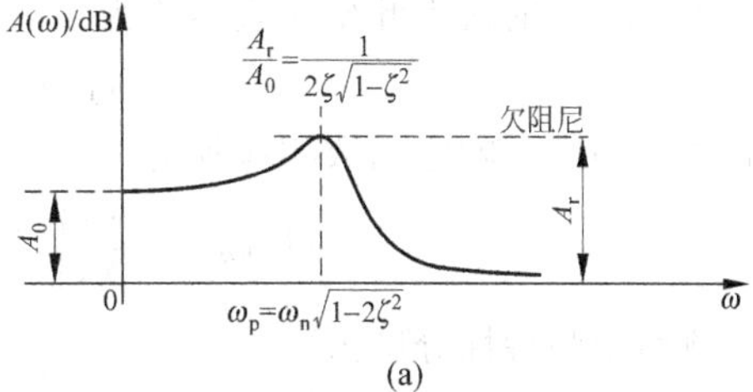

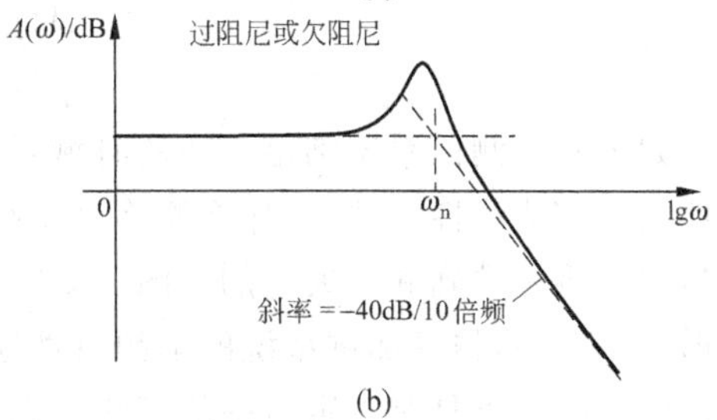

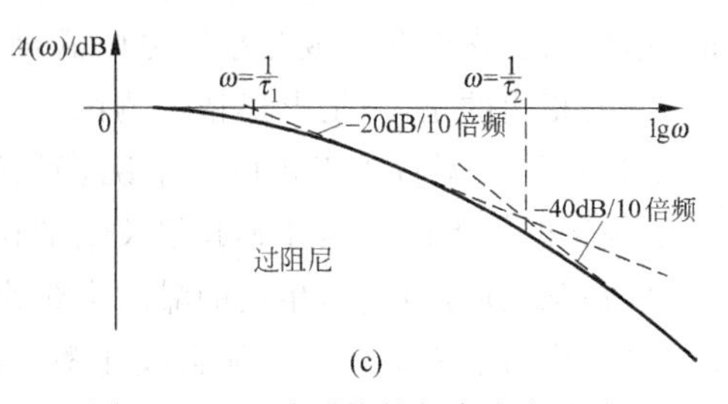

图 3.31　二阶系统的频率响应试验

数的求法。图中仅示出了幅值曲线的情况。同样，如果能得出相角曲线，便可用它们来验证系统是否与二阶系统的模型相符合。

若测量装置不是纯粹的电气系统，而是机械-电气或其他的非电物理系统，则难以用机械的方法来产生正弦波信号，这种情况下常采用阶跃信号作为输入，因为阶跃信号产生起来方便。

3.5 测试系统实现精确测量的条件

测试的任务是要应用测试装置或系统来精确地复现被测的特征量或参数。因此对于一个完美的测试系统来说，必须能够精确地复制被测信号的波形，且在时间上没有任何延时。从频域上分析，系统的输入与输出之间的关系亦即系统的频率响应函数 $H(\mathrm{j}\omega)$ 应该满足 $H(\mathrm{j}\omega)=K\angle 0^\circ$ 的条件，亦即系统的放大倍数为常数，相位为零。上述条件是理论上的，或者说理想化的条件。实际中，许多测量系统通过选择合适的参数能够满足幅值比（放大倍数）为常数的要求，但在信号的频率范围上同时实现接近于零的相位滞后，除了少数系统（如具有小 ζ 和大 ω_n 的压电式二阶系统）之外几乎是不可能的。这是因为任何测量都伴有时间上的滞后。因此对于实际的测试系统来说，上述条件可修改为如下形式，即输入与输出之间的关系为

$$y(t)=Kx(t-t_0) \tag{3.94}$$

式中，K 和 t_0 都是常量。

式(3.94)的傅里叶变换表达式为

$$Y(\mathrm{j}\omega)=KX(\mathrm{j}\omega)\mathrm{e}^{-\mathrm{j}\omega t_0} \tag{3.95}$$

因此系统的频率响应函数相应地为

$$H(\mathrm{j}\omega)=\frac{Y(\mathrm{j}\omega)}{X(\mathrm{j}\omega)}=K\mathrm{e}^{-\mathrm{j}\omega t_0}=K\angle -\omega t_0 \tag{3.96}$$

其幅频和相频特性分别为

$$\left.\begin{aligned} A(\mathrm{j}\omega)&=K \\ \varphi(\omega)&=-\omega t_0 \end{aligned}\right\} \tag{3.97}$$

如果一个测试系统满足上述的时域或频域的传递特性，即它的幅频特性为一常数，相频特性与频率成线性的关系，那么便称该系统是一个精确的或不失真的测试系统，用该系统实现的测试将是精确和不失真的。图 3.32 示出对于精确测试所要满足条件的时、频域表达。根据式(3.97)，精确测试系统的幅频特性应该是一条平行于频率轴的直线，相频应是发自坐标系原点的一条具有一定斜率的直线。但实际测量系统均有一定的频率范围，因此只要在输入信号所包含的频率成分范围之内满足上述两个条件即可，如图 3.32(a)所示。

需要指出的是，满足上述精确测试或不失真测试条件的系统其输出比输入仍滞后时间 t_0（式(3.94)）。对许多工程应用来说，测试的目的仅要求被测结果能精确地复现被输入的波形，至于时间上的迟延并不起很关键的作用，此时认为上述条件已经满足了精确测试的要求。但在某些应用场合，相角的滞后会带来问题。如将测量系统置入一个反馈系统中，那么系统的输出对输入的滞后可能会破坏整个控制系统的稳定性。此时便严格要求测量结果无滞后，即 $\varphi(\omega)=0$。

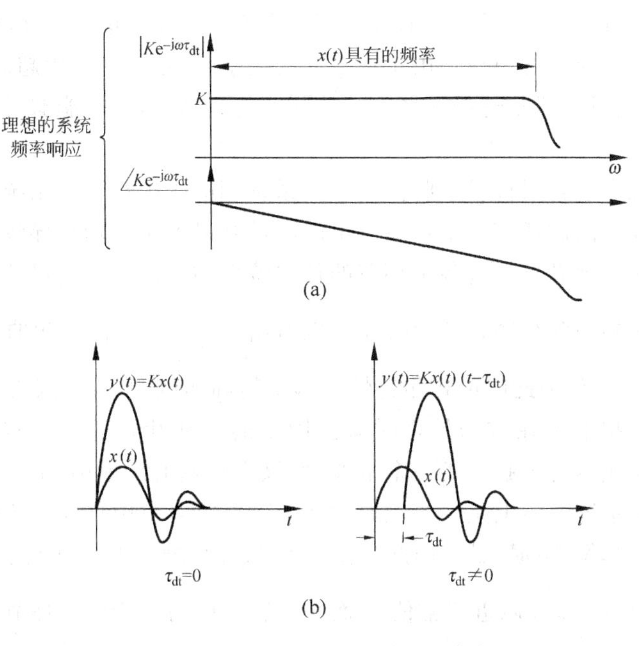

图 3.32 精确测试所要满足的条件

前面已经说过，测试装置只有在一定的工作频率范围内才能保持它的频率响应符合精确测试的条件。理想的精确测试系统实际上是不可能实现的。且即使在某一范围的工作频段上，也难以实现理想的精确测试。由于装置内、外干扰的影响以及输入信号本身的质量问题，往往只能努力使测量结果足够精确，使波形的失真控制在一定的误差范围之内。为此在进行某个测试工作之前，首先要选择合适的测试装置，使它的工作频率范围能满足测试任务的要求，在该工作频段上它的频率响应特性满足精确测试的条件。另外，对输入信号也要做必要的预处理，通常采用滤波方法去除输入信号中的高频噪声，避免被带入测试装置的谐振区域而使系统的信噪比变坏。

测试装置的特性选择对测试任务的顺利实施至关重要。有时对于一个测试装置来说，要在其工作频段上同时满足幅频和相频的线性关系是困难的。以二阶系统为例，对于不同的阻尼比，系统的相频曲线变化很大(图 3.15)。另外，幅频与相频特性之间彼此也有一定的内在联系。在幅频特性发生较大变化的频率区段(如接近固有频率的区域)，相频特性也会剧烈变化。在具体测试中，没有必要一定要选择幅频、相频特性均满足精确测试条件的测试装置。因为在某些测量中，仅仅只要求幅频或相频的一方满足线性关系。如在振动测量中，有时仅要求知道振动信号的频率成分和振幅大小，并不要求确切了解其波形的变化，亦即对信号的相位没有要求。此时便可着眼于测试装置幅频特性的选择，而忽略相频特性的影响。但在某些测量中，则要求精确知道输出响应对输入信号的延迟时间和距离，此时便要求了解装置的相频特性，从而也要严格地选择装置的相频特性，以减少相位失真引起的误差。

对于一个二阶系统来说，在$\frac{\omega}{\omega_n}<0.3$的范围内，系统的幅频特性接近一条直线，其幅值变化不超过10%。但从相频曲线上看，曲线随阻尼比的不同剧烈变化。其中当ζ接近于零

时相位为零，此时可以认为是不失真的。而当 ζ 在 0.6～0.8 范围内时，相频曲线可近似认为是一条起自坐标系原点的斜线。由于在 ζ 取值很小时，系统易产生超调和振荡现象，不利于测量，因此许多测量装置都选择在 $\zeta=0.6\sim0.8$ 的范围内，此时能够得到较好的相位线性特性。

对于高阶系统来说，分析的原则与一、二阶系统相同。由于高阶系统可以看作是一系列一、二阶环节的并联，因此任何一个环节产生的测试结果不精确均会导致整个装置的测量结果失真。所以应该努力做到系统各个环节的传递特性均满足精确测量的要求。

从二阶系统的幅频和相频特性曲线还可以看出，当 $\frac{\omega}{\omega_n}>3$ 时，相频曲线对所有的 ζ 都接近于 $-180°$，因此可以认为此时的相频特性能满足精确测试的条件，因为在实际测量电路上可以简单地采取反相器或在数据处理时减去固定的 180°相位差来获得无相位差的结果。此时的幅频特性曲线尽管也趋近于一个常值，但该高频幅值量很小，不利于信号的输出与后续处理。上述二阶系统实际上是一个低通的环节。在第 4 章中将要介绍的惯性式速度传感器，也是一个质量-弹簧-阻尼系统，因此也是一个二阶系统。但它却具有高通的频率特性，亦即其幅值在高频段 $\frac{\omega}{\omega_n}>3$ 趋近于常值 1，而相频特性则与二阶低通环节相同。此时便可方便地采取简单的反相来获取对高频振动的精确测量。

3.6 测试系统的负载效应

3.6.1 负载效应

负载效应(load effect)本来是指在电路系统中后级与前级相连时由于后级阻抗的影响造成系统阻抗发生变化的一种效应。图 3.33(a)表示一个线性双端网络，它具有两个端子 A 和 B。将该双端网络与一负载 Z_l 相连。相连之前，双端网络的开路输出电压设为 E_o，此时可确定端子 A 和 B 之间的阻抗 Z_{AB}。然后，网络中的任何功率源均可用它们的内阻来代替。假设这些内阻为零，则该网络可用一电压源 E_o 和阻抗 Z_{AB} 的串联来表示(图 3.33(c)左边)。电工学中的戴维南定理(Thévenin's theorem)为：若负载 Z_l 与双端网络连接成一个回路(图 3.33(b))，则在该回路中将流经一电流 i_l。该电流 i_l 与图 3.33(c)中的等效电路中的电流值相同。如果这里的阻抗 Z_l 代表一块电压表的话，则电压表两端测得的电压值 E_m 应为

$$E_m = i_l Z_l = E_o \frac{Z_l}{Z_{AB}+Z_l} \tag{3.98}$$

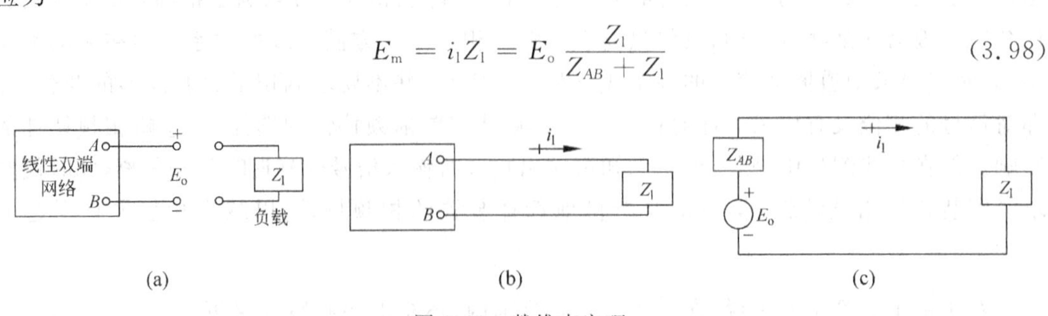

图 3.33 戴维南定理

由式(3.98)可见，$E_m \neq E_o$。这是由于测量中接入电压表后产生的影响，主要是由表的负载引起的。为能使测量值 E_m 接近于电源电压 E_o，由式(3.98)可知，应使 $Z_l \gg Z_{AB}$。亦即负载的输入阻抗必须远大于前级系统的输出阻抗。将上述情况推广至一般的包括非电系统在内的所有系统，则有

$$y_m = \frac{Z_{gi}}{Z_{gi} + Z_{go}} x_u = \frac{x_u}{1 + \frac{Z_{go}}{Z_{gi}}} \tag{3.99}$$

式中，y_m 为广义变量的被测值；x_u 为广义变量的未受干扰的值；Z_{gi} 为广义输入的阻抗；Z_{go} 为广义输出的阻抗。

下面根据以上公式再来讨论一般意义上的负载效应，或者说在测试中的负载效应。

测量中要用到测量装置获取被测对象的参数变化数据，因此一个测试系统可以认为是被测对象与测量装置的连接。如图 3.34 所示，$H_o(s)$表示被测对象的传递特性，$H_m(s)$表示测试装置的传递特性。被测量 $x(t)$经过被测对象传递后的输出 $y(t)=L^{-1}[H_o(s)X(s)]$。经测试装置传递后其最终输出量 $z(t)=L^{-1}[H_m(s)Y(s)]$。在 $y(t)$与$z(t)$之间，由于传感、显示等中间环节的影响，系统的前后环节之间发生了能量的交换。因此，测试装置的输出 $z(t)$将不再等于被测对象的输出值 $y(t)$。前面曾分析过系统串、并联情况下的传递函数(见式(3.13)和式(3.14))，在传递函数的推导中没有考虑环节之间的能量交换情况，因而环节互联之后仍能保持原有的传递函数。而对于实际的系统，上述理想情况是不存在的。实际系统中，只有采取非接触式的检测手段如光、电、声等传感器才属于理想的互联情况。因此在两个系统互联而发生能量交换时，系统连接点的物理参量将发生变化。两个系统将不再简单地保留其原有的传递函数，而是共同形成一个整体系统的新传递函数。负载效应的问题不只仅仅出现在第一级中，而是存在于系统的所有环节中。实际上，负载问题一直能被传递到所有的基本元件本身。在主要由电气元件组成的测试系统中，信号源的负载效应几乎只与检测器有关。中间调理和输出装置工作所需的大部分能量主要来源于其他电源，而不是信号源本身。此时，对第一级质量的度量便是衡量它能否提供有用的输出，而不是从信号源抽取太多能量的能力。

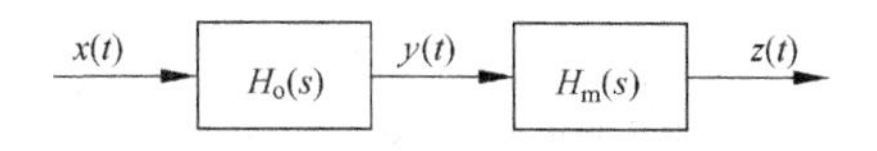

图 3.34 被测对象与测试装置的连接关系

图 3.35 示出了几个负载效应的例子。其中，图(a)为一个低通滤波器接上负载后的情况，图(b)为地震式速度传感器外接负载的情况，图中将传感器等效为传感器的线圈内阻 r 和电感 L 的串联。上两例中负载起着耗能器的作用。图(c)为一简单的单自由度振动系统外接传感器的情况，图中 m_1 代表传感器的质量。该例中，尽管 m_1 不起耗能器的作用，但它参与了系统的振动，改变了系统的动能-势能变换状况，因此改变了系统的固有频率。因此在选用测试装置时应考虑上述类型的负载效应，必须分析在接入测试装置之后对原研究对象所产生的影响。

3.6.2 一阶系统的互联

两个一阶系统串联后其传递函数会有什么变化？图 3.36 示出了两个低通环节的串联情况。

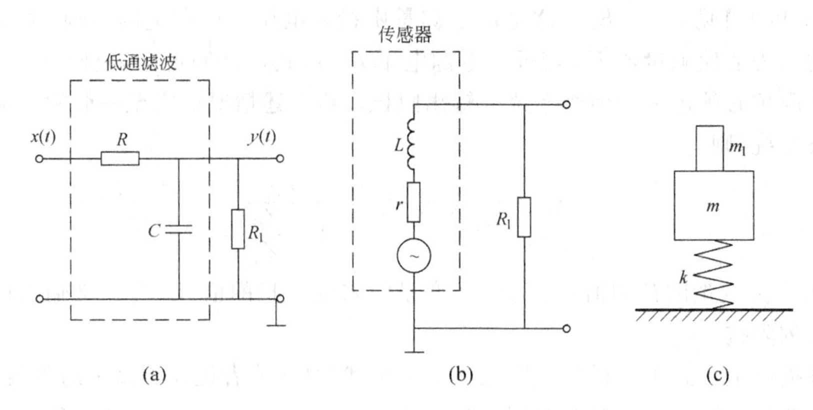

图 3.35 负载效应实例

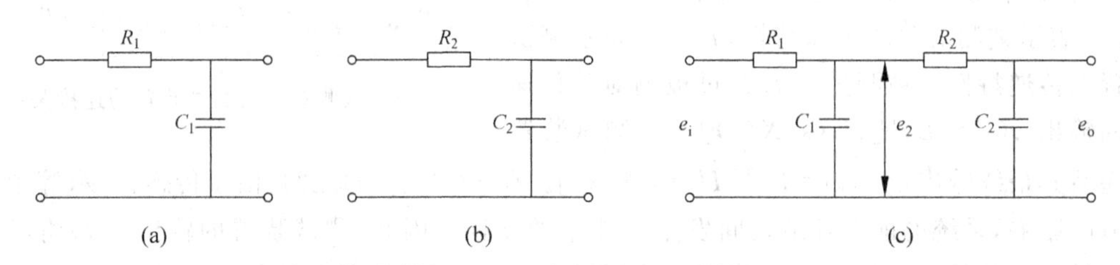

图 3.36 两个一阶环节的联接

(a),(b) 一阶环节;(c) 两环节不加隔离直接串联

图 3.36 中两个一阶环节的传递函数分别是

$$H_1(s)=\frac{1}{1+\tau_1 s},\quad \tau_1=R_1C_1$$

$$H_2(s)=\frac{1}{1+\tau_2 s},\quad \tau_2=R_2C_2$$

若未加任何隔离措施而将这两个环节直接串联,令 $e_2(t)$ 为联接点的电压,可得

$$\frac{E_o(s)}{E_2(s)}=\frac{1}{1+\tau_2 s}$$

环节(b)和环节(a)相联,联接点右侧的阻抗为

$$Z_2=R_2+\frac{1}{C_2 s}=\frac{1+R_2C_2 s}{C_2 s}=\frac{1+\tau_2 s}{C_2 s}$$

令 Z 表示 R_1 后的右侧电路的阻抗,即

$$Z=\left(\frac{1}{C_1 s}\right)/\!/ Z_2=\frac{\frac{1}{C_1 s}\cdot\frac{1+\tau_2 s}{C_2 s}}{\frac{1}{C_1 s}+\frac{1+\tau_2 s}{C_2 s}}=\frac{1+\tau_2 s}{(C_1+C_2)s+\tau_2 C_1 s^2}$$

故

$$\frac{E_2(s)}{E_i(s)}=\frac{Z}{R_1+Z}=\frac{1+\tau_2 s}{R_1(C_1+C_2)s+\tau_2 R_1 C_1 s^2+1+\tau_2 s}$$

$$=\frac{1+\tau_2 s}{1+(\tau_1+\tau_2+R_1C_2)s+\tau_1\tau_2 s^2}$$

联接后的传递函数为

$$H(s)=\frac{E_o(s)}{E_i(s)}=\frac{E_2(s)}{E_i(s)}\cdot\frac{E_o(s)}{E_2(s)}$$
$$=\frac{1}{1+(\tau_1+\tau_2+R_1C_2)s+\tau_1\tau_2s^2} \tag{3.100}$$

而

$$H_1(s)H_2(s)=\frac{1}{1+\tau_1s}\cdot\frac{1}{1+\tau_2s}=\frac{1}{1+(\tau_1+\tau_2)s+\tau_1\tau_2s^2} \tag{3.101}$$

不难看出 $H(s)\neq H_1(s)H_2(s)$。原因是这两个环节直接串联形成两环节间有能量交换。对于这种典型电路，若要避免相互影响，最简单的措施是采用隔离，即在两级之间插入"跟随"器。跟随器的输入阻抗很大，基本上不从第一级汲取电流。而其输入内阻又极小，不因第二级的负载而改变输出电压。显然，这种跟随器是一种有源的装置。

在测试装置中也可借助上述"隔离"的思想，即可借助有源反馈装置来改善装置特性，但这样做显然比较麻烦。首要的考虑应该是合理选用测试装置以满足测试精度的要求。在图 3.36 的例子中，图(a)是被测对象的特性；图(b)是测试装置的特性。从式(3.100)看出，要使测试结果能充分反映原研究对象的特性，应使 $H(s)\approx H_1(s)$。在测试装置的选择上可采取两条措施：

(1) 使 $\tau_2\ll\tau_1$，即测试装置的时间常数应远小于被测对象的时间常数。

(2) 测试装置的存储器件应尽量选择容量小的，即 C_2 要小。

此外，即使图 3.36 中两个环节串联时采取了隔离措施，达到了 $H(s)=H_1(s)H_2(s)$，但为了使测量数据能尽量精确地反映研究对象的动态情况而排除测试装置的影响，应使 $H_2(s)\approx 1$。所以 $\tau_2<\tau_1$ 是必要条件。一般应选用 $\tau_2<0.3\tau_1$，这是对一阶系统测试时装置时间常数的适配条件。若用二阶测试装置去测量时间常数 τ 的惯性(一阶)系统，则测试装置的阻尼比以 0.6～0.8 为佳，此时装置的固有频率也应选高于研究对象的转折频率 $\frac{1}{\tau}$ 的 5 倍以上。

3.6.3 二阶系统的互联

测振传感器本身是一个二阶单自由度振动系统。用测振传感器测量振动物体就是把一个二阶环节联接到一个振动物体上。

两个单自由度无阻尼振动系统的联接如图 3.37 所示。联接后将组成一个两自由度的振动系统，其运动方程式为

$$\left.\begin{aligned}m_1\ddot{x}_1+k_1\dot{x}_1+k_2(x_1-x_2)&=f(t)\\m_2\ddot{x}_2+k_2(x_2-x_1)&=0\end{aligned}\right\} \tag{3.102}$$

对以上两式做拉普拉斯变换，整理后可得

$$\left.\begin{aligned}[m_1s^2+(k_1+k_2)]X_1(s)-k_2X_2(s)&=F(s)\\-k_2X_1(s)+[m_2s^2+k_2]X_2(s)&=0\end{aligned}\right\} \tag{3.103}$$

用代数方法解得

$$\left.\begin{aligned}X_1(s)&=\frac{F(s)[m_2s^2+k_2]}{\Delta}\\X_2(s)&=F(s)\cdot\frac{k_2}{\Delta}\end{aligned}\right\} \tag{3.104}$$

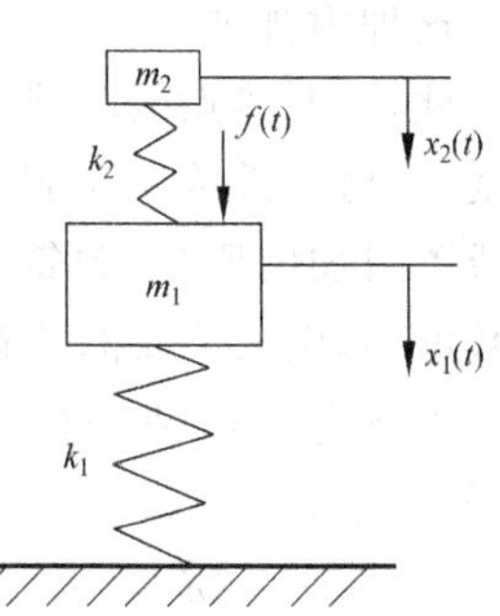

图 3.37 两个单自由度振动系统的联接

式中，

$$\Delta=\begin{vmatrix} m_1 s^2+(k_1+k_2) & -k_2 \\ -k_2 & m_2 s^2+k_2 \end{vmatrix}$$

$$=m_1 m_2 s^4+(m_1 k_2+m_2 k_1+m_2 k_2)s^2+k_1 k_2 \tag{3.105}$$

令 $\Delta=0$ 即可求得系统的固有频率。将上式用 $m_1 m_2$ 相除，并令 $\omega_{10}^2=\dfrac{k_1}{m_1}$，$\omega_{20}^2=\dfrac{k_2}{m_2}$，$\omega_{10}$ 和 ω_{20} 分别是联接前两系统各自的固有频率，得特征方程式：

$$s^4+\left(\omega_{10}^2+\omega_{20}^2+\frac{k_2}{m_1}\right)s^2+\omega_{10}^2\omega_{20}^2=0 \tag{3.106}$$

若按这两个系统隔离后串联，两系统间无能量交换，则传递函数中的分母应是

$$(s^2+\omega_{10}^2)(s^2+\omega_{20}^2)=s^4+(\omega_{10}^2+\omega_{20}^2)s^2+\omega_{10}^2\omega_{20}^2 \tag{3.107}$$

与直接联接后的系统特征方程式比较，可见 s^2 项的系数不同。将 $s=\mathrm{j}\omega(s^2=-\omega^2, s^4=\omega^4)$ 代入可求得联接后系统的固有频率 ω：

$$\omega^4-\left(\omega_{10}^2+\omega_{20}^2+\frac{k_2}{m_1}\right)\omega^2+\omega_{10}^2\omega_{20}^2=0 \tag{3.108}$$

从中不难解出 ω^2。

图 3.37 所表达的力学模型是经过简化的，实际模型不仅是多自由度的，而且还应有各种阻尼项。但由式(3.106)可以直接得出，联接后系统的运动自由度数(或方程的阶次)是各装置原来运动自由度数(或方程的阶次)之和。两个单自由度系统联接之后是一个双自由度系统，运动方程的阶数将是四阶。

从式(3.106)还可以看到，联接以后系统的固有频率将不再是原单独系统的固有频率 ω_{10} 和 ω_{20}，而是往两端偏移，即第一阶固有频率比联接前一个较低的固有频率还低，而第二阶则有所升高。偏移的大小视两装置联接点的参与能量交换的元件参量(m_1，k_2)而定。这种固有频率偏移的现象表明：原则上在研究对象上联接测量传感器以后就再也不能精确地测出该研究对象的固有频率，也就不能极其精确地测出其动态特性。这是一个矛盾的问题。但是工程中的问题并不追求理论上毫无误差的精确，而往往追求实用的、足够精确的近似，以及在规定精度下经济而又可行的技术措施。对这种理论上的固有频率发生偏移的现象若给予重视，并合理地加以解决，可以得到精确的测量结果。

另外，将一个振动传感器联接到研究对象上去时，传感器壳体的质量将附加到研究对象上。这种附加质量原则上也会导致系统固有频率的变化。此外，联接点的联接刚度(胶粘、螺纹、接触面的弹性形变)也可等效为一个弹簧。这种弹簧和壳体质量共同形成了附加的质量-弹簧振动系统。结果使系统的自由度数增加，引入了新的固有频率(图 3.38)。

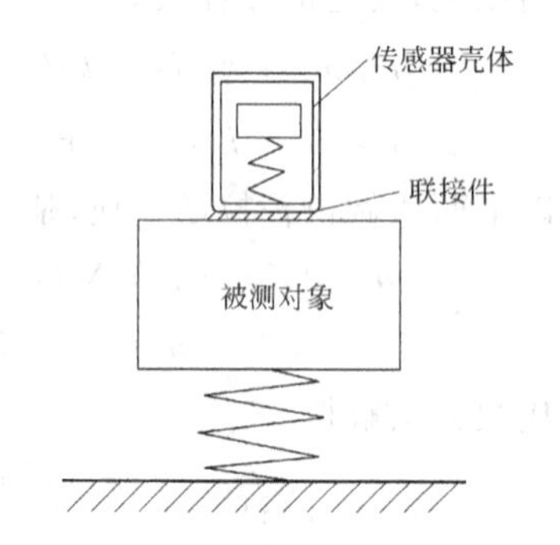

图 3.38　传感器和被测对象联接时所形成的附加自由度

以下分析由两个具有阻尼项的二阶系统串联后的例子。图 3.39(a)所示为一个测量速度的传感器，将它抽象为一个质量-弹簧-阻尼系统。其中输入亦即待测的量是速度 v_i，输出为位移 x_o，则可得无负载时的传递函数为

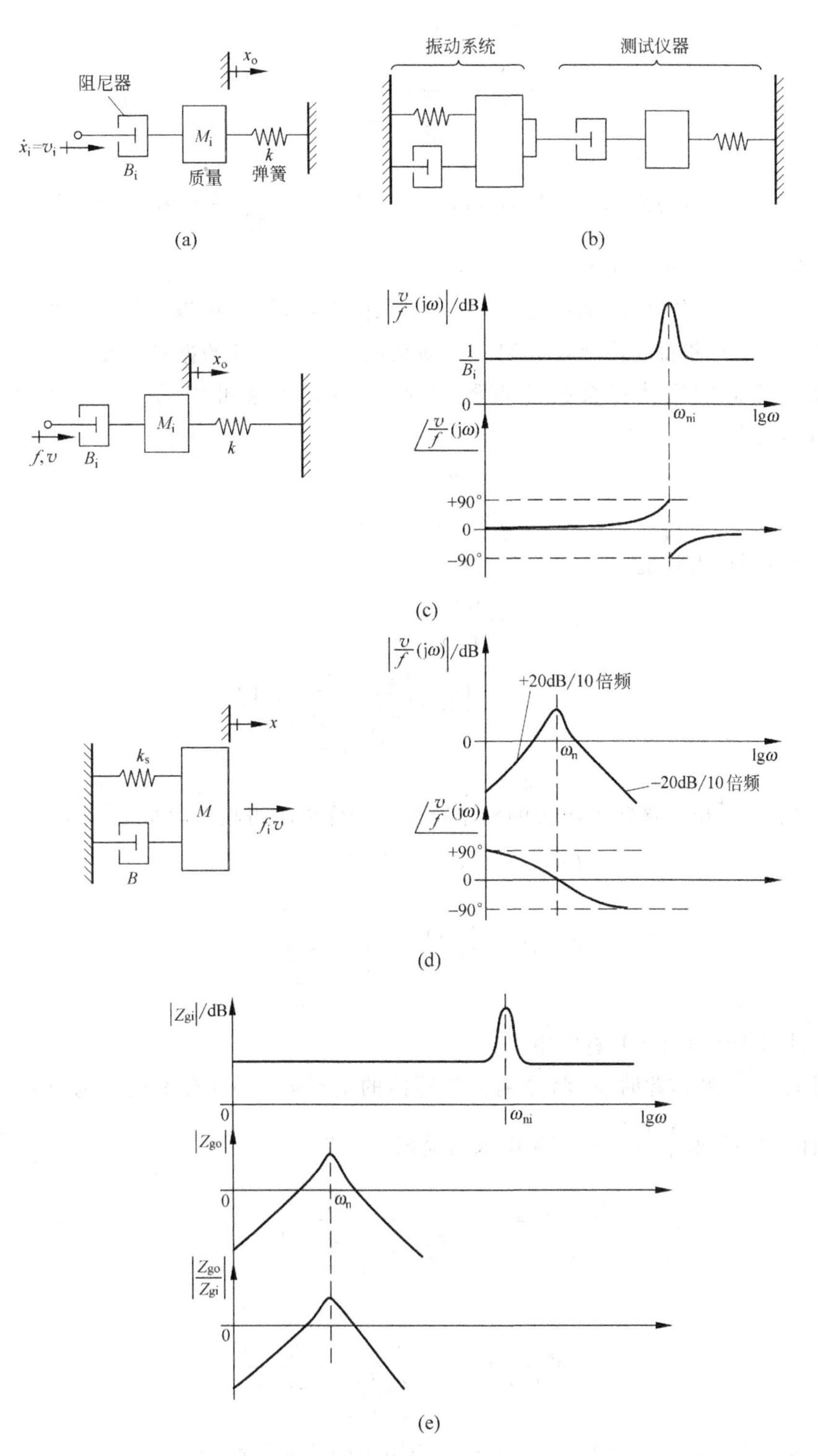

图 3.39 二阶系统的负载效应实例

$$\left.\begin{aligned}&B_i(\dot{x}_i-\dot{x}_o)-kx_o=M_i\ddot{x}_o\\&\frac{X_o(s)}{V_i(s)}=\frac{K_i}{\dfrac{s^2}{\omega_{ni}^2}+\dfrac{2\zeta_i s}{\omega_{ni}}+1}\end{aligned}\right\}\tag{3.109}$$

式中，$K_i=\dfrac{B_i}{k}$为仪器的静态灵敏度，m/m·s^{-1}；$\zeta_i=\dfrac{B_i}{2\sqrt{kM_i}}$为仪器的阻尼比；$\omega_{ni}=\sqrt{\dfrac{k}{M_i}}$为仪器的无阻尼固有频率，rad·s^{-1}。

可以看出，上述传感器(测振仪器)是一个二阶系统，用它可以精确测量低于ω_{ni}的频率成分(图3.39(c))。若将此传感器接到一振动系统上测量系统的振动速度(图3.39(b))，那么由于该传感器的联接将会扭曲被测的速度量，其关系可用式(3.99)来描述。根据图3.39(c)，有

$$\left.\begin{aligned}&f-kx_o=M_i\ddot{x}_o\\&f=B_i(v-\dot{x}_o)\end{aligned}\right\}\tag{3.110}$$

消去x_o，可得到输入阻抗：

$$\begin{aligned}Z_{gi}(s)&=\frac{V(s)}{F(s)}\\&=\frac{\left(\dfrac{1}{B_i}\right)\left(\dfrac{s^2}{\omega_{ni}^2}+\dfrac{2\zeta_i s}{\omega_{ni}}+1\right)}{\dfrac{s^2}{\omega_{ni}^2}+1}\end{aligned}\tag{3.111}$$

图3.39(c)右图示出了该输入阻抗的频率特性。同样可求得输出阻抗$Z_{go}(s)$：

$$f-B\dot{x}-k_s x=M\ddot{x}\tag{3.112}$$

$$Z_{go}(s)=\frac{V(s)}{F(s)}=\frac{\left(\dfrac{1}{k_s}\right)s}{\dfrac{s^2}{\omega_n^2}+\dfrac{2\zeta s}{\omega_n}+1}\tag{3.113}$$

其频率特性示于图3.39(d)右图中。

又根据式(3.99)，此时y_m将是测量传感器的实际输入x_i(在本例中为v_i)。若已知输入与输出的传递函数$\dfrac{Y_o(s)}{X_i(s)}$，则可从中求出输出y_o，即

$$Y_o(s)=\frac{1}{1+\dfrac{Z_{go}(s)}{Z_{gi}(s)}}\cdot\frac{X_o(s)}{X_i(s)}X_u(s)$$

亦即

$$\frac{Y_o(s)}{X_u(s)}=\frac{1}{1+\dfrac{Z_{go}(s)}{Z_{gi}(s)}}\cdot\frac{X_o(s)}{X_i(s)}\tag{3.114}$$

于是对所示的二阶系统串联情况，最终得输出阻抗的传递特性为

$$\frac{X_o(s)}{V_{iu}(s)}=\frac{1}{1+\dfrac{Z_{go}(s)}{Z_{gi}(s)}}\frac{X_o(s)}{V_i(s)}\tag{3.115}$$

$$\frac{X_{\mathrm{o}}(s)}{V_{\mathrm{iu}}(s)}=\left[\frac{\left(\frac{1}{k_{\mathrm{s}}}\right)s}{\frac{s^{2}}{\omega_{\mathrm{n}}^{2}}+\frac{2\zeta s}{\omega_{\mathrm{n}}}+1}\cdot\frac{\left(\frac{s^{2}}{\omega_{\mathrm{ni}}^{2}}\right)+1}{\left(\frac{1}{B_{\mathrm{i}}}\right)\left(\frac{s^{2}}{\omega_{\mathrm{ni}}^{2}}+\frac{2\zeta s}{\omega_{\mathrm{ni}}}+1\right)}+1\right]^{-1}\times\left[\frac{K_{\mathrm{i}}}{\frac{s^{2}}{\omega_{\mathrm{ni}}^{2}}+\frac{2\zeta_{\mathrm{i}}s}{\omega_{\mathrm{ni}}}+1}\right] \tag{3.116}$$

式中，x_{o}为测量装置的实际输出；v_{iu}为在没有测量装置的负载情况下的速度输入。

式(3.116)中等号右端乘积中的第一项即为负载效应。从图3.39(c)中可以清楚地看出这种负载效应。在接近被测系统固有频率处，这种效应十分严重，而在高、低频的两端区域，这种效应接近于零。

在实际测试中，负载效应是一种不能不考虑的现象，因为它影响到测量的实际结果。可以通过适当地选择测量装置的各项参数，使之与被测系统阻抗匹配；同时也可以采用频域分析的手段，例如傅里叶变换、均方功率谱密度函数等，将这种效应降至最小。

习　题

3-1 一个测试系统与其输入和输出间的关系各有哪几种情形？试分别用工程实例加以说明。

3-2 什么是测试系统的静特性？什么是测试系统的动特性？两者有哪些区别？如何来描述一个系统的动特性？

3-3 传递函数和频率响应函数均可用来描述一个系统的传递特性，两者的区别何在？试用工程实例加以说明。

3-4 不失真测试的条件是什么？如何在工程实际中实现不失真测试？

3-5 何为系统的负载效应？如何消除负载效应？

3-6 用一个时间常数$\tau=0.35\mathrm{s}$的一阶装置$\left(\text{传递函数 } H(s)=\frac{1}{1+\tau s}\right)$测量周期分别为1s，2s和5s的正弦信号，问各种情况的相对幅值误差将是多少？

3-7 将一200Hz正弦信号输入到一阶系统进行调理，要求通过该系统后信号的幅值误差小于5%，则该系统的时间常数应为多少？若输入200Hz的方波信号，时间常数又应为多少？

3-8 二阶系统的测试装置阻尼比ζ一般选取多少？为什么？

3-9 一测试装置的幅频特性如图题3-9所示，相频特性为：$\omega=125.5\mathrm{rad/s}$时相移75°；$\omega=150.6\mathrm{rad/s}$时相移90°；$\omega\geqslant 626\mathrm{rad/s}$时相移180°。若用该装置测量下面两复杂周期信号：

$$x_1(t)=A_1\sin125.5t+A_2\sin150.6t$$

$$x_2(t)=A_3\sin626t+A_4\sin700t$$

试问，该装置对$x_1(t)$和$x_2(t)$能否实现不失真测

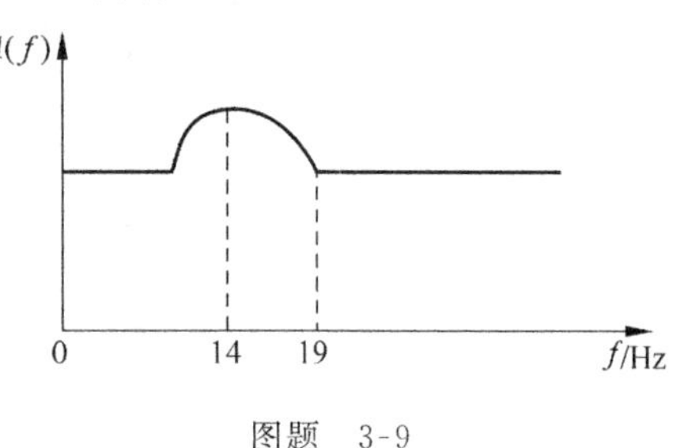

图题 3-9

量？为什么？

3-10 已知一个二阶系统的测试装置的静态增益为 4，输入一单位力激励后，其响应中的最大超调量为 1.5，周期为 9.42s。试求该装置的传递函数及其无阻尼固有频率。

3-11 求周期信号 $x(t)=2\cos100t+\cos(300t-\pi/4)$ 通过一阶系统[其频响函数 $H(j\omega)=1/(0.05j\omega+1)$]后的稳态响应。

(1) 列出时域求输出响应的步骤。

(2) 用图解法求：①时域输入与输出的合成波形；②输入、输出的频域表达(幅值频谱与相位频谱)。

3-12 将温度计从 20℃的空气中突然插入 80℃的水中，若温度计的时间常数 $\tau=3.5$s，求 2s 后的温度计指示值。

被测量的获取

4.1 被测量获取的基本概念

从第2章的叙述可知，一个测试系统的第一个环节是信号的传感(transduction)，传感即是将被测的量或被观察的量通过一个被测量传感器或敏感元件转换成一个电的、液压的、气动的或其他形式的物理输出量，被测的或被观察的量与被转换的输出量之间根据可利用的物理定律应该具有一种明确的关系。用来完成这种转换的装置称为传感器(transducer)或敏感元件(sensor)。

传感器和敏感元件是两个不同的概念。敏感元件是指直接感受被测物理量并对其进行转换的元件或单元，而传感器则是敏感元件及其相关的辅助元件和电路组成的整个装置，其中敏感元件是传感器的核心部件。因此，传感器和敏感元件是密切相连的。例如在弹簧秤中，弹簧便是一个敏感元件，用于敏感所作用的力并产生相应的位移，指针和刻度盘(有时还包括用于指示放大的杠杆机构)则是辅助元件，它们共同组成了一个力传感器。本书中所讨论的传感器泛指将一个被测物理量按照一定的物理规律转换为另一个物理量的装置，着重研究装置的信号转换规律，因此并不严格区分它究竟是一个敏感元件还是一个传感器，如无特殊说明，均将两者统称为传感器。

由于传感器处于测试与检测装置的输入端，因此传感器性能的优劣将直接影响到整个测试装置的工作特性，从某种意义来讲也将影响到整个测试任务完成的质量。

进行被测量的获取总希望是无误差的。一个传感器的输入量及其输出的二次量之间的关系可以通过传感器的特性曲线来表示。若特性曲线是一条直线，则称该传感器是线性传感器，其特性曲线的数学表达式为 $y=x_0+kx$，式中 x、y 分别为传感器的输入与输出，x_0 为初始值。在大多数线性传感器中，x_0 为零，亦即输出信号与输入信号成正比。常数 k 称为传感系数、转换比、灵敏度或斜率。但在许多场合，传感器的特性曲线不是一条直线，这种传感器称为非线性传感器，此时的灵敏度或斜率在整个特性曲线过程中便不是常数，而是时间的函数。在输入与输出量之间所期望的关系称为设定特性曲线，由于测得的实际特性曲线与设定特性曲线之间一般均存在偏差，便形成了系统误差。对于线性的设定特性曲线，则称对它的偏差为线性误差。

传感器的不可逆变化是引起误差的另一原因。引起不可逆变化的原因有多种，如老化、零件接触点状况变化、热或机械过载、化学变化等。在使用时应尽量选择对上述情况不敏感的传感器。摩擦、弹簧的弹性后效、磁性材料的迟滞效应、间隙和松动等均能导致传感器的不可逆变化。此外，温度的变化、传感器的老化等也会引起特性曲线的漂移，从而引起误差。

传感器的误差可通过某些措施加以消除。例如：

（1）合理的结构设计。如在对力传感器的结构设计中应设法避免横向敏感力的产生。

（2）对影响传感器的干扰量进行补偿。例如，一个应变片力传感器不仅会敏感温度的变化，也会敏感湿度的变化，由温度和湿度变化引起的误差则影响传感器的静特性，这种静特性关系到瞬时测量值的获取。若被测量是快速变化的时变量，则要考虑传感器的动态传递特性。因此要了解传感器的时变特性，亦即传感器的输出如何跟随变化的被测量的方式。通过对一个传感器的静、动特性的确定和了解，才能找出对影响量所引起的误差的补偿措施。

此外，使传感器的工作环境条件更稳定、安装方法更合理以及对传感器进行定期维护和校准等均可减少传感器的误差。

4.2 传感器的分类

由于被测物理量的范围广泛，种类多样，而用于构成传感器的物理现象和物理定律又很多，因此传感器的种类、规格十分繁杂。为了对传感器进行系统的研究，有必要对传感器进行适当的科学分类。传感器的分类方法很多，常用的方法有按被测物理量进行的分类，如测量力的称为力传感器，测量速度的称为速度传感器，测量温度的则称为温度传感器等。也可按传感器的工作原理或传感过程中信号转换的原理来分类，这又可分为结构型和物性型。所谓结构型传感器是指根据传感器的结构变化来实现信号的传感，如电容传感器是依靠改变电容极板的间距或作用面积来实现电容的变化；可变电阻传感器是利用电刷的移动改变作用电阻丝的长度从而改变电阻值的大小。物性型传感器是根据传感器敏感元件材料本身物理特性的变化来实现信号的转换，如压电加速度计是利用传感器中石英晶体的压电效应；光敏电阻则是利用材料在光照作用下改变电阻的效应等。

传感器也是一种换能元件，它把被测的量转换成一种具有规定准确度的其他量或同种量的其他值，因此把传感器称为换能器含义更为广泛。另外，也可根据传感器与被测对象之间的能量转换关系将传感器分为能量转换型和能量控制型。

能量转换型传感器（亦称无源传感器）(passive transducer)是直接由被测对象输入能量使传感器工作的，属于此类传感器的例子有热电偶温度计、弹性压力计等。

能量控制型传感器（亦称有源传感器）(active transducer)则依靠外部提供辅助能源来工作，由被测量来控制该能量的变化。如电桥电阻应变仪，其中电桥电路的能源由外部提供，应变片的变化由被测量所引起，从而也导致电桥输出的变化。

表 4.1 列出了常用传感器的一些基本类型。

当前，传感器技术发展的速度很快。随着各行各业对测量任务的需要不断增长，新型传感器层出不穷。同时随着现代信息技术的高速发展，传感器也朝着小型化、集成化和智能化的方向发展。传感器已不再是传统概念上的传感器。一些现代传感器常常将传感器和处理电路集成在一起，甚至和一个微处理器相结合，构成所谓的智能传感器(intelligent transducer)。另外利用微电子技术或微米/纳米技术可在硅片上制造出微型传感器，使传

表 4.1 常用传感器类型及作用原理

传感器类型	作用原理
1. 机械类	
1）接触轴，轴销，指销	位移-位移
2）弹性元件	
（1）测力杆	
① 拉/压式	力-线位移
② 弯曲式	力-线位移
③ 扭曲式	力矩-角位移
（2）测力环	力-线位移
（3）布尔登管	压力-位移
（4）膜盒	压力-位移
（5）膜片	压力-位移
3）质量块	
（1）振动质量块	加力作用-相对位移
（2）摆	重力加速度-频率或周期
（3）摆	力-位移
（4）液柱	压力-位移
4）热式	
（1）热电偶	温度-电位
（2）双金属材料（包括玻璃中的水银）	温度-位移
（3）热敏电阻	温度-阻抗变化
（4）化学相位	温度-阻抗变化
（5）压力温度计	温度-压力
5）液气式	
（1）静力型	
① 浮子	液位-位移
② 比重计	比重-相对位移
（2）动力型	
① 测流孔板	流速-压力变化
② 文杜利管	流速-压力变化
③ 皮托管	流速-压力变化
④ 叶片	速度-力
⑤ 透平机	线速度-角速度
2. 电气类	
1）电阻式	
（1）接触型	位移-阻抗变化
（2）可变长度导体型	位移-阻抗变化
（3）可变面积导体型	位移-阻抗变化
（4）导体尺寸变化型	应变-阻抗变化
（5）导体电阻率变化型	温度-阻抗变化

续表

传感器类型	作用原理
2）电感式	
（1）可变线圈尺寸型	位移-电感变化
（2）可变气隙型	位移-电感变化
（3）改变铁芯材料型	位移-电感变化
（4）改变铁芯位置型	位移-电感变化
（5）改变线圈位置型	位移-电感变化
（6）动圈式	速度-感应电压变化
（7）动磁铁式	速度-感应电压变化
（8）动铁芯式	速度-感应电压变化
3）电容式	
（1）改变气隙型	位移-电容变化
（2）改变极板面积型	位移-电容变化
（3）改变介电常数型	位移-电容变化
4）压电式	位移-电压和/或电压-位移
5）半导体结	
（1）结阈值电压	温度-电压变化
（2）光电二极管	光强-电流
6）光电式	
（1）光生伏打型	光强-电压
（2）光导型	光强-电阻变化
（3）光子发射型	光强-电流
7）霍尔效应式	位移-电压

感器的应用范围更加扩大。可以预见，随着科学技术的发展，传感器技术亦将得到更进一步的发展。

4.3 电阻式传感器

电阻式(resistive)传感器是将被测的量转变为电阻变化的一种传感器。

4.3.1 工作原理

一个电导体的电阻值按如下公式进行变化：

$$R=\frac{\rho l}{A} \tag{4.1}$$

式中，R 为电阻，Ω；ρ 为材料的电阻率，$\Omega \cdot mm^2/m$；l 为导体的长度，m；A 为导体的截面积，mm^2。

从式(4.1)可见，若导体的3个参数（电阻率、长度或截面积）中的1个或数个发生变化，电阻值就跟着变化，因此可利用此原理构成传感器。例如，若改变长度 l，则可形成滑动触点式变阻器或电位计；如改变 l、A 和 ρ，则可做成电阻应变片；如改变 ρ，则可形成热敏电阻、光导性光检测器、压阻应变片以及电阻式温度检测器。

在这方面最简单的机-电传感器也许要数普通开关了，其中的电阻不是零便是无穷大。这种开关的用途很广，例如通/断装置、机床刀架进给的限位器或位置指示器、用弹性膜片驱动的限压控制指示器以及用双金属片控制的限温指示器等。

以下介绍几种典型的电阻式传感器。

4.3.2 滑动触点式变阻器

滑动触点式变阻器(potentiometer displacement transducer)或电位计是通过滑动触点改变电阻丝的长度从而改变电阻值大小，进而再将这种变化值转换成电压或电流的变化值。

这种传感器分直线位移型和角位移型两种，如图 4.1 所示。

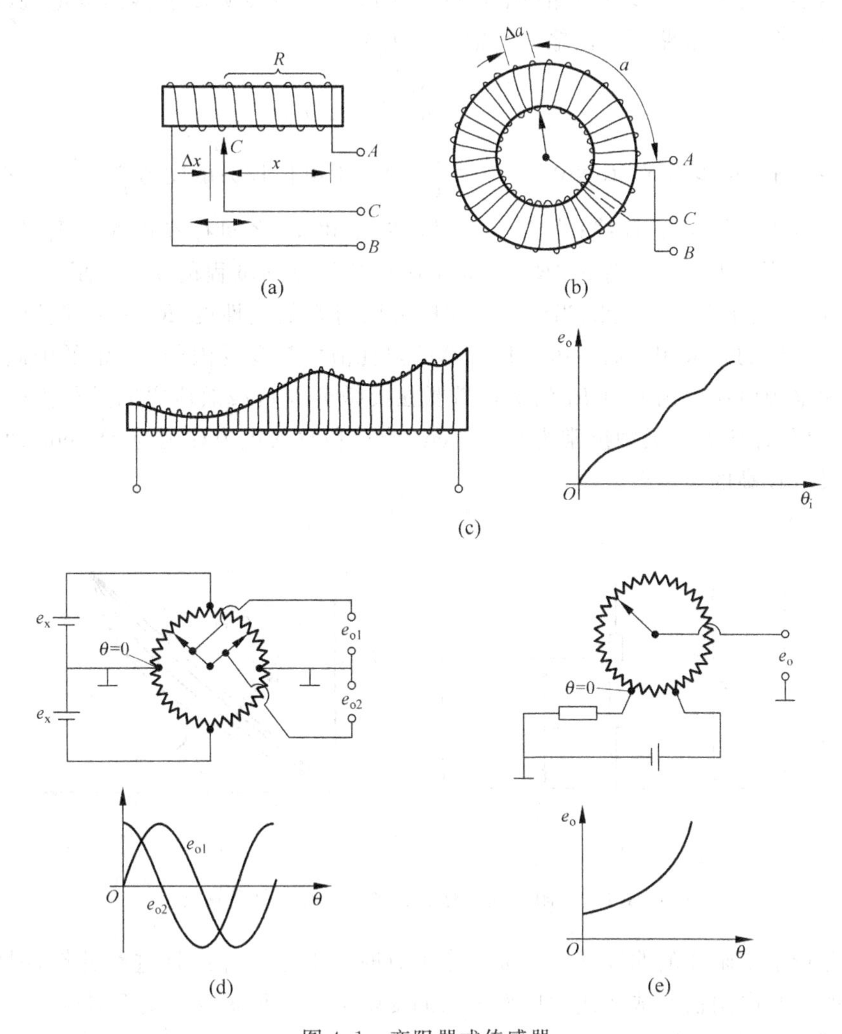

图 4.1 变阻器式传感器

(a) 直线位移型；(b) 角位移型；(c) 非线性型；(d) 正余弦式；(e) 对数式

图 4.1(a)示出了直线位移型滑动触点式变阻器的原理。其中，触点 C 沿变阻器表面移动的距离 x 与 A，C 两点间的电阻值 R 之间有如下关系：

$$R = k_t x \tag{4.2}$$

式中，k_t 为单位长度中的电阻，当导线分布均匀时为一常数，此时传感器的输出(电阻)与输入(位移)成线性关系，传感器的灵敏度相应地为

$$s = \frac{dR}{dx} = k_t \tag{4.3}$$

图 4.1(b)示出了角位移型滑动触点式变阻器的原理，其电阻值随转角而变化，同样可得出该传感器的灵敏度为

$$s = \frac{dR}{d\alpha} = k_r \tag{4.4}$$

式中，α 为触点转角，rad；k_r 为单位弧度对应的电阻值。

当变阻器式传感器后接一电路(图 4.2(a))时，该电路会从传感器抽取电流，形成所谓的负载效应。分析该电路可得出输入与输出的关系为

$$\frac{e_o}{e_s} = \left[\frac{x_t}{x_i} + \frac{R_t}{R_l}\left(1 - \frac{x_i}{x_t}\right)\right]^{-1} \tag{4.5}$$

开路情况下，亦即当 $R_t/R_l=0$ 时，$\frac{e_o}{e_s}=\frac{x_i}{x_t}$，由此得电位计灵敏度为$\frac{e_o}{x_i}=\frac{e_s}{x_t}$。这样当无负载时，输入-输出曲线为一直线；当有负载时，在 e_o 和 x_i 之间存在的是一种非线性关系(图 4.2(b))。从图中看出，当 $R_t/R_l=1$ 时，最大误差为满量程的 12%；而当 $R_t/R_l=0.1$ 时，该误差降至约 1.5%。因此，当给定 R_l 时，为取得好的线性度，R_t 应足够低。但这一要求又与高灵敏度的要求相矛盾。因为传感器的热耗散能量是受限的，R_t 值低限制了传感器两端的最大电源电压。因此对 R_t 的选择需要在灵敏度和负载效应之间进行折中。一般来说，转动式电位计典型的灵敏度常为 0.2V/cm，直线位移式电位计则为 2V/cm，而短行程的电位计常具有较高的灵敏度。

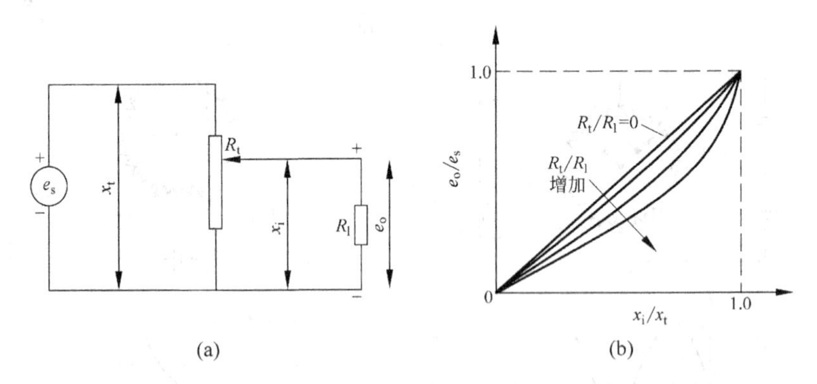

图 4.2 变阻器式传感器后接负载时的负载效应

以上分析了变阻器的非线性。实际工作中有时需对这种非线性进行补偿，因此常采用滑动触点距离与电阻值间成非线性比例关系的变阻器。这种函数式变阻器或电位计可设计成非线性型的(如平方的)、正余弦式的和对数式的(图 4.1(c)～(e))。

变阻器的分辨率也是一个重要的参数，它取决于电阻元件的结构型式。为在小范围空间中得到足够高的电阻值，常采用线绕式电阻元件(图 4.1)。当滑臂触点从一圈导线移动至下一圈时，电阻值的变化是台阶形的，限制了器件的分辨率。实际中只能做到绕线间的密度为

25 圈/mm,对直线移动式装置来说,分辨率最小为 40μm,而对一个直径为 5cm 的单线圈的转动式电位计来说,其最好的角分辨率约为 0.1°。为改善分辨率,可采用碳膜或导电塑料电阻元件。比如碳合成膜和陶瓷-金属合成膜,前者是在一种环氧树脂或聚酯结合剂中悬浮有石墨或碳粒子,后者是将陶瓷和贵金属粉末进行混合所得的一种材料。两种情况下碳薄膜均被一层陶瓷或塑料的背衬材料所支撑。这种导电膜电位计的优点是价格便宜,尤其是碳膜装置具有极高的耐磨性,因而寿命长。但它们的共同缺点是易受温漂和湿度的影响。

变阻器式传感器的优点是结构简单、性能稳定、使用方便。它常被用于线位移和角位移的测量,在测量仪器中用于伺服记录仪或电子电位差计等。

4.3.3 应变式传感器

4.3.3.1 电阻应变传感器

当金属电阻丝受拉或受压时,电阻丝的长度和横截面积将发生变化,且电阻丝的电阻率也发生变化(这一现象称为压阻效应),因此导线的电阻值发生变化。

对式(4.1)进行微分可得

$$\mathrm{d}R=\frac{A(\rho\mathrm{d}l+l\mathrm{d}\rho)-\rho l\mathrm{d}A}{A^2} \tag{4.6}$$

设 $A=\pi r^2$,r 为电阻丝半径,代入上式得

$$\begin{aligned}\mathrm{d}R&=\frac{\rho}{\pi r^2}\mathrm{d}l+\frac{l}{\pi r^2}\mathrm{d}\rho-2\frac{\rho l}{\pi r^3}\mathrm{d}r\\&=R\left(\frac{\mathrm{d}l}{l}+\frac{\mathrm{d}\rho}{\rho}-\frac{2\mathrm{d}r}{r}\right)\end{aligned} \tag{4.7}$$

式中,$\frac{\mathrm{d}l}{l}=\varepsilon$ 为单位应变;$\frac{\mathrm{d}r}{r}$为电阻丝径向相对变化。

当电阻丝沿轴向伸长时,必沿径向缩小,两者之间的关系为

$$\frac{\mathrm{d}r}{r}=-\nu\frac{\mathrm{d}l}{l} \tag{4.8}$$

式中,ν 为电阻丝材料的泊松比(Poisson's ratio);$\frac{\mathrm{d}\rho}{\rho}$为电阻丝电阻率的相对变化。

电阻丝电阻率的相对变化与其纵向所受的应力 σ 有关:

$$\frac{\mathrm{d}\rho}{\rho}=\pi_1\sigma=\pi_1E\varepsilon \tag{4.9}$$

式中,π_1 为纵向压阻系数(longitudinal piezoresistive factor);E 为材料的弹性模量(Young's modulus)。

将式(4.8)和式(4.9)代入式(4.7)中,可得

$$\frac{\mathrm{d}R}{R}=(1+2\nu+\pi_1E)\varepsilon \tag{4.10}$$

分析上式可知,电阻值的相对变化与下述因素有关:电阻丝长度的变化(式中第一项),电阻丝面积的变化(式中第二项),以及压阻效应的作用(式中第三项)。

此式还表明,电阻值的相对变化与应变成正比,因此通过测量应变$\frac{\mathrm{d}l}{l}=\varepsilon$便可测量电阻

变化$\frac{dR}{R}$,这便是应变片(strain gage)的原理。若用无量纲因子 S_g 来表征两者的关系,则

$$S_g = \frac{dR/R}{dl/l} = 1 + 2\nu + \pi_1 E \tag{4.11}$$

通常称 S_g 为应变片系数(gage factor)或灵敏度。用于制造应变片的金属电阻丝的灵敏度一般为1.7～4.0,常用的金属材料有德银、铬镍合金或铁镍合金等。

应变片的应用通常分为两大类:机械和结构的实验应力分析以及构造力、力矩、压力、流量和加速度等的传感器。从作用方式上来分,通常可分为粘贴式和非粘贴式两种。非粘贴式应变片几乎都用在传感器上。图4.3示出了一种非粘贴式应变仪(unbonded strain gage),它采用一组连接成电桥形式的预加载电阻丝。当没有输入量时,4根电阻丝的电阻和应变应该相等,此时电桥平衡,输出电压 $e_o=0$;当有一微小输入运动(通常这种电桥的最大输入约为0.04mm)时,其中两根电阻丝中的张力增加,另两根的张力减小,从而引起相应的电阻值变化,电桥因此不再平衡,给出正比于输入运动的输出电压。

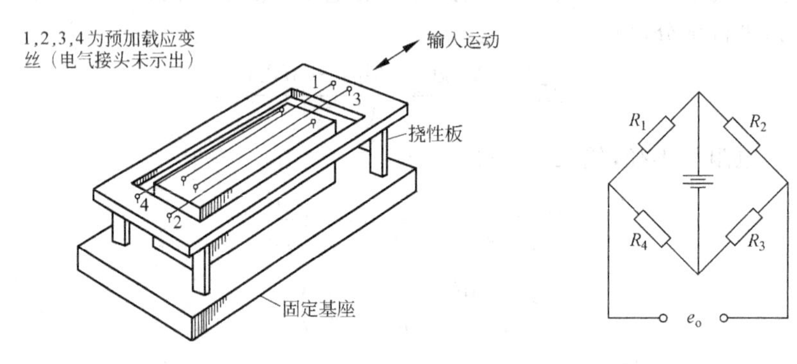

图4.3　非粘贴式应变仪

这种电桥的每根电桥臂的电阻值为120～1 000Ω,最大激励电压为5～10V,满量程输出为20～50mV。

粘贴式金属丝应变片(bonded strain gage)可用于应力分析,也可用作传感器。由于可测的电阻值变化要求导线长度很长,因而要将导线按一定的形状(通常为栅状)曲折地贴在由浸渍过绝缘材料的纸衬或合成树脂组成的载体上。图4.4为这种应变片的一种典型结构型式,导线直径为20～30μm,通常为康铜材料制成,右边为测量导线,左边为引线,用于连接外部测量电路。图4.5示出了应变片结构的纵截面和横截面以及粘贴的情况,其中载体是纸和树脂的结合体,其中埋入有连接导线和金属丝。

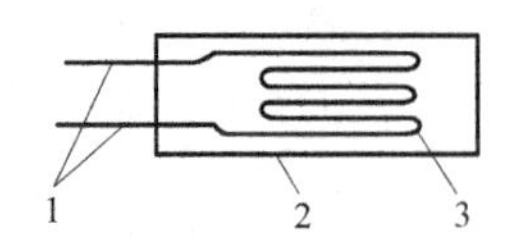

图4.4　金属丝应变片

1—引线;2—载体;3—测量导线

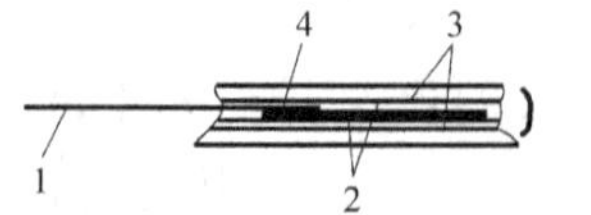

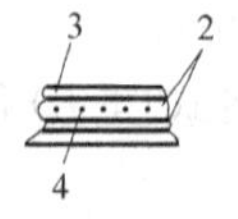

图4.5　应变片结构

1—引线;2—黏结材料(大部分以人造树脂为基);3—纸;4—测量导线

当前,绝大部分金属丝应变片已被金属箔式应变片所代替。金属箔式应变片的敏感部分通常是用光刻法在金属箔片上加以制造的,通常也做成栅状形式,箔片厚度仅为 1～10μm。由于采用光刻法,应变片的形状具有很大的灵活性,且刻出的线条均匀、尺寸精确,适于批量制造。图 4.6 为箔式应变片的几种结构形式。其中,图 4.6(a)～(c)为敏感单方向上应变的应变片形式,其端部均比较肥大,这是为了减少应变片的横向灵敏度;图 4.6(d)为膜片应变片的形式,用于敏感面上的应变情况,除了用作单方向应变测量外,还可将这种单轴的应变片组合起来使用,制成所谓的应变花(rosettes)形式;图 4.6(e)～(h)为几种应变花的形式,它们用于不同的测量目的,可同时敏感几个方向上的应变。

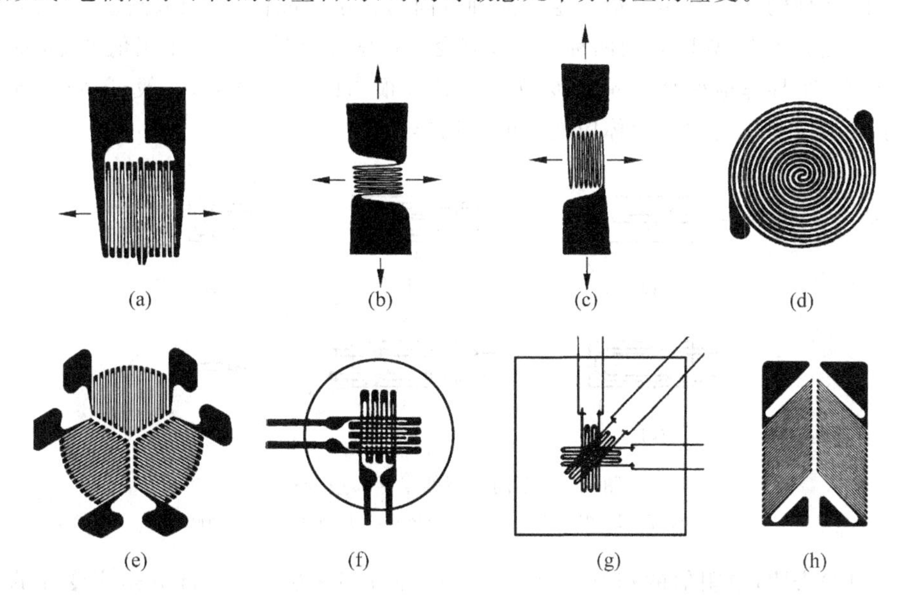

图 4.6 不同的箔式应变片结构形式

(a),(b),(c) 敏感单方向上应变的应变片;(d) 膜片应变片;(e) 三片式应变花,60°箔式平面型;(f) 双片式应变花,90°箔式叠合型;(g) 三片式应变花,45°电阻丝式叠合型;(h) 双片式应变花,90°剪切式平面型

除了上述粘贴式的金属箔应变片外,还有一种金属薄膜应变片,这种应变片可采用气相淀积法和离子溅射法直接在衬底材料上形成,通常用作传感器,并且都需要采用一种合适的弹性金属元件将局部的应变传感为被测量。如在采用一种金属弹性膜片作为压力传感器的场合,可采用上述两种方法将应变片元件直接形成在应变表面,而无需像粘贴式应变片那样被分开粘贴上去。采用气相淀积工艺时,可将膜片放入已装有某种绝缘材料的真空室中,加热使该绝缘材料先蒸发后凝结,从而在膜片上形成一绝缘薄膜,然后在该膜片表面放置一块做成一定栅形的模板,并采用金属应变片材料重复上述蒸发/凝结过程,结果就将所需的应变片图形形成在该绝缘基底上。

在离子溅射过程中,也是先采用溅射工艺在真空中将一薄层绝缘材料淀积在膜片表面,然后在该绝缘基底上再溅射上一层金属应变片材料。将该膜片从真空室中取出,并用光敏掩膜材料对其进行微成像处理来形成应变片图案,接下来再将该膜片放回到真空室,用溅射刻蚀法将未掩膜金属层去掉,留下完成的应变片图案。薄膜应变片的阻值和应变片系数与粘贴式金属箔应变片的相似,但由于不像金属箔应变片那样采用有机物黏结剂,因而薄膜应变片的时间和温度稳定性较好。离子溅射技术方面的最新进展已经能提供十分有用的应变、温度以及腐蚀传感器，用于难度很大的喷气发动机叶片的测量。

4.3.3.2 半导体应变片

半导体应变片(semi-conductor strain gage)的工作原理是基于半导体材料的压阻效应。所谓压阻效应，是指单晶半导体材料沿某一轴向受外力作用时，其电阻率 ρ 随之发生变化。由半导体物理可知，单晶半导体在外力作用下，原子点阵排列规律会发生变化，导致载流子迁移率及载流子浓度发生变化，从而引起电阻率的变化。

从专门处理的硅单晶体上沿一定的晶轴方向切割小块晶体，可用来制造半导体应变片，这些应变片也分为 N 型和 P 型两种。P 型应变片在施加有效应变时电阻值增加，而 N 型应变片则减少。半导体应变片的最主要特点是具有很高的应变系数，一般可高达 150 左右。图 4.7 示出了几种不同的半导体应变片的结构形式。

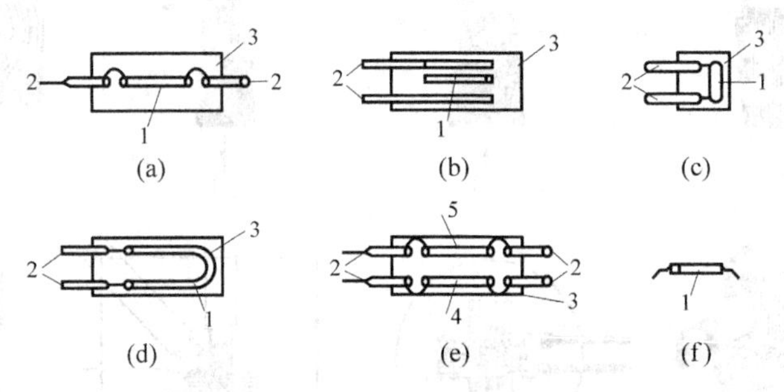

图 4.7 不同类型的半导体应变仪

1—硅棒；2—引线带；3—塑料载体；4—P 型硅；5—N 型硅

式(4.10)表明，电阻值的相对变化主要由两部分因素决定：一部分是应变片的几何尺寸，即式(4.10)右边的$(1+2\nu)\varepsilon$ 项；另一部分是应变片材料的电阻率变化，即 $\pi_1 E\varepsilon$ 项。半导体应变片的电阻变化主要由后者决定，前者可以解释金属应变片电阻变化的主要原因。两者相比，第二项的值要远大于第一项的值，这也是半导体应变片的灵敏度(即应变系数)远大于金属丝电阻应变片的灵敏度的原因。表 4.2 列出了几种不同半导体材料的特性，不难看出，对不同的载荷施加方向，压阻效应及灵敏度均不相同。

表 4.2 几种常用半导体材料的特性

材 料	电阻率 ρ/ $(\Omega\cdot cm)$	弹性模量 E/ $(10^{11}N\cdot m^{-2})$	灵敏度	晶 向
P 型硅	7.8	1.87	175	[111]
N 型硅	11.7	1.23	−132	[100]
P 型锗	15.0	1.55	102	[111]
N 型锗	16.6	1.55	−157	[111]
N 型锗	1.5	1.55	−147	[111]
P 型锑化铟	0.54		−45	[100]
P 型锑化铟	0.01	0.745	30	[111]
N 型锑化铟	0.013		74.5	[100]

用半导体应变片制成的传感器亦称压阻传感器。尽管半导体应变片具有很高的应变系数，但其最大的缺点是温度灵敏度高、非线性以及安装困难等。

采用集成电路制造中的扩散工艺可制成扩散型半导体应变片，用于制造半导体应变片传感器。如在膜片式压力传感器中，用硅代替金属材料制造膜片，通过在膜片中淀积杂质来实现应变片效应，从而可在所需的位置上形成内在的应变片。这种类型的结构可在某些设计中降低制造成本，通过在一块硅晶片上形成大量的膜片，来实现所谓的集成应变片组件。

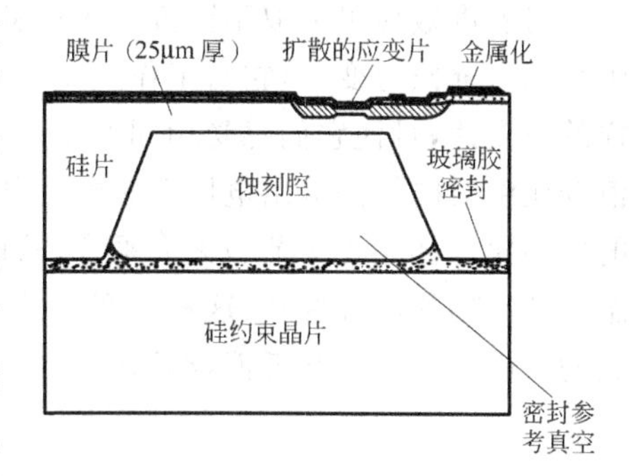

图 4.8 半导体膜片式绝对压力传感器

图 4.8 为一种半导体膜片式绝对压力传感器的截面结构图。其中在一个 N 型基底材料中扩散有一个 P 型区域，用作一个电阻器。该电阻器的值在它受到应变时迅速增大，这一现象称为压阻效应。当传感器受外部压力作用时，膜片发生弯曲，从而使传感器受应变作用，应变的变化又促使电阻值变化。利用这种传感器也可测量应变和加速度。

4.3.3.3 应变片的误差及其补偿

以下讨论仍主要集中于粘贴式金属丝电阻应变片（包括金属箔应变片），因为它们是最常用的应变片种类。

温度是影响应变片精度的主要因素，因为应变片的电阻值不仅随着应变而且也随温度的变化而改变。由于应变引起的阻值变化很小，因此温度变化效应占据相当大的比例。温度灵敏度效应的另一方面表现为应变片和与之相粘连的衬底材料的热膨胀现象不同，即使材料未受到外部载荷的作用，也会在应变片中诱发出应变和阻值的变化。因此有必要分析温度对各方面的影响。

(1) 温度变化引起应变片本身电阻的变化为

$$\Delta R_T = R\gamma_f \Delta T$$

式中，γ_f 为金属应变片的电阻温度系数，即单位温度变化引起的电阻相对变化；ΔT 为温度变化度数。

由该电阻值的变化折算成应变值为

$$\varepsilon_T = \frac{\Delta R_T}{R} \cdot \frac{1}{S_g} = \frac{\gamma_f \Delta T}{S_g} \tag{4.12}$$

(2) 金属丝与衬底材料的线膨胀系数不同，从而在温度变化时引起附加的应变。金属丝因温度变化引起的应变为

$$\varepsilon_g = \alpha_g \Delta T \tag{4.13}$$

衬底材料因温度变化而引起的应变为

$$\varepsilon_s = \alpha_s \Delta T \tag{4.14}$$

式中，α_g 为金属丝的线膨胀系数；α_s 为衬底材料的线膨胀系数。当 $\alpha_g \neq \alpha_s$ 时，ε_g 和 ε_s 不等，从而造成应变误差为

$$\Delta\varepsilon = \varepsilon_g - \varepsilon_s = (\alpha_g - \alpha_s)\Delta T \tag{4.15}$$

因此这两个温度因素造成的总附加应变为

$$\varepsilon_a = \varepsilon_t + \Delta\varepsilon = \frac{\gamma_f \Delta T}{S_g} + (\alpha_g - \alpha_s)\Delta T \tag{4.16}$$

此外，应变片的灵敏度系数 S_g 也随温度变化而变化，也引起应变值的变化。但一般情况下 S_g 变化甚小，由这一因素引起的应变值的变化可予以忽略。

对温度效应可采取不同方式进行补偿。图 4.9 示出了一种应变片的温度补偿方案。其中采用一补偿应变片，它与工作应变片一起被配置在电桥的两相邻臂上，两应变片为完全一样的应变片，且使它们感受相同的温度。这样由电阻的温度系数和差动热膨胀而引起的阻值变化将对电桥的输出电压无影响，而因正常的输入载荷引起的阻值变化仍将使电桥（电桥的作用原理详见 4.1 节。）失去平衡，从而产生输出。另外一种途径是使用专门的、具有固有温度补偿功能的应变片，这种应变片采用特别的材料，该材料能使线膨胀系数和电阻变化造成的效应差不多相互抵消，亦即使式(4.16)的 ε_a 等于零，从而可得

$$\alpha_g = \alpha_s - \frac{\gamma_f}{S_g} \tag{4.17}$$

采用满足式(4.17)条件的材料制成的应变片即可基本消除温度系数的影响。

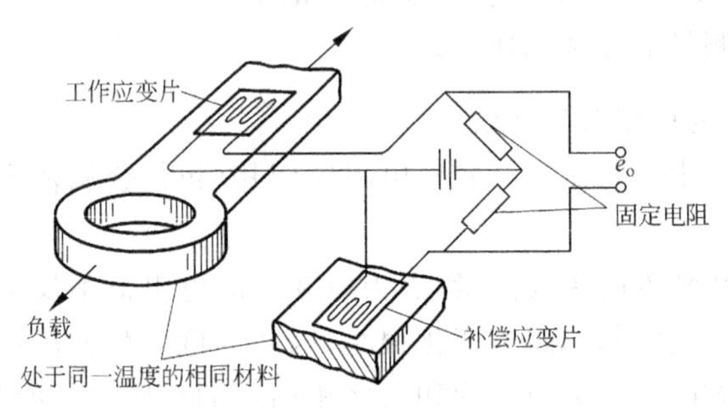

图 4.9 应变片温度补偿

应变片测量的另一误差来源与应变片的大小和被测点的位置有关。如在应力分析中，所要测量的是试件上某个点的应力，但由于应变片中的栅形图案覆盖着被测点周围的一个有限面积区域，因而实际测得的是该面积上的平均应力。若应变梯度是线性的，那么该平均值是应变片长度中点的应变。但若不是线性的，那么该点的值便是不确定的。这种不确定性随着应变片尺寸的减小而减小。因此应变梯度很陡(应力集中的地方)时常常要求采用很小尺寸的应变片。但尺寸的减小却受到制造工艺和粘贴手段的限制。目前最小的应变片长仅为 0.38mm。应变片也可贴到曲面上，对某些应变片来说，曲面的最小安全弯曲半径只有 1.5mm。

如前所述，温度也起一种修正输入的作用，从而改变应变片系数。这种情况对金属材料的应变片来说作用不大，但对半导体应变片的影响却较大，对此人们也已研究出了补偿的方法。目前，应变片已被成功应用在从液氮温度(4℃)到 1 400℃的范围中。当然在这些极端温度(尤其是高温)下的应用中要求采用专门的技术，且其精度也较之常温情况下为低。

4.3.3.4 应变片的粘贴

由于在使用时需将应变片粘贴到构件上，因而黏结剂的选择和粘贴工艺至关重要。目前已有各种黏结剂以供不同条件下使用。常用的黏结剂有环氧树脂、酚醛树脂等，高温下也采用专用陶瓷粉末等无机黏结剂。这些黏结剂应能保证黏结面有足够的强度、绝缘性能、抗

蠕变以及温度变化范围等。目前所采用的应变片和黏结方法已经覆盖从−249～+816℃的温度范围。对超高温度来说，常需采用焊接技术进行连接。为得到高质量的黏结层，某些黏结剂需要在室温下进行熟化或焙烧处理，熟化时间从几分到几天。有时为防潮或防腐，还需在应变片上覆盖防水或保护层。

4.3.3.5 应变片的应用

如上所述，应变片主要用于结构应力和应变分析以及用作不同的传感器。第一种应用方面，常将应变片贴于待测构件的测量部位上，从而测得构件的应力或应变，用于研究机械、建筑、桥梁等构件在工作状态下的受力、变形等情况，为结构的设计、应力校验以及构件破损的预测等提供可靠的实验数据。

第二种应用方面，常将应变片贴在或形成在弹性元件上，用于制成力、位移、压力、力矩和加速度等测量传感器。图4.10为几种测量力和力矩的应变片传感器的实例。

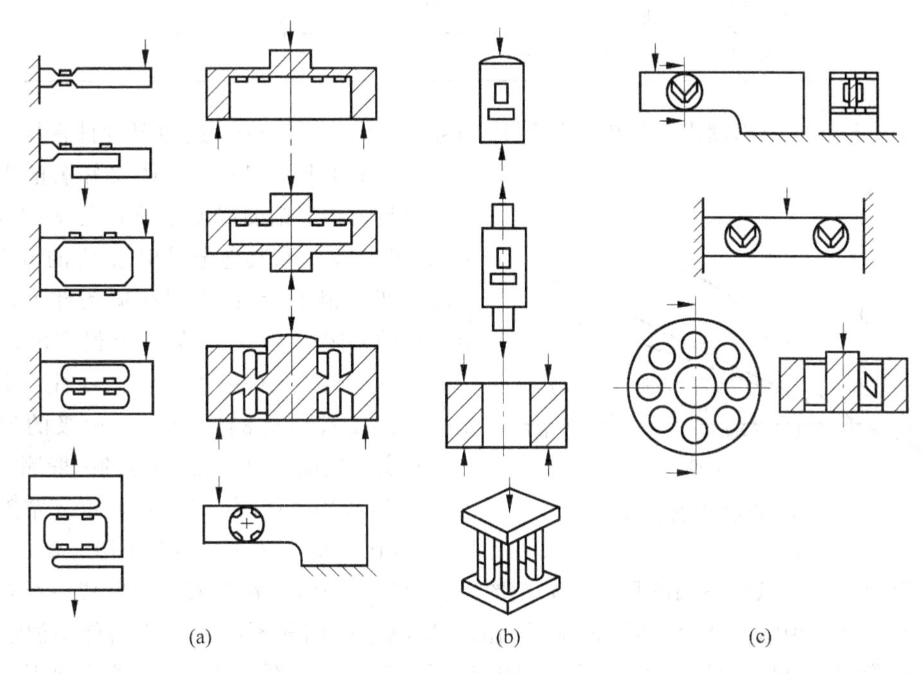

图4.10 不同类型的应变片式力和力矩传感器

(a) 弯；(b) 拉/压；(c) 剪切

应变片传感器是一种使用方便、适应性强、用途广泛的器件，有关这方面的详细情况可参阅有关的参考文献，本书不再深入阐述。

4.4 电阻式温度计

纯金属及大多数合金的电阻率随温度的增加而增加，即它们具有正的温度系数。这些金属及合金的电阻值随温度的变化关系符合下式：

$$R = R_1[1+\alpha(t_2-t_1)] = R_1(1+\alpha\Delta t) \tag{4.18}$$

式中，R_1 为温度 t_1 时的电阻值；α 为金属材料在温度 t_1 时的温度系数；$\Delta t=t_2-t_1$。

亦即在一定的温度范围内，这种电阻-温度关系是线性的。表4.3给出了一些金属和合金以及非金属在0～100℃内的温度系数α。但在更广泛的温度范围内，电阻-温度关系可能是非线性的，它们的一般表达式为

$$R = R_0[1 + \alpha_1 T + \alpha_2 T^2 + \cdots + \alpha_n T^n] \tag{4.19}$$

式中，R_0为温度$T=0$时的电阻；$\alpha_1,\alpha_2,\cdots,\alpha_n$表示不同的常数。

表4.3 0～100℃温度范围内电阻的温度系数α 1/℃

材料	α	材料	α	材料	α
铂	+0.003 92	铝	+0.004 5	碳	−0.000 7
金	+0.004 0	钨	+0.004 8	热敏电阻	−0.015～−0.06
银	+0.004 1	铁(合金)	+0.002～+0.006	电解质	−0.02～−0.09
镍	+0.006 8	锰铜	−0.000 02～+0.000 02		
铜	+0.004 3	康铜	−0.000 04～+0.000 04		

根据上述公式可以制出金属电阻温度计(resistive thermometer)，这种温度计常用的材料为铂、镍和铜(图4.11)。其中最知名的电阻温度计材料为铂。铂的温度系数α在0～100℃内为0.003 9/℃。与其他金属相比，它的电阻率在高温时变化很小，且在不同环境条件下比较稳定。铂的电阻-温度关系在一个很广的范围内(−263～+545℃)保持着良好的线性。室温下铂电阻温度计可检测到10^{-4}℃量级的温度变化。对实际应用来说，室温附近的一般测量精度为$(1\sim5)\times10^{-3}$℃，在45℃时其重复精度降至10^{-2}℃，到1 000℃左右，则降至10^{-1}℃。

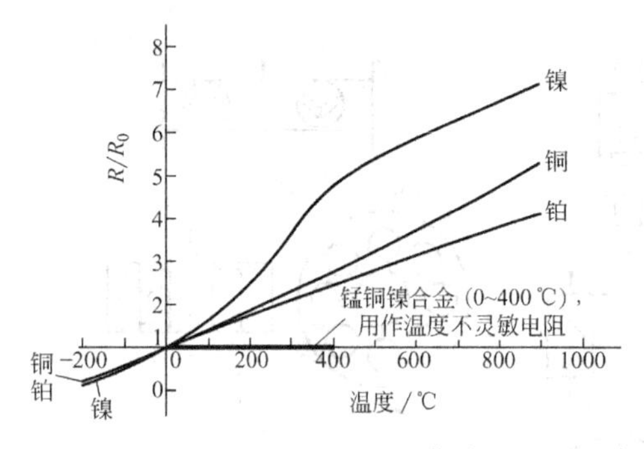

图4.11 电阻/温度曲线

电阻温度计可做成不同的形式。如铂的电阻温度计通常将铂金属丝绕制成一个自由螺旋形式或绕在一绝缘支架上，然后根据不同的温度测量范围和不同的应用条件将温度计置入一保护管中，管材料可以是玻璃、石英、陶瓷、不锈钢或镍。图4.12示出了几种不同形式的电阻温度计，图4.12(a)为一种开口式线绕结构，可直接将绕组置入流体中测量温度，因此响应速度较快；图4.12(b)为一种井式结构，金属丝绕组被装于一不锈钢管中，管头封死，因此可用于测量腐蚀性的液体或气体的温度，但其响应速度慢。有时为测量固体的表面温度，可采用扁平栅状绕组的结构形式，将该栅状金属丝结构粘贴、焊接或夹在被测表面上；同样也可采用淀积薄膜式铂电阻温度计替代绕线式结构。由于有干扰的应变量输入，因此这种连接到物体上的表面测温传感器会给出虚假输出，这些干扰应变是由结构载荷和温度热膨胀现象造成的，为此在设计时应仔细考虑，并采取相应措施加以消除。通常为了测量电阻，常将电阻温度计接入一电桥电路，而温度计中流过的交流或直流电流一般不大于20mA，用于限制温度计的自发热现象。电路引线的过长也会造成温度的变化，因此有时采用补偿引线来补偿这种变化。这种温度计的电阻值一般为10Ω～25kΩ。一般来说，电阻温度计可达到的精度为±0.01%。

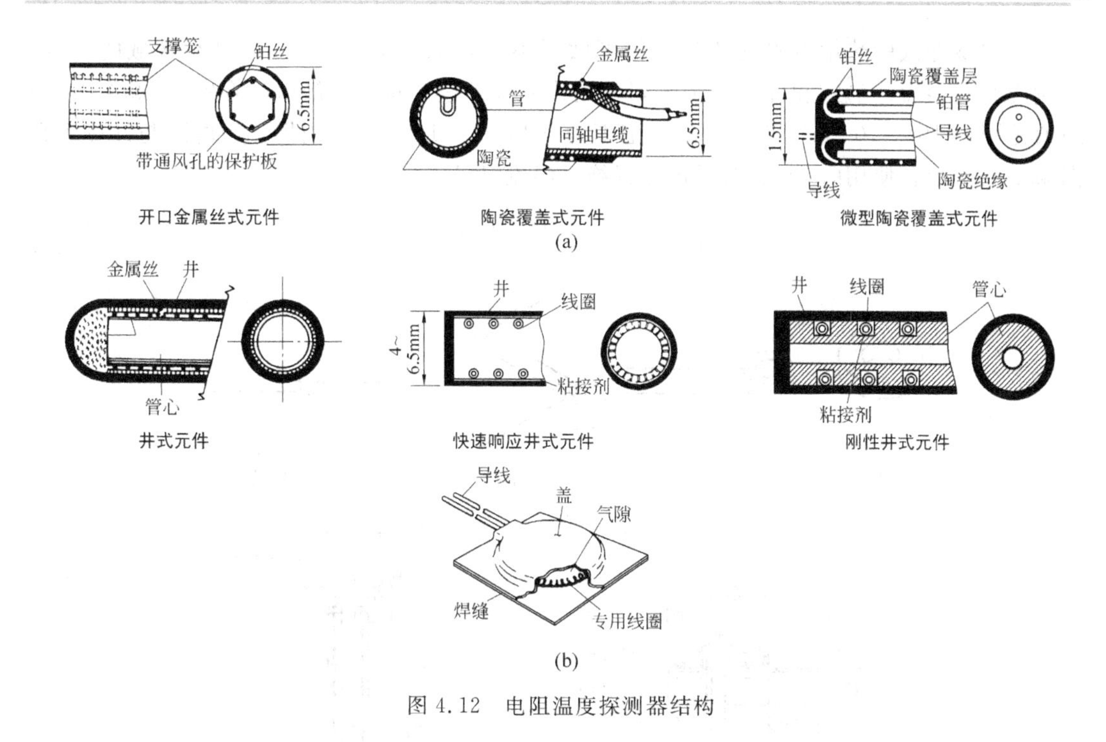

图 4.12 电阻温度探测器结构

4.5 热敏电阻

热敏电阻(themistor)为一种半导体温度传感器。与大多数半导体类传感器相比(它们都具有较小的正温度系数),热敏电阻具有很大的负温度系数,且它的特性曲线是非线性的。其电阻-温度关系通常由下式确定:

$$R = R_0 e^{\beta\left(\frac{1}{T}-\frac{1}{T_0}\right)} \tag{4.20}$$

式中,R 为温度 T 时的电阻,Ω;R_0 为温度 T_0 时的电阻,Ω;β 为材料的特征常数,K;T,T_0 为绝对温度,K。

参考温度 T_0 常取 298K(25℃),而 β 则为 4 000 左右,通过计算 $(\mathrm{d}R/\mathrm{d}T)/R$,最终可得电阻的温度系数为 $-\beta/T^2$ (℃$^{-1}$)。若 β 取值为 4 000,则室温(25℃)下的温度系数为−0.045,与铂的温度系数+0.003 9 相比,除了符号相反之外,其值也远大于铂的温度系数。电阻-温度间的精确关系随所用材料和元件的结构有所变化(图 4.13)。

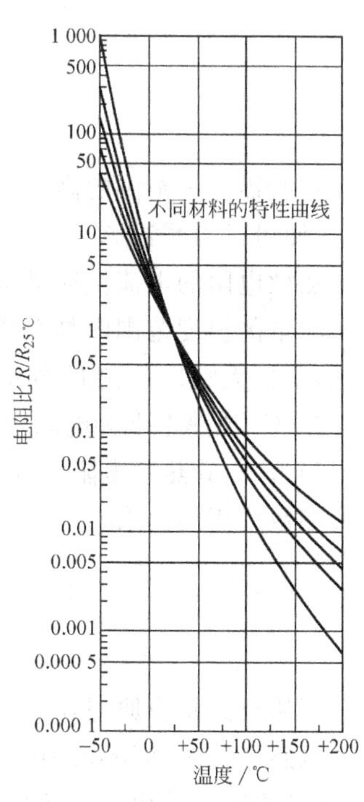

图 4.13 热敏电阻的电阻-温度特性曲线

在热敏电阻的实际应用中,其特性的重复性是最困难的问题。由于半导体的导电率和温度系数可受到不到百万分之一杂质的影响,所以只有那些对杂质最不敏感的化合物才有实际的使用价值。生产中,通常将锰、镍和钴的氧化物粉末的混合物压成珠状、杆状或盘状,然后在高温下进行烧结而制成不同的热敏电阻。图 4.14 示出了几种典型的结构形式。其中微珠式的热敏电阻其珠头直径可做到小于0.1mm,因而可测量微小区域的温度,且响应时间很短。盘式和杆式热敏电阻常用作温度补偿装置。热敏电阻在室温(25℃)下的阻值范围为10^2~10^6Ω,可测量的温度范围为-200~+1 000℃。当把热敏电阻与计算机数据采集系统结合使用时,可根据下式计算绝对温度T(K):

$$\frac{1}{T}=A+B\ln R+C(\ln R)^3 \tag{4.21}$$

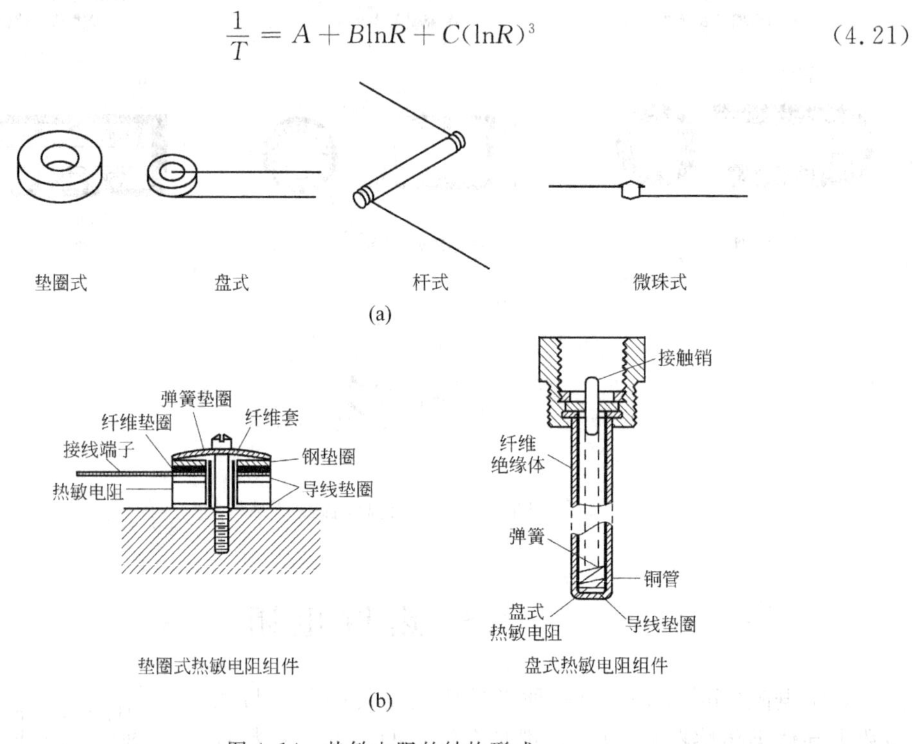

图4.14 热敏电阻的结构形式

(a) 热敏电阻的几种形式;(b) 热敏电阻组件

在所需测量范围的高、中、低3端分别测量3组R和T值,将它们代入上式并解联立方程组,便可求得系数A,B和C。

热敏电阻的电流值通常限制在毫安量级,主要是为了不使它产生自发热现象,从而保证在所测量的温度范围内具有线性的电压-电流关系。此外还常采用线性化电路与热敏电阻相连,来扩大它们的测量范围。热敏电阻的灵敏度较高,一般为±6mV/℃以及-150~-20Ω/℃,比热电偶和电阻温度检测器的灵敏度高许多。其最大的非线性度为±0.06~±0.5℃。尽管热敏电阻不如铂电阻温度计那样具有十分好的长时间稳定性,但它们足以满足大多数应用的要求。

4.6 电感式传感器

利用电磁感应原理,将被测的非电量转换成电磁线圈的自感或互感量变化的一种装置称为电感式传感器(inductive transducer)。按其不同的转换方式可分为自感式和互感式两类;按其不同的结构方式又可分为变气隙式、变截面式和螺管式。

4.6.1 自感式传感器

自感式(self-inductive)传感器是把被测量的变化转换成自感的变化,再通过一定的转换电路转换成电压或电流输出。

4.6.1.1 可变磁阻式

可变磁阻式(variable reluctance)传感器的结构原理如图 4.15 所示。它由铁芯、线圈和衔铁组成,铁芯与衔铁间设有空气隙 δ,当线圈中通以电流 i 时,由电磁感应原理,在其中产生磁通 Φ_m,其大小与所加电流 i 成正比,即

$$W\Phi_m = Li \tag{4.22}$$

式中,W 为线圈匝数;L 为比例系数,称为自感,H。

又根据磁路欧姆定律,有

$$\Phi_m = \frac{Wi}{R_m} \tag{4.23}$$

式中,W 为磁动势,A;R_m 为磁阻,H^{-1}。

将上式代入式(4.22)得自感:

$$L = \frac{W^2}{R_m} \tag{4.24}$$

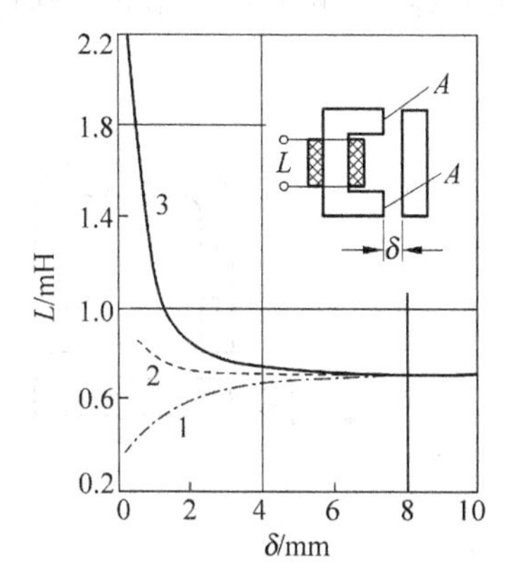

图 4.15 可变磁阻式传感器基本原理

1—衔铁材料为黄铜;
2—衔铁材料为软铁;
3—衔铁材料为铁氧体

对于图 4.15 所示的传感器结构来说,当不考虑磁路的铁损且当气隙 δ 较小时,该磁路的总磁阻为

$$R_m = \frac{l}{\mu A} + \frac{2\delta}{\mu_0 A_0} \tag{4.25}$$

式中,l 为铁芯的导磁长度,m;μ 为铁芯磁导率,H/m;A 为铁芯导磁截面积,m^2;δ 为气隙宽,m;μ_0 为空气导磁率,$\mu_0 = 4\pi \times 10^{-7}$ H/m;A_0 为空气隙导磁横截面积,m^2。

由于式(4.25)中右边第一项铁芯磁阻与第二项气隙磁阻相比甚小,因此在忽略第一项情况下总磁阻 R_m 可以近似为

$$R_m \approx \frac{2\delta}{\mu_0 A_0} \tag{4.26}$$

将上式代入式(4.24),则有

$$L = \frac{W^2 \mu_0 A_0}{2\delta} \tag{4.27}$$

由上式可知,自感 L 与气隙导磁截面积 A_0 成正比,而与气隙 δ 成反比。当 A_0 固定、变化 δ 时,L 与 δ 成非线性变化关系(图 4.15 曲线),此时传感器灵敏度为

$$S = \frac{dL}{d\delta} = -\frac{W^2 \mu_0 A_0}{2\delta^2} \tag{4.28}$$

可见,灵敏度 S 与 δ 的平方成反比,δ 越小,灵敏度越高。由于 δ 不是常数,会产生非线性误差,因此这种传感器常规定在较小气隙变化范围内工作。设气隙变化为(δ_0,$\delta_0 + \Delta\delta$),由式(4.28)得

$$S = -\frac{W^2 \mu_0 A_0}{2\delta^2} = -\frac{W^2 \mu_0 A_0}{2(\delta_0 + \Delta\delta)^2} \approx \frac{W^2 \mu_0 A_0}{2\delta_0^2}\left(1 - 2\frac{\Delta\delta}{\delta_0}\right)$$

当气隙变化甚小即 $\Delta\delta \ll \delta_0$ 时，灵敏度 S 进一步近似为

$$S = \frac{W^2 \mu_0 A_0}{2\delta_0^2} \tag{4.29}$$

亦即 S 此时为一定值，输出与输入近似成线性关系。实际应用中常选取 $\Delta\delta/\delta \leqslant 0.1$。这种传感器适宜于测量小位移，一般为 0.001～1mm。

由式(4.27)可知，改变电感也可通过改变导磁面积 A_0 和线圈匝数 W 来获取。图 4.16 为几种常用的可变磁阻式电感传感器结构形式。

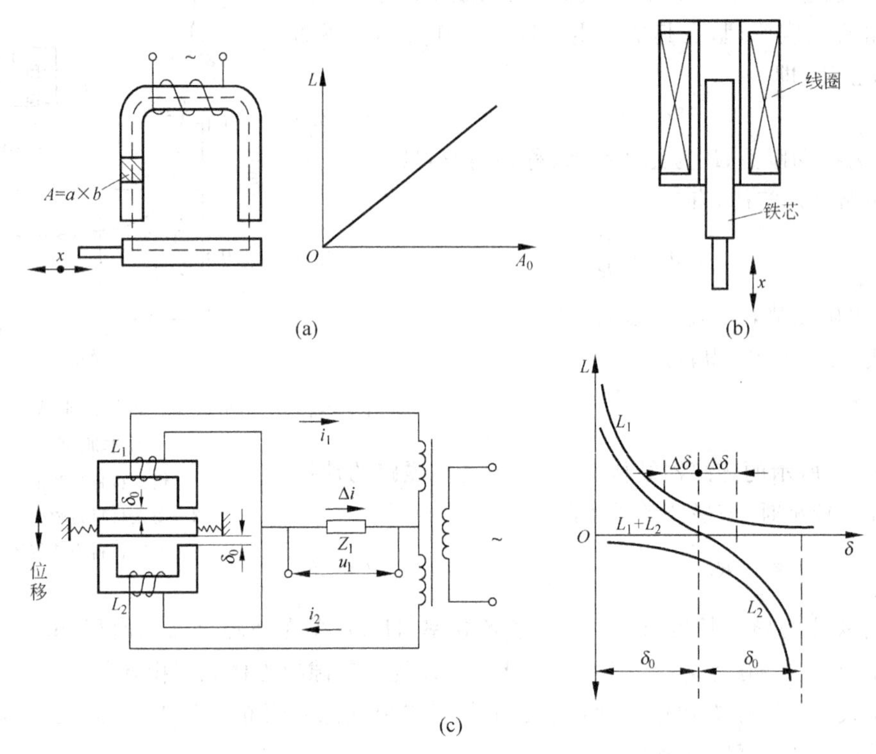

图 4.16 可变磁阻式电感传感器结构形式

(a) 可变磁阻式面积型电感传感器；(b) 可变磁阻式螺线管型电感传感器；

(c) 差动式电感传感器工作原理及输出特性

图 4.16(a)所示的形式是通过改变导磁面积来改变磁阻，其自感 L 与 A_0 成线性关系。图 4.16(b)为螺线管线圈型结构，铁芯在线圈中运动时，总磁阻将发生变化，也可认为是有效线圈匝数发生了变化，从而引起自感发生改变。

为提高自感式传感器的灵敏度，增大传感器的线性工作范围，实际中较多的是将两结构相同的自感线圈组合在一起形成所谓的差动式电感传感器。如图 4.16(c)所示，当衔铁位于中间位置时，位移为零，两线圈上的自感相等。此时电流 $i_1 = i_2$，负载 Z_1 上没有电流通过，$\Delta i = 0$，输出电压 $u_1 = 0$。当衔铁向一个方向偏移时，其中的一个线圈自感增加，而另一个线圈自感减小，亦即 $L_1 \neq L_2$，此时 $i_1 \neq i_2$，负载 Z_1 上流经电流 $\Delta i \neq 0$，输出电压 $u_1 \neq 0$。u_1 的大小表示了衔铁的位移量，其极性反映了衔铁移动的方向。若位移 δ_1 增大 $\Delta\delta$，则必定使 δ_2 减小 $\Delta\delta$。由此，使通过负载的电流产生 $2\Delta i$ 的变化，因此传感器的灵敏度也将增加 1 倍。

自感式传感器常用于非接触式测量位移和角度以及可转换为上述两个量的其他物理

量。传感器的测量范围一般为 1μm～1mm，其最高测量分辨率为 0.01μm。图 4.17 为几种应用实例，图 4.17(a)测量透平轴与其壳体间的轴向相对伸长；图 4.17(b)用于确定磁性材料上非磁性涂覆层的厚度；图 4.17(c)测量高压蒸气管道中阀的位置。

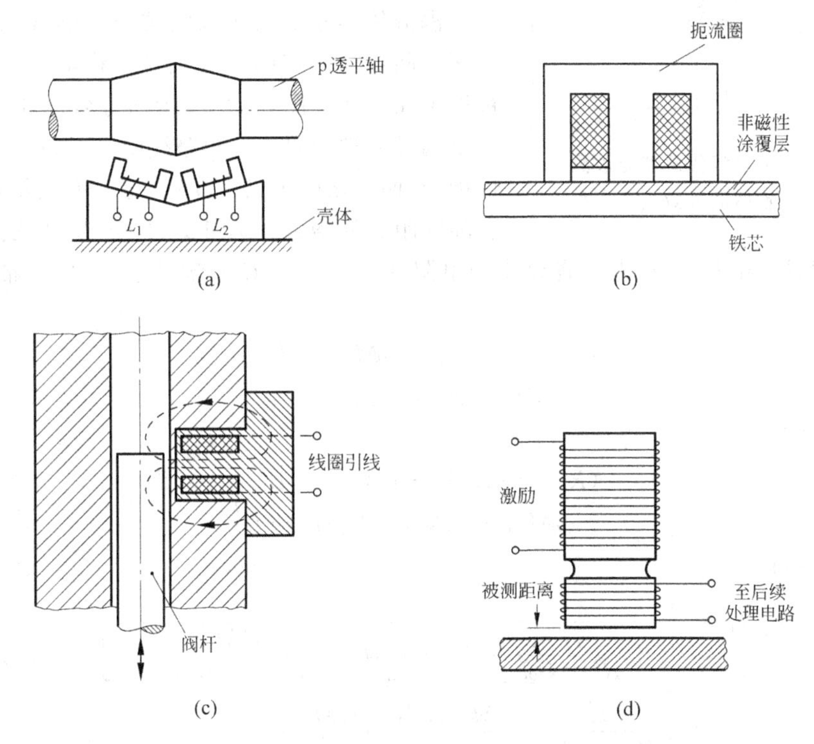

图 4.17 自感式传感器应用实例

同样，图 4.16(b)所示的螺线管线圈型结构也可做成差动型形式，这种由两个单螺线管线圈组成的差动型结构较之单螺线管线圈形式有着更高的灵敏度和线性工作范围，常被用于电感测微仪中(图 4.17(d))。

4.6.1.2 涡流式

当金属导体置于变化着的磁场中或者在磁场中运动时，金属导体内部会产生感应电流，由于这种电流在金属导体内是自身闭合的，因此称为涡电流或涡流(eddy-current)。

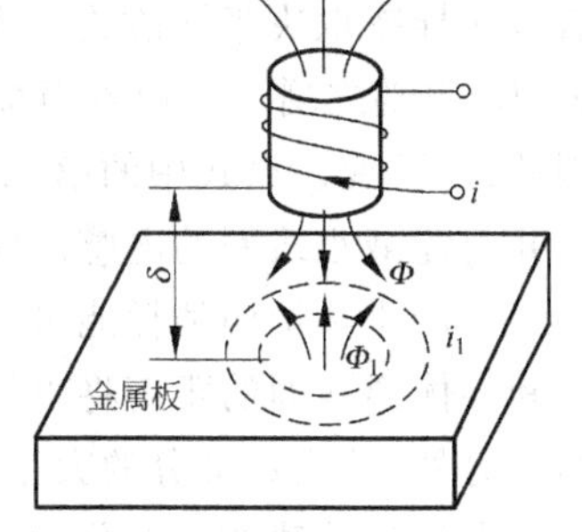

图 4.18 涡流式传感器原理

如图 4.18 所示，一线圈靠近一块金属板，两者相距 δ，当线圈中通以一交变高频电流时，会引起一交变磁通 Φ。由于该交变磁通的作用，在靠近线圈的金属表面内部会产生一感应电流 i_1，该电流 i_1 即为涡流，在金属板内部是闭合的。根据楞次定律，由该涡流产生的交变磁通 Φ_1 将与线圈产生的磁场方向相反，亦即 Φ_1 将抵抗 Φ 的变化。由于该涡流磁场的作用，线圈的等效阻抗将发生变化，其变化的程度除了与两者间的距离 δ 有关外，还与金属导体的电阻率 ρ、磁导率 μ 以及线圈的激磁电流圆频率 ω 等有关。因此改变上述任意一种参数，均可改变线圈的等效阻

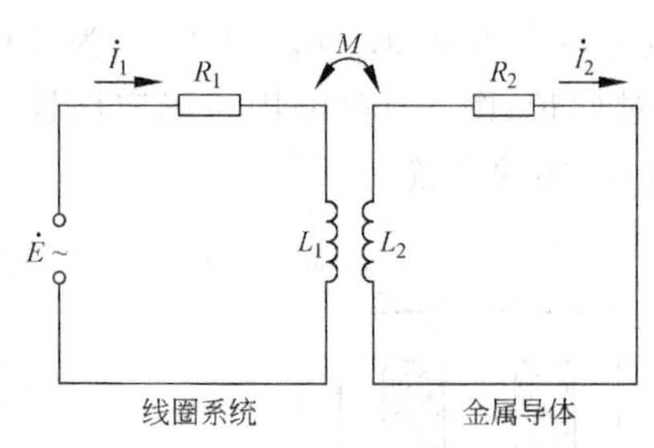

图 4.19 电涡流传感器与被测物体的等效电路

抗，从而可做成不同的传感器件。例如，改变 δ 可以测量位移和振动，改变 ρ 或 μ 可以测量材质变化或用于无损探伤等。

涡流传感器中的线圈阻抗与影响线圈阻抗的诸因素之间存在一定的函数关系。将电涡流传感器与被测金属导体用图 4.19 所示的等效电路来表示，图中金属导体被抽象为一短路线圈，它与传感器线圈磁性耦合，两者之间定义一互感系数 M，表示耦合程度，它随间距 δ 的增大而减小。R_1 和 L_1 分别为线圈的电阻和电感；R_2 和 L_2 分别为金属导体的电阻和电感。设 E 为激励电压，由克希霍夫定律可得

$$\left.\begin{aligned} R_1\dot{I}_1+\mathrm{j}\omega L_1\dot{I}_1-\mathrm{j}\omega M\dot{I}_2&=\dot{E}\\ -\mathrm{j}\omega M\dot{I}_1+R_2\dot{I}_2+\mathrm{j}\omega L_2\dot{I}_2&=0\end{aligned}\right\}\tag{4.30}$$

将上两式改写成

$$\left.\begin{aligned} (R_1+\mathrm{j}\omega L_1)\dot{I}_1-\mathrm{j}\omega M\dot{I}_2&=\dot{E}\\ -\mathrm{j}\omega M\dot{I}_1+(R_2+\mathrm{j}\omega L_2)\dot{I}_2&=0\end{aligned}\right\}\tag{4.31}$$

解上述方程组得

$$\left.\begin{aligned} \dot{I}_1&=\frac{\dot{E}}{R_1+\dfrac{\omega^2M^2}{R_2^2+(\omega L_2)^2}R_2+\mathrm{j}\left[\omega L_1-\dfrac{\omega^2M^2}{R_2^2+(\omega L_2)^2}\omega L_2\right]}\\ \dot{I}_2&=\mathrm{j}\omega\frac{M\dot{I}_1}{R_2+\mathrm{j}\omega L_2}=\frac{M\omega^2L_2\dot{I}_1+\mathrm{j}\omega MR_2\dot{I}_1}{R_2^2+\omega^2L_2^2}\end{aligned}\right\}\tag{4.32}$$

进而可计算出线圈受到金属导体影响后的等效电阻为

$$Z=R_1+R_2\frac{\omega^2M^2}{R_2^2+\omega^2L_2^2}+\mathrm{j}\left[\omega L_1-\omega L_2\frac{\omega^2M^2}{R_2^2+\omega^2L_2^2}\right]\tag{4.33}$$

线圈的等效电感也可计算为

$$L=L_1-L_2\frac{\omega^2M^2}{R_2^2+\omega^2L_2^2}\tag{4.34}$$

式(4.34)中的第一项 L_1 与静磁学效应有关。线圈与金属导体形成一个磁路，可以认为有效磁导率取决于该磁路。当金属导体为磁性材料时，该有效导磁率随间距 δ 的缩小而增大，L_1 也随之增大。但若当金属导体为非磁性材料时，有效磁导率不随间距的变化而变化，因此 L_1 不变。该式中的第二项与电涡流效应有关，电涡流产生一个与原磁场方向相反的磁场并由此减小线圈的电感。间距 δ 越小，电感减小得越厉害。由于在金属导体中流动的电涡流要产生热量而消耗能量，因此线圈阻抗的实数部分是增加的，且金属导体材料的导电性能和导体离线圈的距离将直接影响该实数部分的大小，这一点从式(4.33)中可以清楚地看出。另外，该实数部分的大小与导体是否为磁性材料无关。

电涡流传感器一般分为高频反射式和低频透射式两种。以上介绍的基本上为高频反射式，其激励电流 i 为高频(兆赫以上)电流，这种传感器通常用来测量位移、振动等物理量。

低频透射式涡流传感器多用于测量材料的厚度，其工作原理如图 4.20 所示。在被测材料 G 的上、下方分别置有发射线圈 W_1 和接收线圈 W_2。在发射线圈 W_1 的两端加有低频

(一般为音频范围)电压 e_1,因此形成一交变磁场,该磁场在材料 G 中感应产生涡流 i。由于涡流 i 的产生消耗了磁场的部分能量,使穿过接收线圈 W_2 的磁通量减小,从而使 W_2 产生的感应电动势 e_2 减小。e_2 的大小与材料 G 的材质和厚度有关,e_2 随材料厚度 h 的增加按指数规律减小(图 4.20(b)),因此利用 e_2 的变化即可确定材料的厚度。

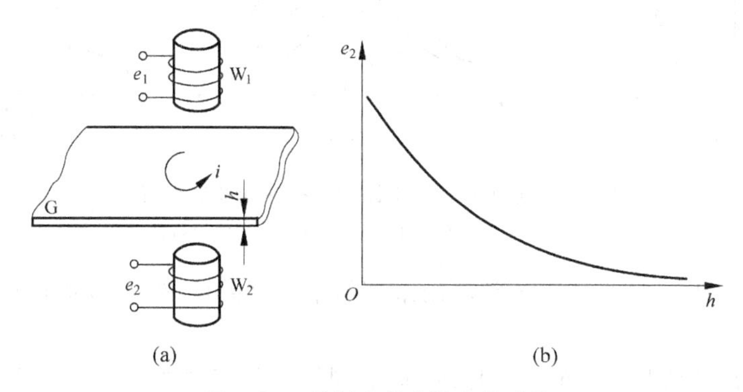

图 4.20 低频透射式涡流传感器

涡流传感器的测量电路一般有阻抗分压式调幅电路及调频电路。

图 4.21 示出了一种涡流测振仪用分压式调幅电路的原理。它由晶体振荡器、高频放大器、检波器和滤波器组成。由晶体振荡器产生高频振荡信号作为载波信号。由传感器输出的信号经与该高频载波信号作调制后输出的信号 e 为高频调制信号,该信号经放大器放大后再经检波与滤波即可得到气隙 δ 的动态变化信息。

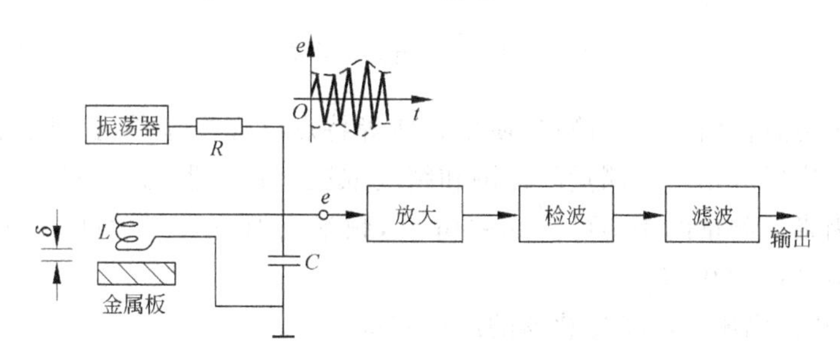

图 4.21 涡流测振仪分压调幅电路

图 4.22(b),(c)是其谐振曲线和输出特性曲线,传感器线圈与并联电容 C 以及分压电阻 R 组成的谐振分压电路如图 4.22(a)所示,在该等效电路中,R',L',C 构成一谐振回路,其谐振频率为

$$f = \frac{1}{2\pi\sqrt{L'C}} \tag{4.35}$$

当谐振频率 f 与振荡器提供的振荡频率相同时,输出电压 e 最大。测量时,线圈阻抗随间隙 δ 而改变,此时 LC 回路失谐,输出信号 $e(t)$ 虽仍为振荡器的工作频率的信号,但其幅值随 δ 而发生变化,它相当于一个调幅波,电阻 R 的作用是进行分压,当 R 远大于谐振回路的阻抗值 $|Z|$ 时,输出的电压值则取决于谐振回路的阻抗值 $|Z|$。

图 4.22(b)示出了不同的间隙 δ 值时谐振频率 f 与输出电压 e 之间的关系;图 4.22(c)表示间隙 δ 与输出电压 e 之间的关系。由图可见,该曲线是非线性的,图中直线段是有用的

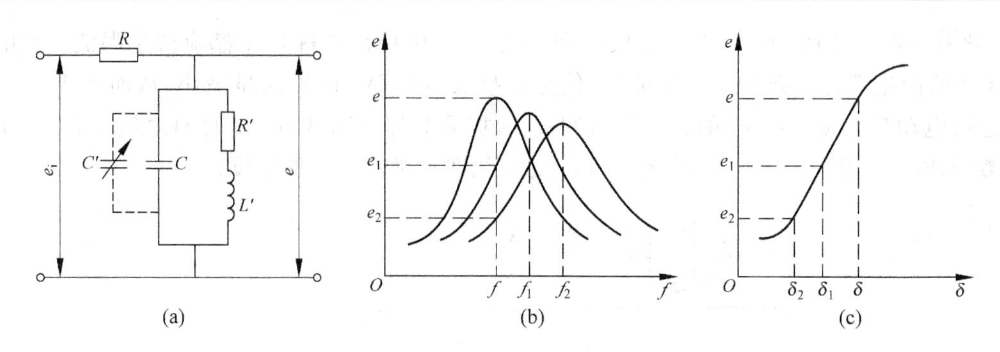

图 4.22　分压式调幅电路的谐振曲线及输出特性

(a) 谐振分压电路；(b) 谐振曲线；(c) 输出特性

工作区段。图 4.22(a)中的可调电容 C'用来调节谐振回路的参数，以取得更好的线性工作范围。

图 4.23 示出了调频电路的工作原理，该法同样把传感器线圈接成一个 LC 振荡回路。与调幅电路不同的是将回路的谐振频率作为输出量，随着间隙 δ 的变化，线圈电感 L 亦将变化，由此使振荡器的振荡频率 f 发生变化。采用鉴频器对输出频率作频率-电压转换，即可得到与 δ 成正比的输出电压信号。

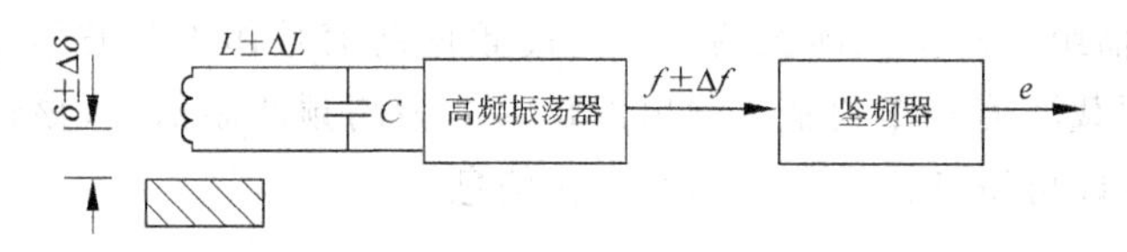

图 4.23　调频电路工作原理

涡流式电感传感器由于结构简单、使用方便等特点已经在位移、振动、材料的无损探伤等诸多领域得到广泛应用。其测量的范围和精度取决于传感器的结构尺寸、线圈匝数以及激磁频率等诸因素。测量的距离可为 0～30mm，频率范围为 0～10^4 Hz，线性度误差为 1%～3%，分辨率最高可达 0.05μm。

图 4.24 为几种涡流式电感传感器的应用实例。

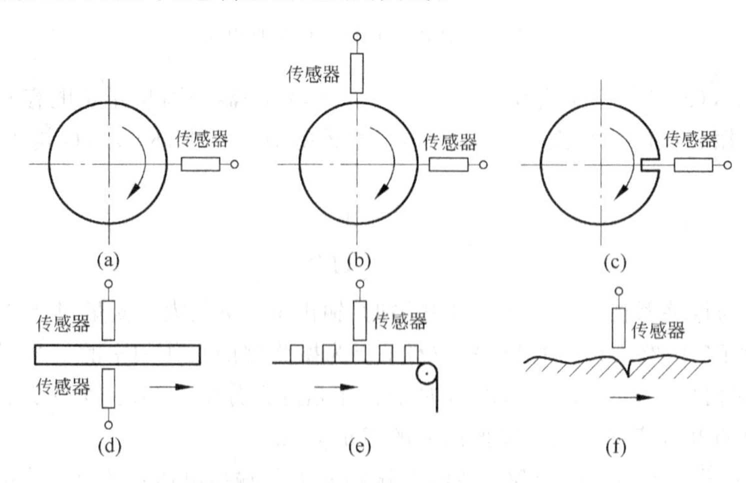

图 4.24　电涡流式传感器应用实例

(a) 测量轴振摆；(b) 测量轴回转；(c) 测量转速；(d) 测量材料厚度；(e) 物件计数；(f) 表面探伤

图 4.25 为用来测量位移和角度的两种不同的涡流传感器的配置方式。当图中的短路环 2 相对于线圈 1 移动或转动时，由于产生的涡流作用，将影响磁通量的变化，该变化的量正比于所移动的距离或转动的角度。

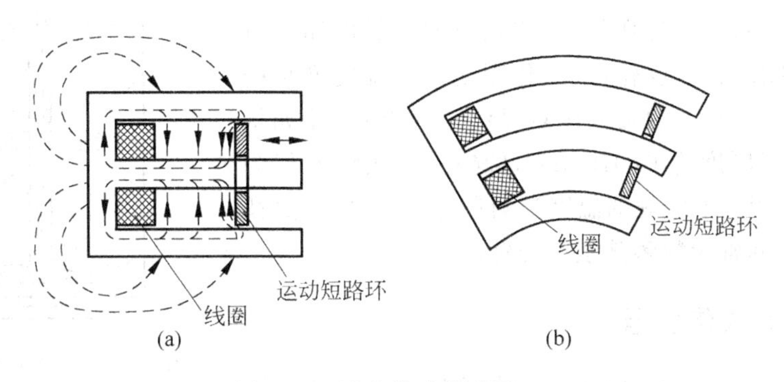

图 4.25 涡流传感器测量

(a) 位移；(b) 角度

采用涡流传感器也可用来测量磁性材料或介质(液体或气体)的温度。其基本原理是基于导体的电阻率随温度变化的关系。一般情况下，导体电阻率与温度间的关系在较小的范围内有公式：

$$\rho_1 = \rho_0[1 + \alpha(t_1 - t_0)] \tag{4.36}$$

式中，ρ_1 表示温度为 t_1 时导体的电阻率；ρ_0 为温度为 t_0 时导体的电阻率；α 为导体的电阻温度系数。

因此当导体的电阻率随温度发生变化时，涡流传感器的输出亦将发生变化，其变化量正比于温度变化值。图 4.26 为一种电涡流测温计的结构示意图。测量时，线圈与被测物的距离固定不变，导体的磁导率也保持不变。线圈与电容器 C 组成 LC 谐振回路，用计数器来记录输出的振荡频率。图 4.27 示出了几种金属材料的温度特性，由图可知，铁磁性材料(铁)的温度灵敏度大，而铝、铜等非磁性材料的温度灵敏度较小，因此上述测温方法仅对铁磁性材料较为适用。典型的应用如钢板表面处理作业线中钢板温度的测量，由于钢板表面涂敷材料的影响，若采用高温辐射计测量必须对辐射率进行修正，而采用涡流传感器，则金属表面的涂料、油、水等物质不会对测量结果产生影响。

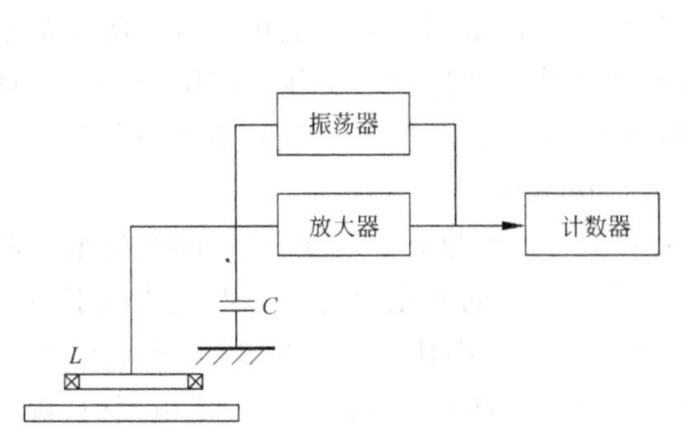

图 4.26 电涡流温度计结构示意图

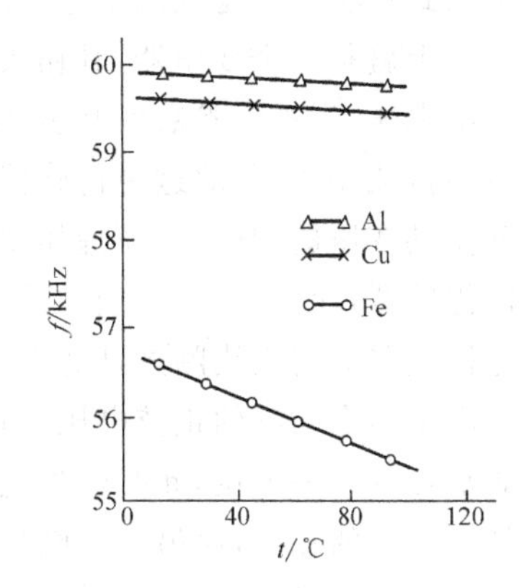

图 4.27 磁性及非磁性材料的温度特性

在测量液体或气体介质的温度时，要采用金属或半导体材料作为涡流传感器的温度敏感元件。该传感器的一种典型结构如图 4.28 所示。敏感元件 5 被置于被测介质中，由于介质温度的变化而引起敏感元件 5 的电阻率的变化，进而使线圈的等效阻抗发生变化，利用相应的测量电路便可测出这种线圈的参数变化，该变化则是介质温度变化的一种度量。该测量法的最大优点是测量速度快，比如敏感元件若采用厚度为 0.015mm 的铜板，其热惯性仅为 0.001s；而采用其他常规的温度计测量，由于它们的热惯性大，因此时间常为数秒甚至几分钟。

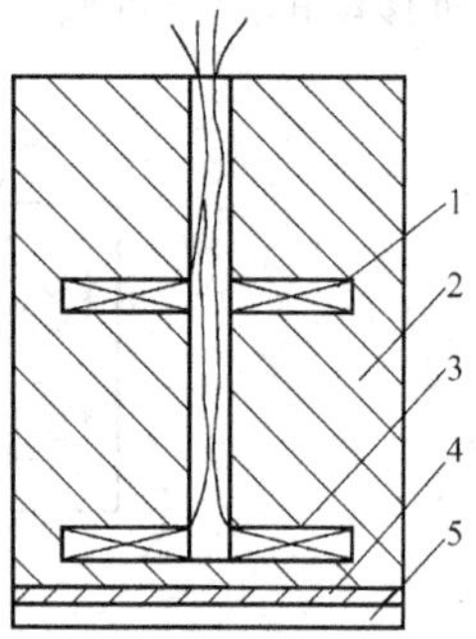

图 4.28 电涡流式温度传感器
1—补偿线圈；2—管架；3—测量线圈；4—电介质热绝缘衬垫；5—温度敏感元件

4.6.2 互感式传感器

互感式(mutual inductive)传感器亦称差动变压器式电感传感器(linear variable differential transformer，LVDT)。其基本原理是电磁感应中的互感现象。如图 4.29 所示，当线圈 W_1 中输入交流电流 i 时，在线圈 W_2 中会产生感应电动势 e_{12}，其大小正比于电流 i 的变化率，即

$$e_{12}=-M\frac{\mathrm{d}i}{\mathrm{d}t} \tag{4.37}$$

式中，M 为比例系数，也称互感(H)，是两线圈 W_1 和 W_2 之间耦合程度的度量，其大小与两线圈的相对位置及周围介质的磁导率等因素有关。

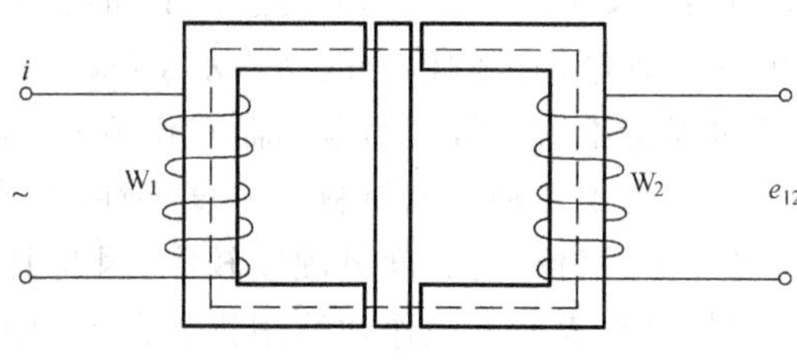

图 4.29 互感现象

互感式传感器正是利用上述原理将被测的位移或转角转换为线圈互感的变化。这种传感器实质上就是一个变压器，其初级线圈接入稳定的交流激励电源，次级线圈被感应而产生对应输出电压，当被测参数使互感 M 产生变化时，输出电压也随之变化。由于次级常采用两个线圈接成差动型，故这种传感器又称差动变压器式传感器。实际中应用较多的是螺管线圈型差动变压器，其工作原理如图 4.30 和图 4.31 所示。图 4.30 所示为测量位移的差动变压器传感器，而图 4.31 的型式是用以测量转动的传感器。

这种装置的初级线圈激励通常用电压 3～15V、频率为 60～20 000Hz 的交流电。两副边感应产生与之同频的正弦电压，但其幅值随铁芯位置的变化而变化。当铁芯位于中间位置时通常可取得一零位，此时输出电压 e_o 为零。当铁芯朝任一方向移动时，次级线圈中的一个具有较大的互感，而另一个则具有较小的互感。这样在零位的两侧一定范围内，输出 e_o 与铁芯位置间便是一种线性函数的关系。当 e_o 通过零位时，它要经受一个 180°的相移。输出 e_o 通常与激励电压 e_x 不同相，但这一点随 e_x 的频率而变化，且对每一个差动变压器式传

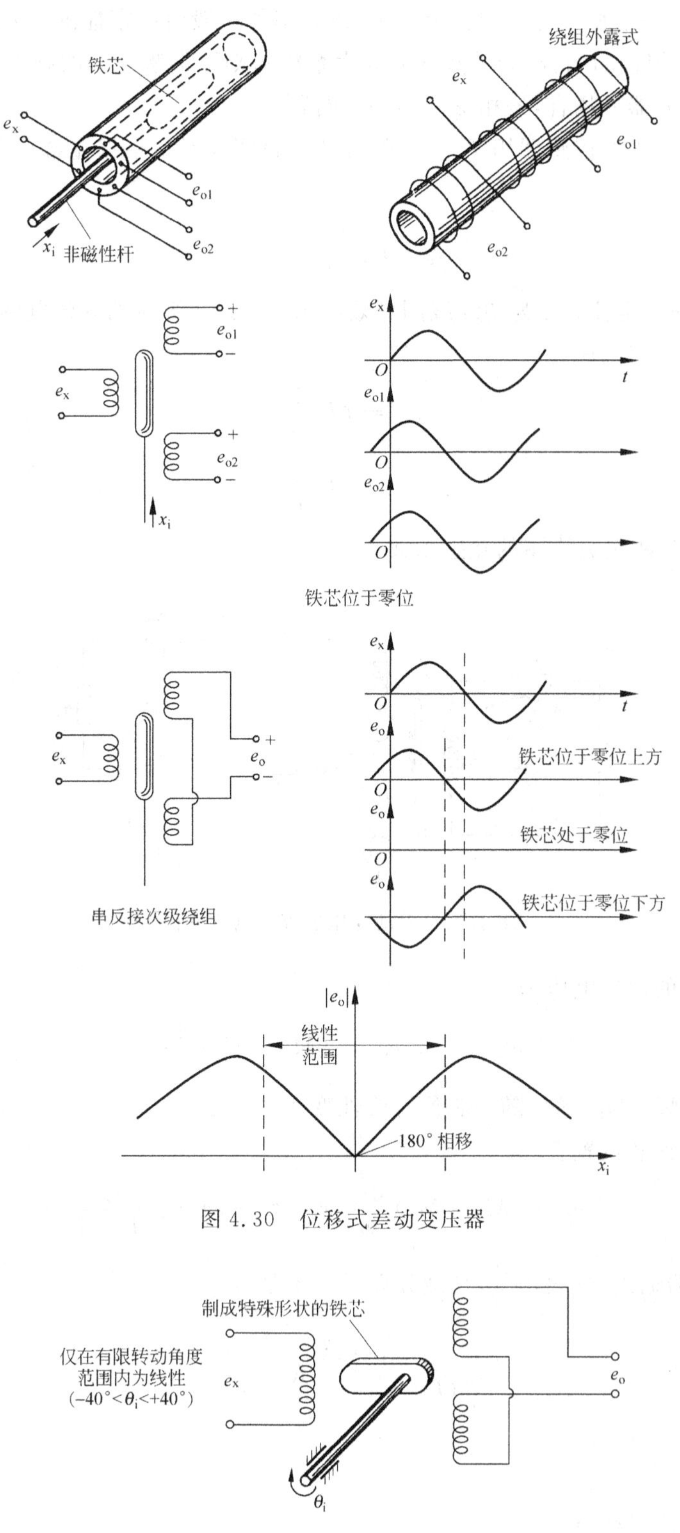

图 4.30 位移式差动变压器

图 4.31 转动式差动变压器

感器来说，总存在一个相移为零的特定频率，该频率值一般由厂家提供。因此对某些要求 e_o 和 e_x 间允许很小相移的场合（如某些载波放大系统），则要求激励源的频率合适。但对一般接至交流表或示波器的场合，该相移并不是大问题。

将上述差动变压器传感器用图 4.32 的等效电路图表示。根据克希霍夫定律，若输出开路，则有

$$i_p R_p + L_p \frac{\mathrm{d}i_p}{\mathrm{d}t} - e_x = 0 \tag{4.38}$$

式中，i_p 为交流激励电流；R_p 为初级线圈等效电阻；L_p 为初级线圈等效电感；e_x 为激励电压。

次级线圈中感应电压为

$$\left.\begin{aligned} e_{s1} &= M_1 \frac{\mathrm{d}i_p}{\mathrm{d}t} \\ e_{s2} &= M_2 \frac{\mathrm{d}i_p}{\mathrm{d}t} \end{aligned}\right\} \tag{4.39}$$

式中，M_1 和 M_2 为两次级线圈的互感系数。

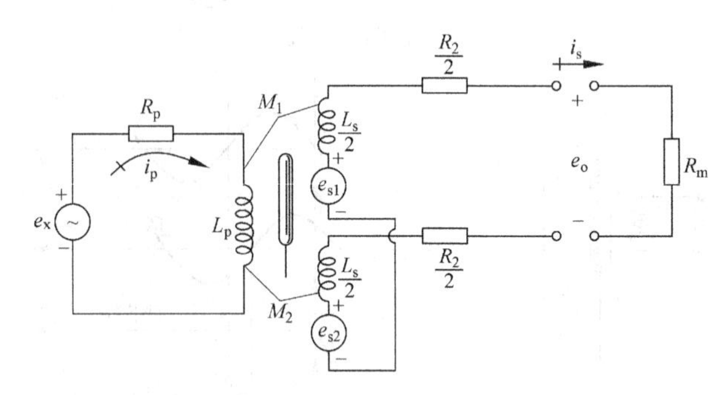

图 4.32 差动变压器等效电路分析

总次级线圈的输出电压为

$$e_s = e_{s1} - e_{s2} = (M_1 - M_2)\frac{\mathrm{d}i_p}{\mathrm{d}t} \tag{4.40}$$

其中总的互感 $\Delta M = M_1 - M_2$ 随铁芯位置线性变化。

对一固定的铁芯位置有

$$e_o = e_s = (M_1 - M_2)\frac{\mathrm{d}i_p}{\mathrm{d}t} = (M_1 - M_2)\frac{D}{L_p D + R_p} e_x \tag{4.41}$$

式中，e_o 为变压器输出；D 表示 $\frac{\mathrm{d}}{\mathrm{d}t}$，是微分算子。于是有

$$\frac{e_o}{e_x}(D) = \frac{\left(\frac{M_1 - M_2}{R_p}\right)D}{\tau_p D + 1} \tag{4.42}$$

式中，$\tau_p \triangleq \frac{L_p}{R_p}$。

根据频率响应函数有

$$\left.\begin{aligned}\frac{e_o}{e_x}(j\omega) &= \frac{\dfrac{\omega(M_1-M_2)}{R_p}D}{\sqrt{(\omega\tau_p)^2+1}}\angle\varphi \\ \varphi &= 90^\circ - \arctan\omega\tau_p\end{aligned}\right\} \tag{4.43}$$

从式(4.43)中可以明显看出在 e_o 和 e_x 之间存在相差 φ。若在输出端接有一输入电阻为 R_m 的电压测量装置,则可得

$$\left.\begin{aligned}i_pR_p + L_pDi_p - (M_1-M_2)Di_s - e_x &= 0 \\ (M_1-M_2)Di_p + (R_s+R_m)i_s + L_sDi_s &= 0\end{aligned}\right\} \tag{4.44}$$

由此可得输入与输出的关系为

$$\frac{e_o}{e_x}(D) = \frac{R_m(M_1-M_2)D}{[(M_1-M_2)^2+L_pL_s]D^2+[L_p(R_s+R_m)+L_sR_p]D+(R_s+R_m)R_p} \tag{4.45}$$

由于$(e_o/e_x)(j\omega)$的频率响应在低频时具有相角$+90^\circ$,而在高频时具有相角-90°,因此在两者中间必有一零位。当激励频率不能被调节到该值时,可采用图4.33所示的几种方法加以调节。

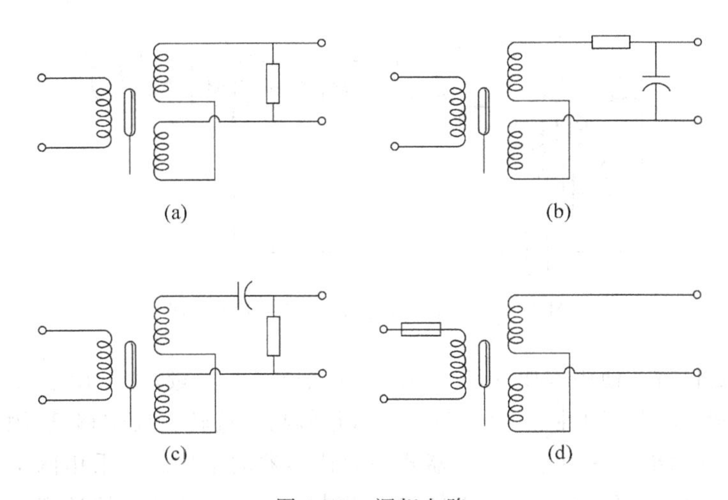

图4.33 调相电路

(a),(b) 将一超前相角向后调节的两种方法;(c),(d) 将一滞后相角朝前调节的两种方法

尽管理想情况下输出电压在零位时应为零,但初级与次级线圈之间耦合的杂散电容以及激励电源的谐波分量仍会造成非零的零位电压。该电压值在普通情况下不大于满量程输出的1%。为减小这种零位输出电压,可采用图4.34所示的两种方法,图(a)是采用激励源中间抽头接地的方法,图(b)是采用电位计 R_p 进行调节的方法。要注意的是,所用的 R 和 R_p 不应太大,不应使之对激励源造成负载效应。

图4.35是一种用于测量小位移的差动变压器相敏检波电路。在无输入信号时,铁芯处于中间位置,调节电阻 R 使零位残余电压为最小;当铁芯上、下移动时,传感器有信号输出,其输出的电压信号经交流放大、相敏检波和滤波之后得到直流输出,由指示仪表指示出位移量的大小与方向。

差动变压器式传感器的特点是测量精度高(可达0.1μm量级)、线性量程大(可达

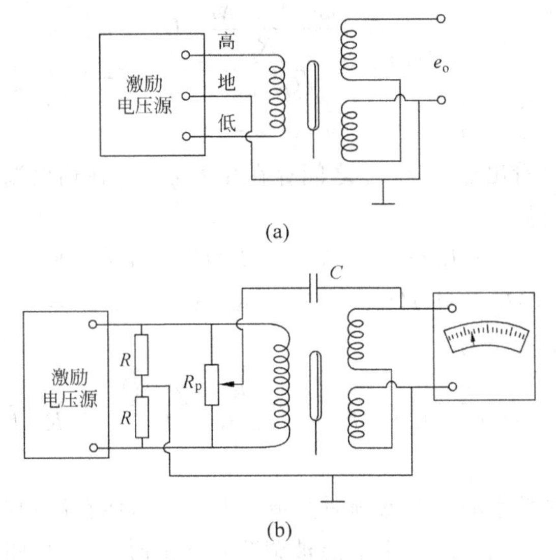

图 4.34 零位调节电路

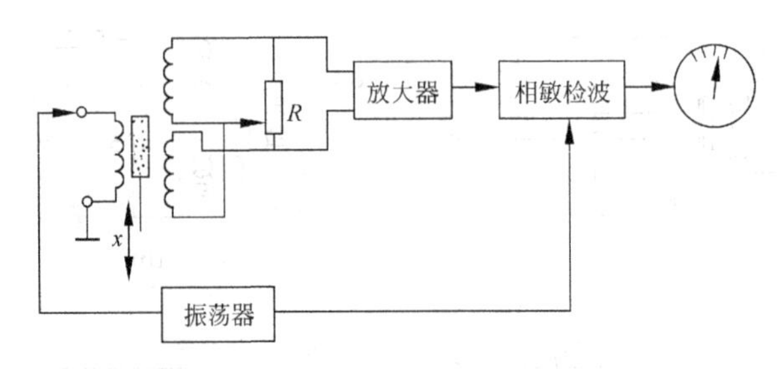

图 4.35 差动相敏检波电路的工作原理

±100mm)、稳定性好和使用方便等，广泛用于直线位移的测量，也可用于转动位移的测量(图 4.31)。另外，借助于弹性元件可将压力、重量等物理量转换成位移量，因此也可用于力的测量。图 4.36 示出了一种差动变压器式测力传感器的结构。它采用两个螺旋挠性机构作为弹性元件，每个元件均由一整块工件加工而成。采用一外部螺纹环来改变被弹簧加载的变压器线圈轴向的位置，从而进行零位调整。这种传感器可用来测量 10mN～200kN 的力，满量程的位移量为 1～2μm，测量非线性度一般要好于满量程的 0.2%～0.1%，工作温度为 20～100℃。

4.6.3 磁弹性测力传感器

利用导体磁导率的变化来引起自感的变化，这便是磁弹性测力传感器(magnetoelastic force transducer)的工作原理。图 4.37 示出了这种传感器的结构以及所受法向应力与磁导率相对变化间的关系曲线。这种传感器一般由铁磁体(受力元件)1 和线圈 2 组成，铁磁体材料一般为铁镍合金。在外力作用下，铁磁体产生弹性变形，使材料的磁导率发生相应变化。由式(4.25)可知，此时由于不存在气隙而使磁阻变为 $R_m=\frac{l}{\mu A}$，因此自感公式变为

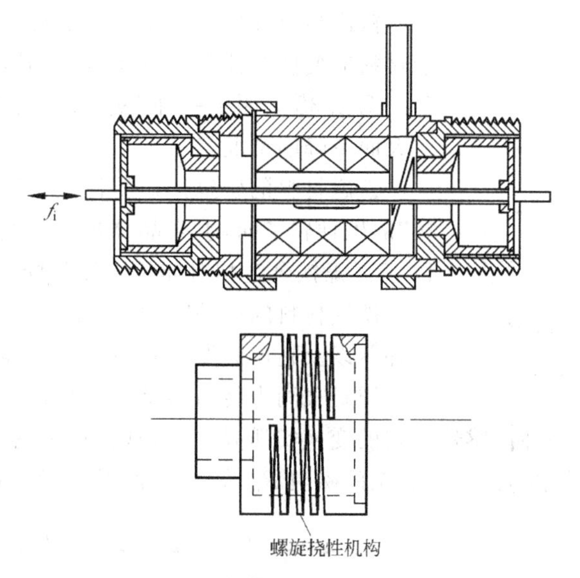

图 4.36 线性可变差动变压器力传感器

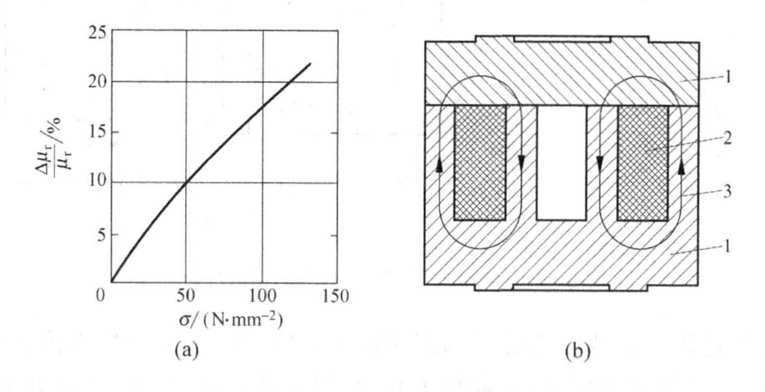

图 4.37 磁弹性测力传感器

(a) 铁镍合金磁导率随所受法向力的变化情况；(b) 传感器截面图

1—铁磁体；2—线圈；3—磁力线

$$L = \frac{W^2 \mu A}{l} \tag{4.46}$$

由上式可知，由于传感器的绕组 W、截面积 A 和导磁长度 l 均不变化，因此自感 L 便是磁导率的单一函数。由此便可利用 L 的变化来测量应力的变化。这种传感器的 $\Delta l/l$ 的变化在 $10^{-6}\sim10^{-5}$之间，其测量范围为 $10^3\sim10^6$ N。

4.6.4 压磁式互感传感器

铁磁材料如镍、铁镍、铁铝、铁硅合金等，在外力作用下会发生机械变形，内部产生应力，并引起磁导率的变化。这种由于机械变形导致材料磁性质的变化称为压磁效应(piezomagnetic effect)或磁应变效应。还有一种相反的现象是，将铁磁材料置于磁场中，它的形状和尺寸就发生变化，这种在外磁场作用下材料发生机械变形的现象，称为磁致伸缩效应。

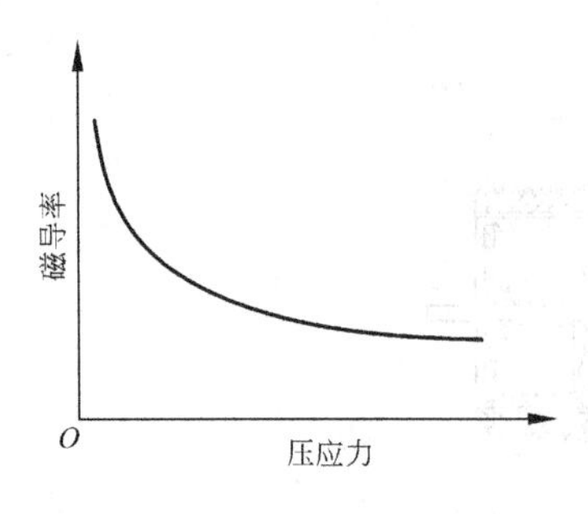

图 4.38 压应力对镍铁合金磁导率的影响

铁磁材料在外力作用下引起磁导率变化的原因，是由于材料应变使晶体点阵发生畸变，这将阻碍材料的磁化过程。图 4.38 表明了一种 79%镍合金磁导率 μ_{max} 随压应力增大而下降的情况。

铁磁材料的磁致伸缩特性是由于在外磁场作用下“磁畴”的磁轴转了向，引起晶体尺寸变化。图 4.39 表明了一种 45%镍铁合金相对伸长与外磁场强度 H 的关系。

铁磁材料的这种特性被广泛用于制造测量力和扭矩的传感器以及超声波发生器中的机-电换能器等。

压磁式测力传感器是应用压磁元件将力、扭矩等参数转换为磁导率变化的一种传感器。它的变换实质是，绕有线圈的铁芯，在外力作用下，磁导率发生变化，引起铁芯中与磁通有关系的磁阻 R_m 发生变化，从而导致自感或互感变化。

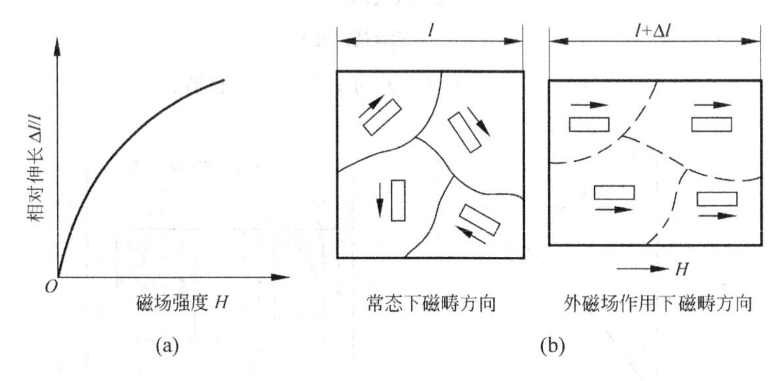

图 4.39 磁致伸缩效应与磁场强度的关系

图 4.40 是两种压磁式测力传感器的工作原理，其中图(a)是测扭矩传感器，它利用了线圈自感变化；图(b)是测力传感器，它利用了互感变化，副线圈 W_2 的感应电动势随力大小而变化。这类传感器的优点是输出较大、对环境因素(温度、湿度)不敏感、耐过载能力强，缺点是线性及稳定性差。

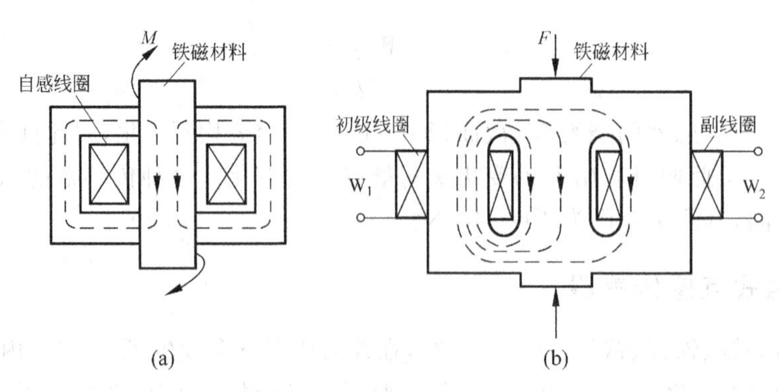

图 4.40 压磁式测力传感器

4.7　电容式传感器

电容式传感器(capacitive transducer)采用电容器作为传感元件，将不同物理量的变化转换为电容量的变化。其工作原理可通过图4.41所示的平板电容器加以解释。

忽略边缘效应，一平板电容器的电容可表达为

$$C=\frac{\varepsilon_0\varepsilon A}{\delta} \tag{4.47}$$

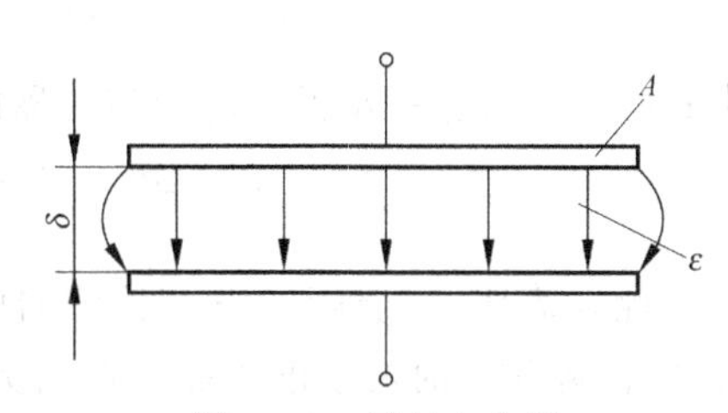

图4.41　平板电容器

式中，A为极板面积，m^2；ε_0为真空介电常数，$\varepsilon_0=8.85\times10^{-12}$F/m；$\varepsilon$为极板间介质的介电常数，当介质为空气时$\varepsilon=1$；$\delta$为两极板间距离，m。

由上式可知，改变A，ε或δ的任何一个参数都能引起电容值的变化，据此可做成不同的传感器，通常可分为间隙变化型、面积变化型和介质变化型3种。

4.7.1　间隙变化型电容传感器

如图4.42所示，间隙变化型(variation in separation)传感器常常固定一块极板(图中定极板)而使另一块极板移动(图中动极板)，从而改变间隙δ以引起电容的变化。设板间隙有一改变量$\Delta\delta$，则式(4.47)改写为

$$C_1=\frac{\varepsilon_0\varepsilon A}{\delta+\Delta\delta} \tag{4.48}$$

将上式按泰勒级数展开为

$$\begin{aligned}C_1&=\frac{\varepsilon_0\varepsilon A}{\delta+\Delta\delta}\\&=\frac{\varepsilon_0\varepsilon A}{\delta}\left[1-\frac{\Delta\delta}{\delta}+\left(\frac{\Delta\delta}{\delta}\right)^2-\cdots\right]\\&\approx\frac{\varepsilon_0\varepsilon A}{\delta}\left[1-\frac{\Delta\delta}{\delta}+\left(\frac{\Delta\delta}{\delta}\right)^2\right]\end{aligned} \tag{4.49}$$

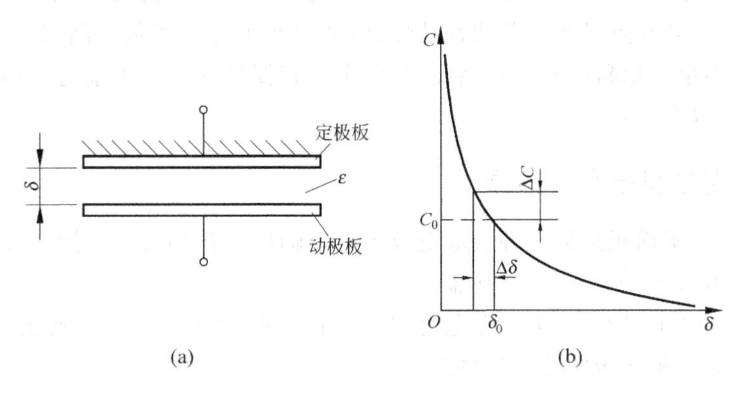

图4.42　间隙变化型电容传感器

(a) 间隙变化型电容传感器原理图；(b) C-δ特性曲线

由上式可知，电容 C_1 与间隙 δ 之间为非线性关系，如图 4.42(b)曲线所示。当 $\Delta\delta$ 值较小时，在 $\Delta C/C$ 与 $\Delta\delta/\delta$ 之间可近似为一线性关系。如当 $\Delta\delta/\delta=0.1$ 时，按式(4.49)计算所得的线性偏差为 10%；而当 $\Delta\delta/\delta=0.01$ 时，该偏差降至 1%。因此对小的间隙变化，式(4.49)可进一步舍去二次项，从而可得电容变化量：

$$\Delta C = C_1 - C = -\frac{\varepsilon_0 \varepsilon A}{\delta^2}\Delta\delta \tag{4.50}$$

由式(4.50)可进一步得到电容传感器的灵敏度：

$$S = \frac{\Delta C}{\Delta\delta} = -\frac{\varepsilon_0 \varepsilon A}{\delta^2} \tag{4.51}$$

此式表明，变极距式电容传感器的灵敏度与间隙的平方值成反比，间隙越小时灵敏度越高。但当灵敏度提高时，非线性误差也增大，因此一般规定这种传感器在较小范围内工作以减小非线性误差。

实际应用中为提高传感器的灵敏度，常采用差动式结构，如图 4.43 所示。差动式电容传感器中间可移动的电容器极板分别与两边固定的电容器极板形成两个电容 C_1 和 C_2，当中间极板向一方移动时，其中一个电容器 C_1 的电容因间隙增大而减小，而另一个电容器 C_2 的电容则因间隙的减小而增大，由式(4.49)最后可得电容总变化量：

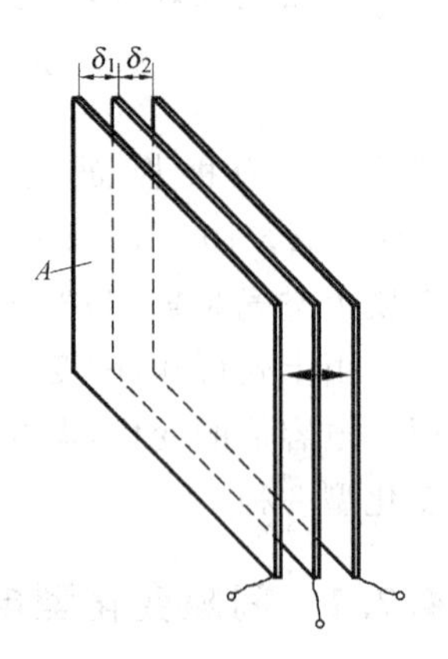

图 4.43 差动式电容传感器

$$\Delta C = C_1 - C_2 = -\frac{2\varepsilon_0 \varepsilon A}{\delta^2}\Delta\delta \tag{4.52}$$

由此可得灵敏度：

$$S = \frac{\Delta C}{\Delta\delta} = -\frac{2\varepsilon_0 \varepsilon A}{\delta^2} \tag{4.53}$$

这种差动式电容传感器不仅可提高灵敏度，也相应地改善了测量线性度。

间隙变化型电容传感器用于测量位移及一切能转换为位移测量的物理参数，其特点是非接触式测量，因而对被测量影响小，灵敏度高；测量范围最大可达 1mm，非线性误差为满量程的 1%～3%；测量的频率范围为 0～10^5 Hz。这种传感器对温度变化十分敏感，也可用来作温度测量。主要缺点是具有非线性特性，因此限制了它的测量范围，且其内阻很大；另外，传感器的杂散电容也易影响测量精度，故要求传感器导线长度不能过大；此外传感器的后续电路也比较复杂。

4.7.2 面积变化型电容传感器

改变电容器极板面积是另一种获取电容传感器输出变化的方法。图 4.44 示出了几种面积变化型(viation in area)电容传感器。

图 4.44(a)为通过线性位移改变电容器极板面积的形式。当动电极在 x 方向有位移 Δx 时，根据图示，极板面积的改变量将是

$$\Delta A = b \cdot \Delta x \tag{4.54}$$

因此电容的改变量将是

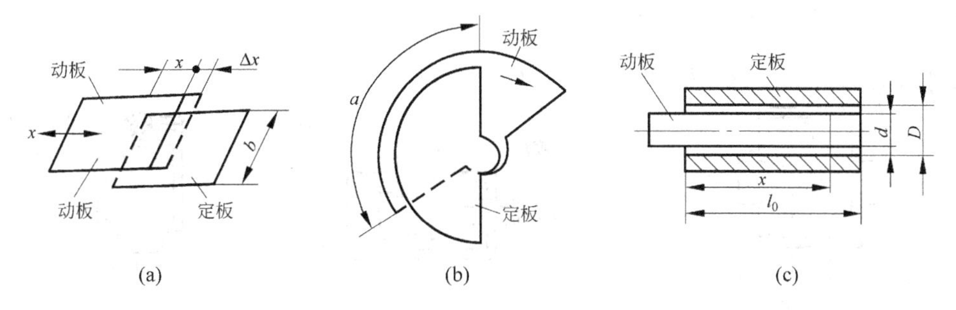

图 4.44 面积变化型电容传感器

(a) 平板线位移式；(b) 转角式；(c) 圆柱体线位移式

$$\Delta C = \frac{\varepsilon_0 \varepsilon b}{\delta} \Delta x \tag{4.55}$$

其灵敏度为

$$S = \frac{\Delta C}{\Delta x} = \frac{\varepsilon_0 \varepsilon b}{\delta} \tag{4.56}$$

可见该灵敏度为一常数，因此输入-输出关系为线性。

图 4.44(b)为转角型结构，当改变两极板间的相对转角时，两极板的相对公共面积发生变化。由图可知，该公共覆盖面积为

$$A = \frac{\alpha r^2}{2} \tag{4.57}$$

式中，α 为公共覆盖面积对应的中心角；r 为半圆形极板半径。

因此当转角变化 $\Delta\alpha$ 时，电容量改变为

$$\Delta C = \frac{\varepsilon_1 \varepsilon_2 r^2}{2\delta} \Delta \alpha \tag{4.58}$$

同样可得这种情况下电容器的灵敏度为

$$S = \frac{\Delta C}{\Delta \alpha} = \frac{\varepsilon_1 \varepsilon_2 r^2}{2\delta} \tag{4.59}$$

该灵敏度为一常数，输入与输出间仍为线性关系。

图 4.44(c)为圆柱体线位移型结构，其中圆筒固定，圆柱在其中移动。利用高斯积分可得该电容器的电容量：

$$C = \frac{2\pi\varepsilon_0 \varepsilon x}{\ln(D/d)} \tag{4.60}$$

式中，D 为圆周内径；d 为圆柱外径。

当两者覆盖长度 x 的变化为 Δx 时，电容变化量为

$$\Delta C = \frac{2\pi\varepsilon_0 \varepsilon}{\ln(D/d)} \Delta x \tag{4.61}$$

同理可得其灵敏度为

$$S = \frac{\Delta C}{\Delta x} = \frac{2\pi\varepsilon_0 \varepsilon}{\ln(D/d)} \tag{4.62}$$

采用变面积电容传感器还可用于各种压力、加速度等物理量的测量。图 4.45 示出了几种用电容传感器构成的压力测量装置，其中图(a)采用膜片式结构，可测量绝对压力或气压；

图(b)和图(c)则采用膜盒来测量压力。

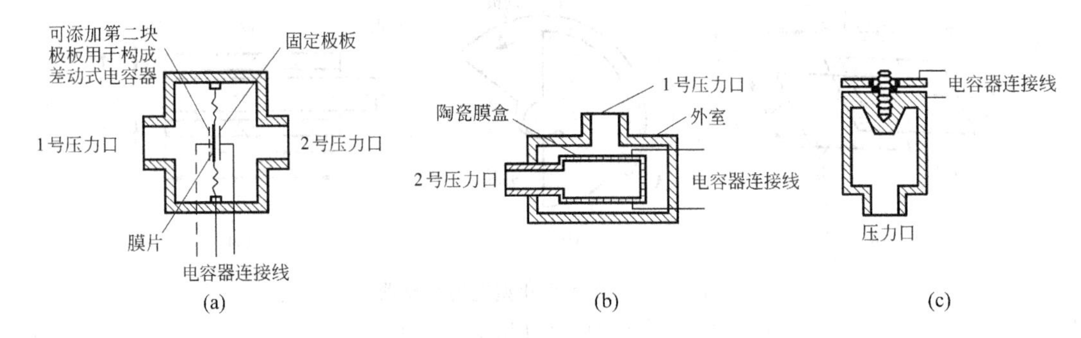

图 4.45 电容传感器压力测量装置

(a) 膜片式(抽真空并将 2# 口密封以测量绝对压力和计示压力); (b),(c) 膜盒式(膜盒随压力伸缩)

由上面 3 种类型的面积变化型电容传感器的分析可知,该类传感器的最大优点是其输入与输出是一种线性关系。缺点是电容器的横向灵敏度较大;此外其机械结构要求十分精确,因此相对于间隙变化型传感器,测量精度较低。

这种传感器的测量范围对于线位移型来说为几个厘米,对转角度型则为 180°,测量的频率范围为 $0\sim10^4$ Hz。同样也可将这种传感器做成差动型的,图 4.46 示出了板式、柱式和柱式差动型的电容传感器。

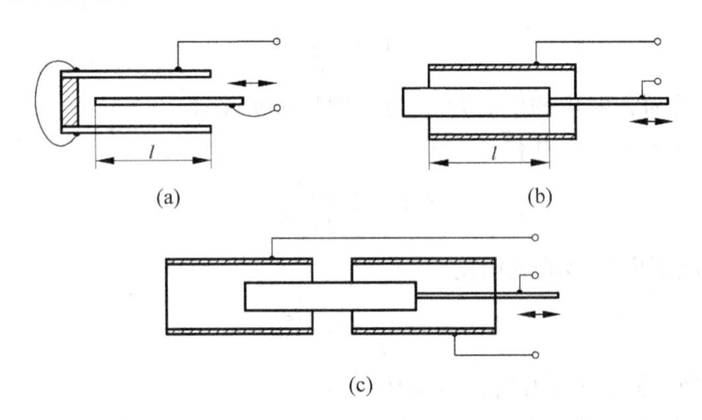

图 4.46 中间电极移动式电容传感器

(a) 板式; (b) 柱式; (c) 柱式差动型

4.7.3 介质变化型电容传感器

图 4.47 所示为介质变化型(variation in dielectrics)电容传感器的两种形式。其中图 4.47(a)所示电容器具有两种不同的电介质,介电常数分别为 ε_{r1} 和 ε_{r2},介质厚度分别为 a_1 和 a_2,且 $a_1+a_2=a_0$,即两者之和等于两极板间距 a_0。整个装置可视为由两电容器串联而成,其总电容量 C 由两电容器的电容 C_1 和 C_2 确定,由此得

$$\frac{1}{C}=\frac{1}{C_1}+\frac{1}{C_2}=\frac{1}{\varepsilon_0 A}\left(\frac{a_1}{\varepsilon_{r1}}+\frac{a_2}{\varepsilon_{r2}}\right) \tag{4.63}$$

因此

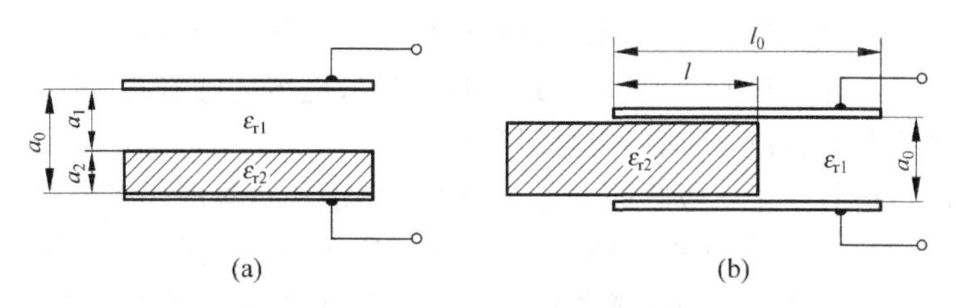

图 4.47 介质变化型电容传感器

(a) 极板上覆盖有介质；(b) 介质可移动

$$C=\frac{\varepsilon_0 A}{\dfrac{a_1}{\varepsilon_{r1}}+\dfrac{a_2}{\varepsilon_{r2}}} \tag{4.64}$$

式中，A 为电容器极板面积。

为分析简单起见，设介质 1 为空气，即 $\varepsilon_{r1}=1$，则式(4.64)变为

$$C=\frac{\varepsilon_0 A}{a_1+\dfrac{a_2}{\varepsilon_{r2}}}=\frac{\varepsilon_0 A}{a_0-a_2+\dfrac{a_2}{\varepsilon_{r2}}} \tag{4.65}$$

由式(4.65)可知，总电容量 C 取决于介电常数 ε_{r2} 及介质厚度 a_2。因此当这两个参数中一个为已知时，可通过上述公式来确定另一个。

这种方法常用来对不同材料如纸、塑料膜、合成纤维等进行厚度测定，测量时让材料通过电容器两极板之间，已知材料的介电常数时，便可从被测的电容值来确定材料厚度。

采用图 4.47(b)的形式也可改变介质，其中介质 2 插入电容器中一定深度。这种结构相当于将两电容器并联，此时的总电容由两部分组成：电容 C_1（介电常数 ε_{r1}，极板面积 $b_0(l_0-l)$）和电容 C_2（介电常数 ε_{r2}，极板面积 $b_0 l$）。由此得

$$\begin{aligned}C&=C_1+C_2=\frac{\varepsilon_0\varepsilon_{r1}b_0(l_0-l)}{a_0}+\frac{\varepsilon_0\varepsilon_{r2}b_0 l}{a_0}\\&=\frac{\varepsilon_0 b_0}{a_0}[\varepsilon_{r1}(l_0-l)+\varepsilon_{r2}l]\end{aligned} \tag{4.66}$$

为分析方便起见，同样设介质 1 为空气，因此 $\varepsilon_{r1}=1$，又设介质全部为空气的电容器的电容为 C_0，则 $C_0=\dfrac{\varepsilon_0 b_0 l_0}{a_0}$。由于介质 2 的插入所引起的电容 C 的相对变化 $\Delta C/C_0$ 正比于插入深度 l，则

$$\begin{aligned}\frac{\Delta C}{C_0}&=\frac{C-C_0}{C_0}=\frac{l_0-l}{l_0}+\frac{\varepsilon_{r2}l}{l_0}-1\\&=\frac{\varepsilon_{r2}-1}{l_0}l\end{aligned} \tag{4.67}$$

这一原理常用于对非导电液体和松散物料的液位或填充高度的测量。如图 4.48 所示，在一被测介质中插入两片电容器极板，所测得的电容值即为液位或填充物料的高度 l 的度量。

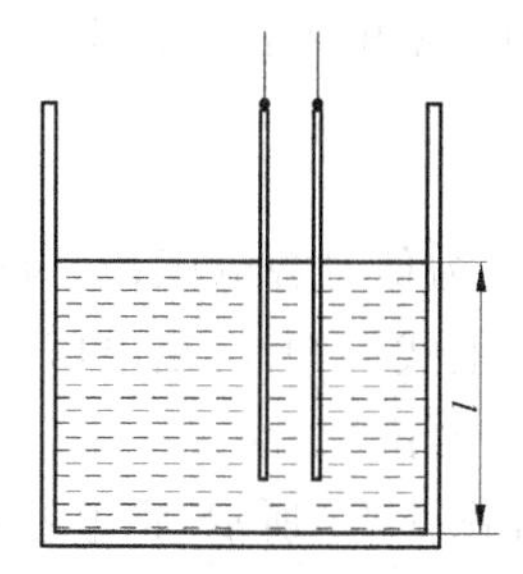

图 4.48 测量非导电液或松散物料填充高度的电容传感器

水的介电常数为 $\varepsilon_r=81$，该值远大于其他材料的介电常数，因此某些绝缘材料的介电常数随含水量的增加

而急剧变大，基于这一事实可用来作水分或湿度的测量。例如，要确定像谷物、纺织品、木材或煤炭等固体非导电性材料的湿度，可将这些材料导入电容传感器两极板之间，通过介质介电常数的影响来改变电容值，从而确定材料湿度。

某些专门的塑料其分子所吸收的水分与周围空气的相对湿度之间存在着某种明确的关系，用这种原理可测量空气的湿度。图 4.49 示出了这样一种传感器的结构以及探头电容与空气相对湿度之间的关系。在该传感器中，将该种塑料作为电容器的介质，根据所测到的电容值便可确定周围空气的相对湿度。

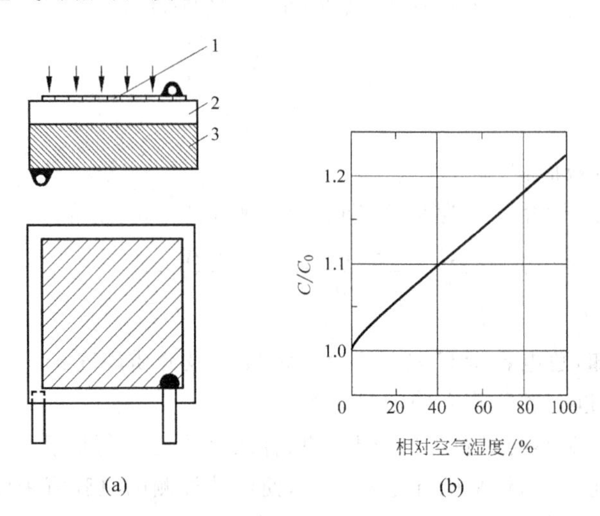

图 4.49 测量空气相对湿度的电容式传感器

(a) 传感器构造；(b) 传感器敏感元件电容与相对湿度之间的关系曲线($C_0\approx300$pF)

1—透水性金电极；2—湿敏介质；3—地电极

另外，某些电介质是温度灵敏的，因此也可做成相应的传感器用于火灾报警装置。

由于电容式传感器测出的电容及电容变化量均很小，因此必须连接适当的放大电路将它们转换成电压、电流或频率等输出量。以下是常用的几种电路。

1. 运算放大器电路

如图 4.50 所示，用该电路可获得输出电压随输入电容值线性变化的关系。由于运算放大器增益很大，输入阻抗很高，因此，

$$e_o=-e_i\frac{C_o}{C_x} \tag{4.68}$$

对变间隙型电容传感器来说，将式(4.47)代入上式可得

$$e_o=-e_i\frac{C_o\delta}{\varepsilon_0\varepsilon A} \tag{4.69}$$

式中，e_i 为信号源电压；e_o 为运放输出电压；C_o 为固定电容；C_x 为传感器等效电容。

由上式可知，输出电压 e_o 与电容传感器间隙 δ 成正比。

2. 电桥测量电路

如图 4.51 所示，将电容式传感器接入图示电桥的一桥臂中(图中 C_2)，根据电桥平衡公式有

$$\frac{\frac{R_2}{j\omega C_2}}{R_2+\frac{1}{j\omega C_2}}R_3=\frac{\frac{R_1}{j\omega C_1}}{R_1+\frac{1}{j\omega C_1}}R_4 \tag{4.70}$$

或

$$R_2R_3+j\omega R_1R_2R_3C_1=R_1R_4+j\omega R_1R_2R_4C_2 \tag{4.71}$$

其中实部有

$$R_2=\frac{R_4}{R_3}R_1 \tag{4.72}$$

上式可通过调节可调电阻 R_1 来满足。对虚部则有

$$C_2=\frac{R_4}{R_3}C_1 \tag{4.73}$$

同样可通过调节可调电容器 C_1 来实现。当电容传感器 C_2 有变化时，电桥相应地有输出。

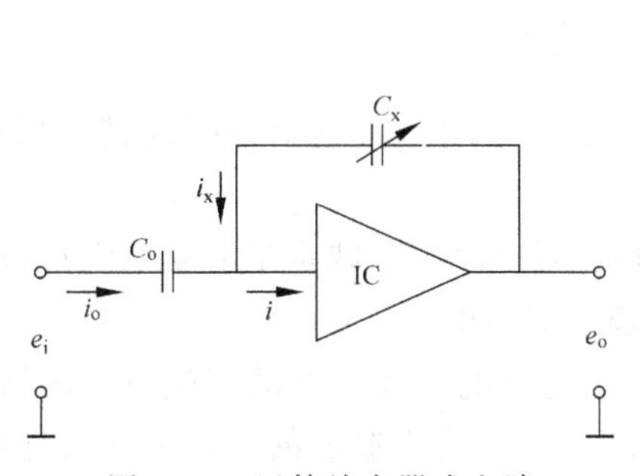

图 4.50 运算放大器式电路

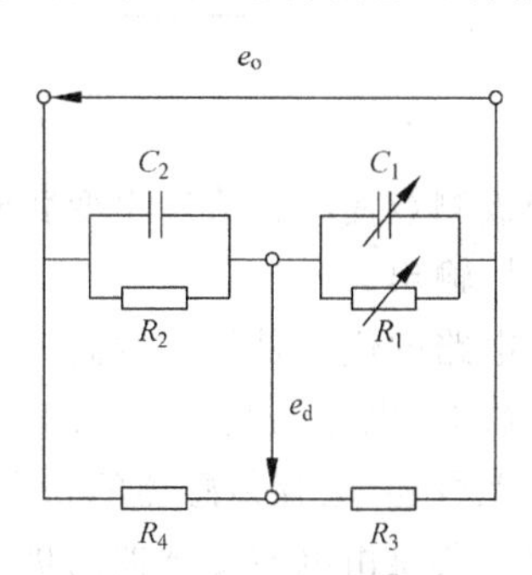

图 4.51 文氏式电容测量电桥

另一种变压器式电桥电路如图 4.52 所示，其中差动式电容传感器组成电桥的相邻两臂，当负载阻抗为无穷大时，电桥的输出电压为

$$\dot{E}_o=\frac{\dot{E}}{2}\cdot\frac{C_1-C_2}{C_1+C_2} \tag{4.74}$$

式中，E 为电桥激励电压；C_1、C_2 为差动电容传感器的电容，其中 $C_1=\frac{\varepsilon_0\varepsilon A}{\delta-\Delta\delta}$，$C_2=\frac{\varepsilon_0\varepsilon A}{\delta+\Delta\delta}$。由此得

$$E_o=\frac{E}{2}\cdot\frac{\Delta\delta}{\delta} \tag{4.75}$$

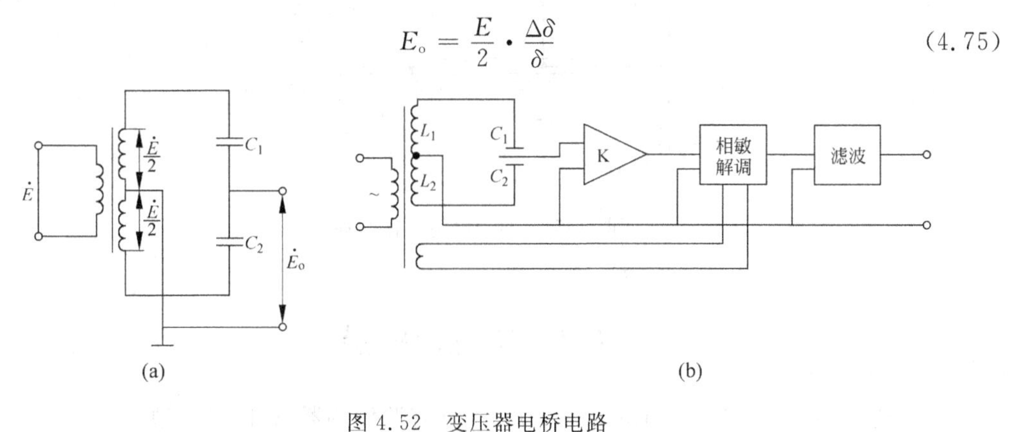

图 4.52 变压器电桥电路

(a) 变压器电桥原理图；(b) 测量电路

由此可见，当电源激励电压恒定的情况下，电桥输出电压与电容传感器输入位移成正比。

该输出电压经后续放大并经相敏检波和滤波之后可由指示表显示。

3. 调频电路

如图 4.53 所示，电容传感器作为振荡器谐振回路的一部分，调频振荡器的谐振频率 f 为

$$f=\frac{1}{2\pi\sqrt{LC}} \tag{4.76}$$

式中，L 为振荡回路电感。

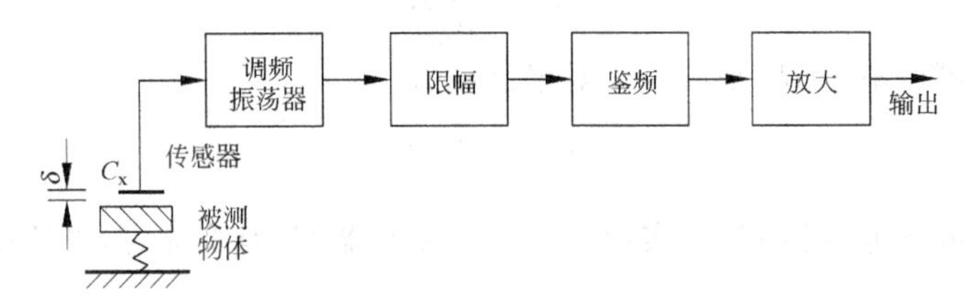

图 4.53 调频电路工作原理

当被测量使电容值发生变化时，振荡器频率也发生变化，其输出经限幅、鉴频和放大后变成电压输出。

该电路的优点是灵敏度高，可测 0.01μm 的微小位移变化；缺点是易受电缆形成的杂散电容的影响，也易受温度变化的影响，给使用带来一定困难。

如上所述，电容传感器的一个最大缺点是易受连接电缆线形成的寄生电容的影响。寄生电容主要是由电容传感器两极板引出线之间存在电位差所造成的。为消除这种影响，常将后续电路的前级放置在紧靠电容传感器的地方，以尽量减少电缆长度及位置变化带来的影响。另一种方法是采用等电位传输（亦称驱动电缆）技术，其中采用双层屏蔽导线，内层与总线间经一个 1∶1 的驱动放大器相连形成一等电位，外层与地相连形成另一极。这样尽管内层与总线间的电容仍然存在，但由于等电位不可能产生位移电流，因此该电容的变化不再影响到电压的输出值，从而可消除寄生电容的影响（图 4.54）。

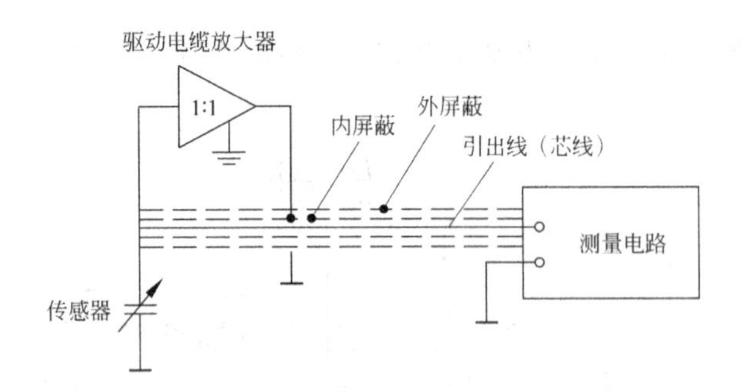

图 4.54 驱动电缆工作原理

4.8 压电传感器

压电传感器(piezoelectric transducer)是一种有源传感器，亦即发电型传感器，它利用某些材料的压电效应，这些材料在受到外力作用时，某些表面上会产生电荷，常用来测量压力、

应力、加速度等，在工程上有着广泛的应用。

4.8.1 压电效应

某些材料在承受机械应变作用时，内部会产生极化作用，从而在材料的相应表面产生电荷；反之，当它们承受电场作用时会改变几何尺寸，这种效应称为正或逆压电效应(piezoelectric effect)。压电效应是由法国人皮埃尔·居里和雅克·居里于1880年发现的。常见的压电材料分为3类：单晶压电晶体，如石英、罗歇尔盐(四水酒石酸钾钠)、硫酸锂、磷酸二氢铵等；多晶压电陶瓷，如极化的铁电陶瓷(钛酸钡)、锆钛酸铅等；某些高分子压电薄膜。材料的压电效应用极化强度矢量表示为

$$\bar{P} = P_{xx} + P_{yy} + P_{zz} \tag{4.77}$$

式中，x,y,z 是与晶轴关联的直角坐标系(图4.55)。

将极化强度写成轴向应力 σ 与剪应力 τ 表示的形式：

$$\left.\begin{aligned} P_{xx} &= d_{11}\sigma_{xx} + d_{12}\sigma_{yy} + d_{13}\sigma_{zz} + d_{14}\tau_{yz} + d_{15}\tau_{zx} + d_{16}\tau_{xy} \\ P_{yy} &= d_{21}\sigma_{xx} + d_{22}\sigma_{yy} + d_{23}\sigma_{zz} + d_{24}\tau_{yz} + d_{25}\tau_{zx} + d_{26}\tau_{xy} \\ P_{zz} &= d_{31}\sigma_{xx} + d_{32}\sigma_{yy} + d_{33}\sigma_{zz} + d_{34}\tau_{yz} + d_{35}\tau_{zx} + d_{36}\tau_{xy} \end{aligned}\right\} \tag{4.78}$$

式中，$d_{m,n}$ 为压电系数，下标 m 表示产生电荷的面的轴向，n 表示施加作用力的轴向。在图4.55中，下标1对应于 x 轴，下标2对应于 y 轴，下标3对应于 z 轴，可见当材料的受力方向和产生的变形方向不一致时，压电系数也不同。

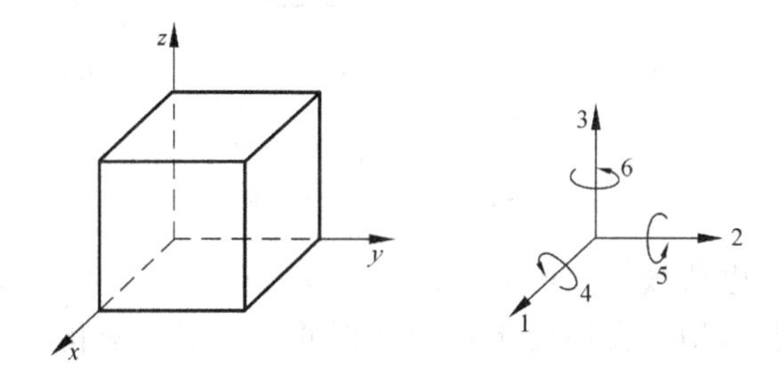

图4.55 压电系数的轴向表示法

压电系数 d 的量纲对于正压电效应来说为

$$[d_{m,n}] = \frac{\mathrm{C/m^2}}{\mathrm{N/m^2}} \tag{4.79}$$

即每单位力输入时的电荷密度，而对于逆压电效应来说则是

$$[d_{m,n}] = \frac{\mathrm{m/m}}{\mathrm{V/m}} \tag{4.80}$$

即每单位场强作用下的应变。式(4.79)和式(4.80)的量纲实际是一样的，用国际单位制可统一表示为 $\mathrm{A\cdot s^{-3}/(kg\cdot m)}$。

石英晶体是常用的压电材料之一。如图4.56所示，石英晶体的外形呈六面体结构，用3根互相垂直的轴表示其晶轴，其中纵轴 z-z 称为光轴，经过正六面体棱线而垂直于光轴的 x-x 轴称为电轴，而垂直于 x-x 轴和 z-z 轴的 y-y 轴称为机轴。通常将沿电轴 x-x 方向作用的力所产生的压电效应称为纵向压电效应，将沿机轴 y-y 方向作用的力所产生的压电效应称为横向压电效应，而沿光轴 z-z 方向的作用力不产生压电效应。

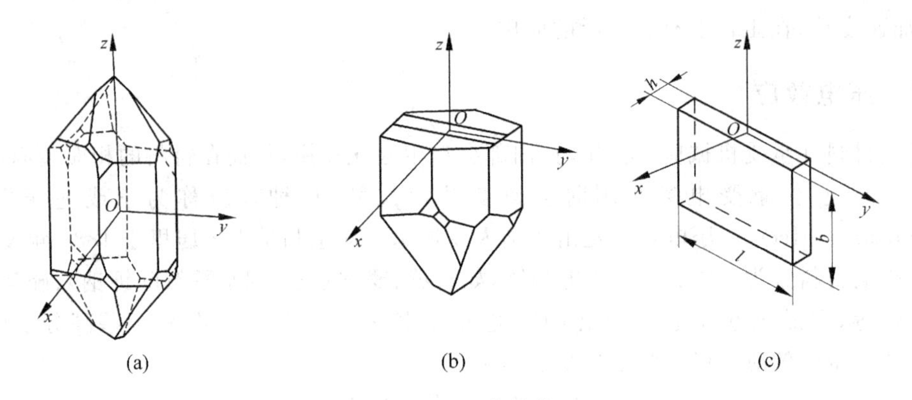

图 4.56 石英晶体

(a) 左旋石英晶体的外形；(b) 坐标系；(c) 切片

通常从晶体上沿轴线切下一个平行六面体切片，使其晶面分别平行于晶体的 3 根晶轴。切片在受到沿不同方向的作用力时会产生不同的极化作用，如图 4.57 所示，主要的压电效应有横向效应、纵向效应和剪切效应 3 种。

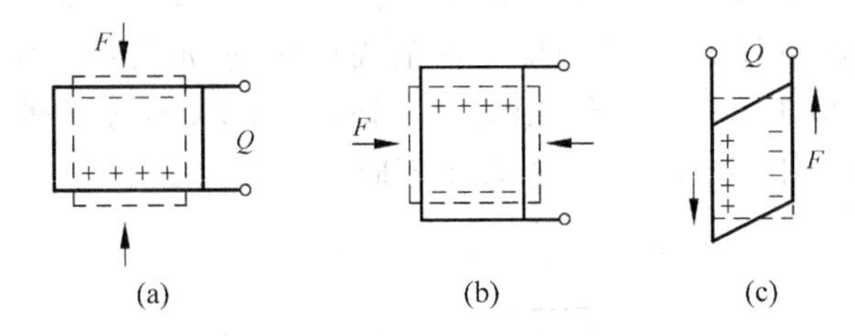

图 4.57 压电效应类型

(a) 纵向；(b) 横向；(c) 剪切

压电体表面产生的电荷量与作用力成正比。以石英晶体为例，当晶片在电轴 x-x 方向上受到压应力 σ_{xx} 作用时，切片在厚度上产生变形并由此引起极化现象，极化强度 P_{xx} 与应力 σ_{xx} 成正比，即

$$P_{xx} = d_{11}\sigma_{xx} = d_{11}\frac{F_x}{lb} \tag{4.81}$$

式中，F_x 为沿晶轴 Ox 方向施加的压力；d_{11} 为压电系数，石英晶体的 $d_{11}=2.3\times10^{-12}\text{C}\cdot\text{N}^{-1}$；$l$ 为切片的长；b 为切片的宽。

极化强度 P_{xx} 又等于切片表面产生的电荷密度，即

$$P_{xx} = \frac{q_{xx}}{lb} \tag{4.82}$$

式中，q_{xx} 为垂直于晶轴 x-x 的平面上产生的电荷量。

由式(4.81)和式(4.82)可得

$$q_{xx} = d_{11}F_x \tag{4.83}$$

可见，当石英晶体切片受 x 向压力作用时，所产生的电荷量 q_{xx} 与作用力 F_x 成正比，但与切片的几何尺寸无关。

在横向(y-y)施加作用力 F_y 时，情况则不同。由于产生电荷的面与承受压力的面不同(图 4.57(b))，作用于该晶体的力产生的电荷要乘以一个面积比值，或乘以一个长度比系数

l_y/l_x,l_y 和 l_x 分别表示切片长度和厚度的值。因此所产生的电荷仍在与电轴 x-x 垂直的平面上出现,其大小为

$$q_{xy} = d_{12}\frac{l_y b}{b l_x}F_y = d_{12}\frac{l_y}{l_x}F_y \tag{4.84}$$

式中,d_{12}为石英晶体在 y-y 轴方向受力时的压电系数;l_y,l_x 为石英切片的长和厚。

根据石英晶体轴的对称条件,有

$$d_{12} = -d_{11}$$

则式(4.84)变为

$$q_{xy} = -d_{11}\frac{l_y}{l_x}F_y \tag{4.85}$$

由此可见,当沿着机轴 y-y 方向施加压力时,产生的电荷量与晶片几何尺寸有关,而该电荷的极性与沿电轴 x-x 方向施加压力时产生的电荷极性相反(式中负号)。

压电体受到多方面的作用力时,内部将产生一个复杂的应力场,从而纵向和横向效应可能都会出现。引发压电效应的对应面上所产生的电荷量不仅与作用于其面上的垂直力有关,且与其他方向的受力有关。为此可将式(4.83)和式(4.84)统一用矩阵形式表示为

$$\boldsymbol{Q} = \boldsymbol{LDF} \tag{4.86}$$

式中,$\boldsymbol{Q}$,$\boldsymbol{D}$,$\boldsymbol{F}$ 为矩阵;$\boldsymbol{L}$ 为列向量,其大小取决于压电体的受力方式及晶片的尺寸。

石英晶体产生压电效应的机理解释如下。

石英晶体是一种二氧化硅(SiO_2)结晶体。如图 4.58 所示,在每个晶体单元中,它具有 3 个硅原子和 6 个氧原子,而氧原子是成对靠在一起的。每个硅原子带 4 个单位正电荷,每个氧原子带 2 个单位负电荷。在晶体单元中,硅、氧原子排列成六边形的形式,所产生的极

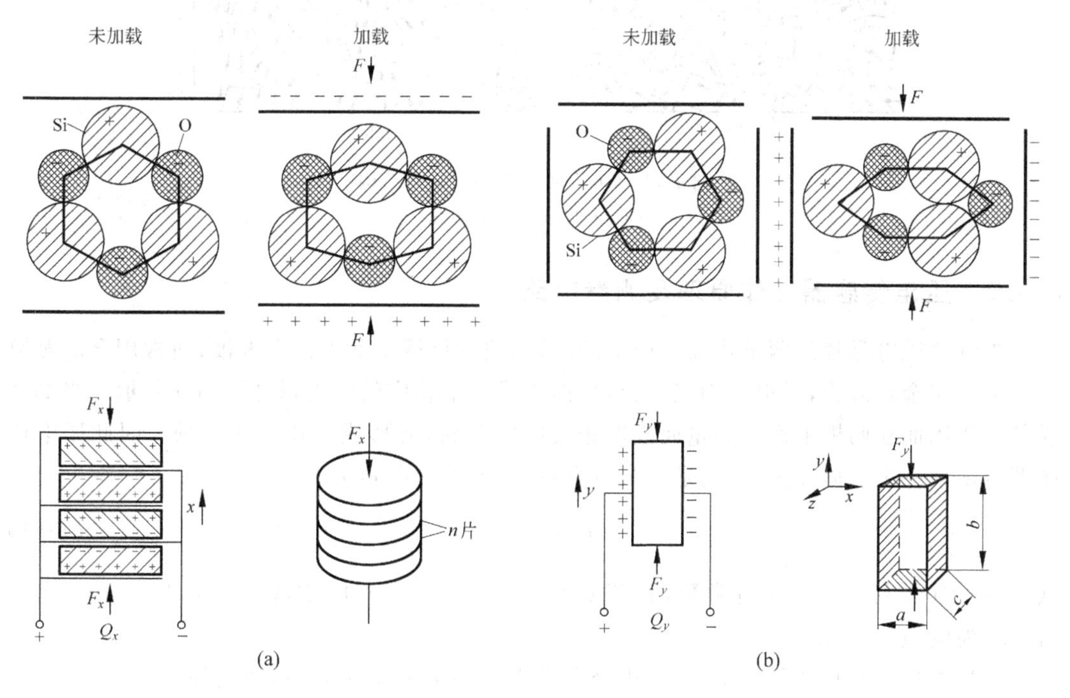

图 4.58 石英晶体压电效应

(a) 纵向效应;(b) 横向效应

化效应正好互相抵消，因此整个晶体单元呈中性。沿 x 轴方向施加力 F_x 时(图 4.58(a))，单元中硅、氧原子排列的平衡性被破坏，晶体单元被极化，在垂直于 F_x 的两个表面上分别产生正、负电荷，这便是所谓的纵向效应。当沿 y 轴方向施加力 F_y 时(图 4.58(b))，同样也引起晶体单元变形而产生极化现象，在与图(a)情况相同的两个面上(亦即垂直于 x 轴的两个晶面上)产生电荷，只是电荷的极性与图(a)的情况相反，此即上文提到的横向效应。从图 4.58 中易于看出，当施加反向力(拉力)时，产生的电荷极性相反。另外，由于原子排列沿 z 轴(光轴)的对称性，因此在 z 轴施加作用力不会使晶体单元极化。

在产生电荷的两个面上镀上金属(通常为银或金)形成电极，便可将产生的电荷引出用于测量等用途。图 4.58(a)和(b)分别示出了纵向和横向效应下典型的引线连接方式和形成的传感器形式。

铁电陶瓷是另一类人工合成的多晶体压电材料，它们的极化过程与单晶体的石英材料不同。这种材料具有电畴结构形式，其分子形式呈双极型，具有一定的极化方向。图 4.59(a)是钛酸钡陶瓷未受外加电场极化时的电畴结构情况。钛酸钡晶体单元在 120℃ 以下时形状呈立方体。在无外电场作用时，各电畴的极化效应相互抵消，因此材料并不显示压电效应。在制造过程中将钛酸钡材料置于强电场中，使电畴极化方向趋向于按该外加电场的方向排列，材料由此得到极化。在制造过程完毕撤去外电场之后，陶瓷材料内部仍存在有很强的剩余极化强度。该剩余极化强度束缚住晶体表面产生的自由电荷，使其不能被释放。材料在外力作用下，剩余极化强度因电畴界限的进一步移动而变化，使晶体表面部分自由电荷被释放，由此形成压电效应。

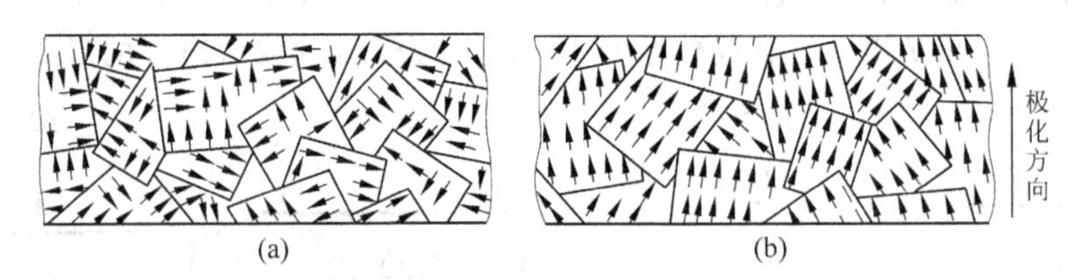

图 4.59 钛酸钡压电陶瓷电畴结构

(a) 未极化；(b) 已极化

4.8.2 压电传感器工作原理及测量电路

为测量压电晶片的两工作面上产生的电荷，要在该两个面上做上电极，通常用金属蒸镀法蒸上一层金属薄膜，材料常为银或金，从而构成两个相应的电极，如图 4.60 所示。当晶片受外力作用而在两极上产生等量而极性相反的电荷时，便形成了相应的电场。因此压电传感器可视为一个电荷发生器，也是一个电容器，其形成的电容量为

$$C=\frac{\varepsilon_0\varepsilon A}{\delta} \tag{4.87}$$

式中，ε 为压电材料相对介电常数，石英 $\varepsilon=4.5$；ε_0 为真空介电常数，$\varepsilon_0=8.85\times10^{-12}\,\mathrm{F\cdot m^{-1}}$；$\delta$ 为极板间距，m。

如果施加于晶片的外力不变，而积聚在极板上的电荷又无泄漏，则当外力持续作用时，电荷量保持不变，但当外力撤去时，电荷随之消失。

对于一个压电式力传感器来说，测量的力与传感器产生的电荷量成正比(式(4.83))，因

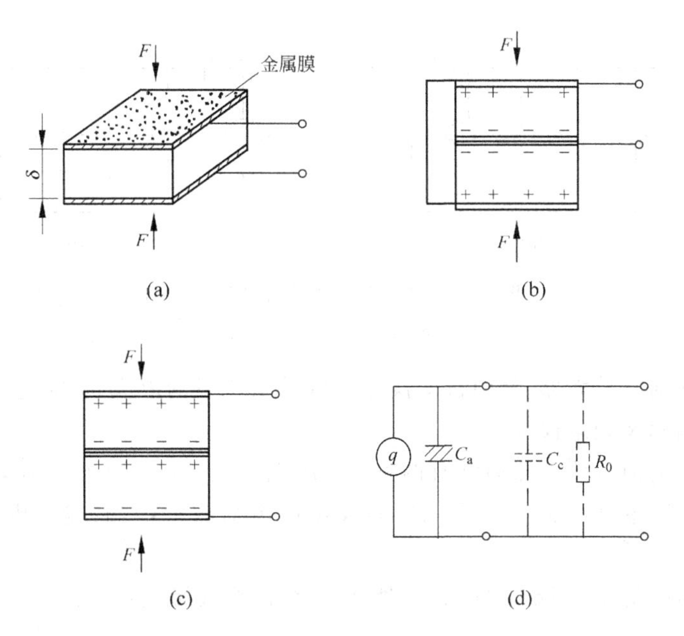

图 4.60 压电晶片及等效电路

(a) 压电晶片；(b) 并联；(c) 串联；(d) 等效电荷源

此通过测量电荷值便可求得所施加的力。测量中如能得到精确测量结果，必须采用不消耗极板上产生的电荷的措施，亦即所采用的测量手段不从信号源吸取能量，这在实际上是难以实现的。由于在测量动态交变力时，电荷量可以不断地得以补充，因此可以供给测量电路一定的电流；但在作静态或准静态量的测量时，必须采取措施，使所产生的电荷因测量电路所引起的漏失减小到最低程度。从这个意义上看，压电传感器较适宜于作动态量的测量。

一个压电传感器可被等效为一个电荷源，如图 4.61(a)所示。等效电路中电容器上的开路电压 e_a、电荷量 q 以及电容 C_a 三者间的关系为

$$e_a = \frac{q}{C_a} \tag{4.88}$$

将压电传感器等效为一个电压源的电路图，如图 4.61(b)所示。

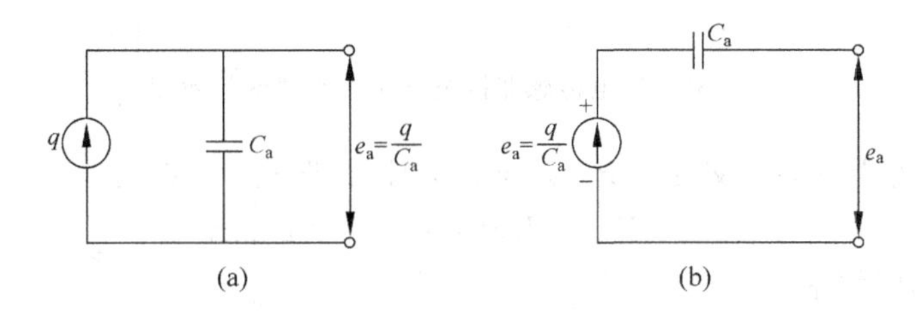

图 4.61 压电传感器的等效电路

(a) 电荷源；(b) 电压源

若将压电传感器接入测量电路，则必须考虑电缆电容 C_c、后续电路的输入阻抗 R_i、输入电容 C_i 以及压电传感器的漏电阻 R_a，此时压电传感器的等效电路如图 4.62 所示。

压电传感器本身所产生的电荷量很小，而传感器本身的内阻又很大，因此其输出信号十分微弱，这给后续测量电路提出了很高的要求。为了顺利地进行测量，要将压电传感器先接

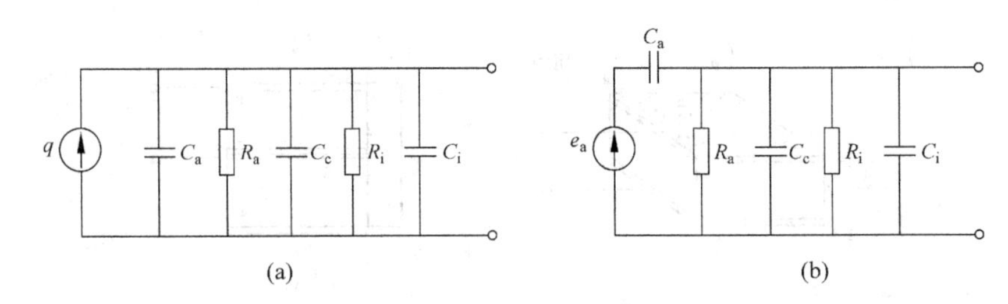

图 4.62 压电传感器实际的等效电路

(a) 电荷源；(b) 电压源

到高输入阻抗的前置放大器，经阻抗变换之后再采用一般的放大、检波电路处理，方可将输出信号提供给指示及记录仪表。

压电传感器的前置放大器通常有两种：采用电阻反馈的电压放大器，其输出正比于输入电压(即压电传感器的输出)；采用电容反馈的电荷放大器，其输出电压与输入电荷成正比。

电压放大器的等效电路如图 4.63 所示。考虑负载影响时，根据电荷平衡建立方程式，有

$$q = Ce_i + \int i\mathrm{d}t \tag{4.89}$$

式中，q 为压电元件所产生的电荷量；C 为等效电路总电容，$C=C_a+C_c+C_i$，其中 C_i 为放大器输入电容，C_a 为压电传感器等效电容，C_c 为电缆形成的杂散电容；e_i 为电容上建立的电压；i 为泄漏电流。

而

$$e_i = Ri$$

式中，R 为放大器输入阻抗 R_i 和传感器的泄漏电阻 R_a 的等效电阻，$R=R_i /\!/ R_a$。

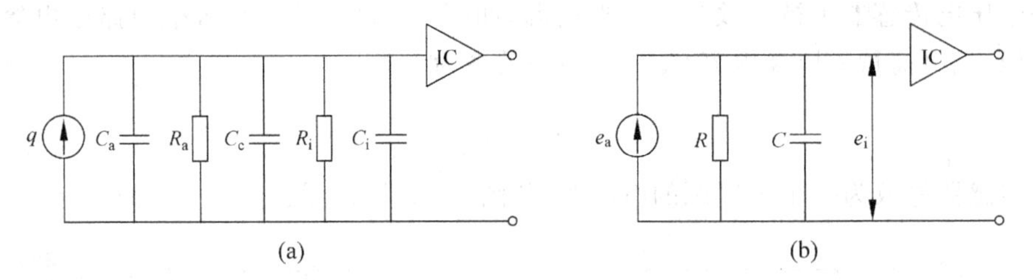

图 4.63 压电传感器接至电压放大器的等效图

当测量的外力为一动态交变力 $F=F_0\sin\omega_0 t$ 时，根据式(4.86)有

$$q = LDF = LDF_0\sin\omega_0 t = Lq_0\sin\omega_0 t \tag{4.90}$$

式中，ω 为外力的圆频率。

为分析简单起见，将 L 归一化得

$$q = q_0\sin\omega_0 t \tag{4.91}$$

由此可得

$$CRi + \int i\mathrm{d}t = q_0\sin\omega_0 t \tag{4.92}$$

或

$$CR\frac{\mathrm{d}i}{\mathrm{d}t}+i=q_0\omega_0\cos\omega_0 t \tag{4.93}$$

上式的稳态解为

$$i=\frac{\omega_0 q_0}{\sqrt{1+(\omega_0 CR)^2}}\sin(\omega_0 t+\varphi) \tag{4.94}$$

其中，$\varphi=\arctan\frac{1}{\omega_0 RC}$。

电容上的电压值为

$$e_\mathrm{i}=Ri=\frac{q_0}{C}\cdot\frac{1}{\sqrt{1+\left(\frac{1}{\omega_0 RC}\right)^2}}\sin(\omega_0 t+\varphi) \tag{4.95}$$

设放大器为一线性放大器，则放大器输出为

$$e_\mathrm{o}=-K\frac{q_0}{C}\cdot\frac{1}{\sqrt{1+\left(\frac{1}{\omega_0 RC}\right)^2}}\sin(\omega_0 t+\varphi) \tag{4.96}$$

式中，K 为放大器的增益。

由此可见，压电传感器的低频响应取决于由传感器、连接电缆和负载组成的电路的时间常数 RC。同样在作动态测量时，为建立一定的输出电压且为了不失真地测量，压电传感器的测量电路应具有高输入阻抗，并在输入端并联一定的电容 C_i 以加大时间常数 RC。但并联电容过大会使输出电压降低过多。

由式(4.96)可以看到，使用电压放大器时，输出电压 e_o 与电容 C 密切关联。由于电容 C 中包括电缆形成的杂散电容 C_c 和放大器输入电容 C_i，而 C_c 和 C_i 均较小，因而整个测量系统对电缆的对地电容十分敏感。电缆过长或位置变化时均会造成输出的不稳定变化，从而影响仪器的灵敏度。解决这一问题的办法是采用短的电缆以及驱动电缆，这方面的内容详见 4.7 节“电容式传感器”。

电荷放大器是一个带电容负反馈的高增益运算放大器，其等效电路如图 4.64 所示。当略去漏电阻 R_a 和放大器输入电阻 R_i 时，有

$$q\approx e_\mathrm{i}(C_\mathrm{a}+C_\mathrm{c}+C_\mathrm{i})+(e_\mathrm{i}-e_\mathrm{o})C_\mathrm{f}=e_\mathrm{i}C+(e_\mathrm{i}-e_\mathrm{o})C_\mathrm{f} \tag{4.97}$$

式中，e_i 为放大器输入端电压；e_o 为放大器输出端电压；C_f 为放大器反馈电容。

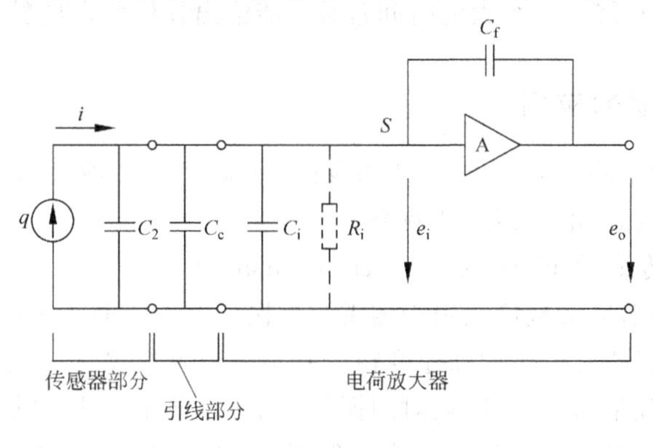

图 4.64 电荷放大器原理图

根据 $e_o=-Ke_i$，K 为电荷放大器开环放大增益，则有

$$e_o=\frac{-Kq}{(C+C_f)+KC_f} \tag{4.98}$$

当 K 足够大时，有 $KC_f \gg C+C_f$，则式(4.98)简化为

$$e_o \approx \frac{-q}{C_f} \tag{4.99}$$

由式(4.99)可知，在一定条件下，电荷放大器的输出电压与压电传感器产生的电荷量成正比，与电缆引线所形成的分布电容无关。从而电荷放大器彻底消除了电缆长度的改变对测量精度带来的影响，因此是压电传感器常用的后续放大电路。尽管电荷放大器的优点十分明显，但与电压放大器相比，其电路构造复杂，因而造价高。

为使运算放大器工作稳定，通常在电荷放大器的反馈电容 C_f 上并联一个电阻 R_f，如图 4.65 所示。由此可使公式(4.99)变为

$$e_o=-\frac{q}{C_f}\frac{\omega R_f C_f}{\sqrt{1+(\omega R_f C_f)^2}}e^{j\varphi} \tag{4.100}$$

其中，$\varphi=\arctan\frac{1}{\omega R_f C_f}\left(0\leqslant\varphi\leqslant\frac{\pi}{2}\right)$。

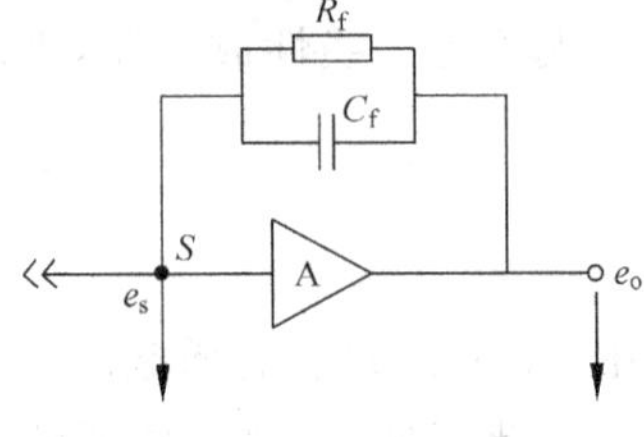

图 4.65 并联 R_f 的情况

当 $\omega R_f C_f \gg 1$ 时，式(4.100)近似与式(4.99)相等。当 $\omega R_f C_f$ 不太大时，将对低频起抑制作用，因此它实际上起到高通滤波器的作用，其传递函数为

$$H(s)=\frac{K\tau S}{\tau S+1} \tag{4.101}$$

式中，K 为系统灵敏度；τ 为时间常数，$\tau=R_f C_f$。因此高通的截止频率 $f_c=\frac{1}{2\pi R_f C_f}$。

由式(4.101)可知，对压电传感器的一个恒定的晶片变形量，其稳态响应为零。因此，用压电传感器不能测量静位移。若要得到一个测量误差在 5%之内的幅值响应，则频率应大于某个频率 ω_1：

$$0.95^2=\frac{(\omega_1\tau)^2}{(\omega_1\tau)^2+1}$$

从而 $\omega_1=\frac{3.04}{\tau}$。从中可知，一个大的时间常数 τ 能给出在低频段的精确响应值。

4.8.3 压电传感器的应用

压电传感器常用于测量力(力矩)、压力及振动(加速度)等物理量。从应用来分类，可分为压电加速度传感器和压电力传感器两类。

1. 压电加速度传感器(piezoelectric accelerometer)

压电加速度传感器通常被广泛用于测震和测振。由于压电式运动传感器所固有的基本特征，压电加速度传感器对恒定的加速度输入并不给出响应输出。其主要特点是输出电压大、体积小以及固有频率高，这些特点对测振都是十分必要的。压电加速度传感器材料的迟滞性是它唯一的能量损耗源，除此之外一般不再施加阻尼，因此传感器的阻尼比很小(约 0.01)，但由于其固有频率十分高，这种小阻尼是可以接受的。

为导出压电加速度传感器的传递函数或频率响应，这里只研究地震式（绝对）位移传感器的情况。

这类传感器属于惯性式传感器，其接收部分可简化为由质量 m、弹簧 k 和阻尼 C 组成的单自由度振动系统，如图 4.66 所示。设传感器的底座完全刚性固定在被测对象上，即认为传感器底座与测量对象具有完全相同的振动。此时惯性质量 m 与底座间将出现相对振动。设被测对象的振动为 x_i，质量 m 相对于底座的振动为 x_o，根据牛顿运动定律，有

$$-(kx_o + C\dot{x}_o) = m\ddot{x}_m = m(\ddot{x}_i + \ddot{x}_o) \tag{4.102}$$

式中，x_m 为绝对位移。变化上式有

$$m\ddot{x}_o + C\dot{x}_o + kx_o = -m\ddot{x}_i \tag{4.103}$$

再化为标准形式有

$$\ddot{x} + 2\zeta\omega_n\dot{x}_o + \omega_n^2 x_o = -\ddot{x}_i \tag{4.104}$$

式中，$\omega_n = \sqrt{\frac{k}{m}}$；$\zeta = \frac{C}{2\sqrt{km}}$。

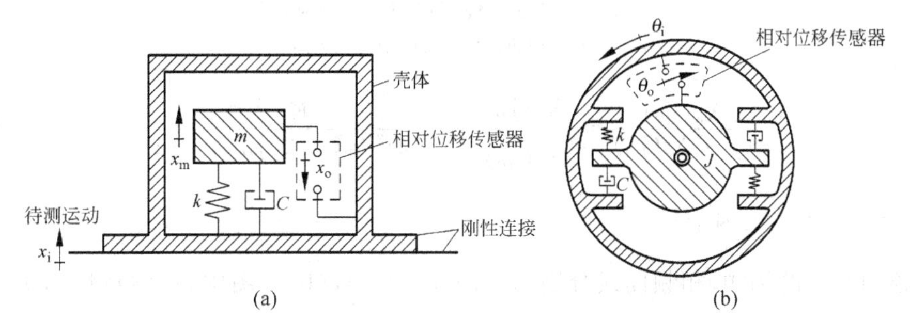

图 4.66 惯性式传感器

(a) 线位移式；(b) 旋转式

这种惯性传感器常有两种类型：一种是将被测的振动位移 x_i 及振动速度 $\dot{x}_i$ 分别接收为相对振动位移 x_o 及振动速度 $\dot{x}_o$，称为惯性（绝对）位移型传感器；另一种是将被测的振动加速度 $\ddot{x}_i$ 接收为相对振动位移 x_o，称为惯性（绝对）加速度型传感器。以式（4.104）为例，设输入振动为 $x_i = X_i\cos\omega t$，则利用以前有关的理论不难求出输入与输出间的关系为

$$\frac{X_o(j\omega)}{X_i(j\omega)} = \frac{(j\omega)^2/\omega_n^2}{(j\omega/\omega_n)^2 + 2\zeta j\omega/\omega_n + 1} = \frac{\dot{X}_o(j\omega)}{\dot{X}_i(j\omega)} \tag{4.105}$$

其幅频与相频图分别示于图 4.67(a)和(b)中。

从图 4.67 可见，对静位移输入不产生响应，且谐振频率 ω_n 应远比最低的振动频率 ω 小得多才能精确测量位移，当测量频率远大于 ω_n 时，幅频趋近于 1，而相频趋近于 0°，此时为理想测量。传感器中相对位移传感器将 x_o 转换为电压 e_o 的特性也必须考虑。由于弹簧力 k 正比于 x_o，若采用应变片，可直接作用于该弹簧，此时它可以是一悬臂梁的形式。为得到低的 ω_n，通常采用大的质量块 m 或一个软弹簧 k，但为减小传感器体积，要优先采用软弹簧的形式。另外，为压低使用频率下限，常采用阻尼比 $\zeta = 0.6 \sim 0.7$，这样当 $\omega/\omega_n = 1$ 之后可使曲线很快趋近于 1。

若令图 4.66 所示结构的输入为加速度 $\ddot{x}_i$，则由式（4.105）变换可得

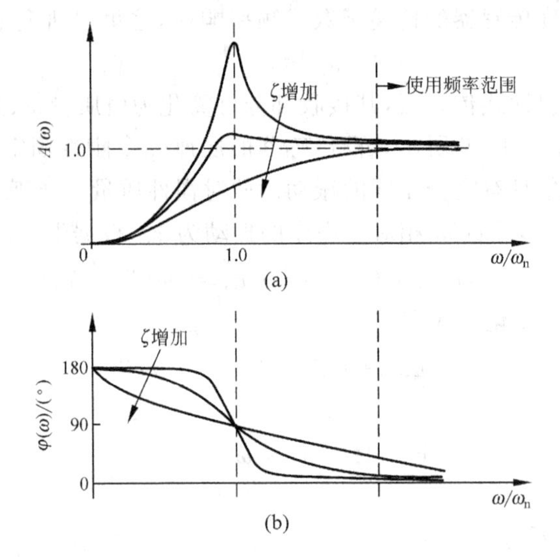

图 4.67 惯性式传感器的频率响应特性

(a) 幅频特性；(b) 相频特性

$$\frac{X_o(j\omega)}{(j\omega)^2 X_i(j\omega)}=\frac{X_o(j\omega)}{\ddot{X}_i(j\omega)}=\frac{K_n}{(j\omega)^2/\omega_n^2+2\zeta j\omega/\omega_n+1} \tag{4.106}$$

式中，$K_n=\dfrac{1}{\omega_n^2}$，为放大因子。

该频响函数的幅频、相频曲线分别示于图 4.68(a)，(b)。图中，幅频特性为 K_n 归一化的曲线。

从图 4.68(a)可以看到，惯性式加速度传感器的工作频段是在 $\omega/\omega_n=0\sim1$ 之间的平坦段，根据不同的阻尼比 ζ，其值约为 ω_n 的几分之一。在该平坦段内，振动位移 x_o 正比于被测加速度 $\ddot{x}_i$。而当 $\omega/\omega_n=0$ 时，幅值为 1。因此加速度计惯性接收具有零频率响应的特征。如果传感器的机电转换部分和测量电路也具有零频率响应特性，则构成的整个测量系统也将具有零频率响应，可用于测量频率很低的振动和恒加速度运动。使用频率的上限除了受固有频率 ω_n 和安装刚度的影响外，还与引入的阻尼比有关。某些加速度传感器(如金属电阻丝应变片加速度传感器)中为了扩展频率上限，常使 $\zeta=0.6\sim0.7$，此时传感器的工作频率范围得到扩展。

引进阻尼也会使相移角增加，这对测量是有影响的。在金属电阻丝应变片加速度传感器中，当 ζ 取 0.7 时，相移接近于线性比例关系，在测量合成振动时十分有利，可减小波形畸变。在压电式加速度传感器中，由于采用压电式机电变换，固有频率高达几十千赫，阻尼比很小，一般为 1%～2%的量级，故相移很小。

压电加速度计的频率响应函数典型地具有式(4.106)的形式。但从上面的分析可知，由于压电传感器一般采用电荷放大器作为测量电路，因此导致实际的压电加速度传感系统的传递特征为式(4.101)与式(4.106)的组合形式：

$$\frac{E_o(j\omega)}{\ddot{X}_i(j\omega)}=\frac{(KK_n)\tau(j\omega)}{(\tau j\omega+1)[(j\omega/\omega_n)^2+2\zeta j\omega/\omega_n+1]} \tag{4.107}$$

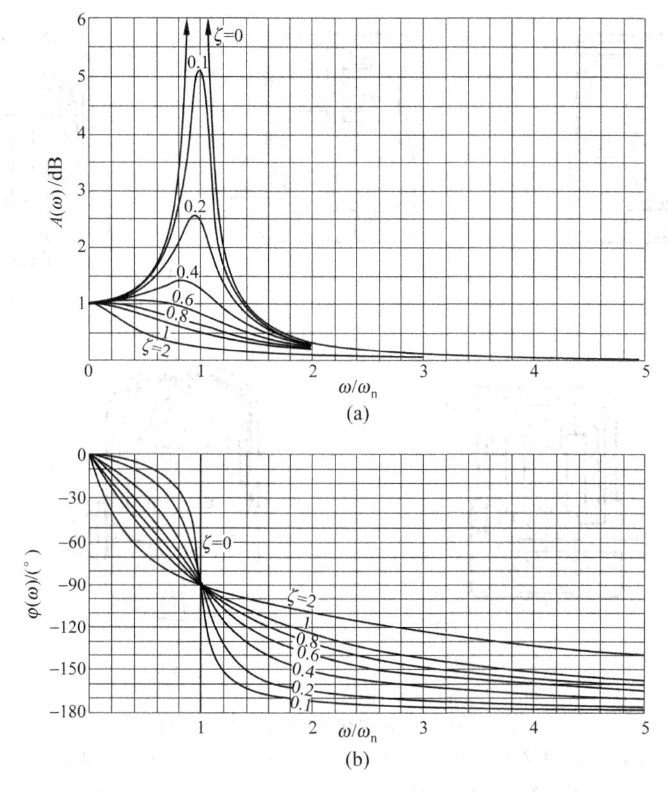

图 4.68 加速度计型惯性接收的特性曲线

(a) 幅频特性曲线；(b) 相频特性曲线

式中，K 为电路系统灵敏度，$K=K_q/C_f$，K_q 为弹簧刚度系数。

因此实际的频率响应曲线应如图 4.69 所示。其低频响应实际由 $\tau j\omega/(\tau j\omega+1)$ 所决定。前面曾提到加速度传感器具有零频率响应，但由于后续测量电路的影响，整个系统实际上不具有零频率响应，因此不能用来测量静位移。

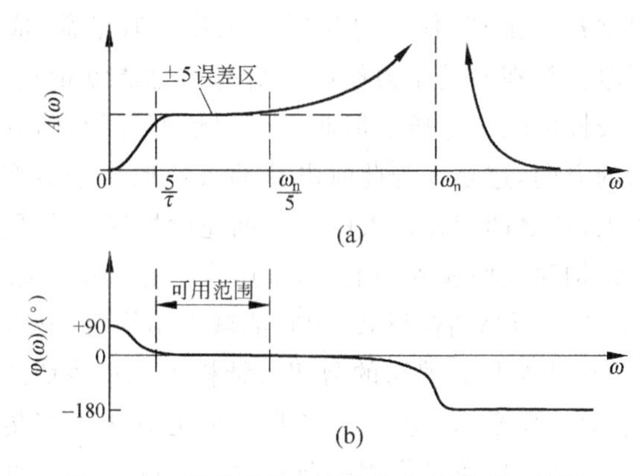

图 4.69 实际压电加速度计的频率响应特性

压电加速度传感器按其晶片受力状态的不同可分为压缩式和剪切式两种类型，图 4.70 示出了其主要的几种结构形式。

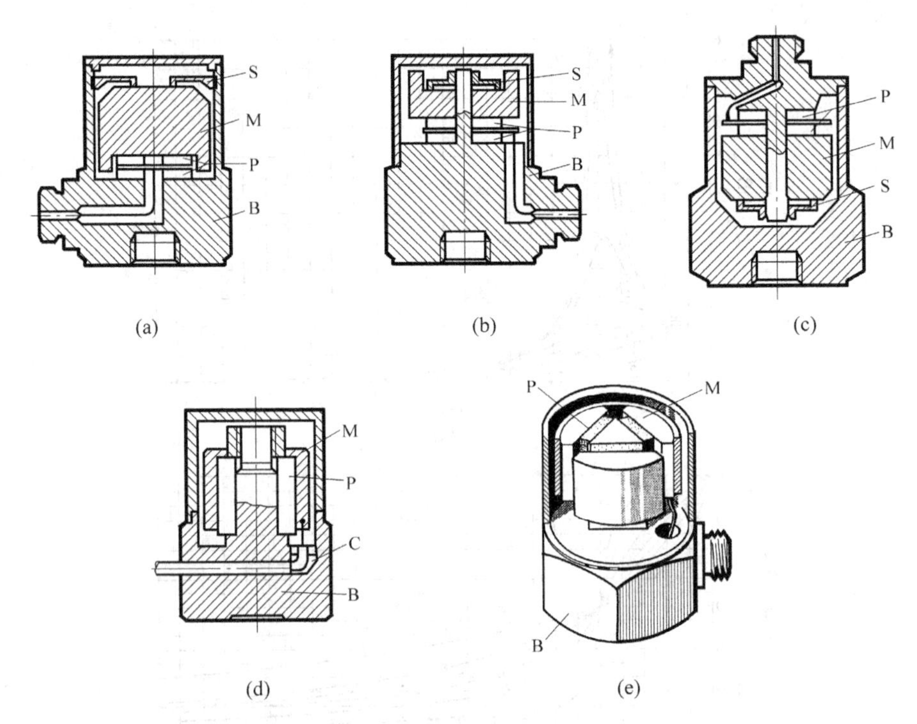

图 4.70 压电加速度传感器设计类型

(a) 周边压缩式；(b) 中心压缩式；(c) 倒置式中心压缩式；(d) 环形剪切式；(e) 三角剪切式

S—弹簧；M—质量块；P—压电片；C—导线；B—基座

压缩式结构的压电变换部分由两片压电晶片并联而成。惯性质量借助于顶压弹簧紧压在晶片上，惯性接收部分将被测的加速度$\ddot{x}_i$接收为质量m相对于底座的相对振动位移x_o，于是晶片受到动压力$p=kx_o$，然后由压电效应转换为作用在晶片极面上的电荷q。

周边压缩式结构的特点是简单且牢固，并具有很好的质量灵敏度比，但由于其壳体成了整个弹簧-质量系统的一部分(图 4.70(a))，因此极易敏感温度、噪声、弯曲等造成的虚假输入。质量块上的弹簧通常被预加载，使压电材料能工作在其电荷-应变关系曲线中的线性部分。该预加载能使压电材料在不受张力作用的情况下也能测量正负加速度，亦即该预加载产生了一个具有一定极性的输出电压。但此电压很快便漏掉了，其后由加速度所引起的电压的极性则跟随运动的方向，这是因为此时电荷的极性取决于应变的变化而不是其总的值。该预加载值应足够大，使之即使在最大的输入加速度情况下也不会使弹簧变松弛。

为降低周边压缩式结构对虚假输入的响应，采用了中心压缩式结构(图 4.70(b)、(c))。其中图 4.70(c)为倒置式中心压缩结构形式，用它能减少结构对基座弯曲应变的灵敏度。

图 4.70(d)、(e)为剪切式结构。典型的剪切式结构为三角剪切式，它由 3 片晶体片和 3 块惯性质量组成，二者借助于预紧弹簧箍在三角形的中心柱上。当传感器接收轴向振动加速度时，每一晶体片侧面受到惯性质量作用的剪切力，其方向及产生的电荷如图 4.71 所示。设所产生的电荷量为q，则根据前面的压电方程有

$$q = d_{15}p = d_{15}kx_r \tag{4.108}$$

式中，x_r为质量块的相对振动位移；k为由晶体片剪切弹性力提供的当量弹簧刚度系数。

三角剪切式的优点是能在较长时间内保持传感器特性的稳定，较压缩式结构具有更宽的动态范围和更好的线性度。三角剪切式的另一优点是它对底座的弯曲变形不敏感。如图 4.72 所示，当传感器底座发生弯曲变形时，对图 4.72(b)的三角剪切式结构来说，这种变形不会对晶片产生附加变形，但会对中心压缩式结构产生附加变形，使整个传感器产生附加电荷输出。

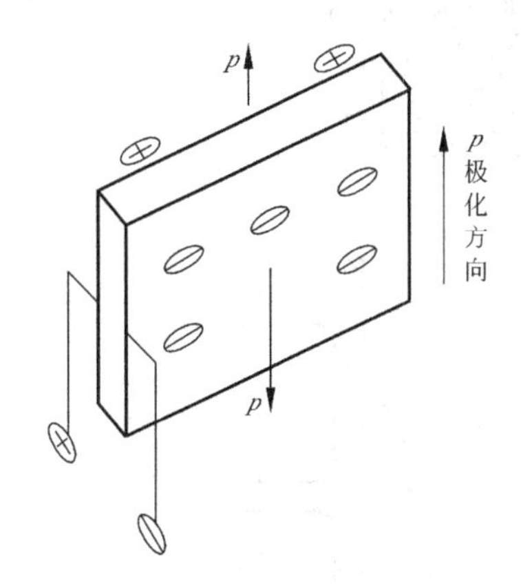

图 4.71 晶体片受剪切力的压电效应

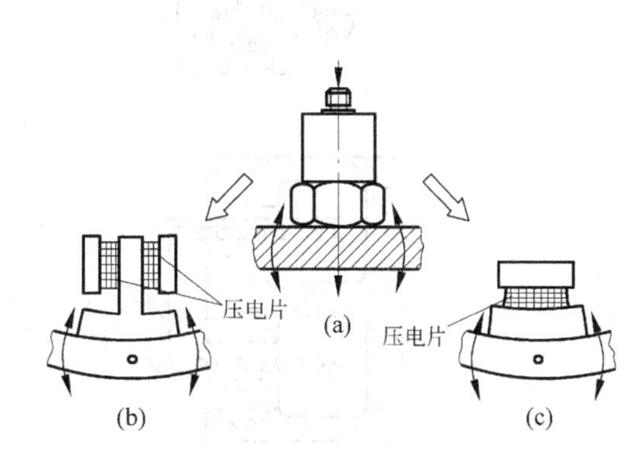

图 4.72 三角剪切式(b)与中心压缩式(c)对底座弯曲变形敏感的对比

2. 压电力传感器(piezoelectric force transducer)

压电力传感器具有与压电加速度传感器相同形式的传递函数。由于这种传感器具有使用频率上限高、动态范围大和体积小等优点，故适合于动态力，尤其是冲击力的测量。某些类型的力传感器(如石英传感器外加电荷放大器)具有足够大的时间常数 τ，也可用于对静态力的短时间测量和静态标定。典型的压电力传感器的非线性度为 1%，具有很高的刚度($2\times10^7\sim2\times10^9$N/m)和固有频率(10～300kHz)。这些传感器通常是用石英晶体片制成的，因为石英具有很高的机械强度，故能承受很大的冲击载荷。但在测量小的动态力时，为获得足够灵敏度，也可采用压电陶瓷。

图 4.73(a)示出了两种压电力传感器的详细结构。图中小的结构用螺钉加以永久性预紧力，这种传感器可测量的范围为 1 000N 拉力到 5 000N 压力；图中较大的一种采用预紧螺帽来调节测力范围，一般的测力范围可达 4 000N 拉力到 16 000N 压力。该传感器的模型可被抽象为弹簧(压电元件)加两个端部质量的三明治式结构。

以下分析这种传感器用于测量激振力的情况。图 4.73(b)示出了测量装置的简化模型。其中，k_{m1} 和 k_{m2} 分别表示安装螺钉的刚度。若 Z_s(包括 k_{m2})表示结构的阻抗，则有 $Z_s=f_s/v_s$，f_s 为实际施加于结构的力：$f_s=Z_s v_s$。但传感器实际测到的力为弹簧 k_t 中的力 F_m，F_m 正比于 M_{t1} 和 M_{t2} 的相对位移，M_{t1} 和 M_{t2} 分别为传感器顶部和底部的质量。在动态条件下，F_m 并不一定等于 F_s：

$$F_m - v_s Z_s = M_{t2}\dot{v}_s \tag{4.109}$$

从而有

$$\frac{F_m(j\omega)}{F_s(j\omega)} = \frac{M_{t2}\cdot j\omega}{Z_s} + 1 \tag{4.110}$$

从上式可知，若 $M_{t2}=0$，则无论 Z_s 为何值，测量值 F_m 都等于实际值 F_s。因此，一般均

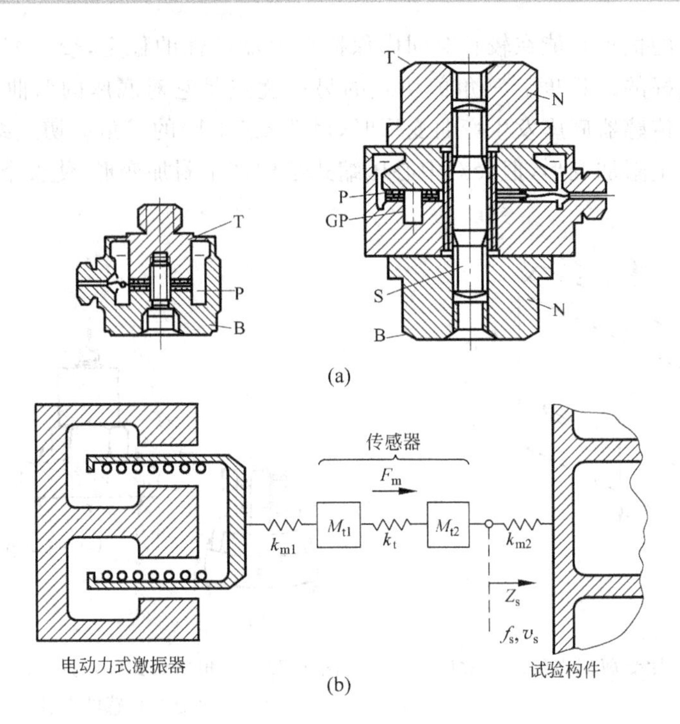

图 4.73 压电力传感器及其动态误差分析

(a) 力传感器截面结构图；(b) 测量装置的简化模型

T—顶部；P—压电盘片；GP—导向销；S—顶载螺钉；N—顶载螺帽；B—基座

选择较小的 M_{t2} 值。

对弹簧式结构，有 $Z_s = k_s/j\omega$，代入式(4.110)有

$$\frac{F_m(j\omega)}{F_s(j\omega)} = 1 - \frac{M_{t2}}{k_s}\omega^2 \tag{4.111}$$

从中可以清楚地看出测量精度与频率 ω 之间的关系。

对于机械系统动态分析来说，常需研究结构的阻抗，因此常采用一种所谓阻抗头的传感器，该传感器为压电力传感器与压电加速度传感器组合为一体的双重式传感器(图 4.74)。阻抗头前端是力传感器，后面为测量激振点响应的加速度计。其中质量块常用钨合金制成，壳体用钛材料。为使传感器的激振平台具有刚度大、质量小的性能，常用低密度的铍材料来制造。由于阻抗研究基本上涉及力和速度，因而通常采用加速度计，使用方便，且通过积分来获取速度易于采用电子和数字方式。另外，在力敏感的压电晶片和驱动点间常希望有小的质量，但常在加速度计底座和驱动点之间力求获取大的刚性，这样测量到的加速度可精确反映驱动点的加速度。精确地测到加速度

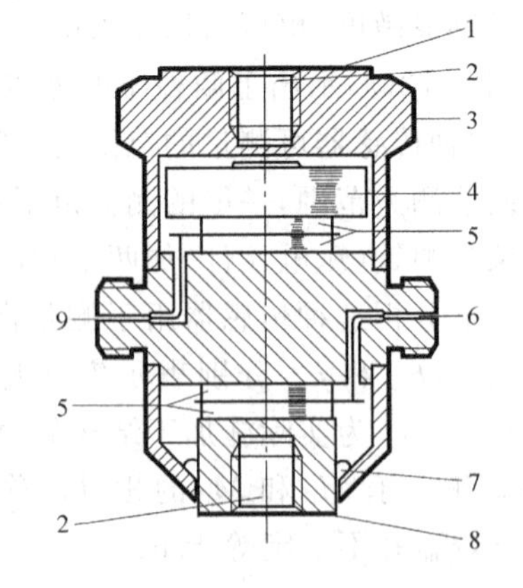

图 4.74 阻抗头结构原理

1—安装面；2—锥孔；3—壳体(钛金属)；4—振动块；5—2 片压电片；6—力输出接插孔；7—硅橡胶；8—激振平台(铍金属)；9—加速度输出接插孔

后，可采用“质量消去法”改善测量精度。通过式(4.109)和式(4.110)采用电子手段从直接测到的 F_m 值中减去 $M_{t2}\dot{v}_s$，从而获得真正的 $F_s=v_sZ_s$ 值，其中 M_{t2} 为已知，$\dot{v}_s$ 为测到的加速度值。

压电力传感器对侧向负载敏感，易引起输出误差，故使用者必须注意减小侧向负载。但厂家的技术指标中一般并不给出这种横向灵敏度值。通常推荐的横向灵敏度值应小于纵向(轴向)灵敏度值的7%。

如前所述，压电效应是可逆的：施加电压使压电片产生伸缩，导致压电片几何尺寸的改变。利用这种逆压电效应可做成压电致动器。例如，施加一高频交变电压，可将压电体做成一振动源，利用这一原理可制造高频振动台、超声发生器、扬声器、高频开关等；也可用于精密微位移装置，通过施加一定电压使之产生可控的微伸缩。若将两压电片粘在一起，施加电压使其中一个伸长、另一个缩短，则可形成薄片翘曲或弯曲，用于制成录像带头定位器、点阵式打印机头、继电器以及压电风扇等。这方面的应用例子还可举出许多。

4.9 磁电式传感器

磁电式传感器(electro magnetic transducer)是一种将被测物理量转换为感应电动势的装置，亦称电磁感应式或电动力式传感器。由电磁感应定律可知，当穿过一个线圈的磁通 Φ 发生变化时，线圈中感应产生的电动势为

$$e=-W\frac{\mathrm{d}\Phi}{\mathrm{d}t} \tag{4.112}$$

式中，W 为线圈匝数。

由式(4.112)可知，线圈感应电动势 e 的大小取决于线圈的匝数和穿过线圈的磁通变化率。而磁通变化率又与所施加的磁场强度、磁路磁阻以及线圈相对于磁场的运动速度有关，改变上述任意一个因素，均会导致线圈中产生的感应电动势的变化，从而可得到相应的不同结构形式的磁电式传感器。磁电式传感器一般可分为动圈式、动铁式和磁阻式三类。

4.9.1 动圈式和动铁式传感器

动圈式(moving coil)和动铁式(moving iron)传感器结构如图4.75所示，图(a)为线位移式，图(b)为角位移式。由图4.75(a)所示的线位移式装置的工作原理可知，当弹簧片敏感某一速度时，线圈就在磁场中作直线运动，切割磁力线，它所产生的感应电动势为

$$e=WBl\dot{y}\sin\theta=WBlv_y\sin\theta \tag{4.113}$$

式中，B 为磁场的磁感应强度，T；l 为单匝线圈的有效长度，m；W 为有效线圈匝数，指在均匀磁场内参与切割磁力线的线圈匝数；v_y 为敏感轴(y 轴)方向线圈相对于磁场的速度，m/s；θ 为线圈运动方向与磁场方向的夹角。

当线圈运动方向与磁场方向垂直亦即 $\theta=90^\circ$ 时，式(4.113)可写为

$$e=WBlv_y \tag{4.114}$$

上式表明，若传感器的结构参数(B,l,W)选定，则感应电动势 e 的大小正比于线圈的运动速度 v_y。由于直接测量到的是线圈的运动速度，故这种传感器亦称速度传感器。将被测到的速度经微分和积分运算，可得到运动物体的加速度和位移，因此速度传感器又可用来测

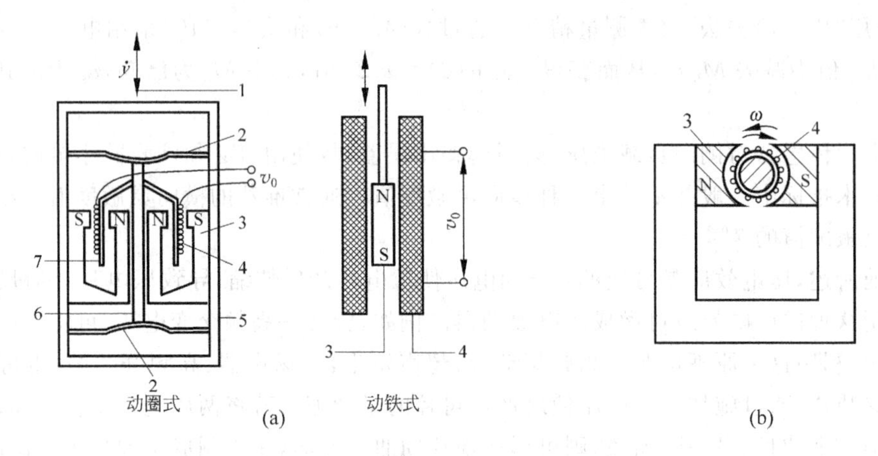

图 4.75　动圈式和动铁式传感器

(a) 线位移式；(b) 角位移式

1—敏感轴；2—弹性膜片；3—磁铁；4—线圈；5—壳体；6—支撑杆；7—线圈架

量运动物体的位移和加速度。

图 4.75(b)为角速度型动圈式传感器的结构。线圈在磁场中转动时，所产生的感应电动势为

$$e = kWBA\omega \tag{4.115}$$

式中，ω 为线圈转动的角速度；A 为单匝线圈的截面积，m^2；k 为依赖于结构的参数，$k<1$。

由上式可知，当 W、B、A 选定时，感应电动势 e 与线圈相对于磁场的转动角速度成正比。用这种传感器可测量物体转速。

将传感器线圈中产生的感应电动势 e 经电缆与电压放大器相连接时，其等效电路如图 4.76 所示。图中 e 为感应电动势，Z_o 为线圈等效阻抗，R_l 为负载电阻(包括放大器输入电阻)，C_c 为电缆的分布电容，R_c 为电缆电阻；$R_c=0.03\Omega/\mathrm{m}$，$C_c=70\mathrm{pF/m}$，发电线圈阻抗 $Z_o=r+\mathrm{j}\omega L$，r 为 300～2 000Ω；L 为数百毫亨，因此相对来说 R_c 可以忽略。此时等效电路中的输出电压为

$$e_l = e\frac{1}{1+\dfrac{Z_o}{R_l}+\mathrm{j}\omega C_c Z_o} \tag{4.116}$$

若电缆不长，则 C_c 可以忽略；又若使 $R_l \gg Z_o$，则上式可简化为 $e_l \approx e$。

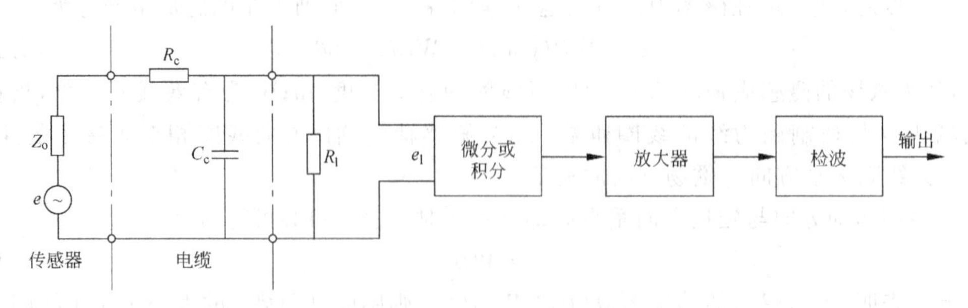

图 4.76　动圈磁电式传感器等效电路

感应电动势经放大、检波后即可推动指示仪表；若经微分或积分电路，又可得到运动物

体的加速度或位移。

磁电式速度传感器分为绝对式速度传感器和相对式速度传感器两种。图 4.77 为一种绝对式速度传感器的结构示意图。它具有一个由弹簧片与可动部件组成的单自由度线性振动系统,执行惯性式机械接收;一个由磁隙与线圈组成的机电转换部分,执行电动式变换。其中的阻尼环 3 与动线圈 7 分置于两个磁隙之中。这种结构的特点是可以有效减弱电涡流与测量信号的耦合,从而提高机电转换的灵敏度。

图 4.78 示出了一种相对式速度传感器的结构。传感器的可动部分由顶杆 1 和线圈 4 组成。磁铁 3 和导磁体 6 组成带有环形磁隙的磁路部分。测量时传感器的输出电压正比于测点对基座的相对运动速度。因此,相对式速度传感器适合于测量两构件间的相对运动,如铣床上工件与铣刀间的相对振动。需要注意的是,测杆亦即顶杆须始终保持与振动试件相接触,因此要求顶杆组件中弹簧片所产生的预应力能克服组件的惯性力,亦即弹簧片的刚度相对要大些。由于顶杆组件的质量 m 是恒定的,而弹簧力只能在较小范围内变化,因此由质量 m 和弹簧力所确定的加速度 $\omega^2 x$(ω 为振动角频率,x 为振幅)便限制了传感器的动态上限。当被测频率增加时,传感器所能测量的最大振幅也会迅速变小。

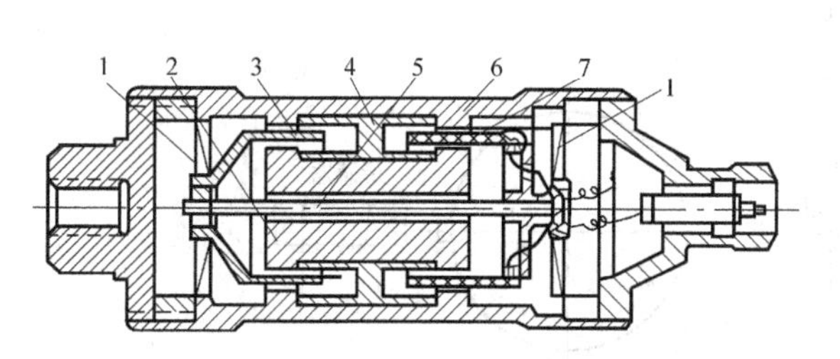

图 4.77 绝对式速度传感器结构示意图

1—弹簧片;2—永磁铁;3—阻尼环;4—支架;5—中心轴;6—外壳;7—动线圈

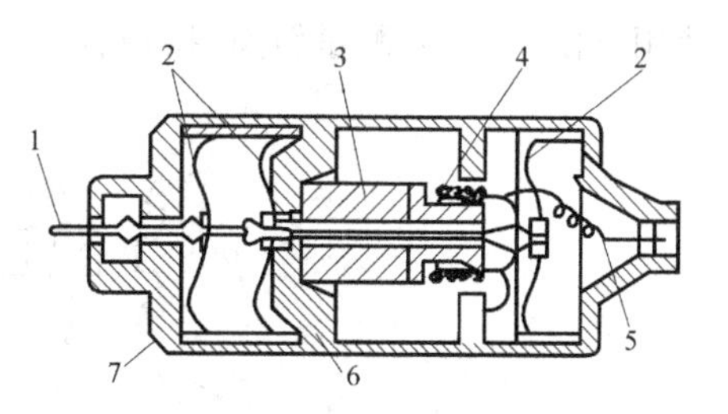

图 4.78 相对式速度传感器结构示意图

1—顶杆;2—弹簧片;3—磁铁;4—线圈;5—引线;6—导磁体;7—壳体

关于绝对式速度传感器的动态特性已在 4.8 节中分析惯性传感器时作过介绍,即惯性(绝对)位移型传感器的动态特性。其特性曲线为图 4.67 所示的幅频与相频曲线。根据精确测试的原理并结合这种传感器的特性曲线进行分析,可得到如下几点结论:

(1) 为实现不失真测量,幅频特性应为常值。由图 4.67 可见,当 $\omega/\omega_n>1$ 以后,幅频特性曲线随 ω/ω_n 的增加而趋向于 1,这一区域便是传感器的使用频率范围。由于不同的阻尼比所对应的幅频曲线趋于常值的速度不同,而当 $\zeta=0.707$ 时,其趋于常值的速度最快,因此一般采用 $\zeta=0.6\sim0.7$ 的阻尼比,这样曲线在过了 $\omega/\omega_n=1$ 之后很快进入平坦区,可有效地压低使用频率的下限。一般来说,若取 $\zeta=0.707$,如要求测量误差 $\leqslant5\%$,则测量的频率范围约为 $\omega\geqslant(1.7\sim2)\omega_n$。关于传感器的工作频率上限问题,理论上是无限制的,但实际中因传感器的安装刚度及内部元件本身局部共振等因素的影响,频率上限是有限的。

(2) 引进阻尼虽然改善了谐振频率附近接收灵敏度曲线的平坦度,但阻尼也增加了相移。由图 4.67 可知,不同的阻尼值引起的相移不同,且 ζ 越大,其产生的相移 θ 偏离 180°无相移线的差角也越大。根据不失真测试的条件,当测量频率大于谐振频率时,若输入与输出信号的各频率成分相移值近似为 180°时,亦即此时传感器对输入信号起着一个倒相器的作用,则可认为测量结果是不失真的。显然,由不同的阻尼比值引起的相移变化不满足不失真测试的条件。虽然如此,位移计型惯性接收的传感器均毫不例外地采用 $\zeta=0.6\sim0.7$ 的最佳比值，这除了上述改善接收的幅频特性的考虑之外，也为了避免过大的共振幅值对传感器部件可能造成的破坏。此外，引进阻尼还可缩短响应的过渡过程，这在测量频率和幅值随时间变化的振动过程（如旋转机械的升、降速过程）中也是十分必要的。从相频图可见，为近似获取倒相特性，应使 $\omega \geqslant (7\sim8)\omega_n$。

(3) 速度传感器的固有频率 ω_n 是一个重要的参数，它决定了传感器测量的频率下限。为扩展传感器的工作频率范围，设计中应使 ω_n 做得尽可能低。目前常用速度传感器的工作频率下限一般为 10～15Hz。

4.9.2 磁阻式传感器

动圈式传感器的工作原理也可视为线圈在磁场中运动时切割磁力线而产生电动势，其依据的工作原理还是法拉第感应定理。本节介绍的磁阻式传感器（magneto-resistive transducer）则是使线圈与磁铁固定不动，由运动物体（导磁材料）运动来影响磁路的磁阻，从而引起磁场的强弱变化，使线圈中产生感应电动势。如图 4.79 所示，传感器由永磁体及在其上绕制的线圈组成。图中示出了几种不同的应用实例。这种传感器的特点是结构简单、使用方便，可用来测量转速、振动、偏心量等。

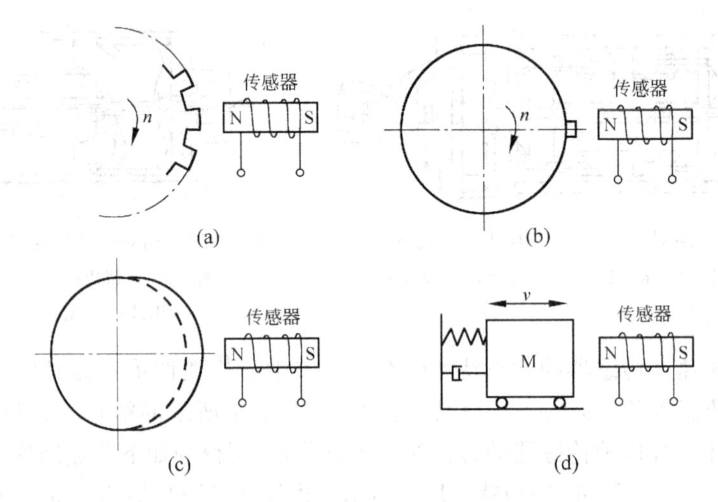

图 4.79 磁阻式传感器工作原理及应用实例
(a) 测频数；(b) 测转速；(c) 偏心测量；(d) 振动测量

4.9.3 涡流-磁电式相对加速度传感器

图 4.80 是两种涡流-磁电式相对加速度传感器（eddy-current magneto-electric relative accelerometer），分别用以测量角加速度和线加速度。其主要特点是将涡流式与磁电式传感元件相结合形成一种组合式的发电式传感器。以图 4.80(a) 为例，传感器转动轴上装有一导电材料制成的圆盘，其右方配置有一永磁铁，左方有一绕有感应线圈的铁芯。转轴静止时，圆盘与磁极间无相对运动，所以没有磁场变化，感应线圈也没有相应的电压输出。当转轴恒速旋转时，转盘与磁极有相对运动，磁场在圆盘内有变化，从而使圆盘内产生涡电流。该涡流的大小正比于转轴的转速。圆盘中的涡流又产生一磁场，该磁场会影响右侧的主磁场，阻止主磁场的变化。在其左侧与铁芯形成一闭合磁回路。如果涡流是常值，则在铁芯中

的磁场也是常值，这样感应线圈内不会产生感应电动势，传感器没有输出。只有当转轴具有角加速度时，圆盘内所产生的涡流变化才会使铁芯内的磁场变化，从而在线圈中产生感应电动势，因此感应线圈的输出电压便反映了转轴的角加速度大小。这种传感器的灵敏度为0.05～100mV/(rad・s^{-2})，频率响应从直流一直到200～1 000Hz，极限情况下加速度可达数千rad/s^2，轴转速可达5 000r/min以上。

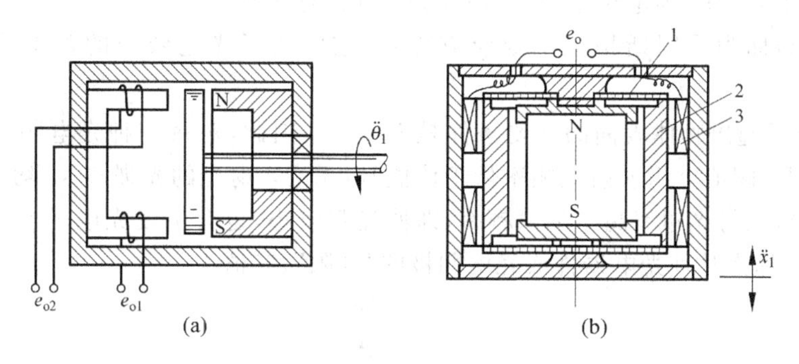

图 4.80 涡流-磁电式相对加速度传感器

1—弹簧片；2—套筒；3—感应线圈

图4.80(b)的线加速度测量原理与以上分析类似。所不同的是此处产生涡流的是一个以弹簧片1支承住的套筒2，它在壳体作线加速度运动时相对磁钢作加速运动，从而在其内部产生变化的涡流，该涡电流产生的变化磁通在感应线圈3内产生感应电动势，传感器的输出电压反映了传感器轴向直线运动的加速度大小。

4.10 光电传感器

将光量转换为电量的器件称为光电传感器(photo electric transducer)或光电元件。作非电量测量时，光电传感器先将被测物理量转换为光量，然后再将该光量转换为电量。光电传感器的工作基础是光电效应，光电效应按其作用原理又分为外光电效应、内光电效应和光生伏打效应。

4.10.1 外光电效应

在光照作用下，物体内的电子从物体表面逸出的现象称为外光电效应，亦称为光电子发射效应。这一效应的实质是能量形式的转变，即光辐射能转换为电磁能。

一般在金属中都存在着大量的自由电子，通常条件下，它们在金属内部作无规则的自由运动，不能离开金属表面。但当它们获取外界的能量且该能量等于或大于电子逸出功时，便能离开金属表面。为使电子在逸出时具有一定速度，就必须有大于逸出功的能量。当光辐射通量照到金属表面时，其中一部分被吸收，被吸收的能量一部分用于使金属增加温度，另一部分被电子吸收，使其受激发而逸出物体表面。以下对该现象作一个定量的分析。

一个光子具有的能量由下式确定：

$$E = h\nu \tag{4.117}$$

式中，h 为普朗克常数，$h=6.626\times10^{-34}$J・s；ν 为光的频率，s^{-1}。

当物体受到光辐射时，其中的电子吸收了一个光子的能量 $h\nu$，该能量的一部分用于使电子由物体内部逸出时所做的逸出功 A，另一部分则表现为逸出电子的动能 $\frac{1}{2}mv^2$，亦即

$$h\nu = \frac{1}{2}mv^2 + A \tag{4.118}$$

式中，m 为电子质量；v 为电子逸出速度；A 为物体的逸出功。

式(4.118)称为爱因斯坦光电效应方程式，它阐明了光电效应的基本规律。由上式可知：

(1) 光电子逸出物体表面的必要条件是 $h\nu > A$。因此，对每一种光电阴极材料均有一个确定的光频率阈值。当入射光频率低于该值时，无论入射光的光强多大，均不能引起光电子发射。反之，入射光频率高于阈值频率，即使光强较小，也会引发光电子发射。对应于此频率的波长 λ，称为某种光电器件或光电阴极的"红限"，其值为

$$\lambda_0 = \frac{hc}{A} \tag{4.119}$$

式中，c 为光速，$c = 3\times10^8\,\mathrm{m\cdot s^{-1}}$。

(2) 当入射光频率成分不变时，单位时间内发射的光电子数与入射光光强成正比。光愈强，意味着入射光子数目大，逸出的光电子数也愈多。

(3) 对于外光电效应器件来说，只要光照射在器件阴极上，即使阴极电压为零，也会产生光电流，这是因为光电子逸出时具有初始动能。要使光电流为零，必须使光电子逸出物体表面时的初速度为零。为此要在阳极加一反向截止电压 U_a，使外加电场对光电子所做的功等于光电子逸出时的动能，即

$$\frac{1}{2}mv^2 = e\,|\,U_a\,| \tag{4.120}$$

式中，e 为电子的电荷，$e = 1.602\times10^{-19}\,\mathrm{C}$。

反向截止电压 U_a 仅与入射光频率成正比，与入射光光强无关。

外光电效应器件有光电管和光电倍增管等。

1. 真空光电管或光电管

光电管主要有两种结构型式，如图 4.81 所示。其中，图(a)中光电管的光电阴极 K 由半圆筒形金属片制成，用于在入射光照下发射光电子。阳极 A 为位于阴极轴芯的一根金属丝，它的作用一方面要有效接收阴极发射的电子，另一方面又要能避免阻挡入射光对阴极的

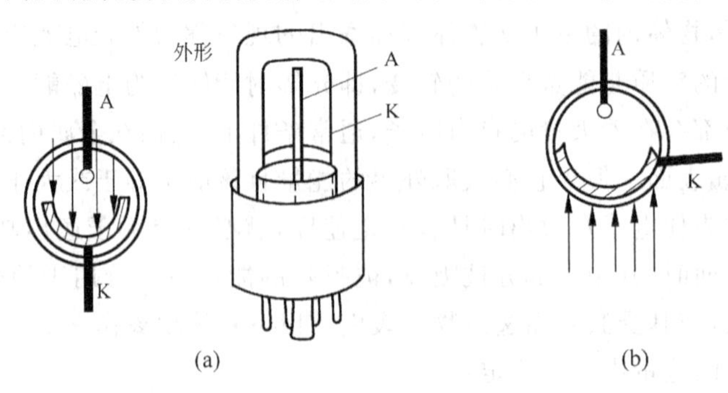

图 4.81 光电管的结构形式

(a) 金属底层光电阴极光电管；(b) 光透明光电阴极光电管

辐照。阴极和阳极被封装于一个抽真空的玻璃罩内。图(b)中阴极直接做在玻璃壳内壁上，入射光穿过玻璃可直接投射到阴极上。

光电管的特性主要取决于光电阴极材料，不同的阴极材料对不同波长的光辐射有不同的灵敏度，表征光电阴极特性的主要参数是它的频谱灵敏度、阈波长和逸出功。图4.82示出了不同阴极材料的频谱灵敏度曲线，图中横坐标为入射光波长，纵坐标为量子效率 η。量子效率 η 定义为对特定波长的光子入射到阴极表面上，该表面所发射的光电子的平均数。从图可见，银氧铯($Ag\text{-}Cs_2O$)阴极在整个可见光区域均有一定的灵敏度，它的频谱灵敏度曲线在近紫外光区(350nm)和近红外光区(750～800nm)分别有两个峰值。因此常用来作为红外光传感器。它的阈波长近似为700nm，逸出功为0.74eV，是所有光电阴极材料中最低的。与之相反，锑铯($SbCs_m$)阴极的峰值在紫外光区，且在红外光以外的整个可见光区域上有着比银氧铯阴极高得多的灵敏度。它的阈波长近似为120nm，相应的逸出功为1.34eV。

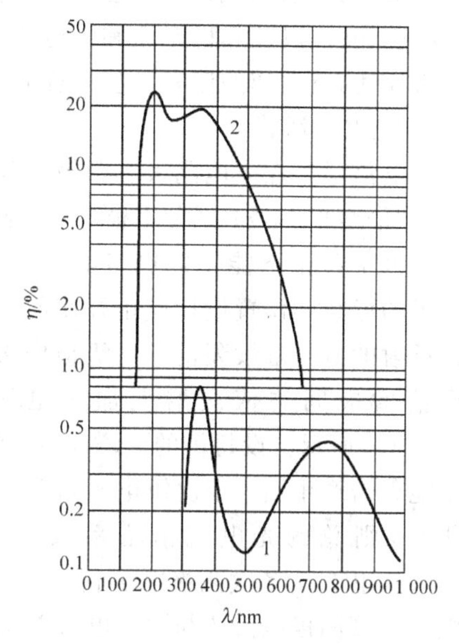

图4.82 两种光电阴极材料的频谱灵敏度曲线

1—银氧铯阴极；2—锑铯阴极

真空光电管的光电特性是指在工作电压和入射光的频率成分恒定条件下，光电管接收的入射光通量值 Φ 与其输出光电流 I_Φ 之间的比例关系，如图4.83所示。图4.83(a)示出了两种光电阴极的真空光电管的光电特性。其中，氧铯光电阴极的光电管在很宽的入射光通量范围内都具有良好的线性度，因而氧铯光电管在光测量中获得广泛应用。

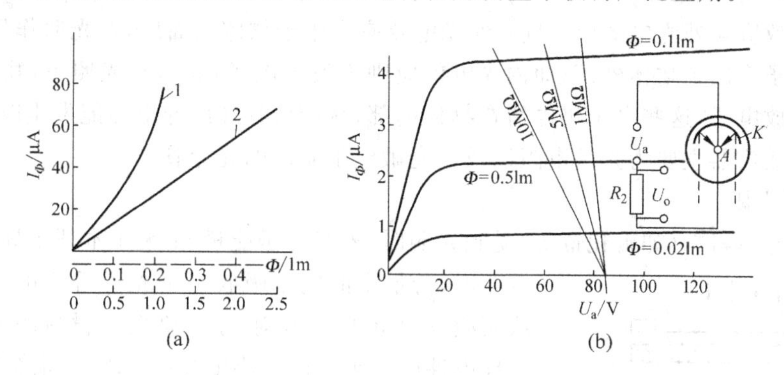

图4.83 真空光电管特性

(a) 光电特性；(b) 伏安特性

1—锑铯光电阴极的光电管；2—氧铯光电阴极的光电管

光电管的伏安特性是光电管的另一个重要性能指标，指在恒定的入射光的频率成分和强度条件下光电管的光电流 I_Φ 与阳极电压 U_a 之间的关系(图4.83(b))。由图可见，光通量一定时，当阳极电压 U_a 增加时，光电流趋于一定值(饱和)，光电管的工作点一般选在该区域中。

光电管其他的特性参数还有频谱特性、频率响应、噪声以及热稳定性和暗电流等，此处不再详述，感兴趣的读者可参阅有关专著。

2. 光电倍增管

光电倍增管在光电阴极和阳极之间装有若干个“倍增极”，或叫“次阴极”。倍增极上涂有在电子轰击下能发射更多电子的材料，倍增极的形状和位置设计成正好使前一级倍增极反射的电子继续轰击后一级倍增极。在每个倍增极间均依次增大加速电压，如图 4.84(a)所示。设每极的倍增率为 δ(一个电子能轰击产生出 δ 个次级电子)，若有 n 个次阴极，则总的光电流倍增系数 M 将为 $(C\delta)^n$(这里 C 为各次阴极电子收集效率)，即光电倍增管阳极电流 I 与阴极电流 I_0 的关系为 $I=I_0M=I_0(C\delta)^n$，倍增系数与所加的电压有关。常用光电倍增管的基本电路如图 4.84(b)所示，各倍增极电压由电阻分压获得，流经负载电阻 R_1 的放大电流造成的压降，便给出了输出电压。一般阳极与阴极之间的电压为 1 000～2 000V，两个相邻倍增电极的电位差为 50～100V。电压越稳定越好，以减少倍增系数的波动引起的测量误差。由于光电倍增管的灵敏度高，所以适合在微弱光下使用，但不能接受强光刺激，否则易于损坏。

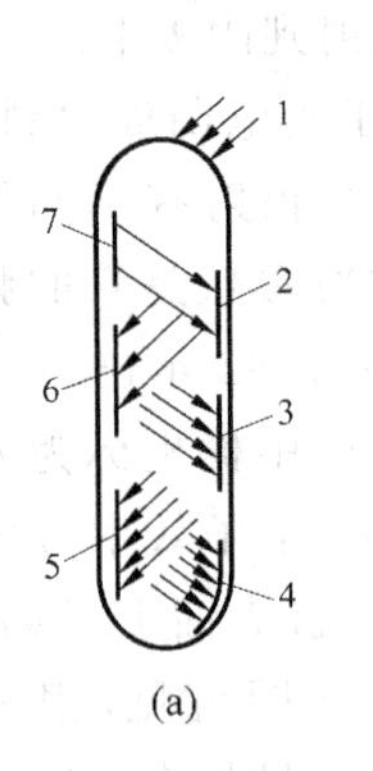

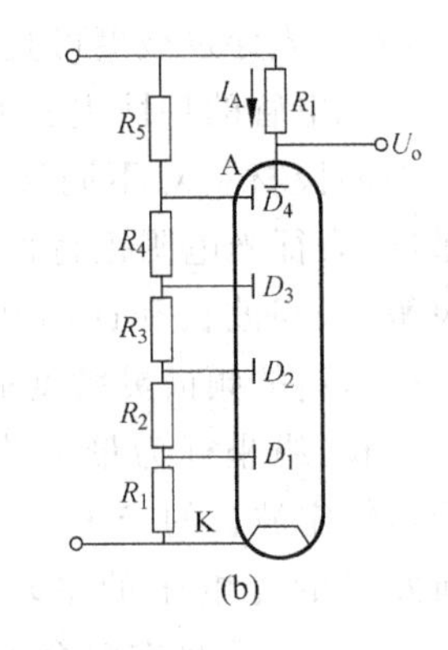

图 4.84 光电倍增管的结构及电路

(a) 结构；(b) 电路

1—入射光；2—第一倍增极；3—第三倍增极；4—阳极 A；5—第四倍增极；6—第二倍增极；7—阴极 K

4.10.2 内光电效应

在光照作用下，物体的导电性能(如电阻率)发生改变的现象称内光电效应，又称光导效应。内光电效应与外光电效应不同：外光电效应产生于物体表面层，在光照作用下，物体内部的自由电子逸出到物体外部；而内光电效应则不发生电子逸出，在光照下，物体内部原子吸收能量释放电子，这些电子仍停留在物体内部，从而使物体的导电性能发生改变。

内光电效应器主要为光敏电阻以及由光敏电阻制成的光导管。

1. 光敏电阻

某些半导体材料(如硫化镉等)受到光照时，若其光子能量 $h\nu$ 大于本征半导体材料的禁带宽度，价带中的电子吸收一个光子后便可跃迁到导带，从而激发出电子-空穴对，于是降低了材料的电阻率，增强了导电性能。阻值的大小随光照的增强而降低，且光照停止后，自由电子与空穴重新复合，电阻也恢复原来的值。利用光敏电阻制成的光导管结构简单，图 4.85 示出了光导管的基本结构，它由半导体光敏材料(薄膜或晶体)两端接上电极引线组成。接上电源后，当光敏材料受到光照时，阻值改变，在连接的电阻端便有电信号输出。

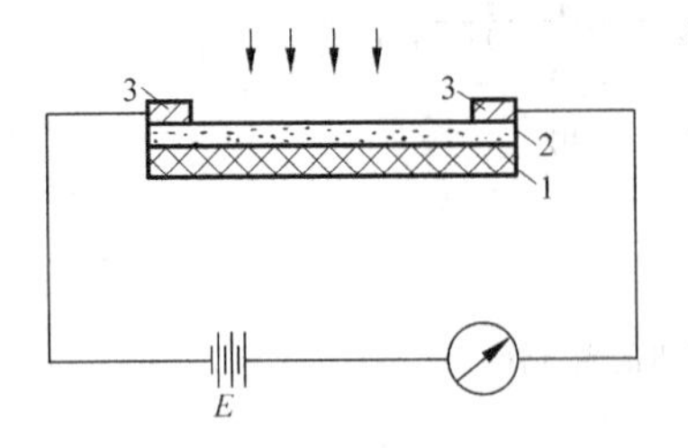

图 4.85 光导管结构

1—绝缘底座；2—半导体薄膜；3—电极

光敏电阻的特点是灵敏度高、光谱响应范围宽，可从紫外一直到红外，且体积小，性能稳定，因此广泛用于测试技术。光敏电阻的材料种类很多，适用的波长范围也不一样，如硫化镉(CdS)、硒化镉(CdSe)适用于可见光(0.4～0.75μm)的范围，氧化锌(ZnO)、硫化锌(ZnS)适用于紫外光线范围，而硫化铅(PbS)、硒化铅(PbSe)、碲化铅(PbTe)则适用于红外线范围。

光敏电阻的主要特征参数有如下几种：

(1) 光电流、暗电阻、亮电阻。光敏电阻在未受到光照条件下呈现的阻值称为"暗电阻"，此时流过的电流称"暗电流"；光敏电阻在受到某一光照条件下呈现的阻值称"亮电阻"，此时流过的电流称"亮电流"。亮电流与暗电流之差称为"光电流"。光电流的大小表征了光敏电阻的灵敏度大小。一般希望暗阻大、亮阻小，这样暗电流小，亮电流大，相应的光电流也大。光敏电阻的暗电阻大多很高，为兆欧量级，而亮电阻则在千欧以下。

(2) 光照特性。光敏电阻的光电流 I 与光通量 F 的关系曲线称光敏电阻的光照特性。图 4.86 示出了硫化镉(CdS)光敏电阻的光照特性。一般来说，光敏电阻的光照特性曲线呈非线性，且不同材料的光照特性均不一样。

(3) 伏安特性。在一定的光照下，光敏电阻两端所施加的电压与光电流之间的关系称为光敏电阻的伏安特性。由图 4.87 可知，曲线 1,2 分别代表照度为零和照度为某值下的伏安特性。当给定偏压时，光照度越大，光电流也越大。而在一定的照度下，所加电压越大，光电流也就越大，且无饱和现象。但电压实际上受到光敏电阻额定功率、额定电流的限制，因此不可能无限制地增加。

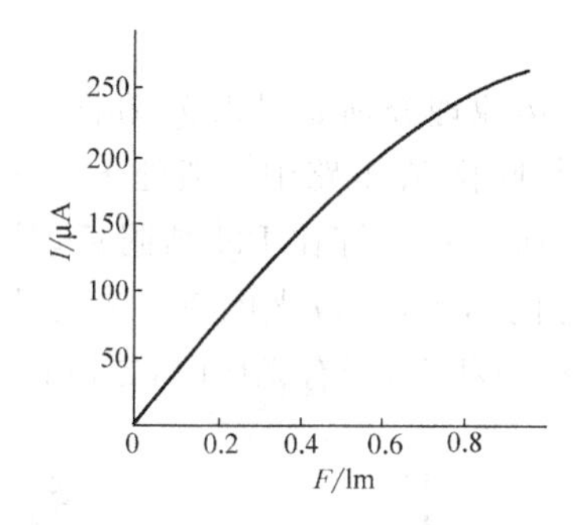

图 4.86 光敏电阻的光照特性曲线

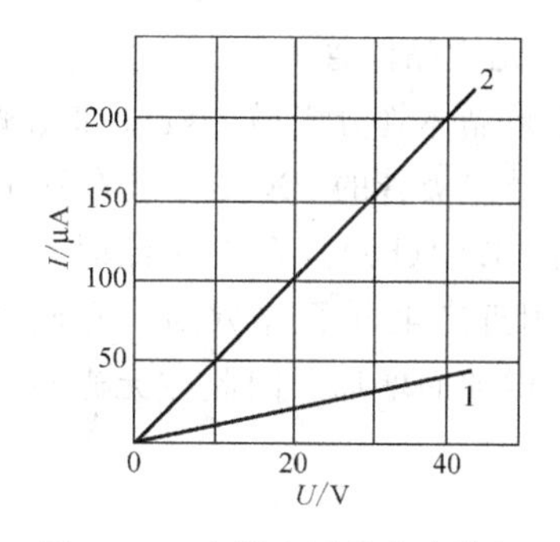

图 4.87 光敏电阻的伏安特性

(4) 光谱特性。对不同波长的入射光，光敏电阻的相对灵敏度是不一样的。图 4.88 示出了几种不同材料的光谱特性曲线。可以看到，硫化铅在较宽的光谱范围内有较高的灵敏度，且其峰值位于红外光区域；而硫化镉的峰值则位于可见光区域。光敏电阻的光谱分布与材料性质、制造工艺有关。如硫化镉光敏电阻随着掺铜浓度的增加其光谱峰值从 500nm 移至 640nm；而硫化铅光敏电阻则随材料薄层的厚度减小其光谱峰值也朝短波方向移动。因此在选用光敏电阻时，应当把元件与光源结合起来考虑，才能获得所希望的效果。

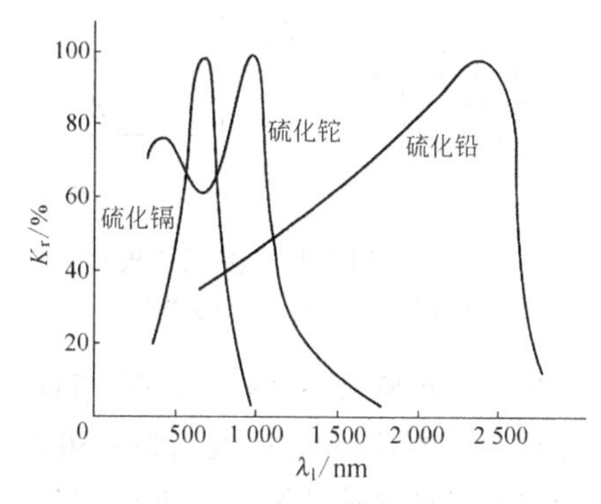

图 4.88 光敏电阻的光谱特性曲线

(5) 频率特性。光敏电阻的光电流对光照强度的变化有一定的响应时间，通常用时间常数来描述这种响应特性。光敏电阻自光照停止到光电流下降至原值的63%时所经过的时间称为光敏电阻的时间常数。自然，不同光敏电阻的时间常数是不一样的，因而其频率特性也不一样。图4.89表示硫化铅与硫化铊两种不同材料的光敏电阻的频率特性，即相对灵敏度 K_r 与光强变化频率 f 间的关系曲线。

(6) 光谱温度特性。和其他半导体材料一样，光敏电阻的光学与电学性质也受温度的影响。温度升高时，暗电阻和灵敏度下降。温度的变化也影响到光敏电阻的光谱特性。如图4.90所示，硫化铅光敏电阻在不同温度下其相对灵敏度 K_r 随入射光波长 λ 的变化而变化。当温度从-20℃变化至$+20$℃时，它的峰值即相对灵敏度也朝短波方向移动。因此有时为提高光敏电阻对较长波长光照(如远红外光)的灵敏度，应采取降温措施。

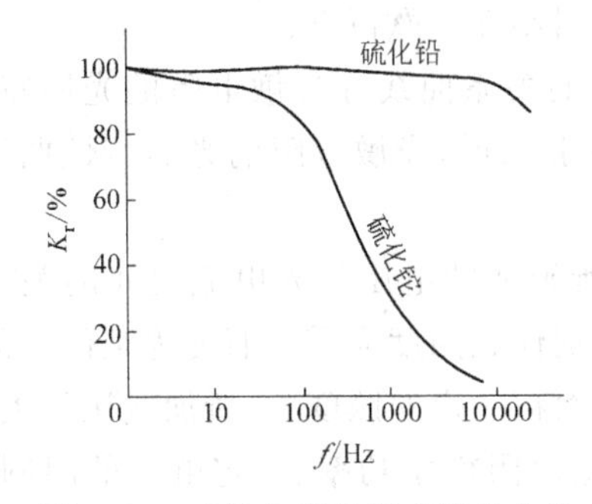

图4.89 光敏电阻的频率特性曲线

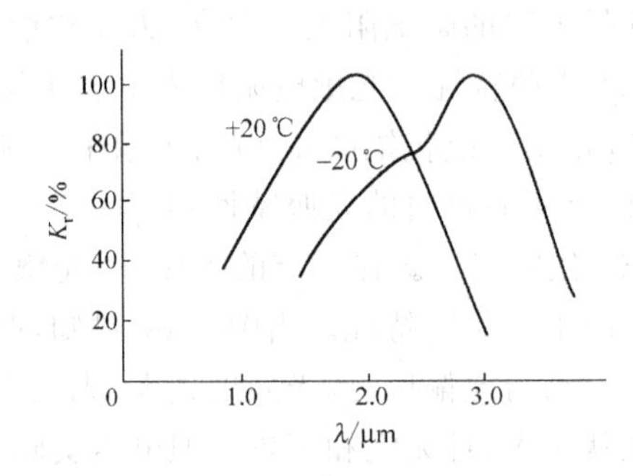

图4.90 硫化铅光敏电阻的光谱温度特性

2. 光敏晶体管

光敏晶体管分光敏二极管和光敏三极管两种。其结构原理分别如图4.91和图4.92所示。光敏二极管的PN结安装在管子顶部，可直接接受光照射，在电路中一般处于反向工作状态(图4.91(b))。在无光照时，暗电流很小；在有光照时，光子打在PN结附近，从而在PN结附近产生电子-空穴对。它们在内电场作用下作定向运动，形成光电流。光电流随光照度的增加而增加。因此在无光照时，光敏二极管处于截止状态；当有光照时，二极管导通。

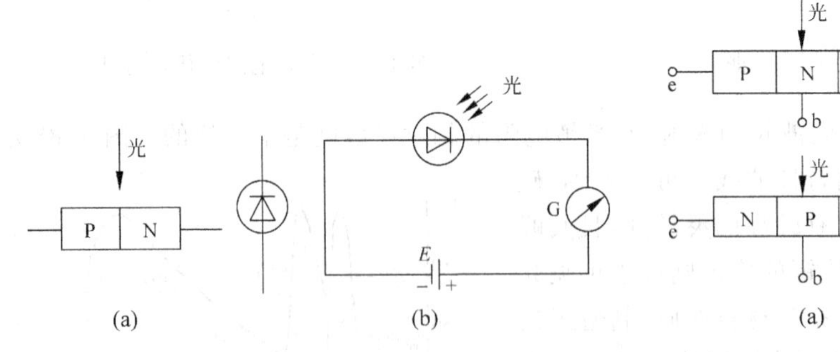

图4.91 光敏二极管

(a) 光敏二极管符号；(b) 光敏二极管的连接

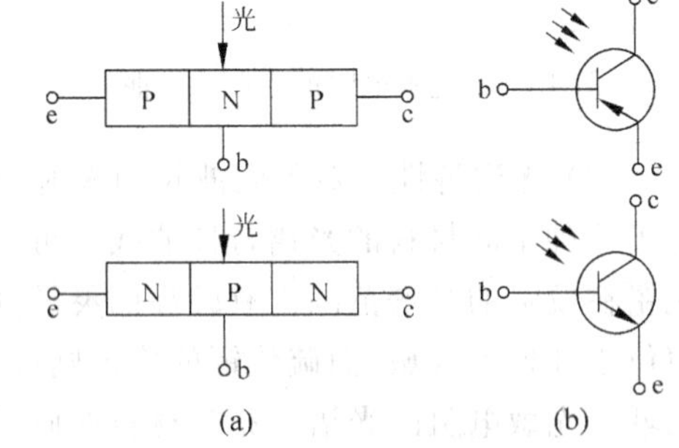

图4.92 光敏三极管

(a) 光敏三极管符号；(b) 光敏三极管的连接

光敏三极管有NPN和PNP两种类型，结构与一般晶体三极管相似。由于光敏三极管是光致导通的，因此它的发射极一边做得很小，以扩大光的照射面积。当光照射到光敏三极管的PN结附近时，PN结附近便产生电子-空穴对，这些电子-空穴对在内电场作用下做定向运动从而形成光电流，这样便使PN结的反向电流大大增加。由于光照射发射板所产生的光电流相当于三极管的基极电流,因此集电极电流为光电流的 β 倍。因此,光敏三极管的灵敏度比光敏二极管的灵敏度要高。

光敏晶体管的基本特性有以下几种:

(1) 光照特性。图 4.93 示出了光敏二极管和三极管的光照特性曲线。可以看出,两条曲线均近似为直线,但相对而言,二极管的线性度要好于三极管的。光敏三极管在小照度时光电流随照度的增加较小,在光照度较大(几千勒[克斯])时有饱和现象(图中未画出),这是因为三极管的电流放大倍数在小电流和大电流时都下降的缘故。

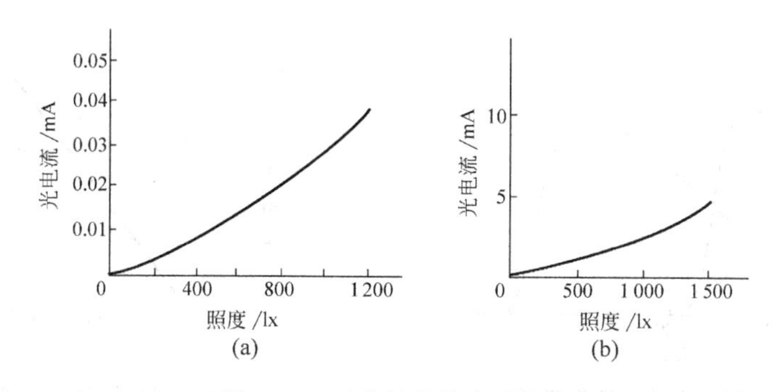

图 4.93 硅光敏管的光照特性

(a) 硅光敏二极管;(b) 硅光敏三极管

(2) 伏安特性。图 4.94 示出了硅光敏二极管和三极管的伏安特性。显然在不同照度下,其伏安特性与一般的晶体管在不同基极电流时的输出特性一样。另外,光敏三极管的光电流比相同管型的二极管的光电流大数百倍。光敏二极管即使在零偏压时仍有光电流输出,这是由于光敏二极管的光生伏打效应(见 4.10.3 节)所致。

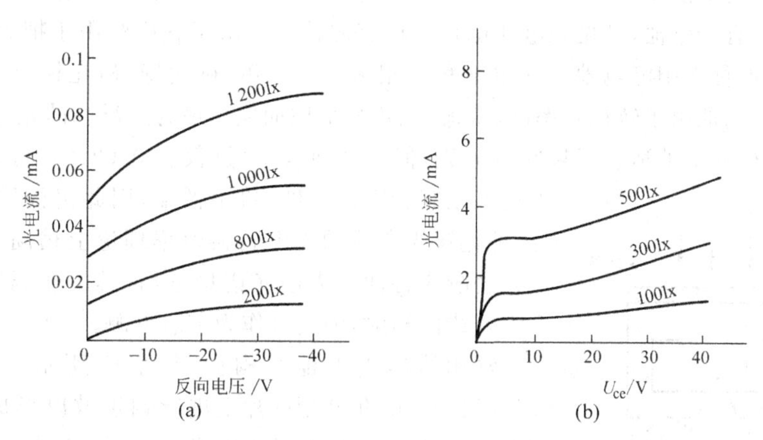

图 4.94 硅光敏管的伏安特性

(a) 硅光敏二极管;(b) 硅光敏三极管

(3) 光谱特性。图 4.95 示出了硅和锗光敏晶体管的光谱特性。当入射波长增加时,相对灵敏度均下降。这是由于光子能量太小,不足以激发电子-空穴对。当入射波长过分短时,灵敏度也会下降。这是因为光子在半导体表面附近激发的电子-空穴对不能到达 PN 结的缘故。从图中还可以看到,硅管的峰值波长为 0.9μm 左右,锗管的峰值波长为 1.5μm 左右。两者的短波限均在 400nm 左右。另外锗管的暗电流比硅管的大,因此锗管性能一般较差，故在可见光或探测赤热物体时，较多采用硅管；而在红外光区探测时，采用锗管较为合适。

(4) 温度特性。图 4.96 为锗光敏三极管的温度特性曲线。由图可见，暗电流受温度变化的影响较大；输出电流受温度变化的影响较小。使用中对温度因素的影响应采取温度补偿措施。

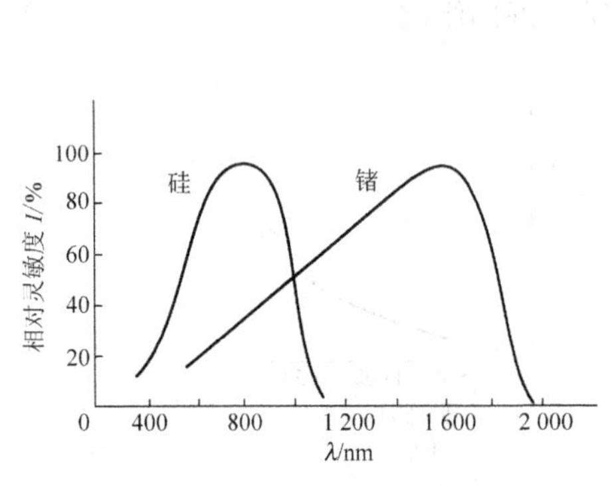

图 4.95 硅和锗光敏晶体管光谱

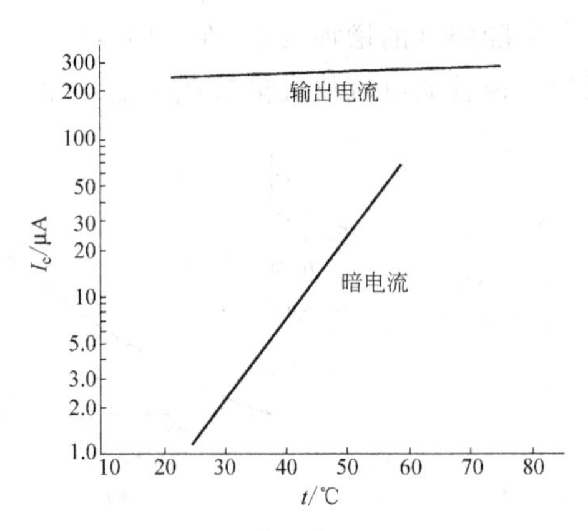

图 4.96 锗光敏晶体管的温度特性

(5) 响应时间。光敏管的输出与光照间有一定的响应时间，一般锗管的响应时间常数为 2×10^{-4}s 左右，硅管为 10^{-5}s 左右。

4.10.3 光生伏打效应

在光线照射下能使物体产生一定方向的电动势的现象称为光生伏打效应。基于光生伏打效应的器件有光电池，可见光电池也是一种有源器件。由于它广泛用于把太阳能直接转换成电能，故亦称太阳能电池。光电池种类很多，有硅、硒、砷化镓、硫化镉、硫化铊光电池等。其中硅光电池由于转化效率高、寿命长、价格低廉而应用最为广泛。硅光电池较适宜于接收红外光；硒光电池适宜于接收可见光，但其转换效率低(仅有 0.02%)，寿命低，它的最大优点是制造工艺成熟，价格低廉，因此仍被用来制造照度计；砷化镓光电池的光电转换效率理论上稍高于硅光电池，其光谱响应特性与太阳光谱接近，且其工作温度最高，耐受宇宙射线的辐射，因此可作为宇航电源。

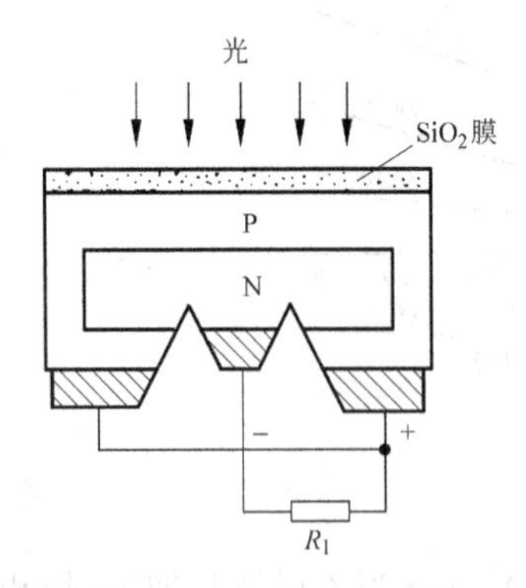

图 4.97 硅光电池的结构

常用的硅光电池结构如图 4.97 所示。在电阻率为 0.1～1Ω·cm 的 N 型硅片上进行硼扩散以形成 P 型层，再用引线将 P 型和 N 型层引出形成正、负极，便形成一个光电池。接受光照时，在两极间接上负载便会有电流通过。一般为防止表面的光反射和提高转换效率，常将器件表面氧化处理形成 SiO_2 保护膜。

光电池的作用原理：当光照射至光电池的 PN 结的 P 型面上时，如果光子能量 $h\nu$ 大于半导体材料的禁带宽度，则在 P 型区每吸收一个光子便激发一个电子-空穴对。在 PN 结电场作用下，N 区的光生空穴将被拉向 P 区，P 区的光生电子被拉向N区，结果在N区便会积聚负电荷，在P区则积聚正电荷，这样在N区和P区间便形成电动势区。若将PN结两端用导线连接起来，电路中便会有电流流过，方向为从P区流经外电路至N区。

光电池的基本特性包括光照特性、频率响应、光谱特性、温度特性等。常用的硅光电池的光谱范围为0.45～1.1μm，在80nm左右有一个峰值；而硒光电池的光谱范围为0.34～0.57μm，比硅光电池的范围窄得多，它在500nm左右有一个峰值。此外，硅光电池的灵敏度为6～8nA/(mm^2·lx)，响应时间为数微秒至数十微秒。

4.10.4 光电器件的应用

图4.98为一种利用光电传感器进行边缘位置检测的装置，用于带钢冷轧过程中控制带钢的移动位置偏移。

由白炽灯8发出的光经双凸透镜7、分光镜3反射后再经平面透镜4会聚成平行光束，该光束被行进的带钢6遮挡掉一部分，另一部分则被入射至角矩阵反射镜5上，经该反射镜反射的光束再经透镜4、分光镜3和凸透镜2会聚到光敏三极管1上。角矩阵反射镜5用于防止平面反射镜因倾斜或不平而出现的漫反射。由于光敏三极管1接在输入桥路的一臂上，因此当带钢位于平行光束中间位置时，电桥则处于平衡状态，输出为零。当带钢左、右偏移时，遮光面积或减小、或增加，从而使角矩阵反射镜反射回的光通量增加或减小，于是输出电流变为$+\Delta i$或$-\Delta i$，该电流变化信号经放大后，可用以作为防止带钢跑偏的控制信号。

采用光电元件也可做成光电转速计。图4.99示出了一种光电转速计的结构原理。在被测对象的转轴上涂上黑白两色，转动时，反光与不反光交替出现。光源经光学系统照射到旋转轴上，轴每转一周反射光投射到光电接收元件上的强弱发生一次变化，从而在光电元件中引起一个脉冲信号。该脉冲信号经整形放大后送往计数器，从而可测到物体的转速。所用的光电元件可以是光电池，也可以是光敏二极管。光源一般为白炽灯。

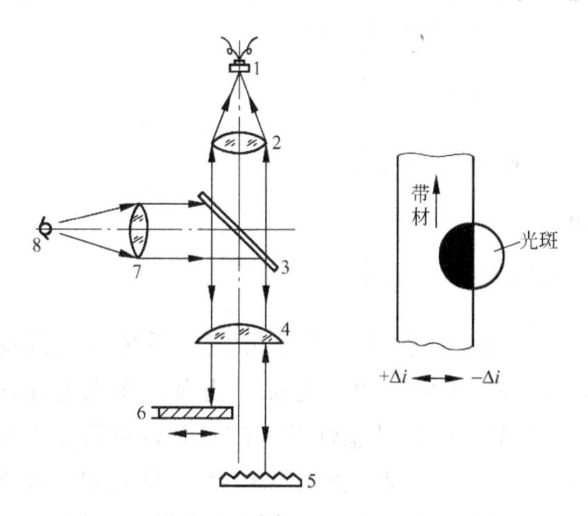

图4.98 光电式边缘位置检测装置

1—光敏三极管；2—凸透镜；3—分光镜；4—平面透镜；5—角矩阵反射镜；6—带钢；7—双凸透镜；8—白炽灯

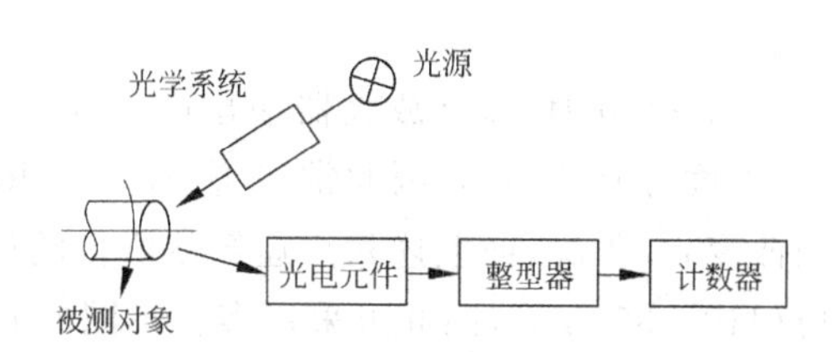

图4.99 光电转速计结构原理框图

利用侧向效应的硅光敏二极管检测器可用来作运动检测。图 4.100 示出了一种单轴检测装置。其中,检测器的一端 G 若接地,则变成光生伏打模式;若施加一偏压(5V 或 15V),则又变成光导模式。光导模式由于极大地降低了器件的电容,其响应时间常数 RC 也减小,因此在许多高速运动场合都要采用这种检测模式。对上述的两种模式,图中的光点均打在中央($x=0$)位置,因而产生的光电流 $i_A=i_C$。当光点偏离 $x=0$ 的位置时,其中的一个电流增加,而另一个电流减少,只要两电流被反馈入低阻抗的电子器件,两电流之差便近似为偏移量 x 的线性函数。图中所示的运算放大器能提供所需的低阻抗。

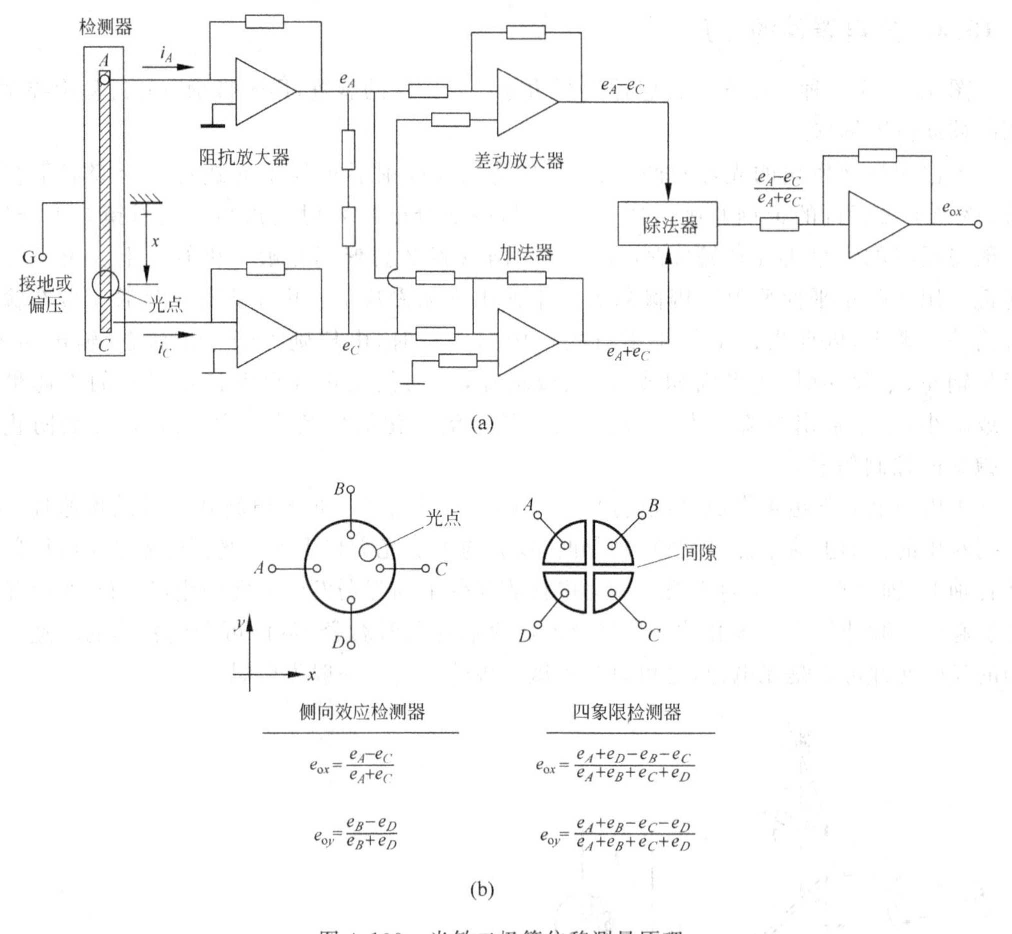

图 4.100 光敏二极管位移测量原理

当 $x=0$ 时,差动放大器输出(e_A-e_C)为零。由于光强在许多实际应用系统中会随时间、温度等有所漂移,因此常需将(e_A-e_C)用(e_A+e_C)来除。由于光强变化会改变光电流进而改变 e_A 和 e_C,而上述除法运算使所得的信号对光强变化敏感性差。硅具有较宽的光波响应(110~350nm),因此可采用多种不同的光源:氦-氖激光器、激光二极管、可见光和红外光的发光二极管、白炽灯和荧光灯。检测器的作用是用来敏感光斑点的平均光强,这样输出信号便不再十分依赖于光强信号轮廓或光斑尺寸。目前可做成长 12in 的单轴检测器和直径 2in 的双轴检测器。被测物的尺寸可大于或小于检测器的尺寸,因为可采用光学放大或缩小装置。图 4.100 中还示出了一个双轴四象限检测器。4 个象限之间分别有一个 2μm 的间隙。这种四象限传感器十分灵敏,主要用来检测间隙附近的小位移。当光斑完全位于一个象限中时,检测器无输出。例如,采用这种检测器的自准直仪(用于测很小的角位置变化),其测量值可达 20 600″,分辨率可达 0.2″。这种检测器也可用于光学器件的自动聚焦装置。

4.11 气敏传感器

气敏传感器(gas-sensitive transducer)属半导体器件,是 20 世纪 60 年代产生的一种新型传感器。其工作原理是:当气敏元件表面吸附有被测气体时,其电导率会发生变化。简单地说,气敏传感器是一种气-电转换元件。对这种导电工作机理的解释是:当半导体气敏元件表面吸附气体分子时,由于二者相互接收电子的能力不同,会产生正离子或负离子吸附,引起表面能带产生弯曲,从而导致电导率发生变化。

半导体气敏元件亦分为 N 型和 P 型两种。下面以 N 型半导体气敏元件为例,分析它在吸附气体前后能级图的变化(图 4.101)。

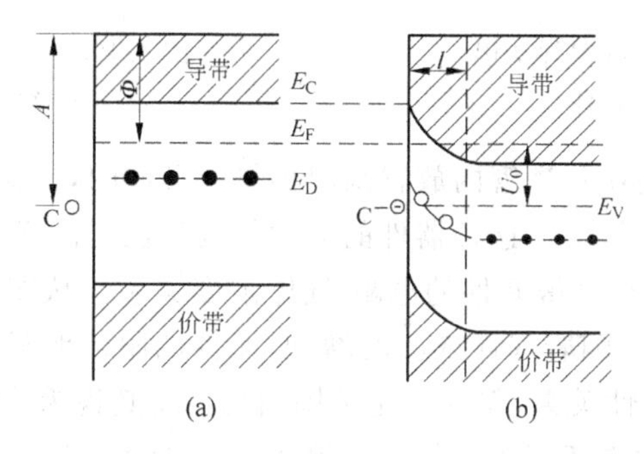

图 4.101 N 型半导体表面吸附气体机理图

(a) 吸附前;(b) 吸附后

A—气体分子的电子亲和力;Φ—功函数;E_C—导带底能级;E_F—费米能级;E_D—施主能级;E_V—平衡后的费米能级;C^-—吸附负离子;U_0—表面空间势垒;l—表面电荷层深度

图 4.101 中被吸附的气体原子为 C,当其电子亲和力大于半导体功函数时,气体分子的能级低于 N 型半导体费米能级 E_F,从而在吸附后使吸附气体原子从 N 型半导体内获得电子成为负离子 C^-。由于电子从半导体内朝吸附气体方向移动,吸附表面的静电场增加,使能带向上弯曲(图 4.101(b)),形成表面空间电荷层 l,该电荷层的形成阻止了电子继续向吸附表面移动。随着 C^- 离子的不断增加,电子向吸附表面的移动越来越困难。最后吸附表面与半导体内部的费米能级间达到一种新的平衡(图 4.101(b)),吸附便停止。

设碳原子 C 的电子亲和力为 A,半导体吸附前的功函数为 Φ,C 原子与半导体间的相互作用力为 β,则吸附开始时的亲和力为 $A-\Phi+\beta$;吸附后,由于能带弯曲形成表面空间势垒 U_0,当达到平衡时有 $A-\Phi+\beta-U_0=0$。由于 N 型半导体的负离子吸附,使功函数 Φ 增大,表面的电子浓度降低,从而使电导率降低。P 型半导体正好与之相反,当 P 型半导体的正离子吸附时,电导率下降。同样当 N 型半导体的正离子吸附时,能带向下弯曲,使表面电子浓度增大,电导率增加。

半导体气敏元件按制造工艺分为烧结型、薄膜型和厚膜型等,实际应用中以烧结型最为普遍。其工艺过程简介如下:

将一定配比的气体敏感材料(如 SnO_2,InO)及掺杂剂(Pt,Pd)等用水或黏合剂调和,研磨后均匀混合。然后将调匀的混合物滴入模具或涂在电极(事先放好铂丝电极)上,干燥或模压成型。此后将模型制件在一定温度(500～800℃)下烧结,最后老化制成。图 4.102 和图 4.103 分别示出了气敏元件的两种结构型式:内热式和旁热式。

内热式器件中加热丝直接埋在金属氧化物半导体材料中,并兼作一个测量极。其优点是结构简单,体积小;缺点是热容量小,易受环境气流影响,稳定性差。

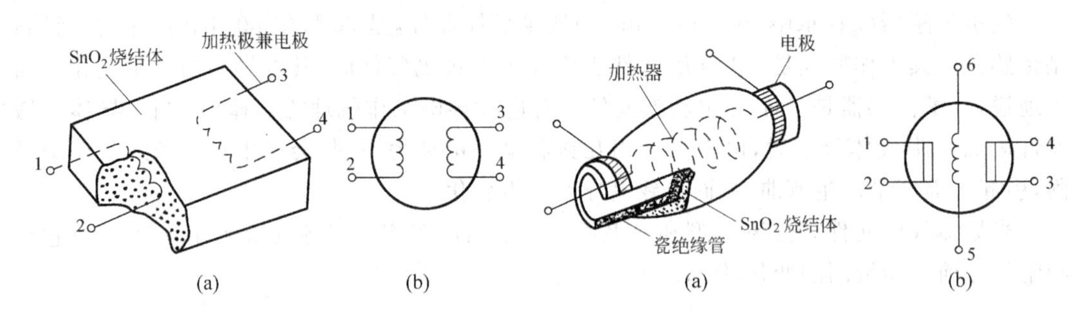

图 4.102 内热式气敏器件结构
(a) 结构;(b) 符号

图 4.103 旁热式气敏器件结构
(a) 结构;(b) 符号

旁热式器件的管芯是在陶瓷管内放置高阻加热丝形成的,在瓷管外涂梳状金电极,再在金电极外涂上气敏半导体材料。这种器件的最大优点是稳定性好。

图 4.104 示出了 SnO_2 气敏元件的电阻-气体浓度关系。从图中可以看出,元件对不同气体的敏感程度是不同的,随着气体浓度的增加,元件的阻值明显增大。另外,使用时需注意:图中的曲线均呈非线性关系,但在一定范围内仍可将其视为线性。

半导体气敏传感器被广泛用于大气污染检测、公害防止、有害气体监测、防爆、防火等场合,其重要性是显而易见的。图 4.105 为利用气敏传感器作有害气体报警的应用实例。

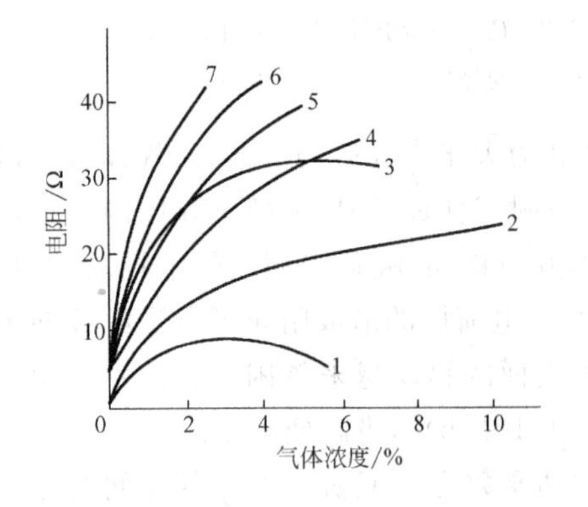

图 4.104 气敏元件的电阻-气体浓度关系
1—甲烷;2—氧化碳;3—正乙烷;4—轻汽油;5—氢;6—乙醚;7—乙醇

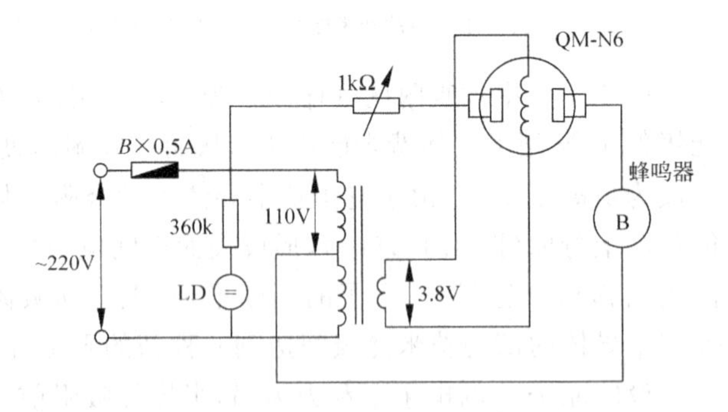

图 4.105 有害气体报警装置原理

当气敏元件敏感到漏出的有害气体(如煤气、石油天然气等)时,阻值降低,从而使流经蜂鸣器电路的电流增大。气体浓度增加到一定值,蜂鸣器回路中流经的电流超过预置的阈值电流,蜂鸣器即会报警。

4.12 固态图像传感器

固态图像传感器(solid-state image transducer)是一种固态集成元件,它的核心部分是电荷耦合器件(charge coupled device,CCD)。CCD 是由以阵列形式排列在衬底材料上的金属-氧化物-半导体(metal oxide semiconductor,MOS)电容器件组成的,具有光生电荷、积蓄和转移电荷的功能,是 20 世纪 70 年代发展起来的一种新型光电元件。由于每个阵列单元电容排列整齐,尺寸与位置十分准确,因此具有光电转换与位置检测的功能。图 4.106(a)是 MOS 光敏元的结构原理图。它是在 P 型(或 N 型)硅单晶的衬底上生长出一层很薄的二氧化硅,再在其上沉积一层金属电极,这样就形成了一个 MOS 结构元。由半导体原理知道,当在金属电极上施加一正偏压时,它所形成的电场排斥电极下面硅衬底中的多数载流子——空穴,形成一个耗尽区。这个耗尽区对带负电的电子而言是一个势能很低的区域,故又称为"势阱"。金属电极上所加偏压越大,电极下面的势阱越深,捕获少数载流子的能力就越强。如果此时有光线入射到半导体硅片上,在光子的作用下,半导体硅片上就产生电子-空穴对,光生电子被附近的势阱所俘获,同时产生的空穴则被电场排斥出耗尽区。此时势阱所俘获的电子数量与入射到势阱附近的光强成正比。这样一个 MOS 结构元称为 MOS 光敏元或一个像素,把一个势阱所俘获的若干光生电荷称为一个"电荷包"。通常在半导体硅片上制有几百或几千个相互独立且规则排列的 MOS 光敏元,称为光敏元阵列。在金属电极上施加一正偏压,则在半导体硅片上就形成几百或几千个相互独立的势阱。如果照射在这些光敏元上的是一幅明暗起伏的图像,那么这些光敏元就产生出一幅与光照强度相对应

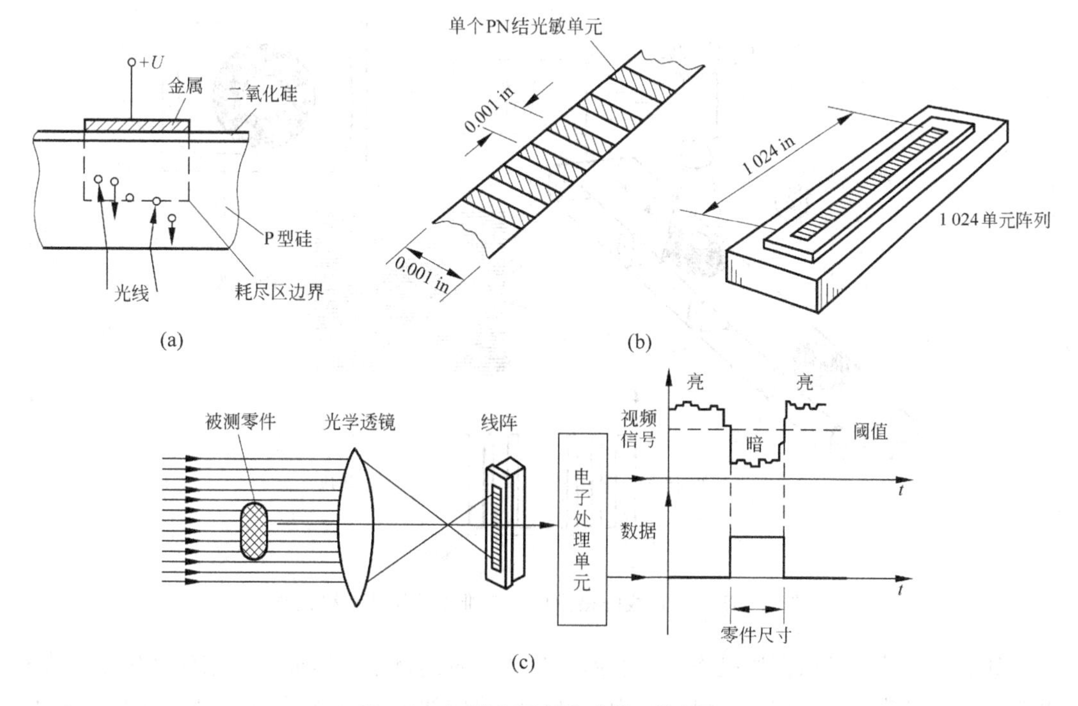

图 4.106 固态图像传感器工作原理

(a) MOS 光敏单元;(b) 1 024 单元阵列;(c) 线阵式摄像机

的光生电荷图像,这就是电荷耦合摄像器件的基本原理。由 CCD 组成的线阵和面阵摄像机能实现图像信息传输,因此在电视、传真、摄影、图像传输与处理等众多领域得到广泛应用。且由于 CCD 器件具有小型、高速、高灵敏、高稳定性及非接触等众多特点,在测试与检测技术领域中也被广泛用来测量物体的形貌、尺寸、位置以及事件的计数等。同时它也被用于图像识别、自动监测和自动控制等方面。

固态图像传感器的工作原理如图 4.106(b)和(c)所示。被测物光图像经过透镜照射到固态图像传感器上,再经传感器中排列在半导体衬底材料上的一系列感光单元转换为光电信号,每个单元称为一个像素点。采用时钟脉冲作控制信号来提取上述光电信号。这种 CCD 器件不同于一般光导摄像管,它不需要外加扫描电子束,而是依靠一种自扫描(电荷转移)的方式来获取与各像素点对应的电信号。

按像素点排列的形式和传感器的构造方式,固态图像传感器一般分为线阵型和面阵型。其中,线阵型目前一般有 1 024、1 728、2 048 和 4 096 个像素的传感器,图 4.106(b)示出了一种 1 024 个像素的线阵式 CCD 图像传感器。面阵型的有从 512×512 一直到 512×768 个像素的,分辨率最高的可达 2 048×2 048 个像素。

图 4.107 示出了用 CCD 线阵型摄像机作流水线零件尺寸在线检测的应用实例。当零件在生产线上一个接一个地经过 CCD 摄像机镜头时,CCD 传感器逐行扫过零件的整个面积,将零件轮廓形状转换成逐行数据(黑白电平信号)进行存储,存储的数据再经过数据处理后最终可重构出零件的轮廓形状并计算出零件的各部分尺寸。这种方法的前提条件是传送带与零件(一般为金属材料)之间有明显的光照对比度,以便能将零件轮廓从传送带背景图像中区分出来。

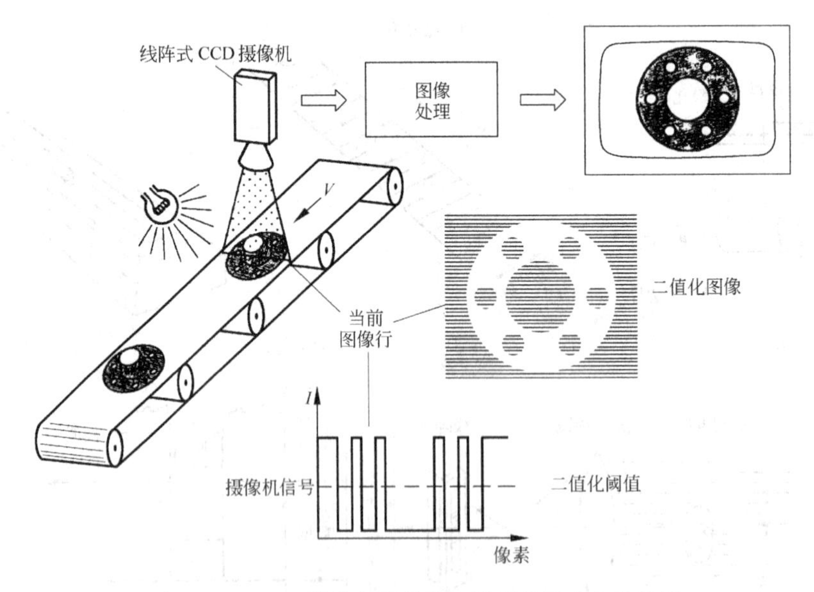

图 4.107 CCD 线阵摄像机作二维零件尺寸在线检测

图 4.108 示出了用摄像机作三角法测量物体位置的例子。激光器光束经透镜聚集在被测工件上并在其表面形成一光斑。作为光电检测器的线阵 CCD 摄像机与激光束成一角度,这样当工件相对于光源运动时,检测器上接收到的光斑图像位置也发生移动。通过对该移

动量的测量，并通过三角解算关系，便可计算出工件的移动距离。若工件垂直于光源移动，也可测出被测工件的表面轮廓。

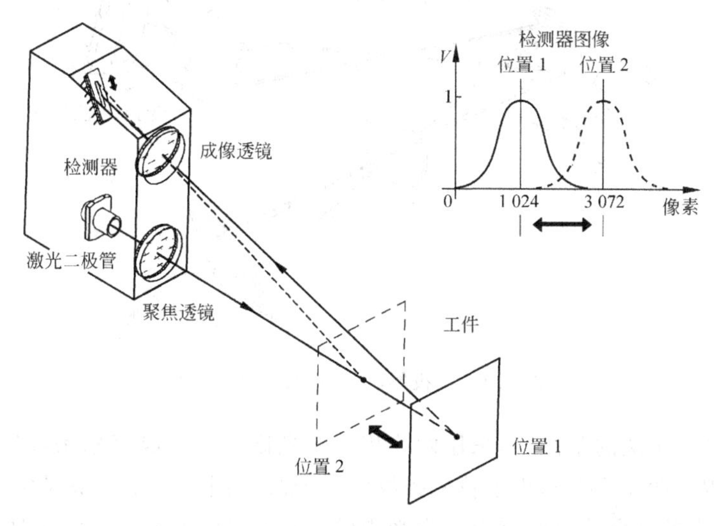

图 4.108 三角法原理测量物体位置

图 4.109 为一采用三角法测量工件轮廓的例子。图中被测工件——齿轮绕轴旋转，其轮廓被逐点扫描进光电检测器——摄像机中，测量原理与图 4.108 的示例一样。采用这种方法可测出工件的三维尺寸。其最大的优点是可避免采用昂贵的触针式如三坐标测量机测量方法，且具有很高的测量精度。

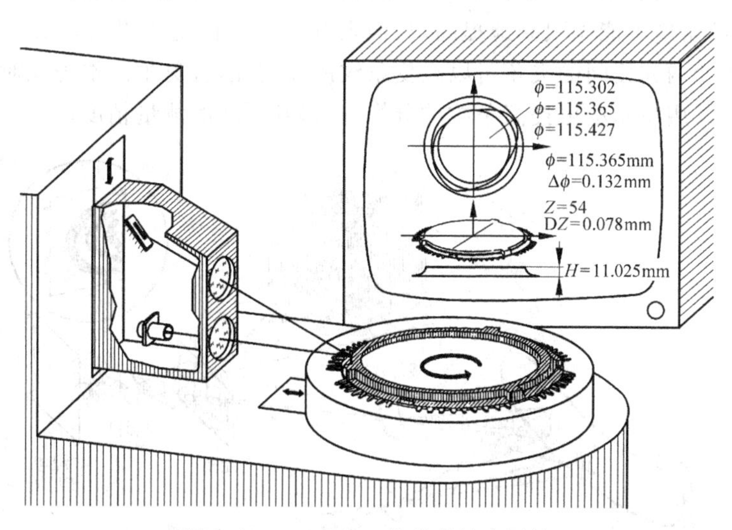

图 4.109 三角法三维轮廓尺寸测量

图 4.110 示出的是采用面阵式 CCD 摄像机利用投影法测量物体三维表面形貌的例子。将一组等间距条纹组成的投影光栅投影到被测工件表面上，该投影线条经摄像机物镜被接收到摄像机传感元件(CCD 传感器)上。由于物体表面轮廓形状的关系，从成像方向来观察该投影条纹将是畸变的，该畸变的条纹即包含被测物表面轮廓信息。将该投影条纹通过软

件算法进行解算即可求得被测表面三维形貌。

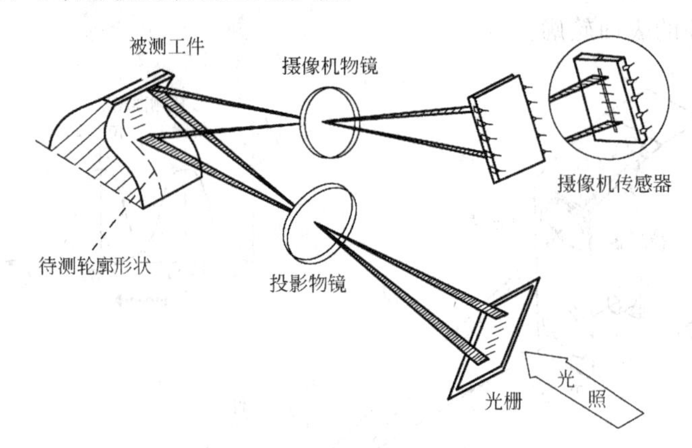

图 4.110 投影法测量物体三维形貌

在上述光栅投影法的基础上，采用两块相同的光栅可扩展成莫尔条纹法来求取被测物表面的三维形貌。图 4.111 示出了莫尔条纹法的原理。图中采用一块投影光栅，另一块为参考光栅，参考光栅放在接收光路上。当光栅样条被投射到被测物表面上时，由于表面轮廓的作用，线条会产生畸变。该"畸变"光栅条纹经被测物表面反射后经过参考光栅时会产生莫尔条纹。该条纹包含了被测物的表面形貌信息。CCD 摄像机接收该莫尔条纹，通过解算即可重构出被测物的表面三维形貌。图 4.112 示出了被接收的被测物表面形成的莫尔条纹。与上述单光栅投影法相比较，莫尔条纹投影法的优点是具有对线条间距的放大作用。这一点对提高测量精度很有好处。从单光栅投影法来说，为提高测量精度，必须提高光栅条纹密度。但条纹密度不能无限制地提高，从而限制了测量精度的提高。对于莫尔投影法来说，由于通过改变两光栅间的夹角可以改变条纹的疏密性，且莫尔法本身就对条纹间距有放大的作用，因此采用莫尔法可提高条纹的分辨率，得到更高的测量精度。

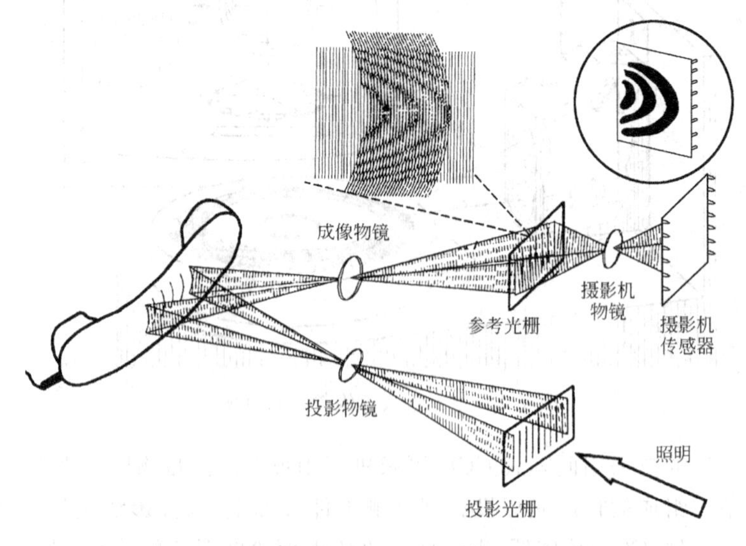

图 4.111 莫尔条纹法测量物体的三维形貌

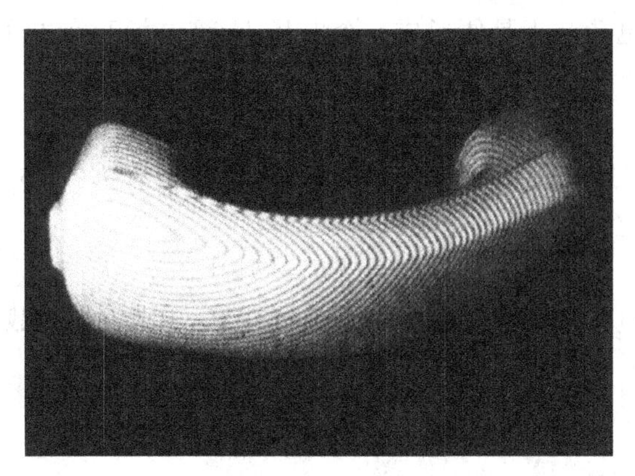

图 4.112 莫尔条纹结构示例

4.13 霍尔传感器

4.13.1 作用原理

霍尔传感器(Hall effect sensor)属半导体磁敏传感器。组成霍尔传感器的材料一般有砷化铟(InAs)、锑化铟(InSb)、锗(Ge)、砷化镓(GaAs)等高电阻率半导体材料。

如图 4.113 所示，将霍尔元件(霍尔板)置于一磁场中，板厚 d 一般远小于板宽 b 和板长，在板长方向通以控制电流 I 时，板的侧向(宽度方向)会产生电动势差，称为霍尔电压，这种现象称为霍尔效应。

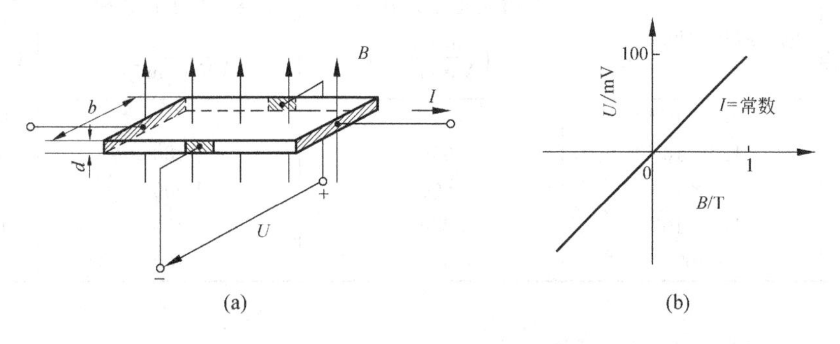

图 4.113 霍尔元件及霍尔效应

(a) 霍尔元件构造；(b) 霍尔元件特性曲线

霍尔效应的产生是由于磁场中洛伦兹力作用的结果。当霍尔板为 N 型半导体材料时，在磁场作用下通以电流 I 时，半导体材料中的载流子(电子)将沿着与电流方向相反的方向运动。由物理学可知，带电质点在磁场中沿和磁力线垂直的方向运动时，都要受到磁场力亦即洛伦兹力 F_m 的作用：

$$F_m = e_o vB \tag{4.121}$$

式中，e_o 为带电粒子的电荷，$e_o = 1.602\times10^{-19}$ C；B 为磁感应强度，T；v 为电子运动速度，m/s。

在 F_m 的作用下，电子向板的一方偏转，使板的一侧积聚大量电子。面板的另一侧相应地缺少电子而积累正电荷。于是便形成一个电场 E，该电场又在电子上作用有一个反作用力 F_e：

$$F_e = e_o E \tag{4.122}$$

当 F_e 与 F_m 相等时，电子的积累达到动态平衡，于是有 $E=vB$。由此则在一宽度为 b 的霍尔板上产生一电位差 U(霍尔发电机)：

$$U = Eb = bvB \tag{4.123}$$

电子速度 v 通过电子浓度 n 与电流密度 S 相关联，S 则由板的截面积 bd 以及流经板的控制电流 I 所给出：

$$S = nve_o = \frac{I}{bd} \tag{4.124}$$

式中，d 为板厚。

将式(4.123)代入式(4.124)中，可得

$$U = \frac{1}{ne_o d} IB \tag{4.125}$$

可见，霍尔电动势 U 正比于控制电流 I 和磁通密度 B，且与电流 I 流经的方向有关。同时 U 随电子浓度 n 的增加而降低，但随电子运动速度 v 的增加而增大，或随电子迁移率 $\mu=v/E$ 的增加而增加。一般，半导体材料的电子迁移率远高于金属材料的电子迁移率。表 4.4 列出了一些电荷载体的浓度和迁移率，可以看出，InSb、InAs 和 In(As,P)等材料尤其适用于作霍尔传感器材料。一个霍尔发电机的内阻一般为欧姆量级。

表 4.4 电荷载体的浓度和迁移率

材料	电荷载体浓度 n/cm^{-1}	导电电子迁移率/$\left(\frac{\mathrm{cm}\cdot\mathrm{s}^{-1}}{\mathrm{V}\cdot\mathrm{cm}^{-1}}\right)$	空穴电子迁移率/$\left(\frac{\mathrm{cm}\cdot\mathrm{s}^{-1}}{\mathrm{V}\cdot\mathrm{cm}^{-1}}\right)$	电导率/$(\Omega^{-1}\cdot\mathrm{cm}^{-1})$
Cu	8.7×10^{22}	40	—	6×10^{5}
Si	1.5×10^{10}	1 350	480	5×10^{-6}
Ge	2.4×10^{13}	3 900	1 900	2×10^{-2}
InSb	1.1×10^{16}	80 000	750	1×10^{-2}
GaAs	9×10^{6}	8 500	400	1×10^{-6}

令 $R_H=\frac{1}{ne_o}$，则式(4.125)变为

$$U = \frac{R_H IB}{d} \tag{4.126}$$

式中，R_H 为霍尔系数，它反映了霍尔效应的强弱程度。

根据材料的电导率 $\rho=\frac{1}{ne_o\mu}$ 的关系进一步可得

$$R_H = \rho\mu \tag{4.127}$$

一般电子的迁移率 μ 要大于空穴的迁移率，因此大都采用 N 型半导体材料作霍尔元件。设

$$K_H = R_H/d = \frac{1}{ne_o d} \tag{4.128}$$

将式(4.128)代入式(4.126)中,可得

$$U = K_H IB \tag{4.129}$$

式中,K_H 称为霍尔元件的灵敏度,它表示霍尔元件在单位磁感应强度 B 和单位控制电流 I 之下霍尔电动势的大小(单位为 V/(A·T))。一般均要求 K_H 越大越好。由于金属的电子浓度高,因此 R_H 和 K_H 均不大,故不适于作霍尔元件。此外,元件厚度 d 越小,灵敏度 K_H 越高,因此霍尔板厚都做得较薄。但也不能无限制地降低板厚,因为这样会加大元件的输入和输出电阻。

上述公式是在磁感应强度 B 垂直于霍尔板平面的条件下导出的。当磁感应强度 B 与霍尔板平面不垂直而是与其法线成一角度 θ 时,式(4.129)则变为

$$U = K_H IB\cos\theta \tag{4.130}$$

4.13.2 霍尔效应的应用

霍尔传感器首先是用来测磁场的,此外还可用来测量产生或影响磁场的物理量。

1. 电流测量

图 4.114 示出了用霍尔传感器测电流的原理图。为对一电流 I_1 作无电动势的测量,将该电流送进一电磁铁绕组中,其磁感应强度 B 由霍尔传感器所确定。电流 I 恒定时,霍尔电动势 U 便是电流 I_1 的一个度量(图 4.114(a))。

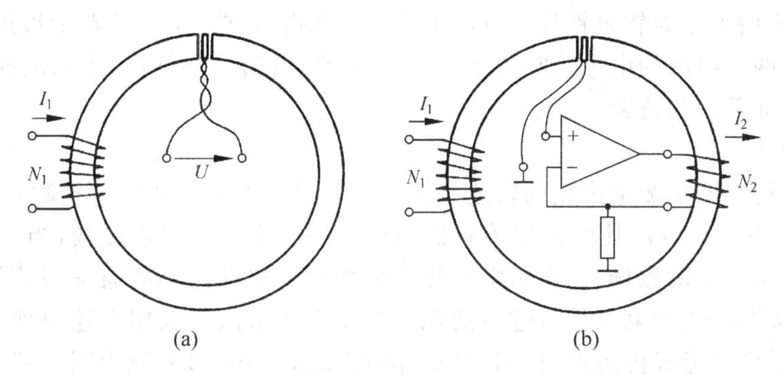

图 4.114 霍尔传感器测电流

(a) 直接测量;(b) 补偿测量

为消除电磁回路对测量精度的影响,可采用图 4.114(b)的配置方式。其中在铁芯上绕制有两个线圈,一个绕组为 N_1,流经电流为 I_1;另一个绕组为 N_2,流经电流为 I_2。第二个线圈的连接方式是使得它的磁场对抗第一个线圈的磁场作用。合成的磁感应强度则用一霍尔传感器来探测。传感器的电压作为一个调节器的输入量,该调节器为一个马达控制的电位计。调节器改变其输出电流 I_2,直到 $N_1I_1=N_2I_2$ 时输入电压消失,且不再调节输出电流 I_2。因此输出电流 I_2 便是被测电流 I_1 的一个度量。

2. 霍尔乘法器

由以上叙述可知,霍尔电动势 U 正比于控制电流 I 和磁通密度 B。如果采用一个流经有电流 I_B 的电磁铁来产生磁通密度 B(图 4.115),那么霍尔电动势 U 将随着电流 I 和 I_B 乘积的增加而增大。根据这一原理可得到能对电流进行乘法运算的部件,称为霍尔乘法器(Hall-effect multiplier)。若控制电流 I 正比于一个用电器上的电压 U_b($I=U_b/R$),且当流

经用电器的电流 I_b 等于产生磁场的电流 I_B，亦即 $I_b=I_B$ 时，由此产生的霍尔电动势 U 便正比于转换成用电器中的功率，即 $U=kU_bI_b=kP_b$。

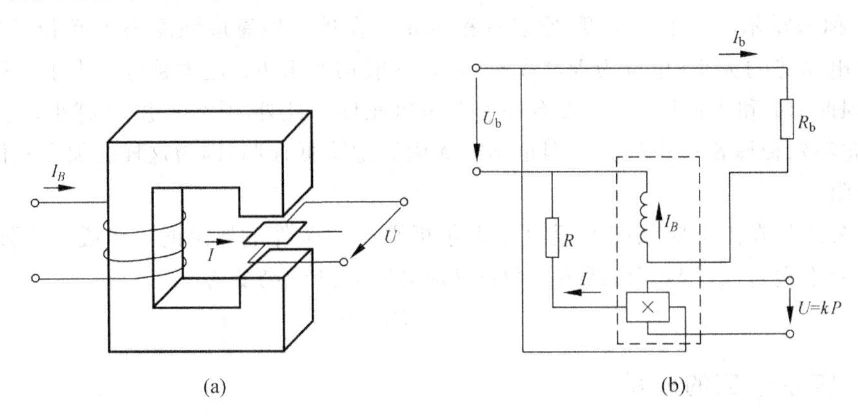

图 4.115 霍尔乘法器

(a) 结构图；(b) 功率测量应用

3. 位置测量

图 4.116 示出了采用霍尔传感器测量物体位置的原理。图中，霍尔传感器位于一由永磁铁产生的磁场中。在上部的气隙中有一软铁片可上下移动，由此来控制流经霍尔板的磁通量，该磁通则用来作为软磁铁片位置的度量。霍尔电压在一电子线路中被进行评价，该电子线路仅产生两个离散的电平，即 0V 和 12V。因此上述装置可用作终端位置开关，用于无接触地监测机器部件的位置。

4. 转速测量

采用霍尔传感器可测量齿轮的转速。图 4.117 所示为霍尔效应齿轮测速传感器(Hall-effect gear-tooth sensor)，其中霍尔传感器采用一块永磁铁来提供磁场，当齿轮转动时，齿轮的齿将改变所产生的磁场，使霍尔电动势产生变化。这种传感器通常与信号调理电路连接在一起，用以对产生的电压信号进行处理。图 4.118 示出了采用上述原理的另一种测速装置，即霍尔效应接近式传感器(Hall-effect proximity sensor)的原理图。其中采用两个机械位置有一定偏移的霍尔传感器，从它们产生的两个频率信号中提供齿轮转动方向的信号。图中还示出了传感器的后续处理电路。

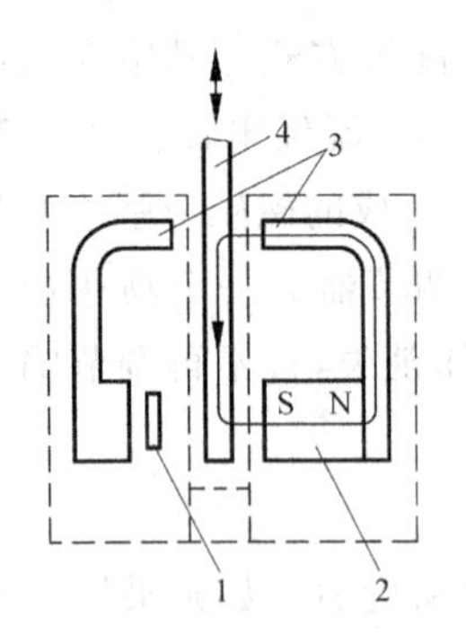

图 4.116 霍尔传感器测量物体位置

1—带集成电路的霍尔探测器；2—永磁铁；3—导磁铁片；4—软磁铁片

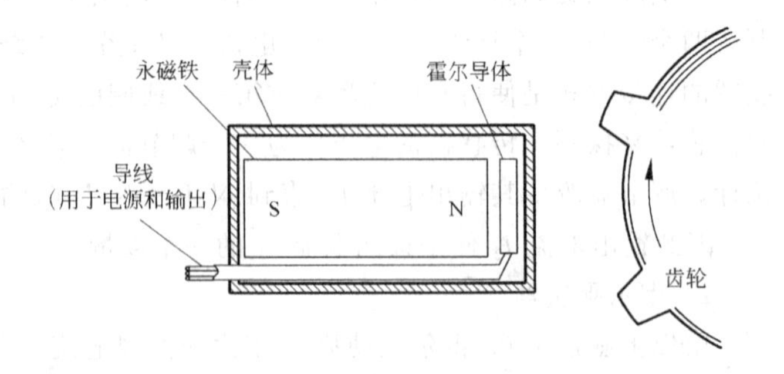

图 4.117 霍尔效应齿轮测速传感器

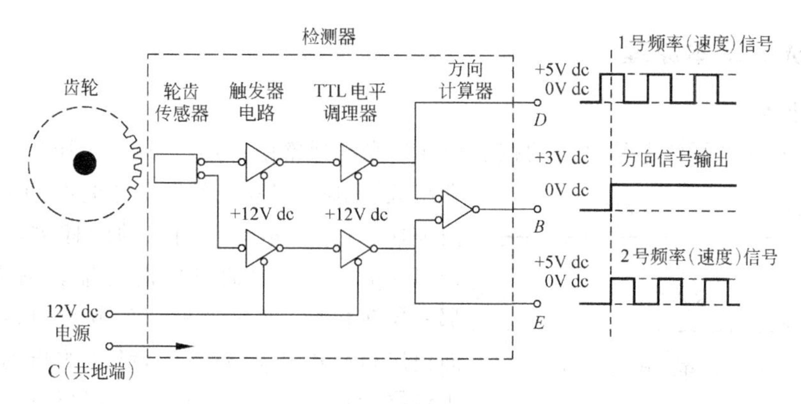

图 4.118 霍尔效应接近式传感器

霍尔传感器的用途十分广泛,除以上介绍的几种外,还可用来测量位移、力、加速度等参量。图 4.119 示出了采用霍尔效应对钢丝绳作断丝检测的例子。当钢丝绳通过霍尔元件时,钢丝绳中的断丝会改变永磁铁产生的磁场,从而会在霍尔板中产生一个脉动电压信号。对该脉动信号进行放大和后续处理后可确定断丝根数及断丝位置。

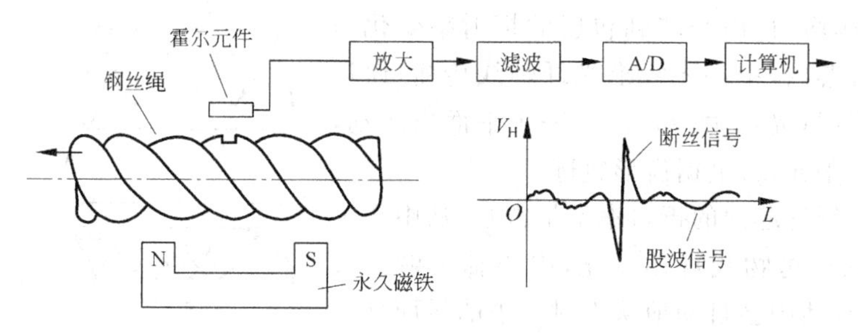

图 4.119 霍尔效应钢丝绳断丝检测装置

4.14 光纤传感器

光纤传感器(optical fiber transducer)由于极高的灵敏度和精度、固有的安全性、良好的抗电磁场干扰能力、高绝缘强度以及耐高温、耐腐蚀、轻质、柔韧、宽频带等优点受到了广泛重视,在机械、电子、仪器仪表、航空航天、石油、化工、生物医学、环保、电力、冶金、交通运输、轻纺、食品等国民经济各领域的生产过程自动控制、在线检测、故障诊断、安全报警以及军事等方面有广泛应用。

光纤传感器主要由光源、光纤、光检测器和附加装置等组成。光源种类很多,常用光源有钨丝灯、激光器和发光二极管等。光纤很细、柔软、可弯曲,是一种透明的能导光的纤维。光导纤维进行光信息传输是利用了光学上的全反射原理,即入射角大于全反射的临界角的光都能在纤芯和包层的界面上发生全反射,反射光仍以同样的角度向对面的界面入射,这样,光将在光纤的界面之间反复地发生全反射而进行传输。附加装置主要是一些机械部件,随被测参数的种类和测量方法而改变。

4.14.1 光纤基本原理

1. 光纤结构

光纤是各种光纤传感器系统的核心元件。光纤通常由纤芯(core)、包层(cladding)及外套组成(见图 4.120)。纤芯处于光纤的中心部位,是由玻璃、石英或塑料等制成的圆柱体,直径一般为 5~150μm,光主要通过纤芯传输。围绕着纤芯的那一层叫包层,材料也是玻璃或塑料,但纤芯和外面包层材料的折射率不同,纤芯的折射率 n_1 稍大于包层的折射率 n_2。由于纤芯和包层构成了一个同心圆双层结构,所以光纤具有使光功率封闭在里面传输的功能。外套起保护光纤的作用。通常人们又把较长的光纤称为光缆。

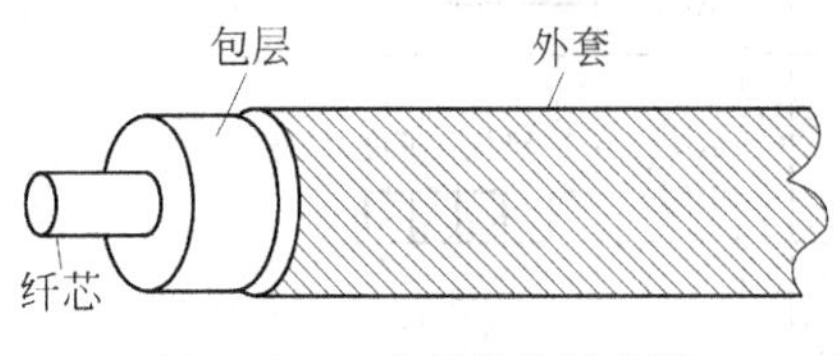

图 4.120 光纤结构示意图

2. 光纤种类

根据从纤芯到包层折射率变化的规律分类,光纤可分为阶跃型和梯度型两种。

阶跃型光纤如图 4.121(a)所示。纤芯的折射率 n_1 分布均匀,固定不变;包层的折射率 n_2 分布也大体均匀,但纤芯到包层的折射率变化呈台阶状。在纤芯内,中心光线沿光纤轴线传播,通过轴线的子午光线(光的射线永远在一个平面内运动,这种光线叫子午光线)呈锯齿形轨迹。

梯度型光纤纤芯内的折射率不是常数,从中心轴线沿径向大致按抛物线规律变化,中心轴折射率最大,因此光在传播中会自动地从折射率小的界面处向中心会聚。光线传播的轨迹类似正弦波曲线。这种光纤又称自聚焦光纤。图 4.121(b)示出了经过轴线子午光线传播的轨迹。

按照光纤的传输模式,可以把光纤分为多模光纤和单模光纤两类。阶跃型(step index)和梯度型(gradient index)为多模(multimode)光纤,而图 4.121(c)所示的为单模(single-mode)光纤。

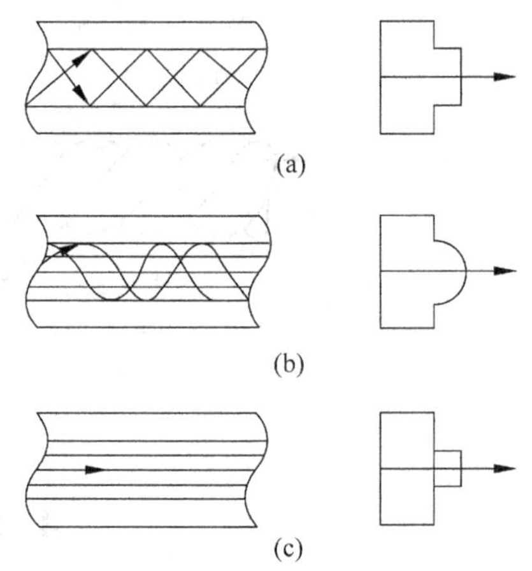

图 4.121 光纤的种类和光传播形式

(a) 阶跃型多模光纤;(b) 梯度型多模光纤;(c) 单模光纤

模的概念可简单介绍如下:在纤芯内传播的光波,可以分解为沿轴向传播的平面波和沿垂直方向(剖面方向)传播的平面波。沿剖面方向传播的平面波在纤芯与包层的界面上将产生反射。如果此波在一个往复(入射和反射)中相位变化为 2π 的整数倍,就会形成驻波。只有能形成驻波的那些以特定角度射入光纤的光才能在光纤内传播,这些光波就称为模。在光纤内,只能传输一定数量的模。通常,纤芯直径较粗(几十 μm 以上)时,能传输几百个以上的模;而光纤很细(5~10μm)时,只能传输一个模。前者称为多模光纤,后者称为单模光纤。

模式 $V=\pi d(n_1^2-n_2^2)^{\frac{1}{2}}\lambda_0$,其中 d 为光纤芯直径。在波长为 λ_0 的光信号辐射作用下,V 越小越好,即 $\Delta n=n_2-n_1\leqslant 1\%$。应该选择辐射大的光信号波长,否则因多模式对同一光信号到达接收端的时间影响不同,会导致合成信号干涉产生畸变。

3. 光纤传光原理

认识光纤的传光原理，首先要从光线在分层媒质中传播开始，由此引出光的全反射概念。根据电磁理论和工程光学原理，可以精确揭示光纤传输光波的本质。在几何光学中，我们知道当光线以较小的入射角 φ_1（$\varphi_1<\varphi_c$，φ_c 为临界角），由光密媒质（折射率为 n_1）射入光疏媒质（折射率为 n_2）时，如图 4.122(a)所示，折射角 φ_2 满足斯涅尔(Snell)法则：

$$n_1\sin\varphi_1 = n_2\sin\varphi_2 \tag{4.131}$$

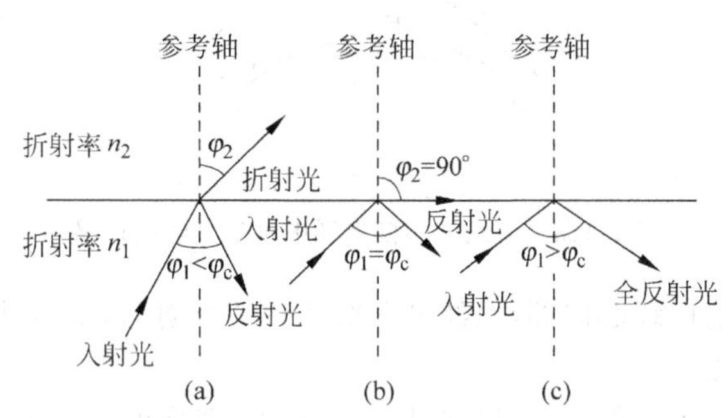

图 4.122　光线入射角小于、等于和大于临界角时界面上发生的反射

根据能量守恒定律，反射光与折射光的能量之和等于入射光的能量。

若逐渐增大入射角 φ_1，一直到等于 φ_c，折射光就会沿着分层媒质的交界面传播，如图 4.122(b)所示。此时的入射角 $\varphi_1=\varphi_c$。于是式(4.131)可写为

$$\sin\varphi_c = \frac{n_2}{n_1} \tag{4.132}$$

临界角 φ_c 可由该式决定。

若继续增大入射角 φ_1（即 $\varphi_1>\varphi_c$），光不再产生折射，而只有光密媒质中的反射，即形成了光的全反射(total reflection)现象，如图 4.122(c)所示。这时反射光不再离开光密介质，由此不断循环反射，将光的信息（光强、光脉冲、光相位变化等）从光纤的始端传向末端，并以等于入射角的出射角传输射出光纤。因为 $\varphi_1>\varphi_c$，范围在 0°～90°，有 $\sin\varphi_1>\sin\varphi_c$，则

$$\sin\varphi_1 > \frac{n_2}{n_1} \tag{4.133}$$

光的全反射现象是光纤传光原理的基础。下面以阶跃型多模光纤为例，进一步说明光纤的传光原理。

阶跃型多模光纤的基本结构如图 4.123 所示。设纤芯的折射率为 n_1，包层的折射率为 n_2（$n_1>n_2$）。当光线从空气（折射率为 n_0）中射入光线的一个端面，并与其轴的夹角为 θ_0 时（如图 4.123(a)所示），按照斯涅尔法则，在光纤内折射成 θ_1 真角，然后以 φ_1（$\varphi_1=90°-\theta$）角入射到纤芯与包层的交界面上。若入射角 φ_1 大于临界角 φ_c，则入射的光线能在交界面上产生全反射，并在光纤内部以同样的角度反复逐次全反射向前传播，直至从光纤的另一端射出。若光纤两端同处于空气之中，则出射角也将为 θ_0。光纤总是把光能封闭在线状的光路中，从一点传输到另一点，即便弯曲，光也能沿着光纤传播。但光纤过分弯曲，将会使光射至界面的入射角小于临界角，那么大部分光将透过包层损失掉，从而不能在纤芯内部传播。

从空气中射入光纤的光并不一定都能在光纤中产生全反射。图 4.123(a)中的虚线表示入射角 θ_0 过大，光线不能满足要求（即 $\varphi_1<\varphi_c$），大部分光线将穿透包层而逸出，这叫漏

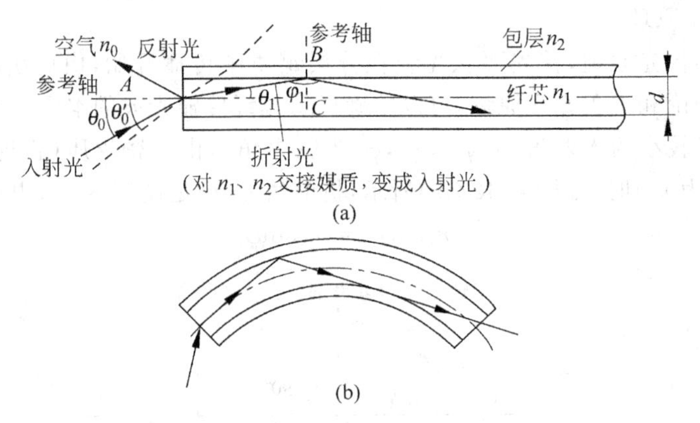

图 4.123　阶跃型多模光纤中子午光线的传播

光。即使有少量光反射回纤芯内部，但经过多次这样的反射后，能量几乎耗尽，以致基本没有光通过光纤传播出去。

能产生全反射的最大入射角可以通过斯涅尔法则(即临界角定义)求得。

由图 4.123(a)，设光线在图示点入射，根据斯涅尔法则，有

$$n_0 \sin\theta_0 = n_1 \sin\theta_1 = n_1 \cos\varphi_1 \tag{4.134}$$

要使入射光线界面发生全反射，应满足式(4.133)，由三角函数公式 $\sin\varphi_1 = \pm\sqrt{1-\cos^2\varphi_1}$ 得到

$$\cos\varphi_1 < \sqrt{1-\frac{n_2^2}{n_1^2}} \tag{4.135}$$

将上式代入式(4.134)，可得

$$\sin\theta_0 < \frac{1}{n_0}\sqrt{n_1^2 - n_2^2} \tag{4.136}$$

这就是能产生全反射的最大入射角范围。入射角的最大值 θ_c 可由式(4.136)求出，即

$$\sin\theta_c = \frac{1}{n_0}\sqrt{n_1^2 - n_2^2} = \mathrm{NA} \tag{4.137}$$

式中，n_0 为光纤周围媒质的折射率，对于空气，$n_0=1$；NA 为光纤的数值孔径。

NA 是光纤的一个基本参数，它决定了能被传播的光束的半孔径角的最大值 θ_c，反映了光纤的集光能力。无论光源发射功率有多大，而只有 $2\theta_c$ 端角之内的光能被接收传输。可以证明，当 NA≤1 时，集光能力与 NA 的平方成正比；当 NA≥1 时，集光能力达到最大。从式(4.137)可以看出，纤芯与包层的折射率差越大，数值孔径就越大，光纤的集光能力越强。显然，NA 大有利于耦合，但也不能太大，否则光信号畸变严重。数值孔径 NA 一般在 0.57 左右。

上面在讨论传光原理时忽略了光在传播过程中的各种损耗。实际上，入射到光纤中的光，由于存在着斯涅尔反射损耗、光吸收损耗、全反射损耗以及弯曲损耗等，其中一部分在途中就损失了，因此光纤不可能百分之百地将入射光的能量传播出去。

4. 光纤特性

光传输信号通过光纤时的特性通常用下面参数表征。

1) 损耗(closs)

设光纤入射端与出射端的光功率分别为 P_i 和 P_o，光纤长度为 L(km)，则光纤的损耗 α

(dB/km)可以用下式计算：

$$\alpha = \frac{10}{L}\lg\frac{P_{\mathrm{i}}}{P_{\mathrm{o}}} \tag{4.138}$$

引起光纤损耗的因素可归结为吸收损耗和散射损耗两类。物质的吸收作用将使传输的光能变成热能，造成光能的损失。光纤对于不同波长光的吸收率不同，例如石英光纤材料 SiO_2 对光的吸收发生在 0.16μm 附近和 8～12μm 波长范围。

散射损耗是由于光纤的材料及其不均匀性或几何尺寸的缺陷引起的，如瑞利散射就是由于材料的缺陷引起折射率随机性变化所致。瑞利散射按 $1/\lambda^4$ 变化，因此它随波长的减小而急剧增加。

光纤的弯曲也会造成散射损耗。这是由于光纤边界条件的变化，使光在光纤中无法进行全反射传输所致。弯曲半径越小，造成的损耗就越大。

2）色散(dispersion)

光纤的色散是表征光纤传输特性的一个重要参数。特别是在光纤通信中，它表征传输带宽，关系到通信信息的容量和质量。在光纤传感器的某些应用场合，有时也需要考虑信号传输的失真问题。

所谓光纤的色散，就是输入光脉冲在光纤传输过程中，由于光波的群速度不同而出现的脉冲展宽现象。光纤色散使传输的信号脉冲发生畸变，从而限制了光纤的传输带宽。光纤色散有以下几种：

(1) 材料色散。材料的折射率随光波长 λ 的变化而变化，这使光信号中各波长分量的光的群速度 v_g 不同而引起色散，故又称折射率色散。

(2) 波导色散。由于波导结构不同，某一波导模式的传输常数 β 随着信号角频率 ω 变化而引起色散，有时也称为结构色散。

(3) 多模色散。在多模光纤中，由于各个模式在同一角频率 ω 下的传输常数不同、群速度不同而产生色散。

采用单色光源(如激光器)可有效地减小材料色散的影响。多模色散是阶跃型多模光纤中脉冲展宽的主要根源。多模色散在梯度型光纤中大为减少，因为在这种光纤里不同模式的传播时间几乎相等。在单模光纤中起主要作用的是材料色散和波导色散。

3）容量(capacity)

输入光纤的光可能是强度连续变化的光束，也可能是一组光脉冲，由于存在光纤色散现象，会使脉冲展宽，造成信号畸变，从而限制了光纤的信息容量和品质。

光脉冲的展宽程度可以用延迟时间来反映。设光源的中心频率为 f_0，带宽为 Δf，某一模式光的传输常数为 β，则总的时延增量为

$$\Delta\tau = \frac{1}{c}\frac{\Delta f}{f_0}k_0\left.\frac{\mathrm{d}^2\beta}{\mathrm{d}k^2}\right|_{f=f_0} \tag{4.139}$$

式中，$k_0=2\pi f_0/c$，$k=2\pi f/c$，c 为真空中的光速。

4）抗拉强度(tensile strength)

可挠性是光纤的突出优点。光纤的可挠性与光纤的抗拉强度有关，抗拉强度大的光纤，不仅强度高，可挠性也好，同时其环境适应性也强。

光纤的抗拉强度取决于材料的纯度、分子结构状态、光纤的粗细及缺陷等因素。

5）集光本领(light collection)

光纤的集光本领与数值孔径 NA 有密切的关系。如上所述，光纤的数值孔径 NA 定义为当光从空气中入射到光纤端面时光锥半角的正弦，即

$$NA = \sin\theta_c$$

确定光锥大小时应使此角锥所有方位的光线一旦进入光纤就被截留在纤芯中，沿着光纤传播。

数值孔径只决定了光纤的折射率，与光纤的尺寸无关。这样，光纤就可以做得很细，使之柔软可以弯曲。这是一般光学系统无法做到的。当光纤的数值孔径最大时，光纤的集光本领也最大。

4.14.2 光纤传感器的结构及特性

1. 光纤传感器的分类

按照光纤在传感器中的作用，把光纤传感器分为两种类型：功能型(或称传感型、探测型)和非功能型(或称传光型、结构型、强度型)。

功能型光纤传感器如图 4.124(a)所示。光纤不仅起传光作用，又是敏感元件，即光纤本身同时具有"传"与"感"两种功能。功能型光纤传感器是利用光纤本身的传输特性受被测量的作用而发生变化，使光纤中波导光的属性(光强、相位、偏振态、波长等)被调制这一特点而构成的一类传感器，分为光强调制型、相位调制型、偏振态调制型和波长调制型等。

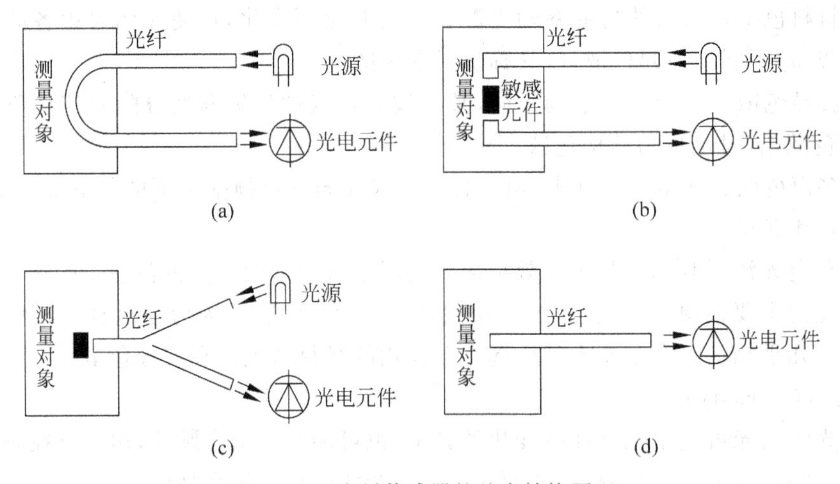

图 4.124 光纤传感器的基本结构原理

非功能型光学传感器中，光纤不是敏感元件。它是在光纤的端面或在光纤中间放置光学材料、机械式或光学式的敏感元件来感受被测量的变化，从而使透射光或反射光强度随之发生变化。在这种情况下，光纤只是作为传输光信息的通道，将光束传输到光电元件和检测电路，对被测对象的"感觉"功能则依靠其他敏感元件来完成，如图 4.124(b)，(c)所示。

图 4.124(d)是一种不需要外加敏感元件的情况，光纤把测量对象所辐射、反射的光信号传输到光电元件。这种光纤传感器也叫探针型光纤传感器。通常使用单模光纤或多模光纤。典型的例子是光纤激光多普勒速度传感器、光纤辐射温度传感器和光纤液位传感器等，其特点是非接触式测量，而且具有较高的精度。

图 4.125 是光纤压力传感器，其原理是利用光纤的微弯损耗效应。微弯损耗效应是光纤中的一种特殊的光学现象，它的主要敏感元件是一对齿形波纹板和一根光纤，光纤穿过波纹板夹缝，在波纹板感受的压力 P 的作用下产生微小位移时，波纹板中间的光纤便处于微变效应状态，微弯产生，传输损耗发生，其变化量与压力有关。压力愈大，光纤变形弯曲愈大，光损耗愈大。因此可用其输出光照度变化量来确定感受压力的变化量。可见光纤不仅传光，而且还能感受到被测压力的变化。这种传感器不仅可检测压力，也可测量微位移、应变等参量，因此称为结构型光纤传感器。

图 4.126 是一种光纤报警器。其原理是当水银柱尚未升到预定的报警温度限时，由光源来的光能通过温度计而到达与之对应的光纤，当水银柱升到预定的报警温度限时，由于水银柱的上升挡住了光纤通道光，由信号处理装置发出声光报警信号。可见这类传感器中光纤不仅作为光传输导体，而且其本身又具有测量功能，可直接用光纤作为敏感元件，通过测量光强和相位的变化来测量外界的被测物理参数，如应变、温度、压力、电压、电流、磁场等。

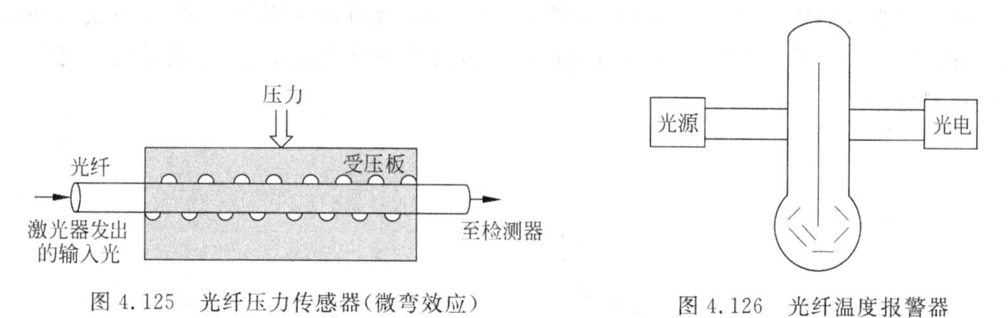

图 4.125 光纤压力传感器(微弯效应)

图 4.126 光纤温度报警器

为得到较大受光量和传输的光功率，使用的光纤主要是数值孔径和芯径大的阶跃型多模光纤。这类光纤传感器的特点是结构简单、可靠，技术上容易实现，但其灵敏度、测量精度一般低于功能型光纤传感器。

2. 光纤传感器的特点

光纤传感器之所以能迅速发展，是因为它有一些常规传感器所没有的特性。例如：

(1) 光纤传感器不受电磁场干扰。由于光纤传感器检测系统不传送电信号，所以可以通过光导管安全地把光传入或传出。当光信息在光纤中传输时，不会与电磁场发生作用，也不受任何电噪声的影响，能使检测系统的电子装置与任何已知的电气干扰源相隔离，因而信息在传输过程中抗电磁干扰能力很强。这一特点使这类传感器特别适合于电力系统，因为电力系统本身就是一个强的电磁场干扰源。

(2) 光纤导光性能好且耐高温。光纤是由无机玻璃、高硅玻璃制成的，其最低软化点至少是 600℃，且折射率随温度的变化大约只有 0.000 1%℃。光纤可以工作在－250～500℃，这是由于光纤外层的材料耐热性能决定了它工作温度的极限，因此可以在高温下测量。特别对传输距离较短的光纤传感器，其传输损耗可忽略不计，利用这一特性在锅炉外即可对炉内燃烧的高温火焰状态进行监测。

(3) 绝缘性能好。光纤是非金属材料，不导电，其外层涂敷材料硅胶也不导电，因而光纤的绝缘性能好。这一特点被用来方便地测量带高压电设备的各项参数，而且制成的光纤传感器结构简单、便携。

(4) 光纤细而柔软。光纤可以做成非常小巧的传感器,用来对不规则振动状态下的某些参数进行测量。

(5) 防爆、耐腐蚀、耐水性好。由于光纤内部传输的是能量很小的光信息,不会产生火花、高温、漏电等不安全因素,所以光纤传感器的安全性能好。另外,光纤为非金属材料,耐腐蚀,耐水,因此特别适用于易燃、易爆、有强烈腐蚀性的装置及深水中参数的测量。

3. 光纤传感器的应用

光纤传感器已经广泛应用于许多领域,而光纤传感器的发展与光纤通信技术的发展密切相关,因为光纤通信的许多基础技术和元器件,如光源、光纤、耦合器、连接器、接收器等都可以用到光纤传感器中,这就为光纤传感器的发展创造了条件。下面介绍光纤振动传感器和光纤流速传感器的应用。

1) 光纤振动传感器(optical fiber vibration sensor)

(1) 振幅调制光纤振动传感器。当光纤由于振动而导致变形时,传输特性也会发生变化。例如将光纤制成一个U形结构,如图4.127所示,光纤两端固定,中部可感受振动运动量,当振动发生时,输入光将受到振幅调制而在输出光中反映出来,通过测量输出光的变化可以检测振动量。

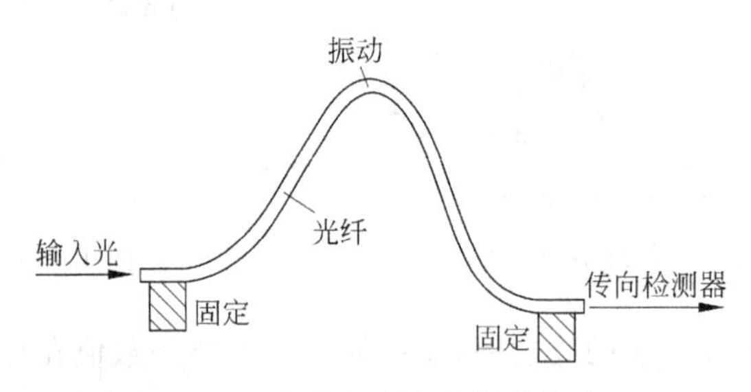

图4.127 振幅调制光纤振动传感器

(2) 多普勒效应光纤振动传感器。这种传感器用来测量高频小振幅的振动,它是根据多普勒效应工作的,即振动物体反射光的频率变化与物体速度有关,其工作原理如图4.128所示。当振动物体的振动方向与光纤的光线方向一致时,测出反射光的频率变化,即可测得振动速度。

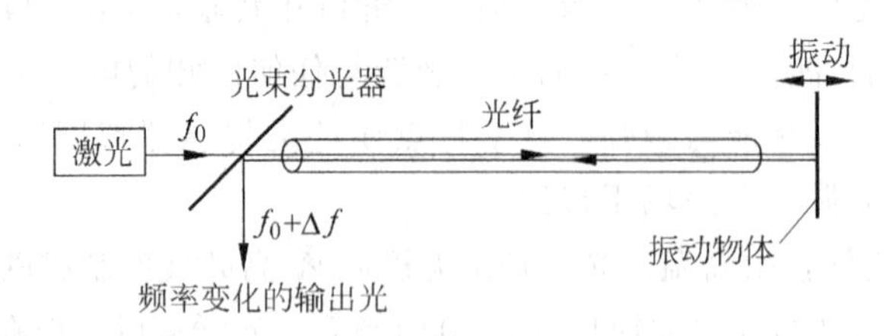

图4.128 多普勒效应光纤振动传感器

2) 光纤流速传感器(optical fiber flowmeter)

多模光纤是速度和流速传感器的理想光纤材料。图4.129所示为光纤流速传感器的结构原理示意图。多模光纤插入顺流而置的铜管中,由于流体流动而使光纤发生机械应变,从而使光纤中传播的各模光的相位差发生变化,光纤中射出的发射光的振幅出现强弱变化,此振幅大小与流体流速成正比。

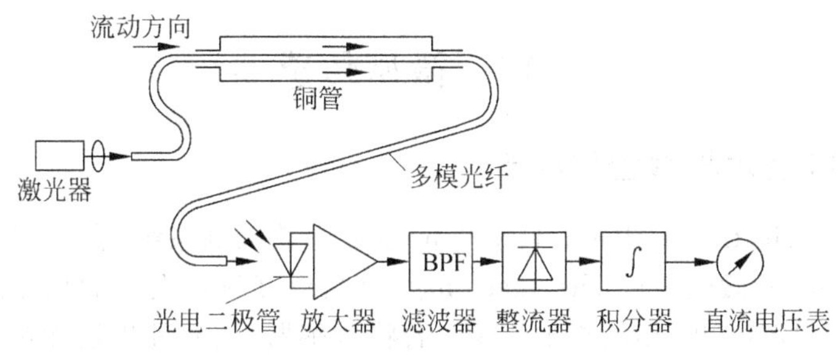

图 4.129 光纤流速传感器的工作原理

3）光纤加速度传感器(optical fiber accelerometer)

图 4.130 所示为相位变化型光纤加速度传感器。这种结构形式的传感器共有两种：两根光纤形式和单根光纤形式，二者的工作原理相同。

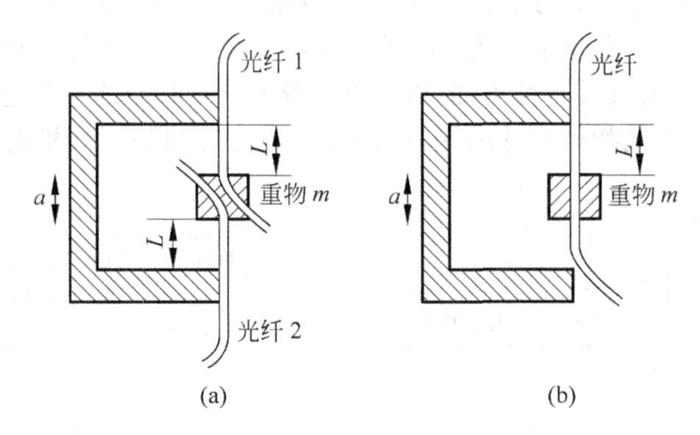

图 4.130 相位变化型光纤加速度传感器结构原理

(a) 两根光纤；(b) 单根光纤

当框架纵向振动时，在惯性力的作用下使重物与框架之间产生相对位移(即图中的 L 将变化)，使光纤伸缩，从而导致光传播时间变化(即相位变化)，利用此变化即可检测框架振动的加速度。

对于单根光纤，框架与重物之间的光纤长度 L 变化 ΔL，它与弹性模量 E、光纤直径 d、重物质量 m 和框架加速度 a 之间的关系为

$$\frac{\Delta L}{L}=\frac{ma}{E\pi\left(\frac{d}{2}\right)^{2}} \tag{4.140}$$

根据相位调制原理可得光传输的相位变化为

$$\Delta\varphi=2\pi\Delta Ln/\lambda=8Lman/\lambda Ed^{2} \tag{4.141}$$

式中，λ 为光在真空中的波长；n 为光纤纤芯的折射率。

用上述方法检测相位变化可测量加速度值。如使用图 4.130(a)所示的两根光纤的构造，传感器灵敏度是单根光纤的 2 倍，共振频率也有所提高。

这种利用相位变化检测加速度的光纤加速度传感器的线性测量范围很宽，但易受环境温度变化的影响，需要采取补偿措施。

*4.15 微型传感器

4.15.1 MEMS 技术与微型传感器

MEMS(micro electro-mechanical system)通常称微机电系统，在欧洲和日本又常称微系统(micro system)和微机械(micro machine)，是当今高科技发展的热点之一。根据原联邦德国教研部(BMBF)1994 年给出的定义：若将传感器、信号处理器和执行器以微型化的结构形式集成为一个完整的系统，而该系统具有“敏感”、“决定”和“反应”的能力，则称这样一个系统为微系统或微机电系统。对于一个微机电系统来说，通常具有以下典型的特性：

(1) 微型化零件。

(2) 由于受制造工艺和方法的限制，结构零件大部分为二维扁平零件。

(3) 系统所用材料基本上为半导体材料，但也越来越多地使用塑料和金属材料。

(4) 机械和电子被集成为相对独立的子系统，比如传感器、执行器和处理器等。

从对 MEMS 的定义及其特性可知，微机电系统的主要特征之一是它的微型化结构和尺寸。图 4.131 给出了不同物体尺寸的比较情况，从中可得到关于微机电系统尺寸范围的一个总体概念。

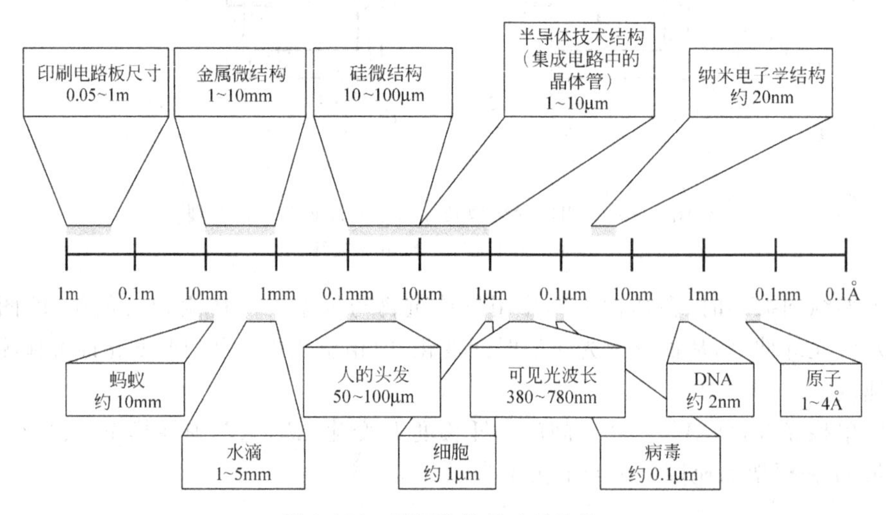

图 4.131 不同物体尺寸的比较

由于微机电系统尺寸的微型化，对系统零部件的加工一般采用特殊方法，通常采用微电子技术中普遍采用的对硅的加工工艺以及精密制造与微细加工技术中对非硅材料的加工工艺，如蚀刻法、沉积法、腐蚀法、微机械加工法等。表 4.5 给出了微机电系统不同加工工艺方法的比较，从中可以看到不同加工方法在加工公差范围、被加工材料以及加工表面性质等方面的差异。

随着 MEMS 技术的迅速发展，作为微机电系统的一个构成部分或者作为一个独立的元件，微型传感器(micro sensors)也得到了长足的发展。顾名思义，微型传感器是尺寸微型化了的传感器，但正如一个微机电系统一样，随着系统尺寸的变化，它的结构、材料、特性乃至所依据的物理作用原理均可能发生变化。与各种类型的常规传感器一样，微型传感器根据不同的作用原理也可被制成不同的种类，具有不同的用途。本节仅介绍常见的微型传感器。

表 4.5 MEMS 技术的不同加工方法

加工方法		公差/μm			材料			特性		
		0～1	0～10	0～100	金属	塑料	陶瓷	结构化	低粗糙度	高粗糙度
蚀刻	湿法腐蚀		√		√					√
	电化学沉积		√		√				√	
	LIGA	√			√				√	
腐蚀	电火花加工		√		√			√		√
	线切割			√	√			√		
	高频腐蚀		√				√			√
蒸镀	Nd-YAG 激光器		√		√	√	√	√		√
	准分子激光器	√			√	√	√	√		
	铜-气体激光器	√			√	√	√			√
	电子束	√			√				√	
成型	注塑		√			√				√
	金属压铸		√		√					√
	陶瓷压铸		√				√			√
微加工	金刚石切削	√			√	√	√		√	
	磨削、研磨、抛光	√			√		√		√	

4.15.2 压阻式微型传感器

压阻式微型传感器(piezo-resistive micro sensor)的作用原理是半导体材料的压阻效应。在 4.3 节(应变式传感器)中曾讲到，一个电阻应变传感器阻值的相对变化可由式(4.10)来描述：

$$\frac{\mathrm{d}R}{R}=(1+2\nu+\pi_1 E)\varepsilon \tag{4.142}$$

亦即它与电阻丝长度的变化以及压阻效应的作用(式中第三项)有关。半导体材料的压阻效应是指单晶半导体材料沿某一轴向受外力作用时，其电阻率 ρ 发生变化的现象。由于单晶半导体在外力作用下，原子点阵排列规律发生了变化，从而导致载流子迁移率及载流子浓度发生了变化，使材料的电阻率随之改变。由于电阻率的变化，亦即式(4.142)中第三项 $\pi_1 E\varepsilon$ 的值远大于同式中的前两项 $(1+2\nu)\varepsilon$ 的值，因此半导体应变片的灵敏度远大于金属丝应变片的灵敏度，其应变片系数常为金属丝应变片的数十倍。

1. 压阻式压力传感器

压阻式传感器的一个典型应用是用来测量压力。图 4.132 示出了压阻式微型压力传感器的作用原理，其中在硅基框架上形成有硅薄膜层，通过扩散工艺在该膜层上形成半导体压敏电阻。膜片受压力作用时，引起压敏电阻的电阻值变化，经与之相连的电桥电路可将这种阻抗的变化转换为电压值的变化。图 4.133 示出了这种传感器的一个详细结构截面。

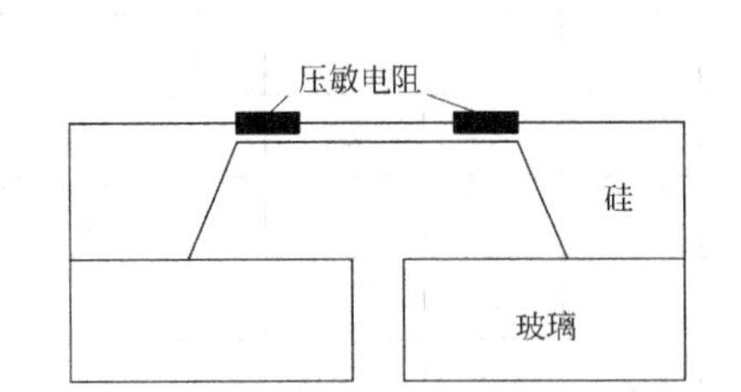

图 4.132　压阻式微型压力传感器作用原理

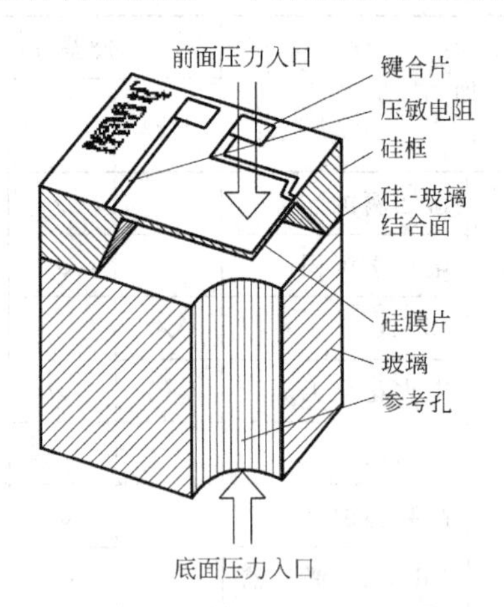

图 4.133　压阻式微型压力传感器结构

压敏电阻的电阻率 ρ 的变化可用下式表示：

$$\frac{\Delta\rho}{\rho}=\pi_{l}\sigma_{l}+\pi_{t}\sigma_{t} \tag{4.143}$$

式中，ρ 为压敏电阻的电阻率，$\Omega\cdot\mathrm{cm}$；π_l 为纵向压阻系数，Pa^{-1}；π_t 为横向压阻系数，Pa^{-1}；σ_l 为纵向机械应力，Pa；σ_t 为横向机械应力，Pa。

如前所述，压阻系数与半导体材料掺杂所形成的压敏电阻的晶体方向有关，也与所受到的温度有关(表 4.2)。

压阻式压力传感器中的硅膜片在受到压力作用时会产生弹性变形。这种膜片根据所采用的蚀刻工艺分别可做成圆形和方形结构。图 4.134 和图 4.135 分别示出了圆形和方形硅膜片在压力作用下产生的机械应力曲线，两者差别很大，其中圆形膜片的应力曲线呈对称性。

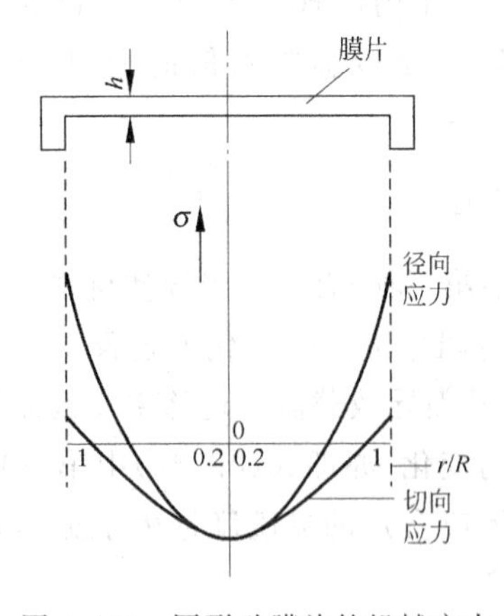

图 4.134　圆形硅膜片的机械应力

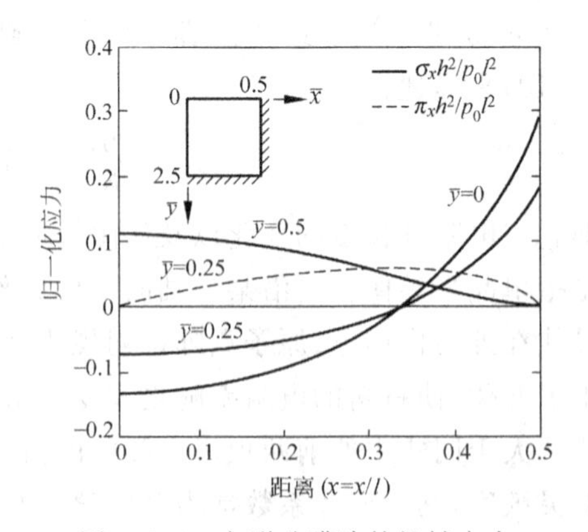

图 4.135　方形硅膜片的机械应力

为得到最大的传感器输出信号，一般将组成电桥的 4 个压敏电阻按一定规律配置在硅膜片上，用来敏感所受的压力和拉力。根据不同的应用可以有不同的配置方式。图 4.136 和图 4.137 分别示出了圆形和方形膜片上不同压敏电阻的排列配置方式。

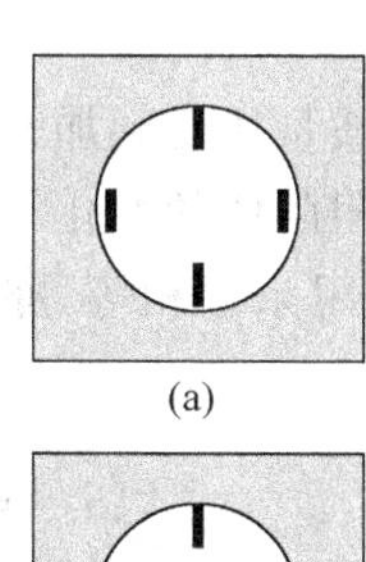

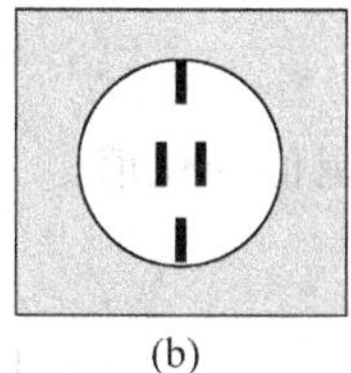

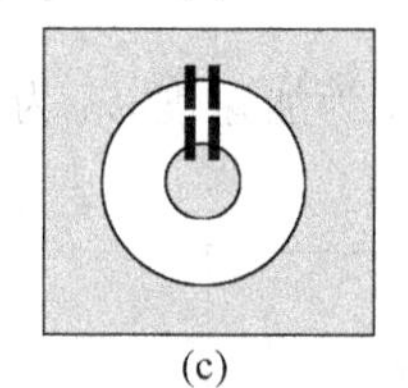

图 4.136 各向同性蚀刻形成的圆形膜片上压敏电阻的配置形式

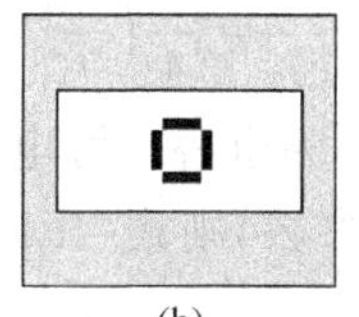
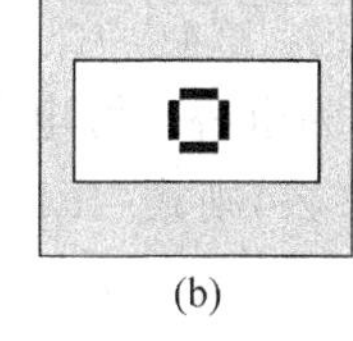

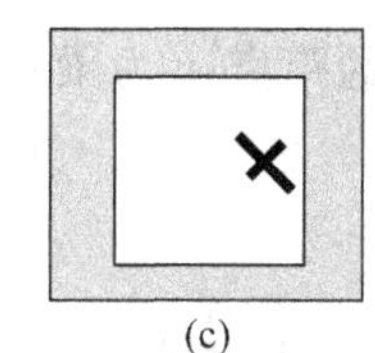

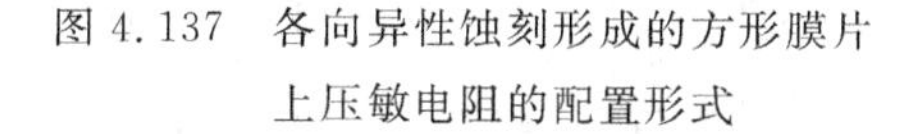

图 4.137 各向异性蚀刻形成的方形膜片上压敏电阻的配置形式

图 4.138 示出了一种压阻式微型压力传感器组成的测量单元。传感器中的硅片起着敏感压力的作用，当有压力作用时，它产生弯曲，从而其上下表面会发生伸展和压缩现象。在这些会出现伸长和压缩的位置上通过扩散和离子植入进行掺杂，从而形成相应的电阻，这些电阻随之伸长和压缩。有时为进行温度补偿，还在同一硅片上形成温度补偿电阻，与工作电阻一起接在电桥电路中，以补偿受温度影响而产生的阻值变化。图 4.138(e)为用于管道和容器中测压的微传感器测量单元。其中硅片微型传感器被置于一油室中，被测压力经一钢弹性膜片传至内室中，由微型传感器加以测量。该配置方式的好处是可以消除硅片上应力集中的影响。这种压阻式传感器适合用作压力或压差的测量。测量范围从几 mPa 到几百 Pa。

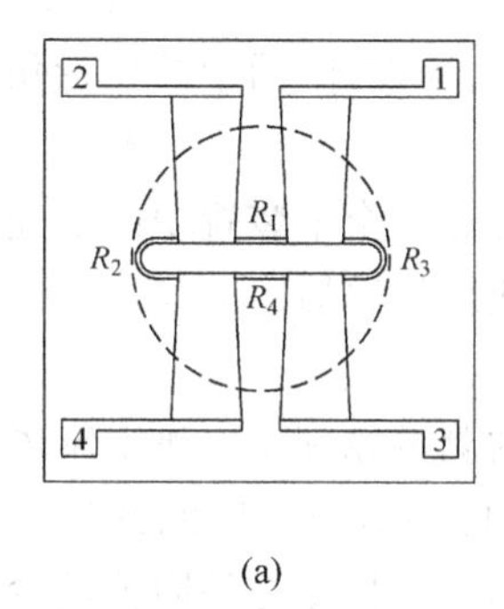

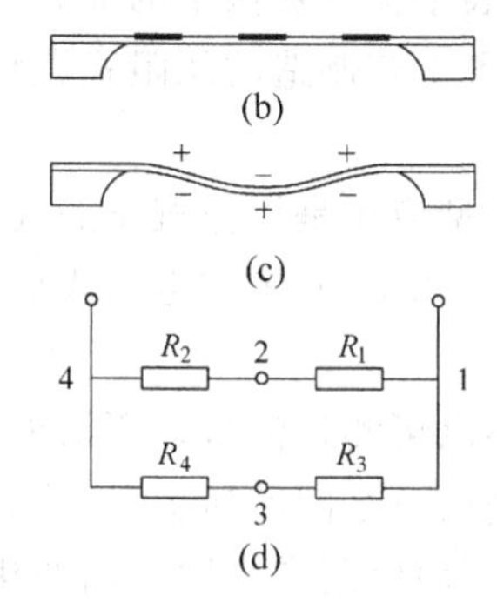

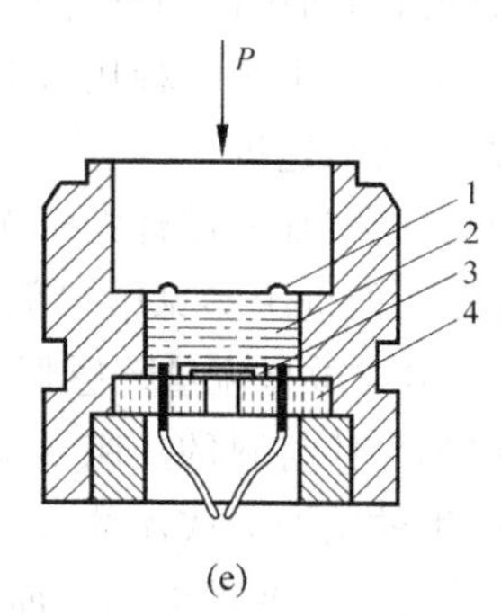

图 4.138 压阻式微型压力传感器测量单元

(a) 具有掺杂电阻 $R_1 \sim R_4$ 的硅片；(b) 硅片未受压力作用时；
(c) 硅片受压力作用时伸长和缩短的区域情况；(d) 掺杂电阻组成的电桥；
(e) 传感器结构截面图
1—钢膜片；2—油室；3—硅片；4—电连接密封装置

2. 压阻式加速度传感器

这种传感器常做成悬臂梁的形式，如图 4.139 所示，当悬臂梁一端的质量块受到加速度作用时，引起梁应力的变化，该应力的变化则转变为臂上所配置的压敏电阻阻值的变化。通常将 4 个压敏电阻接成全桥的形式，并设法使压敏电阻的纵向和横向压阻系数相等，亦即 $\pi_l=\pi_t$，此时根据全桥电路公式(图 4.140)，有

$$\frac{e}{e_s}=\frac{1}{4}\left(\frac{\Delta R_1}{R_1}-\frac{\Delta R_2}{R_2}+\frac{\Delta R_3}{R_3}-\frac{\Delta R_4}{R_4}\right) \tag{4.144}$$

式中，e 为电桥输出电压；e_s 为电桥电源电压；$\Delta R_1\sim\Delta R_4$ 表示各压敏电阻阻值变化值。

若考虑传感器的结构参数，则式(4.144)可写为

$$\frac{e}{e_s}=\frac{3}{4}\pi_l\frac{l}{bh^2}ma \tag{4.145}$$

式中，l 为梁重心到悬挂点的距离；b 为梁宽；h 为梁厚；m 为质量块质量；a 为加速度；π_l 为压敏电阻的纵向压阻系数。

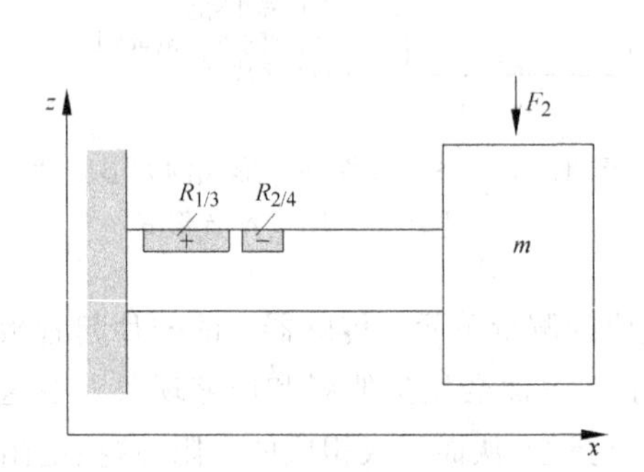

图 4.139 压阻式微型加速度传感器作用原理

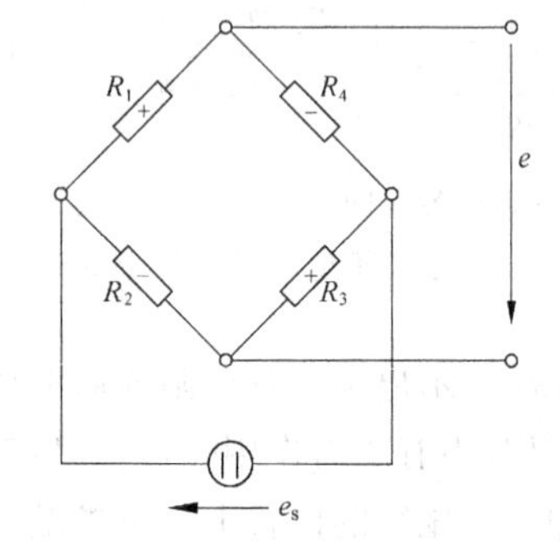

图 4.140 压阻式微型加速度传感器的电桥电路

实际的加速度传感器设计中，由于要考虑各种干扰因素对输出电信号的影响，如非线性、过载、横向灵敏度等，质量块的配置方式往往并不单纯地采取悬臂梁式结构，而是根据不同的用途和不同的技术要求设计成不同的形式。图 4.141 示出了多种质量块的悬挂方式。为清晰起见，用图中的阴影部分代表结构上被掏空的部分。

图 4.142 示出了一种用 MEMS 工艺制造的压阻式微型加速度计，图中的质量块用于敏感垂直方向的加速度。

压阻式微型加速度计的一个典型应用是用作汽车的气囊和安全带装置中的加速度敏感元件，这方面的例子参见第二部分图 9.12 所示的电阻式加速度传感器。

3. 压阻式微型流量传感器

利用半导体材料的压阻效应还以可测量流量。所依据的测量原理是：利用流体在流动过程中产生的粘滞力或流体通道进出口之间的压力差，带动传感器中敏感元件运动或产生变形，这种运动或变形引起上面的压敏电阻产生阻值的变化，通过检测这种阻值的变化来测量流体的速度和流量。

图 4.143 示出了一种基于流体粘滞力的微型流量计的结构。图中的主要敏感元件为一配置有压敏电阻的悬臂梁构件。当有流体流入时，流体流经通道所产生的粘滞力将带动悬臂梁运动，从而使压敏电阻受拉伸或压缩，产生阻值变化。

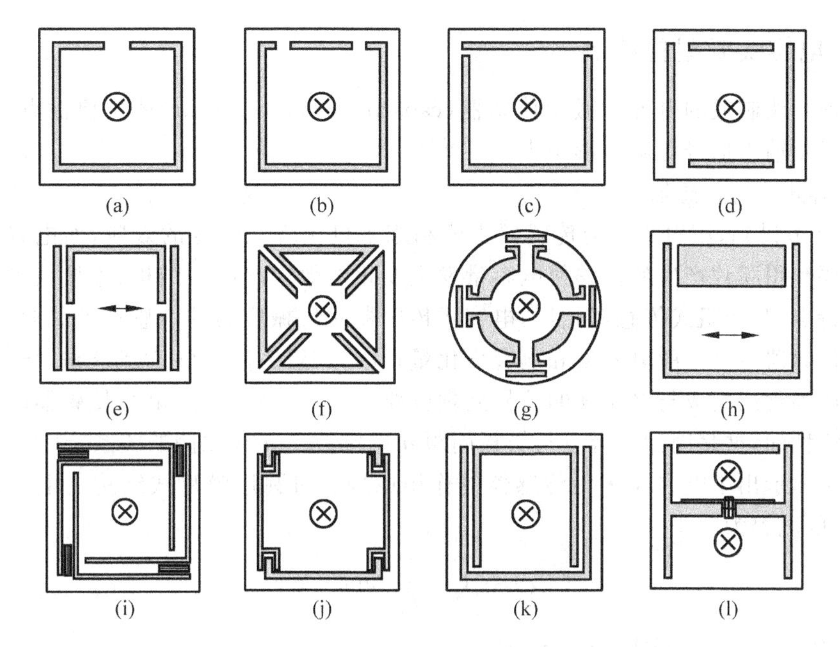

图 4.141 质量块的不同弹性连接方式

(a) 简支梁；(b) 双梁；(c) 扭转梁；(d) 桥式垂直；(e) 桥式水平；(f) 方形桥；(g) 圆摆式桥；(h) 双弯簧式；(i) 双弯簧桥式；(j) 带卷臂的桥式结构；(k) 双弯梁式；(l) 双质量桥式

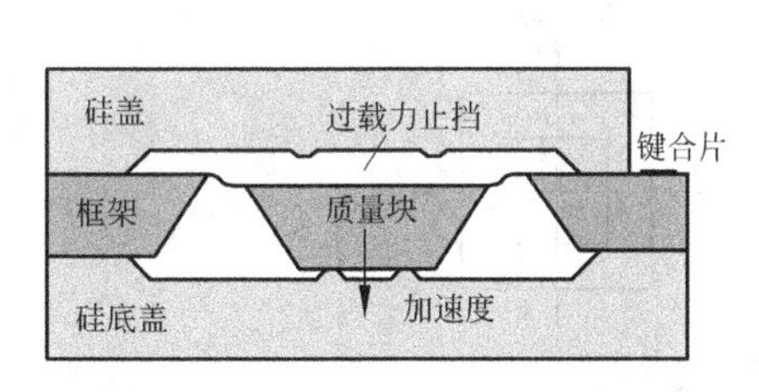

图 4.142 压阻式微型加速度计

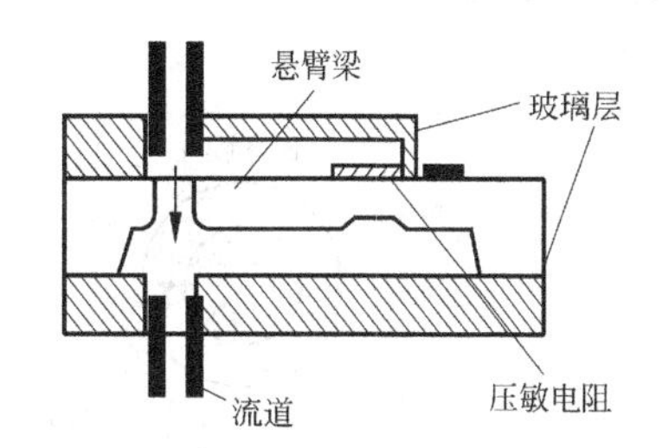

图 4.143 基于粘滞力的微型流量计结构

流体在流动过程中受到障碍物作用时，由于流体的粘滞作用，会在平行于流动方向上产生粘滞力：

$$F_v = K_1 l v \eta \tag{4.146}$$

式中，l 为障碍物长度；v 为流速；η 为流体粘滞度；K_1 为比例系数，与障碍物的形状有关。

悬臂梁在粘滞力 F_v 的作用下发生形变，产生的表面应力为

$$\sigma = \frac{6F_v l_b}{bh^2} \tag{4.147}$$

式中，l_b 为悬臂梁长度；b 为梁的根部宽度；h 为梁的根部厚度。

由此引起梁的压敏电阻阻值的相对变化为

$$\frac{\Delta R}{R} = K_2\sigma = K_2 \frac{6K_1 l v \eta l_b}{bh^2} = Kv \tag{4.148}$$

式中，K_2 为比例系数。

由式(4.148)可知，电阻变化率与流速成正比。

4.15.3 电容式微型传感器

采用蚀刻法制成的电容式微型传感器(capacitive micro sensor)的主要优点是耗能少、灵敏度高以及输出信号受温度影响小。

1. 电容式压力传感器

4.15.2 节讲到,压阻式压力传感器主要利用了机械应力改变的效应,而电容式压力传感器则主要利用膜片产生的位移使电容量发生变化的效应。由于结构、连接技术以及安装等方面的特点,和压阻式传感器相比,电容式传感器对机械应力的敏感性差。此外,由于电容式微型传感器所产生的电容量和电容变化量很小(一般为皮法(pF)到飞法(fF)量级),因而常要求用蚀刻法集成与之相连的信号处理电路。另一个特点是,电容传感器的基本特性曲线是非线性的,这是因为电容量与极板间距 d 的倒数 $1/d$ 成比例的关系。

图 4.144 示出了电容式压力传感器的作用原理。对圆形膜片式结构的电容传感器来说,所产生的电容为

$$C(x) = C_0 \frac{1}{\sqrt{x}} \tanh^{-1} \sqrt{x} \tag{4.149}$$

式中,$x=\frac{P}{P_N}$ $(\leqslant 1)$;$C_0=\frac{\varepsilon A}{d_0}=\frac{\varepsilon_0\varepsilon_r \cdot \pi R^2}{d_0}$;$A$ 为膜片面积,m^2;R 为膜片半径,m;d_0 为未受载状态下极板间距,m;ε_r 为相对介电常数,介质为空气时 $\varepsilon_r=1$;ε_0 为绝对介电常数,$\varepsilon_0=8.85\times10^{-12}$ F/m。

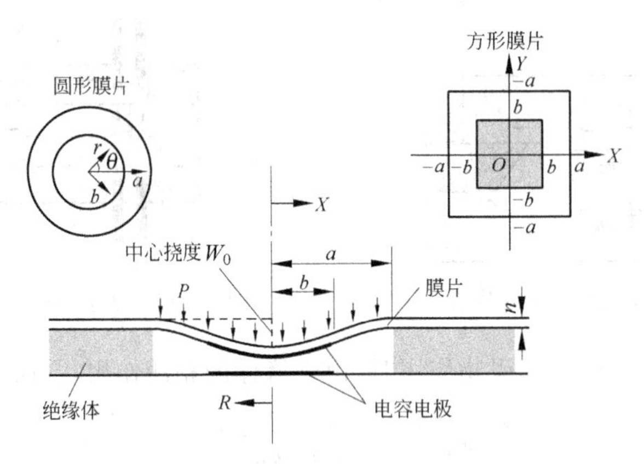

图 4.144 电容式压力传感器原理结构

将式(4.149)展开成泰勒级数,实验证明,不管膜片的形状如何(亦即不管是圆形还是方形),均可得到近似公式:

$$C(x) \approx C_0 \frac{1-\alpha x}{1-x} = C_0 + \Delta C(x) \tag{4.150}$$

其中,

$$\Delta C(x) = C_0 \frac{1-\alpha}{1-x} x \tag{4.151}$$

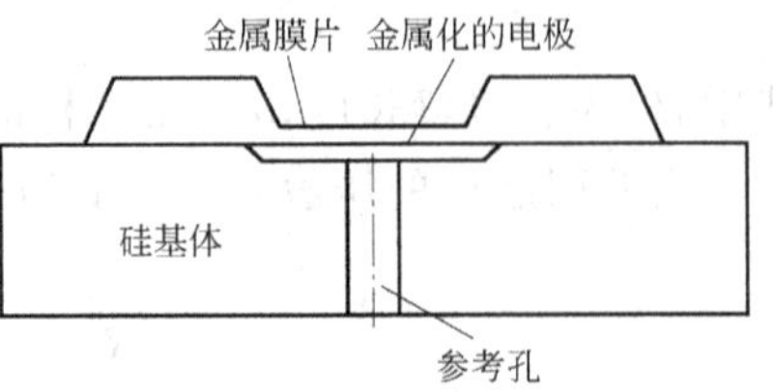

图 4.145 采用体硅工艺制成的电容式微型压力传感器结构

图 4.145 示出了一种集成的电容式微型压力传感器结构,整个传感器采用体硅工艺制造而成。

其中金属化膜片层形成一个活动电极，敏感被测压力，并与金属化固定电极形成一电容器。

2. 电容式加速度传感器

这种传感器的作用原理是将质量块受到的加速度变化转换成电容电极间距的变化(图 4.146)，通常为了增加灵敏度常采用差动式结构。如图所示，当质量块敏感加速度作用时，由于质量块的运动会使质量块上的电容电极与上、下两固定极板间的距离发生变化，从而改变电容量的输出。上、下两电容器形成的电容为

$$C=\frac{\varepsilon_0\varepsilon A}{d_0\pm\Delta d} \tag{4.152}$$

式中，ε_0 为真空介电常数；ε 为电容器介质介电常数；d_0 为静态时电容器两极板间距；Δd 为电容器极板间距变化量。

若将电容传感器接成如图 4.147 所示的电桥电路形式，则测量电压 e_m 与电桥电源电压 e_s 间的关系为

$$\begin{aligned}\frac{e_m}{e_s}&=\frac{\dfrac{1}{j\omega C_1}}{\dfrac{1}{j\omega C_1}+\dfrac{1}{j\omega C_2}}-\frac{1}{2}=\frac{\dfrac{1}{C_1}}{\dfrac{1}{C_1}+\dfrac{1}{C_2}}-\frac{1}{2}\\&=\frac{1}{2}\cdot\frac{\dfrac{1}{C_1}-\dfrac{1}{C_2}}{\dfrac{1}{C_1}+\dfrac{1}{C_2}}=\frac{1}{2}\cdot\frac{(d_0+\Delta d)-(d_0-\Delta d)}{(d_0+\Delta d)+(d_0-\Delta d)}\\&=\frac{1}{2}\cdot\frac{\Delta d}{d_0}\end{aligned} \tag{4.153}$$

可见电桥的输出电压与质量块的移动量 Δd 成正比。

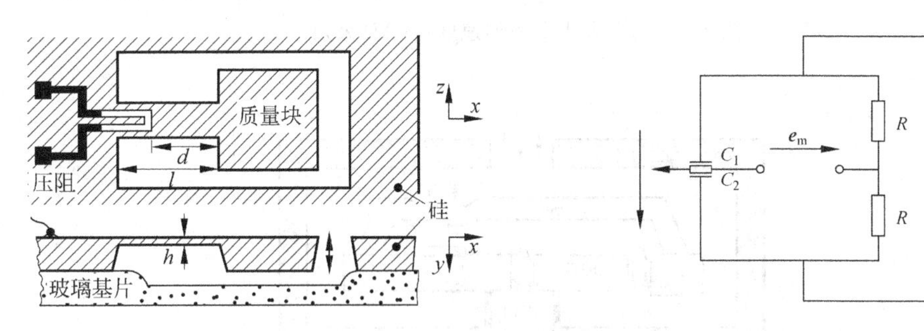

图 4.146 电容式加速度计作用原理　　图 4.147 电容式加速度传感器电桥电路

电容式微型加速度计通常采用体硅和表面硅工艺制作。图 4.148 示出了一种美国 AD 公司生产的加速度计。电容式加速度计的电容极板也常做成梳齿式的结构。图 9.13 示出了一种梳齿式单片集成电容加速度计传感器，读者可参考并加以比较。

3. 电容式微型流量传感器

这种传感器利用流体流动过程中形成的压力差促使电容传感器极板间距的改变来达到测量流量的目的。图 4.149 示出了一种基于压差作用原理的电容式微型流量计。

在传感器壳体的基底和上膜片上分别有一金属电极，两者形成电容器的两极板。由于

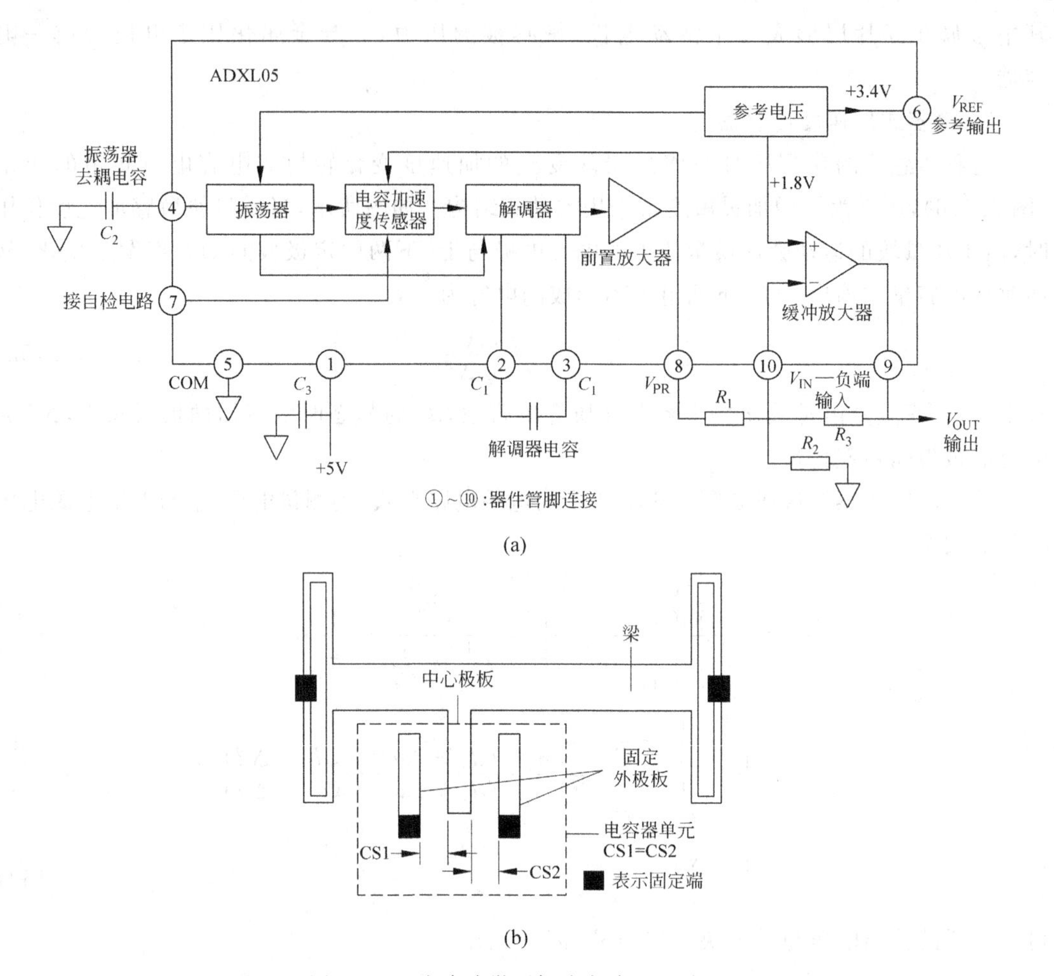

(a)

(b)

图 4.148　电容式微型加速度计(AD 公司)

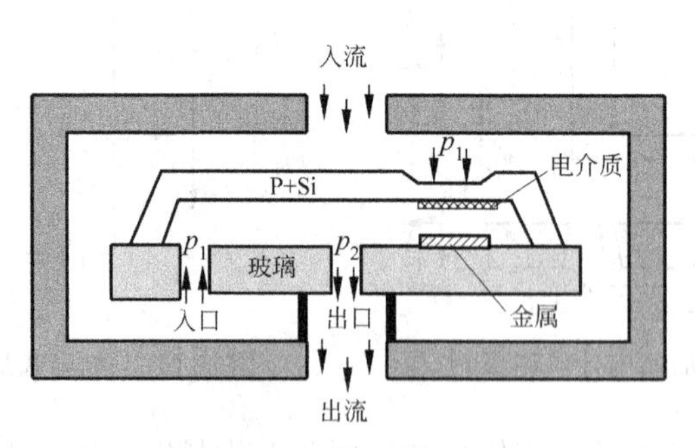

图 4.149　基于压差作用的电容式微型流量计

流体流入的作用,入流和出流端会形成压差,该压差会改变膜片电极相对于固定电极的位置,从而改变电容器的电容。通过测量电容量或极板间距的变化便可知道流体的流速和流量。

4.15.4 电感式微型传感器

电感式微型传感器(inductive micro sensor)的典型应用是微型磁通门式磁强计，其作用原理如图 4.150 所示。磁通门式磁强计由绕向相反的一对激励线圈和检测线圈组成，磁芯工作在饱和状态。被测磁场为零时，在激励线圈中通以正弦交变电流，由于两磁芯上的线圈绕向相反，故在磁芯中的磁通量大小相等、方向相反，在检测线圈中无电压被检测到。而被测磁场不为零时，由于磁场叠加的结果，使两个磁芯中的磁场对称性受到破坏，从而在检测线圈中检测到产生的感应电动势。对这一信号的二次谐波分量进行分析可得

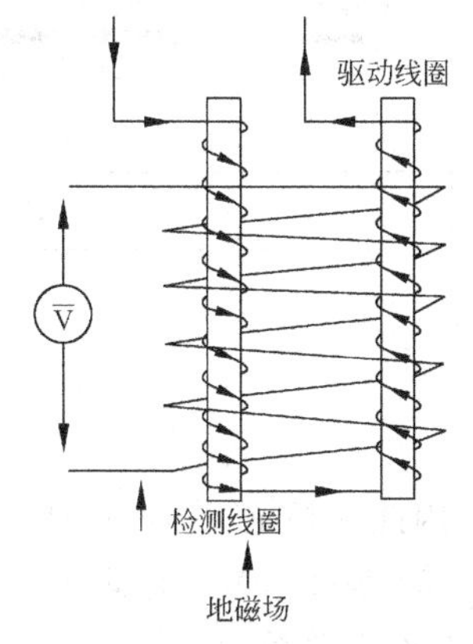

图 4.150 磁通门式磁强计作用原理

$$E_s = 16 \times 10^{-8} \frac{\mu W_s f S H_s \sin 2\omega t}{H_m} H_e \quad (4.154)$$

式中，μ 为传感器磁芯的有效相对动态磁导率，H/m；W_s 为测量线圈匝数；f 为激励磁场频率，Hz；S 为磁芯截面积，m^2；H_s 为磁芯饱和磁场强度，A/m；H_m 为激励磁场强度，A/m；H_e 为被测磁场强度，A/m。

4.15.5 热敏电阻式微型传感器

用热敏电阻式微型传感器(thermo-resistive micro sensor)可测量气体的流量和流速。图 4.151 示出了这种传感器的作用原理和结构。其中的薄膜片用导热性能差的材料(如氮化硅或二氧化硅)，在膜片上配置有两个加热电阻和两个(热敏)测量电阻。流经膜片的被测气体介质在流过测量电阻时，会给两个电阻带来热量(加热)或带走热量(冷却)，测量电阻上的温度差即是气体流速或流量的一个度量。

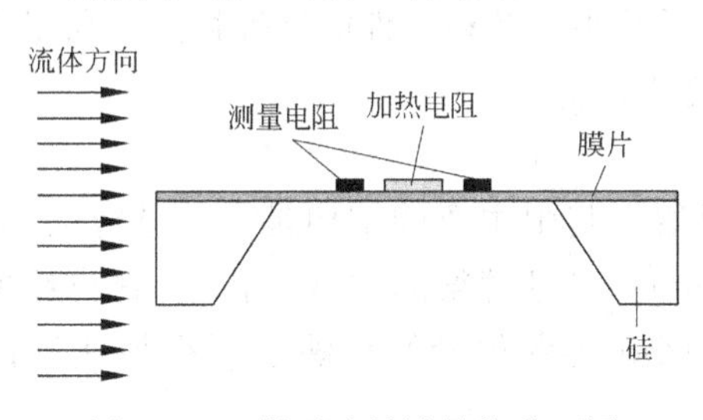

图 4.151 微型流量计结构截面图

图 4.152 为一种测量气体热导率的微型传感器。该传感器由热源、沉热槽和温度探头组成。图中的热源由绝热材料膜片(如 Si_3N_4)形成。沉热槽则由 MEMS 工艺制成的微结构硅片组成。操作时可加恒定的加热电压或加热功率，也可使膜片具有恒定的温度。在后者的情况下，加热功率随热导率的增加而增加，这样加热功率便是热导率的一个度量。在硅片上开有多个孔形成沉热槽，基片上则设有通道让被分析气体进入。

4.15.6 隧道效应式传感器

隧道效应式传感器(tunneling micro sensor)是一种高灵敏度的微型传感器，目前对位移变化的灵敏度在 500Hz 频率下可达 $4.7\times10^{-5}\text{nm}\cdot\text{Hz}^{-\frac{1}{2}}$。其基本工作原理与扫描隧道显微镜相同，在探针电极与检测电极间施加一偏置电压，而探针与检测电极间距离接近于纳米量级时，电子便会穿过两电极间的势垒，形成隧道电流。通常隧道针尖的曲率半径只有

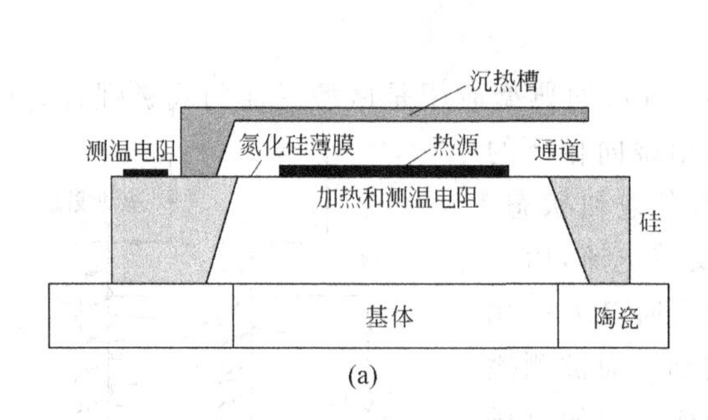

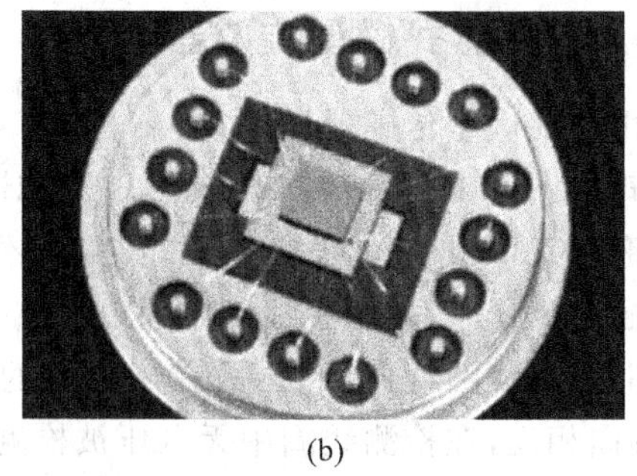

图 4.152 微型热导率测量传感器

(a) 原理结构；(b) 实际传感器外形

1μm，因此从隧道效应本身的原理来讲，传感器尺寸的缩小不会带来性能上的下降。图 4.153 为隧道效应原理图。所产生的隧道电流与电极间距 S 之间有如下关系：

$$I_{\text{tun}} = I_0 e^{-\alpha\sqrt{\Phi}S} \tag{4.155}$$

式中，$\alpha = 10.25\text{eV}^{-1/2} \cdot \text{nm}^{-1}$；$\Phi$ 为针尖与电极表面间的势垒，对于空气中的金电极，其值在 0.05～0.5eV；S 为针尖与电极间距离，nm。

图 4.153 隧道效应原理

对于典型的 Φ 和 S(Φ=0.5eV，S=1nm)，所形成的 I_{tun} 约为 1nA。若间距增大 0.1nm，隧道电流将减小近一个数量级。

隧道效应式传感器具有灵敏度高、噪声小、温度系数小以及动态性能好等特点。利用隧道效应做成的传感器目前有加速度、红外传感器和磁强计等。

1. 隧道效应加速度计

图 4.154 为一种悬臂梁式隧道效应加速度传感器。其中主要的结构是一个悬臂梁，硅尖是采用聚焦离子束光刻制成的，其直径小于 100nm。当悬臂梁的位置变化时，它与针尖间的距离将发生变化，从而引起隧道电流的变化，该电流变化量便反映了所受加速度的大小。

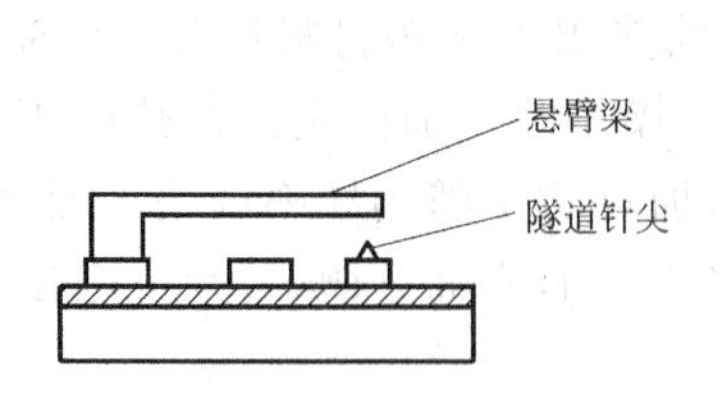

图 4.154 悬臂梁式隧道效应加速度计

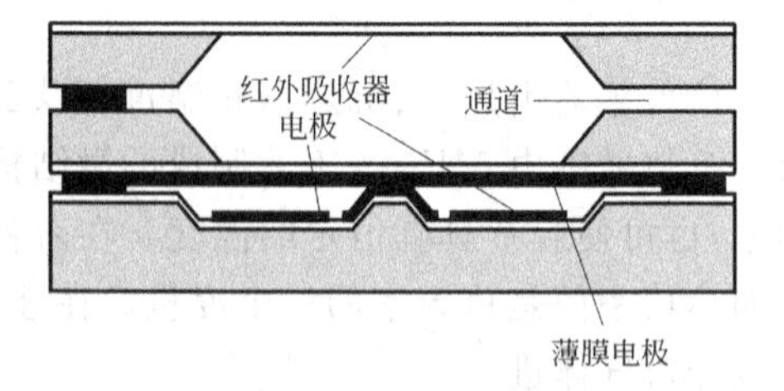

图 4.155 隧道效应红外传感器

2. 隧道效应红外传感器

图 4.155 所示为一种利用隧道效应的红外传感器。其主要结构有 3 层，相邻两层间采用金-金键结合在一起，上下两层硅片形成一个红外吸收腔。其作用原理是：上层的红外吸收层吸收红外辐射后使得吸收腔内部的气体膨胀，在压力作用下使薄膜变形，从而使下层硅

片上的针尖与薄膜电极间的隧道电流发生变化，通过检测该电流的变化量便可获得薄膜的变形情况，进而测得红外辐射的程度。在25Hz的工作频率下，该传感器能达到3×10^{-10} W·$Hz^{-\frac{1}{2}}$的分辨率。

3. 隧道效应式磁强计

利用隧道效应也可用来测磁强。图4.156为一种利用磁致伸缩原理的隧道效应磁强计。其中的磁芯为磁致伸缩材料($Fe_{81}B_{13.5}Si_{3.5}C_2$)制成。外部的螺管线圈给磁芯提供一偏置电场，使铁芯工作在磁场灵敏度最大区域。被测的外部磁场促使铁芯产生一附加的伸缩量，从而改变了它与隧道探针针尖间的距离，引起隧道电流的变化。通过检测隧道电流便可测到磁场的强度大小。这类传感器的最大分辨率约为10^{-8}T，灵敏度可达3×10^5V/T。

图4.157为另一种形式的隧道效应式磁强计，用于搭接在小卫星上来测量地球磁场。其中两片硅片通过金-金键结合在一起，在下硅片上制作有隧道针尖。上硅片使用腐蚀技术制作了一层薄膜，薄膜之下制作有驱动电极。上表面上制作了平面线圈。传感器工作时，在驱动电极上施加电压，在静电力作用下，薄膜产生变形。针尖与薄膜间距离达到1nm时，就会产生隧道电流。在线圈内通以交变电流，薄膜在洛伦兹力作用下产生振动，测量薄膜振动便可测出磁场强度。

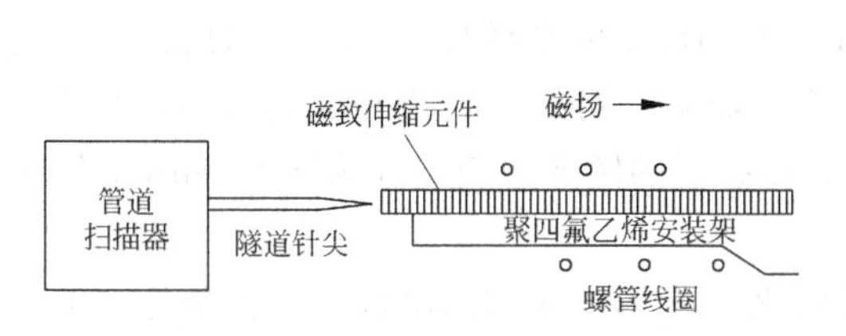

图4.156 磁致伸缩型隧道效应磁强计

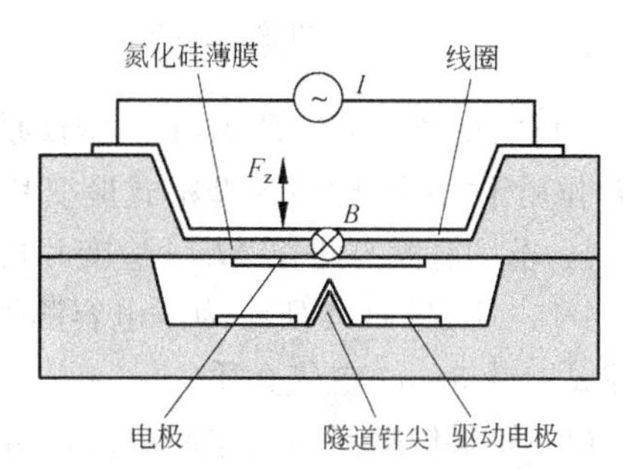

图4.157 微型隧道效应磁强计

习 题

4-1 什么叫传感器？什么叫敏感元件？二者有何异同？

4-2 用应变片测量时，为什么必须采取温度补偿措施？

4-3 试比较差动自感式传感器与差动变压器式传感器的异同。

4-4 涡流式传感器的主要优点是什么？它可以应用在哪些方面？

4-5 收集一个电冰箱温控电路实例，剖析其工作原理。

4-6 用压电式传感器能测量静态和缓变的信号吗？为什么？

4-7 为什么压电式传感器多采用电荷放大器而不采用电压放大器？

4-8 某霍尔元件的$l\times b\times d$(长×宽×高)为1.0cm×0.35cm×0.1cm，沿l方向通以电流$I=1.0$mA，在垂直lb方向有均匀磁场$B=0.3$T，传感器灵敏系数为22V/(A·T)，试求其霍尔电动势及载流子浓度。

4-9 试说明光纤传光的原理与条件。

4-10 分别用变气隙式自感传感器和变极距型电容器设计一个纸页厚度测量电路，使输出电流或电压与纸厚成线性关系。

4-11　将两只相同的金属应变片粘贴到图题 4-11 所示筒式压力传感器外壁的圆周上，一个应变片 R_1 作工作片，另一个应变片 R_2 作补偿片，请将这两只应变片连入电桥，导出电桥输出电压与压力 P 的关系式，并说明 R_2 的作用原理。

4-12　有一电阻应变片，其灵敏度 $S=2$，$R=120\Omega$。设工作时其应变为 $1\,000\mu\varepsilon$，问其 $\Delta R=$？若将此应变片接成如图题 4-12 所示电路，试求：

（1）无应变时的电流表示值；

（2）有应变时的电流表示值；

（3）电流表的示值相对变化量；

（4）这一变化量是否能从表中读出。

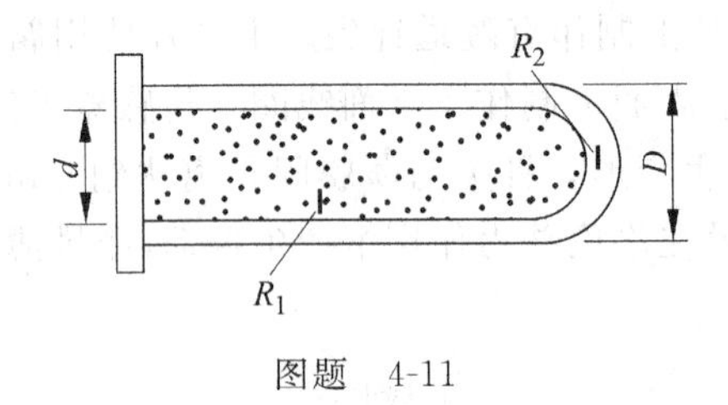

图题　4-11

mA

图题　4-12

4-13　如图题 4-13 所示，有一钢板原长 $L=1\text{m}$，钢板的弹性模量 $E=2.1\times10^6\text{kg}\cdot\text{f/cm}^2$，在力 P 作用下，使用 BP—3 型箔式应变片（其 $R=120\Omega$；灵敏度系数 $K=2$）。测出拉伸应变为 $300\mu\varepsilon$。求：钢板的伸长 ΔL；σ 应变片的 $\Delta R/R$。如果要测出 $1\mu\varepsilon$，则相应的 $\Delta R/R$ 是多少？

4-14　图题 4-14 所示为一电容测微仪，其传感器的圆形极板半径为 $r=4\text{mm}$，工作初始间隙 $d_0=0.3\text{mm}$，空气介质。

（1）如果传感器的工作间隙由初始间隙变化 $\Delta d=\pm1\mu\text{m}$ 时，电容的变化量是多少？

（2）如果测量电路的放大系数 $K_2=1\text{mV/pF}$，读数仪表的灵敏度 $K_0=5$ 格/mV，$\Delta d=\pm1\mu\text{m}$ 时，读数仪表的指示值变化多少格？

图题　4-13　　　　图题　4-14

4-15　用固有频率 $f_n=15\text{Hz}$、阻尼率 $\zeta=0.7$ 的惯性速度传感器，测量下列两种振动：

$$x_1(t)=5a\sin(2\pi f_1 t),\quad x_2(t)=a\sin(2\pi f_2 t)$$

其中 $f_1=10\text{Hz}$，$f_2=100\text{Hz}$。试求此传感器的输出信号。如果用压电加速度传感器，其输出信号又如何？

4-16　设计一测量 30Hz 以上振动的速度传感器，要求最大振幅误差不超过 ±5%。若阻尼率 $\zeta=0.6$，问机械系统的固有频率应取何值？

5 测试信号的转换与调理

测试系统的第二个环节为信号的转换(conversion)与调理(conditioning)。被测物理量经传感环节被转换为电阻、电容、电感或电压、电流、电荷等电参量的变化，由于在测量过程中不可避免地遭受各种内、外干扰因素的影响，且为了用被测信号驱动显示、记录和控制等仪器或进一步将信号输入计算机进行数据处理，因此经传感后的信号尚需经过调理、放大、滤波、运算分析等一系列加工处理，以抑制干扰噪声、提高信噪比，便于进一步传输和后续环节中的处理。信号的转换与调理涉及范围很广，本章将集中讨论一些常用的环节如电桥、调制与解调、信号的滤波及 A/D、D/A 转换。

5.1 电　　桥

电桥(electric bridge)是将电阻、电容、电感等参数的变化转换为电压或电流输出的一种测量电路。由于电桥电路简单可靠，且具有很高的精度和灵敏度，因此被广泛用作仪器测量电路。

电桥按其所采用的激励电源类型可分为直流电桥和交流电桥两类；按其工作原理又可分为归零法和偏值法两种，其中偏值法的应用更为广泛。

5.1.1 直流电桥

图 5.1 示出了直流电桥(DC bridge)的基本结构形式，其中电阻 R_1，R_2，R_3，R_4 组成电桥的 4 个桥臂，在电桥的一条对角线两端 a 和 c 接入直流电源 e_x 作为电桥的激励电源。而在电桥的另一对角线两端 b 和 d 上输出电压值 e_o，该输出可直接用于驱动指示仪表，也可接入后续放大电路。

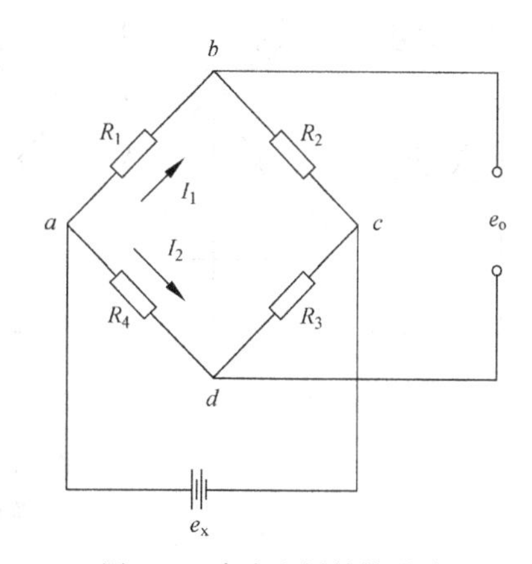

图 5.1　直流电桥结构形式

作为测量电路的直流电桥其工作原理是利用 4 个桥臂中的一个或数个的阻值变化而引起电桥输出电压的变化，因此桥臂可采用电阻式敏感元件组成并接入测量系统。

图 5.1 所示为直流电桥，当输出端后接输入阻抗

较大的仪表或放大电路时，可视为开路，其输出电流为零，此时有

$$\left.\begin{aligned} I_1 &= \frac{e_x}{R_1 + R_2} \\ I_2 &= \frac{e_x}{R_3 + R_4} \end{aligned}\right\} \tag{5.1}$$

a 和 b 之间与 a 和 d 之间的电位差分别为

$$U_{ab} = I_1 R_4 = \frac{R_1}{R_1 + R_2} e_x \tag{5.2}$$

$$U_{ad} = I_2 R_4 = \frac{R_4}{R_3 + R_4} e_x \tag{5.3}$$

由此可得输出电压：

$$\begin{aligned} e_o = U_{ab} - U_{ad} &= \left(\frac{R_1}{R_1 + R_4} e_x - \frac{R_4}{R_3 + R_4} e_x\right) \\ &= \frac{R_1 R_3 - R_2 R_4}{(R_1 + R_2)(R_3 + R_4)} e_x \end{aligned} \tag{5.4}$$

由式(5.4)可知，若要使输出为零，亦即当电桥平衡(balance)时，则应有

$$R_1 R_3 = R_2 R_4 \tag{5.5}$$

式(5.5)即为直流电桥的平衡公式。由该式可知，4 个电阻的任何一个或数个阻值发生变化而使电桥的平衡不成立时，均可引起电桥输出电压的变化，因此适当选取各桥臂电阻值，可使输出电压仅与被测量引起的电阻值变化有关。

常用的电桥连接形式有半桥单臂(single-arm half-bridge)、半桥双臂(double-arm half-bridge)和全桥(full bridge)连接，如图 5.2 所示。图 5.2(a)示出了半桥单臂连接形式，在工作时仅有一个桥臂电阻值随被测量变化，设该电阻为 R_1，其变化量为 ΔR，则由式(5.4)可得

$$e_o = \left(\frac{R_1 + \Delta R}{R_1 + R_2 + \Delta R} - \frac{R_4}{R_3 + R_4}\right) e_x \tag{5.6}$$

实践中常设相邻桥臂的阻值相等，亦即 $R_1 = R_2 = R_0$，$R_3 = R_4 = R_0'$，又若 $R_0 = R_0'$，则上式变为

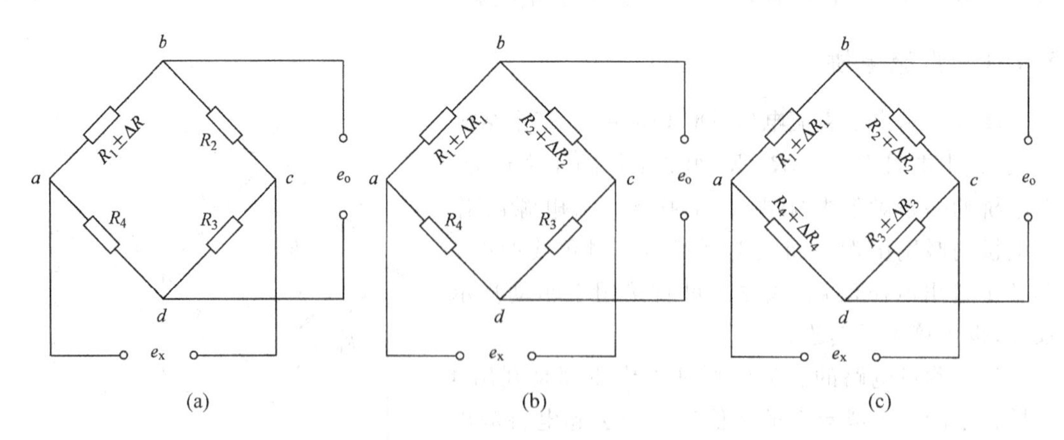

图 5.2 直流电桥的连接方式

(a) 半桥单臂；(b) 半桥双臂；(c) 全桥

$$e_o=\frac{\Delta R}{4R_0+2\Delta R}e_x \tag{5.7}$$

一般 $\Delta R \ll R_0$，因此上式可简化为

$$e_o \approx \frac{\Delta R}{4R_0}e_x \tag{5.8}$$

可见电桥输出 e_o 与激励电压 e_x 成正比，且在 e_x 和 R_0 固定条件下，与变化桥臂的阻值变化量成单调线性变化关系。

图 5.2(b)为半桥双臂连接形式，工作时有两个桥臂(一般为相邻桥臂)随被测量变化，图中为 $R_1 \pm \Delta R_1$，$R_2 \mp \Delta R_2$，同样由式(5.4)可知，当 $R_1=R_2=R_0$，$R_3=R_4=R_0'$，$\Delta R_1=\Delta R_2=\Delta R$ 且 $R_0=R_0'$时，可得电桥输出电压

$$e_o=\frac{\Delta R}{2R_0}e_x \tag{5.9}$$

图 5.2(c)所示的全桥连接法中 4 个桥臂的阻值均随被测量变化，即 $R_1 \pm \Delta R_1$，$R_2 \mp \Delta R_2$，$R_3 \pm \Delta R_3$，$R_4 \mp \Delta R_4$，同样，当 $R_1=R_2=R_3=R_4=R_0$，且 $\Delta R_1=\Delta R_2=\Delta R_3=\Delta R_4=\Delta R$ 时，由式(5.4)得：

$$e_o=\frac{\Delta R}{R_0}e_x \tag{5.10}$$

又若当 4 个桥臂的阻值变化同号时，即为 $R_1+\Delta R_1$，$R_2+\Delta R_2$，$R_3+\Delta R_3$，$R_4+\Delta R_4$，而当 $R_1=R_2=R_3=R_4=R_0$，阻值变化相对各阻值本身为小量时，可得此时的输出电压近似为

$$e_o=\frac{1}{4}\left(\frac{\Delta R_1}{R}-\frac{\Delta R_2}{R}+\frac{\Delta R_3}{R}-\frac{\Delta R_4}{R}\right)e_x \tag{5.11}$$

由式(5.11)可看出桥臂阻值变化对输出电压的影响规律：

(1) 相邻两桥臂(如图 5.2 中的 R_1 和 R_2)电阻的变化所产生的输出电压为该两桥臂各阻值变化产生的输出电压之差；

(2) 相对两桥臂(如图 5.2 中的 R_1 和 R_3)电阻的变化所产生的输出电压为该两桥臂各阻值变化产生的输出电压之和。

这便是电桥的和差特性，这一特性可应用于实际的测量电路中。例如测量一悬臂梁结构的应变仪(图 5.3)，为提高灵敏度，常在梁的上、下表面各贴一个应变片，并将上述两应变片接入电桥的相邻两桥臂。这样当梁受载时，上、下两应变片将各自产生$+\Delta R$ 和$-\Delta R$的阻

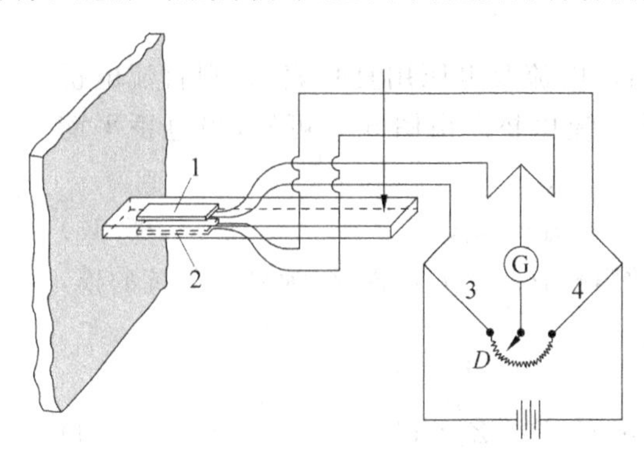

图 5.3 悬臂梁应变仪结构

值变化，它们各自产生的电压输出将相减，由式(5.11)可知，此时电桥的输出为最大。电桥的和差特性也可用来作温度误差的自动补偿，这方面的应用详见4.3节有关应变仪的误差及其补偿部分。

电桥的灵敏度定义为

$$S=\frac{\Delta e_o}{\Delta R} \tag{5.12}$$

也有的将电桥的灵敏度定义为 $S=\frac{\Delta e_o}{\Delta R/R}$，其中将 $\Delta R/R$ 作为输入量。

直流电桥的优点是采用直流电源作激励电源，而直流电源稳定性高。电桥的输出 e_o 是直流量，可用直流仪表测量，精度高。电桥与后接仪表间的连接导线不会形成分布参数，因此对导线连接的方式要求较低。另外，电桥的平衡电路简单，仅需对纯电阻的桥臂调整即可。图5.4示出了直流电桥平衡调节的几种配置方式。可以看出，无论是串联、并联，差动的还是非差动的，实质都是调节桥臂的电阻值来达到电桥的平衡，实现起来比较容易。直流电桥的缺点是易引入工频干扰，由于输出为直流量，而直流放大器一般都比较复杂，易受零漂和接地电位的影响。因此直流电桥适合于静态量的测量。

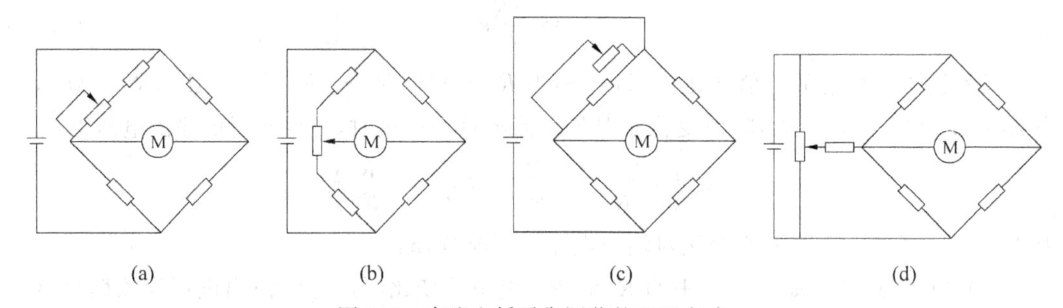

图5.4 直流电桥平衡调节的配置方式

(a) 串联平衡；(b) 差动串联平衡；(c) 并联平衡；(d) 差动并联平衡

5.1.2 交流电桥

交流电桥(AC bridge)电路结构与直流电桥相似，所不同的是交流电桥的激励电源为交流电源，电桥的桥臂可以是电阻、电感或电容(如图5.5所示，图中的 $z_1 \sim z_4$ 表示4个桥臂的交流阻抗)。

若将交流电桥的阻抗、电流及电压用复数表示，则直流电桥的平衡关系式也可用于交流电桥。由图5.5可知，当电桥平衡时有

$$z_1 z_3 = z_2 z_4 \tag{5.13}$$

式中，z_i 为各桥臂的复数阻抗，$z_i = Z_i e^{j\varphi_i}$，而 Z_i 为复数阻抗的模，φ_i 为复数阻抗的阻抗角。

代入式(5.13)得

$$Z_1 Z_3 e^{j(\varphi_1+\varphi_3)} = Z_2 Z_4 e^{j(\varphi_2+\varphi_4)} \tag{5.14}$$

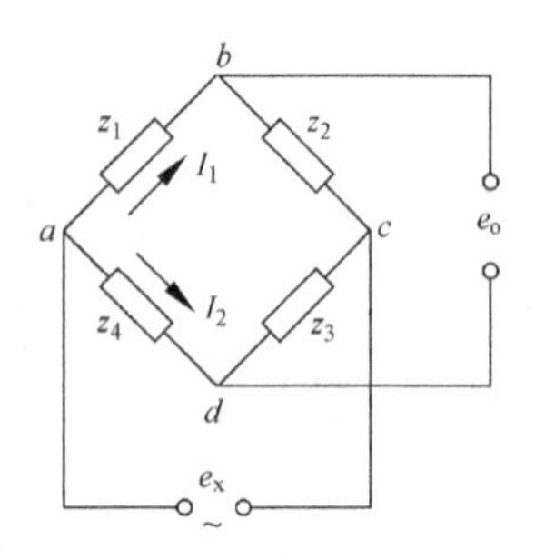

图5.5 交流电桥结构

上式成立的条件是

$$\left.\begin{aligned} Z_1Z_3 &= Z_2Z_4 \\ \varphi_1+\varphi_3 &= \varphi_2+\varphi_4 \end{aligned}\right\} \tag{5.15}$$

式(5.15)表明，交流电桥平衡要满足两个条件：两相对桥臂的阻抗模的乘积相等；其阻抗角的和相等。

由于阻抗角表示桥臂电流与电压之间的相位差，而当桥臂为纯电阻时，$\varphi=0$，即电流与电压同相位；若为电感性阻抗，$\varphi>0$；电容性阻抗时，$\varphi<0$。由于交流电桥平衡必须同时满足模及阻抗角的两个条件，因此桥臂结构可采取不同的组合方式，以满足相对桥臂阻抗角之和相等这一条件。

图5.6示出了两种常见的交流电桥形式，其中图(a)为电容电桥，电桥中两相邻桥臂为纯电阻 R_2，R_3，而另两相邻桥臂为电容 C_1、C_4，其中 R_1，R_4 可视为电容介质损耗的等效电阻，由此根据式(5.15)的平衡条件有

$$\left(R_1+\frac{1}{\mathrm{j}\omega C_1}\right)R_3=\left(R_4+\frac{1}{\mathrm{j}\omega C_4}\right)R_2 \tag{5.16}$$

展开有

$$R_1R_3+\frac{R_3}{\mathrm{j}\omega C_1}=R_2R_4+\frac{R_2}{\mathrm{j}\omega C_4}$$

根据实部、虚部分别相等的原理可得

$$\left.\begin{aligned} R_1R_3 &= R_2R_4 \\ \frac{R_3}{C_1} &= \frac{R_2}{C_4} \end{aligned}\right\} \tag{5.17}$$

由式(5.17)可知，为达到电桥平衡，必须同时调节电容与电阻两个参数，使之分别取得电阻和电容的平衡。

图5.6(b)为电感电桥，两相邻桥臂分别为 L_1，L_4 和 R_2，R_3。同样由式(5.15)的平衡条件可最终得

$$\left.\begin{aligned} R_1R_3 &= R_2R_4 \\ L_1R_3 &= L_4R_2 \end{aligned}\right\} \tag{5.18}$$

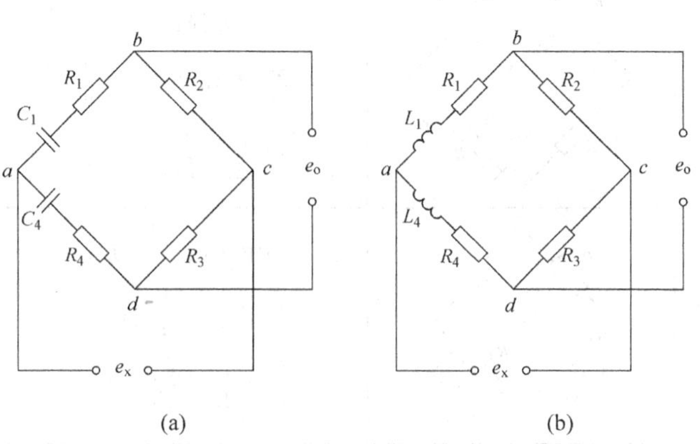

图5.6 常见交流电桥结构形式

(a) 电容式电桥；(b) 电感式电桥

调平衡时也就是分别调节电阻和电感两参数使之各自达到平衡。

表 5.1 列出了由不同的组合方式所构成的交流电桥形式。

表 5.1 测量用交流电桥形式

电桥形式	示例	说明
与串联常数相比较	R_1 R_2 Z_s Z_x	测量 L 或 C 的平衡方程： $Z_x=Z_s\dfrac{R_2}{R_1}$ $L_x=L_s\dfrac{R_2}{R_1}$ $C_x=C_s\dfrac{R_1}{R_2}$
麦克斯韦电路	R_1 C_1 R_2 L_x R_3 R_x	测量 L 的平衡方程(最好 $\omega L_x/R_x<10$)： $L_x=R_2R_3C_1$ $R_x=\dfrac{R_2R_3}{R_1}$
Hay 电路	R_1 R_2 C_1 L_x R_3 R_x	测量 L 的平衡方程(最好 $\omega L_x/R_x>10$)： $L_x=\dfrac{R_2R_3C_1}{1+\omega^2C_1^2R_1^2}$ $R_x=\dfrac{\omega^2C_1^2R_1R_2C_3}{1+\omega^2C_1^2R_1^2}$
Schering 电路	C_1 R_1 R_2 C_2 C_3 R_x	测量 C 的平衡方程： $C_x=C_3\dfrac{R_1}{R_2}$ $R_x=R_2\dfrac{C_1}{C_3}$
谐振电路	R_1 R_2 L R_3 C R_4	测量 L 或 C(f 已知)、f(L 和 C 已知)的平衡方程： $X_L=X_C$ 或 $LC=\dfrac{1}{\omega^2}$ $f=\dfrac{1}{2\pi\sqrt{LC}}$
文氏电桥	R_1 R_3 C_3 R_4 R_2 C_4	测量 f 的平衡方程： $f=\dfrac{1}{2\pi\sqrt{R_3R_4C_3C_4}}$ $\dfrac{R_1}{R_2}=\dfrac{R_3}{R_4}+\dfrac{C_4}{C_3}$

由于交流电桥的平衡必须同时满足幅值与阻抗角两个条件，因此较之直流电桥其平衡调节要复杂得多。即使是纯电阻交流电桥，电桥导线之间形成的分布电容也会影响桥臂阻抗值，相当于在各桥臂的电阻上并联了一个电容(图 5.7(a))。为此，在调电阻平衡时尚需

进行电容的调平衡。图5.7(b)示出的是一种用于动态应变仪的纯电阻电桥，其中采用差动可变电容器 C_2 来调电容，使并联的电容值得到改变，来实现电桥电容的平衡。

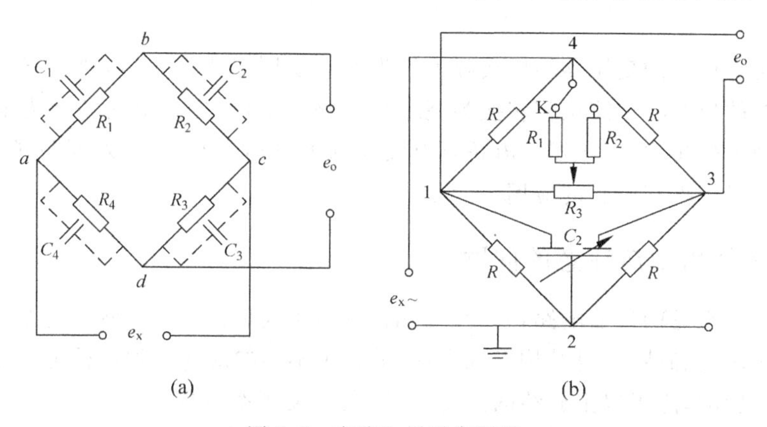

图5.7 交流电桥平衡调节

(a) 电桥的分布电容；(b) 采用电阻电容平衡的交流电阻电桥

在交流电桥的使用中，影响交流电桥测量精度及误差的因素比直流电桥要多很多，如电桥各元件之间的互感耦合、无感电阻的残余电抗、泄漏电阻、元件间以及元件对地之间的分布电容、邻近交流电路对电桥的感应影响等，对此应尽可能地采取适当措施加以消除。另外，对交流电桥的激励电源要求其电压波形和频率必须具有良好的稳定性，否则将影响到电桥的平衡。当电源电压波形畸变时，其中亦包含了高次谐波，即使针对基波频率将电桥调至平衡，仍将有高次谐波输出，电桥仍不一定能平衡。作为电桥电源一般多采用频率范围为5～10kHz的音频交流电源，此时电桥输出将为调制波，外界工频干扰不易被引入电桥线路中，由此后接交流放大电路便可采用简单的形式，且没有零漂问题。

5.1.3 变压器式电桥

变压器式电桥(transformer bridge)将变压器中感应耦合的两线圈绕组作为电桥的桥臂，图5.8示出了其常用的两种形式。其中，图(a)所示电桥常用于电感比较仪中，其中感应耦合绕组 W_1，W_2(阻抗 Z_1，Z_2)与阻抗 Z_3，Z_4 组成电桥的4个臂，绕组 W_1，W_2 为变压器副边，平衡时有 $Z_1Z_3=Z_2Z_4$。如果任一桥臂阻抗有变化，则电桥有电压输出。图(b)为另一种变压器式电桥形式，其中变压器的原边绕组 W_1，W_2(阻抗 Z_1，Z_2)与阻抗 Z_3，Z_4 构成电桥的4个臂，若使阻抗 Z_3，Z_4 相等并保持不变，电桥平衡时，绕组 W_1，W_2 中两磁通大小相等但方

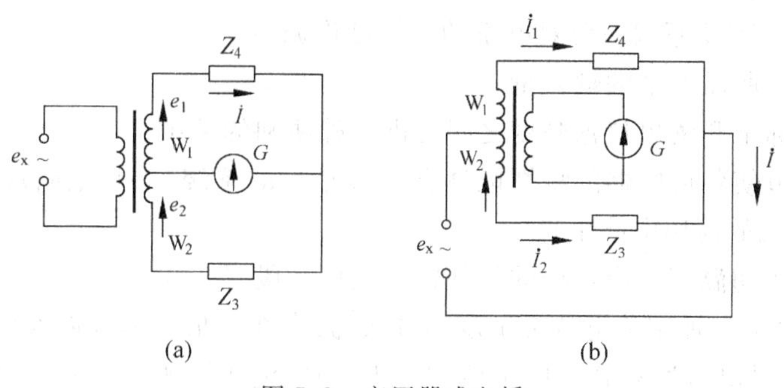

图5.8 变压器式电桥

向相反，激磁效应互相抵消，因此变压器副边绕组中无感应电动势产生，输出为零。反之当移动变压器中铁芯位置时，电桥失去平衡，促使副边绕组中产生感应电动势，从而有电压输出。

上述两种电桥中的变压器结构实际上均为差动变压器式传感器，通过移动其中的敏感元件——铁芯的位置将被测位移转换为绕组间互感的变化，再经电荷转换为电压或电流输出量。与普通电桥相比，变压器式电桥具有较高的测量精度和灵敏度，且性能也较稳定，因此在非电量测量中得到广泛的应用。

5.1.4 电桥使用中应注意的问题

电桥电路是常见的仪器电路，有着广泛的应用，尤其是在应变仪测量电路中。电桥电路有着很高的灵敏度和精度，且结构形式多样，适合于不同的应用。但电桥电路也易受各种不同外界因素的影响，除了以上介绍的温度、电源电压及频率等因素之外，也会受到传感元件的连线等因素的影响。此外在不同的应用中需要调节电桥的灵敏度，以适应不同的测量精度。在具体的电桥应用中常需要特别注意以下几个方面。

1. 连接导线的补偿

实际应用中，传感器与所接的桥式仪表常常相隔一定的距离(图 5.9(a))，这样连接导线会给电桥的一臂引入附加的阻抗，由此带来测量误差。这种情况类似于温度误差的情况，沿着导线上的温度梯度变化，也给电桥带来误差。若采取图 5.9(b)所示的三导线结构形式，由于其中附加的补偿导线与传感器的连接电线处在相邻桥臂上，因此它平衡了整个导线的长度，也消除了由此引起的任何不平衡。

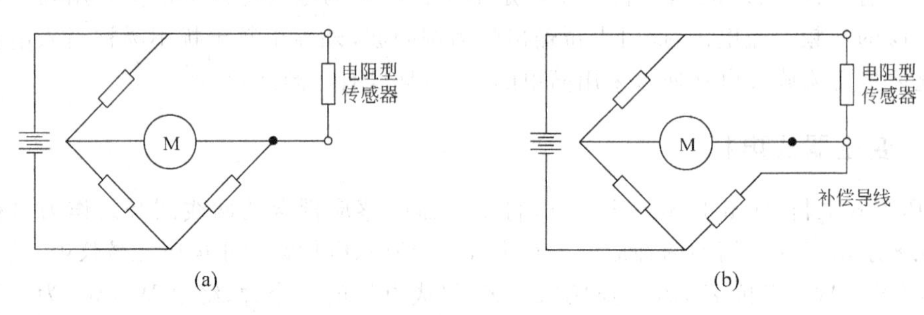

图 5.9 电桥接线的补偿方法

(a) 具有远距离连接传感器的电桥；(b) 带补偿电缆的电桥

2. 电桥灵敏度的调节

使用中常由于下述原因需要对电桥的灵敏度作调节。

(1) 衰减大于所需电平的输入量；

(2) 在系统标定和读出仪器刻度之间提供一种便利的关系；

(3) 通过调节使各传感器的特性能适合预校正过的系统(如将电阻应变片的应变系数插入到某些已制成的商用电路中)；

(4) 为控制诸如温度效应这样的外部输入提供手段。

图 5.10 示出了一种调节电桥灵敏度的方法，其中在一根或两根输入导线上加入一可变串联电阻 R_s。假设电桥所有臂的电阻值均为 R，则由电压源所看到的电阻值亦将为 R。因

此若如图所示串联一电阻 R_s，那么根据分压电路原理，电桥的输入将减小一个因子：

$$n = \frac{R}{R + R_s} = \frac{1}{1 + R_s/R} \tag{5.19}$$

式中，n 为电桥因子。

电桥输出也相应地减小一个成比例的量，该法简单，且对电桥灵敏度控制十分有用。

3. 电桥的并联校正法

实际中常常需要对电桥进行标定或校正，所采用的方法是对电桥直接引入一个已知的电阻变化来观察其对电桥输出的效果。图 5.11 示出了一种电桥的并联校正法，其中的标定电阻 R_c 的阻值已知。若电桥在图中开关打开时是平衡的，则当开关闭合时，臂 AB 上的电阻改变会导致整个电桥失去平衡。从电压表上可读出输出电压 e_{AC}，引起该电压输出的电阻改变值 ΔR 可由下式计算：

$$\Delta R = R_1 - \frac{R_1 R_c}{R_1 + R_c} \tag{5.20}$$

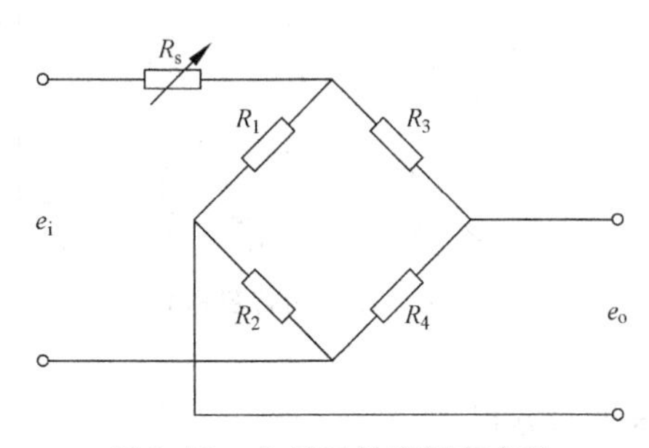

图 5.10　电桥灵敏度调节方法

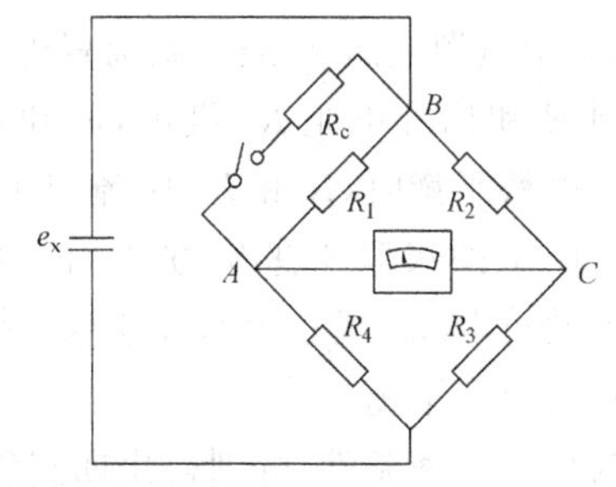

图 5.11　电桥并联校正方法

电桥灵敏度为

$$S = \frac{e_{AC}}{\Delta R}(\mathrm{V}/\Omega) \tag{5.21}$$

上述过程能够实现电桥的一种整体标定，因为其中考虑了所有的电阻值和电源电压。

有时为了使用方便，常常对基本的电桥电路附加其他一些特性或功能。图 5.12 示出了一种具有灵敏度调节、标定和调平衡多种功能的电桥，该电桥具有如下功能。

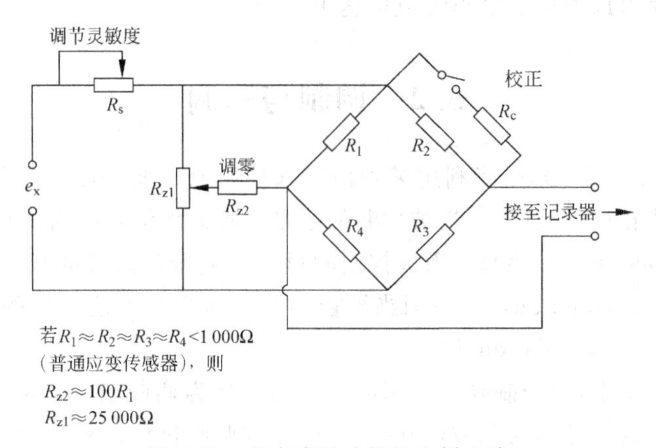

图 5.12　具有多种功能的电桥电路

(1) 不改变电源电压 e_x 而改变整个灵敏度；

(2) 即使在桥臂并非完全匹配的情况下，当被测物理量为零时仍能将输出电压精确地调为零；

(3) 并联电阻标定。

一些商用的传感器同样也用附加的温度灵敏电阻来达到温度补偿目的，这方面内容在第 4 章中已有所叙述，这里不再赘述。

4. 能测量小电阻值的电桥

上述电桥电路均是惠斯登电桥类型的电桥电路，这种电路一般不能用来测量毫欧或微欧量级的微小阻值，因为导线电阻以及内部的电缆及接点电阻均会增加测量电阻的数值量级。

采用汤普逊电路(Thomson bridge)能够解决这一问题。图 5.13 示出了一种汤普逊电桥电路，其中电源电压 e_x 经可调前置电阻 R_V 给测量电阻 R 和标准电阻 R_N 供电，R 和 R_N 大小约相等。电桥平衡时，R 和 R_N 中流过的电流大小相等。图中的级联十进位方式用于使两个 R_1 的阻值始终相等，通过这样的配置形式能够容易地达到电桥平衡。

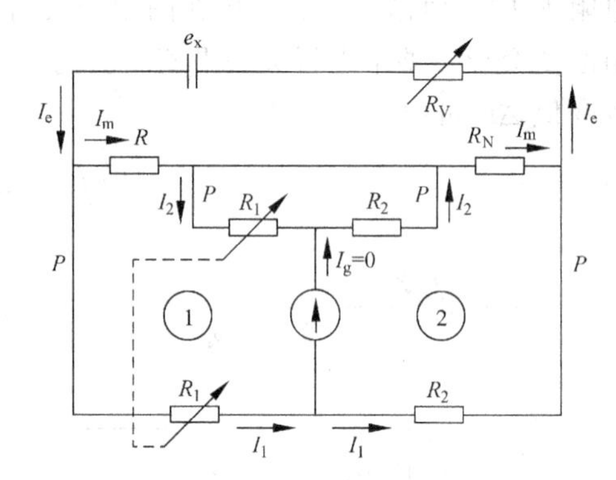

图 5.13 汤普逊电桥

为导出平衡条件，分别得出回路①和②的电压平衡方程式：

$$I_m R = I_1 R_1 - I_2 R_1 \quad ① \tag{5.22}$$

$$I_m R_N = I_1 R_2 - I_2 R_2 \quad ② \tag{5.23}$$

上两式相除可得

$$\frac{R}{R_N} = \frac{R_1}{R_2} \tag{5.24}$$

由式(5.24)可知，导线电阻 P 以及电路中接头电阻均不再影响测量结果，这一点与常规的电桥电路不一样，因为此处可将电阻 R_1 和 R_2 选得较高。电路中的损耗电阻不再起作用。用汤普逊电桥可以测量的最小阻值可达 $10^{-7}\Omega$。

5.2 调制与解调

所谓调制(modulation)，是指利用某种信号来控制或改变一般为高频振荡信号的某个参数(幅值、频率或相位)的过程。当被控制的量是高频振荡信号的幅值时，称为幅值调制或调幅(amplitude modulation，AM)；当被控制的量为高频振荡信号的频率时，称为频率调制或调频(frequency modulation，FM)；而当被控制的量为高频振荡信号的相位时，则称为相位调制或调相(phase modulation，PM)。

在调制解调技术中，将控制高频振荡的低频信号称为调制波(modulating signal)，载送低频信号的高频振荡信号称为载波(carrier)，将经过调制过程所得的高频振荡波称为已调制波(modulated signal)。根据被控制参数(如幅值、频率)的不同分别有调幅波、调频波等不同的称谓。从时域上讲，调制过程即是使载波的某一参量随调制波的变化而变化；而在频域上，调制过程则是一个移频的过程。

解调(demodulation)是从已调制波信号中恢复出原有低频调制信号的过程。调制与解调是一对信号变换过程，在工程上常常结合在一起使用。

调制与解调在工程上有着广泛的应用。测量过程中常常会碰到比如力、位移等一些变化缓慢的量，经传感器变换后所得的信号也是一些低频电信号。如果直接采取直流放大常会带来零漂和级间耦合等问题，造成信号的失真。因此常常设法先将这些低频信号通过调制的手段变成高频信号，然后采取简单的交流放大器进行放大，从而可避免前述直流放大中所遇到的问题。对该放大的已调制信号再采取解调的手段便可最终获取原来的缓变被测量。又如在无线电技术中，为了防止所发射的信号(例如各电台发射的无线电信号)间的相互串扰，常常要将发送的声频信号的频率移到各自被分配的高频、超高频频段上进行传输与接收，其中同样要使用调制解调技术。

一般来说，调制一个载波信号幅值的信号可能具有任何的形式：正弦信号、余弦信号、一般周期信号、瞬态信号、随机信号等；而载波信号也可具有不同的形式，例如正弦信号、方波信号等。为便于叙述和理解，本章将着重介绍工程测试技术中常用的以正(余)弦波为载波信号的调制与解调。

5.2.1 幅值调制与解调

5.2.1.1 幅值调制

幅值调制或调幅是将一个高频载波信号同被测信号(调制信号)相乘，使载波信号的幅值随着被测信号的变化而变化。如图 5.14 所示，$x(t)$为被测信号，$y(t)$为高频载波信号，此处选择余弦信号：$y(t)=\cos 2\pi f_0 t$，则调制器的输出即为已调制信号 $x_m(t)$为 $x(t)$与$y(t)$的乘积：$x_m(t)=x(t)\cos 2\pi f_0 t$(图 5.14(a))。由傅里叶变换性质可知，两信号在时域中的相乘对应于其在频域中的傅里叶变换的卷积，即

$$x(t)y(t)\Leftrightarrow X(f)*Y(f)$$

则有

$$x(t)\cos 2\pi f_0 t\Leftrightarrow \frac{1}{2}X(f)*\delta(f+f_0)+\frac{1}{2}X(f)*\delta(f-f_0) \tag{5.25}$$

因此信号 $x(t)$与载波信号的乘积在频域上相当于将 $x(t)$在原点处的频谱图形移至载波频率 f_0 处，如图 5.14(b)所示。因此调幅的过程在频域上就相当于一个移频(frequency shifting)的过程。

调制信号 $x(t)$可以有不同的形式，以下就 $x(t)$为正(余)弦信号、周期信号和瞬态信号的 3 种不同形式分析它们各自的调幅过程中幅值与相位的变化情况。

1. 调制信号为正弦信号

设调制信号 $x(t)=A_s\sin\omega_s t$，载波信号 $y(t)=A_c\sin\omega_c t$，则经调制后的已调制波为

$$x_m = x(t)y(t) = A_s\sin\omega_s t A_c\sin\omega_c t \tag{5.26}$$

式中，A_s为调制信号幅值；ω_s 为调制信号频率；A_c为载波信号幅值；ω_c 为载波信号频率。

频率 ω_c 应远大于频率 ω_s，其信号波形示于图 5.15。其中，当调制信号处于正半周时，已调制波与载波信号同相；当调制信号处于负半周时，已调制波与载波信号反相。

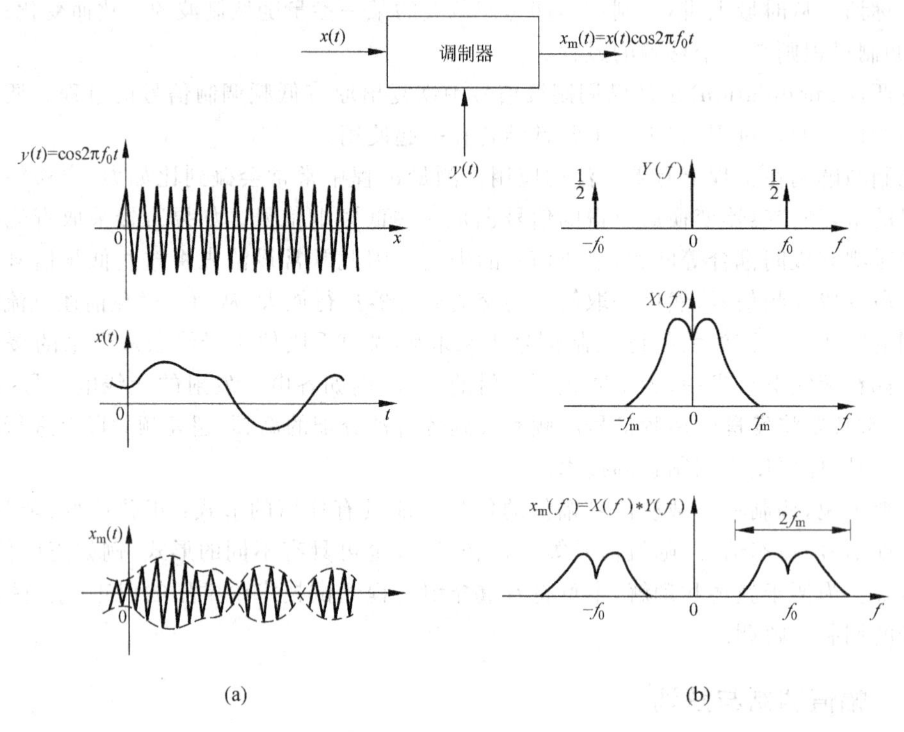

(a) (b)

图 5.14 幅值调制原理

(a) 时域;(b) 频域

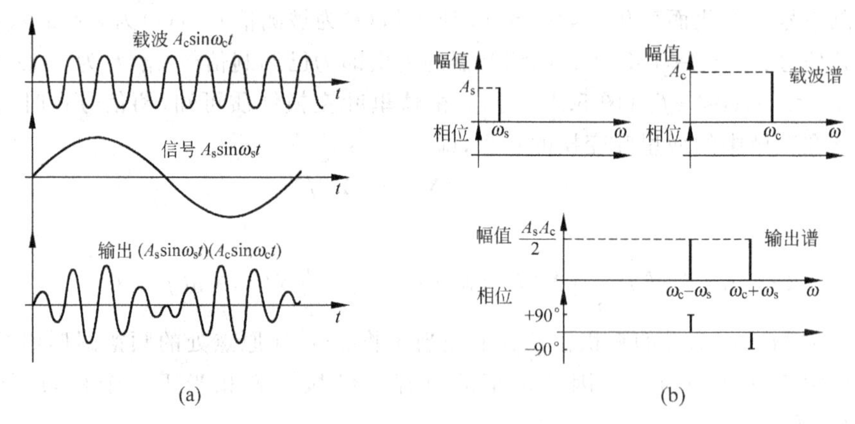

(a) (b)

图 5.15 正弦信号的幅值调制

为求出信号的频谱,可采用三角积化和差公式:

$$\sin\alpha\sin\beta=\frac{1}{2}\cos(\alpha-\beta)-\frac{1}{2}\cos(\alpha+\beta) \tag{5.27}$$

将上式应用于式(5.26),得

$$x_{\mathrm{m}}=\frac{A_{\mathrm{s}}A_{\mathrm{c}}}{2}[\cos(\omega_{\mathrm{c}}-\omega_{\mathrm{s}})t-\cos(\omega_{\mathrm{c}}+\omega_{\mathrm{s}})t] \tag{5.28}$$

或

$$x_m = \frac{A_s A_c}{2}\sin\left[(\omega_c - \omega_s)t + \frac{\pi}{2}\right] + \frac{A_s A_c}{2}\sin\left[(\omega_c + \omega_s)t - \frac{\pi}{2}\right] \tag{5.29}$$

从图 5.15(b)可见，已调制波信号的频谱是一个离散谱，仅仅位于频率 $\omega_c - \omega_s$ 和$\omega_c + \omega_s$ 处，即以载波信号 ω_c 为中心，以调制信号 ω_s 为间隔的左右两频率(边频)处。其幅值大小等于 A_s与 A_c乘积之半。

幅值调制装置实质上是一个乘法器，在实际应用中经常采用电桥作调制装置，其中以高频振荡电源供给电桥作装置的载波信号，则电桥输出 e_o 便为调幅波。图 5.16 为一个应变片电桥的调幅实例。众所周知，若想容易地测量并记录来自传感器(比如应变仪)的很小的输出电压，则要求有一个高增益的放大器。而由于放大器的漂移等问题，构造一个高增益的交流放大器远比一个直流放大器来得容易。但交流放大器不能放大静态的或缓变的量，因此不能直接用来测量静态的应变。解决这一问题的方法是采用一个应变片电桥，电桥的激励电源为交流电源，图例中电桥的电压为 5V，频率为 3 000Hz。若所测应变量的频率变化为 0～10Hz，亦即从静态到缓变的一个范围，那么根据电桥原理，由应变阻抗变化促使电桥产生的输出电压将是载波频率的电压(电源电压)，其幅值为应变变化值所调制。本例中电桥输出信号的频谱经计算为 2 990～3 010Hz。该范围的频率易为后续交流放大器处理。这种放大器通常亦称载波放大器。

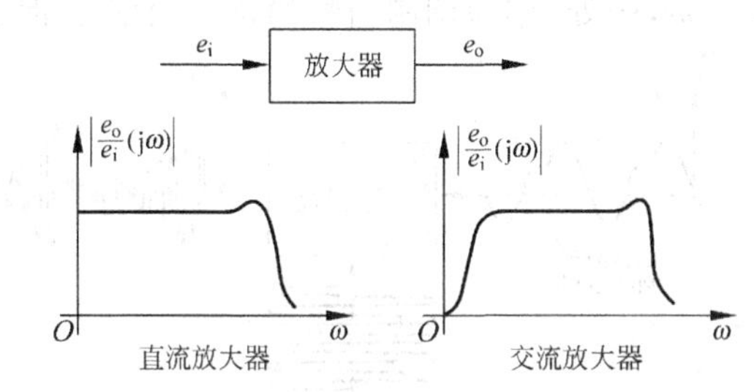

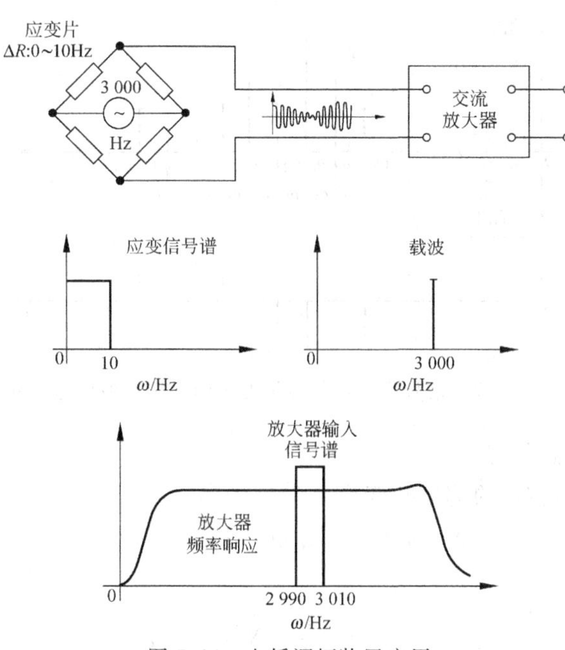

图 5.16 电桥调幅装置应用

2. 调制信号为普通周期信号

此时，调制信号 $x(t)$ 可用傅里叶级数展开为

$$x(t) = a_0 + \sum_{n=1}^{\infty} a_n(\cos n\omega_0 t + b_n \sin n\omega_0 t), \quad n = 1,2,3,\cdots$$

则已调制波信号相应为

$$x_m = \left[a_0 + \sum_{n=1}^{\infty} a_n \cos n\omega_0 t + b_n \sin n\omega_0 t\right] A_c \sin\omega_c t \tag{5.30}$$

展开得

$$\begin{aligned} x_m = & A_0 A_c \sin\omega_c t + (A_1 A_c \cos\omega_1 t \sin\omega_c t + A_2 A_c \cos\omega_2 t \sin\omega_c t + \cdots) \\ & + (B_1 A_c \sin\omega_1 t \sin\omega_c t + B_2 A_c \sin\omega_2 t \sin\omega_c t + \cdots) \end{aligned} \tag{5.31}$$

采用积化和差定理可得

$$\begin{aligned} x_m = & A_0 A_c \sin\omega_c t + C_1 \{\sin[(\omega_c + \omega_1)t - \alpha_1] \\ & + \sin[(\omega_c - \omega_1)t + \alpha_1]\} + \cdots \end{aligned} \tag{5.32}$$

式中，$C_1 = \frac{A_c}{2}\sqrt{A_1^2 + B_1^2}$；$\alpha_1 = \arctan\frac{B_1}{A_1}$。

上述结果的频谱图示于图 5.17。从图中可以看到，输出信号的频谱为离散谱，谱线分别位于 ω_c，$\omega_c \pm \omega_1$，$\omega_c \pm \omega_2$，…处，亦即调制信号的每一频率分量均产生一对边频。

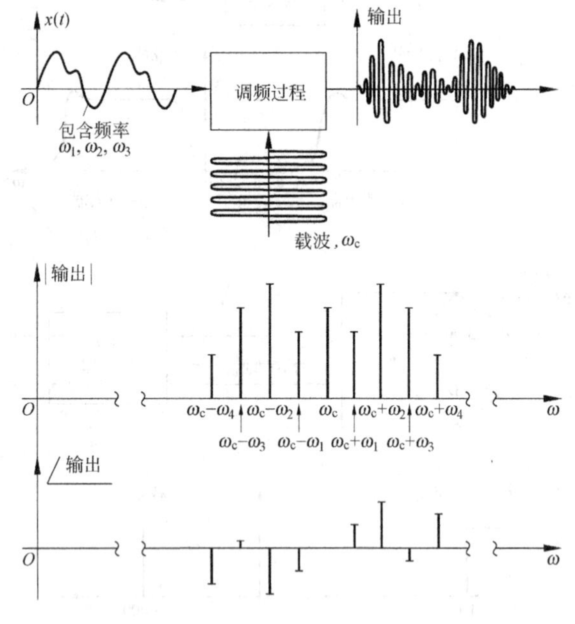

图 5.17 调制信号为周期信号情况下的已调制波信号的频谱

3. 调制信号为瞬态信号

此时已调制信号 $x_m(t)$ 的傅里叶变换

$$X_m(j\omega) = |X_m(j\omega)| \angle X_m(j\omega) \tag{5.33}$$

其中，

$$|X_m(j\omega)| = \frac{A_c}{2} |X[j(\omega - \omega_c)]|$$

$$\underline{/X_m(j\omega)} = \underline{/X[j(\omega-\omega_c)]} - \frac{\pi}{2}, \quad 0 \leqslant \omega < \infty$$

且载波信号仍为 $y(t)=A_c\sin\omega_c t$。

调制过程及结果的频谱图示于图 5.18。

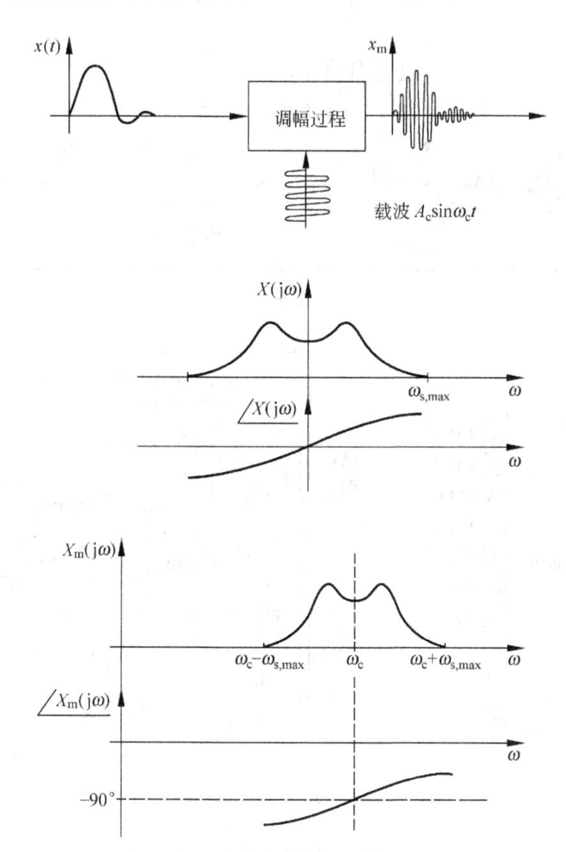

图 5.18 调制信号为瞬态信号时的已调制波信号频谱

从调幅原理看,载波频率 ω_c 必须高于信号中的最高频率 $\omega_{s,max}$(图 5.18)才能使已调制信号保持原信号的频谱图形,不致产生交叠现象。为减小放大电路可能引起的失真,信号的频宽($2\omega_{s,max}$)相对于中心频率(载波频率 ω_c)越小越好。通常实际载波频率 ω_c 至少数倍甚至数十倍于信号中的最高频率,但载波频率的提高也受到放大电路截止频率的限制。

5.2.1.2 幅值调制的解调

幅值调制的解调有多种方法,常用的有同步解调、整流检波和相敏解调。

1. 同步解调(synchronizing demodulation)

将图 5.14 所示的调幅波经一乘法器与原载波信号相乘,则调幅波的频谱在频域上被再次移频,结果如图 5.19(a)所示。由于载波信号的频率仍为 f_0,再次移频的结果是使原信号的频谱图形出现在 0 和 $\pm 2f_0$ 的频率处。设计一个低通滤波器将位于中心频率 $\pm 2f_0$ 处的高频成分滤去,便可恢复原信号的频谱。由于在解调过程中所乘的信号与调制时的载波信号具有相同的频率与相位,因此这一解调的方法称为同步解调。时域分析上有

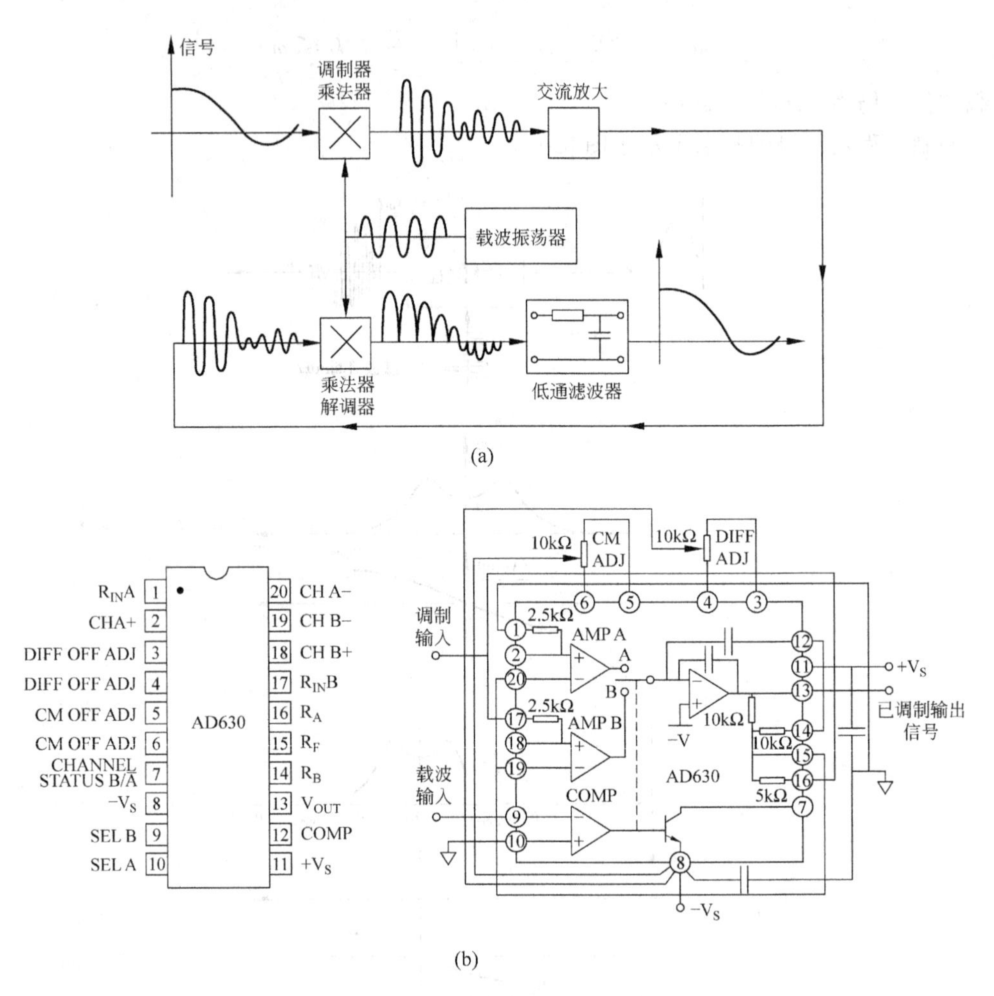

图 5.19 同步解调原理及电路

(a) 同步解调原理；(b) AD630 调制解调芯片

$$x(t)\cos 2\pi f_0 t \cdot \cos 2\pi f_0 t = \frac{x(t)}{2} + \frac{1}{2}x(t)\cos 4\pi f_0 t \tag{5.34}$$

故只需将频率为 $2f_0$ 的高频信号滤去，即可得到原信号 $x(t)$。但须注意，原信号的幅值减小了一半，通过后续放大可对此进行补偿。同步解调方法简单，但要求有性能良好的线性乘法器件，否则将引起信号失真。图 5.19(b)为上述调制解调原理的具体实现电路，采用 AD630 调制解调器芯片，包括两个输入缓冲器、一个精密运算放大器和一个相位比较器，可组成增益为 1 或 2 的解调器。

2. 整流检波(rectifying detection)

整流检波是另一种简单的解调方法。其原理是：对调制信号偏置一个直流分量 A，使偏置后的信号具有正电压值(图 5.20(a))，则该信号作调幅后得到的已调制波 $x_m(t)$的包络线将具有原信号形状。对调幅波 $x_m(t)$作简单的整流(全波或半波整流)和滤波便可恢复原调制信号，信号在整流滤波之后仍需准确地减去所加的偏置直流电压。

上述方法的关键是准确地加、减偏置电压。若所加偏置电压未能使调制信号电压位于零位的同一侧(图 5.20(b)),那么在调幅之后便不能简单地通过整流滤波来恢复原信号。采用相敏解调可解决这一问题。

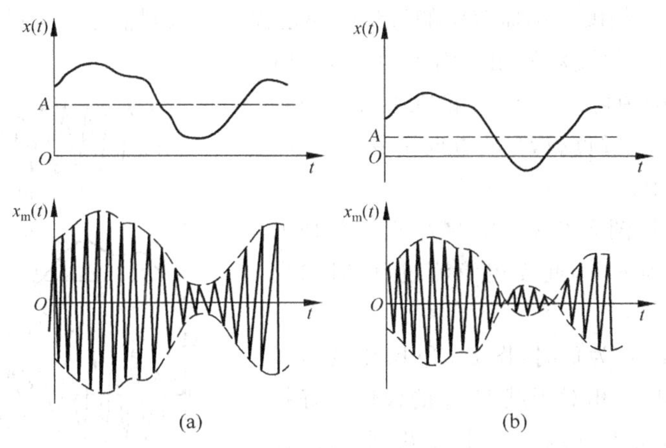

图 5.20 调制信号加偏置的调幅波

(a) 偏置电压足够大;(b) 偏置电压不够大

3. 相敏解调(phase sensitive demodulation)

相敏解调或相敏检波用来鉴别调制信号的极性,利用交变信号在过零位时正、负极性发生突变,使调幅波相位与载波信号比较也相应地产生 180°相位跳变,从而既能反映原信号的幅值又能反映其相位。

图 5.21 示出了一种典型的二极管相敏检波装置及其工作原理。4 个特性相同的二极管 $D_1 \sim D_4$ 连接成电桥的形式,4 个端点分别接至两个变压器 A 和 B 的副边线圈上。变压

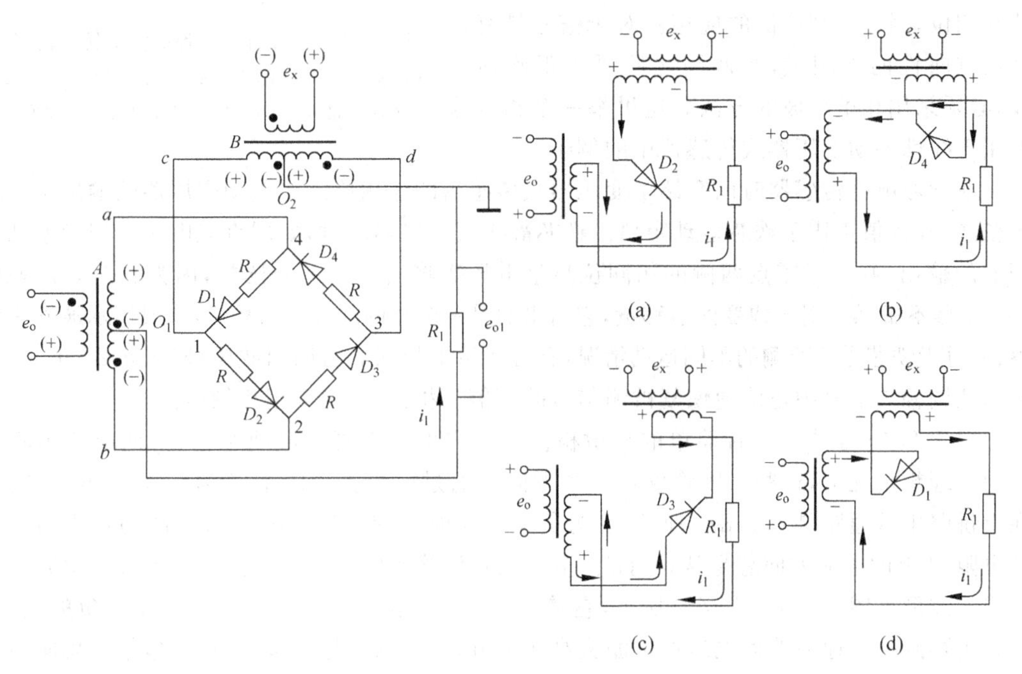

图 5.21 二极管相敏检波器及其工作原理

(a) $R(t)>0, 0\sim\pi$;(b) $R(t)>0, \pi\sim2\pi$;(c),(d) $R(t)<0$

器 A 输入有调幅波信号 e_o，变压器 B 接有参考信号 e_x，e_x 与载波信号的相位和频率均相同，用作极性识别的标准。R_l 为负载电阻。

图 5.22 示出了相敏解调器解调的波形转换过程。当调制信号 $R(t)$ 为正时(图5.22(b)中的 $0\sim t_1$ 时间内)，检波器的相应输出为 e_{o1}，此时从图 5.22(a)和(b)中可以看到，无论在$0\sim\pi$或$\pi\sim 2\pi$时间里，电流 i_1 流过负载 R_l 的方向不变，即此时输出电压 e_{o1} 为正值。

当 $R(t)=0$ 时(图 5.22(b)中的 t_1 点)，负载电阻 R_l 两端电位差为零，因此无电流流过，此时输出电压 $e_{o1}=0$。

当调制信号 $R(t)$ 为负时(图 5.22(b)中的 $t_1\sim t_2$ 段)，此时调幅波 e_o 相对于载波 e_x 的极性正好相差 180°，此时从图 5.22(c)和(d)中可见，电流流过 R_l 的方向与前面相反，即此时输出电压 e_{o1} 为负值。

由以上分析可知，通过相敏检波可得到一个幅值和极性均随调制信号的幅值与极性改变的信号，它真正重现了原被测信号。

在电路设计时应注意，变压器 B 副边的输出电压应大于变压器 A 副边的输出电压，这样才能得到以上结论。

相敏检波由于能够正确地恢复被测信号的幅值与相位，因此得到广泛的应用。对于信号具有极性或方向性的被测量，经调制之后要想正确地恢复，必须采用相敏检波的方法。这里举一个相敏检波用于线性差动变压器式传感器中的例子。

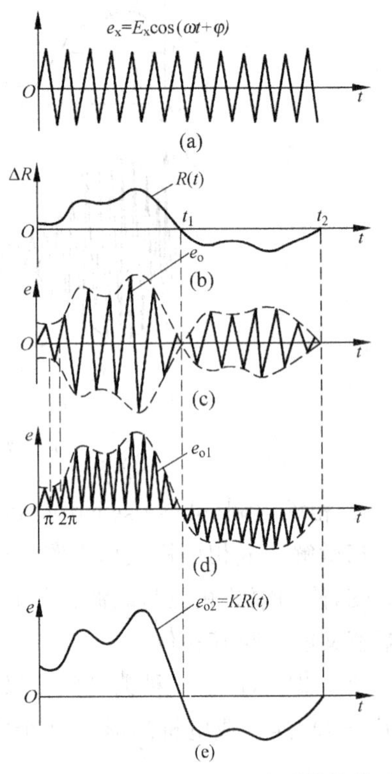

图 5.22 相敏解调过程的波形转换情形

(a) 载波；(b) 调制信号；(c) 放大后的调幅波；(d) 相敏检波后的波形；(e) 滤波后的波形

在学习电感传感器时已介绍了变压器式传感器的作用原理。差动变压器的输出是一个正弦波，其幅值正比于铁芯运动距离。铁芯静止或缓慢移动时，如用直流电压表记录差动变压器的输出，则对于零点两侧的相同位移量电压表将给出相同的读数，因为它对零位处的180°相移不敏感。对于快变的位移量，它给出的是一个经调制过的信号量，一般用示波器来观察；而对于铁芯零位两侧的不同运动情况，有可能给出相同的已调制波信号(图 5.23(a))。因此为从调幅波信号中正确地恢复被测信号的幅值与相位，必须采用相敏检波。

图 5.23(c)示出了一种简单的相敏检波器。它由二极管组成两个电桥，两电桥串联在一起。理想情况下，这些二极管仅在一个方向上通过电流。当图中 f 为正、e 为负时，电流在上桥路中的通路是 $efgcdhe$；而当 f 为负、e 为正时，通路变为 $ehcdgfe$。故通过中间的负载电阻 R 上的电流方向总是从 c 到 d。下二极管桥路的情况与此类似。因此整个检波装置输出的波形如图 5.23(c)右半图所示，它随着铁芯在零位上下的位置而具有正或负的极性。该输出再经一低通滤波器之后便可滤去高频成分，留下的则是其包络线，该包络线忠实地反映了铁芯的运动情况(图 5.23(b))。

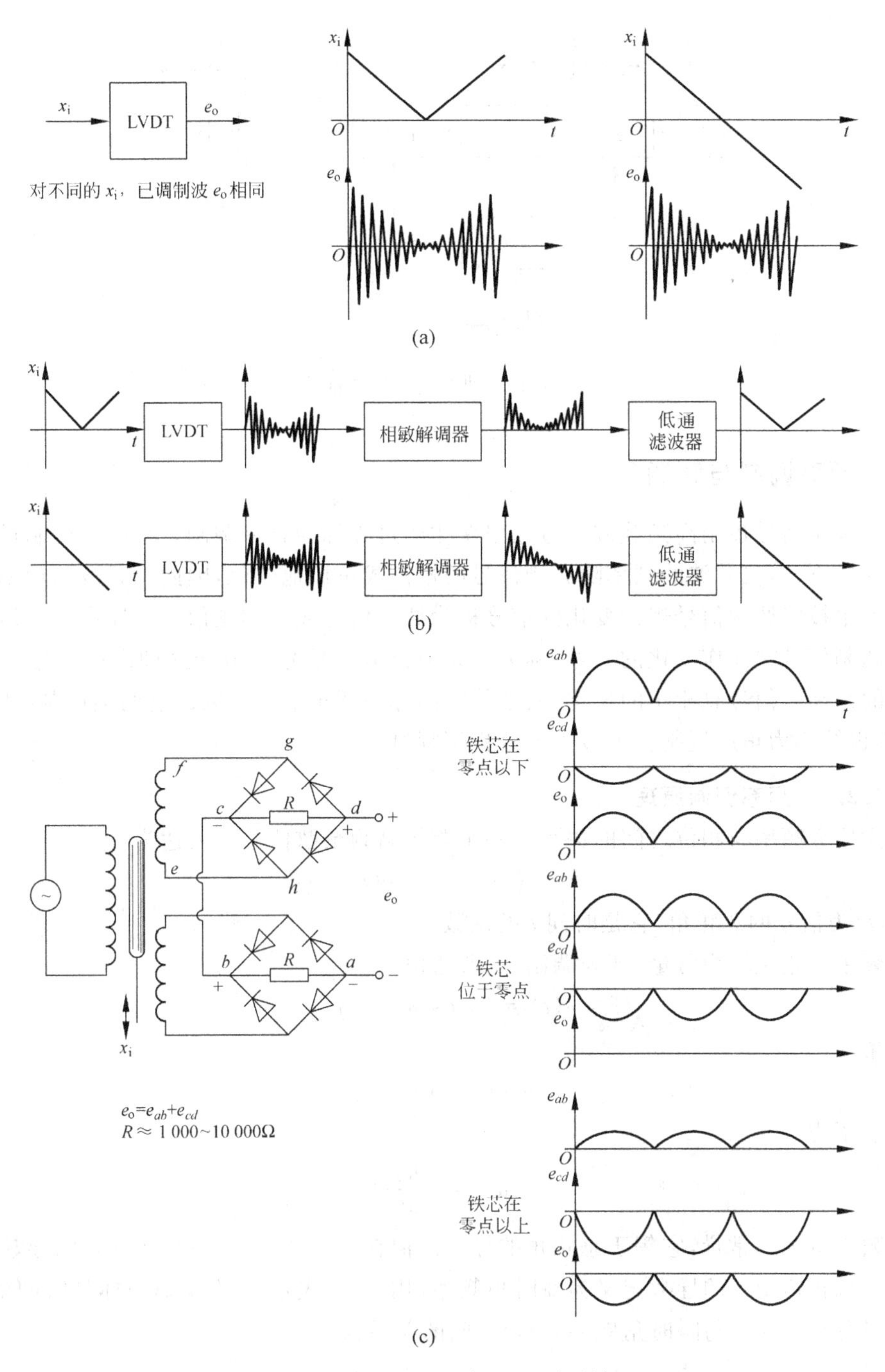

图 5.23　线性可变差动变压器相敏解调

相敏检波的另一典型应用是动态应变仪，图 5.24 为它的结构原理图。其中的电桥为应变仪电桥，用于敏感被测量，它由振荡器供给高频（10～15kHz）振荡电压，被测量通过电阻应变片控制电桥输出。该输出经放大和相敏检波后再经低通滤波，最后恢复被测的信号。

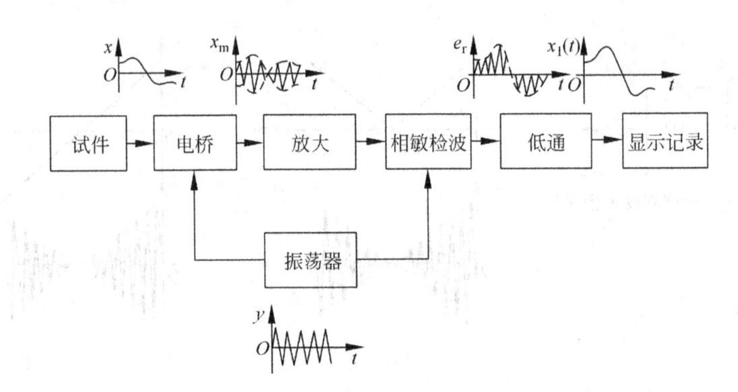

图 5.24 动态应变仪方框图

5.2.2 频率调制与解调

利用调制信号控制高频载波信号频率变化的过程称为频率调制。在频率调制过程中载波幅值保持不变,仅载波的频率随调制信号的幅值成正比地变化,因此调频波的功率也是个常量。频率按照调制信号规律变化的信号称为调频信号或已调频信号。还有一类信号是其相位按调制信号规律作变化的信号,称为调相或已调相信号。由于这种高频信号的过程表现出来的是高频信号总相角的变化,故也将它们称为调角信号。因此这两类调制(调频或调相)过程也统称为角度调制。本节主要分析调频过程。

5.2.2.1 频率调制原理

首先研究频率与相位之间的关系。一个等幅高频余弦信号可表达为

$$e(t) = A\cos\theta(t) \tag{5.35}$$

式中,$\theta(t)$为信号的总相角,它是时间 t 的函数。

对频率与相位均为常量(即未调制)的普通信号,有

$$e(t) = A\cos(\omega_0 t + \varphi_0) \tag{5.36}$$

其总相角为

$$\theta(t) = \omega_0 t + \varphi_0 \tag{5.37}$$

而其角频率为

$$\omega_0 = \frac{\mathrm{d}\theta(t)}{\mathrm{d}t} \tag{5.38}$$

这里角频率 ω 为一常量,它等于总相角的导数。但在一般情况下,总相角 $\theta(t)$的导数可以不是常数。总相角 $\theta(t)$的导数定义为瞬时角频率,用 $\omega_i(t)$表示,显然,$\omega_i(t)$亦是时间的函数。于是可得总相角 $\theta(t)$与瞬时角频率 $\omega_i(t)$之间的关系为

$$\omega_i(t) = \frac{\mathrm{d}\theta(t)}{\mathrm{d}t} \tag{5.39}$$

而

$$\theta(t) = \int \omega_i(t)\,\mathrm{d}t \tag{5.40}$$

设调制信号为 $f(t)$,由于频率调制信号(调频信号)其高频信号的角频率随 $f(t)$呈线性变化,故有

$$\omega_i(t) = \omega_0 + kf(t) \tag{5.41}$$

式中，k 为比例因子。于是调频信号的总相角为

$$\theta(t) = \int \omega_i(t)\mathrm{d}t = \omega_0 t + k\int f(t)\mathrm{d}t + \varphi_0 \tag{5.42}$$

由此可将调频信号表示为

$$e_f(t) = A\cos\left[\omega_0 t + k\int f(t)\mathrm{d}t + \varphi_0\right] \tag{5.43}$$

图 5.25 示出了调制信号为三角波(图(a))进行调制的调频信号波形(图(b))。

由图 5.25 可见，在 $0\sim t_1$ 区间，调频波 $e_f(t)$的瞬时频率随调制信号 $f(t)$的增大而逐渐增高。而在 $t_1\sim t_2$ 区间内，调频波的瞬时频率则随 $f(t)$的减小而逐渐降低。在 $t=t_2$ 时刻，调制信号 $f(t)=0$，调频信号 $e_f(t)$也回复到原来的状况。因此，调频信号的总相角的增量与调制信号 $f(t)$的积分成正比(式(5.42))，而信号相位的任何变化均会引起信号频率的变化。这便是频率调制的原理。

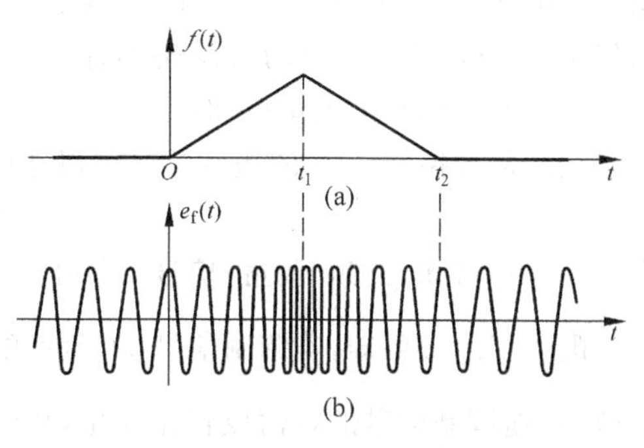

图 5.25　频率调制信号

对于采用任意信号 $f(t)$所调制的调频信号的分析十分复杂。这里仅分析调制信号为单一频率的正弦波的情形，用于说明调频信号频域表达的一般特点。对调制信号为其他形式的调频分析，感兴趣的读者请参阅有关专著。

设调制信号 $f(t)$为一角频率 Ω 的余弦信号：

$$f(t) = a\cos\Omega t \tag{5.44}$$

由此所得的调频信号的瞬时角频率根据式(5.41)应为

$$\omega_i(t) = \omega_0 + kf(t) = \omega_0 + ak\cos\Omega t \tag{5.45}$$

瞬时角频率 $\omega_i(t)$偏离信号中心频率 ω_0 $\left(或\ f_0=\dfrac{\omega_0}{2\pi}\right)$的最大值称为频移或频偏，用 $\Delta\omega$ 或 Δf 表示。由式(5.45)可知，调频信号的角频率偏移为

$$\Delta\omega = ak \tag{5.46}$$

为了简便，设被调制信号的初相角 $\varphi_0=0$，且调制信号是在 $t=0$ 时被接入的，则根据式(5.42)可得信号的总相角为

$$\begin{aligned}\theta(t) &= \omega_0(t) + k\int f(t)\mathrm{d}t \\ &= \omega_0(t) + ak\int_0^t \cos\Omega t\,\mathrm{d}t \\ &= \omega_0(t) + \frac{ak}{\Omega}\sin\Omega t\end{aligned} \tag{5.47}$$

定义最大频偏与调制信号 $f(t)$的频率之比为调频指数，用 m_f 表示，则

$$m_f = \frac{\Delta f}{F} = \frac{\Delta\omega}{\Omega} = \frac{ak}{\Omega} \tag{5.48}$$

由此可将余弦调制下的调频信号表示为

$$e_f(t) = A\cos(\omega_0 t + m_f\sin\Omega t) \tag{5.49}$$

可见 $e_f(t)$ 仍为一周期函数。式(5.49)可用贝塞尔函数展开为

$$e_f(t) = A\sum_{n=-\infty}^{\infty} J_n(m_f)\cdot\cos(\omega_0 + n\Omega)t \tag{5.50}$$

上式中的 $J_n(m_f)$ 为第一类 n 阶贝塞尔函数，图 5.26 示出了它的部分函数的图形。

由式(5.50)可见，用频率为 Ω 的调制信号 $f(t)$ 对高频信号载波进行调制之后，调频信号 $e_f(t)$ 中除载波频率 ω_0 之外，还产生了边带频率 $\omega_0\pm\Omega,\omega_0\pm2\Omega,\omega_0\pm3\Omega,\cdots$，如图 5.27 所示。理论上讲，边频的数目为无限多个。但实际上，频率较高的分量其幅值很小，可以予以忽略。由图 5.26 可见，当 $m_f\ll1$ 时，仅 $J_0(m_f)$ 和 $J_1(m_f)$ 的幅值较大，而其余较高阶次的函数值 $J_2(m_f),J_3(m_f),\cdots$ 均可忽略不计。又如当 $m_f=2$ 时，图中的 $J_5(2),J_6(2),\cdots$ 都可略去。由贝塞尔函数的理论可知，当 $n>(m_f+1)$ 时，$J_n(m_f)$ 的值小于 0.1。一般当振幅小于未调载波信号振幅 10% 的边频分量可以忽略不计，则调频信号的带宽为

$$B = 2(m_f+1)\Omega = 2(\Delta\omega+\Omega) \tag{5.51}$$

由式(5.51)可知，调频(调角)信号的带宽比调幅信号的带宽大 (m_f+1) 倍。

由式(5.48)可知，若调制信号 $f(t)$ 的频率 $f=\dfrac{\Omega}{2\pi}$ 不变，振幅 a 改变时，调频信号的调频指数 m_f 随调制信号的幅值成正比变化，从而使调频信号的频带也成正比变化。图 5.28 示出了调制信号 f 不变、m_f 变化时引起的调频信号频谱的变化情况。

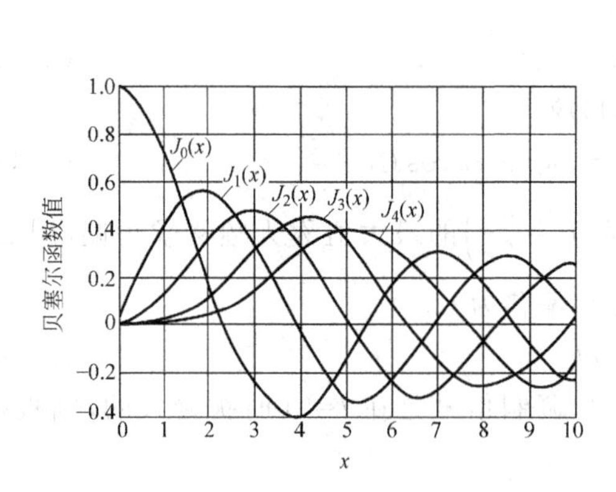

图 5.26 第一类贝塞尔函数

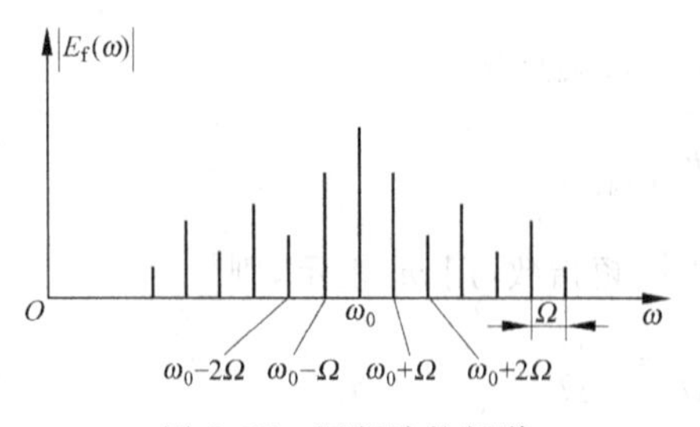

图 5.27 调频波的频谱

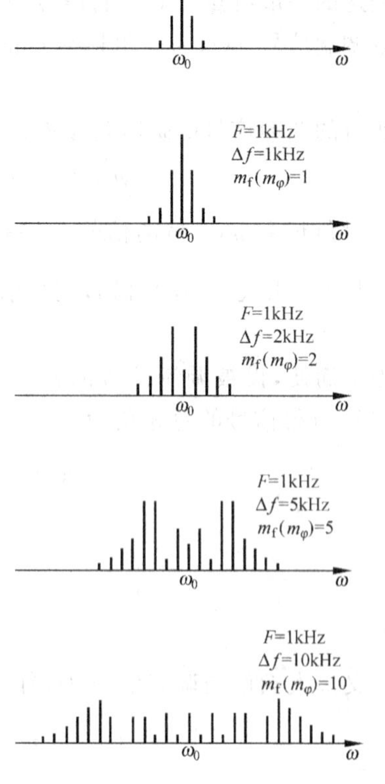

图 5.28 不同调频指数 m_f 下调频信号的频谱

又若调制信号幅值 a 不变而频率 f 变化，则调频信号的频偏 Δf 不变（式(5.46)）而调频指数 m_f 与调制频率 f 成反比变化（式(5.48)）。这些性质在工程中都有一定的用途。

频率调制一般用振荡电路来实现，如 RC 振荡电路、变容二极管调制器、压控振荡器等。以 LC 振荡回路为例，如图 5.29 所示，该电路常被用于电容、涡流、电感等传感器中作测量电路，将电容（或电感）作为自激振荡器的谐振回路的一调谐参数，则电路的谐振频率为

$$f_0 = \frac{1}{2\pi\sqrt{LC_0}} \tag{5.52}$$

若电容 C_0 的变化量为 ΔC，则式(5.52)变为

$$f = \frac{1}{2\pi\sqrt{LC_0\left(1+\dfrac{\Delta C}{C_0}\right)}} = f_0\frac{1}{\sqrt{1+\dfrac{\Delta C}{C_0}}} \tag{5.53}$$

上式按泰勒级数展开并忽略高阶项，得

$$f \approx f_0\left(1-\frac{\Delta C}{2C_0}\right) = f_0 - \Delta f \tag{5.54}$$

式中，$\Delta f = f_0\dfrac{\Delta C}{2C_0}$。

由式(5.54)可知，LC 振荡回路以振荡频率 f 与调谐参数的变化呈线性关系，亦即振荡频率 f 受控于被测物理量（这里是电容 C_0）。这种将被测参数的变化直接转换为振荡频率变化的过程称为直接调频式测量。

另一种常用的调频电路是压控振荡器（VCO）。图 5.30 所示为一压控振荡器原理，图中运算放大器 A_1 为一正反馈放大器，其输入电压受稳压管 D_w 箝制为 $+e_w$ 或 $-e_w$。M 为一乘法器，e_i 为一恒值电压。开始时，设 A_1 输出处于 $+e_w$，则乘法器输出 e_z 也为正，积分器 A_2 的输出电压将线性下降。当该电压降至低于 $-e_w$ 时，A_1 翻转，其输出将变为 $-e_w$。此时乘法器 M 的输出亦即 A_2 的输入也将成负电压，其结果使 A_2 输出电压线性上升。当 A_2 输出上升到 $+e_w$ 时，A_1 又翻转，输出 $+e_w$，如此反复。由此可见，在常值正电压 e_i 作用下，积分器 A_2 将输出频率一定的三角波，而 A_1 输出与之同频率的方波 e_o。由于乘法器 M 的一个输入端电压 e_o 为一定值（$\pm e_w$），因此改变另一输入值 e_i 可线性地改变其输出，促使积分器 A_2 的输入电压也随之改变。这种改变将使 A_2 由 $-e_w$（或 $+e_w$）充电至 $+e_w$（或 $-e_w$）的所需时间发生改变，从而使振荡器的振荡频率与电压 e_i 成正比。改变 e_i 的值便可达到控制振荡器振荡频率的目的。

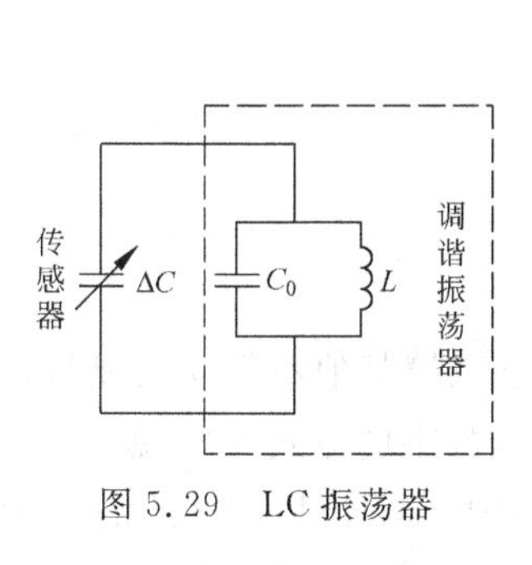

图 5.29 LC 振荡器

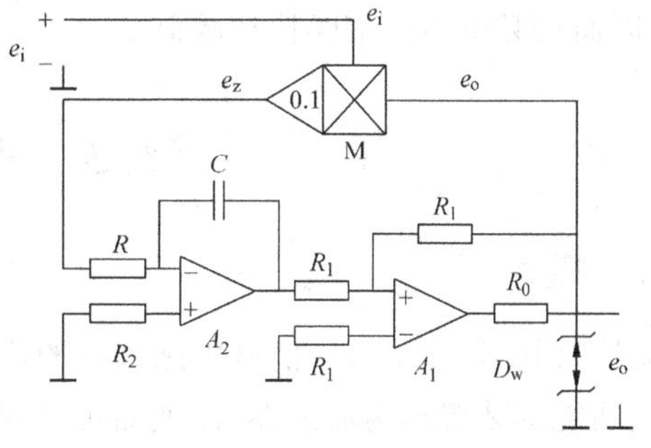

图 5.30 压控振荡器原理

上述压控振荡器是基于乘法器的原理，其中 e_z 与 e_o 同号。乘法器应有较好的线性，且 e_i 应有固定的极性。这正是该方案的缺点。压控振荡器技术发展很快，目前已有单片式压控振荡器(如 Maxim 公司推出的 MAX2622～MAX2624)，其内部电路包括振荡器和输出缓冲器，其调谐电路的电感器和变容二极管均集成在同一芯片内。振荡器的中心频率与频率范围由工厂预置，频率范围与控制电压对应，由外部调谐电压控制振荡频率，振荡信号经缓冲器缓冲后输出，具有较高的输出功率和隔离度，免受负载变化的影响。

5.2.2.2 频率调制的解调

对调频波的解调亦称鉴频，有多种方案可以使用。鉴频原理是将频率的变化相应地复原为原来电压幅值的变化。图 5.31 示出了一种测试技术中常用的振幅鉴频电路。图中 L_1、L_2 为变压器耦合的原、副边线圈，它们与电容 C_1、C_2 形成并联谐振回路。回路的输入为等幅调频波 e_f，在回路谐振频率 f_n 处，线圈 L_1、L_2 中的耦合电流为最大，而副边输出电压 e_a 也最大。当 e_f 的频率偏离 f_n 时，e_a 随之下降。尽管 e_a 的频率与 e_f 的频率保持一致，但 e_a 的幅值却改变，其电压的幅值与频率之间的关系如图 5.31(b)所示。通常利用特性曲线中亚谐振区接近于直线的一段工作范围来实现频率-电压的转换，将调频的载波频率 f_0 设置在直线工作段中点附近，在有频偏 Δf 时频率范围为 $f_0 \pm \Delta f$。其中频偏 Δf 为一正弦波，因此由 $f_0 \pm \Delta f$ 所对应的变换所得到的输出信号为一同频($f \pm \Delta f$)、幅值随频率变化的振荡信号。随着测量参数的变化，e_a 的幅值也随调频波 e_f 的频率作近似线性变化，调频波 e_f 的频率则和测量参数保持线性关系。后续的幅值检波电路是常见的整流滤波电路，它检测出调频调幅波的包络信号 e_o，该包络信号 e_o 反映了被测量参数 ΔC 的信息(图 5.29)。

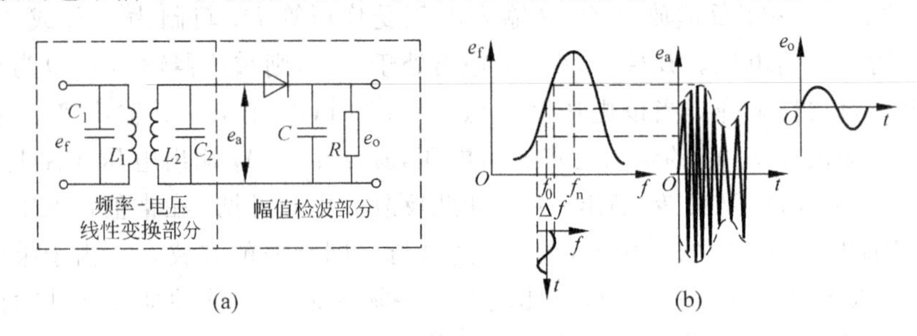

图 5.31 谐振振幅鉴频器原理

频率调制的最大优点在于它的抗干扰能力强。由于噪声干扰极易影响信号的幅值，因此调幅波容易受噪声影响。与此相反，调频是依据频率变化的原理，对噪声的幅度影响不太敏感，因而调频电路的信噪比比较高。

5.3 滤　　波

5.3.1 概述

滤波(filtering)是选取信号中感兴趣的成分，而抑制或衰减掉其他不需要的成分。能实施滤波功能的装置称为滤波器，滤波器可采用电的、机械的或数字的方式来实现。

在信号处理中，往往要对信号作时域、频域的分析与处理。对于不同目的的分析与处理，往往需要将信号中相应的频率成分选取出来，而无需对整个的信号频率范围进行处理。

此外，在信号的测量与处理过程中，会不断地受到各种干扰的影响。因此在对信号作进一步处理之前，有必要将信号中的干扰成分去除掉，以利于信号处理的顺利进行。滤波和滤波器便是实施上述功能的手段和装置。

滤波的方式可分为对输入量滤波(简称输入滤波)和对输出量滤波(简称输出滤波)。一个系统的输入-输出关系可简单地用图 5.32 表示，其中 i_I，i_M 和 i_D 分别代表干扰输入、修正输入和期望输入。期望输入 i_D 代表仪器专门要测量的物理量；干扰输入 i_I 则代表仪器无意中所敏感的物理量；而修正输入 i_M 则代表对期望输入和干扰输入的输入-输出关系进行改变的量，亦即它们引起图中的 F_D 和(或)F_I 发生变化，其中 F_D 和 F_I 分别代表期望输入 i_D 和干扰输入 i_I 以及它们分别产生的输出之间的输入-输出关系。符号 $F_{M,I}$ 和 $F_{M,D}$ 分别代表 i_M 影响 F_I 和 F_D 的专门方式，其本身代表的意义与上述 F_I 和 F_D 的意义的解释方式相同。

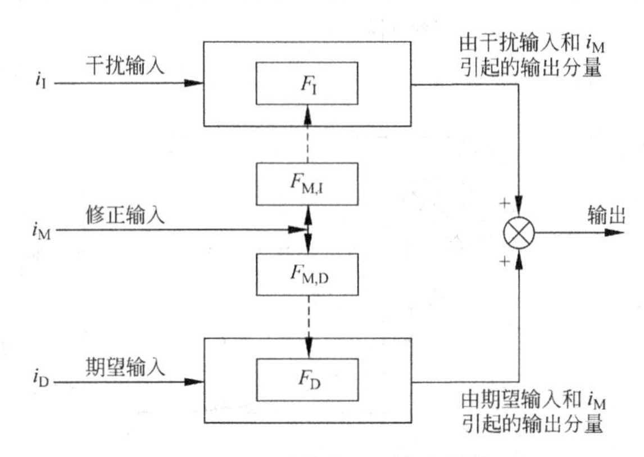

图 5.32　系统输入-输出结构

对应于图 5.32 的系统输入-输出结构框图，可以得出两种不同的滤波方式系统结构图(图 5.33)。图 5.33(a)中，干扰输入 i_I 和修正输入 i_M 通过一个输入-输出关系理想为零的滤波器，使经过滤波后的输出量 i_I' 和 i_M' 均为零。图 5.33(b)则示出了输出滤波的一般结构配置方式。其中输出 O 为 O_I(因干扰输入引起的输出)、O_M(因修正输入引起的输出)和 O_D(因期望输入引起的输出)三者的叠加。若能构造滤波器使 O_D 通过而阻断 O_I 和 O_M，那么便可得到仅由 O_D 所产生的输出量 O_D'。

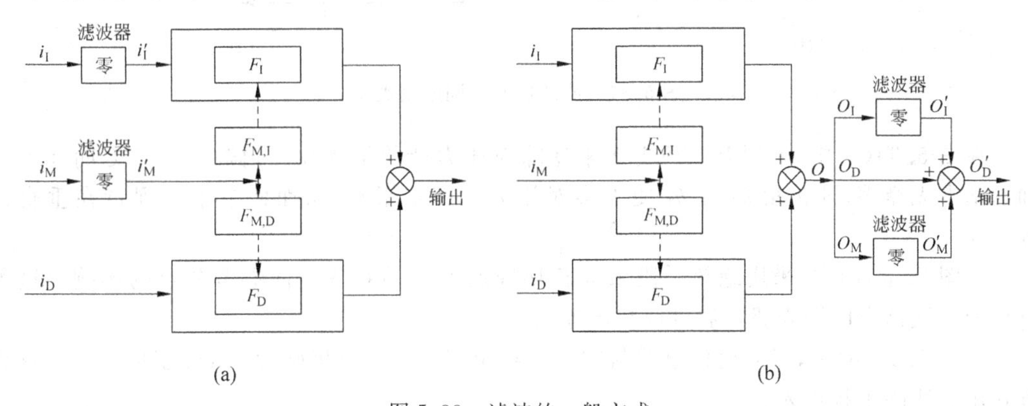

图 5.33　滤波的一般方式

(a) 输入滤波；(b) 输出滤波

图 5.34 示出了滤波器的几种应用情况。在图 5.34(a)中，采用合适的弹簧隔振支承来去除干扰振动输入，整个质量-弹簧系统实际上是一种机械滤波器，仅允许振动结构运动的很小一部分被传递到仪器上。

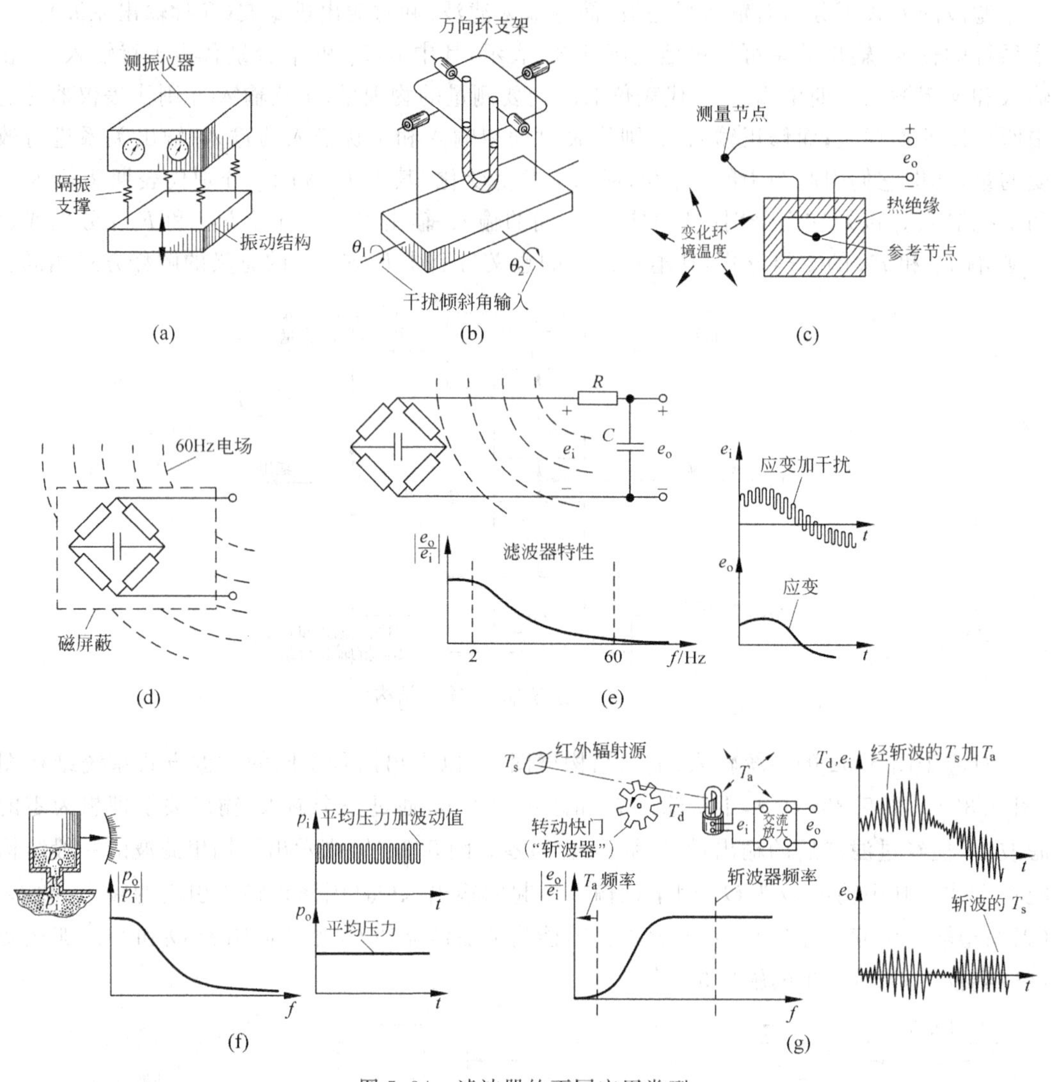

图 5.34 滤波器的不同应用类型

在图 5.34(b)中，采用万向环支架来滤除对压力计的干扰性倾角输入。若万向环支承轴承基本无摩擦，则转角 θ_1 和 θ_2 便不会对压力计产生影响，从而使它永远保持在垂直位置上。

在图 5.34(c)中，采用绝热手段来屏蔽环境温度波动对热电偶参考节点的影响。这种类型的滤波器专门用来滤除温度或热流输入。

在图 5.34(d)中，将应变仪电路封闭于一种金属盒中使之屏蔽掉 50Hz 工频干扰。这种方式用于滤除干扰输入。

图 5.34(e)则示出了一种对输出作选频过滤的方式，通常所选（所期望）输出信号的频率范围应远远地与信号中不需要的频率成分的频率范围隔开，这样才利于滤波。在图示的

例子中，被测应变信号为缓变或稳态信号，频率范围为0～2Hz，因此，采用一个简单的RC滤波器便可完全抑制掉50Hz干扰。

图5.34(f)为压力计的例子，其中在压力源和活塞室之间加有一流量限制结构。上述结构形式有利于测量由往复式空气压缩机供气的大型汽缸的平均气压。因为通过流量限制结构及其产生的气流体积的气动滤波效应便能将气压的高频波动平滑掉。其中，输出-输入幅值比 p_o/p_i 随频率的变化关系类似于图5.34(e)中的电气RC滤波器的关系。用这种装置能测量稳态或缓变输入气压量，同时可极大地衰减掉快速变化成分。在该结构中，气流限制机构可以是一个针阀，调节它即可调节滤波效果。

图5.34(g)为一辐射计结构示意图。该装置根据发射出的红外辐射能量来敏感某物体的温度 T_s。发射的该能量被聚焦在一个检测器上，使检测器温度变为 T_d，从而改变检测器的输出电压 e_i。这种测量方式的困难在于检测器温度 T_d 也受到环境温度的影响。由于被测的辐射能引起 T_d 的变化量很少，因此很小的环境温度变化就会完全掩盖所期望的输入量。解决的办法是在辐射源和检测器间放置一个转动快门(斩波器)，以一定的转动频率调制所期望的输入信号。该频率选择时应远离环境温漂的频率。因此检测器的输出 e_i 便是慢变环境温度波动与 T_s 变化的高频波动的叠加。为能从输出中检测出所需信号，需设计一滤波器来抑制恒定或慢变信号成分，并忠实地保留快变信号。该滤波器的特性是一个典型的交流放大器特性。

从上述例子可见，可采用机械的、电气的、热的、气动的以及其他类型的滤波器进行滤波。

根据滤波器的选频方式一般可将其分为低通滤波器、高通滤波器、带通滤波器和带阻滤波器，图5.35示出了这4种滤波器的幅频特性。

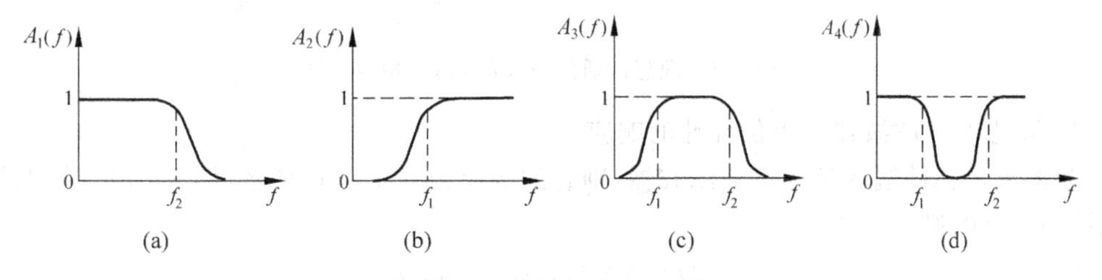

图5.35 不同滤波器的幅频特性

(a) 低通；(b) 高通；(c) 带通；(d) 带阻

(1) 低通滤波器(low-pass filter)。在 $0\sim f_2$ 频率范围，幅频特性平直，称为通频带，信号中高于 f_2 的频率成分则被衰减。

(2) 高通滤波器(high-pass filter)。滤波器通频带为从频率 $f_1\sim\infty$，信号中高于 f_1 的频率成分可不受衰减地通过，而低于 f_1 的频率成分被衰减。

(3) 带通滤波器(band-pass filter)。它的通频带在 $f_1\sim f_2$ 之间，信号中高于 f_1 而低于 f_2 的频带成分可以通过，而其他频率成分被衰减。

(4) 带阻滤波器(band-rejective filter)。与带通滤波器相反，其阻带在 $f_1\sim f_2$ 之间；在该阻带之间的信号频率成分被衰减掉，而其他频率成分则可通过。

上述4种滤波器的特性互相联系。高通滤波器可用低通滤波器做负反馈回路来实现，

故其频响函数 $A_2(f)=1-A_1(f)$，$A_1(f)$ 为低通的频响函数。带通滤波器为低通和高通的组合，而带阻滤波器可以是带通滤波器做负反馈来获得。

滤波器还有其他分类方法，比如按照信号处理的性质，可分为模拟滤波器和数字滤波器；按照构成滤波器的性质，可分为无源滤波器和有源滤波器等。

本节主要涉及模拟滤波器的内容，有关数字滤波器的内容不作重点介绍，读者可参阅有关数字信号处理方面的文献。

5.3.2 滤波器的一般特性

在前面的章节中介绍了精确测试的条件。对于一个理想的线性系统来说，若要满足不失真测试的条件，该系统的频率响应函数应为

$$H(f)=A_0\mathrm{e}^{-\mathrm{j}2\pi f t_0} \tag{5.55}$$

式中，A_0 和 t_0 均为常数。同样，若一个滤波器的频率响应函数 $H(f)$ 具有如下形式：

$$H(f)=\begin{cases}A_0\mathrm{e}^{-\mathrm{j}2\pi f t_0}, & |f|<f_c\\ 0, & \text{其他}\end{cases} \tag{5.56}$$

则该滤波器称为理想低通滤波器，其幅频与相频特性如图 5.36 所示，相频图中的直线斜率为 $-2\pi t_0$。

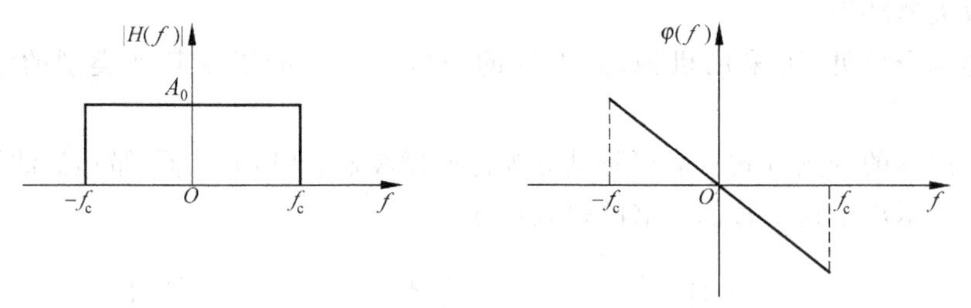

图 5.36 理想低通滤波器的幅频、相频特性

1. 理想低通滤波器对单位脉冲的响应

若将单位脉冲输入理想低通滤波器，则它的响应为一个 sinc 函数(图 5.37)。如无相角滞后，即 $t_0=0$，则

$$h(t)=2A_0 f_c \operatorname{sinc}(2\pi f_c t) \tag{5.57}$$

若考虑 $t_0\neq 0$，亦即有时延时，则公式变为

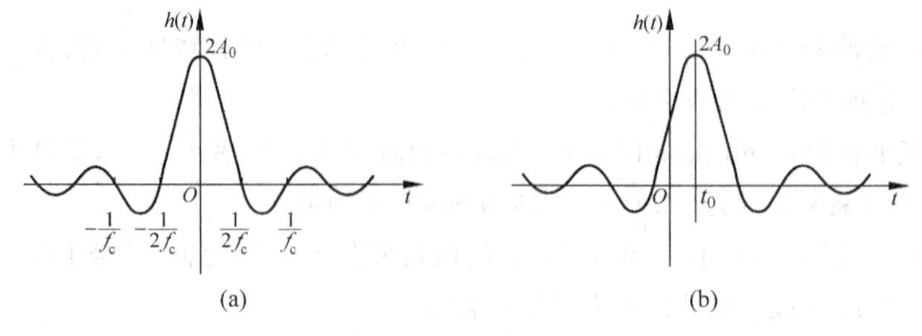

图 5.37 理想低通滤波器的脉冲响应

(a) $t_0=0$；(b) $t_0\neq 0$

$$h(t) = 2A_0 f_c \text{sinc}[2\pi f_c(t - t_0)] \tag{5.58}$$

从图 5.37 可以看出，理想低通滤波器的脉冲响应函数的波形在整个时间轴上延伸，且其输出在输入 $\delta(t)$ 到来之前，亦即 $t<0$ 时便已经出现，对于实际的物理系统来说，在信号被输入之前是不可能有任何输出的，出现上述结果是由于采取了实际中不可能实现的理想化传输特性的缘故。因此理想低通滤波器（推而广之也包括理想高通、带通在内的一切理想化滤波器）在物理上是不可能实现的。

2. 理想低通滤波器对单位阶跃输入的响应

给理想低通滤波器输入阶跃函数，即

$$x(t) = \begin{cases} 1, & t > 0 \\ \dfrac{1}{2}, & t = 0 \\ 0, & t < 0 \end{cases}$$

滤波器的响应为

$$\begin{aligned} y(t) &= h(t) * x(t) = \int_{-\infty}^{\infty} x(\tau)h(t-\tau)\mathrm{d}\tau \\ &= \frac{1}{2} + 2\text{si}[2\pi f_c(t-\tau)] \end{aligned} \tag{5.59}$$

其中，

$$\text{si}[2\pi f_c(t-\tau)] = \int_0^{2\pi f_c(t-\tau)} \frac{\sin t}{t}\mathrm{d}t$$

函数$\dfrac{\sin\eta}{\eta}$的定积分称正弦积分，用符号 si(x)表示，即

$$\text{si}(x) \overset{\text{def}}{=} \int_0^x \frac{\sin\eta}{\eta}\mathrm{d}\eta$$

其函数值可以从相应的正弦积分表中查到。

这一结果如图 5.38 所示。由图可知，输出从零（图中 a 点）到稳定值 A_0（b 点）经过一定的建立时间 t_b-t_a。时移 t_0 仅影响曲线的左右位置，并不影响建立时间。这种建立时间的物理意义可解释如下：由于滤波器的单位脉冲响应函数 $h(t)$（见图 5.37）的图形主瓣有一定的宽度$\dfrac{1}{f_c}$，因此当滤波器的 f_c 很大亦即其通频带很宽时，$\dfrac{1}{f_c}$很小，$h(t)$的图形将变陡，从而所得的建立时间 t_b-t_a 也将很小。反之，若 f_c 小，则 t_b-t_a 将变大，即建立时间长。

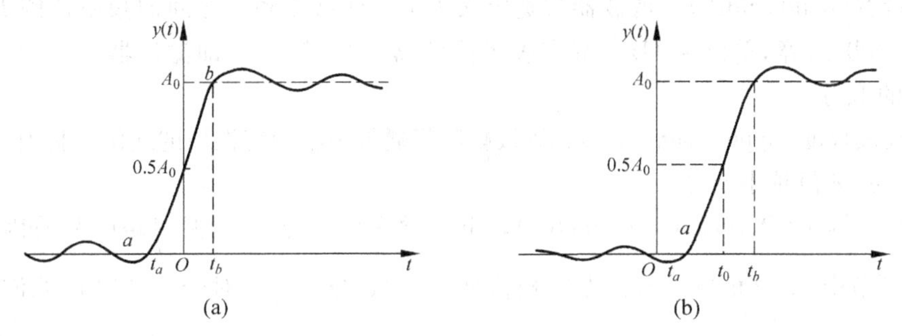

图 5.38 理想低通滤波器对单位阶跃输入的响应

（a）无相角滞后，时移 $t_0=0$；（b）有相角滞后，时移 $t_0\neq 0$

建立时间也可以这样理解：输入信号突变处必然包含丰富的高频分量，低通滤波器阻挡住了高频分量，其结果是将信号波形“圆滑”了。通带越宽，衰减的高频分量越少，信号便有较多的分量更快通过，因此建立时间较短；反之，则长。

故低通滤波器的阶跃响应的建立时间 T_e 和带宽 B 成反比，或者说两者的乘积为常数，即

$$BT_e = \text{常数} \tag{5.60}$$

这一结论同样适用于其他(高通、带通、带阻)滤波器。

式(5.59)表明

$$t_b - t_a = \frac{0.61}{f_c} \tag{5.61}$$

若按理论响应值的 0.1～0.9 作为计算建立时间的标准，则有

$$t_b - t_a = \frac{0.45}{f_c} \tag{5.62}$$

滤波器带宽表示它的频率分辨能力，通带窄，则分辨率高。这一结论表明：滤波器的高分辨能力与测量时快速响应的要求是矛盾的。若想采用一个滤波器从信号中获取某一频率很窄的信号(例如进行高分辨率的频谱分析)，便要求有足够的建立时间，若建立时间不够，则会产生错误。对已定带宽的滤波器，一般采用 $BT_e=5\sim10$ 便足够了。

3. 实际滤波器的特征参数

图 5.39 表示理想滤波器(虚线)和实际滤波器的幅频特性，从中可以看出两者间的差别。对于理想滤波器来说，在两截止频率 f_{c1} 和 f_{c2} 之间的幅频特性为常数 A_0，截止频率之外的幅频特性均为零。对于实际滤波器，其特性曲线无明显转折点，通带中幅频特性也并非常数。因此对它的描述要求有更多的参数，主要的有截止频率、带宽、纹波幅度、品质因子(Q 值)以及倍频程选择性等。

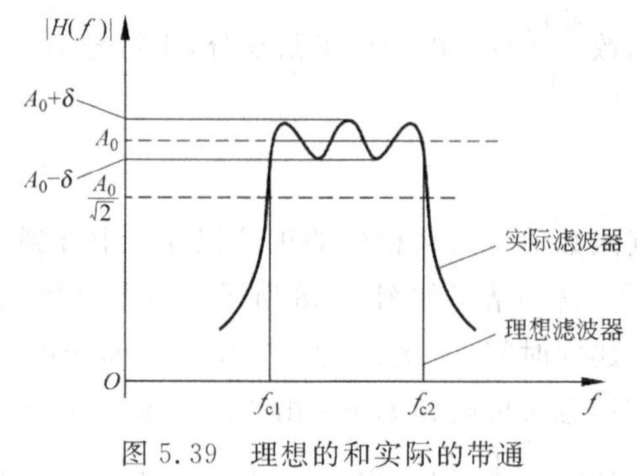

图 5.39　理想的和实际的带通滤波器的幅频特性

(1) 截止频率(cut-off frequency)。幅频特性值等于$\frac{A_0}{\sqrt{2}}$(−3dB)所对应的频率点(图 5.39 中的 f_{c1} 和 f_{c2})称为截止频率。若以信号的幅值平方表示信号功率，该频率对应的点为半功率点。

(2) 带宽(band-width)。滤波器带宽定义为上下两截止频率之间的频率范围 $B=f_{c2}-f_{c1}$，又称 −3dB 带宽，单位为 Hz。带宽表示滤波器的分辨能力，即滤波器分离信号中相邻频率成分的能力。

(3) 纹波幅度(ripple magnitude)。纹波幅度指通带中幅频特性值的起伏变化值。图 5.39 中以 $\pm\delta$ 表示，δ 值越小越好。

(4) 品质因子(Q 值)(quality factor)。电工学中以 Q 表示谐振回路的品质因子，而在二阶振荡环节中，Q 值相当于谐振点的幅值增益系数，$Q=\frac{1}{2\zeta}$。对于一个带通滤波器来说，其品质因子 Q 定义为中心频率 f_0 与带宽 B 之比，即 $Q=\frac{f_0}{B}$。

(5) 倍频程选择性(octave selectivity)。从阻带到通带,实际滤波器还有一个过渡带,过渡带的曲线倾斜度代表着幅频特性衰减的快慢程度,通常用倍频程选择性来表征。倍频程选择性是指上截止频率 f_{c2} 与 $f_{c1/2}$ 之间或下截止频率 f_{c1} 与 $f_{c1/2}$ 之间幅频特性的衰减值,即频率变化一个倍频程的衰减量,以 dB 表示。显然,衰减越快,选择性越好。

(6) 滤波器因数(矩形系数)(filter factor)。滤波器因数 λ 定义为滤波器幅频特性的 -60dB 带宽与 -3dB 带宽的比,即

$$\lambda = \frac{B_{-60\text{dB}}}{B_{-3\text{dB}}} \tag{5.63}$$

对理想滤波器,$\lambda=1$;对普通使用的滤波器,λ 一般为 1～5。

5.3.3 滤波器类型

前面已介绍了滤波器的基本类型,即低通、高通、带通和带阻,本节将对这几种基本类型及其组合的特性和参数作详细介绍。

1. 低通滤波器

图 5.40 示出了最简单的几种不同用途的低通滤波器形式。图(a)为电路实现的一阶 RC 低通滤波器;图(b)为一阶弹簧-阻尼系统,它是一个机械低通滤波器;而图(c)是一个液压计,它是一个以液压手段形成的一阶低通滤波器。它们都具有相同的传递函数。以 RC 低通滤波器为例,其输入、输出分别为 e_i 和 e_o,电路的微分方程为

$$RC\frac{\mathrm{d}e_o}{\mathrm{d}t} + e_o = e_i \tag{5.64}$$

令 $\tau=RC$,称系统的时间常数。对上式作拉氏变换,可得传递函数:

$$H(s) = \frac{e_o}{e_i}(s) = \frac{1}{\tau s + 1} \tag{5.65}$$

同理可得其他两种低通滤波器的传递函数为

$$\frac{x_o}{x_i}(s) = \frac{p_o}{p_i}(s) = \frac{e_o}{e_i}(s) = \frac{1}{\tau s + 1} \tag{5.66}$$

该滤波器的幅频、相频特性示于图5.41中。其中,频率点 $f=\frac{1}{2\pi RC}$ 对应于幅值衰减为

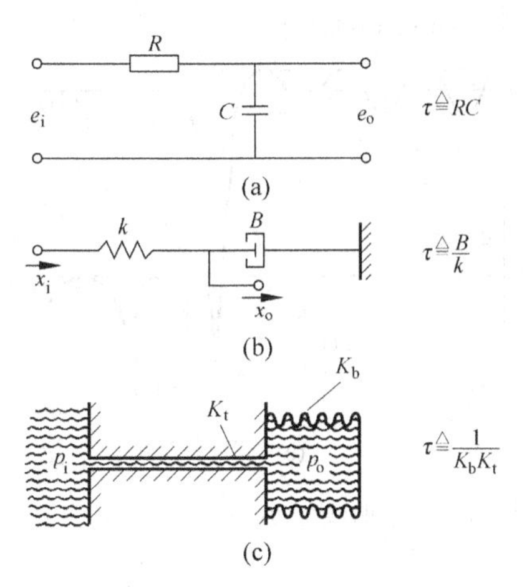

图 5.40 不同类型的低通滤波器

(a) 电气式;(b) 机械式;(c) 液压式

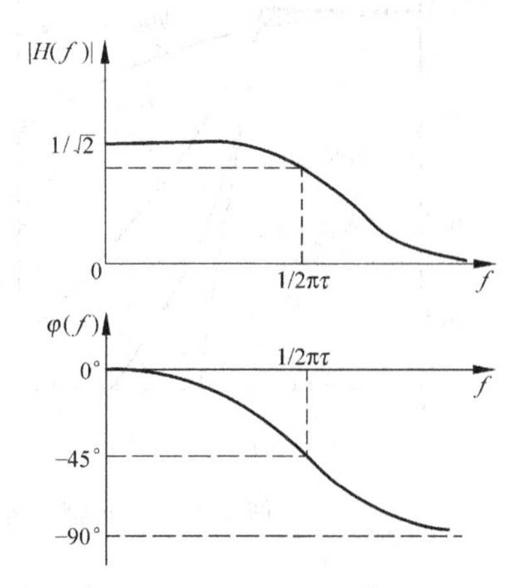

图 5.41 一阶 RC 低通滤波器的幅频、相频特性

－3dB 的点，它即为低通滤波器的上截止频率。调节 RC 可方便地调节截止频率，从而也改变着滤波器的带宽。

由于上述图示滤波器均为简单的一阶系统，它的频率衰减速度慢，亦即它的倍频程选择性差，仅为 6dB/倍频程，因此在通带与阻带之间没有十分陡峭的界限。为改善过渡带曲线的陡度亦即频率衰减的速度，可采取将多个 RC 环节级联的方式，并采用电感元件替代电阻元件的方式(图 5.42(a)和(b))，由此达到较好的滤波效果。在这方面有着多种设计方法，以增加滤波器阶次。对于模拟滤波器来说，典型的有 4 种不同的设计方法：巴特沃思(Butterworth)滤波器、切比雪夫(Chebyshev)滤波器、贝塞尔(Bessel)滤波器、考厄或椭圆(Cauer, elliptical)滤波器。随着滤波器阶次的增加，滤波器过渡带的陡度也增加，亦即倍频程的衰减量增加，滤波效果也就改善。图 5.42(c)示出了同一阶次(8 阶)的这 4 种滤波器(低通)过渡带的情况，图 5.42(d)为不同阶次的滤波器幅频特性的比较。从中看出考厄(椭圆)滤波器具有最陡的过渡带衰减曲线，因此从这一意义上来说，其滤波效果最好。椭圆滤波器的另一特点是它在通带和阻带中均具有较大的纹波量(图 5.42(e))，这是影响其滤波效果的因素。

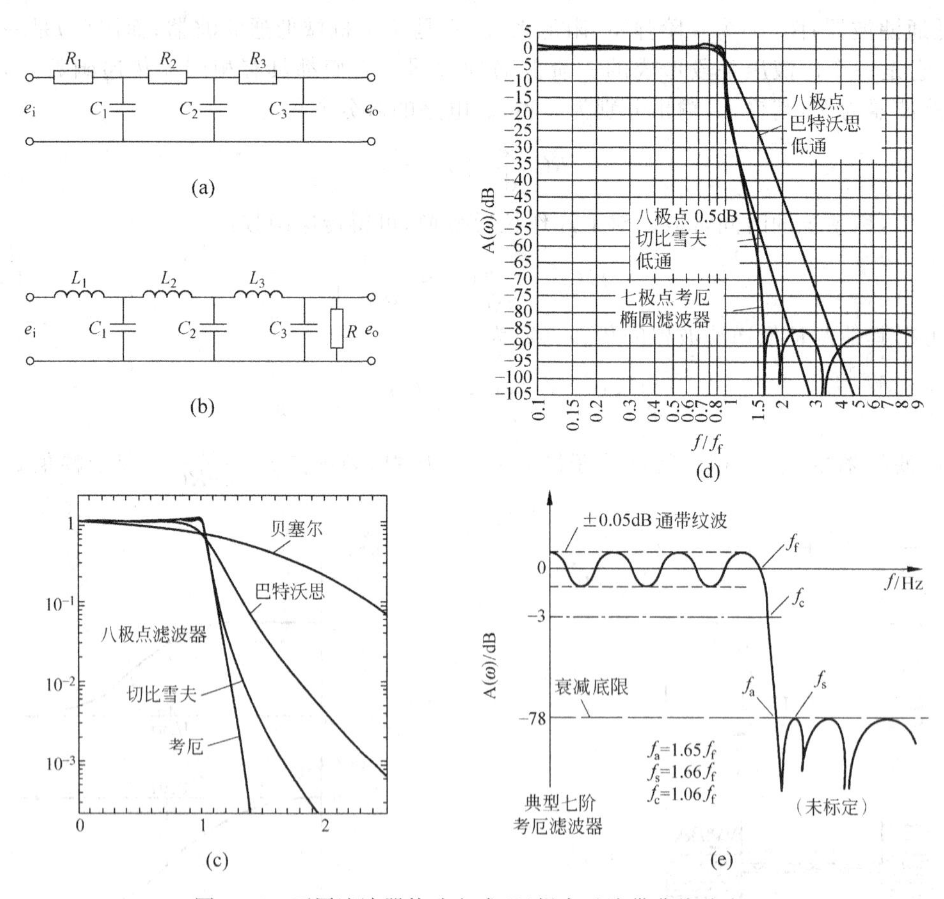

图 5.42 不同滤波器构造方式(以提高过渡带曲线陡度)

理论上采用级联多个 RC 网络可提高滤波器阶次，从而达到提高衰减速度的目的。但在实际应用中必须考虑各级联环节之间的负载效应。解决负载效应的最好办法是采用运算放大器来构造有源滤波器。

上述采用 RC 无源元件来构造的滤波器均为无源滤波器，因为所有的输出能量均直接来自输入。无源滤波器结构简单、噪声低、不需要电源，且其动态范围宽。但它的倍频程选择性不好，各级间负载效应严重。目前经常采用的还有有源滤波器。有源滤波器是基于运算放大器的 RC 调谐网络，因此要求有电源供电。有源滤波器参数更易于调节，覆盖的频率范围很宽，且具有很高的输入阻抗和很低的输出阻抗，有利于多级串联，并能方便地在不同的滤波器类型之间进行转换。

简单的有源一阶低通滤波器如图 5.43(a)所示，其中将 RC 无源网络接至运算放大器的输入端，根据电路分析，其截止频率仍为 $f_{c2}=\dfrac{1}{2\pi RC}$，放大倍数为 $K=1+\dfrac{R_f}{R_1}$。

将高通网络接至运算放大器的反馈回路，则能得到低通滤波器的功能。如图 5.43(b)所示，其截止频率为 $f_{c2}=\dfrac{1}{2\pi R_1 C}$，放大倍数为 $K=\dfrac{R_f}{R_1}$。

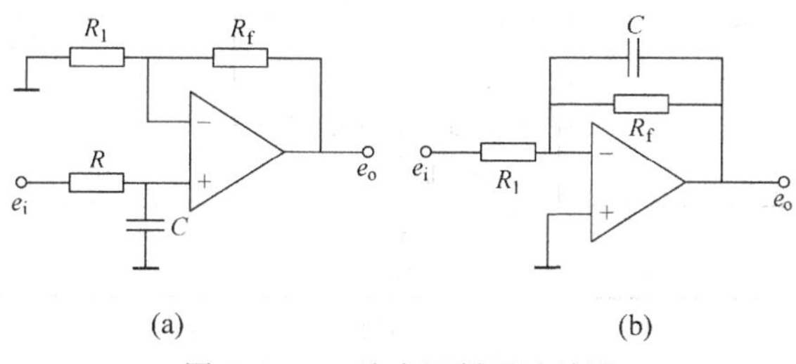

图 5.43 一阶有源低通滤波器

图 5.44(a)示出了一个有源二阶低通滤波器，其中基本的 R_1C_1 网络被接至运算放大器的输入端。图 5.44(b)示出了一种所谓的“状态变量”滤波器，该滤波器的电参数可调，可同时提供 3 种类型的输出，即低通、高通和带通：

$$\frac{e_{lp}}{e_i}(s)=-\frac{1}{s^2/\omega_n^2+2\zeta s/\omega_n+1} \tag{5.67}$$

$$\frac{e_{hp}}{e_i}(s)=-\frac{(100R^2C^2/V_c^2)s^2}{s^2/\omega_n^2+2\zeta s/\omega_n+1} \tag{5.68}$$

$$\frac{e_{bp}}{e_i}(s)=-\frac{(20\zeta RC/V_c)s}{s^2/\omega_n^2+2\zeta s/\omega_n+1} \tag{5.69}$$

滤波器的上述 3 个输出可单独使用或以某种方式进行相加以获得其他滤波效果。例如，采用合适的参数将高通和低通滤波器进行相加，还可得到一种陷波(带阻)滤波器效果。滤波器中采用乘法器(图 5.44(b))的目的是可以通过施加合适的控制电压 V_c 来方便地调节 ω_n。该方法还可方便地用于数控方式，此时采用乘法的数/模转换器来替代模拟乘法器。

低通滤波器的一个典型应用是在数字信号处理系统中用做抗混滤波器(抗混原理见 2.3 节数字信号处理部分)，其中常常要求采用高级的有源滤波器来提供高达 115dB/倍频程的频率衰减，在双通道信号分析系统中还要求滤波器在输出相位和幅值比方面严格匹配(相位±1°，幅值比±0.1dB)。当通带中的相移要求是线性变化时，贝塞尔(Bessel)滤波器是最合适的，但由图 5.42 可见，贝塞尔滤波器频率衰减的陡度是最缓的。一个 8 阶贝塞尔滤波器典型的传递函数为

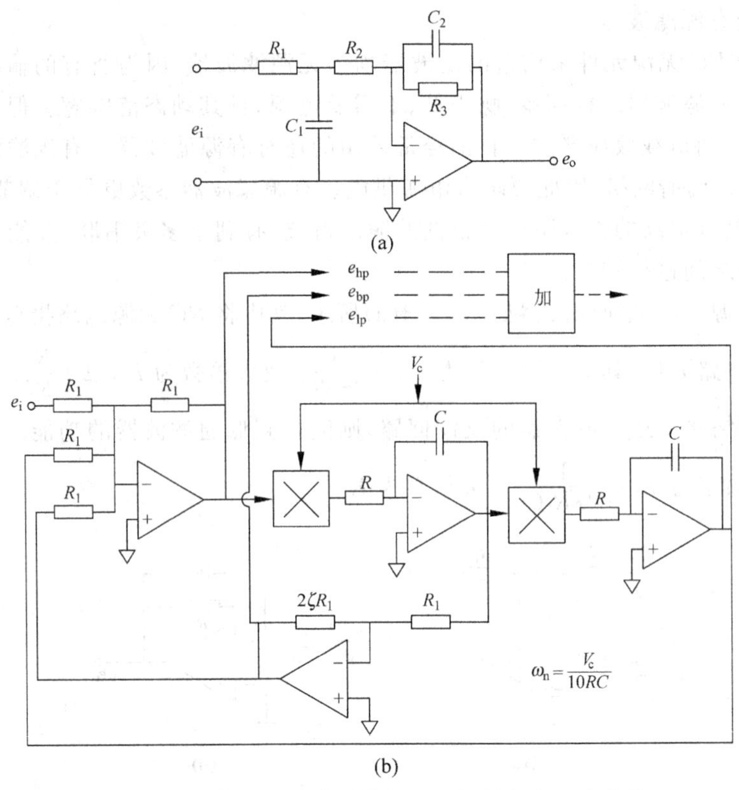

图 5.44 二阶有源低通滤波器和压控状态变量滤波器

$$H(s)=\prod_{i=1}^{4}\left(\frac{s^2}{\omega_{ni}^2}+\frac{2\zeta_i s}{\omega_{ni}}+1\right)^{-1} \tag{5.70}$$

式中，ω_c 为截止频率；幅值比小于 3dB：

$$\omega_1=1.778\omega_c,\quad \zeta_1=1.976$$

$$\omega_2=1.832\omega_c,\quad \zeta_2=1.786$$

$$\omega_3=1.953\omega_c,\quad \zeta_1=1.297$$

$$\omega_4=2.189\omega_c,\quad \zeta_1=0.816$$

该滤波器在大于 ω_c 的范围内衰减为 48dB/倍频程，其相移在 ω_c 以下范围基本为线性：$\varphi=-3.179\omega/\omega_c(\mathrm{rad})(\omega\leqslant\omega_c)$。

如果要求在 ω_c 处具有更陡的衰减曲线，而不严格要求相位变化的线性性，此时可采用巴特沃思滤波器。因此同样对式(5.70)，此时的参数变为

$$\omega_1=\omega_2=\omega_3=\omega_4=\omega_c,\quad \zeta_1=1.960,\quad \zeta_2=1.664,\quad \zeta_3=1.111,\quad \zeta_4=0.390$$

在数字系统中常在 A/D 转换器前加一个抗混滤波器来滤除信号中的高频噪声和不需要的部分，通常采用椭圆滤波器来实现这一功能。

一个 7 阶的椭圆滤波器典型的传递函数为

$$H(s)=\frac{\prod_{j=1}^{3}(s^2/\omega_{mj}^2+1)}{(s/\omega_{n1}+1)\prod_{i=2}^{4}(s^2/\omega_{ni}^2+2\zeta_i s/\omega_{ni}+1)} \tag{5.71}$$

式中，
$$\omega_{m1}=1.695\omega_c,\quad \omega_{n1}=0.428\omega_c,\quad \zeta_2=0.562$$
$$\omega_{m2}=2.040\omega_c,\quad \omega_{n2}=0.634\omega_c,\quad \zeta_3=0.230$$
$$\omega_{m3}=3.508\omega_c,\quad \omega_{n3}=0.901\omega_c,\quad \zeta_4=0.0625$$
$$\omega_{n4}=1.037\omega_c$$

该滤波器的幅值比曲线急剧下降到 ω_c 处的低值位置，但在高频处并不平滑地变成零，而是具有某些波动(图 5.42(e))。从以上叙述可知，在选择低通滤波时，必须综合考虑滤波器的各项特性参数。

2. 高通滤波器

图 5.45 示出了最简单的几种不同类型的无源高通滤波器，其中，图(a)为电气 RC 高通滤波器，图(b)和图(c)分别为机械的和液压的高通实现形式。它们均具有相同的传递函数。以 RC 电路为例，根据图 5.45(a)有

$$e_o+\frac{1}{RC}\int e_o\mathrm{d}t=e_i \tag{5.72}$$

令 $RC=\tau$，则得传递函数：

$$H(s)=\frac{\tau s}{\tau s+1} \tag{5.73}$$

频率响应函数为

$$H(\mathrm{j}\omega)=\frac{\mathrm{j}\omega\tau}{1+\mathrm{j}\omega\tau} \tag{5.74}$$

其幅频与相频分别为

$$|H(\mathrm{j}\omega)|=\frac{\omega\tau}{\sqrt{1+(\omega\tau)^2}} \tag{5.75}$$

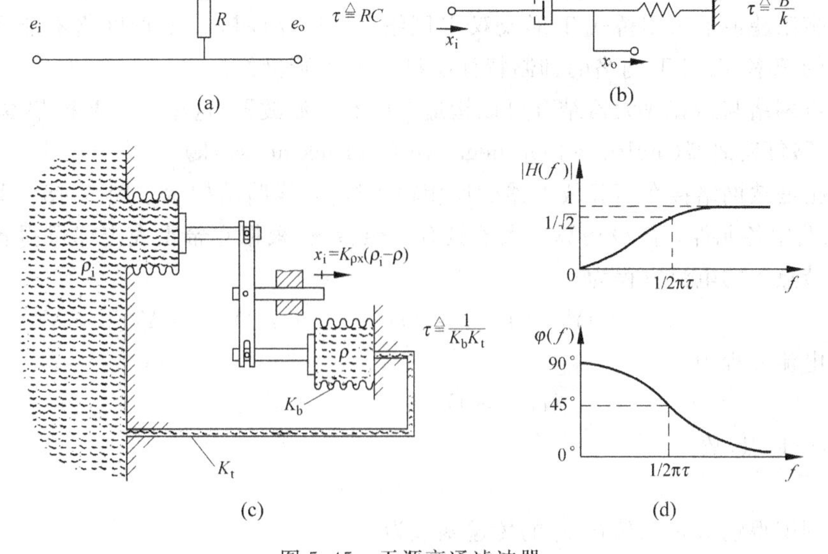

图 5.45 无源高通滤波器

(a) 电气式；(b) 机械式；(c) 液压-机械式；(d) 幅频、相频特性

$$\varphi(\omega)=\arctan\frac{1}{\omega\tau} \tag{5.76}$$

滤波器的-3dB截止频率为$f_{c1}=\dfrac{1}{2\pi RC}$。

这种无源一阶高通滤波器的过渡带衰减也是十分缓慢的。同样,可采用更为复杂的无源或有源结构来获得更陡的频率衰减过程。

3. 带通滤波器

将一个低通和一个高通滤波器级联便可获得一个带通滤波器特性(图5.46),其传递函数为高通与低通滤波器传递函数的乘积,即

$$H(s)=H_1(s)H_2(s) \tag{5.77}$$

其中,$H_1(s)=\dfrac{\tau_2 s}{\tau_2 s+1}$,$H_2(s)=\dfrac{1}{\tau_1 s+1}$。

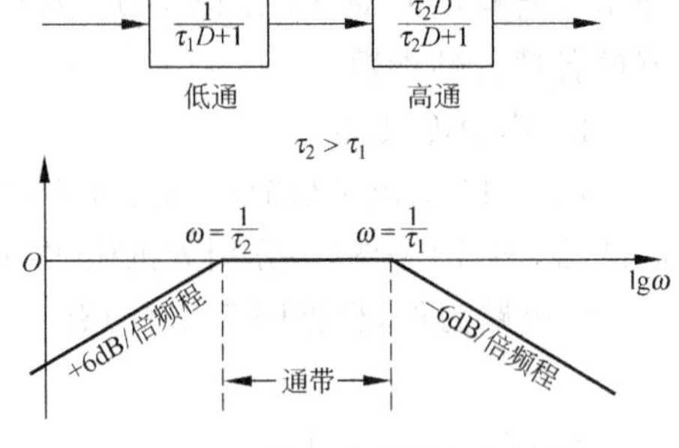

图5.46 带通滤波器频率特性

级联后所得带通滤波器的上、下截止频率分别对应于原低通和原高通滤波器的上、下截止频率,即$f_{c1}=\dfrac{1}{2\pi\tau_1}$,$f_{c2}=\dfrac{1}{2\pi\tau_2}$。调节高、低通环节的时间常数$\tau_2$和$\tau_1$,便可得不同的上、下截止频率和带宽的带通滤波器。但要注意两级串联的耦合影响,实际中常在两级之间加射极跟随器或采用运算放大器进行隔离,因此常采用有源带通滤波器。

4. 带阻滤波器

在自平衡电位计和XY记录仪的输入电路中,常应用带阻滤波器,因为这些仪器常受到50Hz工频干扰电压的影响。由于记录仪的频率响应仅为每秒几周,因此要采用能调谐到50Hz工频的带阻滤波器来防止对有用信号的干扰。该滤波器可防止噪声信号造成对记录仪放大器的饱和以及对有用信号不恰当的放大。

无源带阻滤波器采用桥式T形或双T网络(图5.47),其中T形网络不能完全抑制掉所要抑制的频率,而双T网络的抑制特性明显好于T形网络。

将滤波网络与运算放大器结合可以构造二阶有源滤波器,这里介绍两种基本类型。

1) 多路负反馈型(multiple-loop negative-feedback network)

它是把滤波网络接在运算放大器的反相输入端,其线路结构示于图5.48。图中用导纳Y_i表示线路中各元件。假设运算放大器具有理想参数,根据克希霍夫定律可得各节点的电流方程。节点1的电流方程为

$$(e_i-e_1)Y_1=(e_1-e_o)Y_4+(e_1-e_2)Y_3+e_1Y_2 \tag{5.78}$$

节点2的电流方程为

$$(e_1-e_2)Y_3=(e_2-e_o)Y_5 \tag{5.79}$$

图中e_2为虚地点,故

$$e_2=0 \tag{5.80}$$

由此三方程解得输入e_i与输出e_o的传递函数为

$$H(s)=\frac{E_o(s)}{E_i(s)}=\frac{-Y_1Y_3}{Y_5(Y_1+Y_2+Y_3+Y_4)+Y_3Y_4} \tag{5.81}$$

若将$Y_1\sim Y_5$分别用电阻、电容来代替,则可得出不同类型的滤波器特性。

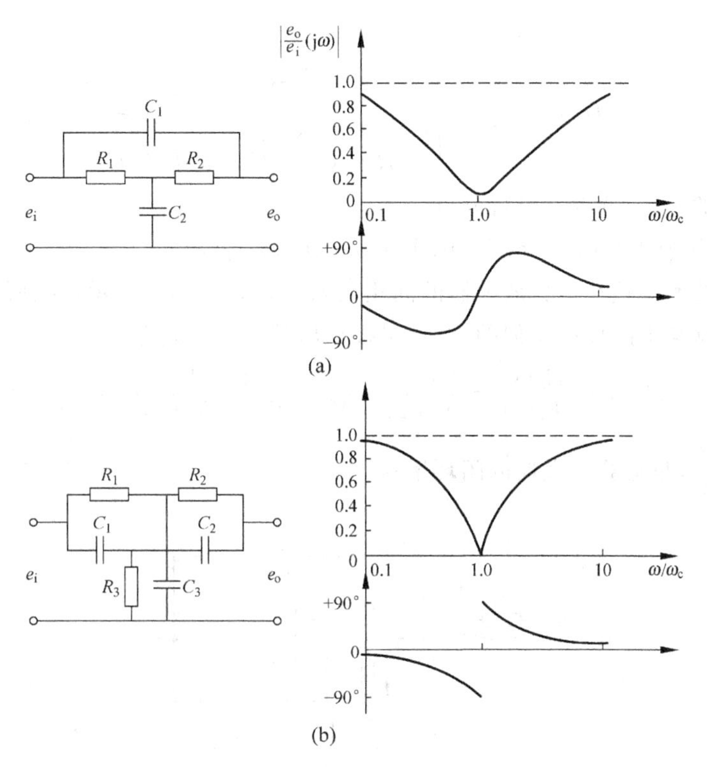

图 5.47 带阻滤波器频率响应特性

(a) T形网络；(b) 双T网络

设 Y_1, Y_3, Y_4 为电阻元件，Y_2, Y_5 为电容元件，则有 $Y_1=\frac{1}{R_1}, Y_2=C_2 s, Y_3=\frac{1}{R_3}, Y_4=\frac{1}{R_4}, Y_5=C_5 s$，代入传递函数式，得到这一线路的传递函数为

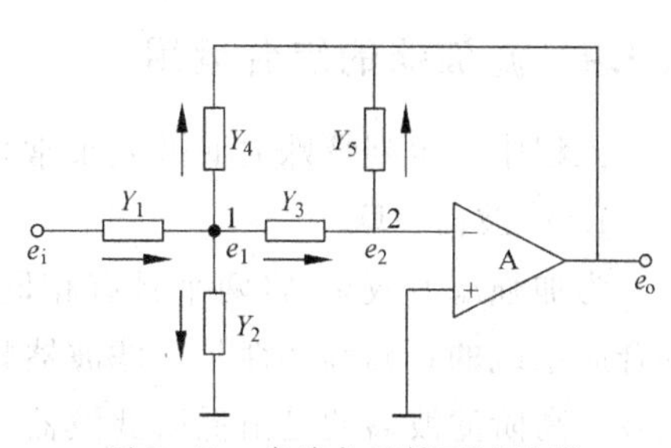

图 5.48 多路负反馈型滤波器

$$H(s)=\frac{\dfrac{-R_4}{R_1 R_3 R_4 C_2 C_5}}{s^2+\dfrac{s}{C_2}\left(\dfrac{1}{R_1}+\dfrac{1}{R_3}+\dfrac{1}{R_4}\right)+\dfrac{1}{R_3 R_4 C_2 C_5}} \tag{5.82}$$

显然该电路为二阶低通滤波器。其直流增益为

$$K=-\frac{R_4}{R_1} \tag{5.83}$$

其−3dB截止频率可以求得为

$$\omega_c=\sqrt{\frac{1}{R_3 R_4 C_2 C_5}} \tag{5.84}$$

如希望上述电路具有高通特性，其必要条件为：$Y_1=C_1 s, Y_3=C_3 s$（以保证分子为 s 的二次项）；$Y_4=C_4 s$（以保证分母中有 s 的二次项，但若取 $Y_5=C_5 s$，电路将不工作）；$Y_5=\frac{1}{R_5}$（否则，分母中将缺少 s 的一次项）；$Y_2=\frac{1}{R_2}$（以保证分母中有 s 的零次项）。将上述参数代入

式(5.81),有

$$H(s)=\frac{-\dfrac{C_1}{C_4}s^2}{s^2+\left(\dfrac{C_1+C_3+C_4}{R_5C_3C_4}\right)s+\dfrac{1}{R_2R_5C_3C_4}} \tag{5.85}$$

对于带通的情况,读者可自行分析。

2) 有限电压放大型(voltage-limited amplification type)

它是把滤波网络接在运算放大器的同相输入端,如图 5.49 所示,这种线路可以得到高输入阻抗。根据与多路反馈类似的方法,可推导出其传递函数为

$$H(s)=\frac{E_o(s)}{E_i(s)}=\frac{Y_1Y_3(1+A_f)}{Y_4(Y_1+Y_2+Y_3)+Y_3(Y_1-Y_2A_f)} \tag{5.86}$$

式中,$A_f=l+\dfrac{R_f}{R_5}$,是运算放大器的闭环增益。

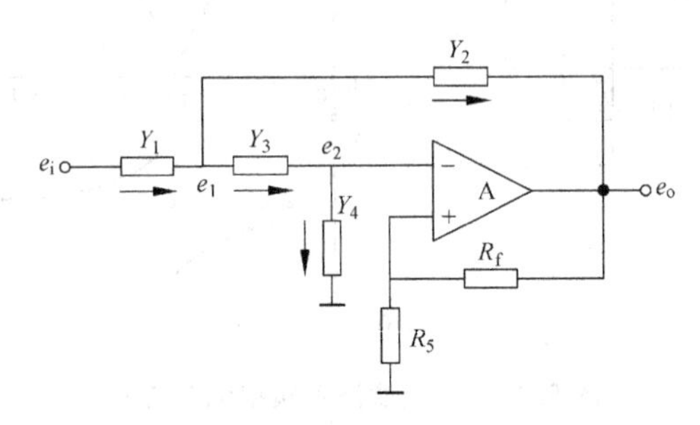

图 5.49 有限电压放大型有源滤波器

5.3.4 滤波器的综合运用

工程中为得到特殊的滤波效果常将不同的滤波器或滤波器组进行串联和并联。

1. 滤波器串联

为加强滤波效果,将两个具有相同中心频率的(带通)滤波器串联(series-connection),其合成系统的总幅频特性是两滤波器幅频特性的乘积,从而使通带外的频率成分有更大的衰减。高阶滤波器便是由低阶滤波器串联而成的。但由于串联系统的相频特性是各环节相频特性的相加,因此将增加相位的变化,在使用中应加以注意。

2. 滤波器并联

滤波器并联(parallel connection)常用于信号的频谱分析和信号中特定频率成分的提取。使用时将被分析信号通入一组具有相同增益但中心频率不同的滤波器,从而各滤波器的输出反映了信号中所含的各个频率成分。实现这样一组带通滤波器组可以有两种不同的方式:一是采用中心频率可调的带通滤波器,通过改变滤波器的 RC 参数来改变其中心频率,使之追随所要分析的信号频率范围。由于在调节中心频率过程中一般总希望不改变或不影响到诸如滤波器的增益及 Q 因子等参数,因此这种滤波器中心频率的调节范围是有限的,从而也限制了它的使用性。另一种方法是采用一组由多个各自中心频率确定的、其频率范围遵循一定规律相互连接的滤波器。为使各带通滤波器的带宽覆盖整个分析的频带,它们的中心频率应能使相邻滤波器的带宽恰好相互衔接(图 5.50)。通常的做法是使前一个

滤波器的－3dB上截止频率(高端)等于后一个滤波器的－3dB下截止频率(低端),滤波器组还应具有相同的放大倍数。

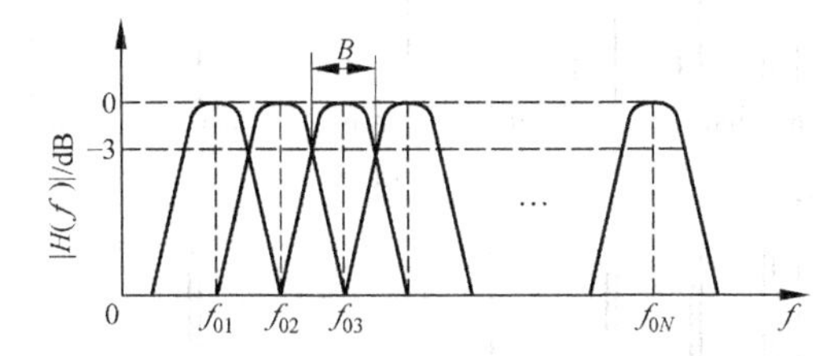

图5.50 信号分析频带上带通滤波器的带宽分布

带通滤波器的中心频率 f_0 依滤波器的性质分别定义为上、下截止频率 f_{c2} 和 f_{c1} 的算术平均值或几何平均值。对恒带宽带通滤波器,采取算术平均的定义法,即

$$f_0=\frac{1}{2}(f_{c2}+f_{c1}) \tag{5.87}$$

对恒带宽比带通滤波器,则采取几何平均的定义法,即

$$f_0=\sqrt{f_{c1}f_{c2}} \tag{5.88}$$

带通滤波器的带宽如前所述为上、下截止频率之差,即

$$B=f_{c2}-f_{c1} \tag{5.89}$$

称－3dB带宽,也称半功率带宽。

带宽 B 与中心频率 f_0 的比值称相对带宽或百分比带宽 b:

$$b=\frac{B}{f_0}\times 100\% \tag{5.90}$$

由前面对品质因子 Q 的定义可知,相对带宽等于品质因子的倒数,即

$$b=\frac{1}{Q} \tag{5.91}$$

Q 越大,则相对带宽越小,滤波器的选择性就越好。

在作信号频谱分析时,要用一组中心频率逐级可变的带通滤波器,当中心频率变化时,各滤波器带宽遵循一定的规则取值。通常用两种方法构成两种不同的带通滤波器:恒带宽比滤波器和恒带宽滤波器。

恒带宽比(constant-bandwidth-ratio)滤波器的相对带宽是常数,即

$$b=\frac{B}{f_0}=\frac{f_{c2}-f_{c1}}{f_0}\times 100\%=\text{常数}$$

恒带宽(constant-bandwidth)滤波器的绝对带宽为常数,即

$$B=f_{c2}-f_{c1}=\text{常数}$$

当中心频率 f_0 变化时,上述两种滤波器带宽变化的情况示于图5.51。

实现恒带宽比滤波器的方式常采用倍频程带通滤波器,它的上、下截止频率之间应满足以下关系:

$$f_{c2}=2^n f_{c1} \tag{5.92}$$

式中,n 为倍频程数(number of octaves)。若 $n=1$,则称为倍频程滤波器;若 $n=1/3$,则称1/3倍频程滤波器;以此类推。

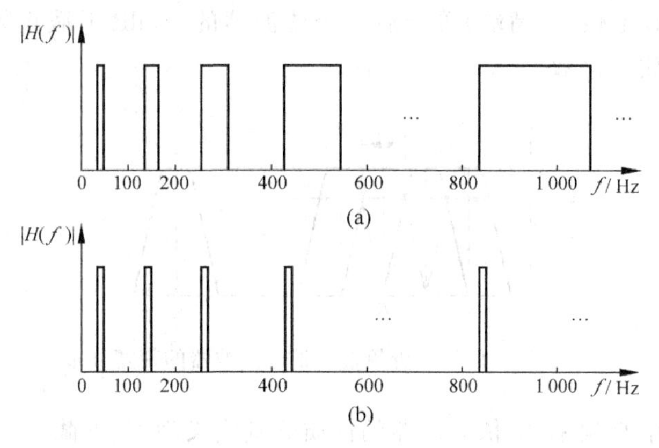

图 5.51 理想的恒带宽比和恒带宽滤波器的特性

(a) 恒带宽比滤波器；(b) 恒带宽滤波器

由于滤波器中心频率 $f_0=\sqrt{f_{c1}f_{c2}}$，由式(5.92)可得 $f_{c2}=2^{\frac{n}{2}}f_0$ 及 $f_{c1}=2^{-\frac{n}{2}}f_0$。又根据 $B=f_{c2}-f_{c1}=\dfrac{f_0}{Q}$，可得

$$b=\frac{B}{f_0}=2^{\frac{n}{2}}-2^{-\frac{n}{2}} \tag{5.93}$$

由此可得如下关系：

$n=1$	$\frac{1}{3}$	$\frac{1}{6}$	$\frac{1}{12}$
$b=70.7\%$	23.16%	11.56%	5.78%

同理可证，一个滤波器组中后一个滤波器的中心频率 f_{02} 与前一个滤波器的中心频率 f_{01} 间应满足如下关系：

$$f_{02}=2^n f_{01} \tag{5.94}$$

根据式(5.93)和式(5.94)便可以进行滤波器组的设计。只要根据频率分析的要求选定一个 n 值，便可确定滤波器组中各滤波器的带宽和中心频率。表 5.2 给出了 1/3 倍频程滤波器的中心频率和上、下截止频率。

恒带宽比滤波器的滤波性能在低频段较好，但在高频段由于其带宽增大而变坏，使频率分辨能力下降，从图 5.51 中可以清楚地看到这一点。因此，为使滤波器在所有频率段均具有良好的频率分辨特性，可使用恒带宽滤波器。为提高分辨力，滤波器的带宽可做得窄些，但由此会使在整个频率分析范围内所使用的滤波器数量增加。因此恒带宽滤波器一般不做成固定中心频率的，常常使滤波器的中心频率跟随一个预定的参考信号。作信号频谱分析时，该参考信号用一频率扫描的信号发生器来供给。恒带宽滤波器同样应遵循带宽 B 与滤波器建立时间 T_e 之积大于一个常数的要求(式(5.60))。因此若用参考信号进行频率扫描，所得信号频谱是有一定畸变的。实际使用时，只要对扫频速度加以限制，使其不大于 $(0.1\sim0.5)B^2$ Hz/s，便可得到很精确的频谱图。常用的恒带宽滤波器有相关滤波器和跟踪滤波器两种，将在后面介绍。

表 5.2 1/3 倍频程滤波器的中心频率和上、下截止频率(ISO 标准) Hz

中心频率 f_0	下截止频率 f_{c1}	上截止频率 f_{c2}	中心频率 f_0	下截止频率 f_{c1}	上截止频率 f_{c2}
16	14.254 4	17.960 0	630	561.267	707.175
20	17.818 0	22.450 0	800	712.720	898.000
25	22.272 5	28.062 5	1 000	890.900	1 122.50
31.5	28.063 4	38.587 5	1 250	1 113.63	1 403.13
40	35.636 0	44.900 0	1 600	1 425.44	1 796.00
50	44.545 0	56.125 0	2 000	1 781.80	2 245.00
63	56.126 7	70.717 5	2 500	2 227.25	2 806.25
80	71.272 0	89.800 0	3 150	2 806.34	3 535.88
100	89.090 0	112.250	4 000	3 563.60	4 490.00
125	111.363	140.313	5 000	4 454.50	5 612.50
160	142.544	179.600	6 300	5 612.67	7 071.75
200	178.180	224.500	8 000	7 127.20	8 980.00
250	222.725	280.625	10 000	8 909.00	11 225.0
315	280.634	353.588	12 500	11 136.3	14 031.3
400	356.360	449.000	16 000	14 254.4	17 960.0
500	445.450	561.250			

3. 带通滤波器在信号频率分析中的应用

带通滤波器的一个典型应用是用作信号频率分析。以下介绍几种模拟式频率分析仪型式。

1) 多路滤波器并联式(parallel-connected multi-channel filter)

如图 5.52 所示,该频率分析仪由多个带通滤波器并联组成。为使在足够宽的分析频带内设置的带通滤波器不至于过多,一般均采用恒带宽比的带通滤波器,而不采用恒带宽的滤波器。如 B&K 公司的 1616 型频率分析仪便是这种形式的,其带宽为 1/3 倍频程,分析频率为 20Hz~40kHz,共设置 34 个带通滤波器。

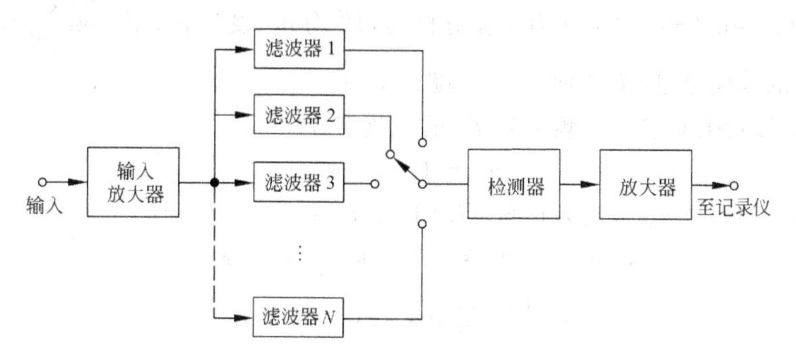

图 5.52 多路滤波器并联式

2）扫描式(frequency scanning)

扫描式频率分析仪采用一个中心频率可调的带通滤波器，调节方式可以是手调或者外信号调节，如图5.53所示。用于调节中心频率的信号可由一个锯齿波发生器产生一个线性升高的电压，用于控制中心频率的连续变化。这种形式的分析仪也采用恒带宽比的带通滤波器。如B&K公司的1621型分析仪，将总分析频率范围(0.2Hz～20kHz)分成5段：0.2～2Hz，2～20Hz，20Hz～2kHz，2～20kHz，每一段中频率可调，滤波器带宽可选3%或23%。

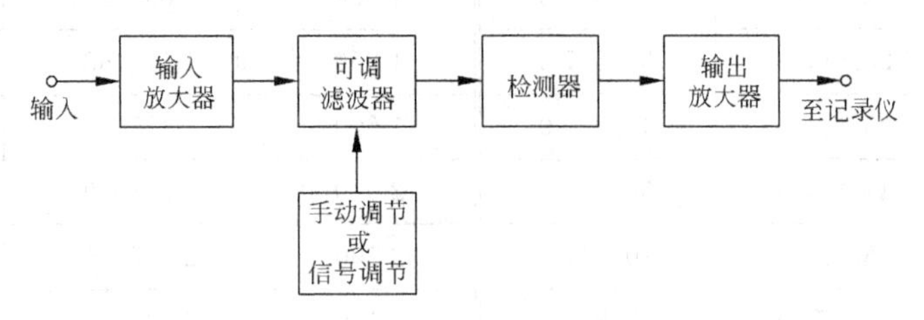

图5.53 扫描式频率分析仪框图

如上所述，由于滤波器的工作要求有一定的建立时间 T_e，而 T_e 与带宽 B 又是成反比的，加之中心频率的变化也需要一定的时间，因此这种分析仪中滤波器的带宽不可能做得太窄。

3）外差式(heterodyne type)

外差式频率分析仪可以克服上述缺点，从而实现较窄的恒带宽的频率分析。这种分析仪的原理类似于收音机中的超外差技术。如图5.54所示，该仪器由载波信号发生器、混频器和具有固定中心频率的带通滤波器所组成。

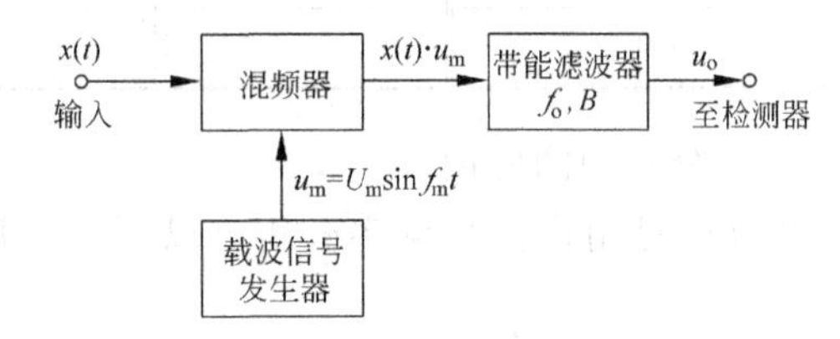

图5.54 外差式频率分析仪原理

设输入信号为

$$x(t) = U_s \sin(2\pi f_s t + \varphi_s) + \sum_{i=1}^{\infty} U_i \sin(2\pi f_i t + \varphi_i) + n(t) \tag{5.95}$$

其中，第一项 $U_s \sin(2\pi f_s t + \varphi_s)$ 为正在分析的频率分量，设为 u_s；第二项 $\sum_{i=1}^{\infty} U_i \sin(2\pi f_i t + \varphi_i)$ 为待分析的其他分量；第三项 $n(t)$ 为随机噪声。

设载波信号发生器输出一频率为 f_m 的正弦信号：

$$u_m = U_m \sin 2\pi f_m t \tag{5.96}$$

混频器为一乘法器，当 u_m 与输入信号 $x(t)$ 中的 u_s 分量混频时，有

$$\begin{aligned} u_m u_s &= U_m U_s \sin(2\pi f_s t + \varphi_s) \sin 2\pi f_m t \\ &= \frac{1}{2} U_m U_s \cos[2\pi(f_m - f_s)t - \varphi_s] \end{aligned}$$

$$-\frac{1}{2}U_mU_s\cos[2\pi(f_m+f_s)t+\varphi_s] \tag{5.97}$$

混频后的信号由两部分组成：一部分是频率为 f_m+f_s 的和频信号，另一部分是频率为 f_m-f_s 的差频信号。两分量信号同时馈入中心频率为 f_0、带宽为 B 的滤波器。若调谐信号发生器的频率 f_m，使

$$f_m+f_s=f_0$$

即

$$f_m=f_0-f_s \tag{5.98}$$

则只有和频信号分量 $\frac{1}{2}U_mU_s\cos[2\pi(f_m+f_s)t+\varphi_s]$ 能通过该滤波器。由于载波信号幅值 U_m 是不变的，因此滤波器的输出信号 u_o 中保留了输入信号 u_s 的幅值 U_s 和初相位 φ_s 信息，原信号频率 f_s 被置换成滤波器中心频率 f_0。输出 u_o 被送入检测器进行幅值检测和显示。

由于滤波器带宽为 B，因此只有下述频率范围内的信号分量：

$$f_s-\frac{B}{2}\leqslant f\leqslant f_s+\frac{B}{2} \tag{5.99}$$

经混频后落在滤波器通带 $f_0\pm\frac{B}{2}$ 之内才可通过。由于 f_0 一般远高于信号 $x(t)$ 中的最高频率，因此在带宽外的频率分量均可被抑制掉。

在作频率分析时，需要连续改变载波频率 f_m。设分析带宽为

$$B_a=f_h-f_l$$

则 f_m 的调节范围为

$$(f_0-f_l)\sim(f_0-f_h)$$

4）跟踪滤波器式(tracking filter)

图 5.55 所示为一变频式跟踪滤波器的原理图。将频率 Ω(100kHz)的晶体振荡器的两路正交信号同频率为 ω 的两路正交信号相乘和相减，得频率为 $\Omega+\omega$ 的信号。将此信号再与被测信号 $e(t)$ 相乘。其中 $e(t)=A\sin(\omega t+\varphi)+n(t)$，$n(t)$ 为噪声。经上述运算后得到的信号为

$$\frac{k_1k_2A}{2}\{\sin[(\Omega+2\omega)t+\theta+\varphi]-\sin[\Omega t+\theta+\varphi]\}$$

亦即得到频率为 $\Omega+2\omega$ 和 Ω 的两种分量。上述信号通过一个中心频率为 Ω 的窄带滤波器(带宽一般不大于 4Hz)，从而仅剩下频率为 Ω 的分量，因此滤出了与参考信号同频率(ω)成分的幅值 A 和相角 φ 信息。经整流和相位比较之后便可获取上两种信息。原信号中的噪声 $n(t)$ 与频率 $\Omega+\omega$ 的信号相乘后所产生的频率成分均被排斥在滤波器通带外而被滤除。将参考信号作成连续的扫频信号，则经该跟踪滤波器处理后便可得到被测信号的频谱。用同样的方法也可得到一个系统的传递特性。

从图 5.55 电路框图可见，跟踪滤波器的一个关键元件是窄带滤波器，一般采用通带很窄的晶体滤波器。由于既要提取信号的幅值又要提取信号的相位信息，因而该滤波器的特性必须与晶体振荡器的特性一致，故对晶体的制造提出了十分严格的要求。这种模拟式跟踪滤波技术广泛用于模态分析，目前已被数字谱分析技术所替代。

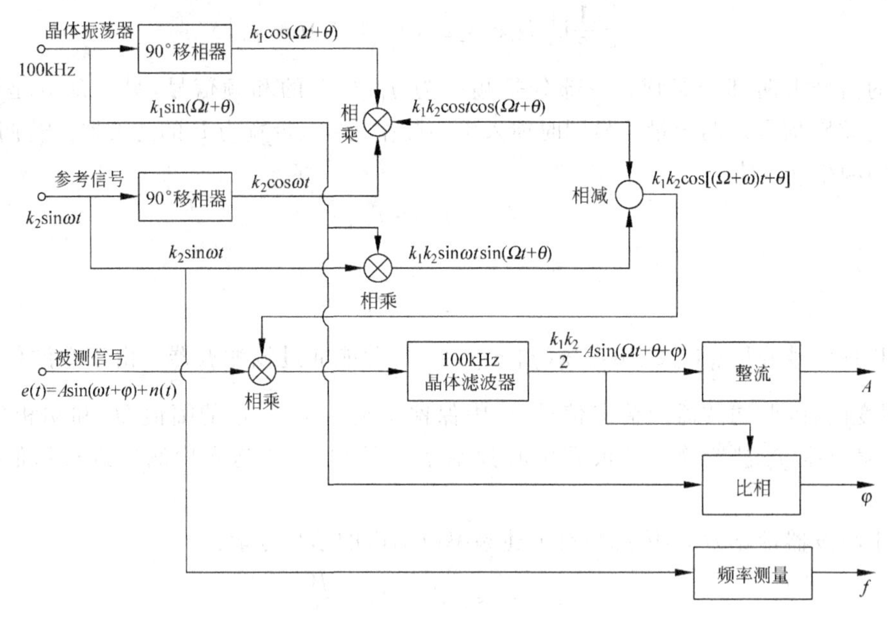

图 5.55 变频式跟踪滤波器原理

5）开关电容滤波器(switched capacitor filter)

开关电容滤波器是 20 世纪 70 年代后期发展起来的新型单片滤波器件，具有体积小、性能好、价格低和使用方便等诸多优点，已广泛用于信号处理和通信等方面。开关电容器是一种由 MOS 开关、MOS 电容器和运算放大器构成的集成电路。其基本原理是用开关电容来替代原 RC 滤波器中的电阻 R，从而使滤波器的特性仅取决于开关频率和网络中的电容比。图 5.56 为开关电容的等效电路原理。图(a)中，当开关 K 接通 A 点时，则电容 C 上将储存有电荷量 Ce_A；而当 K 接通 B 点时，则经负载放电而产生电压 e_B，此时电容 C 上储存有电荷量 Ce_B；当开关 K 交替接通 A 点和 B 点时，在一个开关周期 T 内由电容 C 传送的电荷量为

$$\Delta Q = Ce_A - Ce_B \tag{5.100}$$

所产生的平均电流为

$$I = \frac{Ce_A - Ce_B}{T} \tag{5.101}$$

若等效为图 5.56(b)的电阻 R，则 R 的值为

$$R = \frac{e_A - e_B}{I} = \frac{T}{C} \tag{5.102}$$

将图 5.56 中的开关 K 和电容 C 用 MOS 开关和 MOS 电容来替代，并用两个同频反相

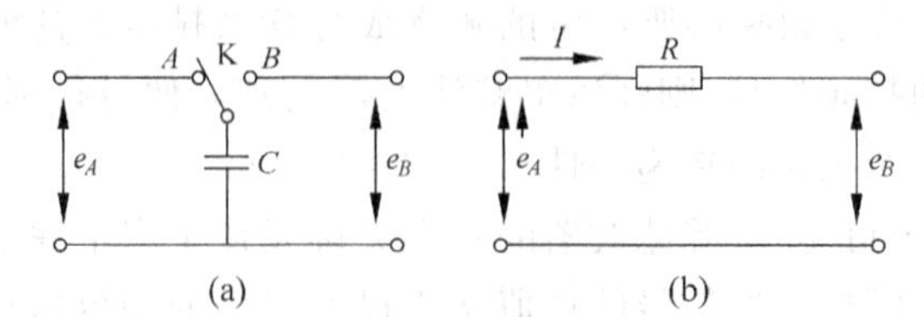

图 5.56 开关电容的等效电路原理

的脉冲列 φ 和 $\bar{\varphi}$ 分别驱动两个开关，则可得到最简单的 MOS 型开关电容等效电阻电路（图 5.57(a)），图 5.57(b)则为两驱动脉冲列。

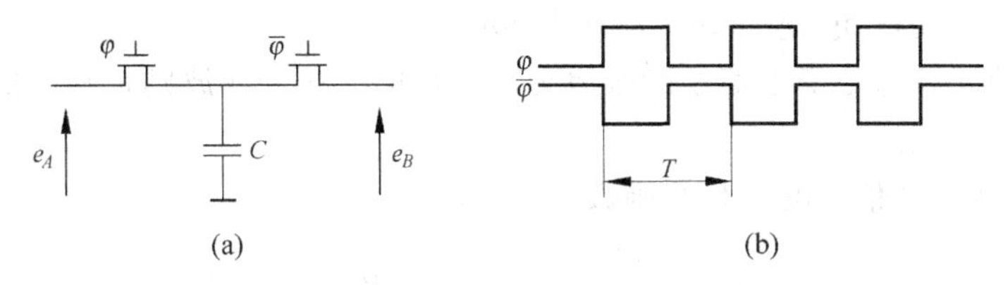

图 5.57　MOS 型开关电容等效电路

以下介绍开关电容在低通滤波器上的应用情况。图 5.58(a)为一个一阶 RC 低通滤波器，其传递函数为

$$H(s) = \frac{-1}{R_1 C_1 s} \tag{5.103}$$

用一开关电容器替代电路中的电阻 R_1，则得到图 5.58(b)所示的对应电路。将式(5.102)代入式(5.103)，得此电路的传递函数表达式为

$$H(s) = -\frac{1}{\left(\frac{T}{C_2}\right) C_1 s} \tag{5.104}$$

由式(5.103)可得到此开关电容实现的一阶低通滤波器的时间常数

$$\tau = \frac{C_1}{C_2} T = \frac{C_1}{C_2 f} \tag{5.105}$$

式中，$f = \frac{1}{T}$，为开关频率。

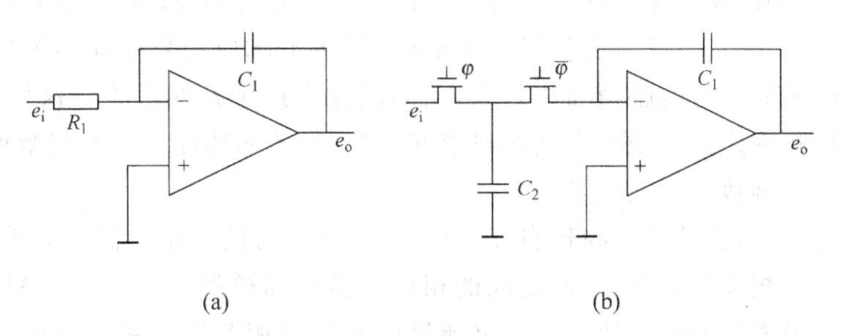

图 5.58　一阶有源低通滤波器及其相应的开关电容实现形式

由式(5.105)可知，滤波器的时间常数仅取决于开关频率 f 及电路中的电容比$\frac{C_1}{C_2}$，因此改变驱动脉冲 φ 和 $\bar{\varphi}$ 的频率即可改变滤波器的时间常数。采用集成电路工艺能保证获得精确和稳定的电容比值，且电容的绝对值可做得很小，故集成电路型的开关电容器的尺寸很小，从而可将多个滤波器集成在一个芯片上。采用这种结构的倍频程带通滤波器可以十分方便地构成一个频率分析仪。另外，还可用开关电容器件组成各种传递函数的网络电路。开关电容的独特结构和性能使它广泛应用于信号处理、智能化仪器、网络分析、无线电通信等众多领域。设计中要注意开关电容器件的开关噪声以及高于开关频率的高频信号的混叠等问题。

5.3.5 其他种类的滤波

1. 相关滤波(filtering by signal correlation)

前面介绍的滤波都是基于信号谐振原理来实现的。相关滤波则是利用信号的互相关函数来实现滤波的功能。

根据定义,两正弦信号的互相关函数为

$$R_{xy}(0)=\int_{-\frac{T}{2}}^{\frac{T}{2}} A\sin n\omega_0 t\cdot B\sin m\omega_0 t\mathrm{d}t \tag{5.106}$$

当 $m=n$ 时,上式为

$$R_{xy}(0)=\frac{AB}{2}T \tag{5.107}$$

而当 $m\neq n$ 时,为

$$R_{xy}(0)=0 \tag{5.108}$$

上两式的物理意义是,当两个正弦信号具有相同频率时,它们的互相关函数有值;而当两信号频率不相同时,它们的互相关为零。相关滤波正是基于这一原理。设 $x(t)$为被分析信号,它包括多种频率成分;$y(t)$为一控制选频信号,它的频率固定或可调。将该两信号用乘法器相乘,结果再经积分后输出。当 $x(t)$的频率等于 $y(t)$的频率时,积分器有输出;若两者频率不相等,则积分器无输出。由此,调节 $y(t)$的频率,便可将 $x(t)$中的各频率成分分别选出,且输出的幅值与该频率成分的幅值成正比。

工程上还常利用互相关函数的这一性质在噪声背景下提取有用信息。比如对一个结构、部件或机器进行激振,所测的响应信号中常混杂有噪声干扰。根据线性系统频率保持性的特点,只有那些和激振频率相同的成分才是由激振引起的响应,其他成分则是干扰。因此只要将激振信号 $A\sin\omega t$ 及其正交信号 $A\cos\omega t$ 所测得的响应信号作互相关处理,便可获得激振信号产生的响应信号的幅值与相位差,从而消除噪声干扰的影响。这样可得到被研究的系统在某激振频率之下从激振点到测量点间的幅、相传输特性。若改变激振频率,还可求得相应的频率响应函数。

在前述中曾讲到,正弦信号在作自相关处理时,其本身的初相位信息会丢失;相反,在两同频正弦信号作互相关处理时,它们之间的相位差信息却被保留了下来。利用互相关函数的这一特点可以做成既能反映信号幅值又能反映相位的相关滤波频谱分析仪。图 5.59 示出了这种分析仪的原理结构框图。由扫频信号发生器产生频率可调的两路正交正弦信号 $B\sin\omega t$ 和 $B\sin(\omega t+90°)$,将此两路信号分别与被分析信号 $A_x\sin(\omega_x t+\varphi_x)$相乘,再经积分

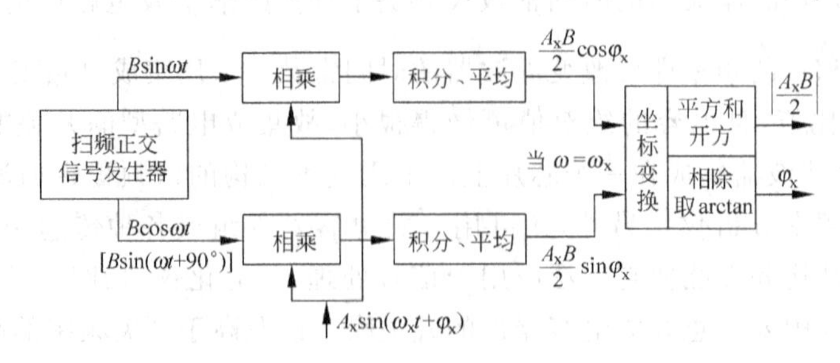

图 5.59 相关滤波频谱分析仪原理框图

和平均便得到 $\tau=0$ 的互相关函数。由前面的理论可知，仅当 $\omega=\omega_x$ 时，两路的相关函数才分别为$\frac{A_xB}{2}\cos(90°+\varphi_x)$和$\frac{A_xB}{2}\cos\varphi_x$。将该两路输出值经后续处理可最终求得幅值$\frac{A_xB}{2}$和相位 φ_x。当被分析信号中包括多种频率成分时，通过连续扫频即可逐一分析出信号中各成分的幅值与相位。

2. 统计平均滤波(filtering by statistical averaging)

以上讨论的所有滤波都是选频型的，这就要求有用的信号和寄生的信号必须在频谱上占据不同的位置，才能用选频滤波把它们分开。如果信号和噪声含有同样的频率，这种滤波就无能为力了。但是如果所分析的信号符合下列两个条件，则可采用另一种完全不同的滤波方案——统计平均滤波：

(1) 所分析信号中的噪声是均值为零的随机信号；

(2) 所分析信号中的有用成分其本身是重复的。

若此二条件完全满足，则如将总信号的多次采样对应于同一横坐标的纵坐标值相加，那么有用的信号必然会增强，而随机信号由于其零均值的性质，就会逐渐抵消。这种结果即使当有用信号与噪声存在于频谱的同一部分时也成立。事实表明，信噪比的改善正比于采样数的方根值，因此理论上讲，噪声可以通过选取足够大数量的信号进行叠加而将其限制在十分小的数量级范围。在实际工作中因各种因素的影响，不可能实现理论要求。

5.4 模拟/数字转换器

5.4.1 量化

为对模拟测量信号作数字编码以进行计算机处理，要使用模拟/数字(A/D)转换器(analog-digital converter)。

A/D 转换器将一个输入电压 U_e 转换成相应的编码输出信号 D_a。一个二进制编码输出信号(图 5.60)可表示为下列形式：

$$\begin{aligned}D_a &= a_1\cdot 2^{-1}+a_2\cdot 2^{-2}+\cdots+a_n\cdot 2^{-n}\\ &=\frac{U_e}{U_{ref}}+\varepsilon,\quad -2^{-(n+1)}\leqslant\varepsilon\leqslant+2^{-(n+1)}\end{aligned}\tag{5.109}$$

式中，n 为 A/D 转换器位数；U_{ref} 为参考电压，亦即输入信号的范围；a_i 为各位的值(0 或 1)；

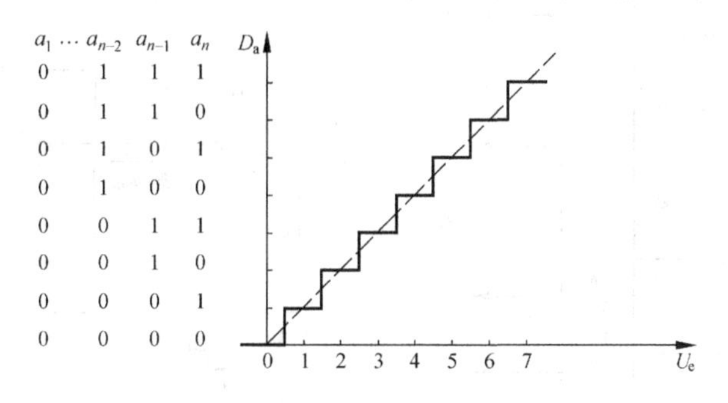

图 5.60 二进制 A/D 转换

ε 为量化(quantization)误差，$|\varepsilon| \leqslant \frac{1}{2}$LSB；$a_n$ 为最低有效位(LSB)。

最大量化误差值为

$$U_{\mathrm{ref}}/(2^n-1) \approx U_{\mathrm{ref}}/2^n \tag{5.110}$$

一般选择 A/D 转换的分辨率时应使量化误差的大小与输入信号 U_e 的绝对误差处于同一数量级上。

需要特别注意的是：模拟输入信号的幅值应尽量与 A/D 转换器的输入量范围相匹配。

5.4.2 A/D 转换器

根据功能原理将 A/D 转换器分为并行转换器和串行转换器两种。并行转换器同时确定所有系数 a_i，而串行转换器则是依次确定各个系数。因而串行转换法比并行转换法要慢，但它的电路造价却小得多。此外还有其他一些方法，无非是将上述两种方法组合起来使用或是采用中间变量进行工作。

一般来说，可以自由选择 A/D 转换器数字输出信号编码的形式，但最常用的一种是二进制码，它与下面所运用的一些关系有关。

许多类型的 A/D 转换器均用 D/A 转换器反过来产生比较电压。5.4.4 节将介绍D/A 转换器构造和功能的基本情况。

1. 并行 A/D 转换器(parallel A/D converter)

这种转换器中输入信号直接与 2^n-1 个参考电压作比较(图 5.61)。从逻辑输出信号中确定系数 a_i 的工作是在一个专门的译码网络中进行的。由于电路造价高，因而这种方法只适用于小位数的转换器($n=4\sim8$ 位)。但是同时确定所有系数只需很短的转换时间(<100ns)。因此也称这种转换器为闪烁转换器。

2. 串行 A/D 转换器(serial A/D converter)

在增量式转换器中只设置一个比较器(图 5.62)，因此其比较电压是逐步提高的。只要比较器的输出是逻辑“1”，便对增量的次数进行计数，直到模拟输入信号 U_e 等于比较电压为止。在两电压相等时，计数器中记录的便是二进制编码的输出信号，从比较器输出信号中可同时引出“数据询问就绪”的信号，利用它在下次转换之前将计数器置零。

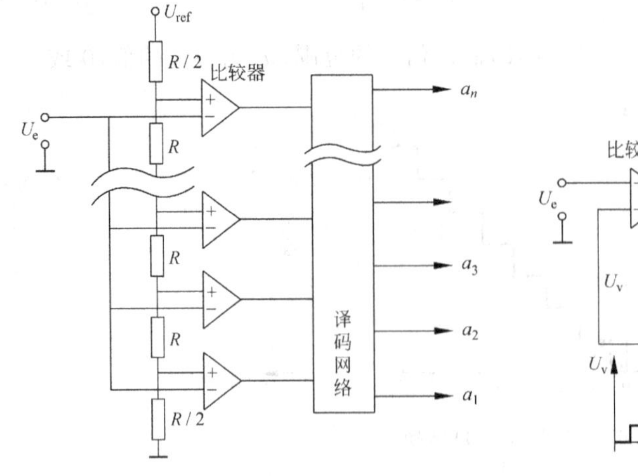

图 5.61 并行 A/D 转换器

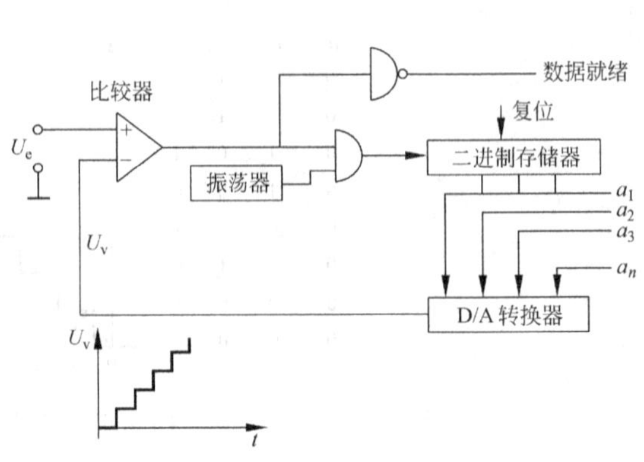

图 5.62 增量式 A/D 转换器

与并行 A/D 转换器相比，这种方式速度很慢，转换时间极大地依赖于二进制位数和信号的绝对值。采用一种直接跟随输入电压的可逆计数器可以大大缩短转换时间，尤其是在信号变化小的区域里，因为省去了复位和更新指数的工作。

图 5.63 为一种采用逐次逼近法工作的 A/D 转换器，其中每一步都要把一个分电压 $U_{ref}/2^k(k=1,2,3,\cdots,n)$ 加到电压 U_v 上去。如果在此以后 U_v 大于 U_e，则相应的系数 a_k 置为 0，并接着再把电压 $U_{ref}/2^k$ 减去。下一步将 k 加 1 并重复同样过程直至确定 a_n 为止。这样便能直接将 D_a 的系数放到二进制寄存器中去。

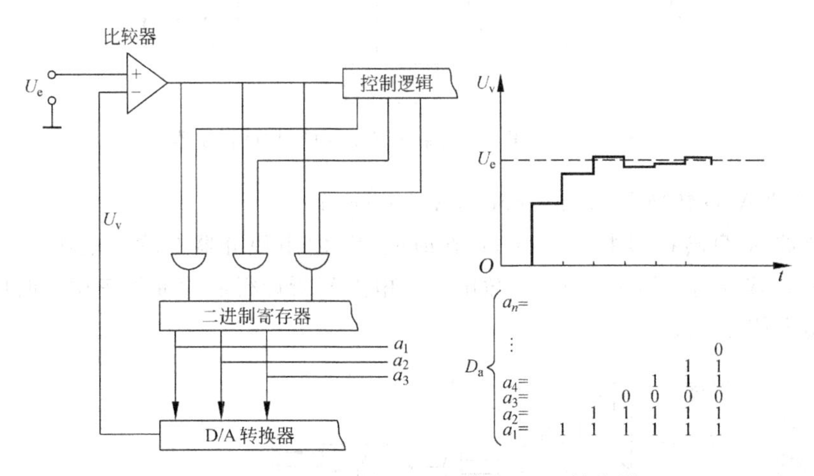

图 5.63 逐次逼近法原理工作的 A/D 转换器

这种方法的速度很大程度上取决于所用的 D/A 转换器，这就是为什么经常采用并行转换的原因。采用并行转换可使一个 10 位的 A/D 转换器每秒进行高达 10 万次的转换。

锯齿波转换器、双斜坡转换器和电压-频率转换器采用中间变量来工作。这些方法都是对电压进行积分直至达到一定值为止，然后用脉冲计数测量过程所需的时间。

3. 锯齿波 A/D 转换器(saw-tooth A/D converter)

锯齿波 A/D 转换器(图 5.64)带有一个锯齿波发生器。只要发生器的输出信号小于输入电压 U_e，计数器便对振荡器脉冲进行计数。由此所得的时间 T_1 正比于输入信号 U_e。该法的前提条件是：振荡器频率与锯齿波发生器所产生的信号都要很稳定。

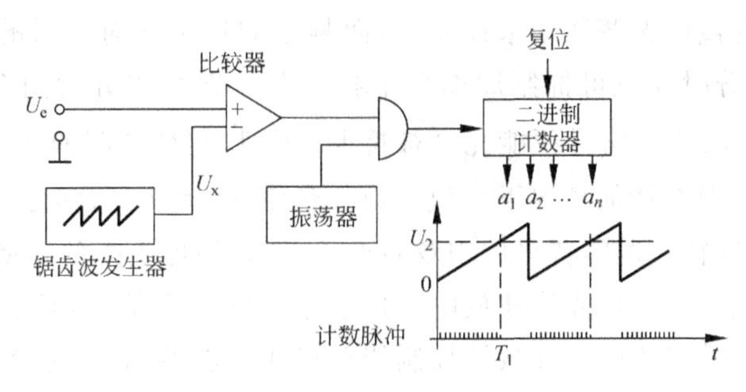

图 5.64 锯齿波 A/D 转换器

4. 电压-频率转换器(voltage-frequency converter)

电压-频率转换器(图 5.65)的工作原理与锯齿波 A/D 转换器相同,只是不采用常值参考电压来产生斜坡信号,而是对输入电压 U_e 积分并将电压 U_x 与参考电压 U_{ref} 作比较。

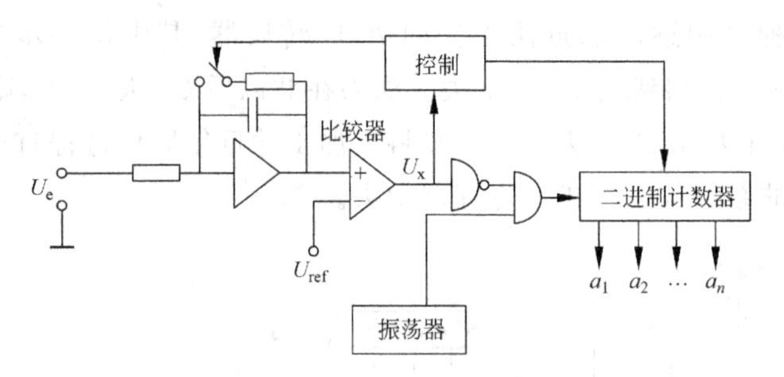

图 5.65 带电压-频率转换功能的 A/D 转换器

5. 双斜坡 A/D 转换器(dual-slope A/D converter)

在双斜坡 A/D 转换器中(图 5.66),在时间 T_1 内用积分器对输入电压 U_e 进行积分。紧接着电容 C 连续地以恒定电压 U_{ref} 放电。放电期间所计得的脉冲数正比于时间 T_2,因而也正比于输入信号 U_e。

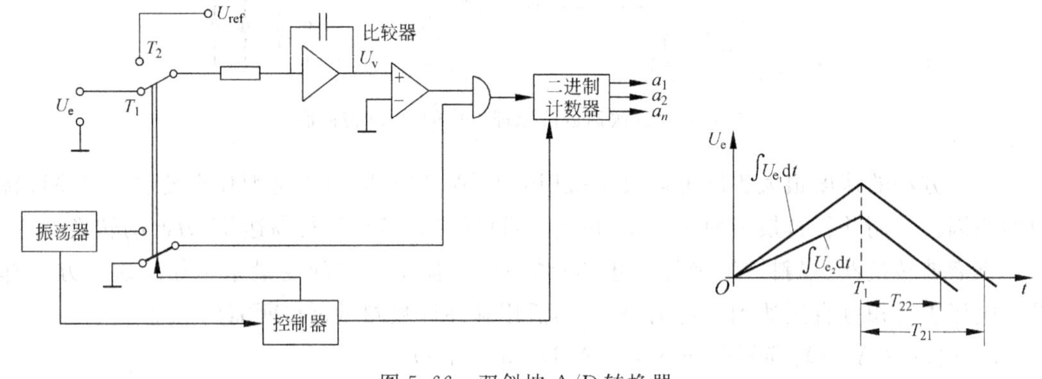

图 5.66 双斜坡 A/D 转换器

比起锯齿波原理来,该法具有下述优点:积分器部件(R,C)性质的变化不影响精度,只要这种变化在一个转换周期内保持恒定。

由于转换开关直接由振荡频率来控制,因而频率的稳定性对结果的精度没有影响。此外,通过适当选择积分时间也可抑制周期性干扰成分。即当积分时间 T_1 为一个干扰信号周期 T 的整数倍时,该干扰信号便能完全被抑制,否则,它被抑制的程度取决于比值 T_1/T 和相移 φ(图 5.67)。但在任何情况下该值均位于包络线 $\nu=T(\pi T_1)$之下。

采用三斜坡 A/D 转换器能获得比用双斜坡 A/D 转换器更高的转换速度。此时电容器的放电分两步来完成。第一步先快速放电至接近于零的一个值,然后从第二步开始电容器慢慢地再放电至零。采用相应的计数器控制能获得比双斜坡 A/D 转换器高 10 倍的转换速度而不损害转换精度。

一般来说,当今所有的转换器均能保证达到转换误差小于 0.5LSB,但都不可避免地存在使用电子线路时所能产生的所有误差(如非线性、偏差、温漂等)。

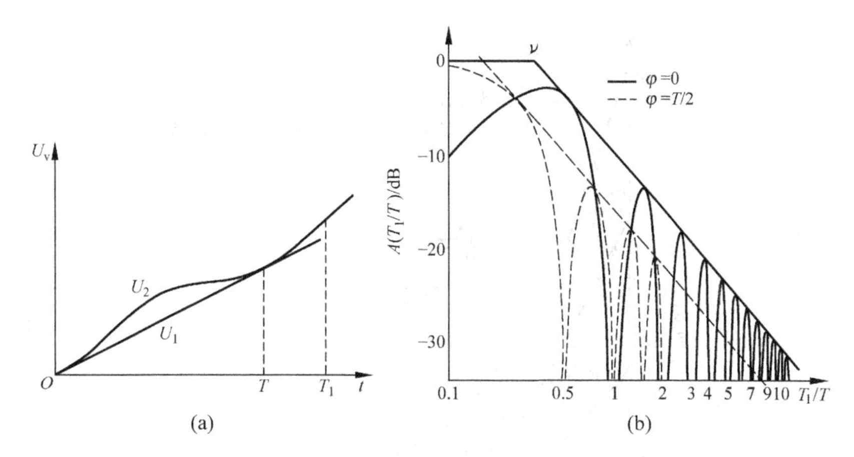

图 5.67 积分时间对 A/D 转换器中干扰频率成分的影响

(a) 未受干扰输入电压(U_1)的积分及受一周期性干扰叠加的输入电压(U_2)的积分；

(b) 双斜坡 A/D 转换器中干扰频率分量的衰减

5.4.3 抗混滤波器

抗混滤波器(antialiasing filters)一方面要根据被测模拟信号，另一方面要根据 A/D 转换器来调节。如在自动化测量设备中，常用计算机控制的开关通过改变采样频率来调整抗混滤波器的截止频率。

这种滤波器应满足下列条件：

(1) 信号中包含的所有 $\omega \geqslant \pi/\tau$($\tau$ 为采样周期)的频率成分其幅值必须被衰减到小于 A/D 转换器的分辨率(1LSB)，以防止边带处的频谱混叠。因此，滤波器应尽量具有理想的低通特性。

(2) 由于被采样信号中太高的频率成分实际上并不都是有用的，因此应将抗混滤波器放在采样器之前。

抗混滤波器的类型可以根据后面的信号处理来确定。当主要要保持信号的波形时，最好采用近似于贝塞尔型的滤波器，因为这种滤波器能在一定的频带范围内提供与频率大致成比例的相移。相反，切比雪夫型和巴特沃思型能对高于通带的频率成分产生较强的振幅衰减。

经常出现干扰信号频率 ω_n 大于有用信号频率 ω_d 以及干扰信号的幅值较小的情况，此时，选择滤波器类型及其阶数的原则应该使干扰信号振幅衰减至 1LSB 之下并尽可能不让有用信号失真。因而此时的采样率应满足下述条件：

$$T \leqslant \pi/\omega_n$$

图 5.68 表示在对白噪声(它代表具有相同振幅的所有频率成分)进行滤波时所需的最小频率之比 ω_A/ω_{-3dB} 与 A/D 转换器分辨率和滤波器阶数间的函数关系，其中切比雪夫近似和巴特沃思近似实际上给出了相同的曲线。

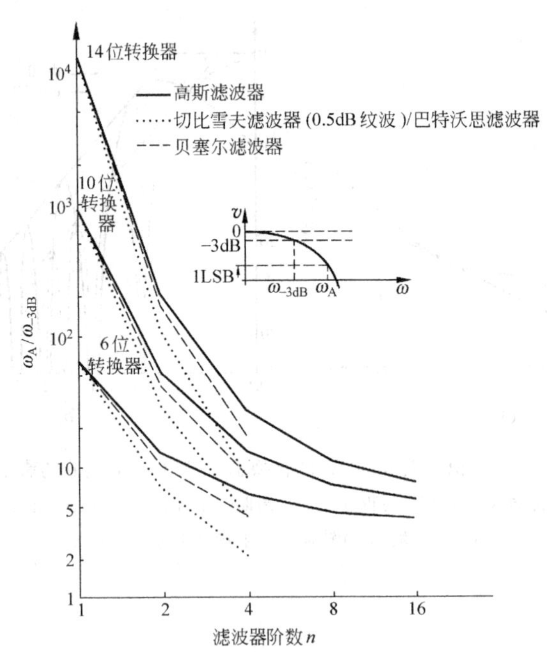

图 5.68 滤波时干扰信号频率与有用信号频率之比 ω_A/ω_{-3dB} 同 A/D 转换器分辨率和不同滤波器阶数 n 之间的函数关系

习 题

5-1 电桥有哪两种类型？各有什么特点？

5-2 电桥的平衡条件是什么？如何进行平衡？

5-3 调制与解调在时域和频域各是什么样的运算过程？

5-4 实现幅值调制解调的方法有哪几种？各有何特点？

5-5 用图解法说明信号同步解调的过程。

5-6 试述频率调制和解调的原理。

5-7 信号滤波的作用是什么？滤波器的主要功能和作用有哪些？

5-8 试述滤波器的基本类型和它们的传递函数，并各举一工程中的实际例子说明其应用。

5-9 信号量化的误差是怎样产生的？如何减少量化误差？

5-10 常用的 A/D 转换方法有哪些？

5-11 为什么常在 A/D 转换器之前接一个低通滤波器？它应该具有什么特性？

5-12 在使用电阻应变仪时，为增加灵敏度，拟在电桥上增加应变片数量，做法如下：

(1) 半桥双臂各串联一片；

(2) 半桥双臂各并联一片。

试问是否可以提高灵敏度？为什么？

5-13 若将高、低通网络直接串联，如图题 5-13 所示，是否能组成带通滤波器？写出此线路的频响函数，分析其幅频、相频特性，以及 R,C 的取值对其幅频、相频特性的影响。

5-14　以阻值 $R=120\Omega$、灵敏度 $S=2$ 的电阻丝应变片与阻值为 120Ω 的固定电阻组成电桥，供桥电压为 3V，假定负载电阻为无穷大，当应变片的应变为 $2\mu\varepsilon$ 和 $2\ 000\mu\varepsilon$ 时，分别求单臂、双臂电桥的输出电压，并比较两种情况下的灵敏度。

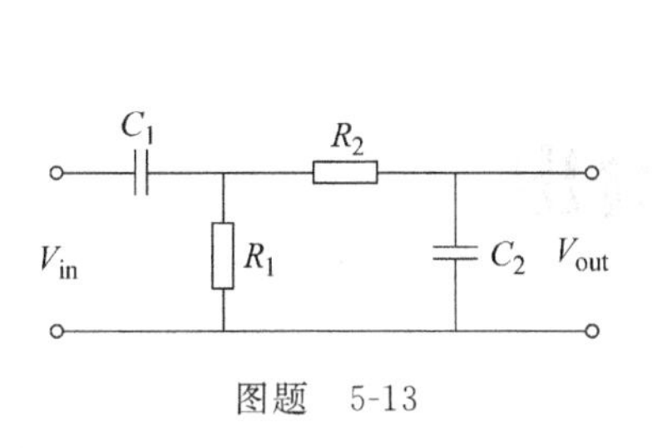

图题　5-13

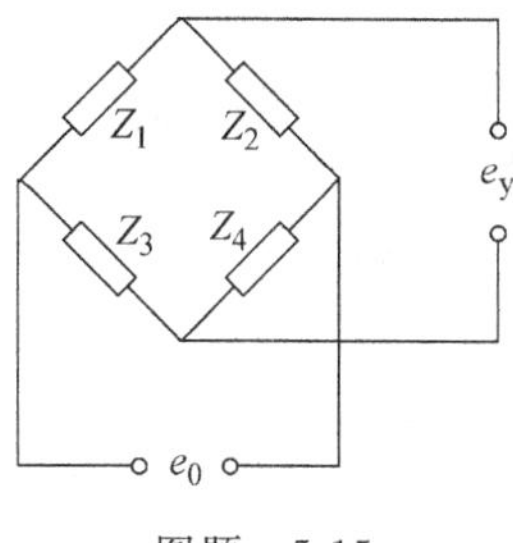

图题　5-15

5-15　如图题 5-15 所示，已知：$Z_1=R_1=500\Omega$，$Z_2=R_2=1\ 000\Omega$，$Z_3=-j\cdot 1/(0.2\omega)$（$\omega$ 为振动频率），电源电压 $e_0=10V$，$f=1\ 000Hz$。求：

(1) 在电桥平衡时 $Z_4=?$（注明是容性还是感性）

(2) 如果把 Z_2，Z_3 对调，$Z_4=?$

5-16　用电阻应变片接成全桥，测量某一构件的应变，已知应变的变化规律为 $\varepsilon(t)=A\cos 10t+B\cos 100t$。若电桥激励电压 $e_0(t)=E\sin 100\ 000t$。试求此电桥输出信号的频谱。

5-17　用 $x(t)=e^{-at}(a>0,t\geqslant 0)$ 调制载波 $\cos\omega_0 t$，再用此载波作同步解调和相敏检波的参考信号。试求经同步解调和相敏检波后所得的时域波形和幅值频谱图。如果想恢复原波形，所设计的滤波器截止频率应如何考虑？

5-18　求调幅波 $f(t)=A(1+\cos 2\pi ft)\sin 2\pi f_0 t$ 的幅值频谱。

5-19　有两个带通滤波器，一为倍频程滤波器，一为 1/3 倍频程滤波器，若二者的下截止频率相同，问前者的中心频率是后者中心频率的几倍？

5-20　有一 1/3 倍频程带通滤波器，其中心频率 $f_0=80Hz$。求上、下截止频率 f_{c1} 和 f_{c2}。

5-21　如何分辨两种调制信号（见图题 5-21）经幅值调制和解调后的时频域波形？

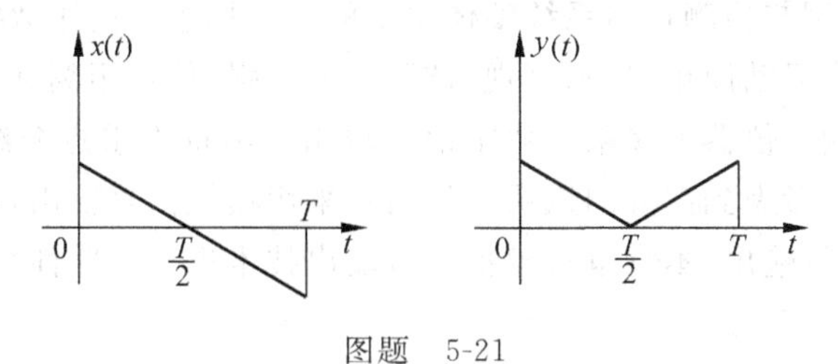

图题　5-21

5-22　求 $\sin 10t$ 输入图题 5-22 所示线路后的输出信号。

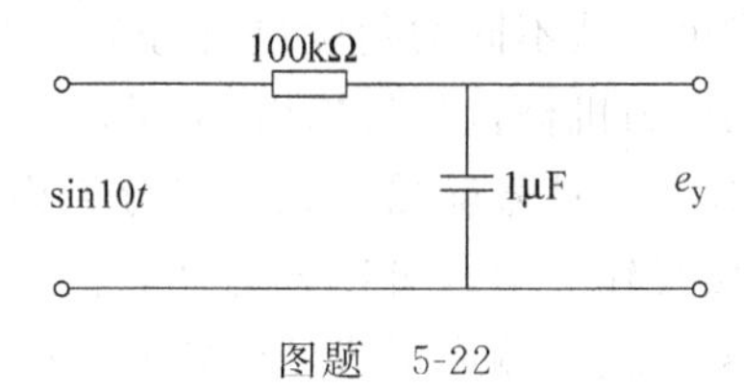

图题　5-22

信号的输出

6.1 概　　述

在前面几章中介绍了测试信号的获取、转换以及信号处理等知识。作为一个完整的测试仪器或系统，其测量信号总是需要显示、打印或输出给其他设备，最终以某种结果的形式体现出来，这就是测试仪器的信号输出。由于各测试系统的应用对象和使用要求各不相同，因此其测量结果需要以不同形式的信号输出来满足不同使用对象的需求，也就需要不同的技术途径来实现。实现这一目标的技术就是测试仪器的信号输出技术。

过去的测试仪器的信号输出形式比较单一，输出物理量多为机械模拟信号和电子模拟信号，信号输出的目的也仅仅是为了指示或显示仪器检测的结果。随着现代微电子技术和微计算机技术的飞速发展，以及为满足不同应用对象和应用要求的需要，测试仪器的信号输出形式已经十分丰富，信号输出的目的不仅仅是简单的结果显示和指示，因此对测试仪器的信号输出技术赋予了新的定义和含义。

测试仪器的信号输出技术是指将测试结果（包括中间结果）以特定形式提供给特定对象，或为特定对象提供特定接口的技术。现代测试仪器的信号输出技术已经不再是简单的人机界面，还应该包括仪器与仪器之间、仪器与执行器（控制器）之间的接口技术。信号输出技术已经成为现代测试与检测仪器系统整体水平的重要标志。由于数字量输出信号和模拟量输出信号相比，具有驱动简单、显示直观、抗干扰能力强、传输距离远、接口标准化、通用性和兼容性强等优点，测试仪器大多采用数字信号输出。本章将重点介绍数字信号输出的典型结构、特点及应用。考虑到部分测试系统目前仍采用模拟信号输出，以及在某些特殊条件下仍需要采用模拟信号输出，本章也对模拟信号输出技术进行一般性介绍。

6.2 信号输出的形式及分类

测试仪器的信号输出形式可以从不同的角度进行分类。根据输出的物理量进行分类，测试仪器的信号输出形式可以分为机械量信号输出、电子量信号输出和光电图视信号输出。从信号输出的性质分类，测试仪器的信号输出形式可以分为模拟输出和数字输出。从输出信号的频率分类，测试仪器的信号输出形式可以分为低频信号输出和高频信号输出。从输出信号应用角度分类，测试仪器的信号输出形式可以分为显示和指示类、记录类以及通信接口和驱动类。

事实上，测试仪器的信号输出很难按照上述标准严格分类。因为目前功能比较强的测试与检测系统往往都采用相对更复杂的综合输出方式，即其信号输出同时采用上述信号输出形式中的几种并行输出，以满足不同使用对象和使用要求。但为了便于学习、理解、掌握及应用，本章还是采用后一种输出信号应用分类方法进行介绍。

测试仪器的信号输出形式分类如图 6.1 所示。

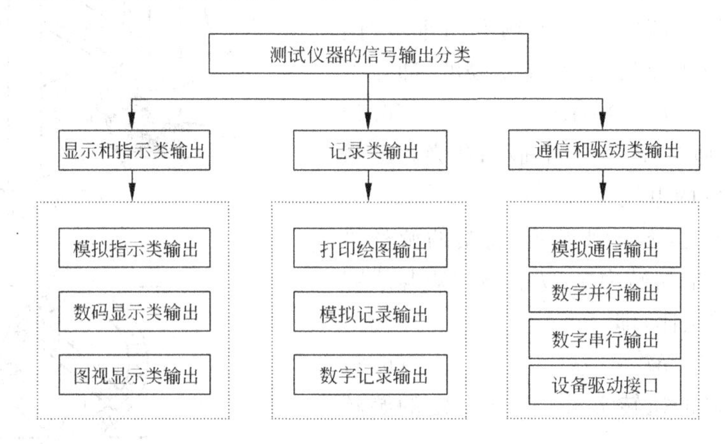

图 6.1 测试仪器的信号输出分类

对于大多数测试仪器来说，最重要也是最常用的信号输出技术是显示和指示类输出技术以及记录类输出技术，因此这两类是本章介绍的主要内容。由于通信接口和驱动类信号输出技术在特定仪器中有各自特定的要求，不具备普遍性和一般性，因此本教材不将其相关内容编入本章，感兴趣的读者可以参阅课外的相关文献。

6.3 显示和指示类信号输出

显示和指示类信号输出主要用于测试结果、信号特征量（如幅值、频率、相位角、峰峰值）以及信号波形的显示和指示，包括模拟显示、数码显示、图视波形显示等几种基本结构。其特点是输出信号直观，并能充分反映测试与检测信号的实时性。由于显示和指示类信号输出的目的主要是人机接口，因此一般情况下它不具备信号记录和重放的功能。

6.3.1 模拟指示

早期设计的测试检测仪器的信号输出多为模拟输出（analog output），通过机械表头或电流表表头进行指示（indication）。机械表头指示的测试仪器目前已经比较少见，但仍有一些产品由于原理和结构简单，性能可靠等特点，目前还在生产实践中发挥着作用，如用于微位移测量的千分表和百分表。在这类仪表中，测量信号的输出量就是机械量，测试结果是通过一组精密齿条-齿轮副和机械表头来指示的。

测试仪器的模拟电信号输出常采用安培计（ammeter）和伏特计（voltmeter）进行指示。安培计和伏特计大多是由磁电式电流计改装的，其结构如图 6.2 所示。在永久磁铁的两极之间，有一圆柱形的软铁芯，用来增强磁极和铁芯间空气隙内的磁场，并使磁场均匀地沿着径向分布。在空气隙内放一可绕固定轴转动的线圈，轴的两端各有一个游丝，且在一端上固定一指针（有些灵敏电流计中线圈常悬在悬丝上）。当电流 I 通过线圈时，线圈在磁场中受到磁力矩的作用而转动。由于磁场是径向均匀的，所以无论线圈转到什么位置，线圈平面的法线方向总是和线圈所在处的磁场方向垂直，因此，线圈所受磁力矩 M 的大小是不变的，即

$$M = NBIS \tag{6.1}$$

式中，N 为线圈匝数；S 为线圈面积；B 为磁场强度；I 为通过线圈的电流。

当线圈转动时，游丝被卷紧，卷紧的游丝给线圈一个反方向的扭转力矩 M'。该力矩与线圈转过的角度 θ 成正比，即

$$M' = k\theta \tag{6.2}$$

式中，k 称为游丝的扭转常量。对于一定的游丝来说，k 是恒量。

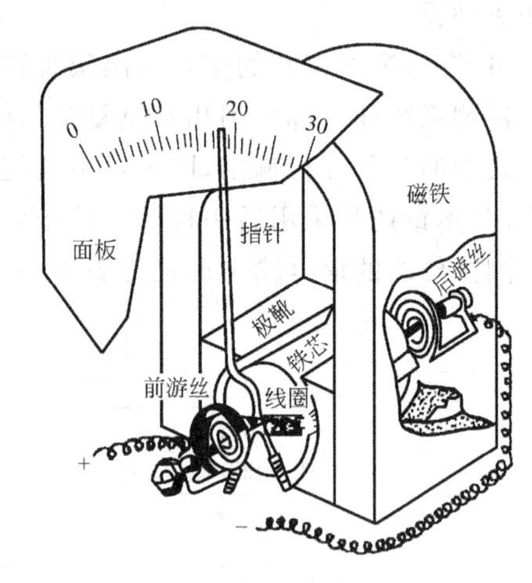

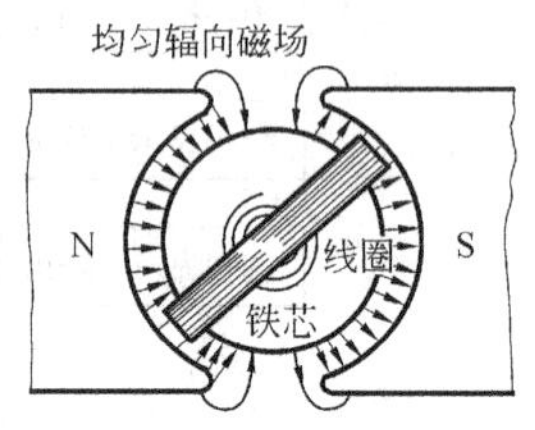

图 6.2 电流计工作原理

当线圈受到的磁力矩和游丝给线圈的扭转力矩相互平衡时，线圈就稳定在这个位置，这时

$$NBIS = k\theta \tag{6.3}$$

于是

$$I = \frac{k}{NBS}\theta = K\theta \tag{6.4}$$

式中，K 是恒量，称为电流计常量，表示电流计偏转单位角度时所需通过的电流。K 值越小，电流计越灵敏。因此，线圈偏转的角度 θ 与通过线圈的电流 I 成正比，这样就可以从指针所指位置来测量电流。电流计的灵敏度很高，通过线圈的最小电流可以小到 $1\mu A$ 或以下。

测试信号的输出一般为电压信号或电流信号。图 6.3 是利用电流计输出不同量程的电压测试信号和电流测试信号的典型输出电路。

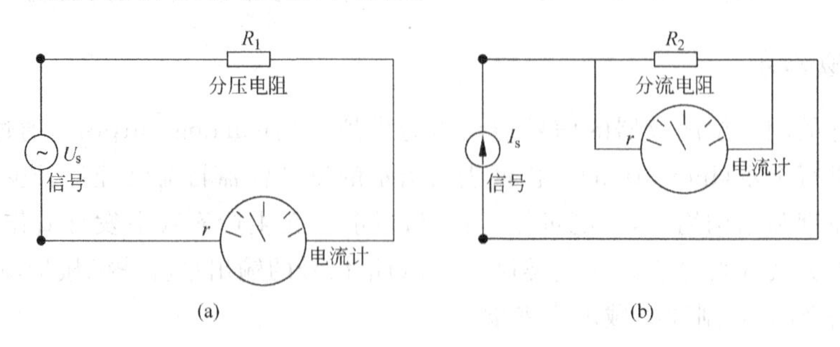

图 6.3 电流计在测试仪器信号输出中的应用

(a) 电压指示；(b) 电流指示

在图 6.3(a)中，U_s 是测试仪器输出的电压信号，分压电阻 R_1 的阻值永远大于电流计内阻 r。设通过电流计的电流为 I，则测试仪器的输出电压与电流计指针偏转角度 θ 的关系为

$$U_s = (R_1 + r)I = K(R_1 + r)\theta \tag{6.5}$$

如果已知测试仪器输出的电压信号最大值为 U_{max}，电流计满量程时可以通过的电流为 I_{max}，则可以设计出分压电阻 R_1 的阻值：

$$R_1 = \frac{U_{max}}{I_{max}} - r \tag{6.6}$$

I_{max}（一般在微安量级）和 r（一般在欧姆量级）都很小。如果 U_{max} 为伏特量级，则 R_1 将在兆欧量级，因此对测试信号的输出相当于开路状态。

在图 6.3(b)中，I_s 是测试仪器输出的电流信号，分流电阻 R_2 的阻值永远小于电流计内阻 r。设通过电流计的电流为 I，则测试仪器的输出电流 I_s 与电流计指针偏转的角度 θ 的关系为

$$I_s = \frac{R_2 + r}{R_2} I = K \frac{R_2 + r}{R_2} \theta \tag{6.7}$$

如果已知测试仪器输出的电流信号最大值为 $I_{s,max}$，电流计满量程时可以通过的电流为 I_{max}，则可以设计出分流电阻 R_2 的阻值：

$$R_2 = \frac{I_{max}}{I_{s,max} - I_{max}} r \tag{6.8}$$

同样，I_{max}（一般在微安量级）和 r（一般在欧姆量级）都很小。如果 $I_{s,max}$ 为毫安量级，则 R_2 将在毫欧量级，因此对测试信号的输出相当于短路状态。

电流计的另一个重要功能是指示短促的电流脉冲信号大小，这对于设计成本敏感的测试仪器来说是有吸引力的。因为除此以外，只能用示波器或其他成本较高的脉冲信号专用测试设备才能实现同样的功能。

假使在通电的极短时间 t 内，电流计的线圈（连同其他可转动的部件）受到一个冲量矩 G 的作用，则

$$G = \int_0^t M \mathrm{d}t = \int_0^t NBIS \cdot \mathrm{d}t = NBS \int_0^t I \mathrm{d}t = NBSq \tag{6.9}$$

式中，q 为脉冲电流通过时的总电荷量。

由于冲量矩的作用时间 t 极短，在 t 时间内，可认为线圈的位置没有显著变动，仅是线圈很快地从静止变为以角速度 ω 起动。按角动量原理，应有

$$G = J\omega \tag{6.10}$$

式中，J 为线圈（连同其他可转动的部件）的转动惯量。

线圈起动后，受游丝扭转力矩作用，角速度减小，直转至在最大偏转角 θ 位置上瞬时静止（以后线圈转回初位置，并往返摆动）。从起动到偏转到最大偏转角 θ 位置的过程中机械能是守恒的，线圈在最大偏转角 θ 时的弹性势能等于线圈起动时的初动能，即

$$\frac{1}{2}k\theta^2 = \frac{1}{2}\omega^2 \tag{6.11}$$

于是，

$$q = \frac{\sqrt{kJ}}{NBS}\theta \tag{6.12}$$

式中，k 为游丝的扭转常量。

式(6.12)表明，从最大偏转角 θ 可以测定电流脉冲通过时(例如电容器放电时)的电荷量 q，这就是电流计的电流脉冲信号指示原理。根据图 6.3 所示工作原理，显然也可以用电流计指示不同幅度的电压和电流脉冲信号。

6.3.2 数码显示

随着数字技术的发展，目前大多数测试仪器都采用数码显示(digital code display)方式输出测试结果。数码显示常用的显示器有：发光二极管(light emitting diode，LED)；液晶显示器(liquid crystal display，LCD)；荧光管显示器。3 种显示器中，以荧光管显示器亮度最高，发光二极管次之，而液晶显示器最弱。其中液晶显示器为被动显示器，必须有外光源。荧光管由于其特殊的真空管结构，驱动电压比较高(一般需要 10～15V，而 LED 和 LCD 一般只需要 2.7～5V)，而且使用不如 LED 和 LCD 灵活，因此在测试仪器中不如前两种显示器普及。但在一些特殊的显示需求下，这种显示器却具有独特的高亮度和低功耗(较 LED)的显示特性。荧光管显示器的驱动原理与 LED 相似，因此本节不单独介绍。

各种测试信号输出与数码显示器的接口原理框图如图 6.4 所示。测试仪器信号以不同的形式输出，首先需要用不同的转换电路来转换成数字信号，然后通过译码、锁存、驱动电路，被数码显示器显示出来。不同的数码显示器需要不同的驱动技术。

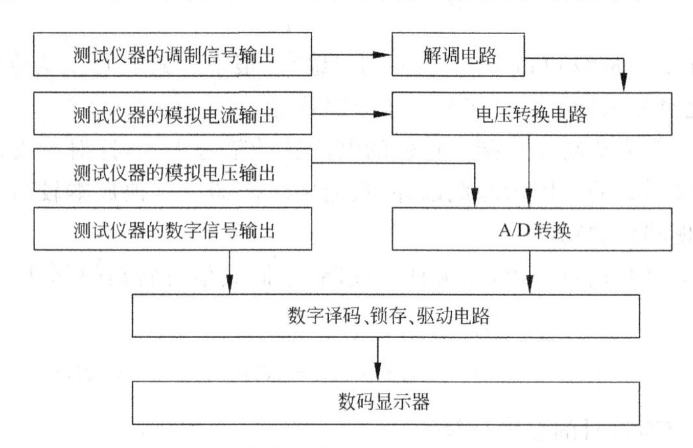

图 6.4 各种测试信号输出与数码显示器的接口原理框图

6.3.2.1 发光二极管数码显示

如图 6.5 所示，LED 数码显示器件分别有 7 段("8"字形)数码管(图(a))、"米"字形数码管(图(b))、数码点阵(图(c))和数码条柱(图(d))4 种类型。其中，"8"字形和"米"字形显示器最为常用，一般用于显示 0～9 的数字数码和简单英文字母；数码点阵显示器不仅可以显示数码，还可以显示英文字母和汉字以及其他二值图形；数码条柱显示器比较简单，多用于分辨率要求不高的信号幅度显示，如音频信号幅度的显示、电源电池容量的指示、汽车油箱液位高度的显示、水箱相对温度的显示等。

发光二极管的管芯很小(100μm 左右)，发光时相当于一个发射角很大而发光面积很小的点光源，不足以直接形成需要一定大小(几十毫米)的显示字段。因此需要一个外形为字段形状的特殊反光和散光结构来扩大发光面积，并使整个字段接近均匀发光。由发光二极

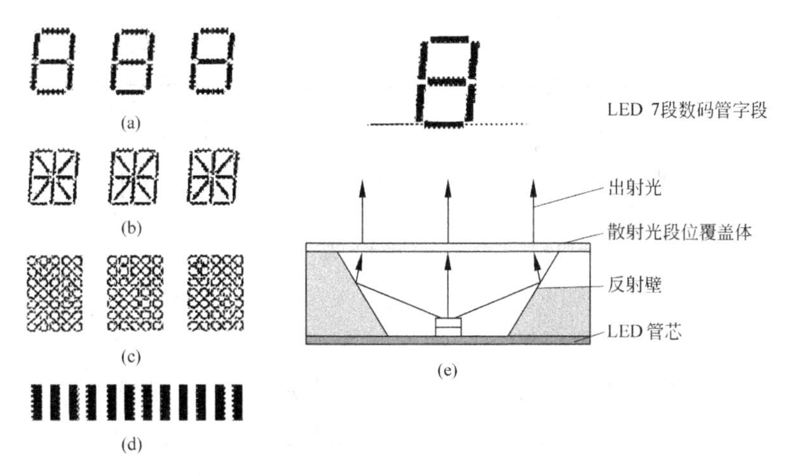

图 6.5 LED数码显示器件及字段构成原理

管构成数码显示字段，然后由数码显示字段构成LED数码显示块，结构原理如图6.5(e)所示。随着LED数码显示器件的种类不同，其驱动电路的复杂程度也有所差别，但对于所有的LED数码显示器件其驱动显示原理是相同的。因此，本节仅以常用的LED数码显示块为例，详细说明其驱动显示原理。

常用的LED显示块是由发光二极管显示字段组成的显示器，有7段和“米”字段之分。这种显示块有共阳极和共阴极两种。如图6.6所示，共阴极LED显示块的发光二极管的阴极连接在一起并接地，当某个发光二极管的阳极为高电平时，发光二极管点亮，相应的段被显示。同样，共阳极LED显示块的发光二极管的阳极连接在一起，接正电压，当某个发光二极管的阴极接低电平时，发光二极管被点亮，相应的段被显示。图6.6中的两个显示块都有dp显示段，用于显示小数点。一片LED显示块可以显示一位完整的数码。由N片LED显示块可拼接成N位LED显示器。N位LED显示器有N根位选线(共阴极线或共阳极线)和$8\times N$(7段型)或$16\times N$(“米”字段)根段选线。根据显示方式的不同，位选线和段选线的连接方法也各不相同。段选线控制显示字符的字型；而位选线则可以控制显示位的亮或暗。LED显示器有静态显示和动态显示两种显示方式。

1. LED静态显示方式(LED static display)

LED显示器工作于静态显示方式时，各位的共阴极(或共阳极)位选线连接在一起并接地(或正电压)；每位的段选线(a～dp)分别由一个8位的锁存输出驱动。之所以称为静态显示，是由于显示器中的各位相互独立，而且各位的显示字符一经确定，相应锁存器的输出将维持不变，直到显示另一个字符为止。也正因为如此，静态显示器的亮度比较高。

图6.7所示为一个4位静态LED显示器电路，各位选线连接在一起并接地(或正电压)。该电路各位可独立显示，只要在该位的段选线上保持段选码电平，该位就能保持相应的显示字符。由于各位分别由一个8位输出口控制段选码，故在同一时刻，每一位显示的字符可以各不相同。这种显示方式原理简单，驱动容易，显示亮度较高，付出的代价是占用的硬件资源较多，功耗比较大。因此在显示位数较多的情况下，一般都采用动态显示方式。

2. LED动态显示方式(LED dynamic display)

在多位LED显示时，为了简化硬件电路，通常将所有位的段选线相应地并联在一起，由

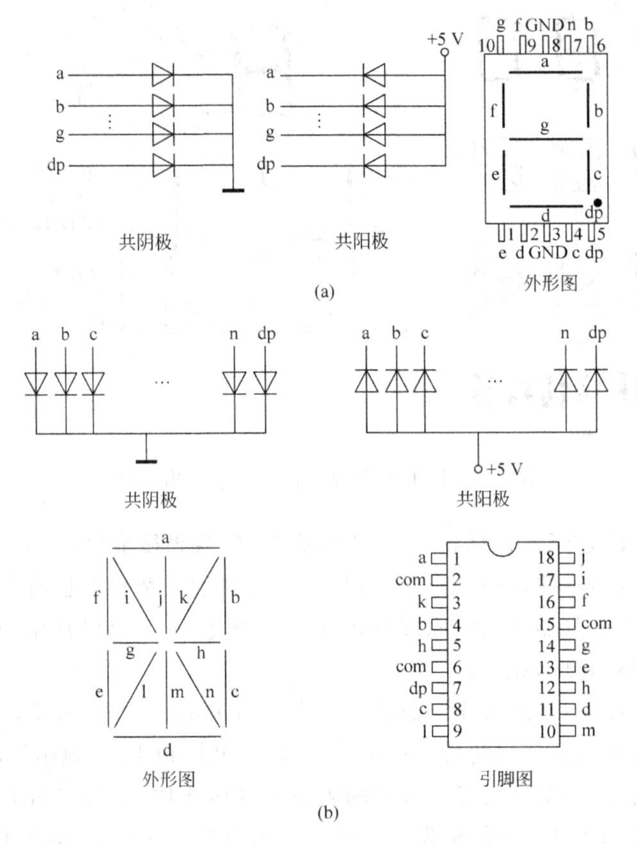

图 6.6 LED 显示器结构与工作原理图

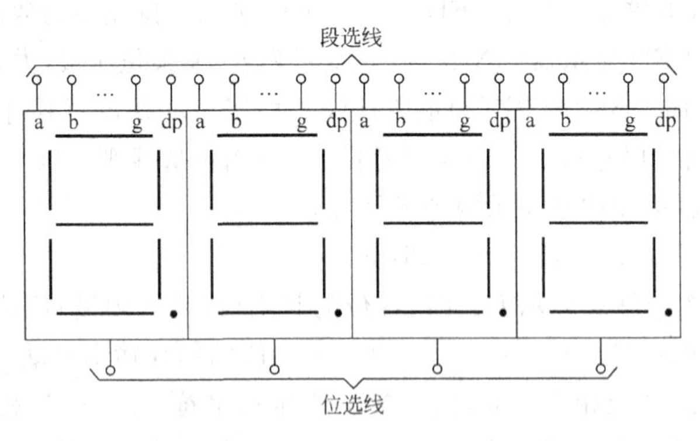

图 6.7 LED 静态显示

一个(7 段 LED)或两个(“米”字段 LED)8 位驱动器控制,形成段选线的多路复用。而各位的共阳极或共阴极位选线分别由相应的位选端口线控制,实现各位的分时选通。图 6.8 所示为一个 4 位 7 段 LED 动态显示器电路原理图,其中段选线共需要 8 根驱动线,而位选线共需要 4 根驱动线。由于各位的段选线并联,段选码的输出对各位来说都是相同的,因此同一时刻,如果各位位选线都处于选通状态,4 位 LED 将显示相同的字符。若要各位 LED 能够显示出与本位相应的显示字符,就必须采用扫描显示方式,即在某一时刻,只让某一位的位选线处于选通状态,而其余的位选线处于关闭状态。同时,段选线上输出相应位要显示字符的字型码,则同一时刻,只有选通位显示出相应的字符,而其余位则是熄灭的。如此循环下去,就可以使各位显示出将要显示的字符,虽然这些字符是在不同时刻出现的,但由于人眼有视觉暂留现象,只要循环周期足够短(一般小于 20ms),则可造成多位同时亮的假象,达到显示的目的。

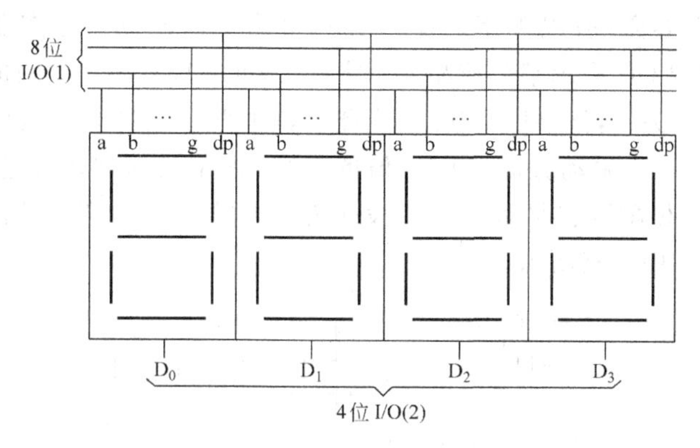

图 6.8 LED 动态显示

6.3.2.2 液晶数码显示

低压低功耗是现代测试仪器发展的趋势,LCD 数码显示器是一种功耗和驱动电压极低、集成度高、体积小的数码显示器。LCD 数码显示器应用广泛,尤其适合于需要野外操作的测试与检测仪器的显示输出(但不适合超低温环境)。从电子表到计算器,从袖珍式仪表到复杂的测试与检测设备,都利用了液晶显示器。

液晶是一种介于液体与固体之间的热力学的中间稳定相。其特点是在一定的温度范围内既有液体的流动性和连续性,又有晶体的各向异向性。其分子呈长棒形,长宽比比较大,分子不能弯曲,是一个刚性体,中心一般有一个桥链,分子两头有极性。LCD 的基本结构及显示原理如图 6.9 所示。由于液晶的四壁效应,在定向膜的作用下,液晶分子在正、背玻璃电极上呈水平排列,但排列方向互为正交,而玻璃间的分子呈连续扭转过渡。这样的构造能使液晶对光产生旋光作用,使光的偏振方向旋转 90°。当外部光线通过上偏振片后形成偏振光,偏振方向成垂直方向;当此偏振光通过液晶材料之后,被旋转 90°,偏振方向呈水平方向。此方向与下偏振片的偏振方向一致,因此此光线能完全穿过下偏振片而到达反射板,经反射后沿原路返回,从而呈现出透明状态。当在液晶盒的上、下电极加上一定的电压后,电极部分的液晶分子转成垂直排列,从而失去旋光性。因此,从上偏振片入射的偏振光不被旋

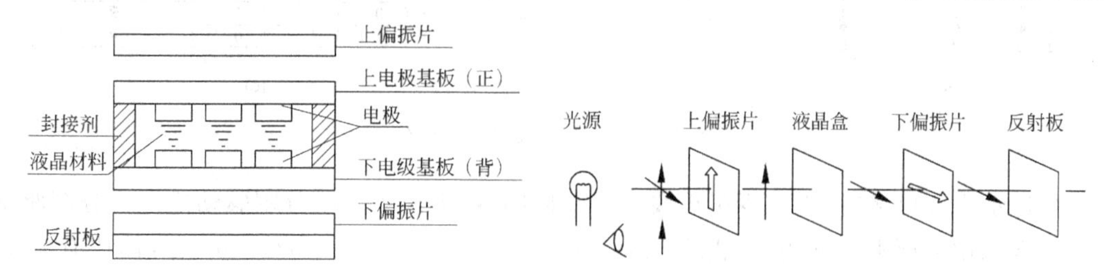

图 6.9 LCD 显示的基本结构和显示原理

转，当此偏振光到达下偏振片时，因其偏振方向与下偏振片的偏振方向垂直，因而被下偏振片吸收，无法到达反射板形成反射，所以呈现出黑色。根据需要，将电极做成各种文字、数字或点阵，就可获得所需的各种显示。

液晶显示器的驱动方式由电极引线的选择方式确定，因此，在选择好液晶显示器之后，用户无法改变驱动方式。由于直流电压驱动 LCD 会使液晶体产生电解和电极老化，从而大大降低 LCD 的使用寿命，所以现用的驱动方式多为交流驱动。静态驱动回路及波形如图 6.10 所示。图中 LCD 表示某个液晶显示字段，当此字段上两个电极的电压相位相同时，两电极之间的电位差为零，该字段不显示；当此字段上两个电极的电压相位相反时，两电极之间的电位差不为零，为驱动方波电压幅值的 2 倍，该字段呈现出黑色显示。图 6.11 为 7 段液晶显示器的电极配置和驱动电路，7 段译码器完成从 BCD 码到 7 段段选的译码，其真值表及数字显示如图中表格所示。

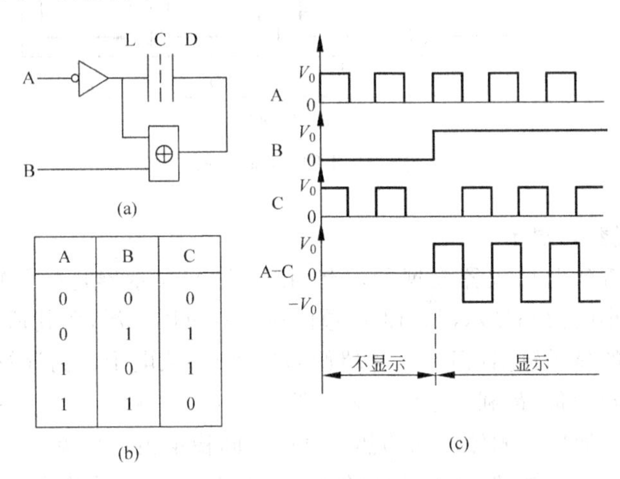

A	B	C
0	0	0
0	1	1
1	0	1
1	1	0

(b)

图 6.10 LCD 静态驱动回路及波形图

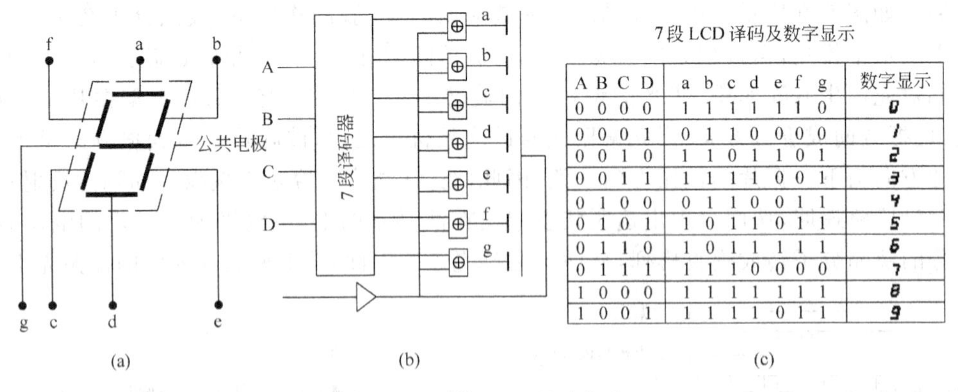

A B C D	a b c d e f g	数字显示
0 0 0 0	1 1 1 1 1 1 0	0
0 0 0 1	0 1 1 0 0 0 0	1
0 0 1 0	1 1 0 1 1 0 1	2
0 0 1 1	1 1 1 1 0 0 1	3
0 1 0 0	0 1 1 0 0 1 1	4
0 1 0 1	1 0 1 1 0 1 1	5
0 1 1 0	1 0 1 1 1 1 1	6
0 1 1 1	1 1 1 0 0 0 0	7
1 0 0 0	1 1 1 1 1 1 1	8
1 0 0 1	1 1 1 1 0 1 1	9

(c)

图 6.11 7 段 LCD 显示电路

当显示字段增多时，为减少引出线和驱动回路数，需要采用时分割驱动法。时分割驱动方式通常采用电压平均化法，其占空比有 1/2，1/8，1/11，1/16，1/32，1/64 等，偏比有 1/2，1/3，1/4，1/5，1/7，1/9 等。

现以计算器显示屏常用的1/3偏置法为例说明。图6.12为8位计算器LCD电极引线及1/3偏置时分割驱动波形。三根公共电极COM1,COM2,COM3分别与所有字符的a,b;c,f,g;d,e,dp相连,而S1,S2,S3是每个字符的单独电极,分别与b,c,dp;a,d,g;e,f相连。从图中驱动波形可以看出,a,c段上所加的驱动波形是峰值为V_0的选择状态,而g段上所加的驱动波形是峰值为$1/3V_0$的非选择状态,前者显示,而后者不显示。

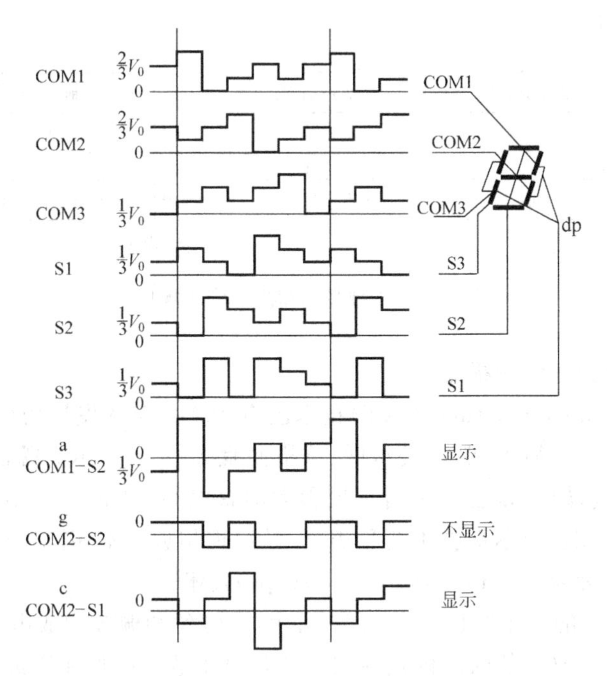

图6.12 LCD电极引线及1/3偏置时分割驱动波形

由此例可以看出,8位LCD数码显示若采用静态驱动需要65个驱动回路,而采用时分割驱动则只需要27个回路,大大节省了显示器的引线和电极数。与LED显示器件一样,LCD也可以构成数码条柱和数码点阵显示器。从驱动原理上讲,LCD数码条柱显示器的驱动原理与LCD数码管的显示驱动原理相同,因此不作单独介绍;而LCD数码点阵显示技术是LCD图视显示技术的一个特例,将在下一节介绍。

6.3.3 图视显示

测试仪器的简单信息显示,如测量结果,信号的幅值、频率、相位角、峰峰值等信号特征值,都可以采用前面介绍的模拟指示和数码显示技术输出。但有时候需要输出信号的实际波形,此时前面两种信息显示方式便无法满足这一要求,而只能使用图视显示(graphical display)技术。

图视显示是点阵图形显示和视频图像显示的总称。在这些技术中,发光二极管LED是一种全固体化的发光器件,可以把电能直接转化成光能,是很有应用前景的一种平面显示技术。本节介绍目前测试仪器中常用的CRT技术和LCD点阵显示技术及其应用。

不管采用哪一种具体的显示器件,测试仪器的图视显示输出硬件构成都可以概括为图6.13所示的基本结构。首先将测试仪器的输出信号(如果需要的话)变换成数字信号,然后将该数字通过显示驱动及控制电路写入显示内存，由显示驱动及控制电路完成译码、信号变换及驱动等工作，最后由显示器(屏)显示出来。图中灰色背景框中的“输出控制电路及软件”用于显示接口信号的协调控制，一般由微控制器或微处理器实现，同时为测试仪器的其他功能服务。显示驱动及控制电路、显示缓冲存储器，甚至包括显示器(如 LCD 显示屏)往往集成在一起，构成一个标准的显示卡(模块)。对“输出控制电路及软件”来说，相当于一个标准的并行数字输出口。

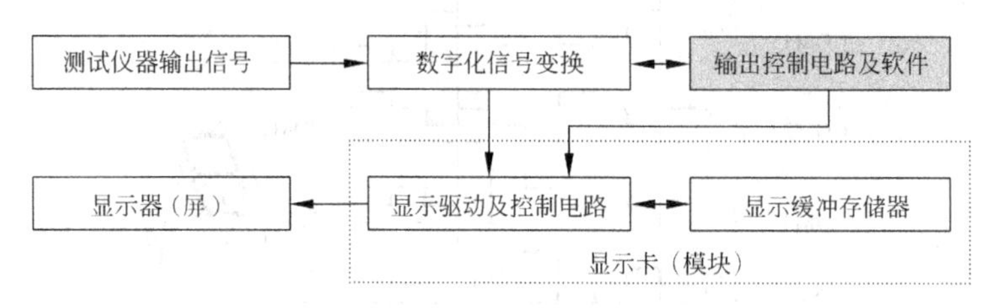

图 6.13 图视显示输出硬件实现框图

6.3.3.1 阴极射线管图视显示

阴极射线管(cathode-ray tube,CRT)技术已有 100 多年的发展历史，具有显示品质好、性能稳定可靠、寻址方式简单、制造成本低、价格便宜等特点。CRT 既适合于 102cm(40in)以下电视和计算机终端显示，也可应用于投影大屏幕电视。CRT 显示技术分为 CRT 波形显示器技术和 CRT 图像显示器技术两种类型，其原理相近但不相同，以下分别介绍。

1. CRT 波形显示器(cathode-ray oscilloscope)技术

CRT 波形显示器的工作原理如图 6.14 所示，由灯丝和栅极构成电子枪，电子枪中灯丝加热发射出来的热电子(单位时间内发射出来的热电子数量由加在栅极上的电压来控制)被加速电极加速以后，形成一束很细的电子束。在没有外力的作用下，电子束打在玻璃显示屏的中央。玻璃显示屏的内表面涂有荧光粉末材料，荧光粉在高速电子的轰击下，发出荧光，在显示屏的中央形成一个亮点。荧光亮度的大小取决于单位时间内发射的热电子数量，也即由加在栅极上的电压来控制。由于带电粒子在电场中通过时在库仑力的作用下会发生偏转，如果在电子束通过的路径上增加两组偏转电极，一组使得电子束在水平方向上发生偏转，另一组使得电子束在垂直方向上发生偏转，这样通过控制加到两组偏转电极上的偏转电压就可以使得电子束在某一时刻到达玻璃显示屏的任何位置。由于荧光的余辉效应，电子束在显示屏上扫过的轨迹在人眼看来就是一条连续的曲线，因此可以用来显示信号的波形。

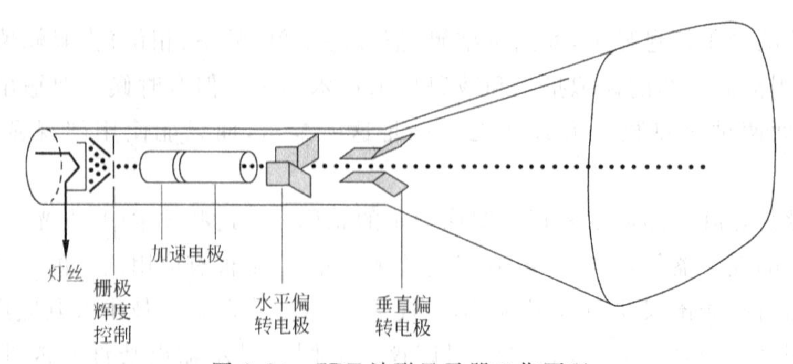

图 6.14 CRT 波形显示器工作原理

图 6.15 是这种 CRT 示波器波形显示原理示意图。水平偏转电极上加有一个周期和幅度一定的锯齿波电压，形成水平扫描控制电压和扫描的时间基准。如果将待测或待显示信号的电压加到垂直偏转电极上，在屏幕上就可以显示出该待测或待显示信号随时间变化的波形。因此 CRT 示波器是一种模拟电压波形显示仪器。图 6.16 是一种典型的 CRT 示波器工作原理框图。显然 CRT 示波器仅仅能显示信号的波形，而很难显示字符文字和图像等信息。由于这一缺陷，目前越来越多的示波器采用数字处理技术来显示信号波形、字符文字甚至图像等综合信息，所用的显示设备不是 CRT 波形显示器，而是下面介绍的 CRT 图像显示器。

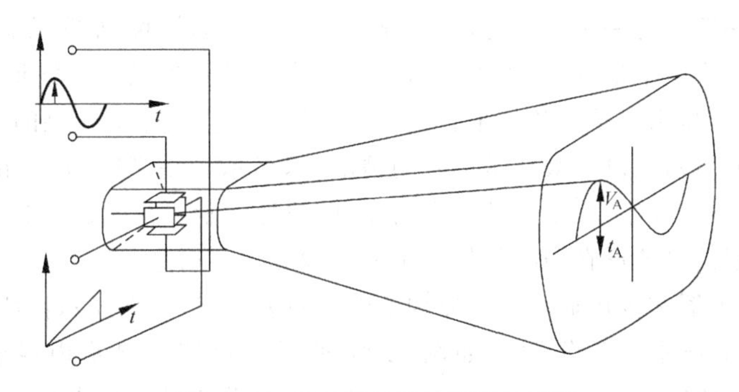

图 6.15 CRT 示波器波形显示原理

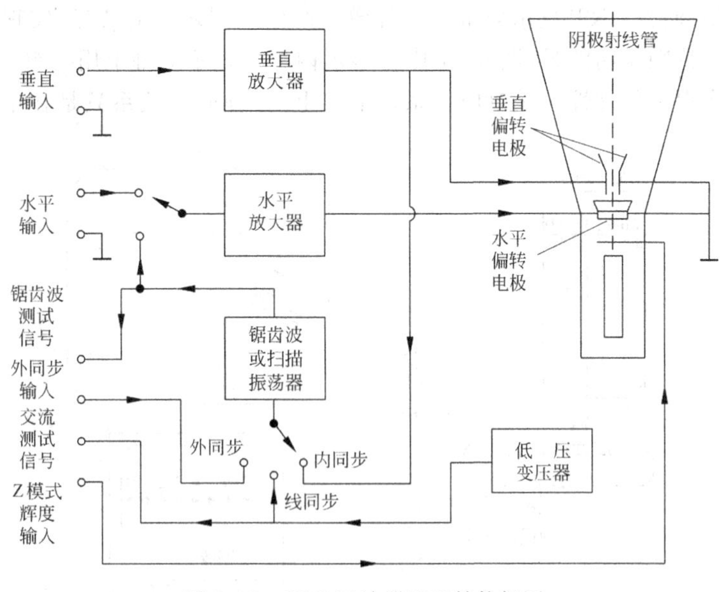

图 6.16 CRT 示波器原理结构框图

2. CRT 图像显示器技术(cathode-ray graphical display)

CRT 图像显示器是日常接触最多的一种图视显示器，如台式计算机的显示器、数字示波器、数字电视机等。CRT 图像显示器与 CRT 波形显示器的工作原理相近但不相同。在图 6.14 中，如果将横向和纵向偏转“电极”分别换成横向和纵向偏转“线圈”，并对这两组偏转线圈通以固定频率和特定波形的驱动电流，使得电子束在屏幕上按照从左到右、从上到下固定节拍的顺序扫描,那么这个波形显示器就变成了单色图像显示器,图像的灰度由加在栅极上的电压来控制。对于彩色图像显示器,发射热电子的电子枪由红、绿、蓝3个独立的灯丝和3个独立的辉度控制栅极构成。可见,图像显示器和波形显示器的区别在于:波形显示器的电子束偏转是靠偏转电极形成的电场对带电粒子形成的库仑力来完成的;而图像显示器的电子束偏转是靠偏转线圈形成的磁场对电子束形成的洛伦兹力来完成的。

对于波形显示器,被显示的信号电压一般加在纵向偏转电极上,同时在横向电极上施加扫描锯齿波电压;对于图像显示器,纵向和横向偏转线圈中均通以特定波形的扫描电流(即场扫描和行扫描信号),而被显示信息的电压信号加在灰度控制栅极上。

波形显示器一般只有一个电子枪,因此显示的波形是单色的;而图像显示器可以由1个电子枪(单色)或3个电子枪构成,可以显示单色或真彩色图像信息。波形显示器在没有被显示信号的情况下,显示的是一条水平直线(有扫描信号时)或平面中央的一个亮点(无扫描信号时),而图像显示器在没有被显示信号的情况下,显示的是满屏的"雪花"光栅或黑屏幕(由显示器的设计厂家决定)。由于结构上的差别,波形显示器只能显示信号波形,而图像显示器可以显示包括信号波形在内的任何复杂的图像和文字信息。

可见,图像显示器和波形显示器在原理上似乎只差一点,但在显示特性上却差很多。

CRT图像显示技术的工作原理如图6.17所示。存储在显示内存中的数字数码与CRT显示屏幕上的像素是一一对应的。显示内存中数据通过移位寄存器和数模转换器将存储器的并行数字输出变成与显示器扫描频率同步的串行模拟输出,该模拟信号对电子枪的输出进行控制,使得CRT显示屏幕上的各像素产生不同灰度的荧光,实现图形和字符的显示输出。需要特别说明的是,图6.17中在显示内存和显示屏幕上用一组二进制数说明显示内存与屏幕像素的原理性一一对应关系。事实上,这种简单关系只是在单色字符模式下

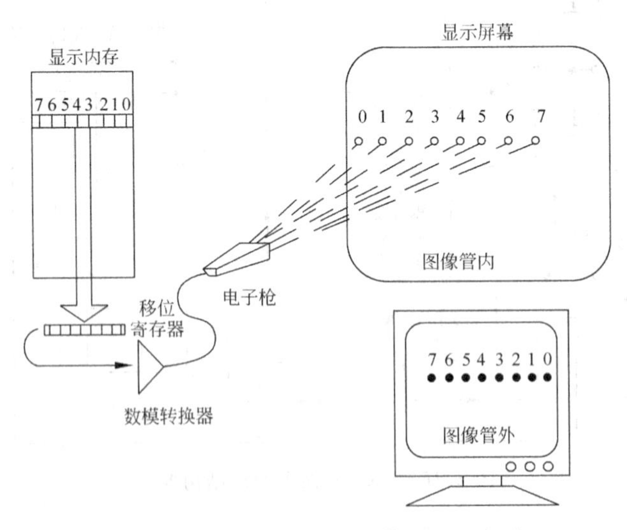

图6.17 CRT图像显示工作原理示意图

存在。在图形显示特别是彩色图形显示模式下,屏幕上的每一个空间像素需要同时受3个电子枪(红R、绿G、蓝B)的控制,而每一个电子枪在同一时刻与显示内存中多位(而不是一位)二进制数的输出对应,以产生不同灰度级的变化。3个不同灰度级的基颜色在空间混合,形成所看到的丰富多彩的颜色变化,这个过程实际上就是CRT显示器的驱动过程。在

现代测试仪器的设计中，这一显示驱动电路并不需要自己设计，因为目前已有很多种专用集成电路和CRT显示驱动模块(即通常所说的显示卡)可供选用。不同显示驱动模块的内部实现电路可能不同，但接口都是标准的。标准的CRT显示卡，一般都可以提供16bit或24bit的彩色显示驱动，与CRT显示器通过一个15针D-Shell标准连接器连接。该连接器的标准定义如表6.1所示。

表6.1 CRT显示器接口的标准定义(15针D-Shell)

管(针)脚	彩色显示信号定义	单色显示信号定义	管(针)脚	彩色显示信号定义	单色显示信号定义
1	红色模拟信号(R)		8	蓝色模拟信号地	
2	绿色模拟信号(G)	单色模拟信号	10	数字地	数字地
3	蓝色模拟信号(B)		13	行同步信号	行同步信号
6	红色模拟信号地		14	场同步信号	场同步信号
7	绿色模拟信号地	单色模拟信号地			

随着微电子技术的发展和集成电路的广泛应用，促使信息产品向小型化、节能化以及高密度化方向发展，CRT的不足也逐渐显现出来。由于CRT是电真空器件，存在着体积大、较笨重、电压高、功耗大、辐射微量X射线等问题。虽然CRT的分辨率已达到高清晰度电视(HDTV)的要求，但像素密度不高，一般只有100dpi左右。因此LCD等新型图视显示技术在很多领域已经开始取代CRT技术。

6.3.3.2 液晶(LCD)图视显示

液晶的电光效应自20世纪60年代发现以来，以其轻量、薄型、能耗低、显示面积大的优势迅速在显示应用方面得到发展。经扩大视角、提高灰度的研究，尤其是20世纪90年代初，寻址薄膜晶体管阵列(TFT)的成熟化，使得液晶显示器件的性能发生了革命性飞跃，揭开了便携电子显示技术的新纪元。液晶不发光，它的显示原理是利用自身的光学各向异性对所通过的光进行调制，因此通常是在液晶屏后放置光源，称为背光源LCD显示器。

LCD具有低电压、微功耗、平板化等特点，与CMOS集成电路匹配，用电池作为电源，适合应用于便携式显示。

LCD图视显示屏一般采用动态驱动技术，其基本原理在上一节中已经介绍过。但图视彩色显示的实际驱动电路远比LCD数码显示驱动复杂，一般与显示屏集成在一起，配套销售和使用，对于使用者来说，其接口就是一个扩展的外部并行接口。LCD图视显示驱动和控制器内部显示缓冲存储器地址分配方法与存储容量没有统一标准，一般在产品说明书中予以说明，这就是为什么不同的显示屏需要生产厂家提供(或根据说明书编写)不同的显示驱动软件的原因。对于中小型LCD屏，有的不带显示控制和驱动电路，因此需要测试仪器设计者自己来设计。这种情况下，可以选用LCD显示控制集成电路和LCD显示驱动集成电路来实现。

图视显示技术的发展非常迅速，除传统的CRT技术、LCD技术外，近年又出现了许多新型的平面显示技术，如等离子体显示(PDP)、场发射显示(FED)、电致发光(EL)、真空荧光显示(VFD)、有机电致发光(OEL)等。

6.4 记录类信号输出

仅仅将测试仪器的输出信号显示出来是不够的，有时候还需要将测试的结果永久记录下来，作为测试档案和测试的法定依据保存。特别是对于那些需要花很多经费、很大人力和物力才能完成，以及由于条件的限制很难重复的宝贵测试数据与检测结果，不仅需要永久记录下来，更希望在需要的时候能够重放测试过程。而这些任务的完成与实现就需要用到信号记录(signal recording)技术。

传统的记录仪器用以记录反映被测物理量变化过程的信号。而现代记录仪器可以记录整个测试过程中所有的信号波形、参数及结果变化过程。在必要的时候，可以在计算机及软件构成的虚拟环境下重播(replay)测试过程与结果。

6.4.1 硬拷贝记录

6.4.1.1 数字波形记录仪

图 6.18 是一种典型的 XY 模拟信号波形记录仪。X、Y 两个方向分别装有伺服电机可以带动绘图笔在 X、Y 方向任意移动，移动的位移大小与 X、Y 输入端的模拟电压幅度成比例。如果将两路模拟电压信号分别输入 X、Y 输入端，XY 记录仪就可以自动绘出 X-Y 信号在直角坐标系下的关系曲线，当然也可以将一路信号接到 Y 输入端，而在 X 输入端接入标准时间步长信号，绘制出 Y 输入端信号相对时间变化的波形。整个过程和手工绘图的过程是一样，但却是全自动完成的。由于绘图笔移动的机械惯性，其移动的速度和加速度都受到很大的限制，因此只适合记录 50Hz 以下的低频信号波形。这种 XY 记录仪在早期的测试仪器中应用很广泛，后来几乎被更先进的数字波形记录仪(digital waveform recorder)所代替。

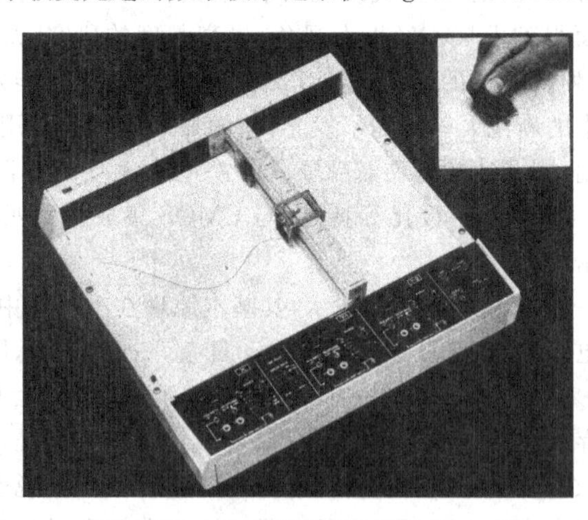

图 6.18 典型的 XY 记录仪

数字波形记录仪的外观和信号输入端与传统的 XY 记录仪很相似，但内部记录过程和工作原理却完全不同。图 6.19 是 HP7090A 数字波形记录仪内部工作原理框图(图中只给出了 3 个独立同步采样通道中的 1 个)。输入的模拟信号首先被 A/D 转换器采样，采样的结果被存储在一个内存缓冲区里，而不是直接送给绘图笔驱动电路。绘图笔驱动电路将根

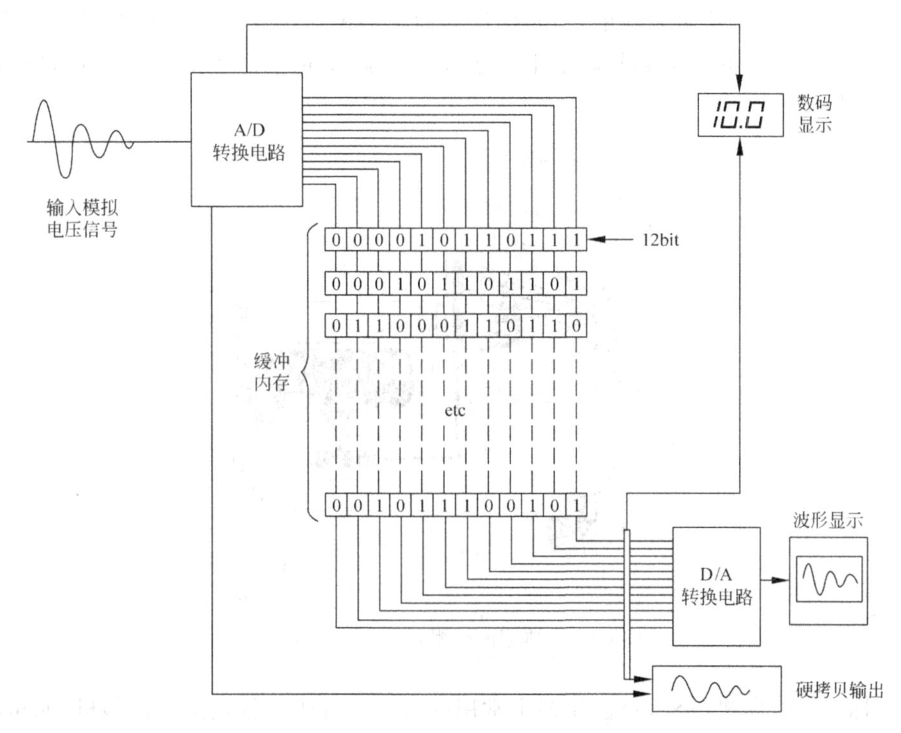

图 6.19 HP7090A 数字波形记录仪内部工作原理框图

据绘图笔动作的速度(而不是信号变化的速度),从缓冲内存中获取数据,并驱动绘图笔绘制出对应曲线或信号波形。另外,为了能方便使用示波器进行波形输出监测,还提供了一个D/A 转换模拟接口通道。HP7090A 的内存缓冲区可以存储 1 000 个数据点。由于采用了这种内存缓冲结构,被记录信号的最高频率只受 A/D 转换采样频率的限制,而不受绘图机构机械特性的影响,因此可记录的信号频率被大大提高,但记录的信号波形不是实时的。为了满足实时波形记录的需要,HP7090A 提供了一条不通过缓冲的实时输出通道,此时数字波形记录仪的输出特性和前面介绍的 XY 记录仪相同。

数字波形记录仪与传统的 XY 记录仪相比尽管具有很多优良的特性,但还是一种专用硬拷贝输出(hard copying)设备。随着科学技术的发展,目前更多的测试仪器更愿意采用更通用的硬拷贝输出设备——打印机(printer)和绘图仪(plotter)。

6.4.1.2 打印、绘图记录

打印机和绘图仪是计算机系统最基本的输出形式,同时也是测试仪器最常用的硬拷贝记录型输出设备。其优点是接口简单,通过一个标准的并行或串行接口就可以将测试仪器同标准的打印机和绘图仪连接起来,在普通的白纸上输出所有需要记录的测量数据与检测结果,甚至存储的信号波形。其缺点是输出速度比较慢,而且无法重放测试的实验过程。

过去的打印机是利用打印钢针撞击色带和纸打印出点阵组成的字符图形。现代新技术的应用使得“打印机”的概念发生了变化,不再需要机械“打击”动作,而是利用各种物理的或化学的方法印刷字符和点阵图形,如静电感应、电灼、热敏效应、激光扫描及喷墨等。图 6.20 示出了一种典型的喷墨打印机(ink jet printer)工作原理。来自墨盒的墨水经供墨通道被送入多个压力通道中,压力通道的端部与阵列式排列的喷嘴组成一个喷嘴板。将一脉冲电压

加到压电小管上，由于压电效应的作用，使压力通道中的压力在短时间里被迅速提高，从而能将一墨滴从中挤出并喷射到打印纸上。通过对所加脉冲电压的系列控制，便可打印出不同的文字和图像来。

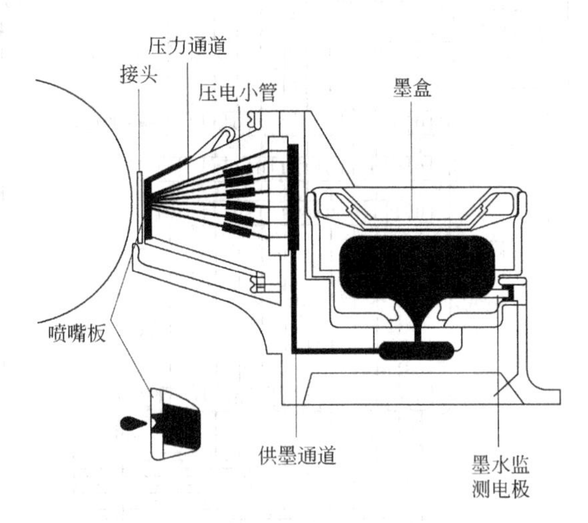

图 6.20 典型的喷墨打印机工作原理

除了标准的打印机以外，目前仪器中常用的另一类打印机就是微型打印机(如超市收款机上所用的收据打印机)，其原理和接口与标准的打印机几乎相同，只是同一行中输出的信息量有限。除非特殊需要，目前的测试仪器一般不配专门的打印机和绘图仪，只提供该信号输出接口，而打印机和绘图仪作为一种标准设备由用户根据需要另外单独配置。因此打印机和绘图仪本身的工作原理和电路已经超出了本书涵盖的范围。

绘图仪是另一种硬拷贝记录型输出设备。过去的绘图仪和打印机是有明显区别的，前者是一种矢量输出设备，后者是一种点阵输出设备，其控制指令完全不同。随着打印机技术的进步，打印幅面越来越大，分辨率越来越高，而传统绘图仪占地面积大，绘图速度慢等缺点也显得越来越突出。20 世纪 90 年代初，一种集成了打印机和绘图仪共同优点的点阵输出型滚筒式打印/绘图仪诞生了，目前几乎已经完全代替了过去传统的矢量输出绘图仪，其接口几乎 100%与打印机兼容。

6.4.2 模拟记录

在测试技术中，往往需要不加任何处理地记录测试原始信号与波形，以作进一步的分析和处理。模拟记录器(analog recorder)提供了解决这一问题的途径。在测试仪器中，比较成熟的模拟记录器就是磁带记录器(magnetic tape recorder)。磁带记录器是一种隐式记录仪器，是利用铁磁性材料的磁化来进行记录的仪器。

磁带记录器的特点有如下几个方面。

(1) 磁带记录器可以将被记录信号长期保存，多次重放，以电信号输出，便于显式记录仪重现，也便于与计算机或其他信号分析仪器联机使用，对于后续信号的分析和处理极为有利。

(2) 能变换信号的时基，实现信号的时间压缩或扩展。磁带记录器有不同的带速，可以实现重放和记录时的不同速度，将信号频率进行变换，有利于对信号(如瞬态或缓变过程)的分析研究。

(3) 存储信息密度大，还可作多通道同时记录，可保证信号间的时间和相位关系。

(4) 工作频带很宽，可从直流到几兆赫范围。

(5) 动态范围较大(即可记录的信号幅度变化范围较大)，可达 70dB 以上。

(6) 存储信息的稳定性高，对环境(如温度、温度变化)不敏感，而且抗干扰能力强。另外，磁带记录还可进行复制、抹除原有记录信号，使磁带能重复使用，经济方便。

6.4.2.1 磁带记录器的结构与工作原理

1. 结构

磁带记录器的原理结构如图 6.21 所示。它由 4 个基本部分组成，第一部分是放大器，包括记录放大器和重放放大器。前者是将待记录信号放大并转换为最适合于记录的形式供给记录磁头；后者是将由重放磁头送来的信号进行放大和变换，然后输出。第二部分是磁头，也称磁电换能器，在记录过程中记录磁头将电信号转化为磁带上的磁迹，将信息以磁化形式保存在磁带中；在重放过程中重放磁头将磁带上的磁迹还原为电信号输出。第三部分是磁带，它是磁带记录器的记录介质。第四部分是磁带驱动和张紧等机构，它保证磁带沿着磁头稳速平滑地移动，以使信号的录、放顺利进行。

在信号质量要求不高的情况下，理论上可以由同一磁头完成磁带记录器的记录、重放和磁带消磁等全部功能，但考虑到对信号质量的要求，磁带记录器的磁头有记录磁头、重放磁头和消磁磁头 3 种。3 种磁头的原理结构是相同的，如图 6.22 所示。结构体 1 用导磁率高、磁阻小、涡流损失小和耐磨性好的材料，如坡莫合金（<500kHz）和铁氧体(<2MHz)制成。激磁线圈(感应线圈)2 与记录电路或重放电路相连，记录磁头的线圈匝数一般较少，但重放磁头的线圈匝数较多，以获取较大的感应输出。磁头工作间隙 3 是磁头能正常工作的关键，通过这一间隙使得磁头磁路和磁带磁路建立联系。记录磁头工作间隙一般为 12μm 左右；重放磁头工作间隙一般使用 3～6μm。

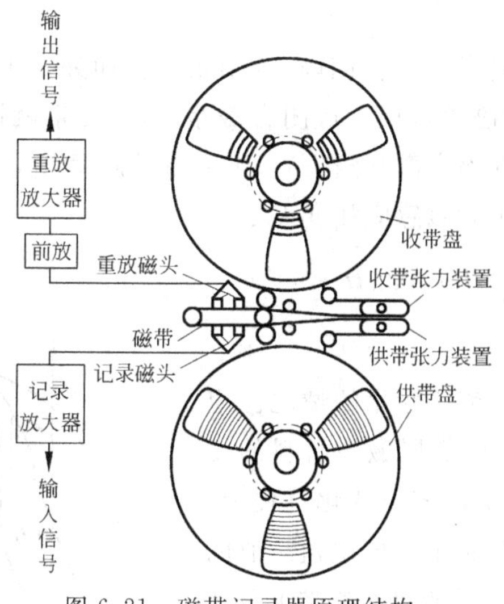

图 6.21 磁带记录器原理结构

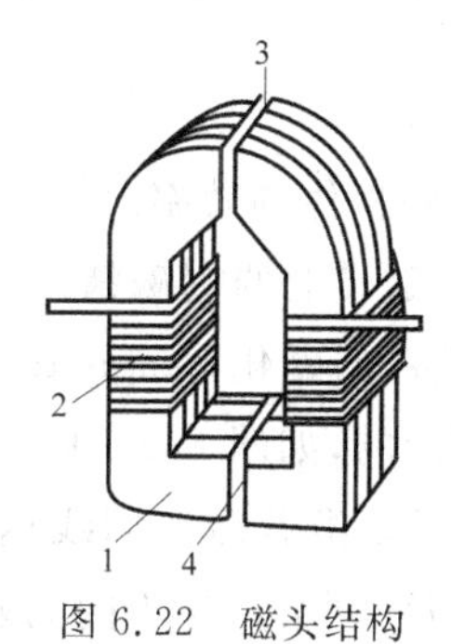

图 6.22 磁头结构

1—结构体；2—激励(感应)线圈；3—工作间隙；4—与磁头制造过程有关的工艺性间隙

磁带由带基和磁性敷层组成。带基要求柔韧、抗拉、抗撕裂、温度湿度影响小以及变形小和表面缺陷小等，它主要由聚酯薄膜带制成，其宽度和带厚都需要按照有关国际标准制造，以具备互换和通用性。磁性敷层由硬磁性材料粉末（例如 γ-Fe_2O_3 针状粒子）以黏合剂将之定向粘敷在带基上 5～12μm 厚，这样当记录磁场沿长轴方向施于其上时，全部粒子都能得到相同的磁化特性，而粒子所形成的内部场弥散性很低，从而使粒子群集而产生的噪声减至最小。

2. 工作原理

1）记录原理

利用磁带记录器作信号记录的原理如图 6.23 左半侧所示。被记录信号经记录放大器后输出电流 i 送入记录磁头线圈，使铁芯磁化。若记录电流是一正弦变化波形 $I=I_0\sin 2\pi ft$，根据电工学中的分析可知在磁头工作间隙内所产生的磁场强度为

$$H=\frac{4\pi n}{b}I_0\sin 2\pi ft \tag{6.13}$$

式中，n 为线圈的匝数；b 为磁头工作间隙宽度。

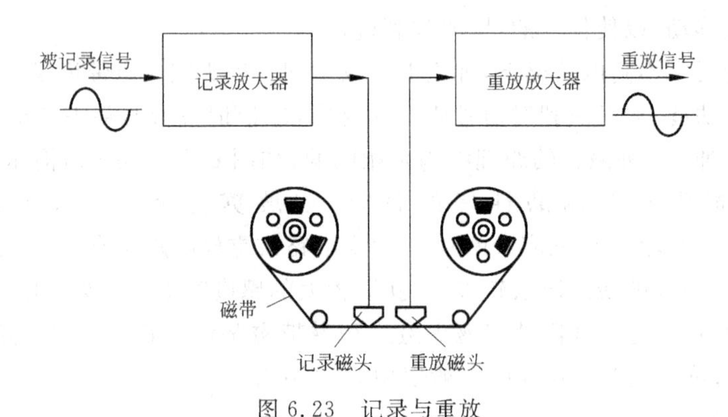

图 6.23 记录与重放

由于磁头左右两拼合面之间用非导磁材料做成工作间隙，磁阻很大。而处于工作间隙下磁带上磁性敷层的磁阻较低，磁路便通过此磁性敷层形成闭合磁路，这时磁带就被磁化，磁化的程度与所施磁场强度成增函数关系。在磁带离开磁头后，所施磁场强度消失，但由于铁磁材料具有的磁滞特性而使磁带上产生一个剩磁感应强度 B_r：

$$B_r=\eta H=\frac{4\pi n}{b}I_0\sin 2\pi ft\cdot\eta \tag{6.14}$$

式中，η 为磁性体的效率。

这样，磁带上的剩磁情况就反映了信号电流 i 变化的情况。应当注意，磁带的磁化（magnetization）是沿着该种敷层磁性材料的磁化曲线进行的，如图 6.24 所示，而在卸磁即 H 向零值变化过程中，磁带的剩磁是沿着磁滞回线返回到 B_r 点。对应于不同电流 i 值的磁化强度 H_i 便会产生不同的剩磁感应强度 B_{ri}。所以在磁带上所留下的剩磁感应强度就反映了当时的信号电流幅值，随着磁带的走动，在其上就记录下信号电流的变化情况。

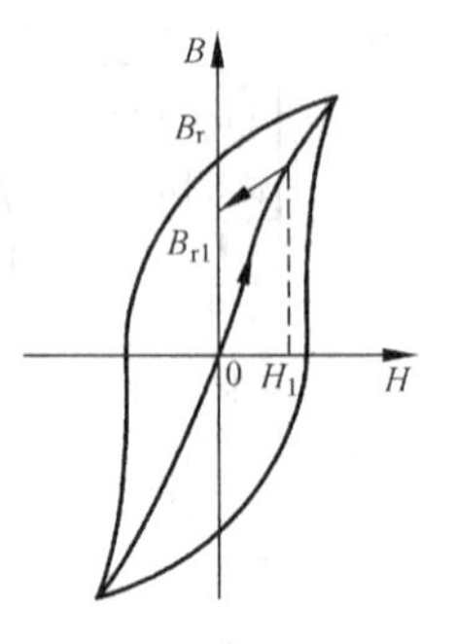

图 6.24 磁化曲线

2）重放(replay)原理

已录制信号的磁带在重放磁头下重放信号的原理如图6.23右侧所示。具有剩磁的磁带经过重放磁头时，重放磁头的工作间隙将剩磁的表露磁通桥接，与铁芯形成闭合磁路，其内磁通随磁带上的剩磁，也就是随记录信号幅值变化。这种磁通的变化就会在重放磁头线圈中产生感应电势。根据法拉第电磁感应定律，在线圈中感应的瞬时电势为

$$e=-n_1\frac{\mathrm{d}\Phi_r}{\mathrm{d}t} \tag{6.15}$$

式中，n_1 为重放磁头线圈匝数；Φ_r 为由磁带上剩磁所形成的重放磁头铁芯中的磁通。

重放磁头铁芯中的磁通量 Φ_r，取决于磁带上的剩磁磁化强度，而这一磁化强度又取决于记录时的信号电流 i，所以可以认为

$$\Phi_r = Ki \tag{6.16}$$

如果被记录信号是如上所述的一个正弦波，则

$$\Phi_r = KI_0\sin 2\pi ft \tag{6.17}$$

故重放磁头线圈中所产生的感应电势为

$$\begin{aligned} e &= -n_1\frac{\mathrm{d}\Phi_r}{\mathrm{d}t} = -n_1KI_0\cdot 2\pi f\cos 2\pi ft \\ &= 2\pi n_1KI_0 f\sin\left(2\pi ft-\frac{\pi}{2}\right) \end{aligned} \tag{6.18}$$

由此式可见，一方面重放磁头的感应电势 e 的大小不仅取决于被记录信号电流幅值，而且还与被记录电流的频率 f 成正比；另一方面重放磁头的感应电势与原始被记录信号电流在相位上还相差 $\pi/2$，这两方面都使重放出的信号不能完全忠实于原来被记录的信号。

在重放过程中另一个重要的问题是重放磁头的工作间隙宽度的处理。根据上述分析可见，重放磁头铁芯中的磁通是其工作间隙中桥接磁带的那部分磁通的平均值，磁带运行时该值应随着记录信号的变化而变化，磁头线圈才有信号电动势输出。

在记录信号是 $i=I_0\sin 2\pi ft$，走带速度为 v 时，记录在磁带上的信号波长为

$$\lambda = \frac{v}{f} \tag{6.19}$$

重放时若重放磁头的工作间隙小于这一波长，如图6.25(a)所示，则工作间隙中的磁通平均值总是随着记录信号变化，所以重放就有信号输出；若重放磁头的工作间隙宽度过大，如图6.25(c)中所示，等于波长，由于在此间隙宽度中的磁带的平均磁通始终等于零，因此铁芯线圈的输出电动势始终是零。但是重放磁头的工作间隙也不宜过小，这一方面因加工困难难以实现，另一方面当波长远大于缝隙宽度时磁通的变化很缓慢，因而输出电压很小，有时以至于不能从记录系统的噪声中区别出来。当磁头的缝隙宽度是记录波长的1/2时(图6.25(b))，重放时的输出电压最佳。根据上述可能和合理性，重放磁头的工作间隙一般为3μm左右。如果此间隙为2.5μm，若磁带带速为38cm/s，那么能重放信号的最高频率是75kHz。所以，工作间隙、磁带记录时的走带速度和能录放的信号等因素间存在着互相制约的关系，使用时需予注意。

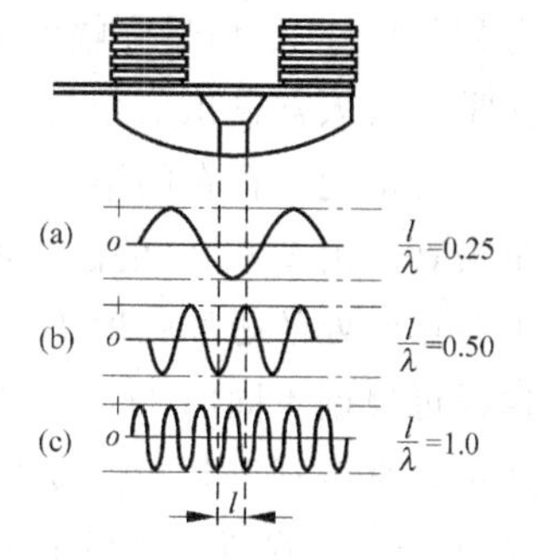

图6.25 工作间隙的选择

3）消磁(demagnetization)原理

当磁带上录制的信号已不需保留时，可用消磁磁头将其抹去，以使磁带能重复使用。消磁磁头的结构类似录放磁头，但要求较低。消磁方法是给消磁磁头线圈通入高频大电流(100mA 以上)。大电流产生的磁场把置于其下的磁带向一方向磁化到饱和状态，然后又同样向相反方向磁化。多次反复，磁带向前移动，磁带上所受交流磁场则依正反方向来回逐步减小，以致到零。磁带上的剩磁依磁滞回线逐渐减少直至零，如图 6.26 所示，这样所录的信号就全被消去。

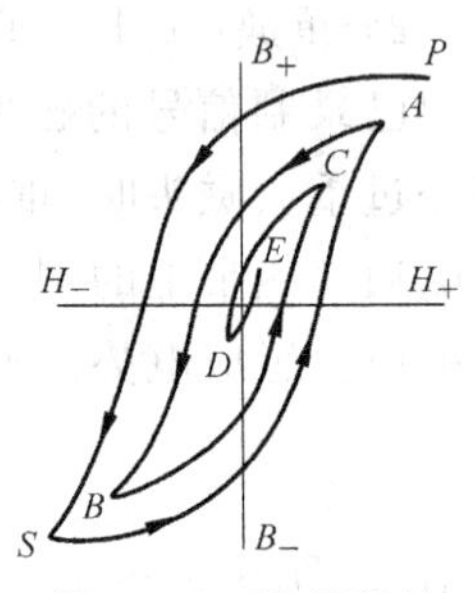

图 6.26 消磁原理

6.4.2.2 记录方式

使用磁带记录器时，应根据被测信号特性和后续仪器的要求来选择记录方式。磁带记录器的记录方式有模拟的和数字的两大类。模拟记录方式中主要有直接记录方式、调频记录方式和脉宽调制方式等几种类型；数字记录中主要采用脉码调制方式。在现代测试技术中，磁带记录器仅仅用来记录模拟测试信号，不再用来记录数字信号，因为数字信号的记录可以使用其他更多、更方便的技术手段(后面介绍)。因此，这里只介绍模拟信号的记录方式。

1. 直接记录(direct recording)方式

直接记录方式(DR 方式)是一种出现最早、用得最为普遍的记录方式，较多地应用于语言和音乐的记录。其优点是记录器结构简单、价格便宜。但它存在以下一些问题，使其应用受到限制。

一是根据上述对磁带记录器录、放工作原理的分析可知，重放磁头所反映的是磁带上剩磁所提供的磁通量的变化率，即输入信号的微分，因此直接记录在重放时对低频信号的灵敏度必然很低，对直流信号输出变化率为零而使重放输出为零。所以它不能记录 50Hz 以下的低频信号，而且其信噪比比较低。由于在重放时对输入信号作微分处理，因而在幅值上引入了频率因子使其高频输出增益大，低频输出增益小；在相位上使各种频率成分均有 90°相移，这样使输出信号相对于输入信号有很大的失真。为了解决这一问题，需使重放放大器具有积分特性，使信号在幅值上得到“等化”处理，而在相位上则作了相应的 90°反相移，从而使重放放大器输出信号与输入信号波形趋于一致。

直接记录存在的第二个问题是在记录信号时对磁带磁化的非线性造成重放时信号的严重失真。由图 6.27 的磁化曲线可见，在记录磁头工作间隙下，由于信号电流大小不同，磁带上各点所处的磁场强度 H 不同，最后离开工作间隙时所留下的剩余磁感应强度 B_r 也不同，这样可根据不同的 H 值所造成的 B_r 值直接绘制出 B_r-H 曲线，如图 6.27 的实线所示。由此可以直接观测到与信号电流成正比的 H 所造成的磁带上的 B_r 对应关系。由这条曲线可见，B_r 与 H 在所有各段上不都是线性关系，在其零点附近和两端头都具有很严重的非线性关系。若要记录一个均值为零的正弦波信号，则经上述的充磁、剩磁过程，在磁带上记录的剩磁变化情况就再也不是正弦波变化了，而是畸变了的波形——钟形波，如图 6.28 所示，称为钟形失真。

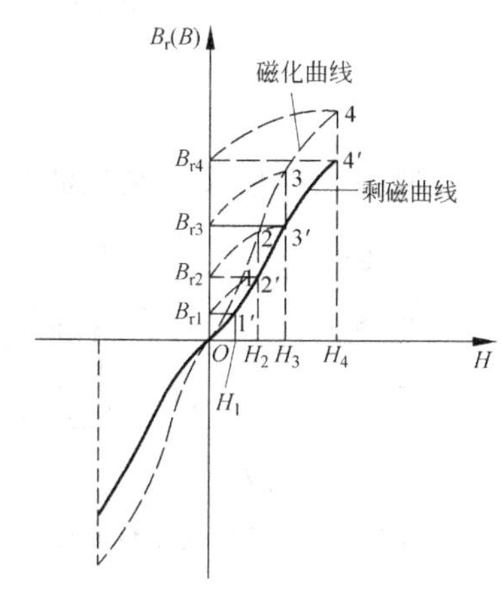

图 6.27　充磁与剩磁曲线

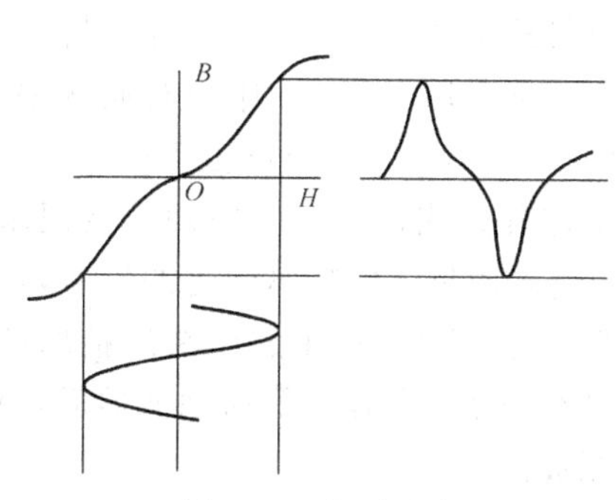

图 6.28　钟形失真

为了克服这一波形失真，就要尽量使信号在记录过程中工作在 B_r-H 曲线的近似线性段，为此需采用“偏磁技术”。偏磁技术有直流偏磁和交流偏磁两种，用得较多的是交流偏磁，因为它可以避免直流磁化时所产生的直流噪声。

交流偏磁是利用偏置振荡器产生一个等幅高频偏置信号与放大后的输入信号叠加在一起，馈入记录磁头线圈。使叠加后的信号幅值能和磁带的剩磁曲线（B_r-H 曲线）的线性段相应。这样虽然在记录过程中通过零点的高频振荡产生钟形失真，但高频振荡上的低频信号却是不失真的，如图 6.29 所示。高频偏置的频率必须足够高，使得它在磁带上的记录波长很短，在重放时与重放磁头的工作间隙宽度之比很小，这样，高频部分信号重放不出来。根据前述分析，重放磁头铁芯中的磁通是其工作间隙中桥接磁带的那部分磁通的平均值。所以重放出来的信号是工作间隙内所包含的高频信号的幅值均值，也就是外包络低频信号波。所以高频偏置的最低极限频率需由重放磁头间隙决定，通常取信号中最高频率成分的 3.5 倍。这样回放出的信号就是不失真的被记录信号。

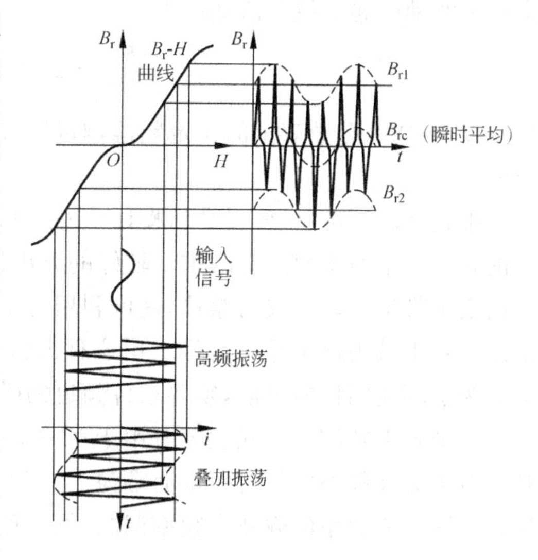

图 6.29　高频偏置原理

直接记录方式还存在着“信号跌落”现象，也就是由于磁头不光滑、磁带上介质不均匀，或有尘埃及磁带跳动等因素造成磁带与磁头不能紧密接触时，信号的幅值会产生很大的衰减现象。这就要求在工艺和使用中作一些严格的限制。

2. 调频记录(FM recording)方式

频率调制(FM)是目前应用最为广泛的调制方式。关于频率调制的内容已在前面章节中作了较详细的阐述。利用频率调制来作磁带记录是用被记录信号(调制信号)对一个高频振荡信号(载波)进行频率调制后再行记录。当被记录信号为零时，所记录的信号为载波信号;当有被记录信号输入时,则调频的输出(已调制波)将以载波频率为中心频率产生一定的频率偏移,而频偏的大小正比于输入信号的幅值。

调频记录方式又可分为宽带式和窄带式两种。

宽带式FM记录方式中已调制信号的频率相对于载波频率的偏移量是载波频率的±40%。如采用108kHz作为载波频率,则已调制波的频率在65~152kHz范围内变化。图6.30示出了这种方式记录器的原理。被记录信号经FM调制器调制成按频率变化的信号,经放大录制在磁带上;重放时,重放磁头所拾取的频率调制信号经频率解调器和低通滤波器后,将信号还原成原被记录信号。

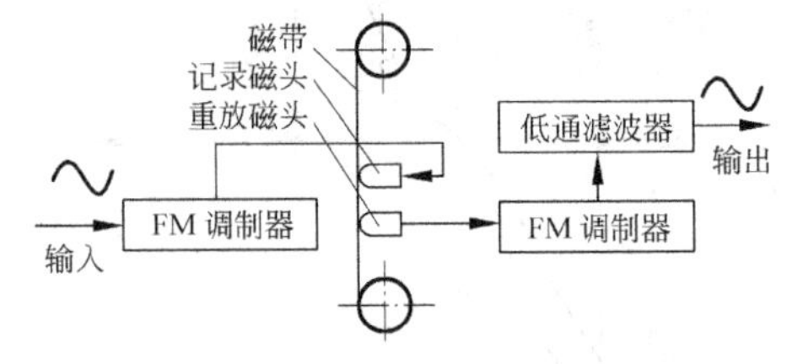

图6.30 宽带FM记录与重放

这种记录方式的优点是可以记录低频以至直流信号,它也不会产生信号跌落现象,还可以避免记录特性的非线性影响,从而得到高线性度,较之DR记录方式优越。但由于它利用已调制波信号中的频率信息来作记录就带来了新的问题,即在记录或重放时带速变化在事实上产生了与信号调频同样的效果。例如输入信号为零时,重放时输出信号也应为零,但若有0.2%的带速变化,则将直接造成0.2%的偏频,重放的输出信号就具有大幅值的噪声,故由带速波动引起的最大信噪比为

$$\frac{S}{N}=20\lg\left(\frac{D}{F}\right)\quad(\mathrm{dB})\tag{6.20}$$

式中,D为以百分数表示的额定频偏,对最大信号输入通常为40%;F为以百分数表示的带速波动。

由式(6.20)可见,要提高信噪比,一是可用限制F的方法;二是采用较大的频偏,但太大的频偏在电路实现上有困难。较好的方法是采用噪声相消法,这种方法是利用一个磁道专门记录带速波动造成的漂移,这可利用对未加调制载波的记录来作鉴别。然后从各磁道记录信号中减去这项漂移信号。用这种方法可以改善调频记录仪的信噪比达10dB左右。但是为了利用同样的补偿,须要求各频道的磁头有严格的一致性。

窄带式FM记录方式主要应用于在一个磁道上作多路信号的记录。其中,已调制波的频率对于载波频率的相对频偏通常为±7.5%,其原理方框图如图6.31所示。各路信号分别以不同中心频率的载波作频率调制,然后作线性相加,再以直接记录方式进行记录。重放

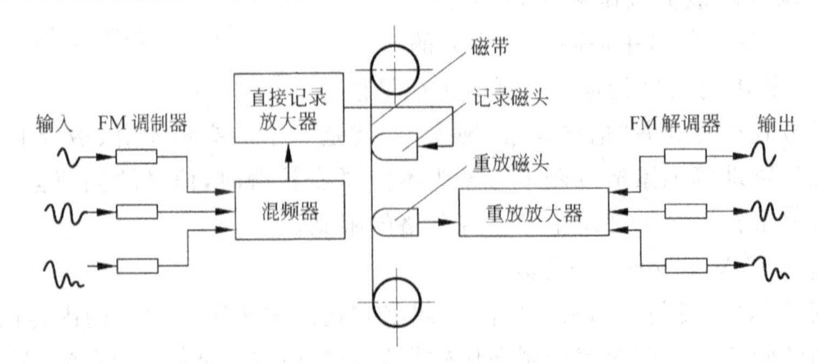

图6.31 多路调频记录方框图

时将重放信号经放大后送入不同中心频率的带通滤波器。根据第5章的分析,调频过程也是一个向载波中心频率移频的过程,所以经各中心频率的带通滤波后就可以将各路调制的频率信号从总加信号中分离出来,然后经FM解调器和低通滤波器还原成原信号。各路调制时的载波中心频率根据IRIG标准规定从400Hz～70kHz共计18个数值。

3. 脉宽调制(PWM recording)方式

脉宽调制(PWM)的记录方式特别适宜于作低频信号的多路记录,其记录系统原理和波形变换如图6.32所示。锯齿波信号发生器输出的锯齿波与输入信号在比较器中进行比较后,输出脉宽不等的方波,这样就将输入信号幅值的大小转换成矩形脉冲的宽窄。然后以直接记录的方式记录在磁带上。重放时经过微分成为不等间距的正负脉冲,再经触发整形就恢复成脉冲宽度不等的方波。最后经反变换后将脉冲宽度变化反变换为幅值变化的原始波形。

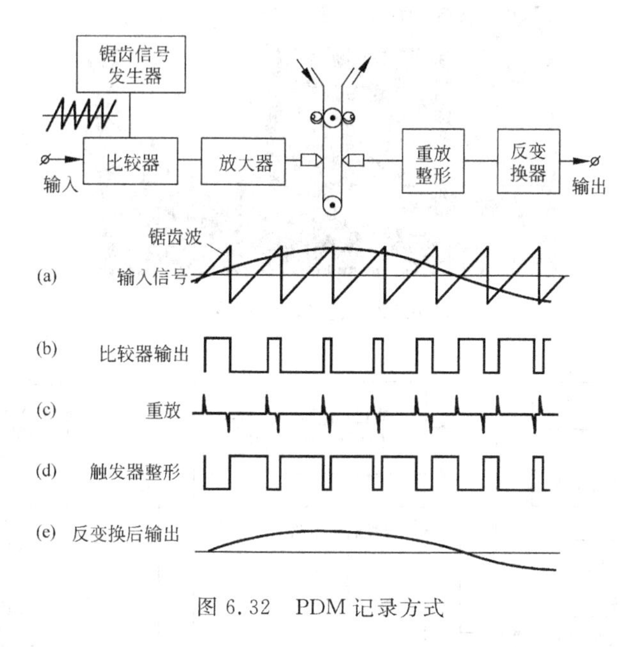

图6.32 PDM记录方式

这种记录方式的最大优点是可对多路信号作顺序分时采样,因而可在同一磁道上记录多个信号。另外还具有能自行标定、磁带走速不匀影响小和信噪比高等特点,其测量精度高,误差仅为1%。其主要缺点是工作频带很窄。所以它特别适合于记录多通道、低频、长信号。

6.4.3 数字记录

可以用做数字记录(digital recording)的设备和媒体种类很多,分为专用数字记录设备,如波形存储式记录仪、数字存储示波器,以及通用数字记录设备,如计算机及其外设数字存储媒体(磁带、磁盘、光盘、新型的固态半导体存储盘)等。

6.4.3.1 基于专用设备的数字记录技术

图6.33是一台典型的数字存储示波器。数字存储示波器不仅可以像普通示波器一样来观察信号的波形,而且可以记录信号的波形,其工作原理如图6.34所示。输入的模拟信

号先经前置增益控制电路处理以后，经采样、保持和 A/D 转换获得数字化信号，该数字信号被直接存储在示波器内存 RAM 中。为了提高信号采集存储的速度，数字存储示波器的数据内存一般都采用双口存储器或采用 DMA 采集方式，不同型号的数字存储示波器的内存容量不同。在相同采样率的情况下，存储容量越大，能记录的波形长度也就越长。存储在数字示波器内存中的数字信号，一方面可以以波形的方式通过示波器的 CRT 或 LCD 图像显示器显示出来，也可以直接通过 RS-232、IEEE-488、软盘，甚至 Internet 网以数字或图形的方式直接传输给其他设备或通用计算机，以便作进一步的数据处理和记录。早期的数字存储示波器还提供 D/A 模拟接口通道，用于连接 XY 记录仪等硬拷贝设备。目前大多数的数字存储器都取消了这种模拟接口，因为目前的打印机、绘图仪等通用的硬拷贝输出设备都可以直接输入数字信号。

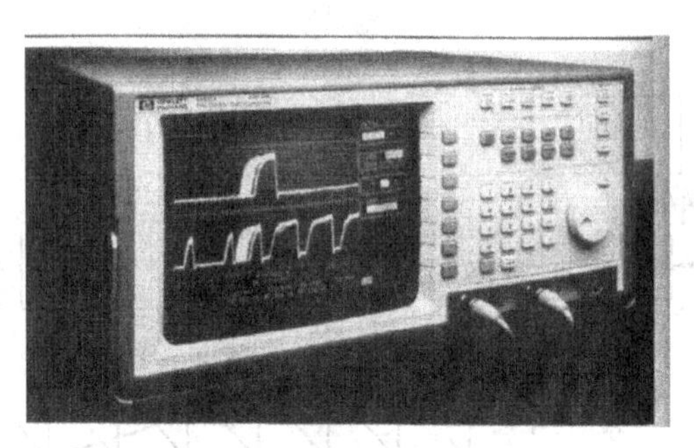

图 6.33 数字存储示波器

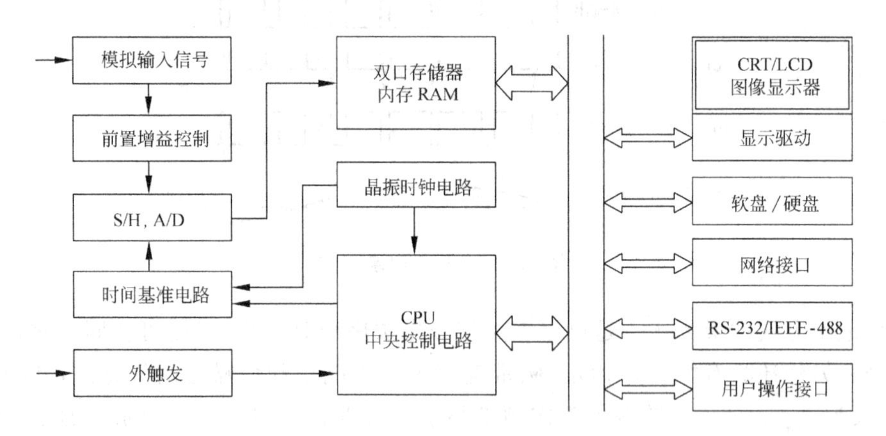

图 6.34 数字存储示波器的工作原理方框图

可见，采用数字存储示波器记录测试与检查信号时，具有如下特点。

(1) 数字存储示波器能捕获和记录的信号频率主要与采样保持(S/H)和 A/D 转换等数据采集系统电路的速度有关。如果数据采集系统的速度和位数都足够高，而存储器的容量又足够大，那么存储器对于一些具有高频成分的信号均能精确、充分地予以记忆。高性能的数字存储示波器，可记录的信号频率高达几百兆赫，甚至几吉赫，这是普通记录器难以实现的。

(2) 信号可以直接以数字数据的形式存储到硬盘、软盘，或直接通过网络等数字接口传送到通用计算机中进行存储。一些数字存储示波器可以直接连接 Internet，可以将瞬间记录的数字波形很快传送到世界上任何地方，这对于远程设备的故障分析和全球专家会诊，意义重大。

(3) 由于数字存储示波器和普通计算机一样具有CPU等核心部件，一般都具有各种复杂的信号处理功能可以选用，可以在示波器上直接进行信号处理和分析，如作FFT分析，而且可以采用图形和数据多种方式输出。

(4) 由于数字存储示波器总是先对信号进行采集和存储，然后再通过图像显示器显示出来。这样在记录某些时域波形密集、含高频成分较多的瞬态过程时，就可以在显示时充分扩展时间坐标，准确地显示所记录信号波形的各种细节。图6.35中待记录的波形是一过程极快的小振动瞬态信号(左)，经波形记录和存储以后，可以用4倍(中)、10倍(右)，甚至更大的时间坐标展开其波形的细节。

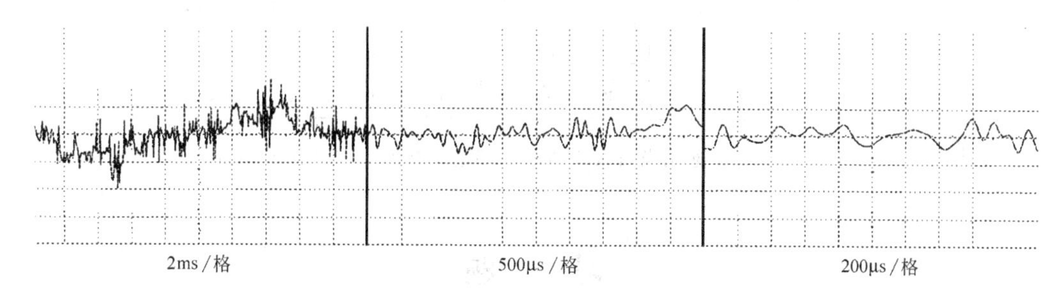

图6.35 存储示波器记录的波形

数字存储示波器系统解决了信号频率高而普通记录仪系统频响跟不上的矛盾，同时也解决了极短瞬态过程需要仔细观测分析波形细部变化的问题。由于有了记忆功能，对于一些科技、生产上的突发性事件(如地震、工业事故等)，均可采用外触发器来启动记录系统。因存储装置可以以长期连续地采集客观物理量的变化波形值，存满后还可以最新的数据更替最旧的数据方法作“滚动”记忆。只有在客观物理量超过或低于某一阈值时才能启动记录，这样就把突发事件发生后的重要波形段记录了下来；另外还可以采用“预触发”功能，即触发后将存储的事件发生前的先兆信号调出记录，以分析事件发生的原因。

数字存储示波器可做成独立的装置，也可配在通用记录仪器上作为附件，现有的专用瞬态记录仪大都采用这种系统。数字存储示波器的记录频率上限现在已转移到数据采集系统的采集转换速度上来。目前所能记录的信号频率上限多为几百兆赫到十几吉赫。随着数字技术的提高，还有很大的潜力。

6.4.3.2 基于通用设备及媒体的数字记录技术

一台通用的计算机，配上满足信号采集要求的数据采集卡，再辅以其外设数字存储媒体(磁带、磁盘、光盘、新型的固态半导体存储盘等)，就可以构成一台通用的测试信号数字记录设备。

利用通用数字存储媒体和设备进行数字记录的优点是通用数字存储媒体和设备兼容性比较好，在测试仪器中使用的媒体及媒体上的记录可以用另外一台兼容设备(如计算机)读出。如果测试设备不仅要记录测试信号的波形和结果，而且还要记录一些测试现场的关键参数，那么即使完全脱离原设备，也可以在其他通用计算机上，通过软件构成的数字虚拟环境，重现测试过程、信号及结果。

通用数字记录设备及媒体在测试仪器中的应用原理与过程,可以用图 6.36 表示,分为现场测试与记录过程和后置分析与处理过程。在现场测试与记录过程中,测量过程中所有关键参数被记录在通用媒体介质上,该媒体(不是测试设备)可以任意移动。在后置分析与处理过程中,通用媒体介质上记录的参数被读入计算机,输入到与原测试设备配套的虚拟环境软件中运行,即可完全重现原来的测试过程,当然包括原始测量数据、信号波形以及测试结果。

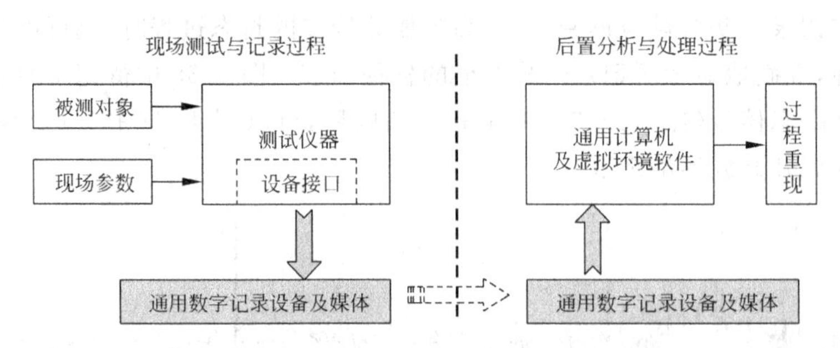

图 6.36 基于通用设备及媒体的数字记录技术应用过程示意图

习　　题

6-1 试述 LED 数码显示的基本原理。如何实现 LED 的静态和动态显示?

6-2 试述 LCD 的作用原理。它有哪些典型的应用? LCD 数码条柱显示器与 LCD 数码点阵显示器的作用原理各是什么?

6-3 试述 CRT 图视显示的作用原理。用框图画出一个 CRT 示波器的基本结构。

6-4 试述喷墨打印机的工作原理。

6-5 试述磁带记录仪的工作原理和基本结构,其中的记录、重放和消磁过程各是怎样进行的?

6-6 举例说明数字记录的方法及其应用特点。

*

虚拟测试系统

7.1 概　　述

随着信息技术的发展，一种崭新的测试及仪器技术——虚拟仪器技术（virtual instrumentation technology）展现在人们面前。虚拟仪器技术实际上并不虚幻。任何测试仪器大致都可以区分为3个部分：首先是数据的采集，其次是数据的分析处理，最后是结果的显示和记录。传统的仪器设备通常是以某一特定的测量对象为目标，把以上3个过程组合在一起，实现性能、范围相对固定，功能、对象相对单一的测试目标。而虚拟仪器则是通过各种与测量技术相关的软件和硬件，与工业计算机结合在一起，用以替代传统的仪器设备，或者利用软件和硬件与传统仪器设备相连接，通过通信方式采集、分析及显示数据，监视和控制测试和生产过程。因此，虚拟仪器实际上就是基于计算机的新型测量与自动化系统。

虚拟现实（virtual reality）技术是利用声、光、机、电、计算机等综合交叉技术的有机结合，实现各种类型的虚拟环境模拟，如虚拟加工、虚拟人体解剖、虚拟测试等。作为虚拟现实技术的重要组成部分，虚拟仪器是仪器和计算机深层次结合的产物。虚拟仪器系统由数据采集系统、GPIB（通用编程接口总线）仪器控制系统、VXI（高速总线）仪器控制系统以及PC总线系统选配组合而成。

为完成某项测试和维修任务，通常需要许多仪器，如信号源、示波器、磁带机、频谱分析仪等。由众多仪器构成的测试系统，价格昂贵，体积庞大，连接和操作复杂，测试效率低。利用个人计算机的处理器、存储器、显示器资源，仪器硬件如传感器、信号调理器、转换卡以及数据采集、过程通信、信号处理和图形用户界面的应用软件有效地结合，来构成一种新的基于PC总线的虚拟仪器动态测试分析仪器，从概念上改变了传统仪器的技术模式，它可以一机多用，多种仪器共享PC资源，从而大大节省了设备量和成本，且方便操作。

虚拟仪器测试系统是测控系统的抽象。但不管是传统的还是虚拟的仪器，它们的功能是相同的：采集数据，数据分析处理，显示处理结果。它们之间的不同主要体现在灵活性方面。虚拟仪器由用户自己定义，这意味着可以自由组合计算机平台的硬件、软件和各种完成应用系统所需要的附件，而这种灵活性由供应商定义，功能固定独立的传统仪器是达不到的。

虚拟仪器系统与传统仪器相比有以下特点。

（1）打破了传统仪器的“万能”功能概念，将信号的分析、显示、存储、打印和其他管理集中交由计算机来处理。由于充分利用计算机技术，完善了数据的传输、交换等性能，使得组建系统变得更加灵活、简单。

(2) 强调“软件就是仪器”的新概念，软件在仪器中充当了以往由硬件实现的角色。由于减少了许多随时间可能漂移、需要定期校准的分立式模拟硬件，加上标准化总线的使用，提高了系统的测量精度、测量速度和可重复性。

(3) 仪器由用户自己定义，系统的功能、规模等均可通过软件修改、增减；可方便地同外设、网络及其他应用连接；不同的软件、硬件组合可以构成针对不同测试对象和测试功能的仪器；一套虚拟测试系统可以完成多种、多台测试仪器的功能。

(4) 虚拟仪器的开放性和功能软件的模块化，能够使用户将仪器的设计、使用和管理统一到虚拟仪器标准，提高资源的可重复利用率，缩短系统组建时间，易于扩展功能，并使管理规范，使用简便，软、硬件生产、维护和开发的费用降低。

(5) 通过软、硬件的升级，可方便地提升测试系统的能力和水平。另外，用户可以用通用的计算机语言和软件，如 C，C++，Visual Basic，LabVIEW，Lab Windows/CVI 等，扩充、编写软件，从而使虚拟仪器技术更适应和贴近用户自己测试工作的特殊需求。

7.2 虚拟仪器的概念

虚拟仪器(virtual instrument，VI)通过应用程序将通用计算机与仪器硬件结合起来，用户可以通过友好的图形界面(通常叫做虚拟前面板)操作这台计算机，就像在操作自己定义、自己设计的一台单个传统仪器一样。VI 以透明的方式把计算机资源(如微处理器、内存、显示器等)和仪器硬件(如 A/D、D/A、数字 I/O、定时器、信号调理等)的测量、控制能力结合在一起，通过软件实现对数据的分析、处理、表达以及图形用户接口(见图 7.1)。

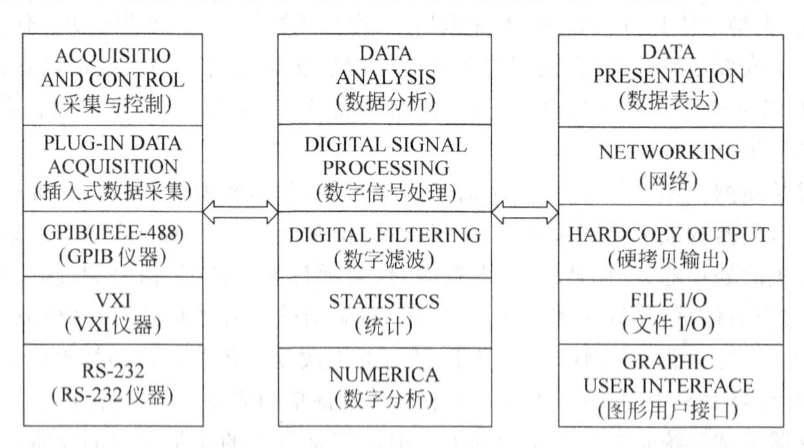

图 7.1 VI 的内部功能划分

应用程序将可选硬件(如 GPIB，VXI，RS-232，DAQ 板)和可重复用原码库函数等软件结合在一起，实现仪器模块间的通信、定时与触发。原码库函数为用户构造自己的 VI 系统提供基本的软件模块。当用户的测试要求改变时，可方便地由用户自己来增减硬、软件模块，或重新配置现有系统，以满足新的测试要求。这样，当用户从一个项目转向另一个项目时，就能简单地构造出新的 VI 系统而不丢弃已有的硬件和软件资源。

7.3 虚拟仪器的演变与发展

7.3.1 计算机是动力

电子测量仪器经历了由模拟仪器、带IEEE-488接口的智能仪器到全部可编程VI的发展历程。其中每一次飞跃无不以高性能计算机的发展为动力。近年来，计算机的处理能力一直按指数率提高。此外，功能强大的RISC处理器(包括PowerPC，Sparc，Alpha和PARISC)和先进的操作系统(如Windows NT，Solaris，NextStep等)在台式机中得到了迅速发展。计算机具有仪器所需要的、最先进及性能价格比最好的显示与存储能力，高分辨率的图形显示与数百兆的硬盘已成为标准配置。计算机技术，特别是计算机总线标准的发展，使VI在PXI和VXI(VMEbus eXtentions for Instrumentation)两个领域得到快速发展，它们将成为未来仪器行业的两大主流产品。

另外，具有上百MHz甚至1GHz采样率，高达24bit精度的DAQ板已经面世。A/D转换技术、仪器放大器、抗混叠滤波器与信号调理技术的进一步发展，使DAQ板成为最具吸引力的VI选件之一。模块化的Delta-sigma A/D转换器和仪器放大器可在3μs内完成12bit精度下的参数设置，抗混叠滤波器可按1/6倍频程衰减90dB，多通道、完全可编程的信号调理等性能与功能指标仅仅是DAQ板先进技术性能中的几个例子。

VXI是结合GPIB仪器和DAQ板的最先进技术而发展起来的高速、多厂商、开放式工业标准。VXI技术优化了高速A/D转换器、标准化触发协议以及共享内存和局部总线等先进技术，成为可编程仪器的一个新领域，并成为电子测量仪器行业的热门领域。目前已有数百家厂商生产的上千种VXI产品面世。

7.3.2 软件是关键

在给定计算机的运算能力和必要的仪器硬件之后，构造和使用VI的关键在于应用软件。这是因为应用软件为用户构造或使用VI提供了集成开发环境、高水平的仪器硬件接口和用户接口。

应用软件最流行的趋势之一是图形化编程环境。应用图形化编程技术开发VI始于美国NI公司1986年推出的LabVIEW软件包，目前面市的图形化VI框架有NI公司的LabVIEW和HP公司的VEE。应当指出，图形化开发环境与图形化VI框架是不同的，其主要区别在于用其VI组件开发可复用原码模块的能力，后者的这些原码模块必须具有被其他原码模块继承性调用的能力(见图7.2)。

通过应用程序提供的仪器硬件接口，用户可通过透明的方式操作仪器硬件。这样，用户可方便、有效地使用GPIB，VXI，DAQ或RS-232这类硬件。

控制特定仪器的软件模块是通过仪器驱动程序(instrument drivers)来实现的，它已经成为应用软件包的标准组成部分。这些驱动程序可以实现对特定仪器的控制与通信，成为用户建立VI系统的基础软件模块。采用标准化仪器驱动程序从根本上消除了仪器编程的复杂过程，使用户能够把精力集中于仪器的使用而不是仪器的编程。

除仪器硬件接口(即仪器驱动程序)是VI应用软件的标准模块外，用户接口开发工具

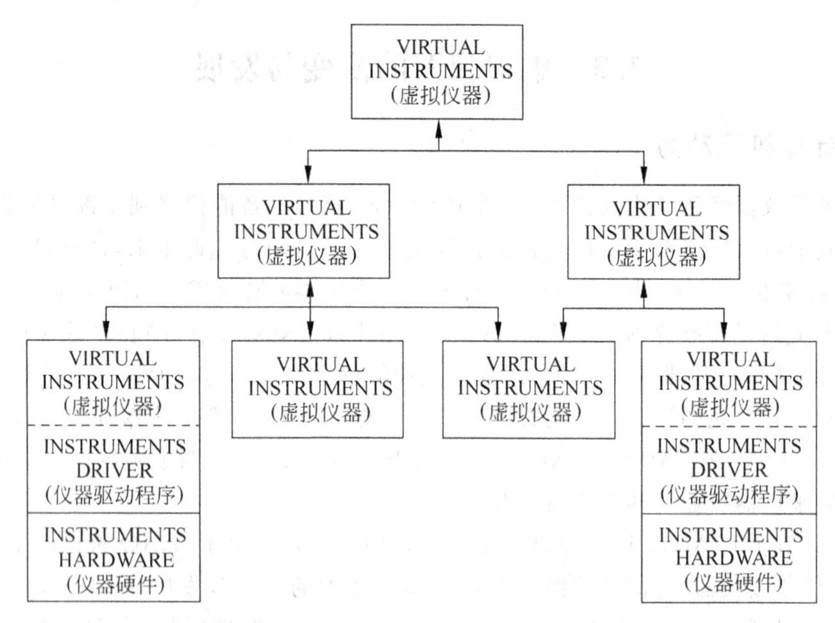

图 7.2 VI 应用软件具有可被其他可复用原码模块继承调用的能力

(user interface development tools)也成为 VI 应用软件的标准组成部分。在传统的程序开发中,用户接口的开发一直是最耗时的任务,而且如何编写从用户接口响应输入、输出的应用程序,其复杂程度无异于学习一种新的语言。而现在 VI 软件不仅包括如菜单、对话框、按钮和图形这样的通用用户接口属性,而且还具有像旋钮、开关、滑动控制条、表头、可编程光标、纸带记录仿真窗和数字显示窗等 VI 应用接口属性。这些属性即使应用像 Visual Basic for Windows 和 Visual C++ for Windows 这些推出不久的面向对象语言来开发 VI 的用户接口也是非常困难的。

7.4 VI 的构成

今天的测试领域面临着三大主要挑战——测试成本不断增加、测试系统越来越庞杂、对测试投资的保护要求越来越强烈。

面对这些挑战,通常的做法是选用标准化硬件平台(如 VXIbus 与统一的计算机平台)。这样做的结果尽管可以部分地降低测试成本,但作用是非常有限的。使用 VI 可大大缩短用户软件的开发周期,增加程序的可复用性,从而降低测试成本。由于 VI 是基于模块化软件标准的开放系统,用户可以选择他认为最适合于其应用要求的任何测试硬件。例如,可以自己定义最适合于生产线上用的低成本测试系统,或为研究与开发项目设计高性能的测试系统,这些系统的软件或硬件平台可能是相同或兼容的。

因此,从构成要素讲,VI 系统由计算机、应用软件和仪器硬件组成(如图 7.3 所示);从构成方式讲,则有以 DAQ 板和信号调理为仪器硬件而组成的 PC-DAQ 测试系统,以 GPIB, VXI,Serial 和 Fieldbus 等标准总线仪器为硬件组成的 GPIB 系统、VXI 系统、串口系统和现场总线系统等。但无论哪种 VI 系统,都是将仪器硬件搭载到笔记本电脑、台式 PC 或工作站等各种计算机平台加上应用软件而构成的。因此，VI 的发展完全与计算机技术的发展同步，也显示出 VI 的灵活性和强大生命力。

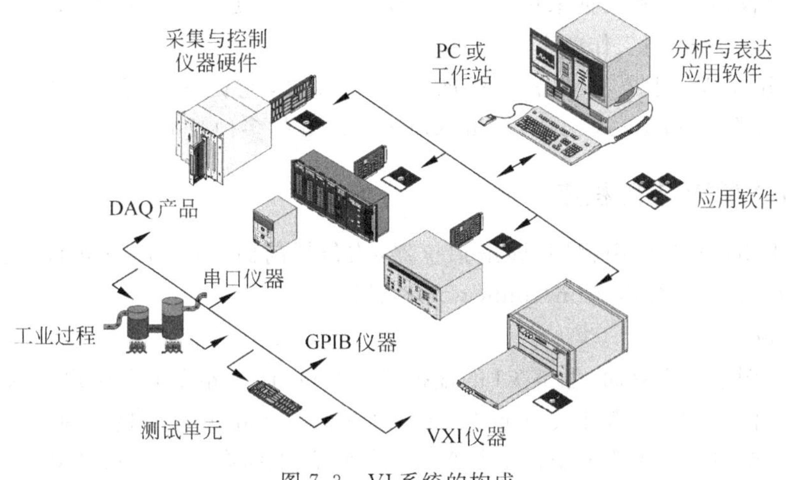

图 7.3　VI 系统的构成

VI 与传统仪器的比较见表 7.1，其最主要的区别是 VI 的功能由用户使用时自己定义，而传统仪器的功能是由厂商事先定义好的。有人把功能确定的计算机插卡式仪器也笼统地叫做 VI，这有悖于 VI 与传统仪器本质的区别。

表 7.1　VI 与传统仪器的比较

虚 拟 仪 器	传 统 仪 器
软件使得开发与维护费用降至最低	开发与维护开销高
技术更新周期短(1～2 年)	技术更新周期长(5～10 年)
关键是软件	关键是硬件
价格低、可复用与可重配置性强	价格昂贵
用户定义仪器功能	厂商定义仪器功能
开放、灵活，可与计算机技术保持同步发展	封闭、固定
能与网络及其他周边设备方便互联地面向应用的仪器系统	功能单一、互联有限的独立设备

7.5　虚拟仪器图形化语言 LabVIEW

LabVIEW(laboratory virtual instrument engineering workbench)是一种图形化的编程语言，被广泛地视为一个标准的数据采集和仪器控制软件。LabVIEW 功能强大、灵活，它集成了满足 GPIB，VXI，RS-232 和 RS-485 协议的硬件及数据采集卡通信的全部功能，还内置了能应用 TCP/IP，ActiveX 等软件标准的库函数，利用它可方便地搭建虚拟仪器，其图形化的界面使编程及使用过程十分生动有趣。

图形化的程序语言又称为 G 语言。使用这种语言编程时，基本上不写程序代码，取而代之的是流程图。它尽可能利用了技术人员、科学家和工程师所熟悉的术语、图标和概念。LabVIEW是一个面向最终用户的工具,可以增强构建自己的科学和工程系统的能力,同时还提供了实现仪器编程和数据采集系统的便捷途径。用它进行原理研究、设计、测试并实现仪器系统时,能大大提高工作效率。

利用LabVIEW可产生独立运行的可执行文件,它是一个真正的32位编译器。LabVIEW还提供Windows,UNIX,Linux,Macintosh的多种版本。

7.5.1 LabVIEW应用程序

所有的LabVIEW应用程序,即虚拟仪器,均包括前面板(front panel)、流程图(block diagram)以及图标/连接器(icon/connector)3部分。

1. 前面板

前面板是图形用户界面,也是VI的虚拟仪器面板,这一界面上有用户输入和显示输出两类对象,具体有开关、旋钮、图形以及其他控制(control)和显示对象(indicator)。图7.4是一个随机信号发生和显示的简单VI前面板,上面有一个显示对象,以曲线的方式显示了所产生的一系列随机数。还有一个控制对象——开关,可以启动和停止工作。当然,并非简单地画两个控制件就可以运行,在前面板后还有一个与之配套的流程图。

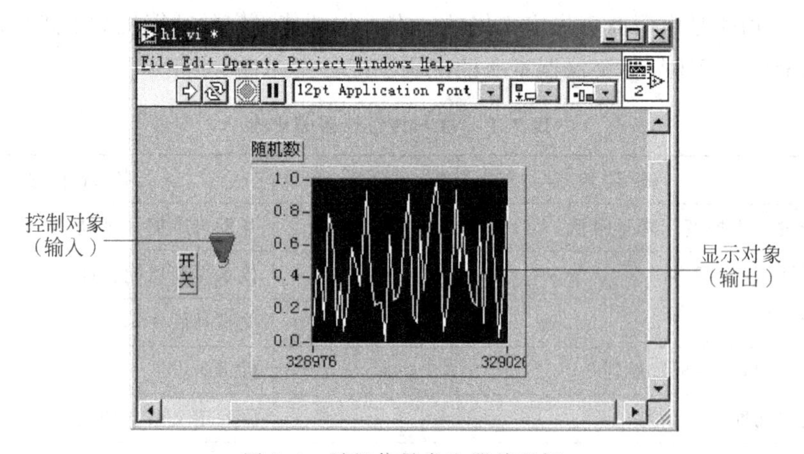

图7.4 随机信号发生器前面板

2. 流程图

流程图提供VI的图形化源程序。在流程图中对VI编程,以控制和操纵定义在前面板上的输入和输出功能。流程图中包括前面板上控制件的连线端子,还有一些前面板上没有,但编程必须有的东西,例如函数、结构和连线等。图7.5是与图7.4对应的流程图。可以看到,流程图中包括了前面板上的开关和随机数显示器的连线端子,还有一个随机数发生器的函数及程序的循环结构。随机数发生器通过连线将产生的随机信号送到显示控件,为了使它持续工作下去,设置一个While Loop循环,由开关控制这一循环的结束。

将VI与标准仪器相比较,可看到前面板上的东西就是仪器面板上的东西,而流程图上的东西相当于仪器箱内的东西。在许多情况下,使用VI可以仿真标准仪器,不仅在屏幕上出现一个惟妙惟肖的标准仪器面板,而且其功能也与标准仪器相差无几。

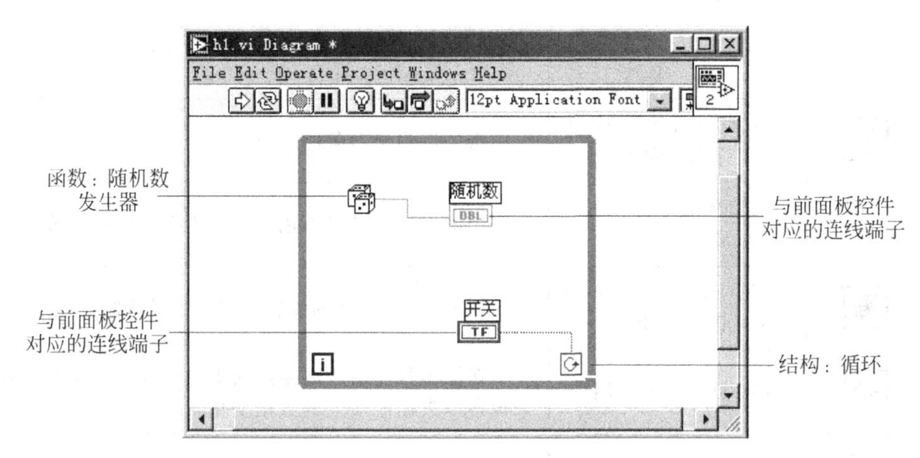

图 7.5 随机信号发生器流程图

3. 图标/连接器

VI 具有层次化和结构化的特征。一个 VI 可以作为子程序，这里称为子 VI(subVI)，被其他 VI 调用。图标与连接器在这里相当于图形化的参数，详细情况稍后介绍。

7.5.2 LabVIEW 操作模板

在 LabVIEW 的用户界面上，应特别注意它提供的操作模板，包括工具(tools)模板、控制(controls)模板和功能(functions)模板。这些模板集中反映了软件的功能与特征。

1. 工具模板

该模板提供了各种用于创建、修改和调试 VI 程序的工具，可以在 Windows 菜单下选择 Show Tools Palette 命令以显示该模板(见图 7.6)。当从模板内选择了任一种工具后，鼠标箭头就会变成该工具相应的形状。当从 Windows 菜单下选择了 Show Help Window 功能后，把工具模板内选定的任一种工具光标放在流程图程序的子程序(Sub VI)或图标上，就会显示相应的帮助信息。

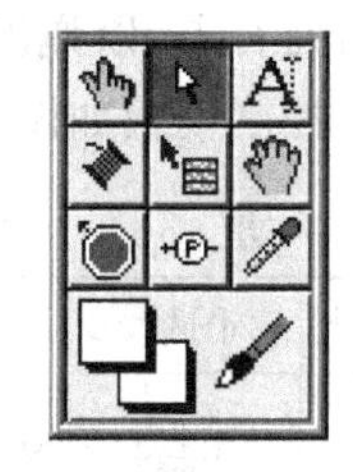

图 7.6 工具模板

表 7.2 列出了常用的工具图标的名称及功能。

表 7.2 工具图标的名称及功能

序号	图标	名 称	功 能
1		Operate Value(操作值)	用于操作前面板的控制和显示。使用它向数字或字符串控制中键入值时，工具会变成标签工具
2		Position/Size/Select(选择)	用于选择、移动或改变对象的大小。当它用于改变对象的连框大小时，会变成相应形状
3		Edit Text(编辑文本)	用于输入标签文本或者创建自由标签。当创建自由标签时它会变成相应形状
4		Connect Wire(连线)	用于在流程图程序上连接对象。如果联机帮助的窗口被打开时，把该工具放在任一条连线上，就会显示相应的数据类型

续表

序号	图标	名 称	功 能
5		Object Shortcut Menu(对象弹出式菜单)	单击可以弹出对象的弹出式菜单
6		Scroll Windows(窗口漫游)	使用该工具就可以不用滚动条而在窗口中漫游
7		Set/Clear Breakpoint(断点设置/清除)	使用该工具在VI的流程图对象上设置断点
8		Probe Data(数据探针)	可在框图程序内的数据流线上设置探针。通过控针窗口来观察该数据流线上的数据变化状况
9		Get Color(颜色提取)	使用该工具来提取颜色用于编辑其他对象
10		Set Color(颜色设置)	用来给对象定义颜色。它也显示出对象的前景色和背景色

第9个和第10个两个模板是多层的,其中每一个子模板下包括多个对象。

2. 控制模板

该模板用来给前面板设置各种所需的输出显示对象和输入控制对象,每个图标代表一类子模板。可以用Windows菜单的Show Controls Palette功能打开它,也可以在前面板的空白处右击,以弹出控制模板。

控制模板如图7.7所示,它包括表7.3中所示的一些子模板。

表7.3 控制模板所包含子模板的名称及功能

序号	图标	子模板名称	功 能
1		Numeric(数值量)	数值的控制和显示,包含数字式、指针式显示表盘及各种输入框
2		Boolean(布尔量)	逻辑数值的控制和显示,包含各种布尔开关、按钮以及指示灯等
3		String & Path(字符串和路径)	字符串和路径的控制和显示
4		Array & Cluster(数组和簇)	数组和簇的控制和显示
5		List & Table(列表和表格)	列表和表格的控制和显示
6		Graph(图形显示)	显示数据结果的趋势图和曲线图
7		Ring & Enum(环与枚举)	环与枚举的控制和显示

续表

序号	图标	子模板名称	功　　能
8		I/O(输入/输出功能)	输入/输出功能与操作 OLE,ActiveX 的功能
9		Refnum	参考数
10		Digilog Controls(数字控制)	数字控制
11		Classic Controls(经典控制)	经典控制,指以前版本软件的面板图标
12		ActiveX	用于 ActiveX 等功能
13		Decorations(装饰)	用于给前面板进行装饰的各种图形对象
14		Select a Controls(控制选择)	调用存储在文件中的控制和显示的接口
15		User Controls(用户控制)	用户自定义的控制和显示

3. 功能模板

功能模板是创建流程图程序的工具。该模板上的每一个顶层图标都表示一个子模板。若功能模板不出现,则可以用 Windows 菜单下的 Show Functions Palette 功能打开它,也可以在流程图程序窗口的空白处右击以弹出功能模板。

功能模板如图 7.8 所示,其子模块如表 7.4 所示(个别不常用的子模块未包含)。

图 7.7　控制模板

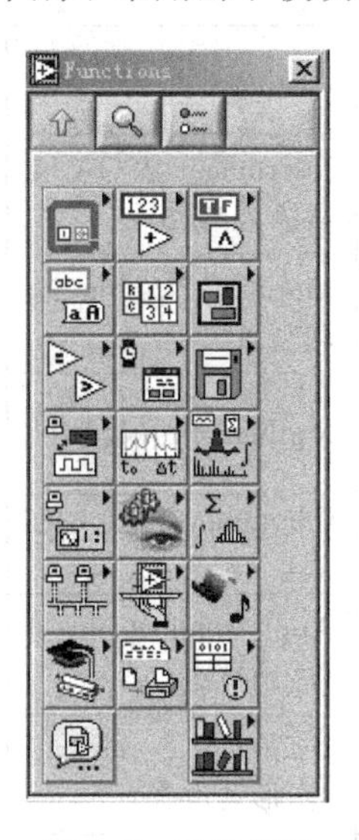

图 7.8　功能模板

表 7.4 功能模板常用子模板的名称及功能

序号	图标	子模板名称	功能
1		Structure(结构)	包括程序控制结构命令(例如循环控制等)以及全局变量和局部变量
2		Numeric(数值运算)	包括各种常用的数值运算,还包括数制转换、三角函数、对数、复数等运算以及各种数值常数
3		Boolean(布尔运算)	包括各种逻辑运算符以及布尔常数
4		String(字符串运算)	包含各种字符串操作函数、数值与字符串之间的转换函数以及字符(串)常数等
5	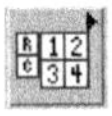	Array(数组)	包括数组运算函数、数组转换函数以及常数数组等
6		Cluster(簇)	包括簇的处理函数以及群常数等。这里的群相当于C语言中的结构
7		Comparison(比较)	包括各种比较运算函数,如大于、小于、等于
8		Time & Dialog(时间和对话框)	包括对话框窗口、时间和出错处理函数等
9		File I/O(文件输入/输出)	包括处理文件输入/输出的程序和函数
10		Data Acquisition(数据采集)	包括数据采集硬件的驱动以及信号调理所需的各种功能模块
11	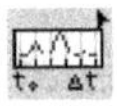	Waveform(波形)	各种波形处理工具
12		Analyze(分析)	信号发生、时域及频域分析功能模块及数学工具
13		Instrument I/O(仪器输入/输出)	包括GPIB(488,488.2)、串行、VXI仪器控制的程序和函数以及VISA的操作功能函数
14		Motion & Vision(运动与景象)	
15	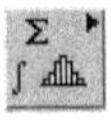	Mathematics(数学)	包括统计、曲线拟合、公式框节点等功能模块以及数值微分、积分等数值计算工具模块
16		Communication(通信)	包括TCP,DDE,ActiveX和OLE等功能的处理模块
17		Application Control(应用控制)	包括动态调用VI、标准可执行程序的功能函数
18		Graphics & Sound(图形与声音)	包括3D、OpenGL、声音播放等功能模块;包括调用动态连接库和CIN节点等功能的处理模块
19		Tutorial(示教课程)	包括LabVIEW示教程序

续表

序号	图标	子模板名称	功　　能
20		Report Generation(文档生成)	
21		Advanced(高级功能)	
22		Select a VI(选择子VI)	
23		User Library(用户子VI库)	

7.6 基于Web的虚拟仪器

网络技术是当今社会推动信息产业及相关产业乃至整个社会发展的一种核心技术,它的出现使整个社会的工作、生活方式都发生了极大的变化。传统概念的网络是基于一般Client/Server(以下简写为C/S)模式的,这种方式的最大弊端在于它造成了一种"胖客户/瘦服务器"的模型,大量的应用程序在客户端,而服务器只起到管理的作用。这样,如果应用程序需要更新或者维护,就必须对每一个客户端进行大量的操作,非常繁琐而且工作量很大,成本也很高。

Web技术在Internet上的异军突起,导致Web/Browser(以下简写为W/B)这一新的软件应用模型的流行。W/B模型是传统C/S模型的衍生,这一新的模型奉行"瘦客户/胖服务器"的理念,使主要的应用程序在服务器上,客户端只需要浏览器环境,便可依需要从服务器下载应用程序来完成相应的任务。使应用程序维护更方便,主要工作量集中在服务器端,工作量较小,成本较低。而且Web具有界面友好、操作方便等特点,深得广大用户的欢迎。目前除了作为Internet上组织和发布信息的有力工具之外,也广泛应用在包括MIS、GIS、电子商务和分布式计算等诸多应用领域中,并衍生出Intranet和Extranet。未来的Internet将不仅仅只连接计算机和终端,仪器设备、消费电子产品汇接于Internet平台时可以实现"任何人在任何地方跟任何对象进行任何方式的信息交流",WebTV,WebTel由此产生并得到了实验性应用;Web渗透到仪器领域,将是仪器领域内的一次重要革新,这正是Internet非凡影响力的表现。

将Web和VI结合起来,将使VI拓展到真正的分布式网络测试应用环境中去,对于丰富测试手段、提高测试效率、充分合理地利用有效资源都有着很好的作用。

7.6.1 基于Web的VI概述

基于Web的VI,简单地说就是把VI技术和面向Internet的Web技术二者结合产生的新的VI技术。VI的主要工作是把传统仪器的前面板移植到普通计算机上,利用计算机的资源处理相关的测试需求,基于Web的VI则进一步把仪器的前面板移植到Web页面上,通过Web服务器处理相关的测试需求。

VI 的两大技术基础是计算机硬件和软件技术，正是计算机硬件和软件的网络化带来了整个社会的网络化，所以从发展的角度来说，这一技术不可避免地要渗透到 VI 技术领域里来。VI 依靠计算机强大的处理能力、高性能的显示技术、高速的存储系统和丰富的外部设备，同时 VI 依靠计算机丰富的软件系统，包括网络化的操作系统（如 Windows NT）、应用软件（如 Internet Explorer）和网络性能很强的 VI 软件（如 NI 公司的 Component Works，G Web Server 等），所有这些使 VI 系统具备强大的网络能力。

就 Internet 的发展来说，从最初用于美国军方的 ARPANET，今天的 Internet，到本世纪的 Internet Ⅱ等，Internet 技术的发展速度日新月异，内容也由最初纯粹的文本信息交流，现在的 WWW 多媒体技术，一直到未来的信息家电等，越来越丰富。可以说 Internet 技术将会无所不在，无所不容。而且随着网络硬件设备的不断发展，基础设施的不断完善和网络软件的不断丰富，网络成本的不断降低，使网络作为 VI 的测试平台无论从技术上还是成本上都是完全可行的。Web 技术是 Internet 的一个组成部分，如果说 Internet 是世界范围内计算机网络相互间连接的集合，那么 Web 可以说是在 Internet 顶部运行的一个协议。WWW 具有相互通信的能力，具有友好的图形用户接口，而且有良好的平台独立性，所有这些都为把 VI 和 Web 结合起来奠定了坚实的基础。

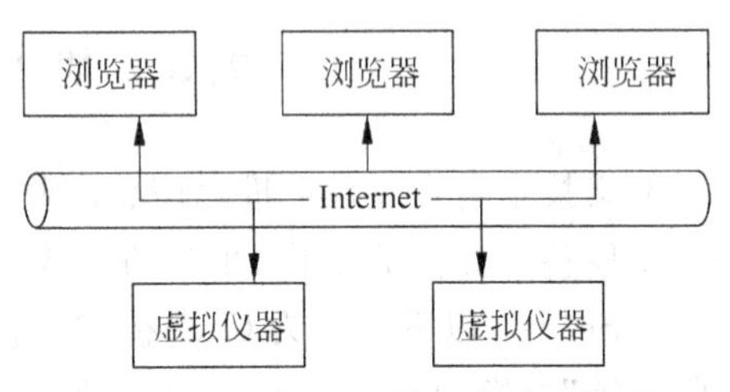

图 7.9 VI 与 Web 结合的基本模型

图 7.9 显示了 VI 和 Web 结合的基本模型。

7.6.2 主要软件技术

1. ActiveX 技术

ActiveX 是由 Microsoft 公司定义并发布的一种开放性标准。它能够让软件开发者方便、快速地在 Internet，Intranet 网络环境里，制作或提供生动活泼的内容与服务，编写功能强大的应用程序。ActiveX 的好处有以下几个方面。

(1) 利用现成的 1 000 多个 ActiveX Controls 可以容易地开发出基于网络的应用程序。

(2) 可以开发出能充分发挥硬件与操作系统功能的应用程序与服务，这是由于所调用的 ActiveX Controls 与硬件及操作系统功能紧密结合的缘故。

(3) 跨操作系统平台，支持 Windows，Macintosh，UNIX 版本。

ActiveX Controls 就是基于 OLE(object linking & embedding)技术并加以扩充，符合 COM(component object model)格式的交互式软件元件。许多原本使用于 Visual Basic，Delphi 等的 OCX(OLE control)都可以成为 ActiveX Controls。

2. DataSocket 服务器

DataSocket 是 NI 公司提供的一种编程工具，借助它可以在不同的应用程序和数据源之间共享数据。DataSocket 可以访问本地文件以及 HTTP 和 FTP 服务器上的数据，为低层通信协议提供了一致的 API，编程人员无需为不同的数据格式和通信协议编写具体的程序代码。DataSocket 使用一种增强数据类型来交换仪器类型的数据，这种数据类型包括数据特性（如采样率、操作者姓名、时间及采样精度等）和实际测试数据。DataSocket 用类似于 Web 中的统一资源定位器(URL)定位数据源，URL 不同的前缀表示了不同的数据类型，

file 表示本地文件，http 为超文本传输资源，ftp 为文件传输协议，opc 表示访问的资源是 OPC 服务器，dstp(DataSocket transfer protocol)则说明数据来自 DataSocket 服务器的实时数据。NI 公司的 ComponentWorks 软件包中提供的 DataSocket 具备以下 3 个工具。

(1) DataSocket ActiveX 控件。开发者可以利用它提供的控件在诸如 VB，VC 等 ActiveX 容器中开发共享数据应用程序。

(2) DataSocket 服务器。利用 dstp 协议在应用程序间交换数据。

(3) DataSocket 服务器管理程序。它是一个配置和管理工具，负责确定 DataSocket 服务的最大连接数，实现设置访问控制等网络管理功能。

图 7.10 描述了 DataSocket 的体系结构。

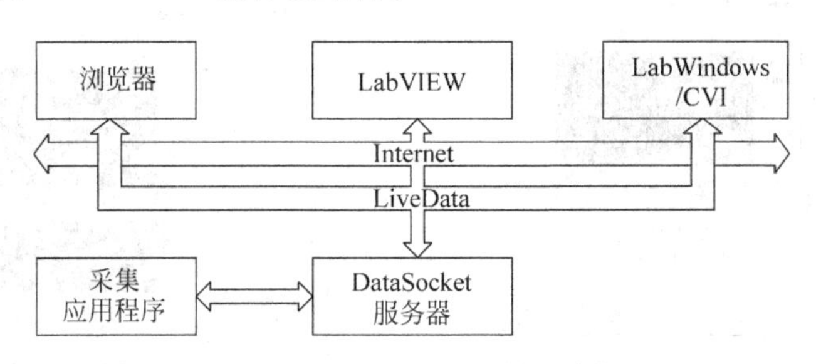

图 7.10 DataSocket 的体系结构

7.6.3 Web 服务器

Web 服务器支持标准的 HTTP 协议，调用内置的 Monitor 和 Snap 函数，使 VI 的前面板显现在浏览器中；支持 CGI，实现对 VI 的远程交互式访问；支持 SMTP，在 VI 中实现消息和文件的邮件方式发送；支持 FTP，实现文件的自动上下载。其结构如图 7.11 所示。

图 7.11 Web 服务器结构

除了上述介绍的这几种软件技术以外，还有 NI 公司的 Internet Toolkit for G，Java，ASP 等不断发展完善的软件技术，可以在基于 Web 的 VI 中得到应用，限于篇幅，在此不再详细阐述。

7.6.4 实例

下面举一个简单的例子对上面的概念作一个说明。

这个例子是用 Visual Basic，ActiveX 技术结合 DataSocket 服务器开发而成的，简要步骤如下所述。

(1) 用 Visual Basic 建立一个 ActiveX 控件，其中加入 DataSocket 控件，用于从 DataSocket 服务器读取数据。

(2) 用 Visual Basic 建立一个可执行文件，其中加入 DataSocket 控件，用于向 DataSocket 服务器写数据。

(3) 在一台微机上安装 DataSocket 服务器，并配置好服务器的各项参数。

图 7.12 是实际例子的示意图。

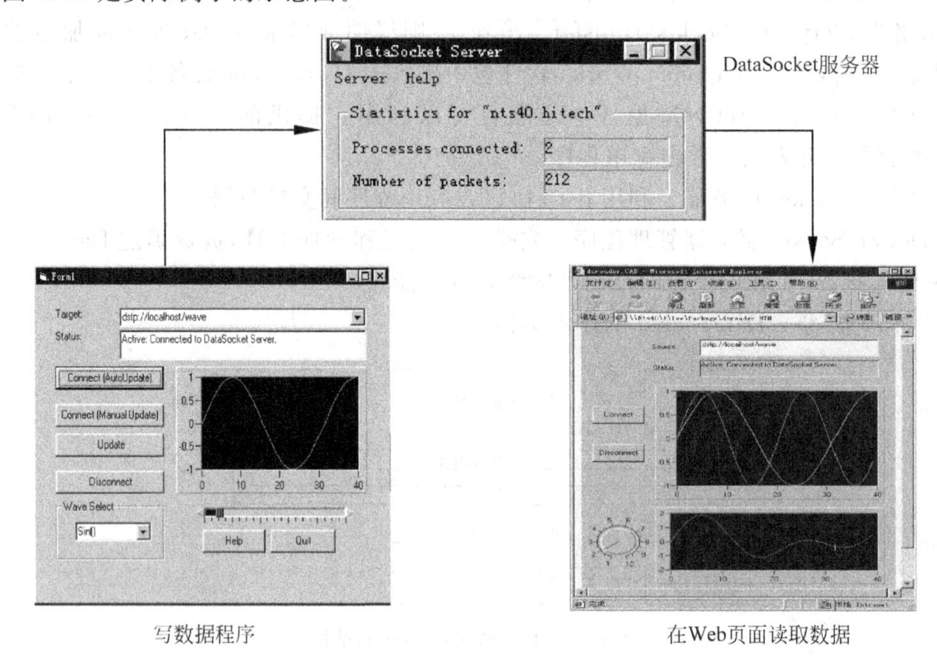

图 7.12 DataSocket 示意图

从以上基本概念和简单示例中可以看到，通过网络实现对对象的测试与控制，是对传统测控方式的一场革命。测控方式的网络化是未来测控技术发展的必然趋势，它能够充分利用现有资源和网络带来的种种好处，实现各种资源最有效合理的配置。同时还可以实现真正意义上的 VI，即用纯粹的软件仪器代替目前的传统仪器或 VXI，PXI 等仪器形式，给相关领域的教学、科研、训练等带来更大的方便。因此，基于 Web 的虚拟仪器在未来一定会得到更加广泛的应用。

习 题

7-1 什么是虚拟仪器？虚拟仪器与传统仪器的区别是什么？

7-2 举例说明如何用虚拟测试方法构成一个简单测试系统。

7-3 LabVIEW 的运行机制是什么？

7-4 网络化虚拟仪器采用的主要软件技术是什么？

7-5 简述用 DataSocket 服务器如何构成网络化虚拟仪器。

7-6 创建一个新的虚拟仪器，用条形函数显示 Activity 目录下 Digital Thermometer .vi 中的温度值，计算并显示运行中的平均温度。

7-7 试在 LabVIEW 中利用已经实现的 Hanning 和 Hamming 乘窗算法，从 Examples \Analysis\windxmpl.llb 中打开 Windows Comparison.vi 进行实验，观察两种算法的效果。

第二部分

典型物理量的测试技术和应用

8 力及其导出量的测量

8.1 概　　述

力属于国际单位制(SI)的导出物理量,其单位为牛顿(N)。力的单位定义为:1N 等于使质量为 1kg 的物体获得 1m/s^2 加速度的力,即

$$1\text{N} = 1\text{kg} \cdot \text{m/s}^2 \tag{8.1}$$

力是由公式 $F=ma$ 来确定的,因此力的标准便取决于质量(m)和加速度(a)的标准。质量被认为是一个基本量(见第 1 章),它的标准是一根保存在法国赛佛尔(Sevres,France)的铂-铱合金圆棒,称为国际标准千克。其他的质量标准(如各个国家的国家标准)是通过采用天平与该原始标准作比较而得到的,其复制精度可达到 1kg 的 10 亿分之几。

加速度并不是一个基本量,但却可以从长度和时间来导出,这两者均为基本量,对它们的标准第 1 章中已作了介绍。重力加速度 g 是一个十分方便的标准。通过测量一个摆的有效长度及其摆动周期或是通过确定一个自由落体的速度随时间的变化值便可确定重力加速度,其精度可达 10^{-6}。重力加速度 g 的实际值随不同的地理位置有所变化,且在给定的地点处也随时间的不同以一种周期可预测的方式稍有改变,但有时也因为当地的地质活动会发生轻微的不可预测的改变。g 的所谓的标准值是指在纬度 45°的海平面处的值,它等于 980.665cm/s^2。位于任意纬度 Φ 处的重力加速度值为

$$g = 978.049(1 + 0.005\,288\,4\sin^2\Phi - 0.000\,005\,9\sin^2 2\Phi) \quad (\text{cm/s}^2) \tag{8.2}$$

随不同的海拔高度 h(单位:m),其修正值为

$$\text{修正值} = -(0.000\,308\,85 + 0.000\,000\,22\cos 2\Phi)h + 0.000\,072\left(\frac{h}{1\,000}\right)^2 \quad (\text{cm/s}^2) \tag{8.3}$$

当一个特定地点的重力加速度 g 的数值被确定后,便可精确计算出作用在已知标准质量上的重力(重量),从而建立起一个力的标准。该标准便是对测力系统作“静重”标定的基础。目前,采用静重、刀口和杠杆原理的商用标定仪器标定的重量范围为 0~50kN,测量精度可达所施加载荷的±0.005%,分辨率为所施加载荷的±0.006 2%。

力的测量方法从大的方面讲可分为直接比较法和通过采用传感器的间接比较法两类。在直接比较法中采用梁式天平,通过归零技术将被测力与标准质量(砝码)的重力进行平衡。直接比较法的优点是简单易行,在一定条件下可获得很高的精度(如分析天平)。但这种方法常常是逐级加载,测量的精度因此决定于砝码分级的密度和砝码等级,还受到测量系统中

杠杆、刀口支承等连接零件间的摩擦和磨损的影响。另外，这种方法基于静态重力力矩平衡，因此仅适用于作静态测量。与之相反，间接比较法采用测力传感器，将被测力转换为其他物理量，再与标准值作比较，从而求得被测力的大小。标定值是预先对传感器进行标定时确定的。间接法能用来作动态测量，其测量精度主要受传感器及其标定精度影响。

以下介绍各种基本的测力方法。

8.2 基本测力方法

图 8.1 示出了几种基本的测力方法。

图 8.1(a)所示为分析天平、摆式秤和台式秤 3 种形式的机械式称量系统。其中，分析天平的原理尽管简单，但设计和操作却需要十分仔细，以实现其最优的性能。天平横梁的质心位于刀口支承之下很小距离(千分之几毫米)的位置上，从而使其处于稳定平衡。这样梁的偏移量便十分灵敏地指示出不平衡重量。通过加标准质量使梁平衡而使指示值归零便可知道未知力的大小。对于非常精确的测量，必须考虑标准质量浸没在空气中的浮力。另外，十分灵敏的天平一般要装在温度控制的房间中，采用遥控的操作方式来消除操作者体热和热对流的影响。通常在天平两臂之间有$\frac{1}{20}$℃的温差便会产生 10^{-24} m 的臂长比变化，该影响对于某些精密测量的应用来说已经是足够大的了。

摆式秤是一种指针偏转型仪器，它将未知力转换为力矩，该力矩被一配置成一个摆的固定标准质量产生的力矩所平衡。这种摆式秤在实际中均采用专门形状的扇形件和钢带来使摆固有的非线性力矩-角度关系变呈线性关系。如图 8.1 所示，未知力 F_i 可以直接加到秤上，也可以通过杠杆系统来施加，后者的目的是扩大量程。采用连接在秤上的角位移传感器来测量偏移角 θ_o，从而可得到正比于被测力的电信号。

台式秤采用杠杆系统，从而可用较小的标准重量来测量大的力。采用检测零位的电气或位移传感器，并结合一个用以确定秤锤零位的放大器-电机系统，则可将这种台式秤做成自平衡式的。该秤的另一特征是，当 $a/b=c/d$ 时，秤的读数与力 F_i 加在台上的位置无关。因此，许多商用台式秤均采用图示的这种支撑系统。

上述 3 种仪器主要用于静态力测量。

图 8.1(b)所示的装置是用加速度计测力的。由于在这种情况下测到的是作用在质量块上的合力，因此这种方法的应用受到一定限制。因为常常是数个力一起作用，但采用此法却不能将它们分开测量。

图 8.1(c)所示为一种电磁秤，它采用光电式零位检测器(也可采用其他类型的位移传感器)、放大器和一个力矩线圈组成一个伺服系统来平衡未知力 F_i 和作用在标准质量上的重力之间的差值。与机械秤相比，它的优点是使用方便、对环境条件不敏感、响应快、体积小且易于作远距离操作。另外，输出的电信号也易于被连续记录和用于自动控制。现代化的秤还组合有微处理器，从而提供更大的方便性、灵活性以及称量速度。如果接上打印机，还可对重量数据进行记录。

图 8.1(d)为液压式和气压式测力计。其中，液压测力计内部充满油，且通常加有一预载压力。当加有负载时，油压增加，该增加值可由精确的指示仪表读出，也可采用压力传感器将读数转换为电信号。这种测力计具有很高的刚度，满量程时仅偏转千分之几毫米。其

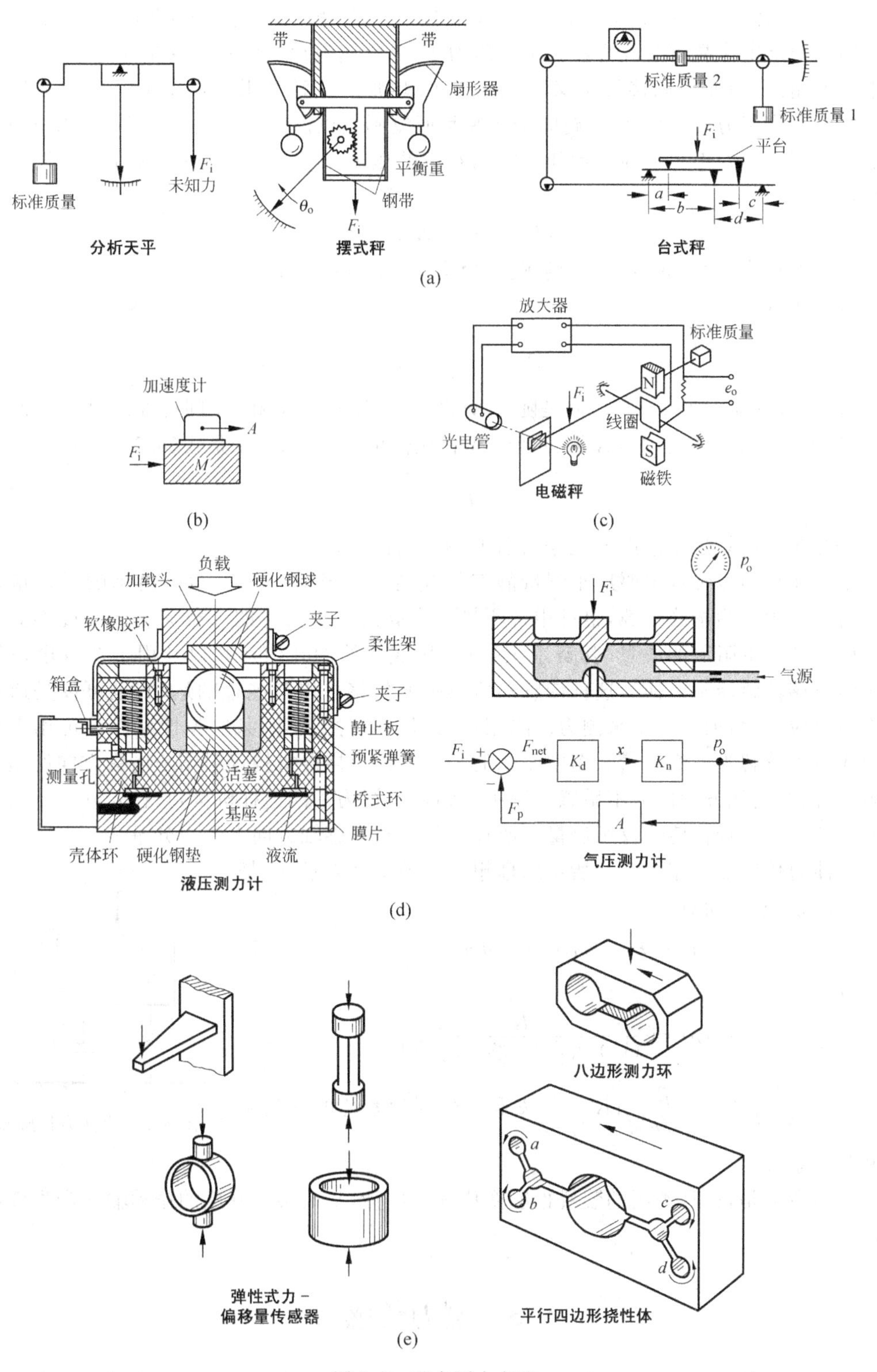
标准质量
未知力
F_i
分析天平
带
带
扇形器
平衡重
钢带
θ_o
F_i
摆式秤
标准质量 2
标准质量 1
F_i
平台
a
b
c
d
台式秤
(a)
加速度计
A
F_i
M
(b)
放大器
标准质量
光电管
F_i
N
e_o
线圈
S
磁铁
电磁秤
(c)
负载
加载头
硬化钢球
夹子
软橡胶环
柔性架
箱盒
夹子
静止板
预紧弹簧
测量孔
活塞
桥式环
基座
膜片
壳体环
硬化钢垫
液流
液压测力计
p_o
F_i
气源
F_i
F_{net}
K_d
x
K_n
p_o
F_p
A
气压测力计
(d)
八边形测力环
a
b
c
d
弹性式力-
偏移量传感器
平行四边形挠性体
(e)

图 8.1　基本测力方法

测量精度可达满量程的0.1%,分辨率为0.02%。气压测力计采用一种喷嘴挡板式传感器,用在伺服回路中作高增益放大器。施加压力 F_i 可引起膜片产生一偏移量 x,由于喷嘴此时几乎是关闭的,因而该偏移量 x 又引起压力 p_o 增加。这种作用在膜片面积 A 上的压力增加量产生一作用力 F_p,该力 F_p 趋向于将膜片回复到其以前的位置上。对任何恒定的 F_i,系统最终达到一种处于一定的喷嘴开口度和对应的压力 p_o 的平衡状态。该静态性能由下式给出:

$$(F_i - p_o A) K_d K_n = p_o \tag{8.4}$$

式中,K_d 为膜片柔度,m/N;K_n 为喷嘴挡板增益,$\mathrm{N \cdot m^{-2}/m}$。

由上式解得

$$p_o = \frac{F_i}{(K_d K_n)^{-1} + A} \tag{8.5}$$

由于 K_n 并非严格为常数,而是随 x 变化,因此导致在 x 和 p_o 间有非线性。然而在实际中,$K_d K_n$ 一般很大,这样 $(K_d K_n)^{-1}$ 与 A 相比便可忽略不计,于是式(8.5)变为

$$p_o \approx \frac{F_i}{A} \tag{8.6}$$

当 A 恒定时,上式便给出了 F_i 与 p_o 间的一种线性关系。

以上几种测力装置主要用于测量静态的或缓变的载荷。图8.1(e)所示的弹性偏移式传感器既可用来测量静负载,也可用来测量频率高达数千赫兹的动载荷。这些传感器的结构本质上都是带阻尼的质量-弹簧系统,只是构成弹簧的几何形状以及用于获取电信号所采用的位移传感器不一样。这种传感器所敏感的位移可以是纯粹的运动,也可以是通过在上面贴置应变片,根据应变来测力。除用作力-位移传感器外,某些弹性元件还可用来将矢量力或力矩分解为正交分量。图中所示的平行四边形挠性机构仅对图示箭头方向所施加的力敏感,而对其他方向的力不敏感。图中的结构可视为一四连杆机构,它在 a、b、c、d 处具有挠性铰链。用这种传感器仅可测量出所加力矢量在敏感轴方向上的力分量。

弹性力传感器可用图8.2所示的理想力学模型来表示,这是一个二阶系统,因而有

$$F_i - k x_o - B \dot{x}_o = M \ddot{x}_o \tag{8.7}$$

从而有

$$\frac{x_o}{F_i}(\mathrm{j}\omega) = \frac{K}{(\mathrm{j}\omega)^2/\omega_n^2 + 2\zeta \mathrm{j}\omega/\omega_n + 1} \tag{8.8}$$

式中,$\omega_n = \sqrt{\dfrac{k}{M}}$;$\zeta = \dfrac{\beta}{2\sqrt{kM}}$;$K = \dfrac{1}{k}$,$k$ 和 β 分别为系统的弹簧刚度和阻尼系数。

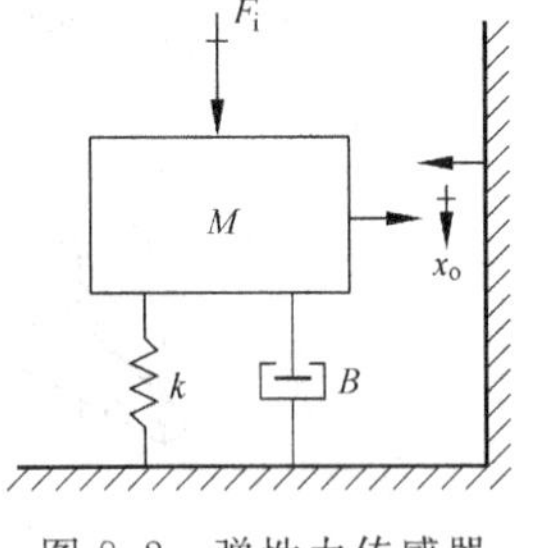

图8.2 弹性力传感器

要注意的是,这种类型的装置也能变成加速度计,从而会对基座的振动输入产生虚假的输出。

8.3 测力传感器

用于测力的传感器很多,按作用原理可分为弹簧、电阻应变、电感、压电、压磁、电容等传感器。

8.3.1 弹性力传感器

在8.2节基本测力方法中已对弹性力传感器(elastic force transducer)作了介绍,本节主要介绍用于压力测量的弹性力传感器。

图8.3所示为布尔登管(Bourdon tube)、膜片(diaphragm)和波纹管(bellows)等弹性力传感器。被测的压力作用在弹性元件上,在其弹性极限范围内,产生与压力成正比的弹性变形,该变形带动指针或刻度盘,指示出被测压力的大小。

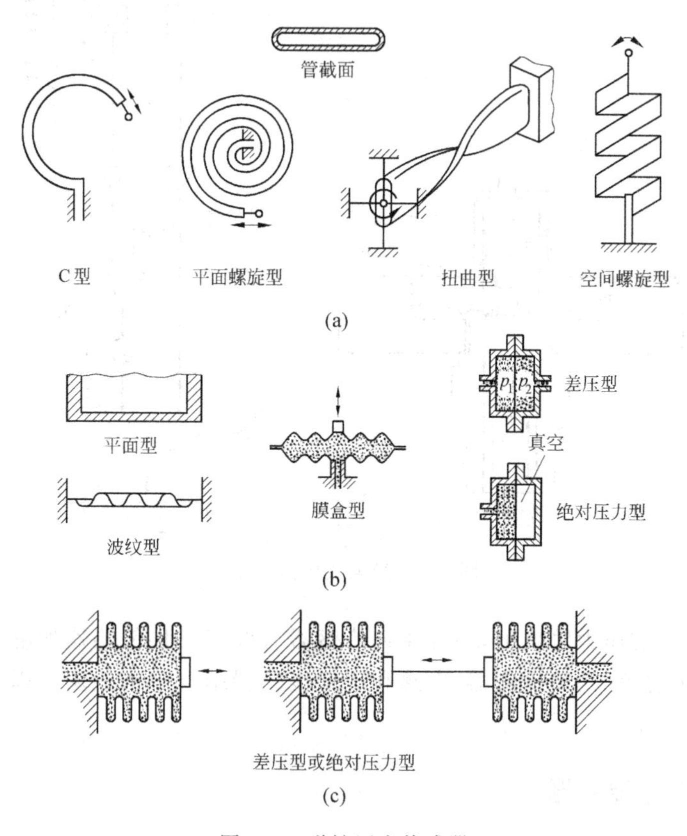

图8.3 弹性压力传感器

(a) 布尔登管;(b) 膜片;(c) 波纹管

布尔登管是许多机械式压力计的基础,常用在电传感器中与电位计、差动变压器等结合起来测量输出的位移量。布尔登管有多种形式,但其基本元件是一根非圆截面的管。管内、外的压力差(管内压力高)使管子有达到圆形横截面的趋势,这种作用导致管子产生变形,使其自由端产生一种弯曲——线性运动,如图中的C型、平面螺旋型、空间螺旋型以及扭曲型布尔登管所示。对这些效应作理论分析始终是困难的,目前对布尔登管的设计仍使用许多经验数据。C型布尔登管可测量的最大压强达686MPa左右。精度可达0.1%。螺旋型管可测到约68.6MPa的压强。图示的扭曲型布尔登管具有一种十字钢丝稳定装置结构,从而使得它在径向有很高的刚度,仅允许有转动运动。这种结构可减少因振动造成的虚假输出。

图8.4示出一种光电式压力传感器,它采用一个红外发光二极管和两个光电二极管来检测其中的压敏弹性元件受压时产生的位移量。这种传感器的精度很高,可达0.1%。为

降低温度的影响，参考光电二极管和测量二极管被做在同一芯片上。在测量电路中采用了一个测信号比值的 A/D 转换器。由于两光电二极管受到相同的光照，红外发光二极管因温度或老化而导致的输出变化不会对两个光电二极管产生影响，从而由 A/D 转换器得到的输出仅对二极管受光照面积 A_R 和 A_X 敏感。

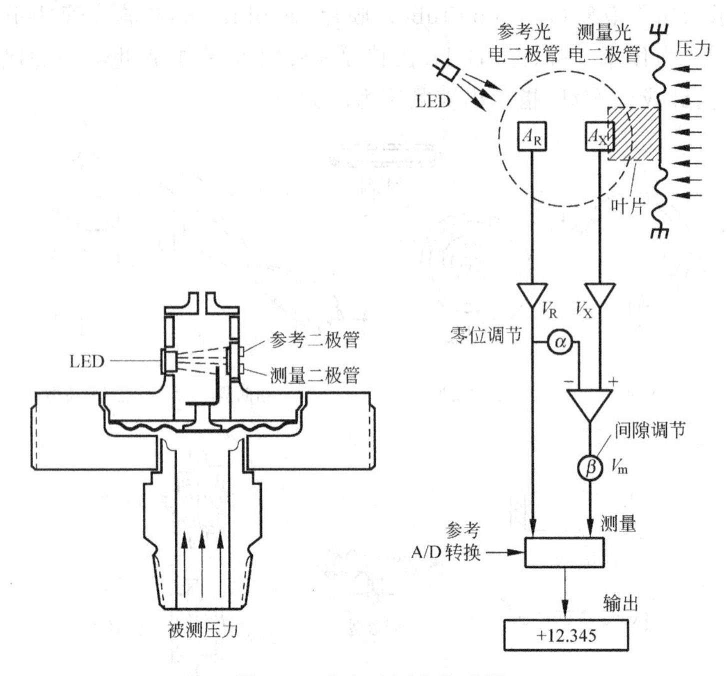

图 8.4 光电式压力传感器

为获得电信号的压力输出值，弹性压力传感器与许多位移传感器如电位计、应变片、差动变压器、电容传感器、涡流探测器、电感和压电传感器结合起来使用。以下对其中的一些典型例子作简单介绍。

8.3.2 应变片力传感器

在所有的电气式力传感器中，应变片(strain gage)力传感器具有最重要的意义，因为它的应用最为广泛。

应变片力传感器的测量范围很大，可达 5N～10MN 以上，且能获得很高的测量精度，其精度等级为 0.03%～2%。

应变片力传感器由弹性变形体元件和应变片构成。最简单的变形体形式是一根轴向受载的杆(图 8.5)。这种类型的传感器用在额定力为 10kN～5MN。受载时，变形杆变粗，其周长按泊松系数 μ 也变大。按照力的均匀分布贴在杆上的 4 个应变片与一电桥相连，在该电桥的相邻两臂上有一纵向和横向贴置的应变片(图中 R_1，R_2 和 R_3，R_4)。为获得高精度，电桥电路还附加有其他电路元件，以补偿各种与温度有关的效应，如零点漂移、弹性模量变化、变形体材料热膨胀、应变片灵敏度变化以及传感器特性曲线线性度变化等。电桥输出电压正比于应变片相对长度变化，根据胡克定理，该长度变化又与测量杆所受载荷成正比。

在额定力更高的情况下(1～20MN)，为得到更好的力分布状况，可采用管状变形体，并在管的内、外壁贴应变片(图 8.6)。

对较小的额定力(小至 5N),为获取较大的测量效应,常采用专门制造的变形体(图 8.7 和图 8.8)。另一种测力的方法是采用剪切效应,用应变片来测量位于扁平杆侧面、与剪切平面成±45°角的方向上出现的伸长(图 8.9)。利用该测量原理可制造出很扁的力传感器。

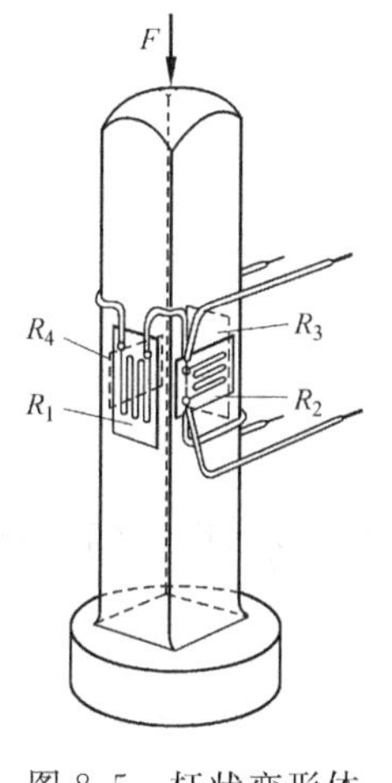

图 8.5 杆状变形体

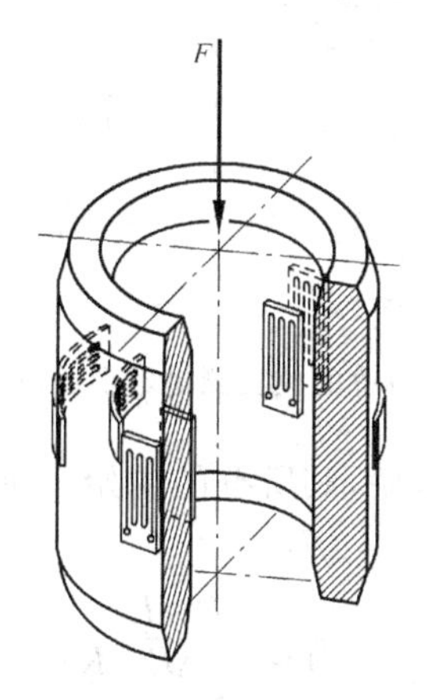

图 8.6 管状变形体

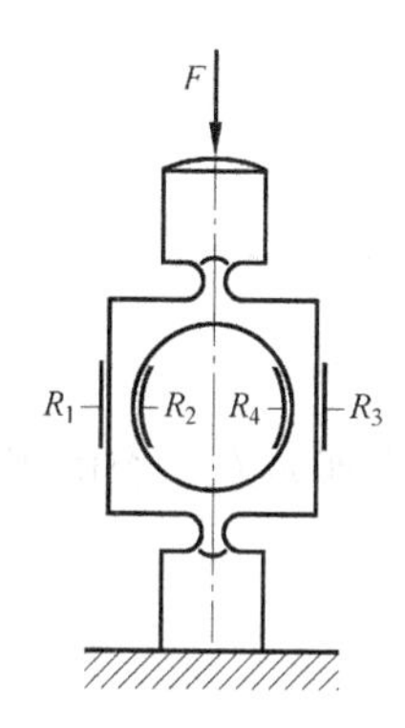

图 8.7 径向受载的变形体

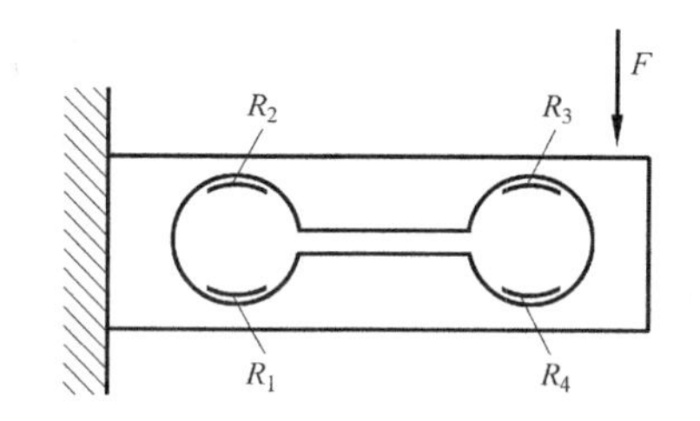

图 8.8 双铰链弯曲杆变形体

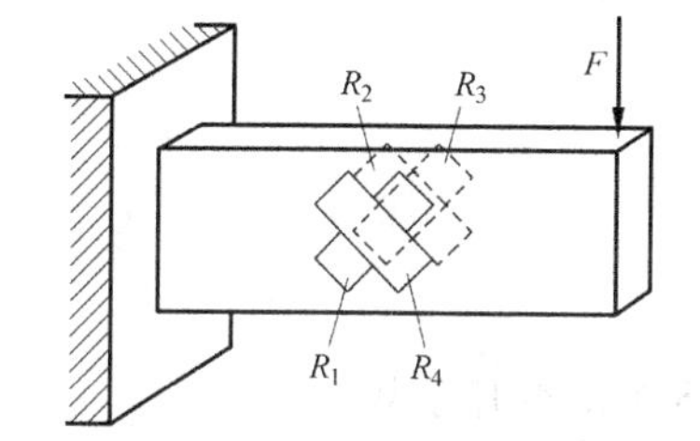

图 8.9 剪切杆式变形体

应变片力传感器能测量的位移一般很小(0.1~0.5mm)。如果要求测量的位移过大,可采用较大量程的传感器,但为此会损失一部分灵敏度。需要时可考虑采用半导体应变片组成的刚性大的变形体。

应变片力传感器既可用于静态测量,又可用于动态测量。由于变形体刚度大,因而这种传感器具有很高的固有频率,可达数千赫。应变片测量法非常适合于较高频率和持续交变载荷的情况。另外,应变片法测量的重复性很高。

所有变形体材料的一个典型特性是在受载及受载变化时具有蠕变特性。这是该类传感器的一个缺点。对此可通过适当的应变片配置方式来补偿这种蠕变性,以得到稳定的显示数据。

1. 应变片电桥电路

电阻电桥与应变片结合使用特别方便。图 8.10 为一个最小的电桥配置,其中,桥臂 1 由固定在测试件上的应变敏感应变片组成;桥臂 2 由一个安装在一块不产生应变的材料上的相同应变片组成,它和测试材料尽可能相同,且放置在测试现场附近以保证具有相同温度;桥臂 3 和桥臂 4 应选择好的固定电阻器,使其具有更好的稳定性,加上滑线电阻,以便用于平衡整个电桥。

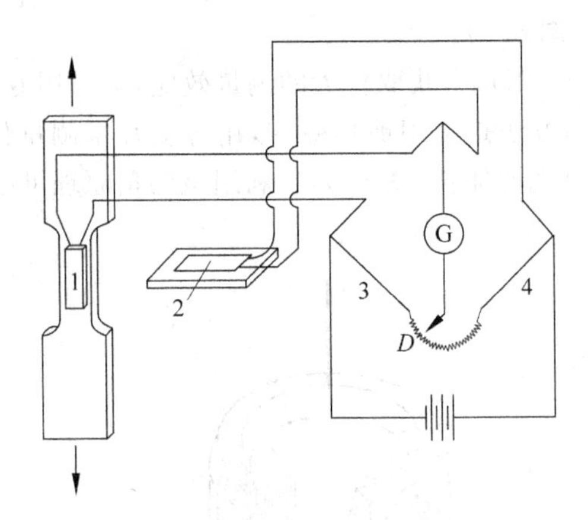

图 8.10 简单的应变测量电阻电桥配置

如果假定有一个电压敏感偏转电桥，其所有的初始阻抗名义上相等，利用式(5.7)可以得到

$$\frac{\Delta e_o}{e_x}=\frac{\Delta R_1/R}{4+2(\Delta R_1/R)}$$

式中，e_x 为激励电源电压；e_o 为输出电压；R_1 为应变片电阻。

此外有

$$\varepsilon=\frac{1}{S}\frac{\Delta R_1}{R} \tag{8.9}$$

故

$$\Delta e_o=\frac{e_x S\varepsilon}{4+2S\varepsilon}$$

式中，S 为应变片系数。

设 $e_x=8\text{V}$ 和 $S=2$，有

$$\Delta e_o=\frac{8\times 2\times\varepsilon}{4+2\times 2\times\varepsilon}$$

忽略分母中第二项，则有

$$\Delta e_o=e_o=4\varepsilon$$

对于 $\varepsilon=1$ 微应变，有 $e_o=4\mu\text{V}$。

电桥的最大优点是其输出增量并不叠加在一个大的固定电压量上；另一个特点是使用补偿应变片的电桥电路能够实现温度补偿。

动态应变的测量可由图 8.11 所示的简单电路来实现。假定电源是一个真正的恒流源，指示器(比如阴极射线示波器)具有相对于应变片电阻的接近无穷大的输出阻抗。由于应变片阻抗随应变而变化，应变片两端的电压，因而也是阴极射线示波器的输入，则为

$$e_i=i_i R \tag{8.10}$$

且

$$\Delta e_i=i_i\Delta R \tag{8.11}$$

两式相除可得

$$\frac{\Delta e_i}{e_i}=\frac{\Delta R}{R}$$

根据式 $\varepsilon=\frac{1}{S}\cdot\frac{\Delta R}{R}$，可得到

$$\varepsilon=\frac{1}{S}\cdot\frac{\Delta e_i}{e_i} \tag{8.12}$$

阴极射线示波器应设置为交流模式以消除直流量，另外阴极射线示波器的放大倍数必须足以给出一个适当的读数。

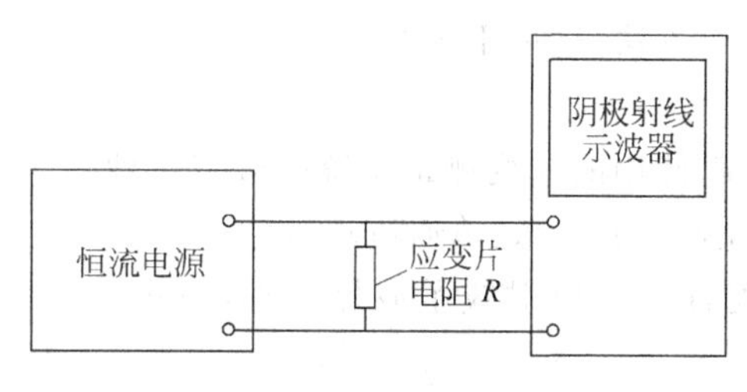

图 8.11 单应变片恒流电路

2. 标定

理想情况下，任何测量系统的标定(calibration)都是由以下内容组成：引入被测量的一个精确已知样本，然后观测系统的响应。这种理想状况在粘贴型电阻应变片的工作中常常难以实现。应变片一般粘贴在测试件上，由于应变(或应力)未知，一旦粘贴后，应变片很难被传递到一个用来标定的已知应变情形中。当然，如果将一个或多个应变片作为二次传感器粘贴在适当的弹性元件上来测量力、压强、力矩，要求便不一定是上述情况了。在这类情况下，引入已知的输入并进行标定完全可行。然而当应变片用作实验测定应变的目的时，则要求采用其他方法进行标定。

电阻型应变片是在精确受控条件下制造的，制造商对每批应变片都提供了应变片因子，其指示公差大约为±0.2%。知道了应变片因子和应变片电阻后，便可设计出一种标定任何电阻型应变片系统的简单方法。这一方法由以下内容组成：引入应变片的一个小的已知电阻变化值，测定相对应的系统响应，从而计算等价的应变。通过在应变片两端并联一个较大的精密电阻来引入该电阻的变化，如图 8.12 所示。当开关 K 合上时，桥臂 1 的电阻发生一个小量变化，具体计算如下。

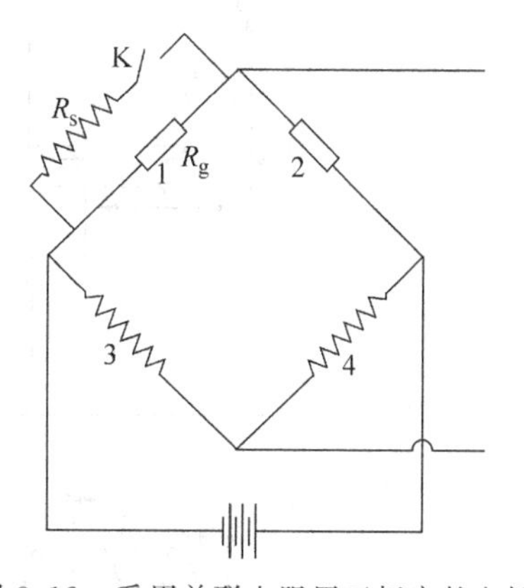

图 8.12 采用并联电阻用于标定的电桥

令 R_g 表示应变片电阻，R_s 表示并联的电阻。在开关合上前桥臂 1 的电阻等于 R_g，开关合上后桥臂 1 的电阻等于 $R_gR_s/(R_g+R_s)$。因此，电阻变化为

$$\Delta R=\frac{R_gR_s}{R_g+R_s}-R_g=-\frac{R_g^2}{R_g+R_s}$$

现在求等价应变，可用式(8.9)给出的关系式：

$$\varepsilon=+\frac{1}{S}\frac{\Delta R_g}{R_g}$$

把 ΔR 替换为 ΔR_g，等价的应变即为

$$\varepsilon_e = -\frac{1}{S}\left(\frac{R_g}{R_g + R_s}\right) \tag{8.13}$$

有时候用电动开关来替代手动开关则可进行动态标定，电动开关常称为断路器，每秒钟闭合和断开触点 60 次或 100 次。当被显示在阴极射线示波器屏幕上或被记录下来时，所得到的轨迹是个方波。轨迹的台阶代表了由式(8.13)计算出来的等价应变。

另外还有一些电气标定方法，这里不再介绍。

3. 应变测量系统

能够和金属应变片一起使用的应变测量系统一般有 4 种。

(1) 基本应变指示器，适用于静态、单通道示数。

(2) 单通道系统，可配置于阴极射线示波器之外，也可作为阴极射线管示波器的组成部分。

(3) 组合有指针-纸输出或光线和照相纸输出的光线示波器系统。

(4) 数据采集系统。

以下仅举一例说明。

图 8.13(a)是一个带载波放大的单通道记录系统方块图，如要配置成多通道记录系统，则要求重复配备除记录仪之外的上述所有元件。如图所示，应变测量电桥采用交流激励，经电压放大，将信号解调并馈送给功放来驱动记录仪。这种系统常常是多通道式的，要求每个通道具有各自的电桥-放大器-记录器电路，所有的通道共用一个电源、记录纸驱动装置和外

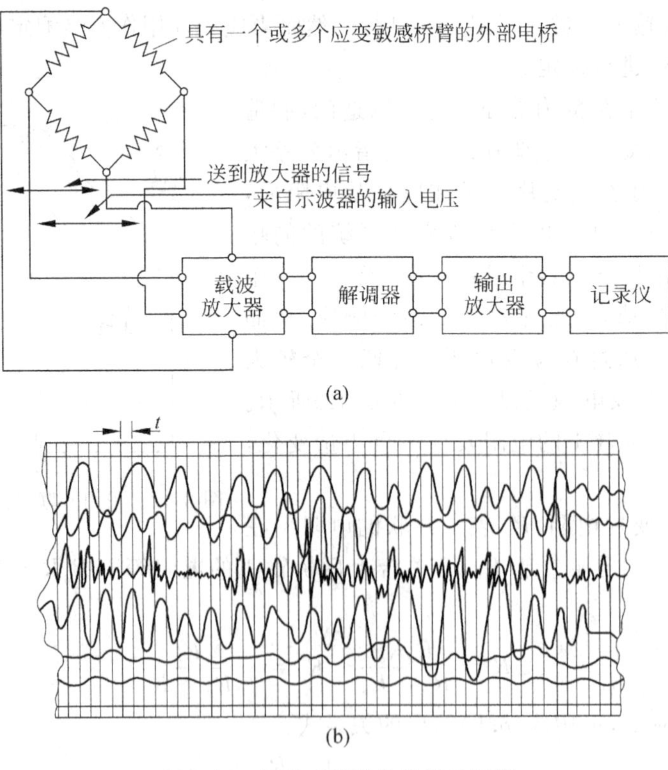

图 8.13　记录系统结构及记录图形

(a) 单通道记录系统方块图；(b) 多通道系统获得的典型记录

壳。图 8.13(b)为其典型结果输出。

8.3.3 电感式力传感器

电感式力传感器(inductive force transducer)的原理是测量力作用下变形体两点间的距离变化。为减小不对称力作用的影响,一般将变形体做成旋转对称的形式。图 8.14 示出了一种差动变压器式测力传感器,它具有缸体状空心截面的弹性变形体元件,其优点是当受到轴向力作用时应力分布均匀,且在长径比较小时受横向偏心分力影响较小。

电感式力传感器可得到较大的测量信号,常用作实验室和工业现场的动、静态测量。这种传感器的精度等级为 0.2%~1%,额定受力(拉力和压力)下限可达 10mN 以下,而上限为 200kN~10MN。传感器的灵敏度可做得很高,对于 1%的额定载荷,便可得到满显示值,而测量位移此时仅为 1~2μm。传感器的边缘力敏感度很小。工作温度可达 200℃。电感式力传感器必须用一个载频放大器来驱动,其频率范围为 4~10kHz,然而也有一些类型的电感式力传感器的载频被设计为 50Hz,即电源频率,且有些在测量距离较大时无需加中间测量放大器即可获得显示值。

图 8.15 是另一种差动变压器式压力传感器。当所示膜片两侧有压力差时,膜片沿轴向发生位移,从而使变压器输出电压。

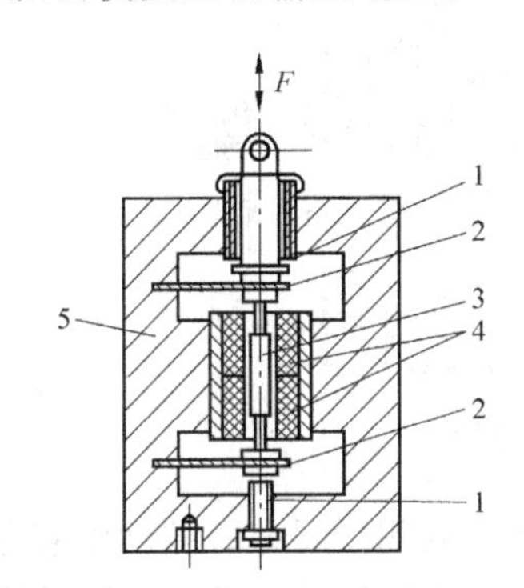

图 8.14 差动变压器式力传感器

1—过载挡块;2—测量弹簧;3—位移传感器铁芯;4—位移传感器线圈;5—壳体

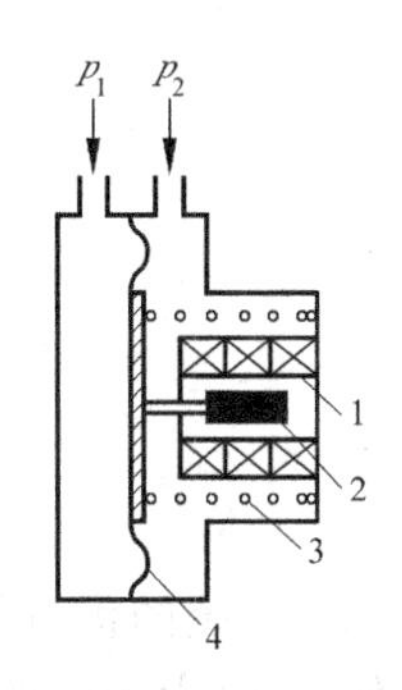

图 8.15 差动变压器式压力传感器

1—差动变压器线圈;2—铁芯;3—弹簧;4—环状波纹膜片

8.3.4 电容式力传感器

图 8.16 为一电容式压力传感器(capacitive force transducer),图中示出了可变差动(三端)电容器和电桥电路的使用情况。在玻璃圆盘中做出深度约 0.025mm 的球形凹陷,在这些凹陷处涂上一层金,形成一个差动电容器的固定极板。将一块不锈钢薄膜片夹在两圆盘之间,作为可动的极板。在每个输入端口加同样大的压力,使膜片处在一个中间位置,于是电桥平衡,e_o 为零。如果两端口的一个压力比另一个大,膜片便成比例地变形,在 e_o 处便给出一个与压差成正比的输出。对于相反的压差,e_o 会示出一个 180°的相位变化。用常规的相敏解调和滤波可得到方向敏感的直流输出。该方法能测量静态变形,这种差动电容器的配置也比单电容器类型有大得多的线性度。

图 8.17 示出了一种测量重量的力天平,其中主要利用了差动电容式传感器。该差动电容器组成电桥电路的两根臂,当称量时,电容器中间板向上移动,使电桥失衡。该失衡量

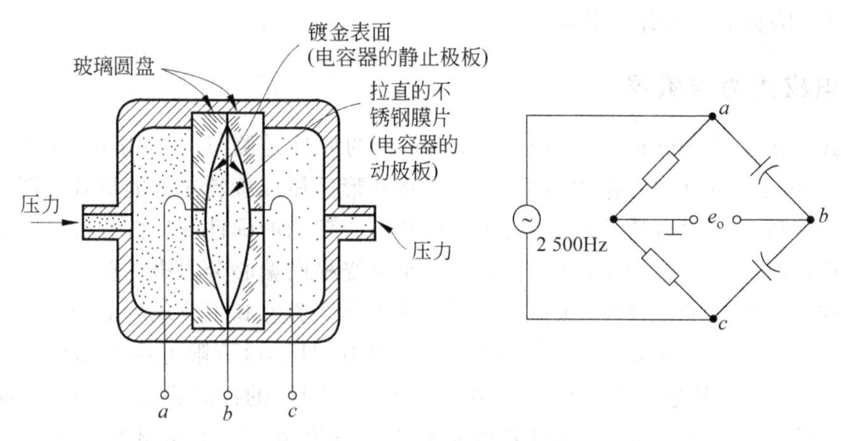

图 8.16 电容式压力传感器

经整流、放大并积分，在磁力线圈中产生一增加的电流。当电流增加时，线圈中产生的磁感应反作用力最终将与所加的重量相平衡，并将电容器中间极板拉回至零位置。

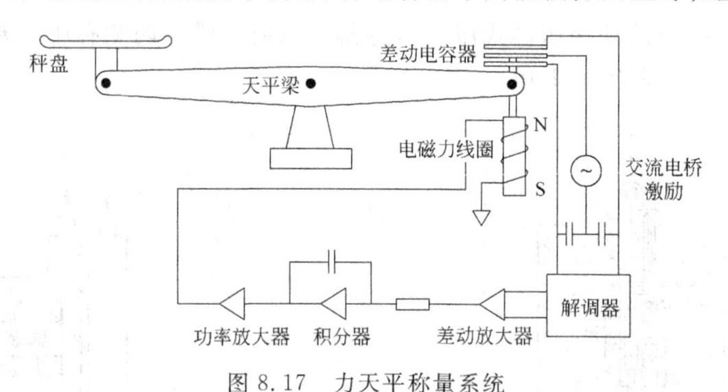

图 8.17 力天平称量系统

这种力天平系统的优点是机械系统的非线性不会造成测量误差。差动电容器仅用来检测零位置变化，且磁力线圈总是平衡到相同位置上。整个系统中仅要求电路系统具有线性特性。力天平技术不仅可用于称重，也可用来测压力、力和力矩。

8.3.5 磁弹性力传感器

铁磁性材料，尤其是铁镍合金在受拉或压时会在受力方向上改变其导磁率。这种磁弹性效应可用于力的测量。

磁弹性(magneto-elastic)力传感器由一个铁磁材料测量体组成，在其中心有一扼流圈。受载时线圈中产生的电感变化经测量电路转换成指示值(图 8.18)。由于这种传感器测量效应大，因而无需测量放大器。

图 8.19 为另一种利用磁弹性效应的方法。其中的薄铁片做成图示形状，中间有 4 个孔，它们分别接受两两互相交叉的绕组，形成电源回路和测量电流回路。当受载时，原先对称的磁力线场发生畸变，从而在测量绕组中感应出一对应于负载的电压值。

磁弹性力传感器主要用于承载大的静态或准静态测量。由于在这种传感器中单位面积受载并不很高，因而测量元件的变形量一般小于 0.1mm。用这种传感器测量的力一般不大，也不需加测量放大器，精度等级为 0.1%～0.2%。

图 8.19 所示的测力元件可把任意多片接成串联或并联形式，由此可组成矩形测量板以承受高达 50MN 的力。用相同的方法可制造圆形和环形的力传感器。因此这种磁弹式力传感器特别适用于重工业部门，尤其是在轧钢机上用来测量大的力，还可用在吊车天平中，其精度等级可达 0.05%～0.1%。

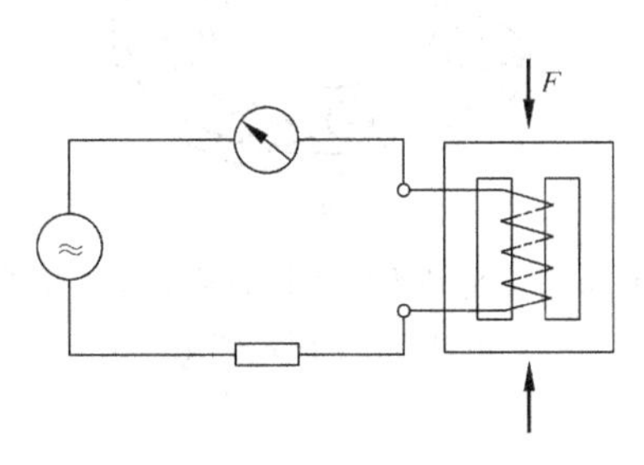

图 8.18 磁弹性力传感器作用原理

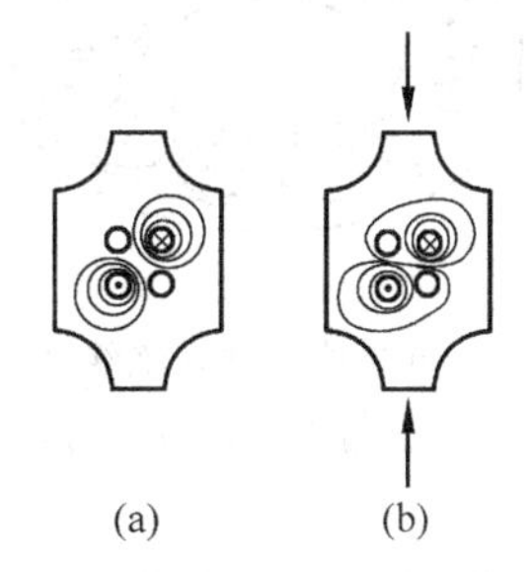

图 8.19 测力元件中磁力线分布图

(a) 未受载；(b) 受载

8.3.6 压电力传感器

压电(piezoelectric)力传感器适合于测量动态和准静态的力，还可有条件地用于静态力测量。这种传感器用石英晶体片作主动测量元件。受载时，在石英晶体片表面产生与载荷成正比的电荷。根据晶体切片表面与晶体轴所成的角度，石英晶体片分为拉力敏感和压力敏感两种。所产生的电荷及电荷变化经后接的电荷放大器转换为相应的电压输出。

石英晶体片具有很高的机械强度、线性的电荷特性曲线和很小的温度依赖性，并具有很高的电阻率。由于在力作用的瞬间即产生电荷，因此石英晶体片传感器尤其适合测量快变和突变的载荷，它同时也被应用于高温环境下。

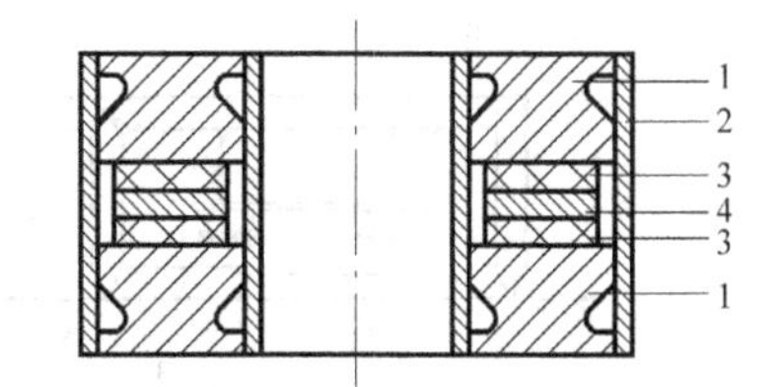

图 8.20 压电力传感器结构

1—钢环；2—外壳；3—石英晶体片；4—电极

图 8.20 为一个压电式力传感器结构的剖面图。在两个钢环之间配置有环状的压电晶体片，两晶体片之间为一电极，用于接受所产生的电荷。根据传感器的不同尺寸，石英晶体片可做成环状薄片，也有做成多个石英晶体片埋在一环形绝缘体中的形式(图 8.21 和图 8.22)。将多个不同切片类型的石英晶体片互相叠起来，这样可得到一种测量 2 个或 3 个分力的传感器，比如既可测压力又可测剪切力。图 8.22 的石英晶体片配置方式可用来测量转矩。

压电式力传感器具有很好的刚度，受载时的变形仅为几微米。压电式力传感器可用来测量高频(大于 100kHz)的动态变化力。由于它的分辨率高，因而可用来测量微小的动态载荷。这种传感器的精度等级为 1%。设计中应对传导电荷的绝缘措施予以注意。

另外，在工程中常需要研究机械系统的结构阻抗，为此发展了一种所谓的阻抗头。这种阻抗头本质上是一种双传感器结构，它将一个测力器和一个压电加速度计组合成一个整体(图 4.74)。由于阻抗基本上涉及力和速度，因此一般采用加速度来测量。加速度计使用方便且易于通过电或数字的方式进行积分来获得速度。有关阻抗头的内容请参阅 4.8 节压力传感器部分。

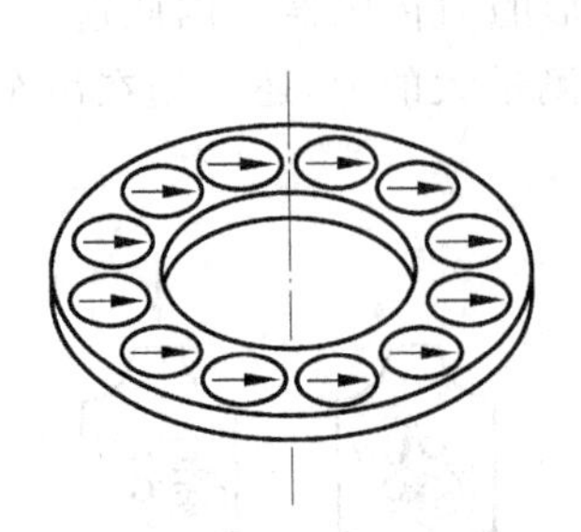

图 8.21 石英晶体片埋入绝缘体内的配置方式(用于测量剪切力)

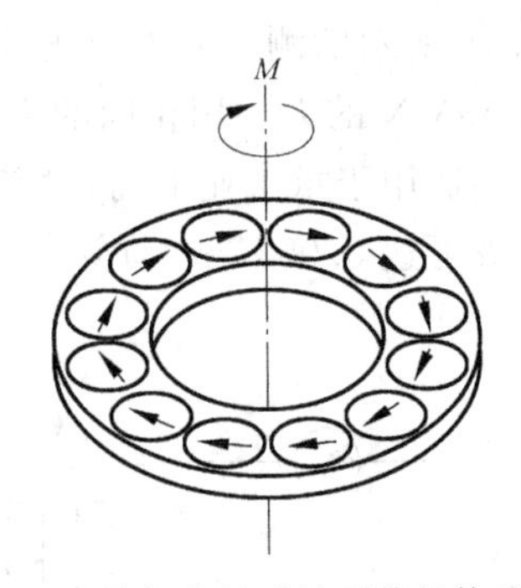

图 8.22 剪切力敏感性石英晶体片配置方式(用于测量转矩)

8.3.7 振弦式力传感器

振弦式(vibrating string)力传感器的工作原理及结构如图 8.23 所示。一根张紧的弦线,其自振频率随弦长的变化而变化,弦长则由于传感器受力作用而引起其中的张力变化而改变。弦线受电磁铁的"弹拨"作用,其自振频率被用作接收器的另一电磁铁所接收,并被转换为等频的电压信号。图 8.24 示出了另一种振弦式力传感器的结构形式。所不同的是图示结构采用了平行四边形柔性杠杆机构对输入力 F 进行放大。图中的振弦也可是薄板簧片结构。所用的激励和传感装置也可是压电石英晶体片装置。

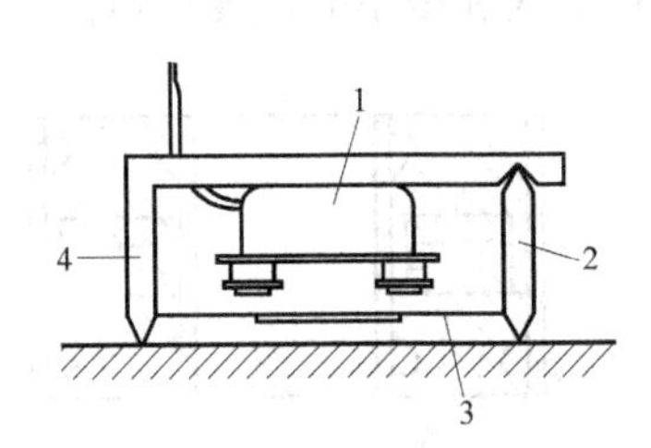

图 8.23 振弦式力传感器 1

1—电磁铁(用作激励和接收器);2—活动刀口;3—振弦;4—具有固定刀口的传感器主体

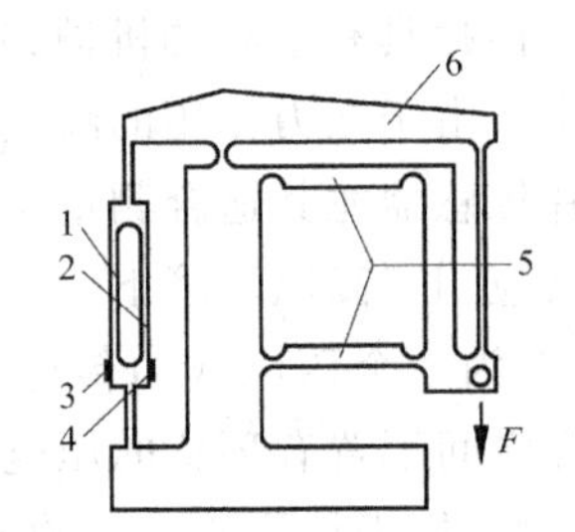

图 8.24 振弦式力传感器 2

1,2—振动簧片;3—振动激励器;4—振动传感器;5—平行导杆;6—杠杆

振弦式力传感器用于标称力范围为 200N～5MN 的拉、压力测量,测量精度约为 1%。根据其测量原理可知它只能测量较低频率的交变力,因而它可在绝缘状态较差的状况下经数公里长的导线进行传输。由于它的抗环境干扰能力强且能长时间地保存仪器数据,因此主要用在建筑、岩土力学、采矿、船舶工程等领域。

8.4 转矩测量

转矩与力矩一样,是用作用力 F 与作用距离 l 的乘积来表示的:

$$M = Fl \tag{8.14}$$

根据国际单位制(SI)规定的定义，力矩的度量单位为牛·米(N·m)。

力矩测量在过程监测和控制中，以及在实验室对转子发动机等试验机器的转矩特性等技术指标进行运行验收试验和研究中，都有着重要的意义。由于是在旋转部件上测量转矩，故常采用电测法进行转矩测量，因为这种方法可以简单可靠地将测量值传送到静止的仪器上。以下介绍一些常见的转矩测量法和传感器。

8.4.1 应变片转矩传感器

转矩传感器(torque transducer)的主要部件是一个柱形测量体，它受到传到它上面的转矩的扭曲作用，在外表面上产生的伸长变化则是该转矩的度量，一般用应变片来测量该变化量。应变片粘贴的方向与纵轴成45°角，并接入电桥电路。电源电压和测量信号用滑环来传递，也可采用无滑环的传递方式。

图8.25为一带滑环的转矩传感器。在测量轴上贴有与轴成45°角的应变片。轴一端支承于壳体上，通过滚珠轴承来减小因摩擦产生的测量误差。轴上装有风扇起冷却作用。应变片电路与静止壳体的连接是经滑环和可移动电刷组来完成的。

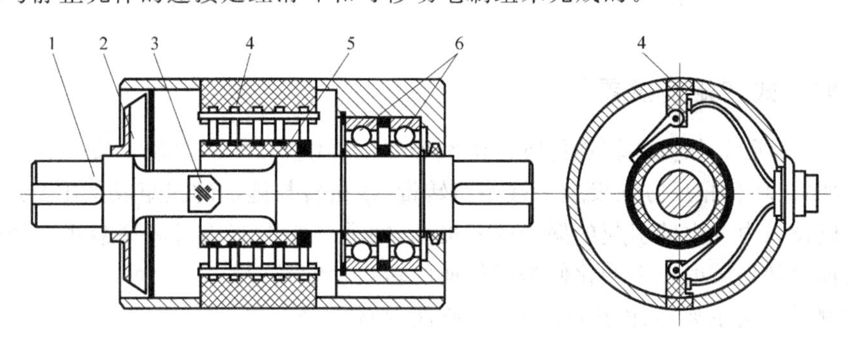

图8.25 滑环式转矩传感器

1—测量轴；2—风扇；3—应变片；4—电刷组；5—滑环组；6—轴承

测量轴与驱动和被驱动部分的连接也可采取挠性连接，使它们之间有足够的轴向间隙，以抑制可能产生的卡紧现象所引起的过高应力。为此可采用自对中的齿轮连接方式，这种连接有很好的扭转刚度，能把动态转矩正确地传给测量轴。

对于不同类型的应变片式转矩传感器，其最大工作转速一般为3 000～30 000r/min，精度为0.2%～1%。

8.4.2 电感式转矩传感器

电感式(inductive)转矩传感器的核心部件是一根扭杆，它的扭转由一个差动式电感线圈系统来获取(图8.26中的Ⅰ、Ⅱ、Ⅲ、Ⅳ)。通过让线圈中的衔铁产生移动，或者让线圈在一个变压器电路中作相对运动，两者均可在线圈系统中产生一个电压值，该电压值正比于扭杆的扭转量，亦即正比于被测转矩。

电感式传感器的测量范围大，可以从0～0.001N·m到0～100kN·m。根据不同类型，其工作转速可为2 000～30 000r/min，最高可达45 000r/min。扭角为0.3°～1°。适合于静扭矩和动扭矩的测量，精度可为0.25%～0.5%。

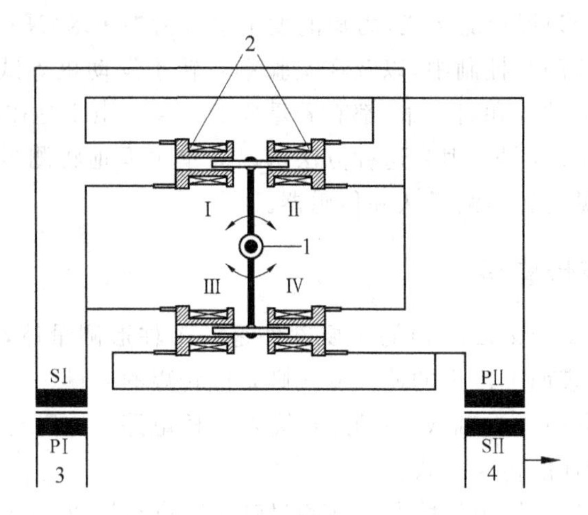

图 8.26 电感式转矩传感器的功能示意图

1—扭杆测量轴(截面图)；2—差动式扼流线圈系统Ⅰ,Ⅱ,Ⅲ,Ⅳ；
3—馈电用无滑环式转速传送器；4—测量值反馈用无滑环式转速传送器

8.4.3 振弦式转矩传感器

如图 8.27 所示，振弦式转矩传感器由两个测量环组成，两环相距 l，安装在轴上。当轴受载时，两测量环朝相反方向发生一微小扭转量，该扭转与施加的扭矩成正比。这样便使一根振弦的机械张力及由此引起的振动频率提高，而另一根的张力及频率减小。所以未受载轴和受载轴之间振弦的频率变化便是所传递的转矩的度量。

这种测量方法主要适用于静态测量，所能获取的动态过程的最大频率为 25Hz。测量转矩可从 0～100N·m 直至 0～5MN·m；轴径较小时最大转速可达 1 500r/min，轴径较大时最大转速可达 150r/min。测量精度为 0.5%～1%。

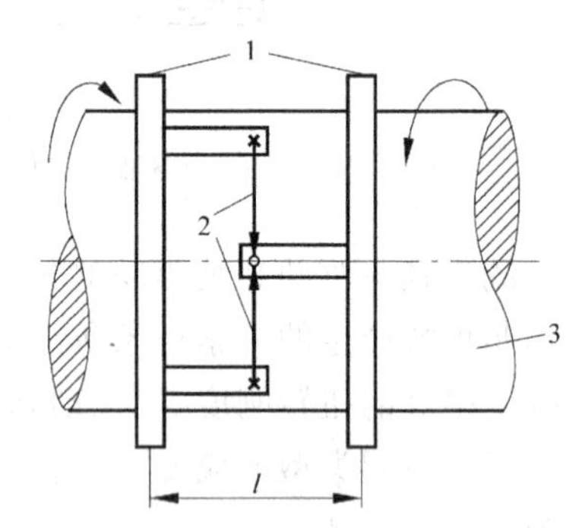

图 8.27 振弦式转矩传感器

1—测量环；2—振弦；3—受扭轴

转矩的测量还有其他多种方法，如压电式、磁弹性式以及陀螺仪等，前两种已在前面的章节有所涉及，此处不再专门叙述。陀螺仪用于测力和力矩主要是利用其进动的原理，即垂直于转动物体转动轴的力(矩)会使转动轴产生一个与力(矩)作用方向垂直的偏移。陀螺仪进而产生一个旋转运动，该转动的速度正比于所受到的力。由于篇幅的关系，此处也不再对陀螺仪用于测力和力矩的原理详细介绍，读者可参考有关陀螺原理的书籍。

习 题

8-1 有哪些基本的测力方法？其各自的特点是什么？

8-2 试述各基本测力传感器的原理及应用范围。

8-3 有哪几种测转矩的传感器？其工作范围各为多少？

8-4 考虑一个简单的平衡梁式天平，天平比较的是“重量”还是“质量”？天平是否敏感本地重力？它在海平面上和在山顶上是否起到一样的作用？天平在无重力的空间中是否起到一样的作用？

8-5 普通的弹簧秤上常标记有 kg 的刻度，这种做法根本上是正确的吗？当挂有一个质量时，该弹簧秤基本上测量的是什么？在质量和重量间的关系是什么？

8-6 假定对题 8-5 所述的弹簧秤作了标定，且以单位 N 来测力，又假定在月球表面（重力加速度$=1.67\mathrm{m/s^2}$），当某物挂在秤上时，得到 50N 的读数，如果在地球表面并在标准条件下再进行测量，会得出多大的重量？这个物品的质量是多少千克？

振动测量

9.1 概　　述

振动(vibration)是经常发生的一种物理现象。机械振动在很多情况下是有害的,它使机器的零部件加快失效,破坏机器的正常工作,降低设备的使用寿命,甚至导致机器部件损坏而产生事故。机械振动对人体健康也会产生损坏作用,如人们在各种行驶的车辆中受到车辆的振动作用;在工作场所各种工具(汽锤、锯床、冲击式凿岩机等)振动的影响等,轻的会使人感到不适,重则会破坏人的身体健康,甚至危及人的生命。另外,各种机械振动发出的噪声也会刺激人的耳朵,损伤人的听觉器官和神经,并在心理上影响人的健康。现代化的社会中,城市噪声已被列为公害之一,必须加以控制。但在另一方面,振动也被作为有用的物理现象用在某些工程领域中,如钟表、振动筛、振动搅拌器、输送物料的振动输矿槽、振动夯实机、超声波清洗设备等。因此,除了有目的地利用振动原理工作的机器和设备外,对其他种类的机器设备均应将它们的振动量控制在允许的范围之内。

对振动的测量不仅仅意味着用传感器来简单地获取振动量,在许多场合还要求根据测量的结果采取对策,对工程设备进行结构性的改变或改善。为了使机器有一个平稳、安全的工作状态,往往要采取措施对机器进行隔振,来降低机器的振动幅度。最简单的可采用无源阻尼系统,对复杂的场合也可利用调节原理采用有源阻尼系统。另外,由于振动的产生往往是由机器的旋转质量不平衡所引起的,因而也可利用动平衡技术来补偿质量的不平衡量,从而消除或降低振动量。

旋转机器的各种振动现象也是潜在的或业已产生机器故障的指示。对于一个旋转机械系统来说,产生振动的原因可能是多种多样的,比如转动部件的位移及不允许变形所引起的不平衡,转子叶片因松动所引起的不平衡,因过载、老化、润滑不良等原因引起的轴承失效等。因此对工业设备和系统的运行来说,要规定它们的振动特性指标,并对它们的振动状况进行不间断的工业监测和诊断,从而及时发现运转机器的性能变化及故障,防止工业事故的发生。

振动的测量一般分成两类:一类是测量机器和设备运行过程中存在的振动;另一类则是对设备施加某种激励,使其产生受迫振动,然后对它的振动状况作检测。对用作振动测量的传感器来说,主要采用的是位移、速度和加速度传感器。但在某些情况下仅需确定机器的负荷,此时也可采用力传感器和应变仪。在测量振动时,有时仅需测出振动的位移、速度、加速度和振动频率,但有时要对用上述传感器所测得的振动信号作进一步的分析和处理,如频谱分析、相关分析等，从而进一步确定机器或系统的固有频率、阻尼、刚度、振型等模态参数（模态分析），确定其频率响应特性，从而采取对策来改善机器性能和优化机器部件和系统的设计。

本节着重介绍机械振动的电测法及振动测试系统的构成、各类测振传感器及振动信号拾取的方法、激振方法及测振仪器的校准。有关对振动信号的分析与处理技术已在前面章节（测试信号的分析与处理）中作了介绍，本节不再专门叙述。

9.2 机械振动的电测法及测试系统的构成

机械振动测量的方法有多种，典型的有机械法、光学法和电测法。

1. 机械法

机械法测振是利用杠杆传动或惯性原理接受并记录振动量的一种测量方法。图 9.1 示出了机械式测振仪的工作原理。被测物体的振动由探测杆接收并直接或经杠杆放大后用记录笔在移动胶片上刻出信号。这种仪器可配备不同附件以适应不同的测振任务。

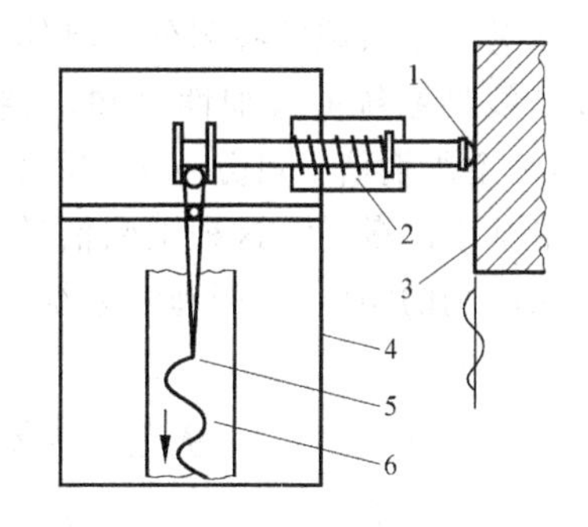

图 9.1 机械式振动扫描记录仪
1—探测杆；2—弹簧；3—被测物；4—外壳；5—记录笔尖；6—记录胶卷

机械式扫描记录仪的工作方式和使用均非常简单，可做成手持式或以一固定参考点作为相对测量传感器使用。其最高工作频率为 300Hz 左右，测量的振动位移范围为 0.01～15mm。

机械式测振仪尽管使用简单，不受干扰影响，但它体积大、灵敏度低且使用频率范围窄，因此目前已很少使用。

2. 光学法

光学法是利用光学原理将振动量转换为光信号。常用的测振装置有光学读数显微镜测振装置和激光干涉法测振装置。其中，激光干涉法的测量精度和灵敏度都很高，可测到微米量级的振动。但光学法测振装置调整复杂，对测量环境要求严格，一般仅适用于实验室环境下作标准振动仪器的标准计量装置。

3. 电测法

电测法是将被测的振动量转换成电量，再用电量测试设备进行测量的方法。与机械法和光学法相比较，电测法具有使用频率范围宽、动态范围广、测量灵敏度高等优点，它能广泛地使用各种不同的测振传感器，且电信号也易于被记录、处理和传送，因此，电测法是最为广泛使用的振动测量方法。

以电测法为基础所画的振动测量系统的结构框图如图 9.2 所示，该系统由被测对象、激励装置、传感与测量装置、振动分析装置和显示及记录仪器组成。

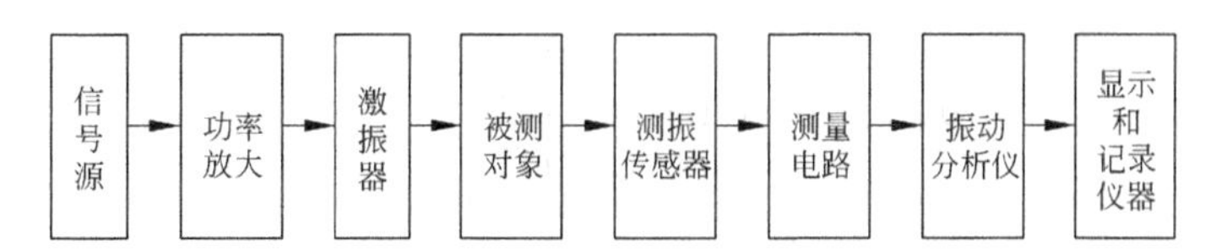

图 9.2 电测法振动测试系统结构框图

(1) 被测对象。被测对象也称为试验模型,它是承受动载荷和动力的结构或机器。

(2) 激励装置。激励装置由信号源、功放和激振器组成,用于对被测结构或机器施加某种形式的激励,以获取被测结构对激励的响应。对于运行中的机器设备的振动测量来说,这一环节是没有的。此时,机器设备直接从外部得到振动的激励。

(3) 传感与测量装置。传感与测量装置由测振传感器及其关联的测量和中间变换电路组成,用于将被测振动信号转换为电信号。

(4) 振动分析装置。振动分析装置的作用是对振动信号作进一步的分析与处理以获取所需的测量结果。

(5) 显示及记录仪器。显示及记录仪器用于将最终的振动测试结果以数据或图表的形式进行记录或显示。这方面的仪器包括幅值相位检测仪器、电子示波器、x-y 函数记录仪、数字绘图仪、打印机以及计算机磁盘驱动器等。

在对一个系统的各部分作具体分析之前,需要先了解系统对一个激励的响应情况。由第 2 章线性系统的叠加性可知,系统对多个输入的响应等于系统对各输入单独响应之和。另外,一个周期信号可分解为它的各谐波分量之和。因此可将正弦信号作为对一个振动系统的最基本的激励。这种正弦信号激励可以是力,也可以是位移或速度等。弄清振动系统对正弦激励的响应,就能理解系统对一般激励的响应情况。

9.3 单自由度系统的受迫振动

9.3.1 作用在系统质量块上的力引起的受迫振动

图 9.3 所示的单自由度系统的受迫振动(forced vibration)的运动方程式为

$$f(t) = m\ddot{x} + C\dot{x} + kx \tag{9.1}$$

式中,$f(t)$为作用力;k 为弹簧刚度;C 为阻尼系数;m 为质量块质量;$x(t)$为系统的位移输出。

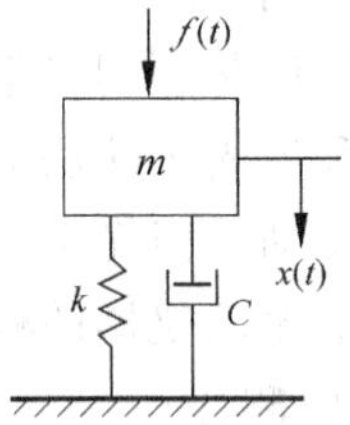

当 $f(t)$为正弦激励力亦即 $f(t)=F_0\sin\omega t$ 时,系统稳态时的频率响应函数 $H(\mathrm{j}\omega)$为

$$H(\mathrm{j}\omega) = \frac{\dfrac{1}{k}}{\left[1-\left(\dfrac{\omega}{\omega_n}\right)^2\right]+2\mathrm{j}\zeta\dfrac{\omega}{\omega_n}} \tag{9.2}$$

图 9.3 力作用下的单自由度系统的受迫振动

其振幅和相频分别为

$$A(\omega) = \frac{\dfrac{1}{k}}{\sqrt{\left[1-\left(\dfrac{\omega}{\omega_n}\right)^2\right]^2+\left(2\zeta\dfrac{\omega}{\omega_n}\right)^2}} \tag{9.3}$$

$$\varphi(\omega) = -\arctan\frac{2\zeta\dfrac{\omega}{\omega_n}}{1-\left(\dfrac{\omega}{\omega_n}\right)^2} \tag{9.4}$$

式中，$\omega_{\mathrm{n}}=\sqrt{\dfrac{k}{m}}$为系统的固有频率；$\zeta=\dfrac{C}{2\sqrt{km}}$为系统的阻尼率。

幅频特性和相频特性曲线形式示于图 9.4 中。其中，幅频特性曲线示出了稳态响应幅值随激励频率 ω 的变化规律。将幅频特性曲线上幅值最大处的频率 ω_{m} 称为谐振频率。对式(9.3)求极值即可求得谐振频率

$$\omega_{\mathrm{m}}=\omega_{\mathrm{n}}\sqrt{1-\zeta^{2}} \tag{9.5}$$

此时的谐振振幅为

$$H_{\mathrm{m}}=\frac{1}{2k\zeta\sqrt{1-\zeta^{2}}} \tag{9.6}$$

对于小阻尼情况($\zeta<0.1$)，可近似得到

$$\omega_{\mathrm{m}}\approx\omega_{\mathrm{n}},\quad H_{\mathrm{m}}\approx\frac{1}{2k\zeta} \tag{9.7}$$

因此常用 ω_{n} 作为 ω_{m} 的估计值。当阻尼增加时，谐振峰向原点方向移动，谐振振幅也显著减小。而当 $\zeta>0.707$ 时，系统不出现谐振峰。

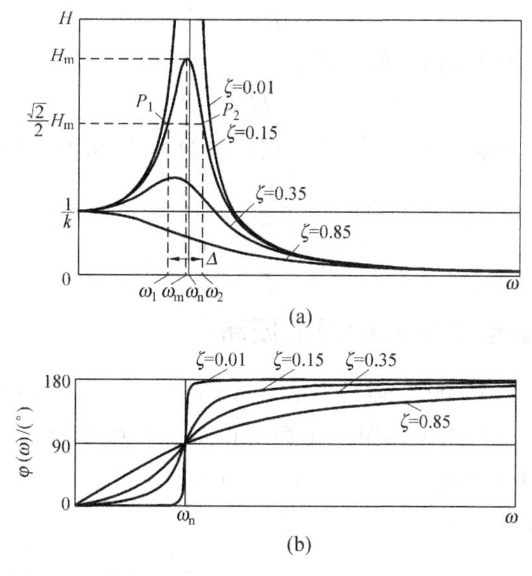

图 9.4 单自由度振动系统的幅频和相频特性曲线

从相频特性来看，无论系统的阻尼比 ζ 为何值，在 $\omega/\omega_{\mathrm{n}}=1$ 时，亦即激励频率等于固有频率时，位移响应始终落后于激励力 90°，这种现象称相位谐振。相位谐振现象可用来估计系统固有频率。由于当系统具有一定的阻尼时，幅频特性曲线往往变得较为平坦，因而不易测准谐振频率。由于在相频曲线上的固有频率处位移响应总是滞后于激励力一个 90°角，且当频率稍有变化时，相位便显著偏离 90°，因而可较准确地捕捉系统的固有频率。在低频区，位移响应与激振力同相，随着频率升高，相位增大，至固有频率处为 90°，而到高频段则趋近于 180°，即响应与激振力反相。另外，从相频曲线还可看出，阻尼小时，相位随激振力的变化在谐振区十分剧烈。如果 $\zeta=0$，则当 $\omega<\omega_{\mathrm{n}}$ 时，$\varphi=0°$；$\omega>\omega_{\mathrm{n}}$ 时，$\varphi=180°$。相位变化的这种现象在阻尼增大时趋于平缓。

在幅频特性曲线的纵坐标 $H_{\mathrm{m}}/\sqrt{2}$ 处作一条平行于横轴的直线，它与特性曲线相交于两

点 P_1 和 P_2，位于谐振峰两侧，此时系统的振动能量恰为谐振时系统能量的一半，将 P_1 和 P_2 称为半功率点。小阻尼时，可由式(9.3)和式(9.6)求得为

$$\omega_1 \approx \sqrt{1-2\zeta}\,\omega_n \approx (1-\zeta)\omega_n \tag{9.8}$$

$$\omega_2 \approx \sqrt{1+2\zeta}\,\omega_n \approx (1+\zeta)\omega_n \tag{9.9}$$

设

$$\Delta = \omega_2 - \omega_1 = 2\zeta\omega_n$$

称为半功率带宽，则有

$$\zeta = \frac{\Delta}{2\omega_n} = \frac{1}{2}\frac{\omega_2-\omega_1}{\omega_n} \tag{9.10}$$

式(9.10)可用来估计系统的阻尼值 ζ。

由于频带响应函数 $H(\mathrm{j}\omega)$ 为系统的响应与激励的复振幅之比，亦即

$$H(\mathrm{j}\omega) = \frac{\overline{X}}{\overline{F}} \tag{9.11}$$

则

$$\overline{X} = H(\mathrm{j}\omega)\overline{F} \tag{9.12}$$

而 $H(\mathrm{j}\omega)$ 又可表达为其振幅与相位的形式：

$$H(\mathrm{j}\omega) = |H(\mathrm{j}\omega)|\,\mathrm{e}^{-\mathrm{j}\varphi} \tag{9.13}$$

当 $f(t)=F_0\sin\omega t$ 时，复力幅 $\overline{F}=F_0$，故利用式(9.12)和式(9.13)可得

$$x(t) = \frac{F_0}{k}\frac{1}{\sqrt{\left[1-\left(\frac{\omega}{\omega_n}\right)^2\right]^2+\left(2\zeta\frac{\omega}{\omega_n}\right)^2}}\sin(\omega t-\varphi) \tag{9.14}$$

9.3.2 由系统的基础运动引起的受迫振动

系统的受迫振动也可由基础的运动引起。如图 9.5 所示，基础的绝对位移为 $x_1(t)$，质量块 m 的绝对位移为 $x_0(t)$，由牛顿第二定律可得系统方程式为

$$m\ddot{x}_0 = C(\dot{x}_0-\dot{x}_1)+k(x_0-x_1)=0 \tag{9.15}$$

质量块 m 对基础的相对运动为

$$x_{01} = x_0 - x_1 \tag{9.16}$$

代入式(9.15)可得

$$m\ddot{x}_{01}+C\dot{x}_{01}+kx_{01} = -m\ddot{x}_1 \tag{9.17}$$

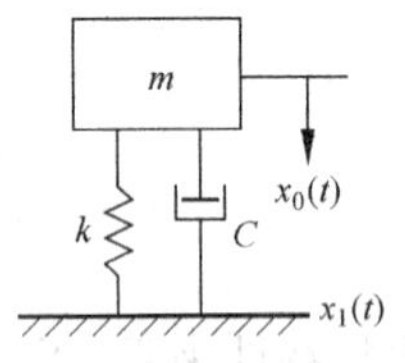

图 9.5 基础运动引起的单自由度系统的受迫振动

式(9.17)与式(9.1)形式相似，只是式(9.1)中的作用力 $f(t)$ 在式(9.17)中被换成了 $-m\ddot{x}_1$。设 $x_1(t)=x_1\sin\omega t$，亦即基础的运动是正弦变化的，代入式(9.17)可得

$$m\ddot{x}_{01}+C\dot{x}_{01}+kx_{01} = m\omega^2 x_1\sin\omega t \tag{9.18}$$

其传递函数为

$$H(s) = \frac{X_{01}(s)}{X_1(s)} = \frac{-ms^2}{ms^2+Cs+k} = \frac{-s^2}{s^2+2\zeta\omega_n s+\omega_n^2} \tag{9.19}$$

其频率响应为

$$H(\mathrm{j}\omega)=\frac{X_{01}(\mathrm{j}\omega)}{X_1(\mathrm{j}\omega)}=\frac{\omega^2}{(\omega_n^2-\omega^2)+\mathrm{j}2\zeta\omega\omega_n}=\frac{\left(\frac{\omega}{\omega_n}\right)^2}{\left[1-\left(\frac{\omega}{\omega_n}\right)^2\right]+2\mathrm{j}\zeta\frac{\omega}{\omega_n}} \tag{9.20}$$

其幅频和相频特性分别为

$$A(\omega)=\frac{\left(\frac{\omega}{\omega_n}\right)^2}{\sqrt{\left[1-\left(\frac{\omega}{\omega_n}\right)^2\right]^2+\left(2\zeta\frac{\omega}{\omega_n}\right)^2}} \tag{9.21}$$

$$\varphi(\omega)=-\arctan\frac{2\zeta\frac{\omega}{\omega_n}}{1-\left(\frac{\omega}{\omega_n}\right)^2} \tag{9.22}$$

幅频与相频特性曲线分别如图 9.6(a)和(b)所示。由图可知，当基础振动频率远小于系统固有频率时，亦即 $\omega\ll\omega_n$，质量块相对于基础的相对振幅为零，表示质量块跟随基础振

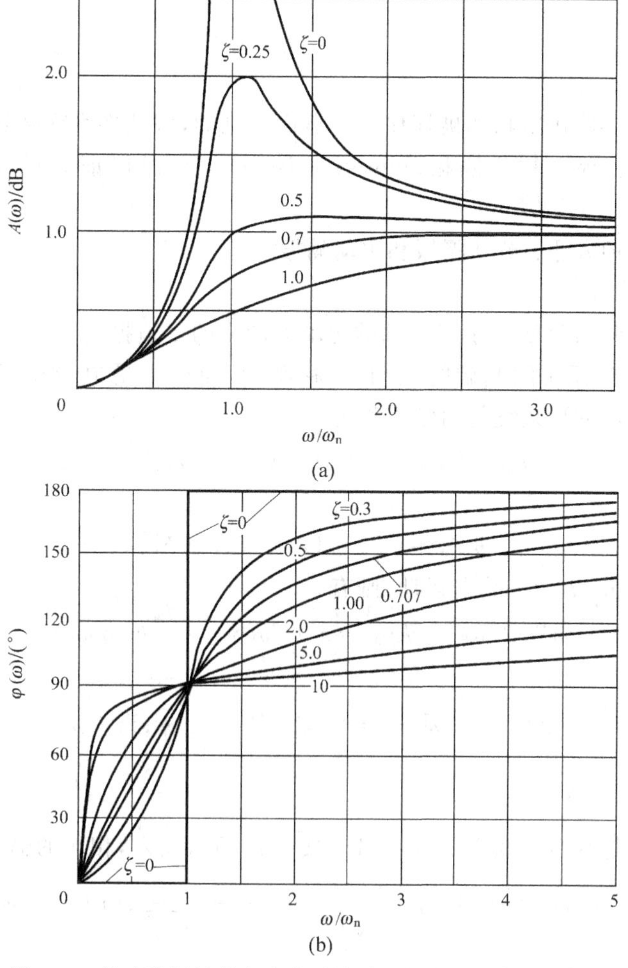

图 9.6 基础激振的单自由度系统受迫振动的频率响应特性

(a) 幅频特性；(b) 相频特性

动，两者的相对运动很小；当基础振动频率远高于系统固有频率时，即 $\omega \gg \omega_n$，质量块在惯性坐标系中接近静止状态，质量块对壳体的相对运动即为壳体的振动。上述情形即为 4.8 节中所述的惯性式(地震式)传感器的作用原理。

从以上两种不同激励方式下单自由度系统的振动情形可以看出，它们的传递函数或频响函数均具有相同的分母。实际上，所有的单自由度振动系统均具有这一特点。系统有两个储能元件——质量块和弹簧，质量块存储势能，而弹簧储存动能，因此由它们及阻尼器组成的系统是一个二阶系统。传递函数的分母由系统的结构参数所确定，亦即由 m，k 和 C 所确定，故系统的各阶固有频率及阻尼率完全由系统结构所决定。不同的激励(输出)、不同的测点以及所观测的变量(输出)仅影响函数的分子。从而使系统的传输特性呈现出不同的形式。这一结论不仅适用于单自由度系统，同样也适用于复杂结构的多自由度振动系统。因此对于复杂结构的系统的振动分析来说，不管采用什么样的激励方式，不管选择什么样的测振传感器，也不管如何选择测振点和激振位置，最终测量到的系统的各阶固有频率、阻尼率及各阶振型都应是一样的。达到上述结论的条件是，在测量方法及装置的选择中应满足精确测试的条件。

9.3.3 隔振

振动对装置、设备、建筑物的破坏作用是显而易见的，因此在大多数场合，要设法对振动进行有效的隔离(工程上称为隔振，vibration isolation)，以保证装置、设备、建筑物的安全性。

隔振通常有两种方法：被动隔振和主动隔振。

1. 被动隔振

被动(passive)隔振是要减小因基础的运动而产生的受迫振动。

重新参考图 9.5，系统因基础的运动(位移激励)而产生受迫振动，其中系统的输入为 $x_1(t)$，输出为 $x_0(t)$，重写系统的力学方程为

$$m\ddot{x}_0 + C(\dot{x}_0 - \dot{x}_1) + k(x_0 - x_1) = 0 \tag{9.23}$$

或

$$m\ddot{x}_0 + C\dot{x}_0 + kx = C\dot{x}_1 + kx_1 \tag{9.24}$$

若输入 $x_1(t) = x_1 \sin \omega t$ 为一简谐运动，则有

$$m\ddot{x}_0 + \mu\dot{x}_0 + kx_0 = x_1(C\omega\cos \omega t + k\sin \omega t) \tag{9.25}$$

或

$$\ddot{x}_0 + 2\zeta\omega_0\dot{x}_0 + \omega_0^2 x_0 = x_1\omega_0^2 \sqrt{1+4\zeta^2\eta^2}\sin(\omega t + \psi) \tag{9.26}$$

式中，$\eta = \dfrac{\omega}{\omega_0}$；$\tan\psi = 2\zeta\eta$。

将式(9.26)右边化为幅值为 $x_1\omega_0^2\sqrt{1+4\zeta^2\eta^2}$ 的简谐输入，相应的输出便为

$$x_0(t) = x_1\sqrt{1+4\zeta^2\eta^2} \cdot \frac{1}{\sqrt{(1-\eta^2)^2 + 4\zeta^2\eta^2}}\sin(\omega t + \psi + \varphi) \tag{9.27}$$

式中，$\varphi = -\arctan\dfrac{2\zeta\eta}{1-\eta^2}$。

将式(9.27)改写为

$$x_0(t) = x_1 \frac{\sqrt{1+4\zeta^2\eta^2}}{\sqrt{(1-\eta^2)^2+4\zeta^2\eta^2}} \sin(\omega t+\psi+\varphi) \tag{9.28}$$

其中，

$$\tan(\psi+\varphi) = \frac{\tan\psi+\tan\varphi}{1-\tan\psi\tan\varphi} = -\frac{2\zeta\eta^3}{1-\eta^2+4\zeta^2\eta^2} \tag{9.29}$$

由式(9.29)可求得：

当 $\eta \to \infty$ 时，$\psi=90°$，$\varphi=-180°$，$\varphi+\psi=-90°$。

当 $\eta \to 1$ 时，$\tan(\varphi+\psi)=-\frac{1}{2\zeta}$。若 $\zeta \to 0$，则相位滞后近 $-90°$；若 $\zeta=0.5$，则相位滞后 $-45°$。

系统的放大因子为

$$M = \sqrt{\frac{1+4\zeta^2\eta^2}{(1-\eta^2)^2+4\zeta^2\eta^2}}$$

可作出 M-η 的关系曲线，如图 9.7 所示。

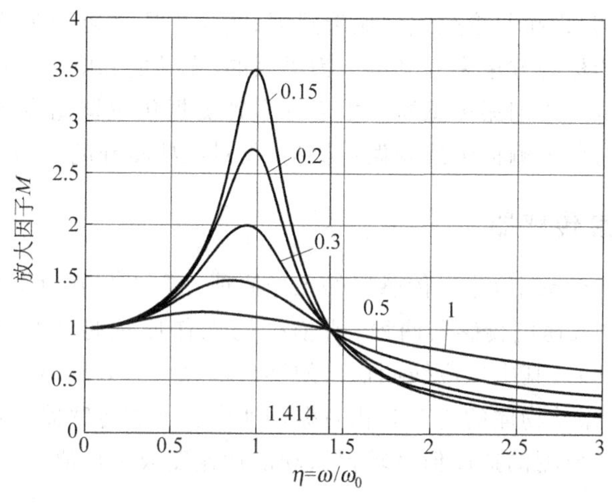

图 9.7 被动隔振的幅频关系图

由图 9.7 可以看出：

(1) $\eta \to \infty$ 时，$M \to 0$；

(2) 不论 ζ 多大，当 $\eta=\sqrt{2}$ 时，$M=1$。因此为使隔振有效，η 应该大于 $\sqrt{2}$，一般工作区常选 $\eta>3 \sim \eta>4$。

2. 主动隔振

主动(active)隔振的目的是减小传到基础上的力 $Q(t)$。系统模型如图 9.8 所示，其中系统作用有力 $f(t)$，若输入为一简谐力 $f(t)=f_0\sin\omega t$，而输出为 $Q(t)$，则有

$$Q(t) = kx + C\dot{x} \tag{9.30}$$

可求得系统的频率响应函数为

$$H(\omega) = \frac{Q(\omega)}{F(\omega)} = \frac{1}{(1-\eta^2)+\mathrm{j}2\zeta\eta} \tag{9.31}$$

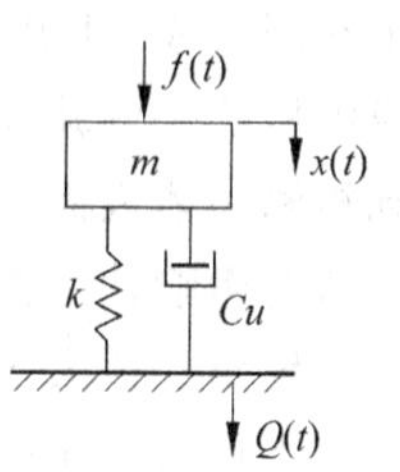

图 9.8 主动隔振系统模型

静位移即输入

$$x_0 = \frac{f_0 \sin \omega t}{k}$$

从而得到

$$x(t) = \frac{1}{(1-\eta^2) + \mathrm{j}2\zeta\eta} \cdot \frac{f_0 \sin \omega t}{k} \tag{9.32}$$

则输出为

$$Q(t) = f_0 \frac{\sqrt{1+4\zeta^2\eta^2}}{\sqrt{(1-\eta^2)^2+4\zeta^2\eta^2}} \sin(\omega t + \psi + \varphi) \tag{9.33}$$

其放大因子和主要性质与位移激励时的被动隔振完全相同。

9.4 测振传感器

测振传感器的种类很多。按被测量来分可分成测力和测运动量的测振传感器;按作用的方式来分可分为接触式和非接触式测振传感器;按工作原理可分为绝对振动测量和相对振动测量传感器;按测量的方法来分又可分为机械的、光学的和电气式的测振传感器。如前所述,本节主要介绍电气式测振传感器。由于许多种测振传感器已在第4章传感器中作过介绍,因此本节主要对各类测振传感器做一概括,仅对某些特殊的类型作专门介绍。

9.4.1 磁电式速度传感器

磁电式(electro-magnetic)速度传感器的工作原理已在4.9节中作了介绍。它分为绝对式速度传感器和相对式速度传感器两种。所依据的工作原理是法拉第电磁感应定律(见式(4.113)和式(4.114)),其中感应线圈输出的感应电动势正比于线圈相对于磁场的速度。因此它适合用来测量振动物体的绝对和相对振动速度。这类传感器一般都结合有微分和积分机构,因此也可以从所测的速度值来求得振动的加速度或位移值。

9.4.2 涡流位移传感器

由4.6节所述,涡流传感器的工作原理是通过传感器中的高频线圈头靠近被测导电材料(一般为金属),从而在导体中感应出涡流进而改变线圈的阻抗来进行测量的。当被测物到探头的距离改变时,线圈中的阻抗便随之改变,因此涡流传感器可直接用于位移测量。图9.9示出了一种典型的涡流位移传感器(eddy-current displacement transducer),它由两个线圈组成,其中一个为工作线圈,用于敏感被测物的运动状况;另一个为平衡线圈,用于构成电桥的一臂并提供温度补偿。电桥的激励频率约为1MHz。工作线圈产生的磁力线穿透到被测物体表面中,产生涡电流。该涡电流强度在被测物表面最大,越往物体里面越弱。涡电流的影响使工作线圈的阻抗发生改变,于是使电桥平衡破坏,产生与被测物位置成正比的电压输出。该失衡电压经解调和低通滤波后产生一正比于物体位移的直流输出。这种高频激励不仅可用于薄的运动物体的测量,而且也提供了很好的系统响应(可达10kHz)。目前商用的涡流传感器可测的范围为0.25～30mm,非线性为0.5%,最高分辨率为0.000 1mm。涡流传感器也可用于测非导电材料,此时要在被测物表面连接一层具有足够厚度的导电材

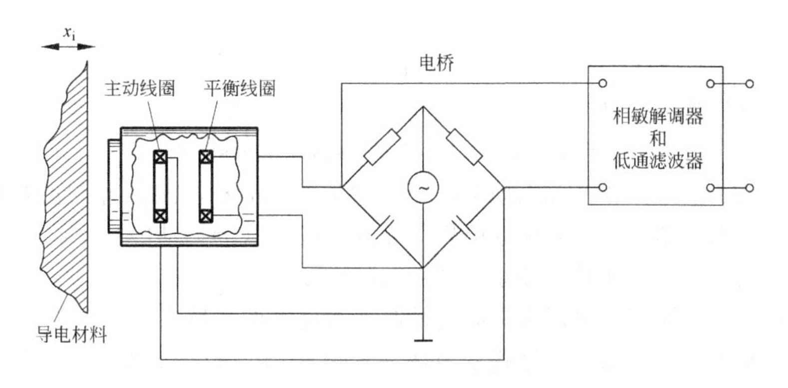

图 9.9 涡流位移传感器

料。目前商用上已可提供一种背面有胶黏剂的铝箔带。这种情况下，探头测量的范围开始时有一段“死压”距离，约为探头标称距离的 20%。比如，若探头的额定测量范围为 0～1mm，则探头应被用于探头—被测物距离为 0.2～1.2mm 的范围。扁平的被测物其尺寸应至少等于或大于探头的直径，这样可保证有正确的输出。实践表明，当被测物的直径为探头直径的一半时，输出将下降至原输出值的一半。对轴类被测物来说，轴的直径应至少 4 倍于探头的直径。材料表面的光洁度对测量基本无影响，但轴类材料的表面因热处理和硬度等非均匀性导致的磁导率的变化则会影响测量，给出虚假的输出结果。如果这种影响很大，则应采取径向相对的两个探头组成差动式测量结构、轴表面镀镍以及滤波等手段来克服。

9.4.3 电感式振动传感器

电感式(inductive)传感器又分自感式和互感式两种，可用来测量位移、力和加速度等量(其作用原理已在第 3 章中加以阐述)，因此电感式传感器也被用于振动测量。图 9.10 示出了一种测量绝对振动位移的差动变压器式传感器的结构示意图。传感器的两端被密封，内部充以空气或硅油作为阻尼器。内部的活动衔铁被上、下两弹簧支撑于螺管线圈中央。整个传感器被固结于被测物上，用于测量被测物的振动位移。其中衔铁起着一个质量块的作用。这是一个典型的二阶质量-弹簧-阻尼系统，其频响函数具有式(9.20)的形式。

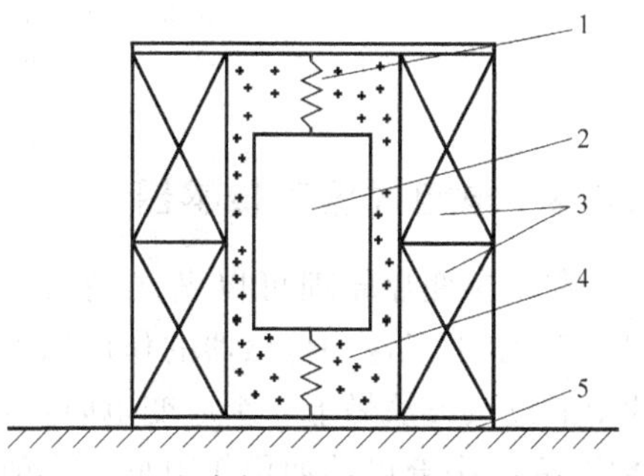

图 9.10 差动变压器式绝对振动传感器
1—弹簧；2—衔铁；3—螺管线圈；
4—阻尼液；5—被测对象

设被测物的振动为一简谐振动：

$$x_i(t) = X_i \sin\omega t$$

则活动衔铁相对于螺管的位移为

$$x_0(t) = X_i \mid H(\mathrm{j}\omega) \mid \sin(\omega t - \varphi) \tag{9.34}$$

设螺线管差动变压器的输出电压 e_o 与螺管线圈位移 x_0 的关系为

$$e_o = ik_1 x_0 \tag{9.35}$$

式中，i 为变压器初级绕组激励电流；k_1 为比例常数，由变压器结构参数确定。

又设

$$i = I\sin \Omega t \tag{9.36}$$

则最终可得传感器的输出电压：

$$e_o = Ik_1 X_0 \mid H(j\omega) \mid \sin(\omega t - \varphi)\sin \Omega t \tag{9.37}$$

该输出 e_o 是一个载波频率 Ω(激励电源频率)的调幅信号，其载波信号受被测信号 $x_i(t)$ 的调制。因此要求差动变压器激励电源频率 Ω 要远高于被测振动的频率 ω，一般 $\Omega > 5\omega$。同时要求被测振动频率 ω 高于传感器系统的固有频率 ω_n。

利用差动变压器原理还可用来构成测量振动加速度的传感器。图 9.11 示出了两种差动变压器式振动加速度传感器的结构示意图。其中，图 9.11(a)为变气隙式结构。活动衔铁 2 由两片弹簧 1 支撑住，用于敏感水平方向的振动加速度。图 9.11(b)为螺管式结构，活动衔铁与图 9.11(a)一样也兼作系统的质量块，它被上、下两片弹簧支撑住，用于敏感垂直方向的振动加速度。由于是加速度传感器，因此要求被测频率 ω 低于系统的固有频率 ω_n。

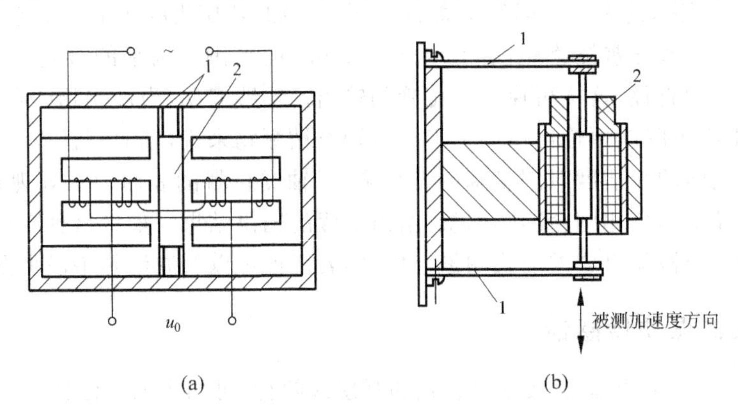

图 9.11 差动变压器式振动加速度传感器
(a) 变气隙式结构；(b) 螺管式结构

9.4.4 电阻式振动传感器

利用应变片原理可以做成测量振动加速度的电阻式(resistive)振动加速度传感器，图 9.12 示出了这一传感器的作用原理。质量块由薄弹簧片支撑，弹簧片呈三角形。在弹簧片上通过蒸镀法做上 4 个应变电阻片，它们构成一个电桥电路的 4 个臂。整个装置放在壳体中，壳体中充以硅油用作阻尼。这种传感器用于敏感水平方向的振动加速度。这种传感器一般用在汽车的气囊和安全带装置中，用于在汽车的行驶过程中敏感突如其来的冲击，从而能使气囊及时地打开以避免人员的伤害。

9.4.5 电容式加速度传感器

利用电容器的原理测量质量块的位移和加速度的例子已在前面有关电容传感器的章节中作了介绍。这些传感器均可用于作振动测试。本节介绍一种利用微电子加工技术制成的单片集成式电容加速度传感器(capacitive accelerometer)。如图 9.13 所示，整个传感器被建造成平面层形式，用表面微加工工艺制成。图(a)为用多晶硅制成的差动式电容器示意图。其中，中间电极起着传感器质量块的功能，且经搭接条被放置在底角点 a 上。该中间电

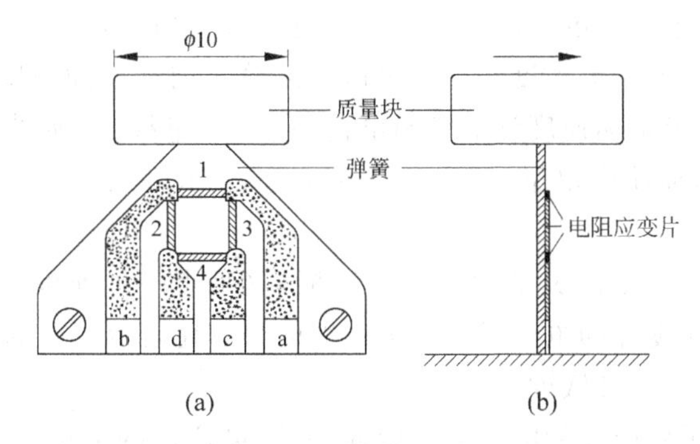

图 9.12 电阻式加速度传感器

1～4—电阻应变片；a～d—引线接点

极可移动，它与固结在衬底上的 b 和 c 形成一电容器。当在中间电极(振动质量块)和衬底(壳体)间发生相对运动时，两搭接条间的电容值便会随之发生变化。

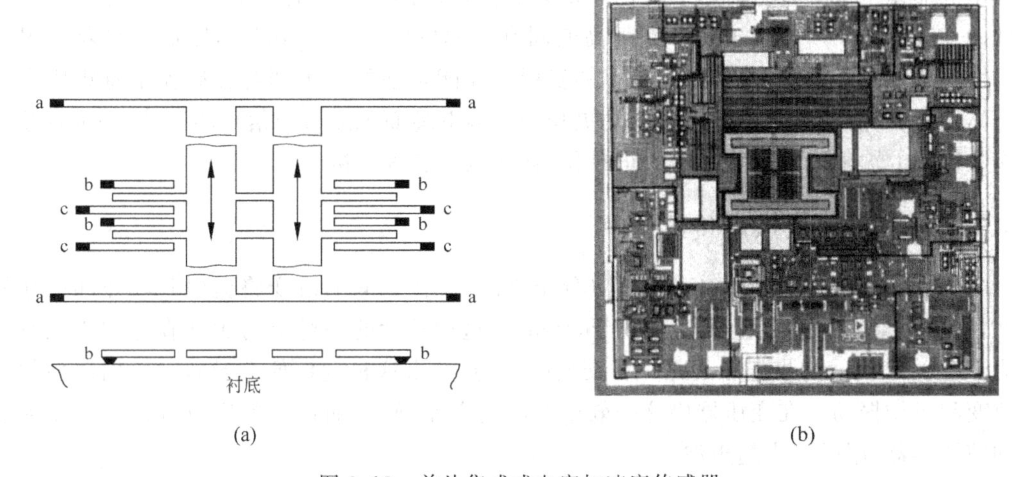

图 9.13 单片集成式电容加速度传感器

(a) 由多晶硅制成的差动式电容结构示意图；(b) 整个集成芯片结构，图中央为呈 H 形的差动电容器传感元件

中间电极所挂靠的搭接条不具有普通传感器所带有的弹簧特性，因此质量块的回复运动则通过电子控制线路来实现。该电路改变加在电极 b 和 c 上的电压，从而使中间电极回到其原来的中间位置上。电极间的距离仅为 1μm，而由调节电路所能调整到的中间位置其误差可小于$\frac{1}{100}\mu$m。由此所需的返回力便是被测加速度的度量。整个集成芯片上还包含有信号处理所需的组件，如放大器、振荡器、载频发生器、参考信号传感器以及自检线路。加速度的测量范围为$\pm 50g$。

9.4.6 压电加速度传感器

在 4.8 节中已经对压电(piezoelectric)传感器的原理、结构和典型应用作了详细介绍，而且也对用于压电传感器的两类前置放大器——电压放大器和电荷放大器进行了讨论。压电加速度传感器被广泛地用于振动测量。

如前所述，一个压电加速度计既可看作一个电压源，又可看作一个电荷源，因此对它的灵敏度的表示方式便有电压灵敏度和电荷灵敏度之分。前者是加速度计输出电压(mV)与所承受加速度之比；后者是加速度计的输出电荷(10^{-12}C 量级)与所受加速度之比。加速度的单位用 m/s^2 或重力加速度单位 g($g=9.807m/s^2$)表示。几乎所有的振动测量仪器都用 g 作为加速度单位。

压电晶体加速度计的横向灵敏度表示它对横向(垂直于加速度计轴向)振动的敏感程度。横向灵敏度以加速度计的电压或电荷灵敏度的百分比表示。好的加速度计的横向灵敏度越小越好，一般应低于主灵敏度的3%。

由于压电晶片受压后产生的电荷极其微弱，要测量这样的电压(或电荷)必须有很好的测量放大器，并且要求导线、放大器和加速度计本身没有电荷泄漏。由于压电加速度计的内阻很高，因此与之相连接的前置放大器亦应有很高的输入阻抗，且结构相对简单，但它的输出易受连接电缆对地形成的杂散电容的影响，因此仅适用于一般振动的测量。而电荷放大器由于引入了电容负反馈，彻底排除了电缆电容的影响，适用于高质量的振动测量。

压电加速度振动传感器的主要优点是灵敏度高、结构紧凑、坚固性好。尽管它的阻尼率较低(0.002~0.25)，但由于它具有很高的固有频率(高达100 000Hz)，因而仍可获得很广的线性频率范围。此外，现代信息技术的发展已经能将前置放大器与传感器本身集成在一个壳体中，从而能使这类加速度计使用更长的传输电缆而无需考虑信号的衰减，并可直接与大多数通用的输出仪表，如示波器、记录仪、数字电压表等连接。

9.4.7 磁致伸缩式振动传感器

当一个铁磁材料被磁化时，元磁体(分子磁体)极化方向的改变将会引起其外部尺寸的改变，这一现象称磁致伸缩(magnetostriction)。这种长度的相对变化 dl/l 在饱和磁化时其值为 $10^{-6}\sim10^{-5}$。如果施加的是一种交变的磁场，那么这种现象便会导致一种周期性的形状改变和机械振动。在变压器中这一效应会产生交流噪声，而这一效应也可被用来作为磁致伸缩转换器，用以产生超声波。

这种磁致伸缩现象的逆效应便是磁弹性效应。铁磁材料在受拉或压应力作用时会改变其磁化强度。这一现象可用来制造磁致伸缩或磁弹性振动传感器。图9.14示出了一种磁致伸缩式声传感器。其中探测器的芯是由一块铁氧体或由一叠铁磁性铁片组成。芯子中间绕制有一线圈。当芯子上作用有一交变压力时，它的磁通密度改变，从而在其周围的线圈中感应出交变电压来。

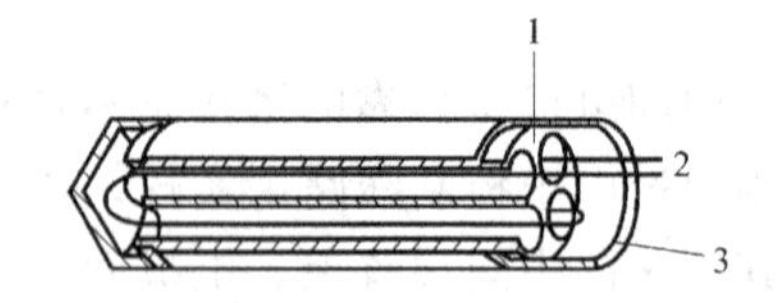

图9.14 磁致伸缩式声传感器

1—芯子；2—线圈；3—保护管

用这种传感器可测量液体中的声压或超声波声压。传感器的灵敏度取决于声音的频率，振动频率为1kHz时约为 $1\mu V/Pa$。这种传感器经设计可在高温条件下工作，比如在1 000℃的高温介质中仍能可靠工作。

9.4.8 激光速度传感器

激光干涉法可用于振动测量。图9.15为一种迈克耳孙干涉仪的装置原理图。由图可见，激光光束经一分光镜后被分成两束各为50%光能的光束，分别导至两反射镜上。两束

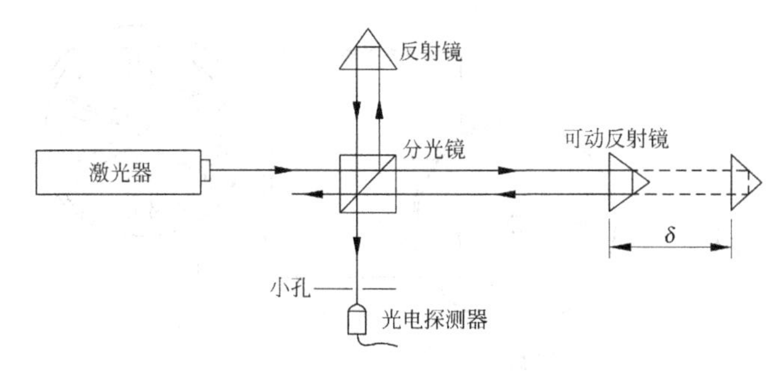

图 9.15 迈克耳孙干涉仪原理图

光被反射后返回到分光镜，每束光的一部分穿过一光阑到达一光电检测器。由于光程差的关系，两束光在检测器中发生干涉，从而产生明暗交替的干涉条纹。当图中的可移动反光镜移动一距离 δ 时，光束的光程则增加 2δ，那么在光电检测器中所产生的暗条纹数等于在该路程改变中的波长数 N，于是有

$$2\delta = N\lambda \tag{9.38}$$

由上式可确定移动的距离 δ。这种方法的分辨率可达一个条纹的 $\frac{1}{100}$。因此干涉法一般用于测量量级很小（约为 10^{-5}mm）的位移。如果将该移动反射镜连接到一个振动表面：$\delta=\delta(t)$，反射回来的光束与起始的分光光束结合，在光电检测器中便可看到明暗交替的干涉条纹。每单位时间里的条纹数便代表了振动表面的振动速度。由传感器所敏感到的速度则是可移动反光镜沿激光束方向的速度分量。这种装置的工作距离一般为 1m 长。由于这是一种非接触式的速度传感器，因此它不影响被测结构的质量，这一点地震式传感器是做不到的。

激光速度传感器（laser speedometer）的典型应用有：

(1) 内燃机进气管道热表面的速度监测；

(2) 振动膜片的速度监测；

(3) 旋转机械转轴的轨道分析；

(4) 对那些不能连接地震式传感器的机器零件的速度检测。

9.4.9 频闪测速法

频闪观测仪（stroboscope）一词来自希腊文中的两个词，意思是“旋转”和“观察”。如图 9.16 所示，早期的频闪观测仪采用一个旋转圆盘。当圆盘上的开孔和静止的掩膜重合时，在此时间间隔中，观察者可以捕获圆盘后的物体瞬间的一瞥。如果让圆盘的速度和物体运动同步，则物体看起来便是静止不动的。某些方式下，所产生的动作是运动图片投影器产生的幻觉的相反。同样，如果使圆盘的旋转周期稍慢于或稍快于所观察物体的周期，就会使物体看起来好像在向前或向后蠕动。这样就可以在装置工作时直接观察诸如转动齿轮、轴的跳动、盘簧颤动等现象。

现代的频闪观测仪的操作原理稍有些不同，其中采用一个可控的强闪光灯源来取代旋转圆盘。

采用电子频闪灯能方便地测量机械的旋转速度，其中的频闪灯能以一个已知和可调的速率产生闪光。将频闪灯的光导向到转动件上，转动件本身上面具有一些如辐条、轮齿或其

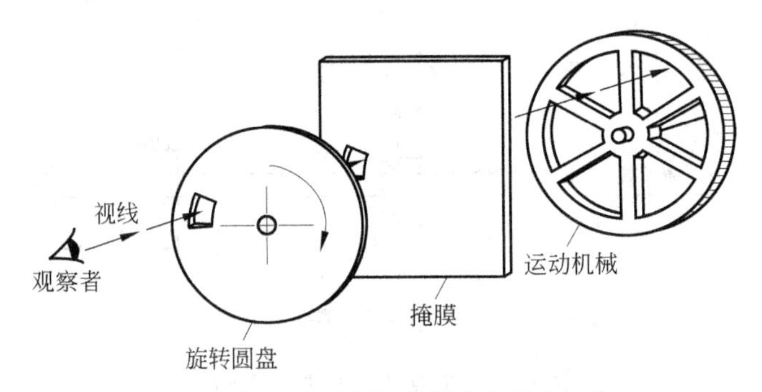

图 9.16 圆盘式频闪观测仪的基本结构

他的特征，用来锁定频闪的频率。如果转动件上没有这些特征，也可以在上面粘贴一简单的黑白纸条用作目标。将灯闪的频率调节到使目标看上去好像"不动"为止。在该设定位置上，灯的频率和物体转动的频率相等，然后便可从灯的标定读数盘上读出数字值，该值便是机械转动速度，其测量精度一般可达到读数的 0.01%。典型的频闪仪的灯闪频率范围为 110～25 000r/min。物体超过 25 000r/min 的速度也可以用以下技术来实现。由于灯闪频率与物体转动频率的同步性能够在任何等于被测速度整数倍 n 的频闪频率 r 上被获取，因此调节闪光速率，直至在最大可能的频闪速率，比如 r_1 上达到同步。然后慢慢降低频闪速率，直至又一次达到同步，此时的速率比是 r_2。然后根据下式计算未知转速 n：

$$n = \frac{r_1 r_2}{r_1 - r_2} \tag{9.39}$$

对于非常高的速度，r_1 和 r_2 将会很接近，此时的测量精度会很低。要提高测量精度，必须将频闪速率降至 r_2 以下，直至重新达到同步。重复该步骤 N 次直至获得同步性（$r_1, r_2, r_3, \cdots, r_N$）。此时速度 n 便为

$$n = \frac{r_1 r_N (N-1)}{r_1 - r_2} \tag{9.40}$$

采用这种方法能够将测量频率的上限扩展到 250 000r/min。

9.4.10 超声波传感器

超声波传感器利用声波传播原理来测量位移，且能产生数字位移输出。图 9.17 所示例子主要用于从 1～250cm 或以上的满刻度测量范围，装置采用一个永磁铁，它相对于一个封闭在非铁材料保护管中的磁致伸缩导线运动。用电子电路驱动一个电流脉冲通过该导线，在磁铁所在的位置，磁致伸缩运动能在导线中产生一个应力脉冲，它以约 27 940m/s 的固定速度传播到接收器所在位置。在接收器位置上设置一个检测线圈来检测脉冲的到达。在起始电流脉冲和被检测的应力脉冲到达之间的时间间隔便与位移 x_i 成正比。使用两个脉冲对计数器进行开和关，则能得到一个 16 位分辨率的数字输出读数。为得到连续的模拟信号，可以重复施加该脉冲，并采用过渡时间间隔来调制矩形脉冲系列的宽度。对该脉冲系列作低通滤波能产生一个模拟电压，其振幅与脉冲宽度成正比，并因此也与 x_i 成正比。重复频率足够高，因此对于一个 50cm 行程的元件可将低通滤波器设计成其带宽（±3dB）直至约 200Hz 为止，能得到优于 0.02%满刻度的非线性度。该传感器用作液压驱动伺服机构中的反馈传感器来进行位置控制。它的基本位置信号通过导出数字速度（$V \approx \Delta X/\Delta t$）和加速度

$(A \approx \Delta V/\Delta t)$信号来增大。这些信号能对系统控制的变量(负载位置)实施微分控制模式,从而有效地改善控制系统的性能。

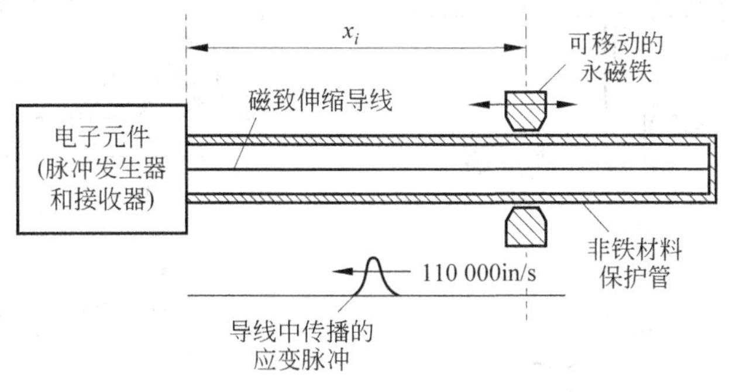

图 9.17 超声波位移传感器

9.5 激 振 器

激振器(vibration shaker)的目的是通过激振的手段使被测对象处于一种受迫振动的状态中,从而达到试验的目的。因此激振器应该能在所要求的频率范围内提供稳定的交变力。另外,为减小激振器质量对被测对象的影响,激振器的体积应小,重量应轻。

激振器的种类很多,按工作原理可分为机械式、电磁式、压电式以及液压式等。本章仅介绍其中常用的几种激振器。

9.5.1 力锤

力锤(force hammer)用来在振动试验中给被测对象施加一局部的冲击激励。图 9.18 示出了一种常用的力锤结构。它由锤头、锤头盖、压电石英片、锤体、附加质量和锤把组成。锤头和锤头盖用来冲击被测试件。力锤实际上是一种手持式冲击激励装置。力锤的锤头盖可采用不同的材料,以获得具有不同冲击时间的冲击脉冲信号。图 9.19(a)为力锤激励装置示意图;图 9.19(b)为采用钢、塑料和硬橡胶的不同锤头盖进行锤击所得到的时域波形;图 9.19(c),(d)分别是锤头盖和锤头盖加附加质量冲击所得波形的频域形式。可以看出,钢材料的锤头盖所得的带宽最宽,而橡胶材料所得的带宽最窄。另外,附加质量不仅能增加冲击力,也使保持时间略微增长,从而改变了频带宽度。因此在使用力锤时应根据不同的结构和分析的频带来选择不同的锤头盖材料。

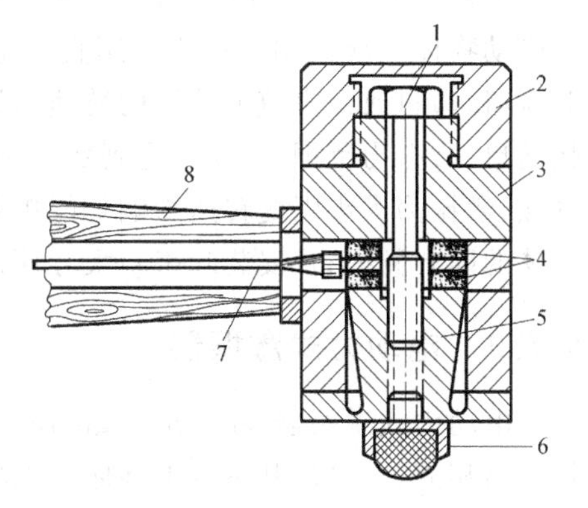

图 9.18 力锤结构示意图

1—螺钉;2—附加质量;3—锤体;4—石英片;5—锤头;6—锤头盖;7—引线;8—锤把

常用力锤质量小至数克,大至数十千克,因此可用于不同的激励对象,现场使用中比较方便。

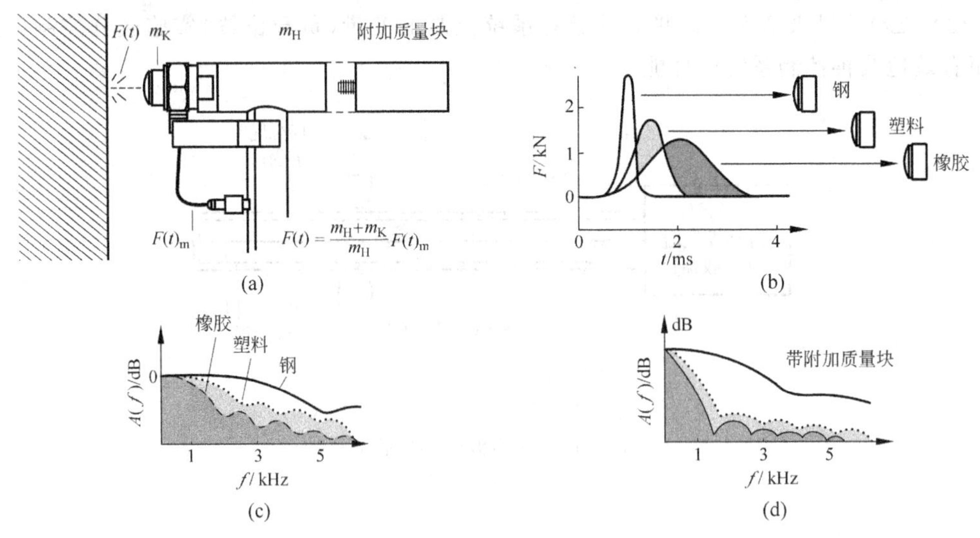

图 9.19　锤击力时域波形及其频谱

9.5.2　机械惯性式激振器

图 9.20 所示为一种机械惯性式激振器(mechanical-type exciter)。它由两个偏心质量的、反向等速转动的齿轮组成。当两齿轮旋转时,由于偏心质量的缘故会产生周期性的离心力,从而产生激振作用。其激振力的大小为两离心力的合力:

$$F = 2m\omega^2 e\cos\omega t \tag{9.41}$$

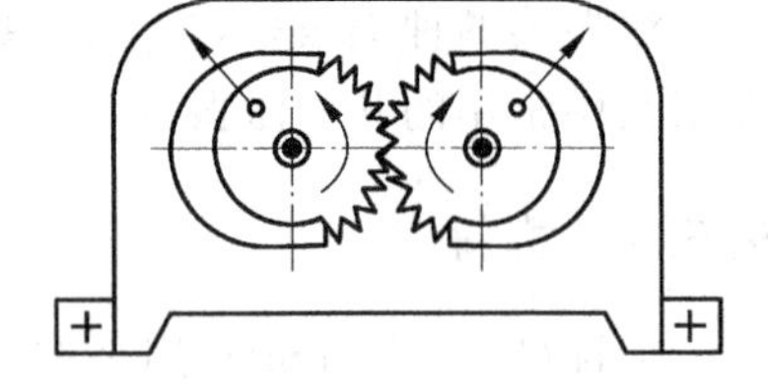
图 9.20　机械惯性式激振器

式中,m 为偏心质量;e 为偏心距;ω 为旋转角速度。

使用时将这种激振器固定在被试验物体上,由激振力带动物体一起振动。一般采用直流电动机来稳定这种激振器,通过改变直流电动机的转速来调节激振力的频率。机械式惯性激振器的优点是结构简单、激振力范围大(几千克到数千千克)。缺点是工作频率范围小,一般为几赫兹到上百赫兹;激振力大小因受转速影响不能单独控制;另外,传感器的质量较大,因而会影响到被测物体的固有频率,且安装起来不太方便。

9.5.3　电动力式激振器

电动力式激振器(electromagnetic shaker)又称磁电式激振器。其工作原理与电动力式扬声器相同,主要是利用带电导体在磁场中受电磁力作用这一物理现象工作的。电动力式激振器按其磁场形成的方式分为永磁式和励磁式两种,前者一般用于小型的激振器,后者多用于较大型的激振台。

图 9.21 示出了一种电动力式激振器。可以看出,传感器由永磁铁、激励线圈(动圈)、芯杆及顶杆组合体以及弹簧片组组成。由动圈产生的激振力经芯杆和顶杆组件传给被试验物体。采用做成拱形的弹簧片组来支撑传感器中的运动部分,弹簧片组具有很低的弹簧刚度,并能在试件与顶杆之间保持一定的预压力,防止它们在振动时发生脱离。激振力的幅值与频率由输入电流的强度和频率所控制。从激振器的结构可以看到,它实际上

与前面所述的相对式测振传感器基本相同，在作用原理上两者实际上是互为逆变换器。激振器中输入的是激励电流，输出的是振动；而在测振传感器中，输入的是振动速度，输出的则是线圈的感应电动势。

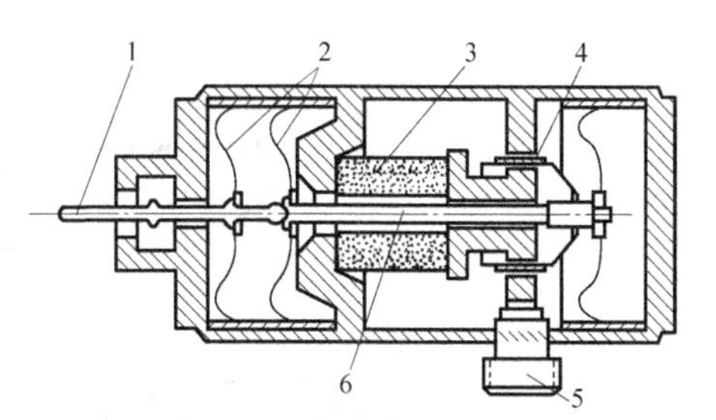

图 9.21 电动力式激振器
1—顶杆；2—弹簧片组；3—永磁铁；4—动圈；5—接线头；6—芯杆

顶杆与试件之间一般可用螺钉、螺母直接连接，也可采用预压力使顶杆与试件相顶紧。直接连接法要求在试件上打孔和制作螺钉孔，从而破坏试件。而预压力法不损伤试件，安装较为方便，但安装前需要首先估计预压力对试件振动的影响。在保证顶杆与试件在振动中不发生脱离的前提下，预压力应该越小越好。最小的预压力可由下式估计：

$$F_{\min} = ma \tag{9.42}$$

式中，m 为激振器可动部分质量，kg；a 为激振器加速度峰值，m/s^2。

激振器安装的原则是尽可能使激振器的能量全部施加到被试验物体上。图 9.22 示出了几种激振器的安装方式。其中，图(a)中激振器刚性地安装在地面上或刚性很好的架子上，这种情况下安装体的固有频率要高于激振频率 3 倍以上。图(b)采用激振器弹性悬挂的方式，通常使用软弹簧来实现，有时加上必要的配重，以降低悬挂系统的固有频率，从而获得较高的激振频率。图(c)为悬挂式水平激振的情形，这种情况下，为能对试件产生一定的预压力，悬挂时常要倾斜一定的角度。激振器对试件的激振点处会产生附加的质量、刚度和阻尼，这些将对试件的振动特性产生影响，尤其对质量小刚度低的试件影响尤为显著。另外作振型试验时如将激振点选在节点附近固然可以减少上述影响，但同时也减少了能量的输入，反而不容易激起该阶振型。因此只能在两者之间选择折中的方案，必要时甚至可以采用非接触激振器。

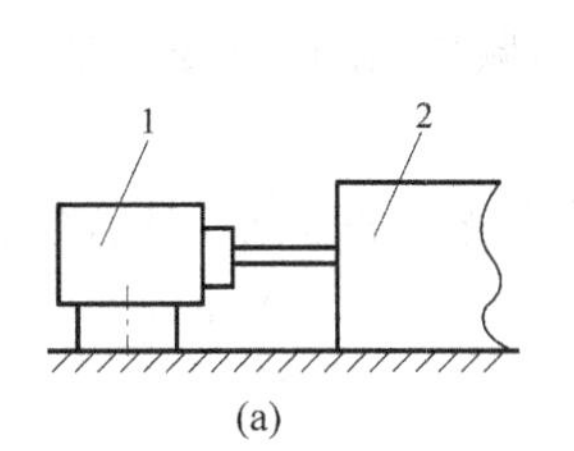

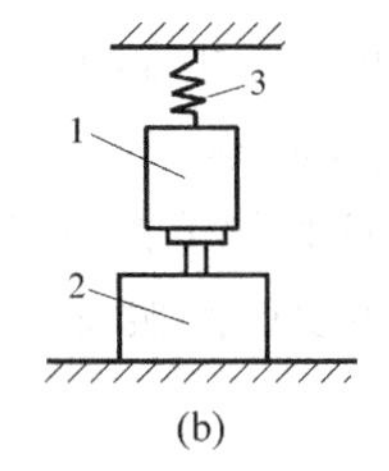

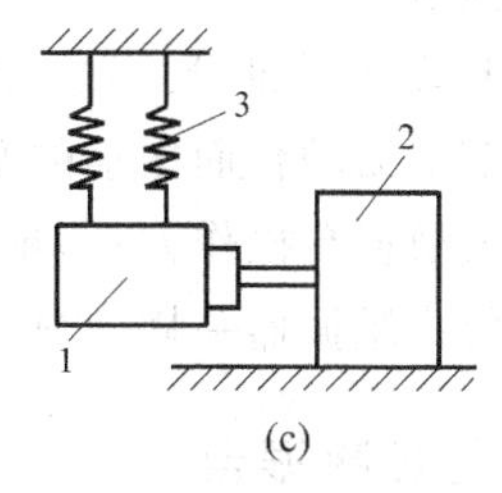

图 9.22 激振器的安装方式
1—激振器；2—试件；3—弹簧

电动力式激振器的优点是频率范围宽(最高可达 10 000Hz)，其可动部分质量较小，故对试件的附加质量和刚度的影响较小。但一般仅用于激振力要求不很大的场合。

电动力式激振台是另外一种形式的电动力式激振设备，其工作原理与电动力式激振器类似，仅在结构上有所差别。它具有一个安装试件的工作台体(图 9.23)，其可动部分质量较大。振动台本体由磁路系统、励磁线圈和台面所组成，控制部分包括信号发生器、功率放大器、直流励磁电源，外加必要的振动测量仪器。

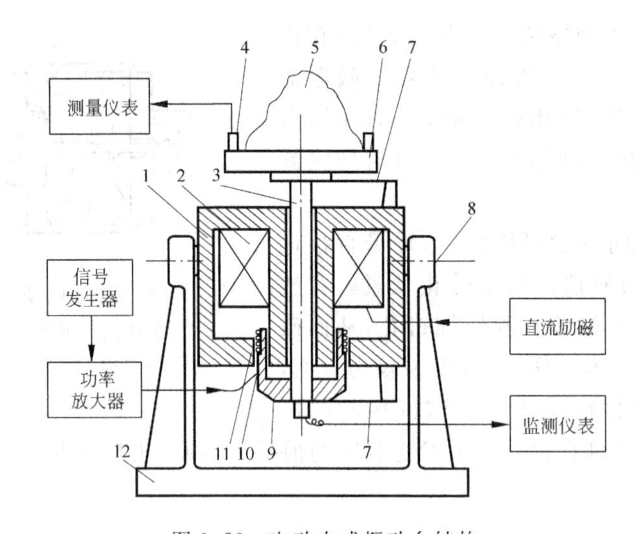

图 9.23 电动力式振动台结构

1—直流磁路；2—励磁线圈；3—芯杆；4—测量传感器；5—试件；6—台面；7—弹簧片组；8—支撑轴；9—环形线圈架；10—可动线圈；11—气隙；12—支架

振动台的工作原理如下：直流磁路 1 为高磁导率的铸钢或纯铁制成的带铁芯圆筒，铁芯上缠有励磁线圈 2，当供以直流励磁电流时，磁路的环形气隙 11 中形成一恒定磁场。置于气隙中的环形线圈架 9 绕有可动线圈 10，它们与台面经芯杆刚性连接，组成可动部分。弹簧片组的作用是用来进行导向和支撑。振动台体装在支架 12 上，可绕支撑轴 8 转动，以改变振动台在空间的方位来适应不同试验的要求。

当动圈上被施加有交变电流 I 时，由于磁场的作用产生出一交变力 F：

$$F = Bil = BlI\sin\omega t$$

式中，ω 为交变电流的圆频率；B 为环形气隙中磁感应强度；l 为动圈导线的有效长度；I 为交变电流的幅值。

磁力 F 推动可动部分运动。改变驱动电流的大小与频率，便可改变驱动力 F 的大小，从而也就改变了振动台面振动的幅度及频率。

电动力式激振台操作方便，能在较大的范围内调节激振力的大小，具有较大的适应范围。与电动力式激振器一样，它也是主要的激振设备。

9.5.4 液压式激振台

机械式和电动力式的激振器和激振台系统的一个共同缺点是较小的承载能力和频率。与此相反，液压式激振台(hydraulic shaker)的振动力可达数千牛顿以上，承载质量能力以吨计。液压式激振台的工作介质主要是油，主要用在建筑物的抗震试验、飞行器的动力学试验以及汽车的动态模拟试验等方面。

图 9.24 为一液压式激振台的工作原理图。其中用一个电驱动的伺服阀来操纵一个主控制阀，从而来调节流至主驱动器油缸中的油流量。

这种激振台最大承载能力可达 250t，频率可达 400Hz，而振动幅度可达 45cm。当然，上述指标并不是同时达到的。在振动台的设计中的主要问题是如何研制具有足够承载能力的

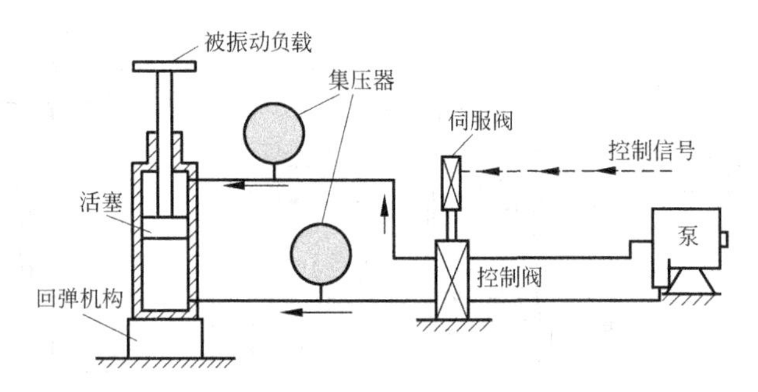

图 9.24 液压式激振台工作原理

阀门以及系统对所要求速度的相应特性。另外,振动台台面的振动波形会直接受到油压及油质性能的影响,压力的脉动、油液温度变化均会影响到台面振动的情况。因此,较之电动力式激振台,液压式激振台的波形失真度相对较大,这是其主要缺点之一。

9.6 测振仪器的校准

校准(calibration)一词亦称定标或标定,是指对仪器设备的各项性能进行检测,并根据检测结果作相应调整,使其达到规定的技术性能指标。校准可以在仪器出厂之前进行,也可以在仪器的日常使用过程中进行定期或不定期的校准。另外,在仪器被修理之后也要对仪器进行重新校准。对测振仪器及传感器的校准目的是要保证各类测振仪器及传感器具有统一的计量标准,保证振动测量的结果具有所要求的精度及可靠性。对测振仪器和传感器的校准内容大致有以下几项:仪器及传感器的灵敏度、线性工作范围、横向灵敏度、非线性度、频率特性(幅频及相频特性)等。其他有关工作环境影响的因素的项目有温度特性、湿度、辐射、抗电磁干扰性等。不同的仪器设备其校准的项目并不相同,一般需要根据仪器及传感器的使用目的、使用环境及性能要求等因素确定。

校准的方法有多种,各对应于不同的应用。一般来说,校准的部门分为国家和地方两级。国家校准部门一般采用绝对校准法对标准传感器和测试系统进行校准,校准精度可达0.5%～2.0%;地方校准部门则以标准传感器作为标准,用比较校准法对工作传感器作校准,校准精度一般可达5%。以下对这两种方法作一介绍。

9.6.1 绝对校准法

绝对校准法的基本原理是按照运动量的基本单位即长度(振幅)和时间(频率)来进行测量的。其中,振幅的测量是绝对校准法的中心环节,直接影响着校准的精度。因为在测得振幅和频率之后,即可由振幅和频率求得振动速度和加速度,再根据被校传感器的输出可求得传感器的位移灵敏度、速度灵敏度和加速度灵敏度。

测量振幅的方法很多,测量的精度和范围各异,其中光学法因其精度高而常被采用。

1. 激光干涉法

该方法采用迈克耳孙干涉仪的原理来测量振动的位移,图 9.25 示出了其原理。

图 9.25 中被校准传感器置于标准振动台上,传感器上贴有一测量反射镜。振动台由正弦信号发生器和功率放大器驱动作垂直方向的简谐振动。由氦氖激光器发出的波长

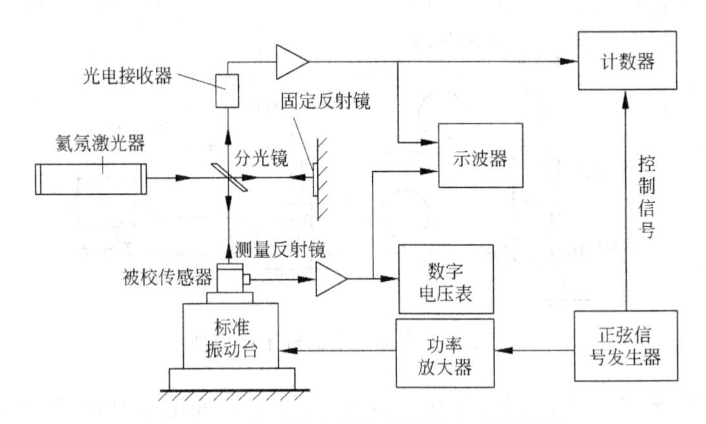

图 9.25　基于激光干涉原理的绝对校准法

$\lambda=0.6328\mu m$ 的激光束经分光束被合成两束光，一束经固定反射镜反射回分光镜；另一束经测量反射镜反射之后返回至分光镜。这两束光在分光镜处汇合，由于存在有光程差而生出干涉现象。该干涉图像被光电接收器接收并转换成与光强成正比的电信号。由光学原理可知，两光束的光程差每增加一个波长，所形成的干涉条纹就相应移动一个条纹，光电元件接收到的信号的光强便变化一次，因此振动台每移动 $\lambda/2$ 距离，光程差便变化一波长 λ，而光电元件便相应地输出一电脉冲。振动台在一个周期 T 内总位移量为 $4x$(x 为振幅)，产生的电脉冲数为 n，则 n 与 x 之间的关系为

$$n=\frac{4x}{\lambda/2}=\frac{8x}{\lambda} \tag{9.43}$$

相应地，

$$x=\frac{n\lambda}{8}=0.07910n \quad (\mu m) \tag{9.44}$$

通过振动信号来控制计数器阀门，便可从一个周期的脉冲计数来计算出振幅 x 的值，进而可利用下式得到振动加速度幅值：

$$a=(2\pi f)^2x=3.123\times10^{-6}f^2n \quad (m/s^2) \tag{9.45}$$

式中，f 为振动频率。

用干涉法测量振幅的范围为数十到数百微米，精度可达 1%。这种方法精度高，但设备复杂，操作环境条件要求高，因此一般仅适合计量部门和测振仪器制造厂使用。

2. 莫尔条纹法

莫尔条纹法的装置原理如图 9.26 所示。其中利用了两块具有等间距平行刻线的直光栅，刻线密度可达 200 线/mm，视校准的精度加以变化。两块光栅中的一块装于振动台上一起振动，另一块则装在固定支架上。两光栅相距一间隔以便能产生莫尔条纹。由激光器发出的光束照射到光栅上，经两光栅之后被光电元件所接收。当振动台振动时，两光栅间产生相对错位，所产生的莫尔条纹亦随之发生变化，该光强信号经光电接收元件接收后产生一系列电脉冲，并由计数器计数。两光栅每相错一条刻线，干涉条纹明暗变化就变化一次，相应地产生一脉冲信号。根据下式可算出振动台的振幅：

$$x=\frac{n}{4l} \tag{9.46}$$

式中,n 为一个周期内接收到的脉冲数;l 为每毫米光栅刻线数。

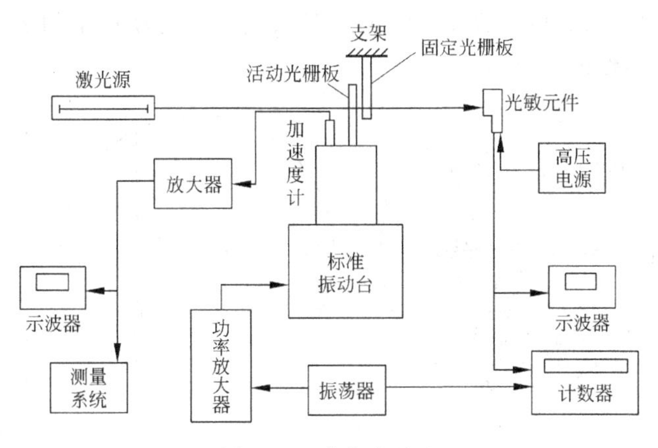

图 9.26 莫尔条纹法

相应地可求出振动台面的振动加速度:

$$a=(2\pi f)^2 x=\frac{\pi^2 f^2 n}{l}10^{-8} \quad (\mathrm{m/s^2}) \tag{9.47}$$

用莫尔条纹法测量的振动幅值范围为 1mm 左右,校准精度为 1%。同样,这种方法也要求有良好的校准设备和严格的测试条件,仅适用于计量部门对测试设备的精密校准。

3. 光学显微测量法

在校准振动传感器时,通常给它施加已知振幅和频率的稳态谐波激励。此时传感器的输出也是一个正弦电压,用电压表或阴极射线示波器便可测量出来。通常使用机电激振器来施加这样一种激励,激振器能产生频率为数千赫兹的有效振幅。

校准试验中,常使用位移测量装置直接测量振幅。这方面测量显微镜非常有用。显微镜可以是游丝型的,也可以是刻度分划板型的,放大倍率通常为 40~100 倍。显微镜必须安装在刚性支撑上,以使它除了测量实际经受的运动之外再不会测量到其他的运动。图 9.27 示出了用于这种校准方法的一种配置形式。

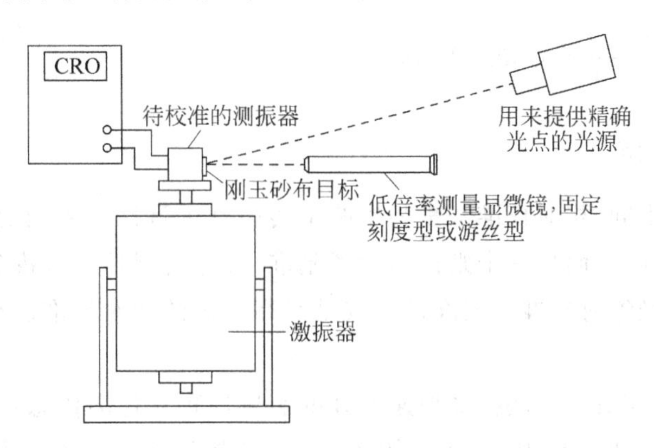

图 9.27 应用光学显微测量法校准地震式仪器的配置原理图

作为观测目标,可采用将一小块 320# 刚玉砂布粘在激振器台或直接粘在振动传感器上,然后将一细光束照射在该砂布上。从砂布反射回来的光束经过显微镜所成的像,便如同从单个晶体的粗糙面反射回来的无数个小光源(图 9.28(a))。随着激振器台子的移动,每一个光点都各自变成一条亮线(图 9.28(b)),其长度等于运动振幅的 2 倍。通过显微镜可以很容易地测量这些线的长度。

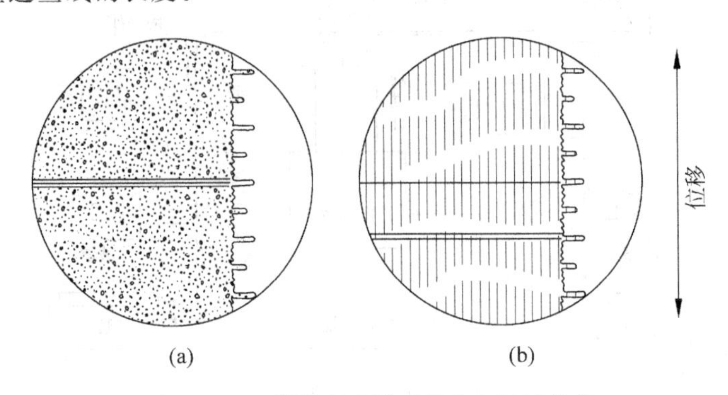

图 9.28 显微镜所观测到的砂布目标的像

(a) 激振器台子静止时的成像;(b) 激振器台子振动时的成像

采用该方法的要求之一是测振器和紧固卡具的重心必须直接位于激振器的力轴上,否则会发生横向运动,影响测量的准确性。当然,这种横向运动也可以被感知到,因为此时光点将描绘出李萨如图。

下面举例说明如何校准一个速度传感器。用一个小型机电激振器对被校传感器作正弦激励,用一个游丝显微镜并通过上面描绘的步骤测量其振幅。假定得到如下数据:

频率 f 为 120Hz,

振幅 A_0 为 0.076mm(峰峰值是 0.152mm),

由电压表测量到的均方根电压 e 为 0.150V。

计算如下:

电压振幅 $e_0=0.150\times1.414=0.212\text{V}$,

速度振幅 $V_0=2\pi\times120\times0.0030=57.4\text{mm/s}$,

灵敏度$=\dfrac{e_0}{V_0}=\dfrac{0.212}{2.26}=0.0037\text{V/mm/s}$。

9.6.2 相对校准法

与绝对校准法不同,相对校准法是利用两个传感器进行比较来确定其性能参数。其中一个传感器是要校准的,而另一个则作为参考基准(参考传感器或标准传感器)。作为参考基准的传感器应是经绝对校准法校准过的或是经高一级的相对校准法校准过的,亦即它应具有更高的精度。

图 9.29 示出了相对校准法校准加速度计的装置原理。标准传感器与被校准传感器可以背靠背地安装在振动台上(图 9.30),其好处在于能较好地保证两个传感器感受相同的振动激励。同样,也可以将两传感器并排安装在振动台上,但此时必须注意振动台振动的单向性和台面各点振动的均匀性。安装中要确保两传感器感受相同的振动激励,为此可采用两传感器位置互易的方法来加以检验。若经交换位置之后,两传感器的输出电压比不变,则可

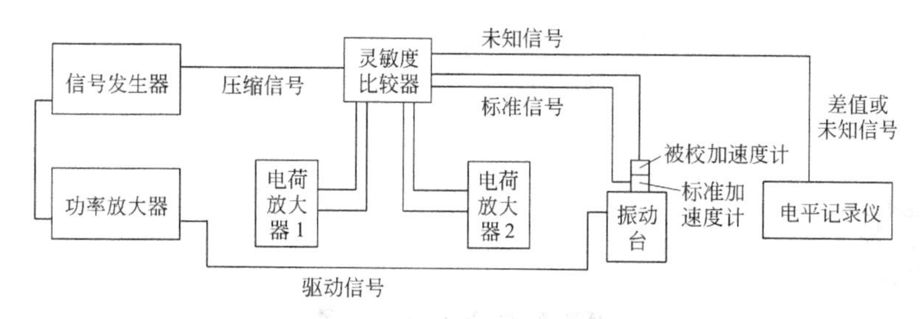

图 9.29 相对校准法校准加速度计原理图

表明它们感受到相同的振动。该法中，若已知参考传感器的灵敏度为 S_r，则被测传感器的灵敏度为

$$S = S_r \frac{e}{e_r} \tag{9.48}$$

其中，e 和 e_r 分别为被测传感器和标准参考点的输出电压。

相对法的校准精度一般不如绝对校准法，其适用的振幅和频率范围也受到参考传感器技术指标的限制。但相对校准法的最大优点是方法简单、操作方便，因此特别适合一般部门使用。

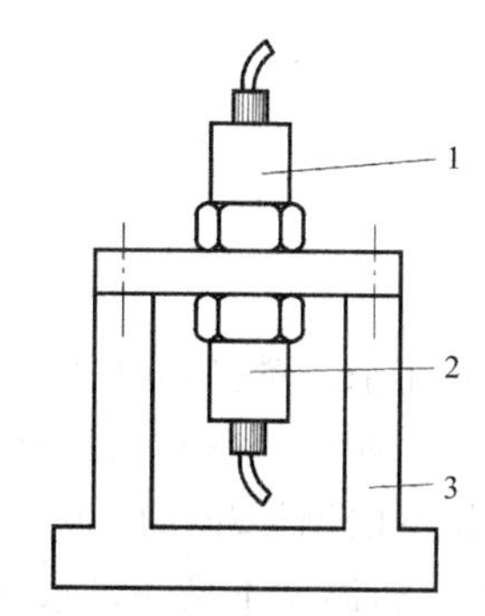

图 9.30 传感器背靠背安装方式

1—被校加速度计；2—参考加速度计；3—支架

习 题

9-1 哪些传感器能用于振动的测量？其各自的特点是什么？

9-2 试述梳齿式电容加速度微传感器的基本工作原理。

9-3 用一个速度传感器检测某机械振动的波形，示波器轨迹指示出该运动基本上是简谐的。用一个 1kHz 的振荡器作时间标定，发现该振动的 4 个周期对应该振荡器的 24 个周期。校准过的速度传感器输出指示的速度幅值$\left(\frac{1}{2}\text{峰峰值}\right)$为 3.8mm/s。试求：

(1) 位移幅值；

(2) 加速度幅值等于多少个标准重力加速度 g。

9-4 设计一个加速度计，使之在 0～10 000Hz 频率范围内测量时具有的最大实际固有误差为 4%。若阻尼常数为 50N·s/m，求弹性常数和悬挂质量。

9-5 地震式振动计是一个典型的较为脆弱的仪器，而加速度计相对很坚固，解释其原因。

9-6 用一个振动计测量某机器振动随时间变化的位移，该振动为 $y=0.5\sin(3\pi t)+0.8\sin(10\pi t)$，$y$ 的单位为 cm，t 单位为 s。若该振动计的无阻尼固有频率为 1Hz，临界阻尼比为 0.65，求该振动计随时间变化的输出，并解释机器振动和振动计读数间的可能的偏差。

9-7 力锤有哪些类型？如何根据实际测试任务选择力锤？

10 温度的测量

10.1　温标的定义

温度是用来定量描述物体冷热程度的物理量。温度的测量无论是对人们的日常生活还是工农业生产和科学研究均具有重要意义。

但对温度的测量却提出了一些问题，这些问题来自于如何对温度进行定义。与长度、质量等参量不同，温度不是外延量，而是内涵量。如果把某两个有确定长度的物体连接起来，它们的长度就相加了。同样把一个匀质物体分成两半，其质量也就分成了两半。而温度与此不同，它是一个内涵量。温度的定义来自热平衡的经验事实，它表明，两个系统若相互处于热平衡，则具有相同的温度。因此把两个相同温度的系统放在一起，其温度（作为内涵量）将保持不变。

与外延量完全不同，用温度的定义还无法解释应如何理解已知温度的几分之几或若干倍。目前测量技术还不能定义一个标准，使温度成为这个标准的若干倍的度量数。温度的理论定义亦即有关卡诺效率、理想气体定律或统计气体动力学定律的定义，在测量技术上是无法评价的。然而，热力学的零阶主定律却使我们能按照一般的含义通过协定来确定一支温度计。按照该主定律，如果两个系统都与第三个系统处于热平衡，那么这两个系统也处于热平衡。这样此定律就按温度的定义直接把不同物体的温度联系了起来。

在选择零点（对于外延量这一步骤是不需要的）之后，就可以把物体的任意一个热特性通过协定来解释为温度的度量。这样，具有外延特性的代用温度标准最后就能被确定和接受。因为对温度测量仪器的选择从根本上就是自由的，所以在选择时要考虑其复现性、实际操作性以及对理论温度的要求。

在第13届国际计量大会上制定了国际实用温标（temperature scales）（IPTS-68）。

把水的三相点热力学温度的1/273.16定义为1K（1开尔文）。进而有单位等式：1℃＝1K。摄氏温标的零点比水的三相点低0.01K。由此可知开尔文温标和摄氏温标之间存在下列关系式：

$$\theta[℃] = T[K] - 273.15[K] \tag{10.1}$$

IPTS-68以12种可重现的平衡温度，即所谓的固定点（见表10.1）为基础，其他的中间值以指定温度测量仪的显示值为基础，并根据规定的内插公式或内插法进行计算。

表 10.1 国际实用温标(IPTS-68)所定义的温度固定点

温度固定点	T_{68}/K	θ_{68}/℃	p/(N·m^{-2})
氢的三相点	13.81	−259.34	
氢的沸点	17.042	−256.108	33 330.6
氢的沸点	20.28	−252.87	101 325
氖的沸点	27.102	−246.048	101 325
氧的三相点	54.361	−218.789	
氧的沸点	90.188	−182.962	101 325
水的三相点	273.16	0.01	
水的沸点	373.15	100	101 325
锌的凝固点	692.73	419.58	101 325
银的凝固点	1 235.08	961.93	101 325
金的凝固点	1 337.58	1 064.43	101 325

在 13.8～903.89K 温度范围内，采用规范的铂电阻温度计作为测量仪表。将这个温度范围分为 5 个小区间，每个区间都各自规定有一个内插公式，这些内插公式都是不高于 4 阶的多项式。

在 903.89～1 337.58K 温度范围内，以铂-10%铑/铂热电偶作为测量仪。其温差电压和温度关系可用一个二次方程表示。

在 1 337.58K(金的凝固点)以上的温度范围(IPTS-68)采用光谱高温计并应用普朗克辐射定律进行测量。

在被测量温度为 T_{68}、辐射波长为 λ 时，一个辐射黑体的谱辐射密度 $L(\lambda, T_{68})$ 与在参考温度为 $T_{68,\mathrm{Au}}=1\,337.58\mathrm{K}$、波长同样为 λ 的谱辐射密度 $L(\lambda, T_{68,\mathrm{Au}})$ 之间具有以下关系：

$$\frac{L(\lambda, T_{68})}{L(\lambda, T_{68,\mathrm{Au}})}=\frac{\mathrm{e}^{\frac{C}{\lambda(T_{68,\mathrm{Au}})}}-1}{\mathrm{e}^{\frac{C}{\lambda(T_{68})}}-1} \tag{10.2}$$

式中，常数 C 的值取 0.014 388m·K。

对于氢的三相点 13.81K 以下的温度范围，在 IPTS-68 中没有定义。当然 $T<13.81\mathrm{K}$ 的温度是会产生的，也可以进行测量。利用各种物理效应能测到 1K 以下的温度。对此，有一部分已经有了国家标准。

10.2 温标的复制

热力学温标很难复制，因而根据实际应用的需要制定了经验的国际实用温标(IPTS-68)，该温标是以自然平衡状态温度的 6 个初级(基本)固定点和多个次级固定点(大多数为凝固点和沸点)以及这些点之间的内插公式作为基础的。固定点在任何时候均能被高精度地复现。在基本固定点之间，要用到铂电阻探针、铂铑-铂热电偶以及光学辐射温度计等插补仪器，这些标准仪器在市场上均能买到。

温度计的探头材料由于老化或承受负荷太大等原因会改变最初的特性，因此每只温度计均应定期进行校准以检验其测量精度。仪器校准是通过跟温标作比较来进行的。实际中可按照两种形式：第一种针对一个或多个基本固定点或二次固定点作比较；第二种是在理想的环境条件下与一个标准仪器作比较。

在固定点上作校准能得到最大的精度。其缺点是只能在离散的几个温标点上进行比较，在中间点上只能进行插补。这种标准试验要求有特殊的装置，并用该装置来十分小心地调整固定点。另外，要使所有部件均达到热平衡状态所需的准备时间是很长的。由于这种校准费用较大，因而很少进行。但是有些固定点例外，这些点在任何实验室中采用简单的平均法便能实现，这些固定点是：水的冰点（0.00℃）、水的三相点（0.01℃）、水的沸点（100.00℃）以及硫的沸点（444.60℃）。

10.2.1 水的冰点

在所有固定点中，水的冰点最容易被实现：一个绝热容器（杜瓦瓶）里充满纯净的水和冰屑的混合液（图 10.1(a)），该混合液的温度便体现了水的冰点（ice point）。冰必须由去盐的水制成，因为如果其中含有不纯物质，则会降低结冰点。温度是在环境压力为 $p_0=1.013$bar 的条件下测得的（转换公式：$\theta_p=0.01(1-p/p_0)$）。待校准的温度计应浸没至刻线末端。在读数时应将它在短时间内抽出。可达到的温度重复性在周密的操作条件下好于 0.01K。这种冰溶法也常在热电偶测量中用作"冷焊点"的参考温度。但它不适合作持续测量，因为添加冰块和排出溶化的水需要不断的照料和维护。

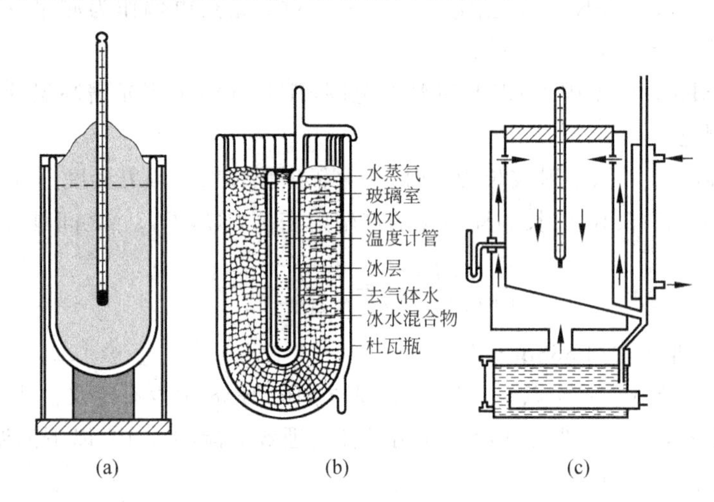

图 10.1 温标固定点的简单实现方法

(a) 水的冰点；(b) 水的三相点；(c) 水的沸点

10.2.2 水的三相点

水的三相点（three-phase point）是物相（固相、液相、气相）之间达到平衡状态时的固定点（0.010 0℃），它可以很精确地加以实现。三相点还与气压无关。

三相点室（图 10.1(b)）由一个双层壁的玻璃管构成，中间室充以极纯净的无气体水，最上部充以蒸气。在测量过程开始之前，先将该室置于普通冰浴之中，并装满干冰使之冷却，在内壁形成冰层。紧接着注入热水取代干冰，在玻璃与冰层间形成薄层水膜。最后，将其浸到杜瓦瓶中作冰水浴，并向温度计插孔中注入冰水。这样能在较长的时间里产生三相点温度，并能很好地将热量传递给待校准的接触式温度计。用这种校准装置能达到的重复性可优于 0.000 1K。

10.2.3 水的沸点

根据定义,水和蒸气之间的平衡状态温度在普通气压($p_0=1.103$bar)之下正好为100℃,将其称为水的沸点(boiling point)。将要检验的温度计浸入到沸水中是一种简单的方法,在最好的情形下它的精度能达到0.5～1K,这对于粗测来说足够了。对较高的测量要求可采用沸点仪(图10.1(c)),这种仪器通常不是把水的沸腾温度作为固定点,而是用蒸气的凝固温度作为固定点。仪器的最好重复性为0.001K。

对温度敏感元件的监控可通过与标准元件(液体玻璃温度计、电阻温度计、热电偶)作比较来进行,这些标准元件随温度变化的误差应是已知的,该比较方法比在固定点上作校准的方法简单得多。在大多数实验室中,只要具有合适的试验装置如标定槽或恒温器等,都可以进行这些比较测量。在这些装置中,温度在一定的工作范围内连续地变化。但这种方法也存在一定的问题,因为人们不能肯定温度敏感元件是否同原始温度计和标准温度计具有相同的温度。标准温度计的精度决定了标定的品质,因而在标准仪器上所作的比较测量比在固定点作比较测量精度要低。但大部分工业应用场合,这种测量结果的精度已经足够了。

根据不同温度范围,标定可在液体槽、金属块或管炉中进行,其中液体槽由于具有良好的传热特性和简单的装置而被用得最多。液体槽由绝热容器组成,内部含有加热或冷却装置、旋转泵或螺旋搅拌器以及传热和辐射防护装置。温度计从上方浸入液体槽中。实际中经常用电加热棒或外罩式加热元件进行加热。冷却是通过蛇形冷却管与外部冷却设备相连,或通过直接装在仪器内部的珀尔贴元件来进行。温度调节可用接触式温度计,对不同的设备条件可达到的精度为0.01～0.1K。新近采用的还有半导体阻抗敏感元件,用它加上可控硅元件可以直接控制加热功率。温度的稳定度在这些场合可达10^{-10}。

工作范围是由液体所确定的。对甲醇来说工作范围为−100～0℃;水0～100℃;硅树脂油和矿物油50～250℃;盐水浴150～600℃。对于油类要注意:考虑到必要的循环流动条件,低温下的黏滞度不能太大,油的发火点应尽量高于最高的工作温度。

10.3 温度传感器

10.3.1 接触式温度计

温度测量方法一般可分为两种:接触式测热法和辐射式测热法。除了光电温度敏感元件之外,其他所有的温度计均是以热传递到敏感元件之上的现象为基础的。接触式温度计(contact-type thermometer)是通过热传导和热对流,辐射式温度计则是通过热辐射。测量时使已知热特性的物体同未知物体达到热平衡,在达到稳定状态之后便可以知道待测物体的温度。根据温度计能实现的输出信号形式可分为机械和电气的接触式温度计。

10.3.1.1 机械接触式温度计

机械接触式温度计以材料的热膨胀作为工作基础,更精确地说,是以两种不同材料的热膨胀差为基础。3种物态(固态、液态、气态)的介质均可用作敏感元件或在敏感元件中作为膨胀体。机械接触式温度计大部分都很坚固、维护费用少、精度高、价格低廉。它们通常都是在测量点直接显示测量值，也有适于在一定范围内作远距离传递测量信号的温度计。通常作为温度开关、温度传输器(其输入信号有气动的、液压的和电气的)或不带辅助能量的机械式温度调节器。

1. 金属膨胀式温度计

1) 杆膨胀式温度计

温度测量最简单的原理是利用杆长度伸缩的现象：

$$\Delta l = \alpha l \Delta\theta \quad 或 \quad l_\theta = l_0(1+\alpha\theta) \tag{10.3}$$

式中，l，l_0，l_θ 分别为起始状态、0℃和 θ℃时的长度，m；α 为线膨胀系数，K^{-1}。

不同材料的 α 值对温度的依赖性也不同($\alpha = f(\theta)$)。杆敏感元件均采用具有最大膨胀系数 α 的金属管来制造(如黄铜)，在其内部为一根具有很小温度系数 α 的材料(如铁镍合金、陶瓷、石英)的杆(图 10.2)。

两杆膨胀差可用的范围很小，考虑到安装方便的原因，不可能将杆做得很大。一般采用机械杠杆和传动转换机构来放大这种偏差，但会带来机械方面的缺陷(摩擦、间隙、扇齿轮分度误差等)。测量范围为 0～1 000℃。这种温度计探头很长，因而不能用来逐点测量温度，所显示的是沿着探头长度方向测量到的温度。另外，需要注意漏热带来的影响。经过仔细安装，不同类型的这种温度计的误差可以控制在±1%～±3%。

杆膨胀式温度计常用在需要较大调节力的地方，例如直接作用式温度调节器。由于要将杆的热伸长通过弹性压缩的方法重新恢复到原状，根据胡克定律可知，这需要很大的力。

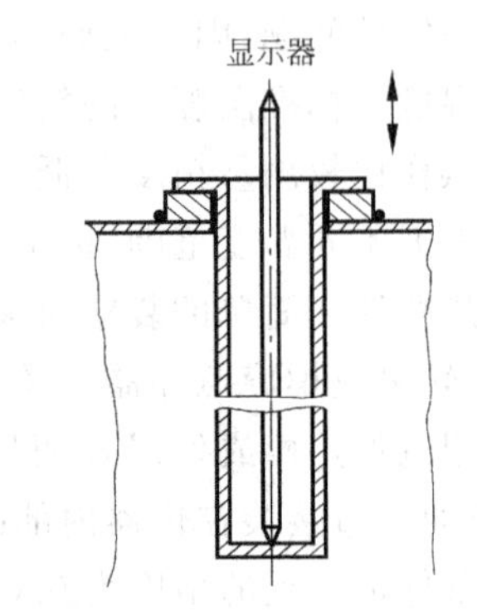

图 10.2 杆膨胀式温度计原理

2) 双金属片温度计

比杆式温度计更为常用的是双金属片(bimetallic element)温度计，实质上是利用两种不同材料的伸长差来显示温度变化值。双金属片温度计可以做得很小，相对于笨重的杆膨胀式温度计来说，这是一个很大的优点。这种温度计成本很低，运动部分很少，可做成多种形式，且牢固、便宜。

将两层或多层不同的材料碾平，根据不同的用途将它们做成不同的形状。图 10.3(a)～(d)示出了这种温度敏感元件最常用的几种形式。类型(a)和(b)主要用作温度开关(溢流释放器)和温度补偿式机械仪器；类型(c)和(d)由于具有较大的偏移量，适合用于直接显示式温度计(图 10.4)。

该温度计敏感元件的一端固定张紧，另一端与传动装置或直接与显示装置相连。与杆膨胀式温度计相反，双金属片温度敏感元件的做功能力很小，因而在实际中常用作显示仪器，很少用于远距离显示。

这种温度计的测量范围为－50～＋600℃。对双金属片作适当的时效处理后，在 500℃高温下仍能保持稳定的热特性。如果温度高达 600℃，那么只允许短时间的应用。其测量误差为±1%～±3%。当测量范围扩大时，其弯曲常数 α 与温度之间的非线性变化就会变得很显著。双金属片温度计具有相对较大的表面(尤其是螺旋弹簧形的)，置于环境介质之中时其保护装置较小，相对来说它对温度变化的反映很快，因此在空调技术方面用得很多。

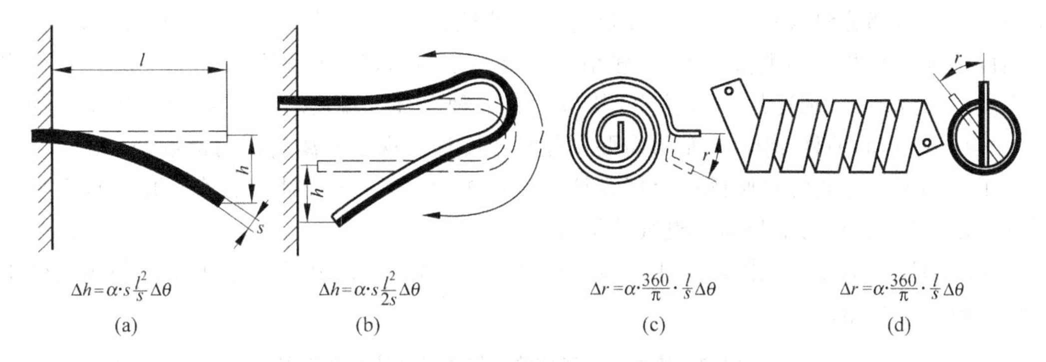

图 10.3 不同类型的双金属弹簧片

(a) 带弹簧；(b) 发针式弹簧；(c) 平面卷簧；(d) 螺旋弹簧

2. 液体温度计——液体玻璃温度计

液体玻璃温度计(liquid-in-glass thermometer)测量的是液体相对于容器的相对伸长。液体的主要部分在一个球状或柱状容器中，该容器便是温度计的实际敏感元件(图 10.5)。它与一细长的玻璃毛细管相连，毛细管上端是扩张室，在温度计被加热超出其测量范围时用作溢流容器，以防止毛细管内压力太高时炸裂。同样，在毛细管底部也经常加上这样一种附加装置，用于低于零点的情况。

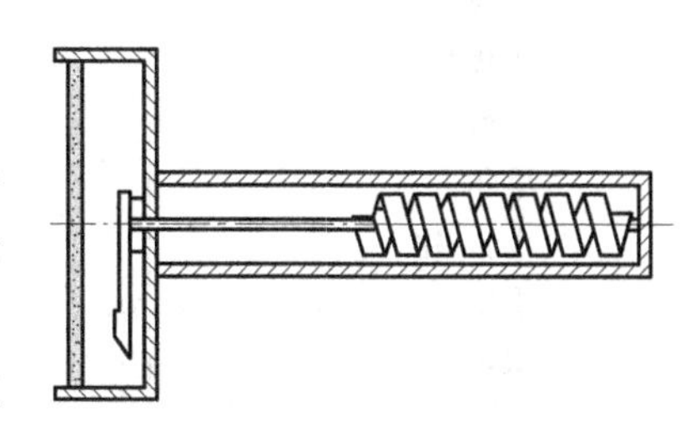

图 10.4 双金属片温度计原理

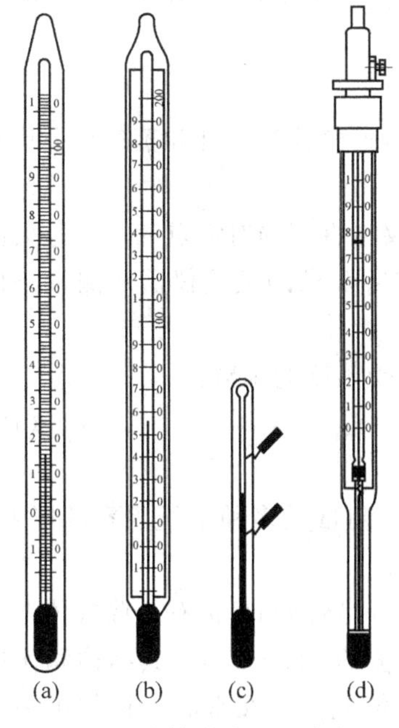

图 10.5 液体玻璃温度计类型

(a) 杆式温度计；(b) 包容式温度计；(c),(d) 玻璃接触式温度计

实际上所有的液体均可用作温度计中的充液体。一般将它们分成浸润液体(如有机液体)和不浸润液体(如水银)两大类。浸润液体在温度下降时会产生附加的测量误差。有机液体必须加以颜色，以便在毛细管中能被看得见，由此减轻温度计读数的困难。由于水银具有较大的膨胀系数，因此水银容器要比其他液体的容器大。膨胀公式如下：

$$\Delta V = \beta \cdot V\Delta\theta \quad 或 \quad V_\theta = V_0(1+\beta\theta) \tag{10.4}$$

式中，V，V_0 和 V_θ 分别为起始状态、0℃和 θ℃时的体积，m^3；β 为体膨胀系数，大约等于线膨胀系数的3 倍。不同材料的 β 值对温度的依赖也不一样($\beta=f(\theta)$)，亦即它不是一个常数。

温度计的刻度可以直接刻在厚壁毛细管的外面(杆式温度计，图 10.5(a))，也可以做在一块乳白色玻璃的标度尺上，毛细管放置在它上面，然后一起装在保护玻璃管内(包容式温度计，图 10.5(b))。根据不同的测量范围和精度要求，普通温度计刻度的划分有 0.1K，0.2K，0.5K，1K 间隔的；也有上述数字的整数倍间隔的。对部分浸入式温度计还要进行腐蚀处理,腐蚀的部分为温度计浸入的深度。玻璃温度计除了某些特种类型之外,一般精度要求不是很高,但应用很广泛,是一种用得最多的温度测量仪器,特别适用于实验室,其型号有多种多样。温度计在工业中的作用尤为显著,出自自动化的种种原因,还常常需要用此类温度计实现远距离传送测量数据。

工业用温度计通常有坚固的金属壳体以做保护,部分金属壳体上也有刻度。许多保护附件均已标准化,有的本身即是电气接触式温度计。

玻璃温度计的测量范围取决于温度计所采用的液体。表 10.2 列出了不同使用条件下温度计液体的数据。

表 10.2 使用不同液体的液体式温度计测量范围 ℃

温度计液体	测量范围	使用条件
异戊烷	−195～+35	
正戊烷	−130～+35	
乙醇	−110～+210	
甲苯	−90～+110	
水银-铊	−60～+30	
水银	−30～+150	真空
水银	−30～+630	加压
水银	−30～+1 000	加压并置于石英玻璃管中

温度低于−60℃时,只能采用浸润液,这种液体温度计一般精度很差。此外,在低温下液体的黏度也变大;在高温时要防止液体蒸发。在用水银时,由于通常用在真空状态下普通温度范围的测量,因此当温度高于 150℃时应在增加压力的情况下(最大至 100bar)注入干燥的惰性气体。

3. 气体温度计

这里主要介绍两种气体温度计(gas thermometer):普通气体温度计和蒸气压温度计。

1) 普通气体温度计

热力学温标可以通过气体温度计这一最重要的测温仪在直到绝对零点的一个很大的温度范围内实现。但这种测量只具有科学上的意义,因为它所要求的试验仪器和测量条件成本太高。

根据理想气体方程,气体的压力变化和体积变化是所受温度的函数:

$$pV = m\mathrm{R}\theta \tag{10.5}$$

式中,质量 m 和气体常数 R 均是常量。

这里的气体可以是所有的近似理想气体(氦、氖、氩)。测量受多种干扰因素的影响,这些因素可通过校正措施加以消除,从而得到测量的高精度。

对于工程技术问题来说,气体温度计用起来比较麻烦。尽管如此,仍有一些气体温度计被用在工程技术领域。它们的误差较大,为温度测量范围值的 1%～2%。其结构和作用原理跟液体温度计一样。温度计中的充填气体为惰性气体(氦或氮),在常温下被作用一个预加的高压。温度变化所引起的压力变化由气压计来显示,其精度取决于整个测量装置的精度,上面的刻度值是线性的。温度探头相对较大。

这种温度计的最小可测温度稍高于所用充填气体的临界点温度(氮:−147℃,

氦：−268℃)，其上限值由探头材料在高温下的强度和密度决定，普通的测量范围为−125～+500℃。

气体温度计的气体体积应尽量小。气体温度计和液体温度计都具有相同的校准装置。与液体温度计相比，气体温度计敏感元件由于里边的充填气体密度小，因此，当采取探头与显示仪分开的结构方式时，对所造成的两部分的高度差不太敏感。由于气体温度计中的气体处于高压作用之下，故这种温度计不受大气压的影响。也由于这种温度计探头的热容量小(其中的充填气体实际上不占多少的热容量)，因此气体温度计比液体温度计在动态特性方面优越。

2) 蒸气压温度计

蒸气压温度计的作用原理也类似于液体温度计和普通气体温度计，差别在于其探头是由液体和液体的蒸气组成的。这种温度计的作用原理是：每种液体均具有一条蒸气压特征曲线，该蒸气压只与温度有关，与液体体积无关。这种蒸气压被称为饱和蒸气压。蒸气压与温度的关系是非线性的，因而在较高的温度范围内，显示器的刻度分度距离较大。表10.3列出了几种易蒸发液体及其测量范围。

表 10.3 使用不同气体的蒸气压温度计的测量范围 ℃

温度计气体	测量范围	温度计气体	测量范围
丙烷	−40～+40	甲苯	115～320
乙醚	40～195	混合二甲苯	150～360
乙醇	85～245		

蒸气压温度计的最大优点是当毛细管温度和弹簧管温度低于探头温度时，温度计显示值不被它们所影响。与气体温度计和液体温度计相反，毛细管和弹簧管中的体积可以较大，因为此时的压力值相应于一定的液体温度。如果由于毛细管受热产生暂时的压力上升，则在探头容器中相应地会产生一定量的冷凝蒸气，直至重新调整到正确的压力值为止。然而，跟所有液体温度计一样，它也受到由探头和显示元件间的高度差以及大气压所引起的误差影响。由于气压与温度间的关系近似为平方关系，因而气压温度计在温度超出测量范围时就变得特别敏感。探头容器被做成在下测量限一侧总有蒸气存在，在上测量限一侧总有液体存在。容器中的气压为5～25bar，测量范围为−40～+350℃。这种温度计的测量误差随制造类型的不同而异，一般为±1%～±3%。

4. 特种接触式温度计

除了上述经典的测量仪器外，还有另外一系列依据完全不同的物理或化学效应的测温方法。由于这些方法均有一些明显的缺点，故一般不用在工业实践中，只是用在某些专门场合。这里介绍其中的两种。

1) 测温锥

在陶瓷工业中，常使用测温锥作为简单而便宜的温度显示元件。采用这种特殊的测温元件时，有经验的操作人员能够马上将它同炉中燃烧物温度联系起来。测温锥是用陶瓷材料做成的细长的、小的三棱锥体。它们在一定的温度范围内变软。当锥尖变软向锥底倾斜时，此时环境温度差不多便是测温锥的标定温度。这种测温法的缺点在于温度显示值不仅与温度有关，还与作用时间和温度梯度有关，因此其测量结果是很不确切的。在600～

2 000℃的温度范围内大约有 60 个编号不同的测温锥，每两个锥之间的温度差为10～15K。

2）测温颜色

测温颜色是将材料颜色的改变作为环境温度的函数进行温度测量的。

将热敏颜色以液体形式直接或借助于粉笔涂到伸长的表面上，在达到一定温度时会变到相应的色调上。这种热敏颜色有着一系列的等温线，根据这些等温线能推断出被测敏感构件的温度分布以及热应力。液体颜色的使用范围为 40～1 350℃。该测温法的相对误差较大，约为±5K，温度变化受作用时间的影响较大。这种对时间的依赖性可以从图表中读出；标定的值通常是在作用时间为 30min 时做出的。当需要快速测量已经加热好的刚体时，采用测温粉笔更好。它只需要很短的时间(1～2s)就能改变色调。测温粉笔的测量范围为 60～850℃。还有一些温度颜色的色调能变化 4 种，例如 65℃为淡蓝，145℃时为黄色，175℃时为黑色，340℃时为橄榄绿。

精度略高的为温度显示箔，这种显示箔是在黏性塑料片上涂上一层热敏材料，其颜色在受到一定的温度时会从亮色变为暗色。这种颜色的变化是不可恢复的。显示温度值的误差为标定值的±1%～±2%。显示箔的温度测量范围为 40～250℃。

除上述测温颜色之外，还有一些测温颜色能够连续改变色调而在冷却后保持住色调，这样便可以用来观察较大的温度范围，通过与标定过的色调标尺作比较，就能定性地进行估值。这种方法带有很大的主观性。

另外，还有一些色调变化可逆的测温颜色。这些测温颜色主要利用液晶的光学性质。在温度间隔仅为几度时，颜色的变化可以从红到绿，并且反过来从绿到红连续地经过所有的中间颜色。通过将不同的液晶材料混合在一起，可以显示－20～＋250℃颜色变化的范围。由于这种测温方法也是基于颜色的比较原理，因而也具有主观性。

10.3.1.2 电气接触式温度计

机械接触式温度计尽管造价低，但可靠性差，需要一定的维护；其信号不能远距离传送，且不能与其他信号相连接作为信息作进一步的处理，因此在测量温度时大部分采用电气接触式温度计(electrical contact thermometer)。这类温度计利用了材料在温度变化时电特性发生变化的性质，其中最重要的几种方法是利用金属或半导体材料的正、负电阻值的变化，以及金属对或金属-合金对的热电压值的变化。用这些方法实际上可以解决所有的测温问题。这种温度计由于要处理电信号，因而费用和价格较之机械接触式温度计要高，但测量精度、测量范围及测量动态特性都要好得多。

1. 电阻式温度计(resistance thermometer)

大多数材料的电阻值随温度而变化，这一物理效应在其他领域是作为干扰因素来对待的，而在这里则是作为有用的温度测量原理。其作用原理主要是在金属导体中金属晶格中自由电子运动变化导致材料电阻的变化，当温度降低时，电阻值亦随之降低。在半导体材料中，通常缺少导电电子，当输入热能时，温度升高，参与导电的自由电子便增多，而当温度升高时，电阻降低。

1）电阻温度计

金属导体的电阻值对温度的依赖关系可以用三次方程式精确描述。在普通精度要求条件下，可把方程简化为二次或一次线性函数：

$$\Delta R = \alpha R \Delta\theta \quad 或 \quad R_\theta = R_0(1+\alpha\theta) \tag{10.6}$$

式中，R_0 和 R_θ 表示初始状态时的电阻值，即分别是 0℃和 θ℃时的值，Ω；α 为电阻值的线性温度系数，K^{-1}。

此即式(4.19)。由于线性方程并不适用于大多数材料，亦即 α 不是常数，因而对 0～100℃的每一个度数均要定义一个电阻变化值：

$$\alpha_{0\sim100} = \frac{1}{R_0}\cdot\frac{\Delta R}{\Delta\theta} = \frac{1}{R_0}\cdot\frac{R_{100}-R_0}{100} \tag{10.7}$$

式中，R_{100} 和 R_0 分别为在水的沸点和凝固点测量的电阻值。

在第 4 章对电阻温度计已经作了介绍，此处不再详述。

2) 热敏电阻

热敏电阻由半导体材料制成，该元件有两种类型：热导体(NTC 热敏电阻)及冷导体(PTC 热敏电阻)。所有的半导体测温元件在很低的温度条件下均是理想的绝缘体，其导电率随温度的增长关系可近似用下式表示：

$$R = R_0 e^{\beta\left(\frac{1}{T}-\frac{1}{T_0}\right)} \tag{10.8}$$

式中，R 为绝对温度 T 时探头的电阻值；R_0 为参考温度 $T_0=273.15$K 时探头的电阻值；β 为材料系数，e^β 值为 3 000～4 000K。

由式(10.8)可求得电阻温度系数：

$$\alpha = \frac{\mathrm{d}R/\mathrm{d}T}{R} = -\frac{\beta}{T^2} \tag{10.9}$$

图 10.6 中代表该公式的指数曲线具有一较大的且急剧变化的温度系数 α。在热导体的情况下，该值覆盖的数值范围从 −1/K 一直到 −6/K。尽管这种较大的非线性给电路的设计带来了麻烦，但由于半导体测温探头的温度系数较大，因此仍被应用着。尤其是在实验室及工业测量中，采用这种探头可以制造不需要附加放大器的、简单、牢固和便于运输的仪器；另外，借助于非常精确的电子测量方法，可以获得很高的测量值分辨率。由于电阻值范围为 1kΩ～1MΩ，因此两接线头处和引线中的电阻变化值可忽略不计。

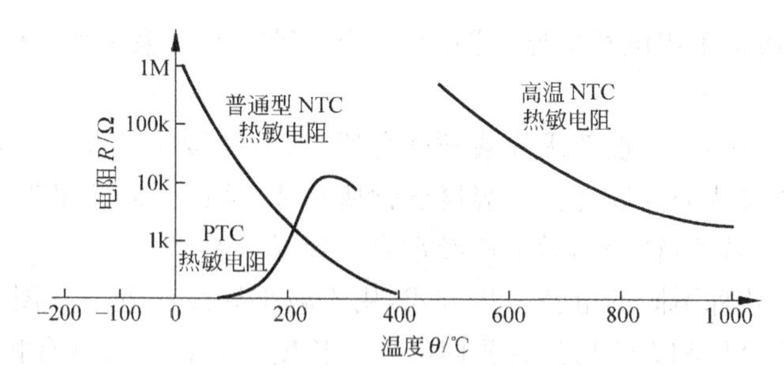

图 10.6 半导体-电阻测温元件的温度-电阻值特性曲线

热导体主要由金属氧化物的混合物组成，这些混合物在高温时烧结成小型球状、板状或片状元件。由于尺寸小，因此能保证它的动态特性。另一方面，制造过程是导致它的材料常数变化的主要原因之一。普通型热导体的测量范围为 −100～+400℃。超过该温度范围，长时间漂移会变得很严重，而且电阻值也会变得很小；低于该温度范围，电阻值就会变得太大，因而会产生绝缘问题。专门的高温热敏电阻的测量范围为 500～1 000℃。热导体的测量误差按照测量电路的不同大约位于测量范围的 0.1%～1%。

冷导体由铁电材料做成，这些材料在达到一定的温度之前均具有正的温度系数。其工作范围为－20～＋200℃，而实际的测量范围只占工作范围的 20%左右。在该范围之中，电阻值的变化有几个数量级之大。冷导体狭窄的使用范围以及不太高的重复性和稳定性使得它只能在温度监测系统中用作探头（例如，电机的过热保护开关等）。

3）电阻测温元件

金属电阻测温元件常做成薄的铂或镍丝贴在绕组载体上，或做成螺旋形装在保护体孔中（参见图 4.12）。根据不同的温度范围，载体常用耐热塑料、陶瓷、玻璃或云母制成。被缠绕的载体常常覆盖有一层玻璃保护层。在遭受强机械载荷（振动、冲击等）以及腐蚀性载荷时，电阻测温元件被安放在保护装置之中，这些装置对应于不同的用途均已被标准化，并且也适用于热电偶的场合。如要显示、记录测量点的温度并在调整和控制系统中作进一步处理，则通常将 3 个互相绝缘的测量绕组（每个绕组的阻值在 0℃时均为 100Ω）贴在一个共同的载体上，用来消除与所接仪器之间的电气依赖性。

与导线电阻测量元件相反，半导体热敏电阻元件能做得很小。例如烧结成直径为 0.2～0.5mm 的小球，或做成尺寸相近的板、杆和片。但这些元件仍需根据不同的使用条件加以保护，大多数场合均在外面包一层薄的玻璃、陶瓷或钢的外壳。探头尖的制造通常遵循如下原则：将半导体尽量向前安置于很好的热传导环境中（最好是银材料）；外罩由传热差的不锈钢组成，而管的内壁绝缘层则由石英砂材料组成（图 10.7）。这样能得到最小的热传递误差。

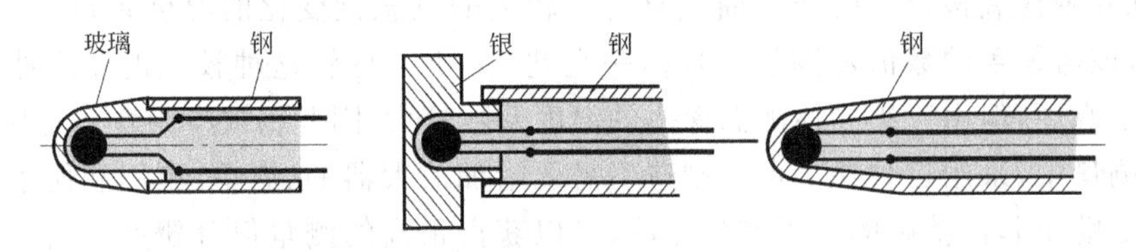

图 10.7 热敏电阻探头的结构形式

电阻测温元件通常采用电桥电路。图 10.7 中这种电路常采用直流供电，有时亦采用交流供电。

温度计与电桥连接时，一般要求导线长度合适，因为连接导线本身因温度等原因引起的电阻值变化，均会被误认为温度计探头温度变化所造成，从而引起测量误差。因此要求导线电阻小于探头电阻。另外，精密测量中还经常采取导线补偿措施。

图 10.8 示出了几种不同的电桥连接方式，用于减小导线误差。从图 10.8(a)，(b)，(c)可看出，相邻两桥臂 AD 和 DC 均具有相同的导线长度。假设导线具有相同的电特性，它们经受环境条件影响时所产生的影响会相互抵消。上述每一种情况下，电池和电压表均可互换而不会影响电桥平衡。采用图 10.8(a)所示的三导线式（西门子式）连接方式时，平衡时中间导线上不会流经电流。图 10.8(b)的平行导线回路式（凯林达式）连接方式尤其适用于将两个温度计配置在 AD 和 DC 中的情况，用于提供正比于两温度计间温差值的输出。四导线连接方式（图 10.8(c)）与三导线连接方式作用原理相同，然而用它可以对其中的 3 根导线作任意组合，由此来检查出不等的导线阻抗。采用读数的平均值可得到更精确的测量结果。该连接方式可用于最高精度的测量之中。

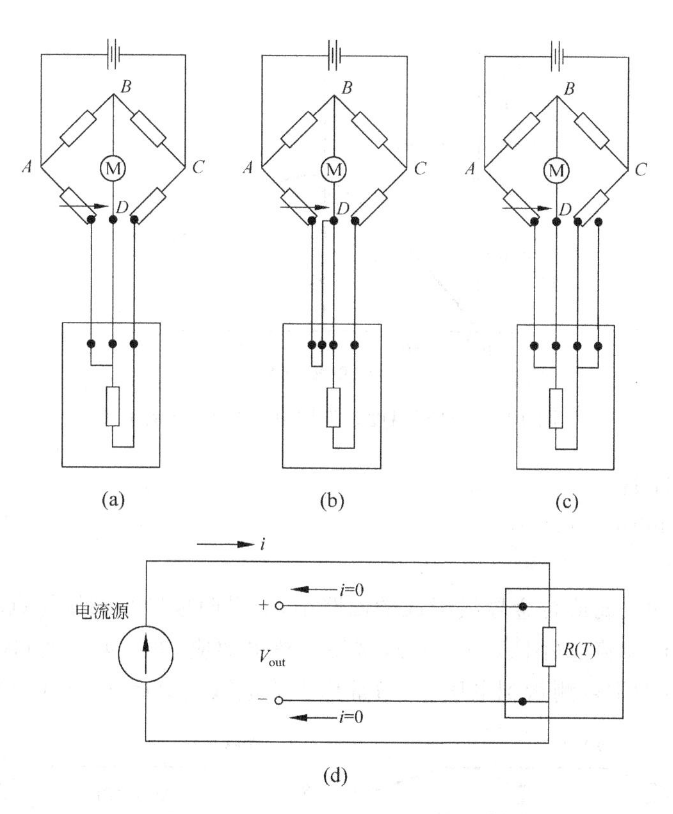

图 10.8 补偿导线电阻的 4 种方法

(a) 三导线式(西门子式)连接；(b) 平行导线回路式(凯林达式)连接；
(c) 四导线式连接；(d) 四电缆恒流电路

在采用一个直流电桥时，电流必须流经每根桥臂，由于消耗功率 i^2R 会发热，因而便会引入误差。对电阻式温度计来说，该误差与探头因热传导和辐射而造成的误差符号相反。由于这种效应通常会被其他臂中类似的效应所抵消，这种误差一般较小。图 10.8(d)示出了一个用于电阻式温度计测量电阻的四电缆恒流电路，无论导线或传感器的电阻如何变化，电流源均会使 i 保持恒定。采用高输入阻抗的仪表读取输出电压 V_{out}，不会从输出导线中抽取电流，因而在导线上也不会产生压降。这样输出电压便是传感器电阻的线性函数：$V_{out}=iR(T)$，且与导线电阻无关。然而由于该电路本质上是一种稳流电路，因此它没有电桥电路对小阻抗变化那样的灵敏度。另外，它本身仍存在电阻发热现象。

电阻温度计的自身发热是指电阻探头自身温度高于被测环境温度 $\Delta\theta$，这种温度升高是由焦耳热($P=R\cdot i^2$(W))产生的。温度升高会带来测量误差，该误差除了电流 i 之外还取决于传到环境中去的热量。探头的材料和大小以及环境的状态及热特性决定了热交换的形式。制造商通常对一定类型的探头以图表的形式提供电流和电压的最大允许值。图 10.9 是一个图表实例，其中电阻测温元件只能在图中左边特性曲线的上升部分工作，此时在一定的边界条件下无干扰升温发生。举例来说，一种插在金属管中的陶瓷电阻探头(Pt100)，当其中流经 3mA 的电流时，它在静止的水中自身可能会升高 0.01～0.02K 的温度，在静止空气中升高 0.1K 的温度，因而其最大电流不应超过 10mA。对于小型的热导体来说，最大电

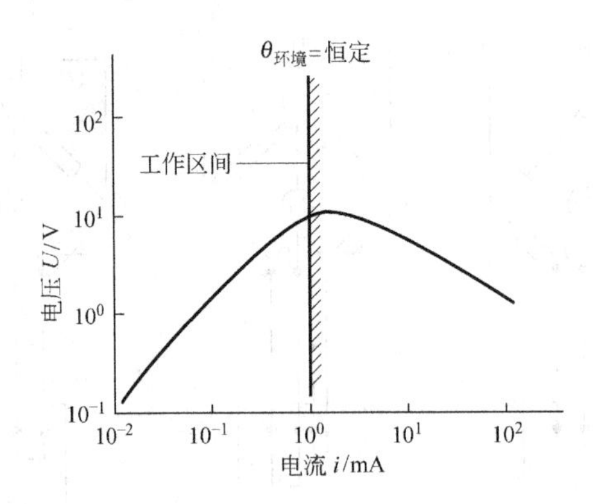

图 10.9 电阻温度计许用电压及电流(例子)

流仅允许几微安左右。

2. 热电偶(thermocouple)

1) 热电效应

由两根不同的金属或合金导线组成的回路中,如果两根导线的接触点具有不同的温度,那么回路中便有电流流过(图 10.10(a)),这便是热电效应,亦称塞贝克(Seebeck)效应。当回路断开时,在其两端可测量到电压差,通常称为热电压 ΔE(图 10.10(b))。

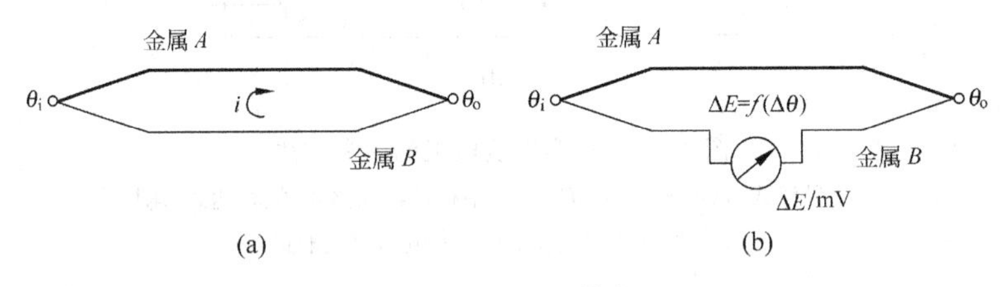

图 10.10 热电效应

与此相反,如果通过该电路来输送电流,那么根据电流的方向,在回路连接点处将会有热量的释放和吸收,这便是帕尔贴(Peltier)效应。如果连接点中一处的温度为 θ_0,那么产生的热电压便是测量点温度 θ_1 和比较温度 θ_0 之差的直接度量。这两个连接点分别被称为热端或冷端。

热电压与温度差的关系一般不是线性的,而是一个三阶方程。在一般工程测量的温度范围内,常常简化为二阶关系:

$$\Delta E = a + b\Delta\theta + c\theta^2 \tag{10.10}$$

式中,a,b,c 是常数,是与两种金属或合金材料有关的一次量,这些常数可通过在固定点作标定来确定。

当温度有微小变化时,对许多热电偶均可作线性化处理,而对精度的影响不大:

$$\Delta E = k \cdot \Delta\theta \tag{10.11}$$

式中,k 为取决于温度的热电压常数,mV/K。

根据不同的材料组合情形,该热电压方程可给出不同的热电压特性曲线,其首要条件是其中一个连接点的曲线应位于比较温度 $\theta_0 = 0$℃之上(图 10.11(a))。如果比较温度不是 0℃,而是某个确定的温度值,或者完全不是同一个值,那么在被测量的热电压 ΔE_M 上要加

上校正电压 ΔE_K，该值等于比较温度 θ_0 偏离 0℃的温度值：

$$\Delta E = \Delta E_M + \Delta E_K$$

对于一些常用的金属组合形式来说，热电压和允许偏差值(图 10.11(b))都已在厂家及国家标准局所制定的表格中($\theta_0=0$℃)确定了下来。

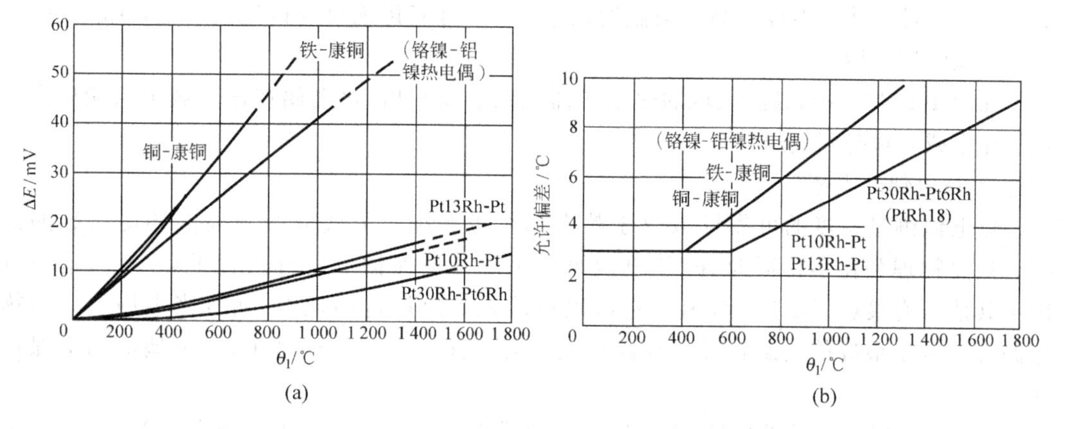

图 10.11 中温度区热电压基本值

(a) 温度-电压特性曲线；(b) 允许偏差值

2) 热电偶材料

热电偶材料的选择除了热电偶的价格和可靠性之外，其他方面的要求有：

(1) 高的温度电压系数；

(2) 线性的热电压曲线；

(3) 良好的动态特性；

(4) 耐高、低温的机械特性；

(5) 耐腐蚀性；

(6) 长时间的热电稳定性。

通常按材料不同将热电偶分为两种：贵金属热电偶和非贵金属热电偶。

贵金属热电偶主要由铂和铂-铑合金(Pt10Rh-Pt；Pt30Rh-Pt6Rh)组成，非常精密，具有重复性很好的热电压特性曲线，Pt10Rh-Pt 因而被用来复制 630.7℃和 1 064.4℃温度之间的国际实用温标(IPTS-68)。较之非贵金属热电偶，贵金属热电偶更能耐腐蚀和氧化，因而可用于较高的温度范围(Pt10Rh-Pt：0～1 600℃；Pt30Rh-Pt6Rh：0～1 700℃)。在很高的温度下往纯铂金属中掺进某些杂质后，会使导线变脆并能极大地改变热电特性。当铂金属被高度合金化后再被使用时，它的灵敏度会降低。贵金属热电偶无一例外均具有较小的热电压系数，价格相对较贵。

非贵金属热电偶主要用于通常的温度测量范围，比贵金属材料要便宜得多。它们占全部热电偶应用的极大部分，并且部分热电偶已在许多国家被标准化了。其中有铜-康铜、铁-康铜以及镍铬-镍热电偶等。

铜-康铜适用于－250～＋400℃的低温范围。铜在高温时经受氧气侵蚀的能力差。它与铁-康铜一样都具有很大的温度系数，但它们的线性度较差。

铁-康铜具有从－250～＋700℃的测量范围，条件是只能在不具有腐蚀性的气氛中工作,因为铁在一定条件下锈蚀和氧化得很厉害。这种材料热电特性的长期稳定性不是很好。

镍铬-镍(接近于铬镍-铝镍材料)在非贵金属热电偶中具有最大的温度测量范围:−200～1 300℃。这种热电偶较精确、耐用,其温度系数小于铜-康铜或铁-康铜的温度系数。它的特性曲线线性度很高。当温度高于600℃时氧化现象变得比较明显,在高温范围内只能短时期应用。

在图10.11(a)中,高温区域的热电压曲线用虚线画出,热电偶在该区域中只能用在保护气体中或者短时间使用。

3) 热电偶的类型

热电偶测量温度的可靠性取决于热电偶种类和配置方式以及与周围环境接触的情况。只要物理和化学特征允许,热电偶可以不加任何保护罩而直接置于环境中,这一点优于其他所有接触式温度计,因为它可以被放入难以接近的地点,而且当采用很小的热电偶时能显示很好的动态特性。在高温及具有侵蚀性介质的环境中,热电偶应加上保护外罩。

热电偶金属通常做成线状,很少做成薄片或箔的形式。金属线直径为0.1～5mm。最简单的热电偶由两根热电导线组成,其两端采用软焊和硬焊,大多数情况下是在保护气体中焊接而成。这些不加保护的热电偶只能用于不太恶劣的环境条件中,例如浸在非侵蚀性液体、黏性的或塑性的物质中(图10.12(a)),又如装入管中或容器中(图10.12(b))。两脚式热电偶没有任何热导线的连接点(图10.12(c)),该连接点做在导电体表面上(铁片、金属块、金属条等),要测温度的便是该导电体表面,由导体本身组成接点。衣架式温度计(图10.12(d))有一根弹簧带压在拱形表面上,末端所焊接的连接点及材料的其余部分经该弹簧带紧紧压在被测物体上,故热传导误差很小。

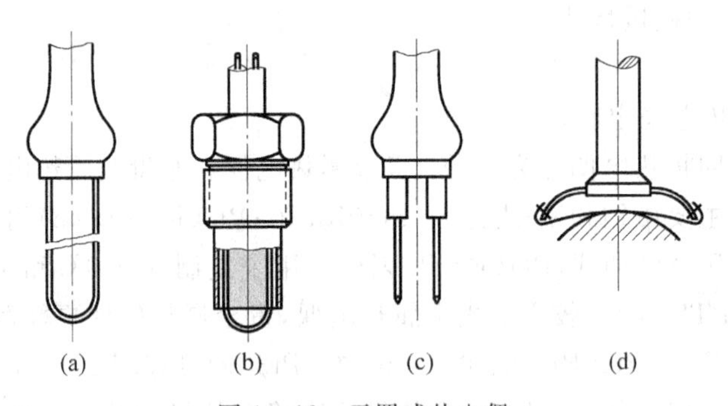

图10.12 无罩式热电偶

用金属或陶瓷管子将热电偶绝缘后插入一端封闭的管子中即构成带罩式热电偶。外部的金属管使热电偶免遭机械力的作用,由陶瓷材料组成的内保护管能阻止气体在高温时扩散进热电偶,因为这种扩散会影响热电偶的热电特性。保护管的种类及材料依环境条件所变化。

带罩式热电偶的另一种类型是外套式热电偶,这种热电偶有着更广泛的用途。由于结构紧凑,所以其尺寸可以做得很小(外径为0.25～6mm),在保证足够的机械强度条件下它可以是挠性的,最小的弯曲半径为外径的6倍。热电偶埋入耐高温的陶瓷粉末中。焊接点可以是绝缘的，也可以与外套材料连接在一起(图 10.13(a))。外套通常用抗锈蚀的高合金材料做成，对某些特殊用途则用贵金属制成。这种元件可以包含多达 3 对热电偶(图 10.13(b))，耐几百个大气压的压力。

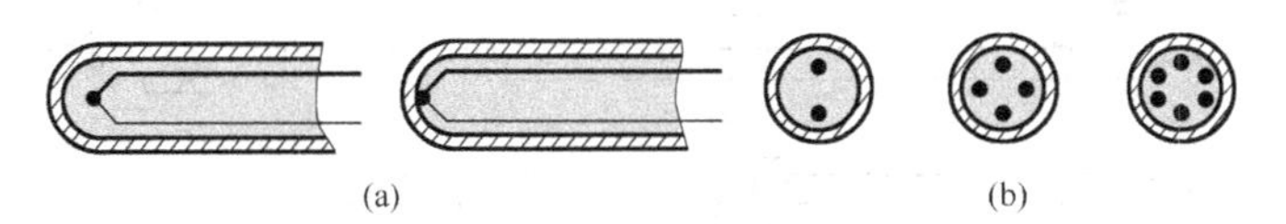

图 10.13 外套式热电偶元件的种类

薄型热电偶元件的时间特性很好。箔式热电偶埋入由塑料或铝制成的两片薄载体材料中，可像应变片一样被粘贴，也易被固定在不平坦的表面上，厚度一般为 0.05～1mm(图 10.14)。

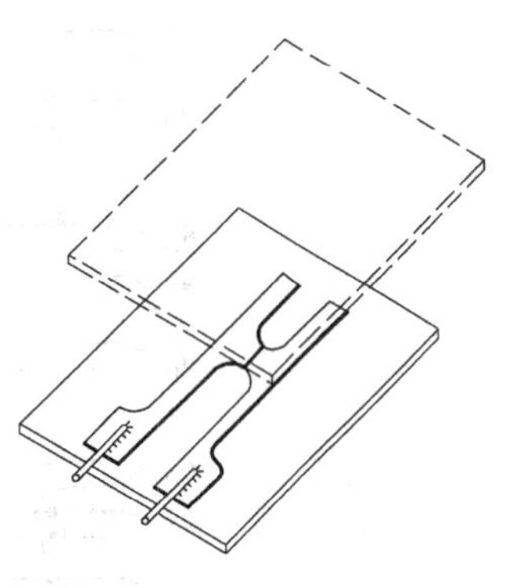

图 10.14 箔式热电偶

考虑到热电偶的高阻值及费用问题，热电偶的长度应做得尽量短。常在测量点附近配置一个连接点(大多数为带保护管的接线端子)，通过该连接点将测量点同被称为平衡电缆的导线连接起来。

将平衡电缆直接连接到一个显示仪器上便形成最简单的电路(图 10.15(a))。比较测量点被安装到测量仪器的接线柱上，该点温度 θ_0 未知且不恒定，因此这种方法精度不高，仅用作一般测量。正确的电路(图 10.15(b))有一个单独的比较测量点，该点的温度 θ_0 由一恒温器维持在 50℃。在同一壳体中通常还连接有仪器导线，这些导线应是铜制的，所有的接线柱均应具有相同的温度 θ_0。

图 10.15 还示出了温差测量(对置连接的热电偶)、提高热电压(串联热电偶、热电柱)、求均值(并联热电偶)以及通过一个求值仪器(测量点转换器、扫描器、多路传输器)来作多重测量的各种电路形式。

在实验室测量时，比较点温度 θ_0 应始终保持在水的冰点(0℃；杜瓦瓶中间放满冰水混合物)。但由于用作冷却的帕尔贴恒温器所花的费用很高，因而常把比较温度 θ_0 设置到高于室温的一定温度，常用电加热的方法使 $\theta_0=(50\pm0.1)$℃。对已获得的测量值必须用前面提到过的方法加以校正。校正电路(图 10.15(g))为一附加的电阻式电桥，其中有随温度而变化的电阻。电桥由一高度稳定的直流电压源供电。电桥的平衡应该使其对角线的电压输出在 $\theta_0=0$℃时为零。

3. 特种电接触式温度计

石英晶体温度测量很早以前就已知道，石英晶体按照它的制造方式其谐振频率能或多或少地随环境温度而变化，这一现象在很长时间里没有得到应用，只是由于高精度电子计数器的出现，才使这种效应能用于温度测量。

在温度探头中装一个石英振荡器，该振荡器在 0℃时以频率 $f_0=28.2$MHz 振荡。探头温度与频率间的关系为 $k=1$kHz/K，且很稳定。在作绝对温度测量时，探头晶体振荡频率与参考晶体的振荡频率作比较，该参考晶体采用了与探头晶体不同的制造方法，因而不随温

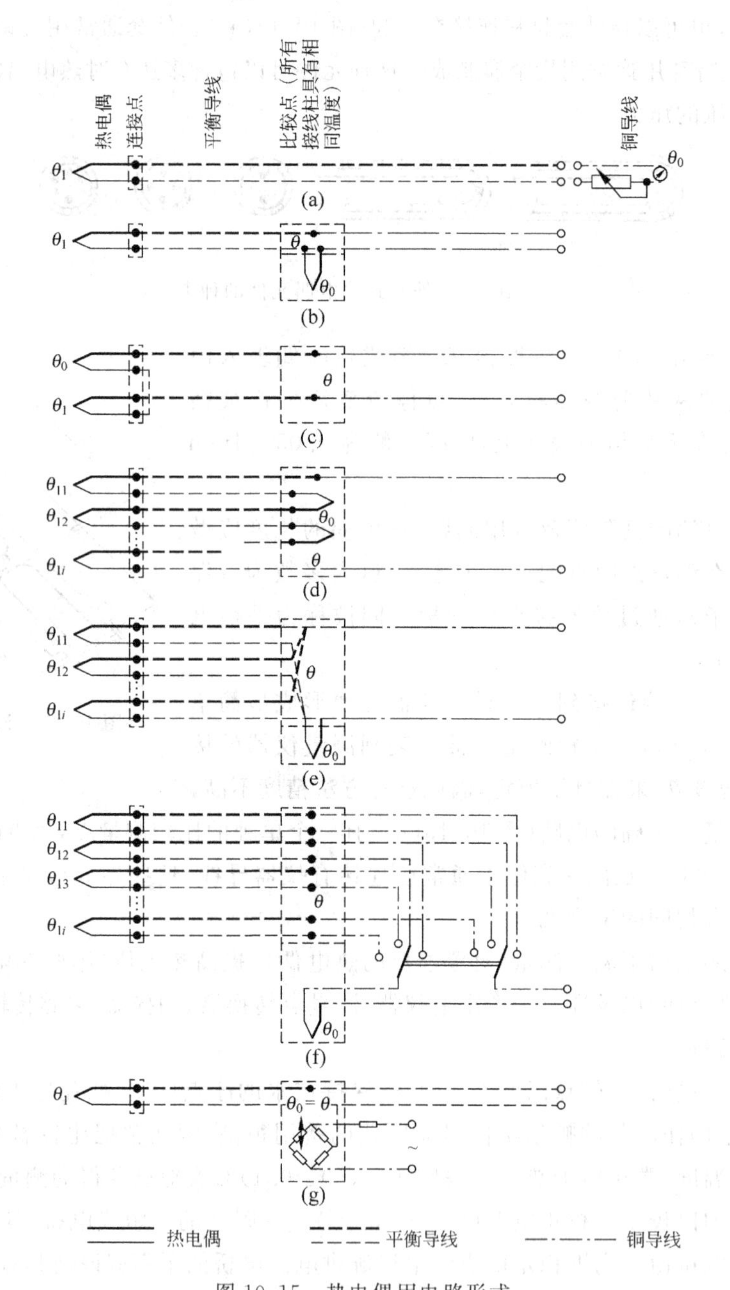

图 10.15 热电偶用电路形式

(a) 简易电路；(b) 普通电路；(c) 温差电路；(d) 串联电路(热电柱)；
(e) 并联电路；(f) 测量点转换电路；(g) 自动比较点补偿

度变化，此外该晶体是在恒温条件下被驱动的。振荡频率由电子计数器测量。如要确定频率差，则要对两个温度探头元件的频率进行比较。

石英晶体温度计具有很高的测量精度，测量范围为－80～＋250℃，在该范围内的最大线性度偏差值为±0.05%，绝对误差为 0.02K。其分辨率取决于所选择的计数时间(表 10.4)。

表 10.4 石英晶体温度计分辨率

计数时间/s	分辨率/K	计数时间/s	分辨率/K
0.1	0.1	10.0	0.001
1.0	0.01	100.0	0.000 1

系统的动特性取决于探头大小，在流速为 $v\approx0.5\text{m/s}$ 的水中，探头时间常数的均值为 $T\approx2.5\text{s}$。

石英晶体温度计不但精度高，且结构简单、应用范围广。由于测量的是频率，因而导线长度及杂散干扰电压并不产生影响，采用直接的数字显示能迅速给出测量结果。因此这种仪器能为记录仪器进一步的数字处理提供合适的信号。

10.3.1.3 接触式温度计的传热误差

任何一个接触式温度计的精度都与探头的特性有关，探头的温度应真实反映其周围被测物体的温度或热平衡状态，而实际中接触式温度计会产生由传热带来的附加误差。

固态、液态或气态介质温度场中的探头是一个干扰因素，因为在几乎所有的场合下，它均通过保护管、连接元件、元件管壁、导线等以热传导和热辐射的形式与外界接触。这种形式的热传导和热辐射在多数场合均处于很低的温度水平。探头从它周围的介质和被测物体那里通过热传递和对流的形式重新获得传至外界的热量。探头作为中间载体在其中进行热传递，从而在被测物和探头间产生一个温度差，因此会导致测量误差。

在流体介质的情况下，从介质到探头的热传递过程应尽量完善，即应具有较大的导热系数 α，这在较大的介质速度情况下没有问题，但在静止介质中情况就不太好。此外，一般应将传热范围中的探头表面做得大一些，保护管壁做得尽量薄。

采用较大的热阻抗（绝缘材料）可以防止传热损耗，目的是为了与刚性配置形式取得一致。在温度计接触到的表面的每一位置，这种附加的绝缘性能提高了传热阻抗。探头中主要的温度敏感部件应尽量放置在温度计顶部，并且用弹簧力或导热液和导热膏使之与保护套紧密接触。

室温下产生的热辐射损耗常容易被忽略，但这种损耗不能不考虑。对探头表面镀银或金可以减少这种损耗。镀银或金的目的是提高反射率 ρ。更好的办法是同时用一个或多个由白铁皮做成的辐射防护罩将探头屏蔽，由于罩子很难接收流体温度，因而能极大地降低辐射热交换。

10.3.1.4 接触式温度计的动态误差

接触式温度计的一个主要测量误差是由测量探头的热惯性引起的。如果包围探头的介质温度自身随时间而变化，那么必须使探头也与新产生的温度相接触，亦即必须将一定的热量输入到探头中。在有限的时间里，一方面发生着介质和探头表面间的非稳态热交换，另一方面又发生着热传入测量机构的过程。这种由传热延迟引起的测量误差在达到稳态时重又消失。

将温度计探头看作具有很好的导热率 λ 的均匀质量 m，其表面积为 A，并假设它除了周围介质外不和任何其他物体接触，则探头温度 θ_F 可用下述微分方程描述为测量温度 θ 和时间 t 的函数：

$$\theta(t)=\theta_F(t)+\tau\frac{d\theta_F(t)}{dt} \tag{10.12}$$

式中，τ 为探头的时间常数，$\tau=\frac{1}{\alpha}\frac{m}{A}c$。其中，$c$ 为比热，J/(kg·K)；α 为导热系数，J/(m^2·K·s)。

该方程是一个理想的一阶延迟元件的方程。

当作用有一阶跃型的测量温度变化量时，探头温度 θ 呈现指数函数变化曲线，该曲线仅由时间常数 τ 确定(图 10.16(d))。由时间常数的式子可知，探头动态特性由两部分组成：一部分由温度计类型决定(质量 m，表面积 A，比热 c)；另一部分由安装比例关系确定(流体材料特性，流速及流动方向)。因此对于探头来说，应该在较大的表面积 A 的情况下具有尽可能小的质量 m 和较小的比热 c。为了保证必要的抗腐蚀性和机械强度，通常规定一个最小的探头尺寸。当温度计类型及其尺寸被确定之后，测量的动态特性便只取决于传热过程，该传热过程由被测物体的状态变量，更主要的是由流体速度 v 所确定。气体的传热系数 α 比液体的传热系数小得多，通常在具有相同的安装比例关系和流速情况下，空气传热系数 α 仅为水的传热系数的几百分之一。

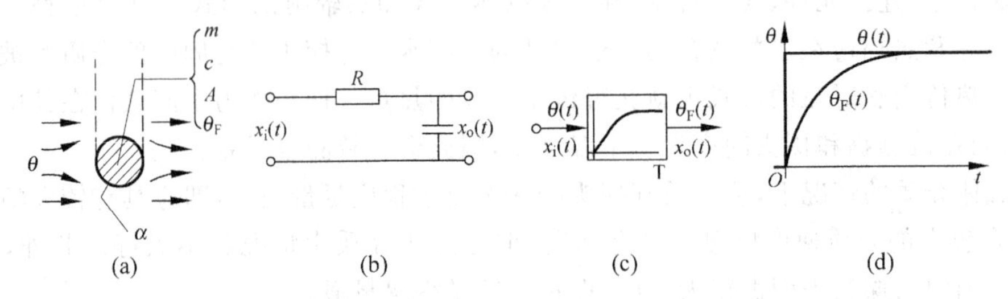

图 10.16 温度计探头动态特性描述

(a) 理想探头；(b) 电气模拟；(c) 方框图；(d) 阶跃响应

以上只讨论了理想的探头。实际上，它们均不遵循上述简单的规律。由于探头总要固接到某个地方，被接收的热量一部分将被传导出去，这样便产生一个温度差。由于与被测物相连，因此探头顶部先开始加热，很长时间后才达到最终温度值。因此阶跃响应曲线在它的中间区域有一个明显的转折点。这意味着，除了传热系数 α 之外，导热率 λ 也起着作用，尤其是当探头元件被装入一个或多个保护管中时情况更是如此。由于是多个元件(钢、空气、石英砂、探头)，因而相当于多个热阻抗串联电路，该电路导致一个高阶的传递特性函数。管中的空气层对动态特性起着不利的影响。因此常在保护管和探头之间填充流体导热材料(水、油、水银)，或在外套式热电偶中装有石英砂。在较差的热传递过程中显示延迟主要由传热系数 α 所决定，而在较好的热传递过程中则由温度计材料的导热率 λ 所决定。接触式温度计的动态特性参量可用解析或实验法来确定。解析法一般只是近似的计算，精确的计算需要很多的费用，甚至是不可能的。与此相反，实验法能较可靠地解释探头特性，也较容易进行。

由于在实验中只能比较那些在规定的边界条件(如流动关系、周围介质材料数据)下所测得的数值，因此对流动介质的测量要确定一般的条件，在这些条件下才能对探头的动力学特性进行试验测定。把在大气压力和室温下测得的量作为起始量，温度跳变不应大于 20K，否则由于材料参数不恒定会产生非线性。通常采用流速为 $v=0.2\text{m/s}$ 的水作为参考液体，参考气体采用 $v=1\text{m/s}$ 的空气。对其他的比例关系，应根据热传导规则加以换算。出于研究的目的，常要测量阶跃响应，此时可用机械装置将处于环境温度之下的温度计快速置于流动介质中。

通常从阶跃响应中得出如下的特征值：半时间 $T_{0.5}$，时间常数 T，90%稳态值的时间 $T_{0.9}$，99%稳态值的时间 $T_{0.99}$。它们分别对应于探头温度 θ_F 达到 50%，63.2%，90%和 99%的实际测量温度时所需的时间。表 10.5 列出了一些温度计的时间参量。

表 10.5 不同种类温度计的时间参量

温度计种类	探头直径 d/mm	空气中的时间参量 ($v=1.0\text{m/s}$)		水中的时间参量 ($v=0.2\text{m/s}$)	
		$T_{0.5}$/s	$T_{0.9}$/s	$T_{0.5}$/s	$T_{0.9}$/s
汞-液体温度计	6	48	150	2.4	6.2
液体弹簧温度计	17	180	600	4.4	12.5
气压弹簧温度计	17	200	820	4.8	18
电阻测量元件					
带玻璃载体	4	26.5	92	0.65	2.12
带外套管	2	11.0	35.5	1.13	4.10
带保护管	15	280	760	78	210
热电偶					
外套式热电偶	3	21	69	0.27	0.95
金属式热电偶	15	190	490	57	170
陶瓷式热电偶	15	220	580	88	245

实际中温度的变化很少是阶跃的，因而阶跃响应不能作为参考数据。在温度随时间呈线性变化的过程中，相当于有一个斜坡输入，如加热和冷却过程。这样显示值便总是滞后输入一固定值。在温度周期起伏变化过程中，亦即温度输入为正弦函数时，显示值的幅值会有所减少，而相位则滞后一个角度。这方面的分析请参看第 3 章测试系统动态分析部分的内容。

10.3.2 辐射式温度计

辐射式温度计(total-radiation pyrometer)为非接触式测量装置，所依据的测量原理是物体的热辐射理论。由于是非接触式测温，因此测量装置不会干扰测量对象的温度分布。辐射式测温方法主要应用在高温测量方面。工程中的高温一般指高于 500℃(≈1 000℉)的温度。在高温范围中，除了少数的热电偶和电阻式温度计尚可被应用之外，其他的接触式温度仪器均不适用，因此要用到非接触式的辐射式温度计。但反过来并不等于说，辐射式温度计仅适用于高温测量，同样它们也可被用于低温(<500℃)区域的测量。

10.3.2.1 辐射测温的原理

任何物体总是以一定的电磁波波长辐射能量，能量的强度取决于该物体的温度。通过计算这种在已知波长上发射的能量，便可获知物体的温度。

辐射式温度计本质上是专用于温度测量的光学检测器，通常分成两种类型：热检测器和光子检测器。热检测器是基于对温度升高的检测，这种温升是由于被测物体所辐射出的能量被聚焦在检测器靶面上而产生的。靶面的温度采用热电偶、热敏电阻和辐射温度检测器来检测。光子检测器本质上为半导体传感器，分为光导型和光电二极管两种，它们直接对辐射的光作出响应，从而改变其阻抗或其结电流或电压值。

辐射式温度计也可根据测量的波长范围加以分类，比如全辐射式辐射温度计和亮度式辐射温度计。全辐射式辐射温度计吸收全部波长或至少很宽的波长（如可见光波长）范围上的能量；而亮度式辐射温度计则仅仅测量一特定波长上的能量，其中最常见的是红外辐射式探测器，众所周知，它仅仅在红外波长范围上来检测温度变化。

所有高于绝对零度（－273.15℃）的物体均辐射能量，且它们也接收和吸收来自其他辐射源的能量。辐射能以电磁波的形式传播出去，覆盖一个很宽的波长（或频率）范围（见图4.37）。举例来说，当一块钢被加热到500℃以上时，就开始发光，此时从钢的表面有可见光被辐射出来。当温度继续上升时，光变得更亮更强。此外，钢的颜色也发生变化，从暗红到橘红、再到黄色，最后几乎是白光，此时便达到其熔点（1 430～1 540℃）。

由此可知，在550～1 540℃的温度范围上，能量是以可见光的形式从钢上辐射出来的。当低于550℃时或甚至低至室温时，钢块仍在辐射着能量或热，而此时是以红外辐射的形式。这是因为若钢块质量足够大时，即使不接触它我们也能感觉到这种热辐射。由此可知，能量是通过某些温度范围被辐射的，这是通过我们的感觉来获取这方面信息的。在低温时，人的感觉不如高温时那样好，但有时也能“感觉”到物体，比如室内墙壁的存在，这是因为我们的身体将热辐射到墙的缘故。这种类型的能量发送并不需要中间介质来传播。相反，中间介质实际是干扰这种发送的。

上述的能量传送是以电磁波或光波的形式以光速进行的。所有物质发送和吸收辐射能的速度取决于物质本身的绝对温度和物理性质。到达一种材料表面的辐射部分被吸收、部分被反射、部分被透过，从而有如下等式：

$$\alpha + \rho + \tau = 1 \tag{10.13}$$

式中，α 为物体的吸收率；ρ 为物体的反射率；τ 为物体的透射率。

不同材料的上述3种参数是不一样的。对于一个理想的反射器来说，比如可通过一种高度抛光的表面来实现这一条件，此时它的 $\rho \to 1$。许多气体具有高度透射率，它们的 $\tau \to 1$。在一个大的腔体上开的一个小孔则可近似于一个理想的吸收器或者黑体，此时它的 $\alpha \to 1$。

当一个物体与其周围环境处于一种辐射平衡状态时，它吸收的能量与其发射的能量相等。由此可知，一个好的吸收器也是一个好的辐射器，也可以说，理想的辐射器或黑体其吸收率 α 的值为1。因而常把黑体作为参考来描述一个非黑体。当讨论发射的辐射能而非吸收的辐射能时，要用到发射率的概念，发射率 ε 的定义为

$$\varepsilon = \frac{E}{E_0} \tag{10.14}$$

式中，E 为物体的全辐射能；E_0 为黑体的全辐射能。

ε 是温度 T 和波长 λ 的一个函数，且 $\varepsilon \leqslant 1$。表10.6给出了一些材料表面的全发射率值。

根据克希霍夫（Kirchhoff）定理，对一切物体来说，发射率 ε 等于吸收率 α：

$$\varepsilon(T, \lambda) = \alpha(T, \lambda) \tag{10.15}$$

表 10.6 某些表面的全发射率值($\lambda=0.85\mu m$)

材料	温度/℃	发射率 ε	材料	温度/℃	发射率 ε
抛光铝	20	0.06	抛光镍	23	0.045
液态铝	800～1 000	0.12～0.17	铝箔	100	0.087
纯铁	800	0.35	石膏	10～88	0.91
液态铁	1 600～1 800	0.44～0.48	粗糙红砖	21	0.98
生锈铁	20	0.70	石棉纸	38～371	0.93～0.945
带轧制层的铁	20	0.78	光滑玻璃	22	0.937
抛光铁	20	0.07	水	0～100	0.95～0.963
铂	1 000	0.30	陶瓷	1 200	0.78
铂灯丝	25～1 225	0.036～0.192	黑体	—	≈1.00
抛光银	225～625	0.019 8～0.032 4			

若一个物体的发射率 ε 与它的温度和波长无关，则称为灰体。实际物体大多数情况下只是在一个有限的波长范围 $\Delta\lambda$ 中才被叫作灰辐射体。

普朗克定律表示了黑体辐射强度、温度 T 和波长 λ 间的函数关系：

$$W_\lambda = \frac{C_1}{\lambda^5(e^{C_2/\lambda T}-1)} \tag{10.16}$$

式中，W_λ 表示波长为 λ 时黑体光谱辐射通量密度，$W\cdot m^{-2}\cdot\mu m^{-1}$；$T$ 为绝对温度，K；λ 为波长，μm；$C_1=374.15MW\cdot\mu m^4\cdot m^{-2}$；$C_2=14\ 388\mu m\cdot K$。

图 4.107 示出了辐射通量密度对波长的分布。

任何一个物体不会像黑体那样辐射，因此任何一个辐射器的辐射由于存在发射率 ε，也比黑辐射体的辐射要小：

$$W_{\lambda_i} = \varepsilon_i W_\lambda \tag{10.17}$$

对普朗克方程积分便得到以斯蒂芬-玻耳兹曼定律形式表示的总辐射能 W：

$$W = \sigma T^4 \quad 和 \quad W = \varepsilon\sigma T^4 \quad (W/m^2) \tag{10.18}$$

此外，对辐射分布曲线进行微分，可得到最大波长 λ_{max}，在这些波长处，对于确定的温度，可得到最大的辐射(维恩位移定律)：$\lambda_{max}=2\ 898/T(\mu m)$(参见图 4.107)。

从这些辐射定律可得到以下结论：

(1) 热辐射与绝对温度的 4 次幂成正比。

(2) 在较低温度下，辐射最大的值移向大波长处(红外区)。

(3) 非黑体的发射度取决于辐射体的温度和波长，也取决于材料和表面结构。

(4) 除了来自物体热量的辐射外，也可能会出现来自别的辐射源的干扰反射或透射辐射流。

10.3.2.2 辐射式温度计介绍

通过辐射定律，可以从入射到已知接收器表面上测到的辐射能量来计算辐射表面的温度。因而除了光学系统外，辐射接收器就是高温计的最重要部分。接收器分为以下两种：

(1) 黑体和灰体接收器。属于这类热辐射接收器的有贴在发黑的金或铂薄片上的热电偶和电阻式温度计或热敏电阻。它们的灵敏度与波长无关且测量范围能从紫外区一直到红外区。特别适合于测量较低温度，因为这种情况下所产生辐射的波长较长。

(2) 选择性传感器。属于这类传感器的有阻挡层光电池、光敏电阻、光敏二极管和光敏三极管等光电辐射接收器。这些元件只在一个狭窄的光谱范围 $\Delta\lambda$ 中才是灵敏的，而同时本身与波长的关系又极大。其绝对灵敏度比热接收器的灵敏度要高许多，见图 10.17。

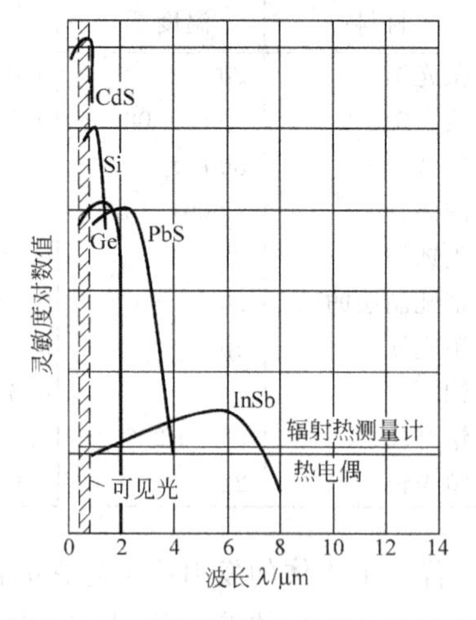

图 10.17 不同辐射接收器的灵敏度

1. 光谱高温计

光谱高温计只在一个狭窄的波长范围 $\Delta\lambda$ 中才是灵敏的，甚至只对单一波长 λ_i 灵敏。该限制可在辐射过程中用专门的选频滤波器来达到。在高温计中，被测物的辐射可直接用一辐射接收器来确定，也可以通过与一比较辐射器(比较温度计)作比较来测定，在这些仪器中热灯丝高温计应用最广且具有高测温精度。

1) 热灯丝高温计

在可见光的一个很狭窄的波长范围内，由观察者将辐射源的光谱辐射密度同一个比较辐射器(炽热钨丝)的光谱密度作主观比较。如图 10.18 所示，使用时，将高温计对准未知热辐射源，两者相距一定距离，高温计物镜将辐射源聚焦在灯丝平面上。调节目镜使灯丝与温度源图像重叠。当灯丝温度高于或低于辐射源温度时，灯丝图像都会出现(图 10.19(a)和(b))；而当两者相等时，灯丝顶部图像消失(图 10.19(c))。由毫伏表读出的电流值便代表了测得的温度值。常采用一片红色滤光器(波长 $\lambda \approx 0.65\mu m$)来获得近似单色光的条件。

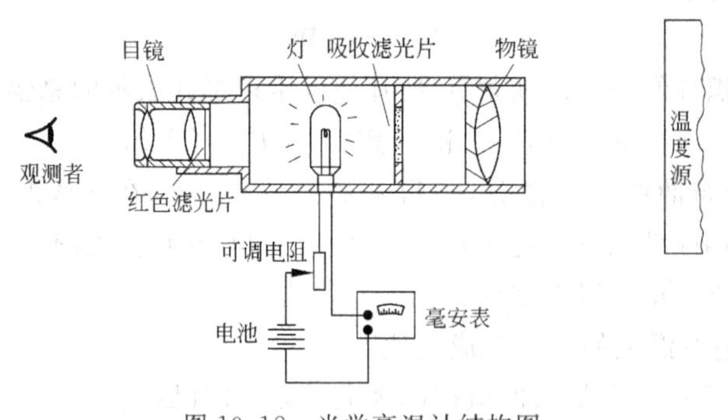

图 10.18 光学高温计结构图

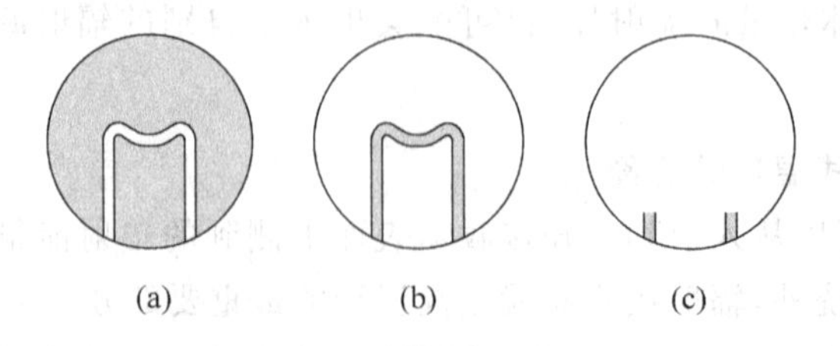

图 10.19 光学高温计灯丝像

(a) 灯丝过热；(b) 灯丝过冷；(c) 灯丝与温度源温度相同

热灯丝最高温度是有限制的(钨丝为1 500℃左右)。若要测定原辐射器的更高温度,可在辐射路径中插入具有已知透射率的衰减器或吸收滤光片(灰玻璃)。

如果表面的光谱反射率 ε_i 等于1,那么用光谱高温计测量的光谱辐射温度 T 等于真正的温度 T_0,这种情况只符合处于密封炉中的被测物品。在所有其他情况下,被测温度 T 总比实际温度要小。根据被测温度 T_0 和已知或假设的光谱发射度 ε_i,则在被测量值 T_0 上加上一校正因子 ΔT(图10.20(c))。

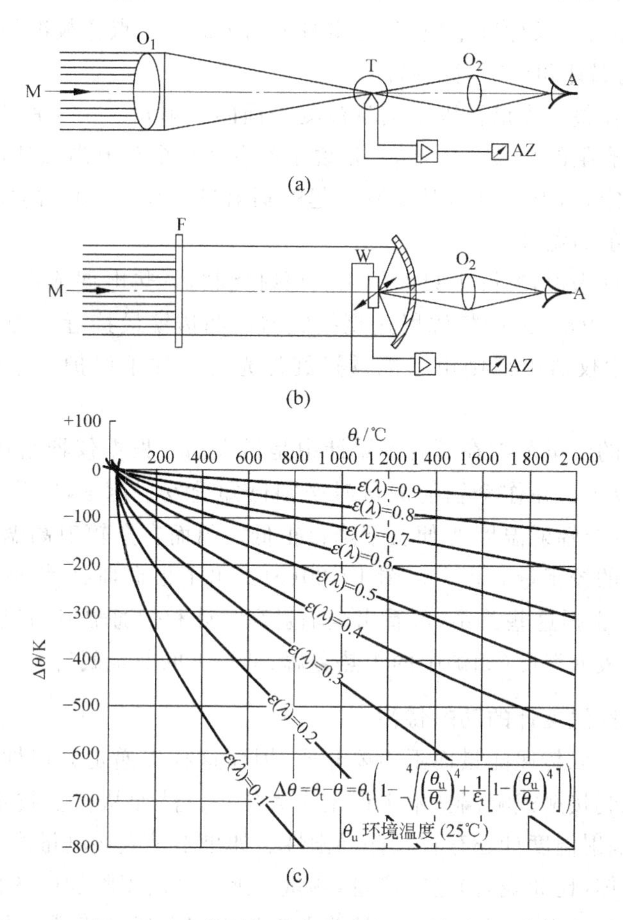

图10.20 带通辐射高温计或全辐射高温计

(a)带透镜系统和热电偶接收器的带通辐射高温计或全辐射高温计;(b)带凹透镜系统和电阻式接收器的带通辐射高温计或全辐射高温计(辐射热测量计);(c)由于发射度 $\varepsilon_t<1$ 引起的被测全辐射温度 θ_t 对真实温度的偏离

O_1—物镜;O_2—目镜;A—眼睛;M—测量辐射;T—热电偶;AZ—显示器;F—箔;W—电阻式探头

热灯丝高温计轻便、不受电源限制,经过一般训练的操作人员即可用它获得高测量精度。但它的测量范围有限,与全辐射高温计相比,在非黑体情况下所读出的测量值要作校正。这种仪器有一个很大的缺点,即它的使用范围有限,因此难以得到客观的测量结果。

2) 热灯丝高温计的测量范围和误差

测量距离范围通常在无穷远和2m之间。采用辅助透镜和专用物镜,该范围可扩展到5mm。在普通的距离范围之外,应根据厂家提供的数据对测量温度进行校正。温度测量范围在整个可见光光谱范围内对主观测量法来说其下限为650℃;而对于客观测量法的仪器其下限值为200℃。一般来说没有上限温度，因为采用衰减手段随时可降低原辐射密度，通常可测到2 500℃，极端情况下可到10 000℃。仪器的标定或校准可用一黑体或用一钨丝灯来进行。

热灯丝高温计的误差取决于多种因素。在作辐射密度比较时观测者的主观影响是较小的，只在高精度的仪器中才占有较大的比重。对于普通低精度的仪器其误差为测量范围的±1%，对于高精度仪器误差为±0.2%～±0.3%。由于热灯丝高温计可达到的测量精度较高，因此可以把它作为次级标准来使用，它本身是用金的凝固点作校准的。

2. 带通辐射高温计和全辐射高温计

全辐射高温计在整个光谱范围上测量被测表面的辐射量。由于所有的透镜、窗口和辐射接收器均工作在有限的波长范围上，严格说来没有什么全辐射高温计，而只是带通辐射高温计。但是通常约定，当由一定的温度所引起的辐射量至少有90%的能量被获取时，则称这种高温计为全辐射高温计。

对全辐射高温计来说，实际上只能使用热辐射接收器(热电偶或电阻式探头)以及某些特殊的透镜(图10.20(a))。能将辐射送至接收器的凹透镜最接近于理想的透光光学系统(图10.20(b))，其中仪器内部则由一能透过红外光的箔加于保护。这种仪器适用于低温测量。

全辐射温度计的测量范围在所有高温计中是最大的。根据仪器组成方式，其测量范围在-50～+200℃以上。在作全辐射测量时必须已知全发射度 ε_i，因为如果辐射体不是黑体，那么此时测得的全辐射温度 θ_i 便会下降得很低。因而在全辐射高温计中所加的校正量要比分光高温计中的校正量大得多。图10.20(c)给出了根据斯蒂芬-玻耳兹曼定律计算所得的温度偏差 $\Delta\theta$。根据这些关系，可看出全辐射高温计和带通辐射高温计主要用于测量那些具有高发射率的表面温度(如炉中的炽热金属、低温下的非金属等)。

10.3.2.3 辐射温度计的动态特性

热激励的辐射可以传递能量而不需要介质，因而这种传递是无惯性的。辐射测量技术的这种基本特性比起接触式测温技术来说是一大优点。然而从仪器技术角度考虑，对于实际应用来说，这种辐射温度计还存在某些局限性。如果不是直接测量原辐射体的辐射，而是通过某个辅助辐射体(比如烧管)进行测量，测量链上就会出现附加的热传递环节，它在某种条件下会带来很大的延迟作用。对辐射接收器来说也有类似的情形。由热电偶或电阻测温元件组成的高温计中，测量原理是建立在通过产生的辐射来对探头加热的基础之上的。尽管探头可以做得很小，这种类型仪器的时间常数还是在百分之几秒到几秒之间。尽管如此，这种高温计还是比相应的接触式温度计测量得快，因为接触式温度计的保护管通常是导致较长时间常数的原因。最快的辐射温度计是辐射接收器类，它包含光电接收器件，其时间常数常在几微秒到几毫秒之间。

辐射温度计一般为延迟较小的测量仪器，适合于通常温度范围内热跟踪很快的冷却或加热过程；而接触式温度计由于它们固有的惯性则不能用于这些过程。

10.3.2.4 辐射温度计的应用

在工业领域内，如冶金厂等场所广泛使用辐射温度计。辐射温度计尤其被使用在高温领域，所有其他的仪器均不能胜任这种场合的测量任务。由于在制造光学的和电气的高温计方面取得了很大进步，使得测量范围进一步扩展到红外范围并能测量很低的温度。因此，如何用辐射测温技术来测量非金属材料(橡胶、纺织品、塑料、陶瓷)已成为一个现实的工程测量课题。用高温计能测量低温，因此使得它也能应用于其他一些领域，如地理、化学、医学。这方面的一个典型应用是红外热成像技术。采用红外摄像机可以很快得到温度照片，这些照片在对测量信号作处理后能显示出温度梯度、等温线或等温面。温度差以不同的灰度值或颜色值出现。红外摄像机由一高温计和一光电辐射接收器组成。仪器机械地在两个方向上对被测物作扫描。采用高扫描频率，在荧光屏上会产生一真实的图像。这些温谱图的分辨率为 0.05～1K，测量范围与普通高温计的相同。

辐射测温学的主要缺点是由于未知发射度和干扰辐射会引起较大的测量误差。但在作相对温度差测量时，或者把被测信号用作调整或控制目的并作进一步处理时，上述缺点并不十分重要。

10.3.3 红外辐射检测

红外辐射(infrared radiation)又称红外光，是太阳光谱中红光外侧的不可见光。任何物体的温度只要高于绝对零度(即－273.16℃)就处于“热状态”。处于热状态的物质分子和原子不断振动、旋转并发生电子跃迁，从而产生电磁波。这些电磁波的波长处于可见光的红光之外，因此称为“红外线”。物体与周围温度失去平衡时，就会发射或吸收红外线，这便是常说的热辐射，即红外辐射。红外线在电磁波谱中位于可见光与微波之间，波长为 0.76～1 000μm(图 10.21)。红外光又根据不同波长范围分为近红外线(0.76～2.5μm)、中红外线(2.5～25μm)和远红外线(25～1 000μm)3 段。物体红外辐射的强度和波长分布取决于物体的温度和辐射率。

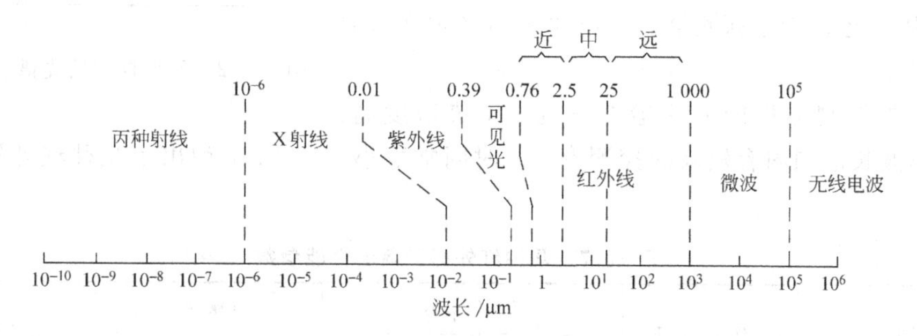

图 10.21 电磁波谱

物体的温度与辐射功率的关系由斯蒂芬-玻耳兹曼(Stefan-Boltzmann)定律给出(式 10.18)，在任何温度下能全部吸收任何波长的辐射的物体称为黑体，即 $\varepsilon=1$。黑体的热辐射能力比其他物体都强。一般物体的 $\varepsilon<1$，即不能全部吸收投射到它表面的辐射功率，发射热辐射的能力也小于黑体，称为灰体。黑体是理想物体，一般物体虽不等于黑体，但其辐射强度与热力学温度的 4 次方成正比。由此可知，物体辐射强度随温度升高而明显地增强。

在运用红外技术时要考虑大气对红外辐射的影响。物体的红外辐射都要在大气中进行。大气对不同波长的红外辐射有着不同的穿透程度，这是因为大气中的一些分子如水蒸气、二氧化碳、臭氧、甲烷、一氧化碳和水等均对红外辐射存在不同程度的吸收作用。在整个红外波段上，大气对某些波长的辐射有较好的透过效果。实验表明，大气对 1～2.5μm，3～5μm 和 8～14μm 的红外辐射有较好的透过效果。

斯蒂芬-玻耳兹曼定律是红外监测技术应用的理论基础。

10.3.4 红外探测器

能将红外辐射量转化为电量的装置称红外探测器(infrared detector)。按红外探测器的工作原理可将其分成热敏探测器和光敏(光电)探测器两类。

热敏探测器利用半导体薄膜材料在受到红外辐射时产生的热效应。红外辐射使热敏元件的温度升高过程一般比较缓慢，因此热敏探测器的响应时间较长，约在 10^{-3}s 量级。另一方面，不管是什么波长的红外辐射，只要功率相同，它们对物体的加热效果也相同。热敏探测器对辐射的各种波长基本上有相同的响应，其光谱响应曲线平坦，在整个测量波长范围内灵敏度基本不变，且能在常温下工作(图 10.22 中曲线 1)，因此也称“无选择性红外探测器”。

光电探测器是一种半导体器件，它的核心是光敏元件。光子投射到光敏元件上时，促使电子-空穴对分离，产生电信号。由于光电效应产生很快，因此光电探测器对红外辐射的响应时间要比热敏探测器的响应时间快得多，最短可达纳秒，这种传感器的波长范围一般不变，对波长的响应率有个峰值 λ_p，超过 λ_p 时响应曲线迅速截止(图 10.22 中曲线 2)。其原因是，在大于一定波长的范围内，光子储量不足以激发电子的释出，电活性消失。由于光电探测器以光子为单元起作用，因此也称光子探测器。光电探测器必须在低温下才能工作。

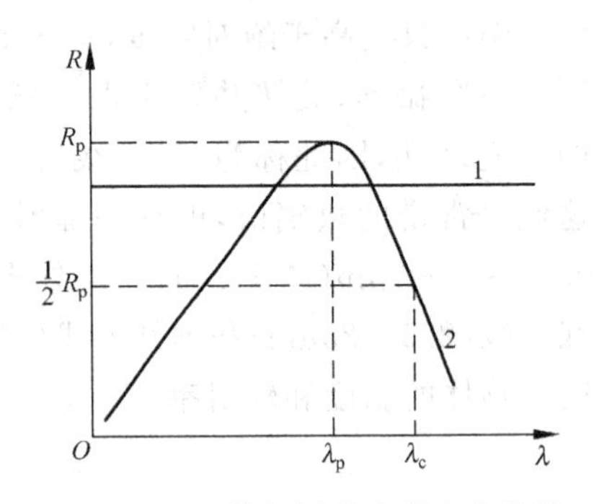

图 10.22 红外探测器光谱响应曲线

对红外探测器性能的一般要求为：①灵敏度高；②在工作波长范围内有较高的探测率；③时间常数小。表 10.7 列出了几种红外探测器的性能参数。

表 10.7 几种红外探测器的性能参数

检测器件	工作温度/K	波长/μm		灵敏度/(cm · $Hz^{\frac{1}{2}}$ · W^{-1})	时间常数
		峰值	截止值		
热敏电阻检测器	295	平坦		1.4×10^9	1～10ms
In · Sb	77	5	5.5	8×10^{10}	≤5μs
Ge · Au	77	5	9	6×10^9	<1μs
Hg · Cd · Te	77	3～7	7～17	5×10^9	<10ns

10.3.5 红外检测应用

1. 辐射温度计(radiation pyrometer)

运用斯蒂芬-玻耳兹曼定律可进行辐射温度测量。图 10.23 为一辐射温度计原理图。图中被测物的辐射线经物镜聚焦在受热板——人造黑体上，该人造黑体通常为涂黑的铜片，吸热后温度升高，该温度便被装在受热板上的热敏电阻或热电偶所测到。被测物通常为 $\varepsilon<1$ 的灰体，若以黑体辐射作为基准来定标，则知道了被测物的 ε 值后，就可根据式(10.18)以及 ε 的定义求出被测物的温度。假定灰体辐射的总能量全部被黑体所吸收，则它们的总能量相等，即

$$\varepsilon\sigma T^4 = \varepsilon_0\sigma T_0^4 \tag{10.19}$$

式中，ε 为被测物的比辐射率；ε_0 为黑体的比辐射率，$\varepsilon_0=1$；T 为被测物温度；T_0 为黑体温度；σ 为斯蒂芬-玻耳兹曼常数。

由此可得

$$T = \frac{T_0}{\sqrt[4]{\varepsilon}} \tag{10.20}$$

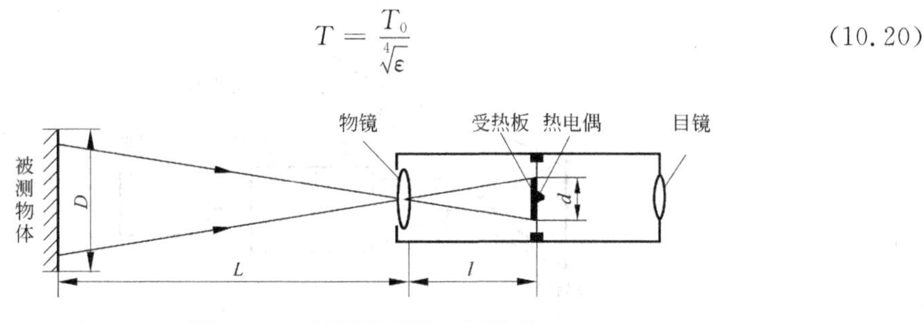

图 10.23 辐射温度计工作原理

2. 红外测温(infrared temperature measurement)

上述的辐射温度计一般用于800℃以上的高温测量，此处所讲的红外测温是指低温及红外光范围的测温。

图 10.24 示出了一种红外测温装置的原理框图。图中被测物的热辐射经光学系统聚焦在光栅盘上，经光栅盘调制成一定频率的光能入射到热敏电阻探测器上。热敏电阻接在一电桥的一个桥臂上。该信号经电桥转换为电桥的交流电压信号输出，然后经放大后进行显示或记录。光栅盘是两块扇形的光栅片，一块为定片，另一块为动片。动片受光栅调制电路控制，按一定的频率双向转动，实现开(光透过)和关(光不透过)，从而使入射光被调制成具有一定频率的辐射信号作用于光敏探测器上。这种红外测温装置的测温范围为0～700℃，时间常数为4～8ms。

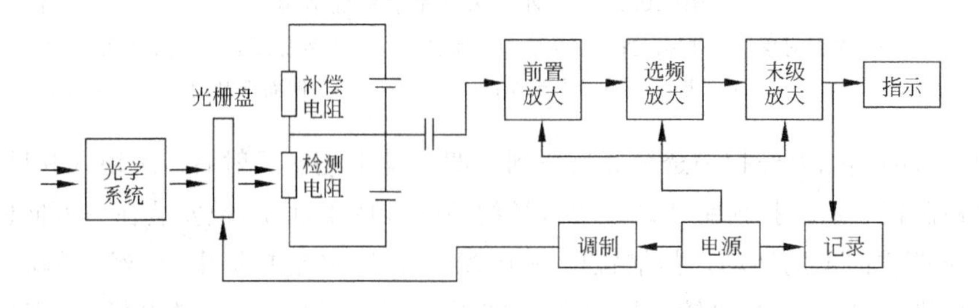

图 10.24 红外测温装置原理框图

3. 红外热成像(infrared thermal imaging)

由于红外光是人的肉眼所不能看到的，因此不能采用普通照相机原理来摄取红外图像。红外热成像技术即是将红外辐射转换成可见光进行显示的技术。

由红外探测器转换成的电信号，经信号处理器处理后送往显示器。目前大多采用阴极

射线管作为显示器来获取红外热图像。现代化的红外热像仪大都配备计算机系统对红外热图像进行分析处理，因而也可将红外热图像进行存储和打印输出。

红外热成像分主动式和被动式两种。主动式红外热成像采用一红外辐射源照射被测物，然后接收被物体反射的红外辐射图像，如图10.25所示；被动式红外热成像则是利用物体自身的红外辐射来摄取物体的热辐射图像，这种成像我们普遍称为热像(thermal image)，获取热像的装置称热像仪。热像仪无需外部红外光源，使用方便，能精确地摄取反映被测物温差信息的热图像，因而已成为红外技术的一个重要发展方向。

图10.26为一红外热像仪的光学系统结构示意图。

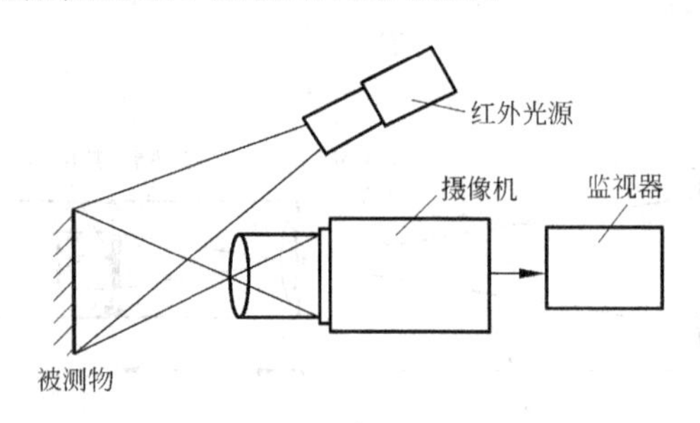

图10.25 主动式红外成像原理

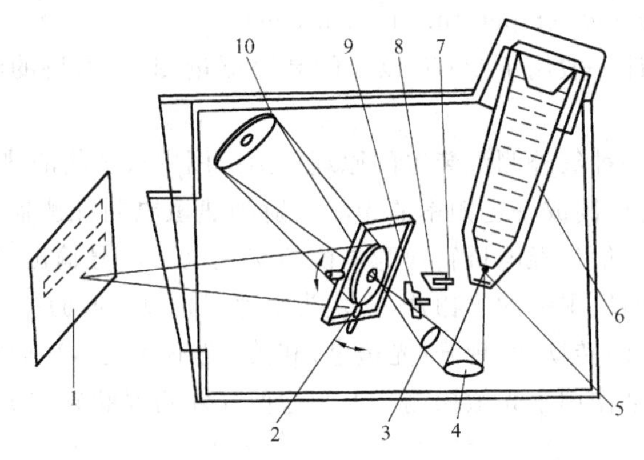

图10.26 红外热像仪光学系统结构

1—被测对象；2—扫描镜；3—透镜；4—反射镜；5—红外探测器；6—杜瓦瓶；7—测温元件；8—参考黑体；9—调制器；10—凹面反射镜

被测对象的热辐射经扫描透镜2反射到一凹面镜10上，反射后经透镜3和反射镜4聚焦在红外检测器5上。扫描镜2是一块直径约70mm的平面镜，被安装在一万向框架上，框架可作x、y两方向上的转动。扫描镜由一个感应电机(水平扫描电机)经一偏心轮带动作水平方向扫描(行扫描)，扫描镜扫描频率为25次/s；框架则由一步进电机(垂直扫描电机)带动作上下摆动，实现垂直扫描(帧扫描)，扫描频率一般为0.5次/s和0.25次/s。行、帧扫描的同步信号由行同步、帧同步信号发生电路产生，以控制扫描的协调进行。红外检测器5一般采用碲-镉-汞(Te-Cd-Hg)光电型检测器，它必须工作在低温(77K)下，因此被封装在一个小型杜瓦瓶(Dewar-flask)6中，瓶中灌注有液氮对红外检测器进行冷却。碲-镉-汞红外检测器将红外热辐射转换为电信号，送往后续电路系统进行处理。参考黑体一般用一块铜块制成，上面涂有比辐射率 $\varepsilon=0.999$ 的涂料。黑体本身无温度控制，其温度随环境温度变化而改变，因此常用一温度变换器测量参考黑体温度用作温度补偿。用一个斩波器来使探测器交替接收被测对象和参考黑体的辐射能，这样可对环境温度作补偿，以实现温度绝对测量。从探测器出来的信号经前置放大后送往A/D转换器作模/数转换，经转换后的数字信号送至计算机作进一步的处理，用作显示、记录和图像存储。另外，探测器出来的信号经放大后也可直接连至阴极射线管显示器进行图像显示。

图 10.27 示出了热成像技术在超音速风洞温度检测中的应用实例。高速飞行的器件与空气摩擦会产生大量的热，在设计时必须要了解器件的热特性，因此，一般要进行风洞试验。对任意形状风洞模型做热传输研究，尤其是不同风速之下所呈现的温度变化性能，如果采用传统的热电偶、热流计等一般不太有效。利用热像仪则可解决这一问题。热像仪通过一个能透过红外辐射的窗，对准风洞模型，便可全面获取模型各部分受热温度分布情况。

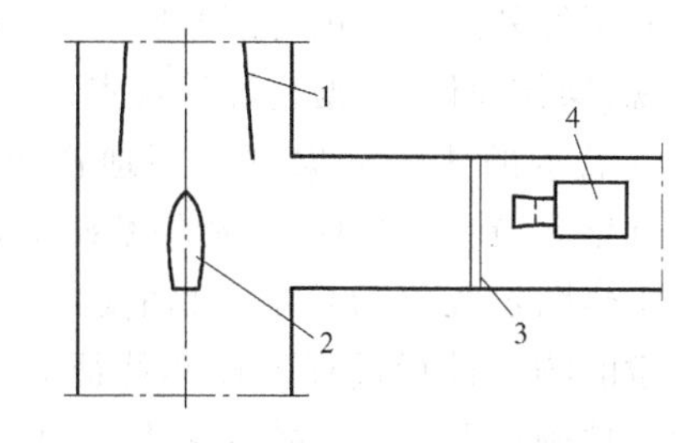

图 10.27 超音速风洞热像仪检测

1—喷嘴；2—被测模型；3—观察窗；4—热像仪

热成像技术还被广泛用于无损缺陷的探查。对不同的材料如金属、陶瓷、塑料、多层纤维板等的裂痕、气孔、异质、截面异变等缺陷均可方便地探查。在电力工业中，热像仪被用来检查电力设备尤其是开关、电缆线等的温升现象，从而可及时发现故障进行报警。在石油、化工、冶金工业生产中，热像仪也被用来进行安全监控。由于在这些工业的生产线上，许多设备的温度都要高于环境温度，利用红外热像仪便可正确地获取有关加热炉、反应塔、耐火材料、保温材料等的变化情况。另外也能提供像沉积物、堵塞、热漏及管道腐蚀等方面的信息，为维修和安全生产提供条件和保障。

热像仪还可用于公安和消防。对火灾现场的建筑物，采用热像仪可以探知建筑物中被烧毁的情况以及人员的情况。由于热像仪在夜间能正常工作，因而它也十分适合公安人员夜间巡逻之用。此外，热像仪还可用于机场的夜间状况监测，对飞机的起降及机场地面的设施状况可实时地获取信息，保证机场的正常运行和飞机的起航。一些热像仪的灵敏度已经做得很高，甚至可敏感到数公里之外被测物的红外辐射。因此热像仪又可用作海岸线监视，以监视各类过往船只，尤其是用作夜间监视，确保海岸线的安全。

热像仪的另一个十分有效的应用是临床医学诊断。

人体具有一定的体温，它也以辐射的形式与外界交换热量。人体内部热量经皮肤消散时主要有 3 种方式：蒸发、对流和辐射。在不通风条件下，环境温度 18℃、相对湿度不超过 50%时，人体约有 45%的热量是经辐射发散出去的。人体的红外辐射波长范围在 3～16μm，另外，由于人体各部分结构不同以及体内器官分布位置的不一，人体表面各部分的温度分布是不同的，并且受许多因素的影响而变化。外部的因素如温度、湿度、气压、通风、射线等，内部因素如神经反射、情绪波动、物理性压迫、局部血流变化、组织发热、传热不均匀等。当人体的近体表等组织发生病理变化时，便会造成诸多内部因素的改变，使体温及体表温度发生改变，从而导致体表红外热辐射能量的改变。采用医用红外热像仪便可获取病变部位的红外热图，通过对热图反应的温度信息的分析，便可对疾病进行诊断。图 10.28 为一乳腺癌患者的红外热图，可以看出，患者左侧乳房上病变区的温度明显高于其他部位。通过医生对临床数据的对比分析，便可确定该患者的病症。

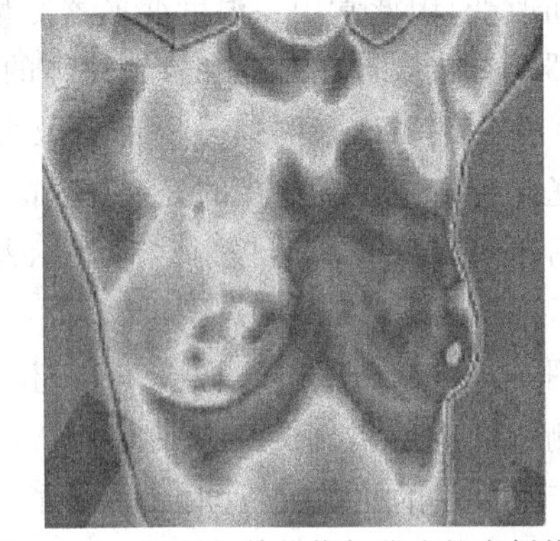

图 10.28 医用红外热像仪获取的病例热图
女，左乳房持续高温，乳头温差 1.3℃。
病理：左乳乳腺癌

利用红外热像仪进行医学临床诊断具有显示直观、操作简便、数据精确等优点。医生根据打印或显示的热图数据可方便地作出病理诊断。近年来，在单幅热图诊断的基础上，又发展出多幅热图过程诊断技术，对病变区对外部温度刺激的响应进行过程采样和特征分析，可更有效和精确地揭示人体病变区内在的温度变化特征，为临床诊断提供更多、更精确的数据。

10.3.6 红外凝视显微镜

使用合适的光学透镜或反射镜材料能够对红外辐射进行聚焦，就像在更熟悉的可见光望远镜和显微镜中那样，构成红外显微镜。采用单点、扫描和凝视的方式能测量微小的目标，如通常的微电子装置。图 10.29 所示为一红外凝视显微镜(infrared staring microscope)，仪器使用一种锑化铟(InSb)探测器阵列(1.5～5.5μm)和液态氮冷却(77K)，以获取 0.02℃ 的温度分辨率、4μm 的空间分辨率和 20～300℃ 的温度范围。在可见光谱范围使用 CCD

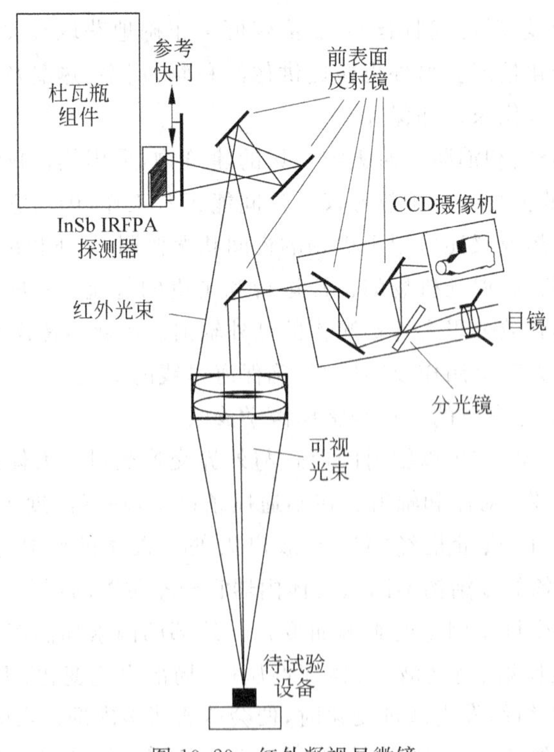

图 10.29 红外凝视显微镜

摄像机，将红外热像重叠于可见光图像上，以帮助确定感兴趣点的位置。这样，各像素的发射率都被修正，其产生的效应是冷探测器能够看到它自己在一个高反射的目标表面上的反射。

10.4　温度测量装置的标定

为使测量结果有意义，测量的程序和装置必须是可验证的。这一说法对于所有测量领域都正确，但是由于某些原因，普遍存在这样一种印象，即该说法对于温度测量系统不如对其他系统那样正确。例如，一般认为，在使用热电偶时，其所受到的限制是如何满足热电偶材料表格中对金属组对的要求。水银玻璃管温度计的刻度划分和电阻温度计特性一般会毫无疑问地被接受，并且认为，一旦标定被验证，就将无限期地适用。

这些概念是错误的。热电偶的输出非常依赖于基本材料的纯度、合金的密度和均匀性。那些具有相同的特征，但却由不同公司生产的合金，其温度-电动势关系的差异足以要求我们采取不同的表格加以特别说明。另外，应用中的老化也会改变热电偶的输出。电阻温度计的稳定性非常依赖于阻抗元件残余应变的程度，要使类似元件的输出结果具有可比性，需要非常仔细地使用和控制材料的冶炼过程。

温度测量装置的标定(calibration of temperature measuring instruments)方法分为两类：①与原始标准或1990年国际温标规定的固定温度点进行比较；②与经过可靠标定的二次标准比较。

基本上，原始温度标准是由10.2节中讨论的固定物理状态(融点或三相点等)组成的。中间点是根据规定的内插程序建立的。因此，对于原始标定，问题是如何维护对这些基本点的复制以及对插补方法的复制。

除了由ITS—90建立的基本固定点外，无数的二级固定点已经被表格化了。有些例子包括干冰(二氧化碳的固态形式)的升华点(－78.5℃)、水的沸点(100℃)和萘的沸点(218℃)。很多固定点都有商用标准。这些标准由封装有参考材料的密封容器组成。容器材料在低温时使用玻璃，高温时使用石墨，使用整体式加热线圈。为使用该标准，将待标定的元件放入一个延伸到容器中心的井中，然后开启加热器，使温度达到参考物质的融点之上，并一直保持到融化全部完成。然后才可进行冷却，并当达到凝固点时，温度稳定下来，只要液体和固体同时存在(几分钟)，该温度将保持恒定在规定值上。据称，这种方法可以很容易地得到0.1℃的精度，如果小心操作，也可以得到0.01℃的精度。

习　　题

10-1　在什么温度读数值上摄氏和华氏温标读数一致？

10-2　一个温度计在满刻度时的不确定度为±1%，若该温度计量程为－20～120℃，根据该温度计量程上的读数，画出其不确定度曲线。

10-3　为什么温度测量与长度测量和质量测量等不一样？为什么要定义一个温标？

10-4　如何来复制一个温标？请使用实验室设备仪器来复制水的冰点。

10-5 试述双金属片温度计的工作原理，解释其测量精度主要取决于什么因素。

10-6 在空调设备中使用热电偶来测量不同点温度，记录参考点的温度为22.8℃，若不同热电偶分别提供如下电动势输出：−1.623mV，−1.088mV，−0.169mV 和3.250mV，求出相应的温度。

10-7 试述红外热成像探测的原理。为什么用红外热像仪仅能检测物体表面或浅层的温度？

10-8 怎样用两只热电偶测量空气中的湿度？

10-9 红外探测器有哪两种类型？二者有何区别？

11 流量的测量

流量的精确测量是一个比较复杂的问题，这是由流量测量的性质决定的。流动的介质可以是液体、气体、颗粒状刚体，或是它们的组合形式。液流可以是层流或紊流、稳态的或瞬态的。流体特性参数的多样性决定了对它的测量方法的多样性，本节仅对常用的一些流量测量方法进行介绍。

11.1 流体的特征

流量是流过介质的量与该量流过的导管截面所需时间之比。根据所采用的不同定义，流量又分为体积流量和质量流量。

体积流量：

$$Q_V = \frac{V}{t}(\mathrm{m^3/s}) \tag{11.1}$$

质量流量：

$$Q_m = \frac{m}{t}(\mathrm{kg/s}) \tag{11.2}$$

上述两定义之间可用下式来进行转换：

$$Q_m = Q_V \rho \tag{11.3}$$

式中，ρ 为流体密度。

当流体以慢速流经一均匀截面通道时，流体中各质点的运动总体是沿着平行于通道壁的直线进行的。实际的质点速度在通道中央达到最大而在管壁处为零，其速度分布如图 11.1(a)所示，这种流体称层流。当流速增加时，最终质点运动会达到一个随机和复杂的状态。尽管流体性质的这种变化似乎是在某个流速条件下发生的，但倘若仔细观察，这种变化多少是渐进的，且发生在一个较窄的速度范围之内，发生这种变化时流体所处的近似速度称临界速度，而在该速度之上流动的流体称为紊流。图 11.1(b)示出在一圆形管道截面上紊流的对应时间平均速度分布情况。

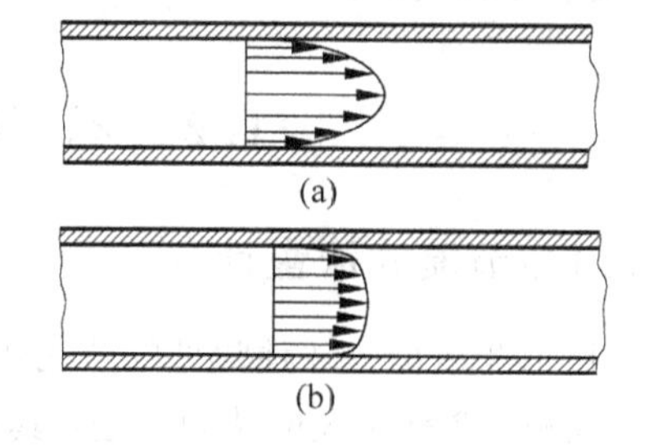

图 11.1　不同流体在流经管中的速度分布

(a) 层流；(b) 紊流

流体的临界速度是某些因素的参数，这些因素可用雷诺(Reynolds)数 Re 来描述：

$$Re = \frac{\rho D v}{\mu} \tag{11.4}$$

式中，D 为液流的截面尺寸(若流经通道为圆形截面，则为该通道的直径)，m；ρ 为流体密度，kg/m^3；v 为流体速度，m/s；μ 为流体的绝对黏度，kg/(m·s)。

雷诺数是个无量纲数。

研究表明，在临界速度之下，管道中的摩擦损失仅仅是雷诺数的函数，而对紊流来说，该摩擦损失由雷诺数和管道表面的粗糙度共同确定。管道中的雷诺数一般为2 100～4 000。

通过一个管道或通道的体积流量 Q_V 是速度分布函数 $V(x,y)$ 在整个截面积 A 上的积分：

$$Q_V = \int_A V(x,y)\mathrm{d}A \tag{11.5}$$

工程中常用平均速度 v：

$$v = \frac{Q_V}{A} = \frac{1}{A}\int_A V(x,y)\mathrm{d}A \tag{11.6}$$

常用流量计来测量 Q 和 v，而用速度传感器来测量 $V(x,y)$。当然也可对速度传感器的输出进行积分来获取流量 Q 或平均速度 v。

常用伯努利(Bernoulli)方程来描述不可压缩流体的流动。如图 11.2 所示，该管道的直径发生变化，此时管道中点 1 和点 2 处的流体根据伯努利方程有

$$\frac{p_1 - p_2}{\rho} = \frac{v_2^2 - v_1^2}{2g_c} + \frac{(Z_2 - Z_1)g}{g_c} \tag{11.7}$$

式中，p 为绝对压力，N/m^2(或 Pa)；ρ 为流体密度，kg/m^3；v 为线速度，m/s；Z 为高度，m；g 为重力加速度，9.807m/s^2；g_c 为量纲常数，1kg·m/(N·s^2)。

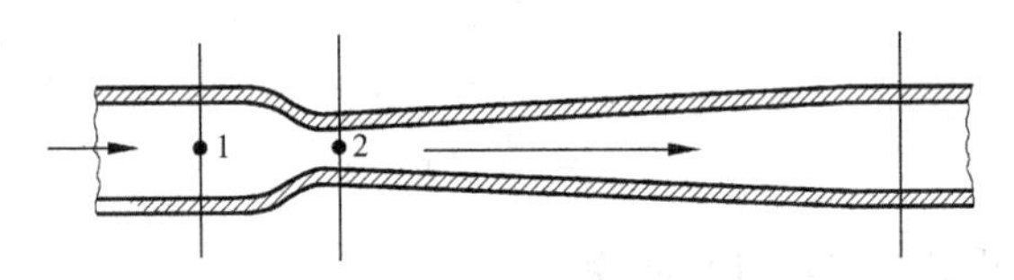

图 11.2 管道中有节流时的流体

上述关系式假定：流体流经点 1 和点 2 时，对该流体没有做功或该流体没有做功，也没有热被传导至该流体或被该流体传导走。式(11.7)为节流式流量计和压差式流速传感器测量提供了计算基础。

11.2 不同的流量测量方法及仪器

11.2.1 节流式流量计

图 11.3 示出了 3 种常见的节流式流量计(obstruction meters)的形式：文杜利管、流量喷嘴、孔板。3 种仪表的共同点是：其基本的测量元件均被放置在流动介质的路径中，起着一种阻挡物的作用，用于引起流体局部速度的改变。伴随着速度的改变，流体的压力也改变。在最大节流点处亦即最大流速点处，其压力也是最大的。这种压降的一部分由于动能

的耗散而成为不可恢复的。因此输出的压力始终小于输入压力。从图 11.3 的 3 条曲线中可以清楚地看到这一点。还可看到,文杜利管的压力转换效率是最高的。而对于孔板来说,有 30%～40%的压差损失。

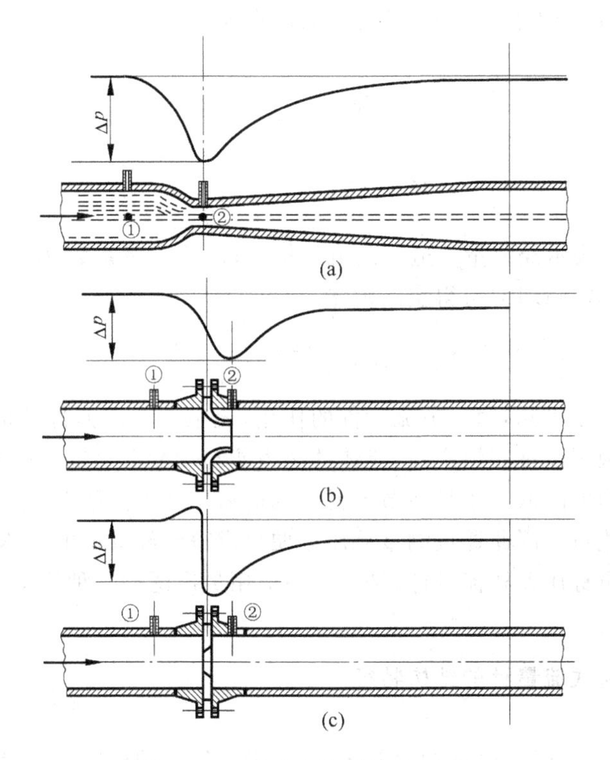

图 11.3 3 种常用的节流式流量计

(a) 文杜利管;(b) 流量喷嘴;(c) 孔板

11.2.1.1 不可压缩流体用节流式流量计

对不可压缩流体(incompressible flow),有

$$\rho_1=\rho_2=\rho \quad \text{及} \quad Q_V=A_1 v_1=A_2 v_2 \tag{11.8}$$

式中,Q_V=体积/时间,m^3/s;A 为面积,m^2。

设 $Z_1=Z_2$,并将 $v_1=(A_2/A_1)v_2$ 代入式(11.7)中,得

$$p_1-p_2=\frac{v_2^2\rho}{2g_c}\left[1-\left(\frac{A_2}{A_1}\right)^2\right] \tag{11.9}$$

及

$$Q_{Vi}=A_2 v_2=\frac{A_2}{\sqrt{1-\left(\frac{A_2}{A_1}\right)^2}}\cdot\sqrt{\frac{2g_c(p_1-p_2)}{\rho}} \tag{11.10}$$

式中,Q_{Vi} 为理想流量。

对于一个给定的流量计,其中 A_1 和 A_2 也是确定的,定义

$$E=\frac{1}{\sqrt{1-\left(\frac{A_2}{A_1}\right)^2}} \tag{11.11}$$

E 称为速度接近因子(亦称流量因子)。对圆形截面的管道来说,面积 $A=\pi r^2$,故有

$$E=\frac{1}{\sqrt{1-\beta^4}} \tag{11.12}$$

式中,$\beta=d/D$,其中 D 为大截面直径,d 为小截面直径。

又定义

$$C=\frac{Q_{Va}}{Q_{Vi}} \tag{11.13}$$

$$K=CE=\frac{C}{\sqrt{1-\beta^4}} \tag{11.14}$$

式中,C 为卸流系数,表示经流量计造成的流量损失;K 为流量系数;Q_{Va}为实际流量。

由式(11.10)和式(11.13)可得实际流量:

$$Q_{Va}=KA_2\sqrt{\frac{2g_c(p_1-p_2)}{\rho}} \tag{11.15}$$

从上述公式推导中可知,由于节流元件的作用,流束在节流元件外形成局部收缩,促使流速变化(加快)。根据能量守恒定律,流体的压力能与动能在一定条件下可相互转换,流速加快必然导致静压力的降低。于是在节流元件的前后便产生静压差 $\Delta p=p_1-p_2$,该静压差正比于流经的流体流量。因此通过测量该压差便可求得流经管道的流体流量。

节流式流量计也称压差式流量计,是工业中应用最广泛的一种流量计,约占整个流量仪表的70%。

11.2.1.2　节流式流量计的结构特征

1. 文杜利管

文杜利管(Venturi tube)的结构比较多样化,没有统一的标准。一般其结构的前部为一喷嘴,后部为一扩散管。图11.4示出了一种典型的文杜利管(赫胥尔式文杜利管)形式及其尺寸设计原则。可以看到,前面的收缩形入口部与后面的扩散部(图11.4中的发散形出口部)之间用一圆柱形中间部(图11.4中的喉部)加以连接,其长度与直径之间的关系为 $L_t\geqslant d/3$,其目的是阻止扩散体部分对前面的测量部件的反作用。扩散体的作用是回收压力,为使其正常工作,应使射流尽管有滞流影响但仍不离开管壁。这一点是通过对扩散角 α_2 的设

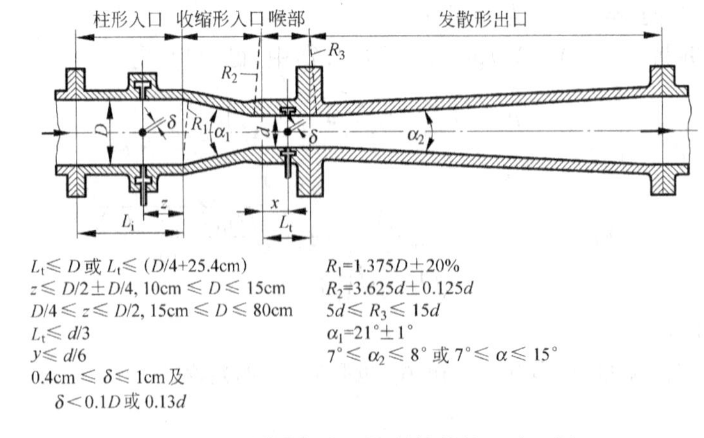

图11.4　赫胥尔式文杜利管结构尺寸比例

计来达到的，一般应使 $\alpha_2 \leqslant 8°$（长扩散体情况）。文杜利管的效率很高，其卸流系数 C 的范围很窄，为 $0.95<C<0.98$。系数 C 主要取决于入口锥的加工精度。

2. 流量喷嘴

喷嘴的结构特点是在其流体入口处管端具有圆钝的、常常是圆弧的形状。图 11.5 示出了两种标准形式的流量喷嘴(flow nozzle)。入口处圆弧曲线与管长的比例关系应能使流体流动时不脱离开管壁。喷嘴的卸流系数范围示于图 11.6 中。一般来说可用下述经验公式计算卸流系数：

$$C = 0.99622 + 0.00059D - \frac{6.36 + 0.13D - 0.24\beta^2}{Re} \tag{11.16}$$

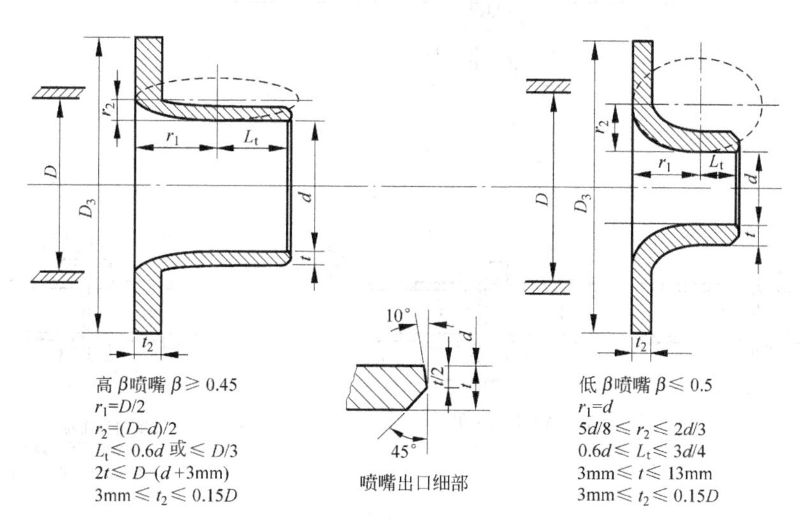

图 11.5 长径式流量喷嘴的尺寸关系

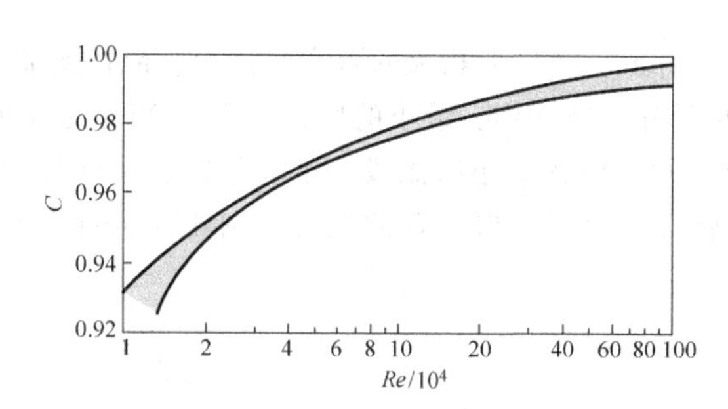

图 11.6 长径式流量喷嘴的卸流系数范围

3. 孔板

在孔板(orifice plate)中，既可用单个孔也可用多个孔来拾取压力。在多孔形式中，多个孔被配置在一个环形接收室中。在孔板的设计中，主要的变量参数是孔与管的直径比、孔截面特性、压力接收口的配置。为得到特殊的性能特性，尤其是为得到不同雷诺数条件下恒定的卸流系数，孔板孔的结构常采取不同的锐边和圆边的形式。锐边孔板的结构形式应用最广泛，因为它简单、廉价。图 11.7 示出了 3 种压力接收口的位置设计形式：法兰式接收口、缩脉式接收口以及管式接收口。

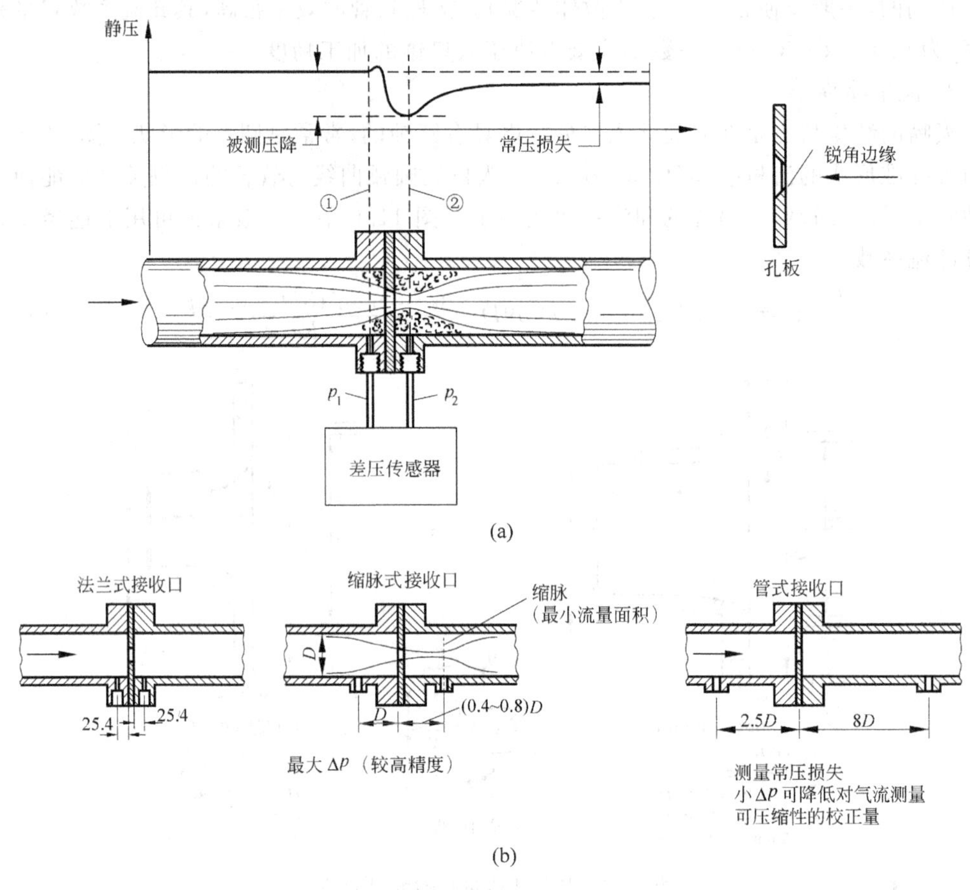

图 11.7　孔板式流量计

当流体流经孔板时，由于它在接近孔板的阻塞时会给予流体所需的横向速度分量，这一过程一直被带至孔板的下游一侧，因此，最小的射流段并不产生在孔板所处平面处，而是在下游的某一处(图 11.8(a))。将该最小射流段产生的位置和条件称为缩脉。缩脉处是流体的最小压力处，也是缩脉式压力接收口配置的位置。图 11.8(b)示出缩脉位置与 β 值的关系曲线。

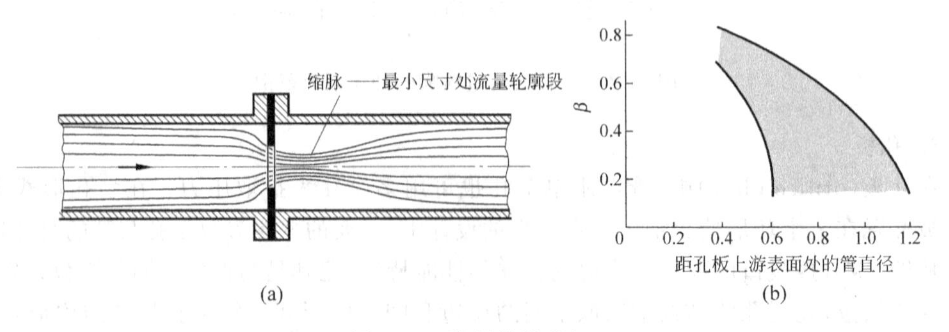

图 11.8　孔板缩脉现象

(a) 缩脉的位置；(b) 缩脉位置与孔径比 β 的关系曲线

图 11.9 示出了典型孔板流量系数与雷诺数之间的关系曲线，不同的曲线表示不同的小孔直径，图中虚线表示对所示孔径比 β 所得的平均流量系数值的轨迹。比如，图中 $\beta=0.5$ 的曲线代表的是实际值的平均，实际值应该分布于该曲线的两侧，其值取决于压力接收口位置及其他特殊的性能条件。因此该图并不能精确地预测某个流量系数，而仅仅是对系数的一种估计，给出它所落在的某个范围。如要求精确知道某个流量系数，就必须对装置进行仔细标定。

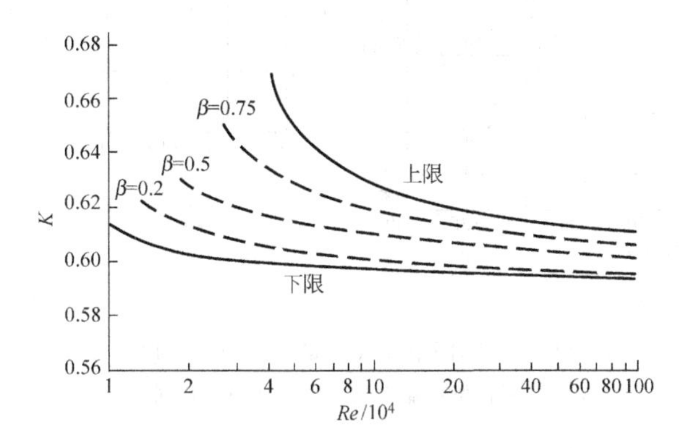

图 11.9　孔板流量系数范围

在上述 3 种节流式流量计（文杜利管、流量喷嘴、孔板）中，以文杜利管的测量精度为最高。然而其价格较贵，且体积也大。孔板的价格便宜，且可安装于已有的管法兰之间，但其压力恢复性能差，且易磨损，因而精度低。另外，孔板的物理强度低，因此也易被瞬时高压值损坏。相比之下，流量喷嘴除了较低的压力恢复性能之外，具有文杜利管的众多优点，且它的长度也较短。与孔板相比，它的价格较贵，且难以被正确地安装。

11.2.1.3　可压缩流体用节流式流量计

当可压缩流体(compressible flow)流经上节所讨论的节流式流量计时，流体密度在流动过程中不再保持恒定，亦即 $\rho_1 \neq \rho_2$。此时要将图 11.2 中点 1 处的密度作为能量关系(式(11.7))的基础，同时要引进一膨胀因子 Y：

$$Q_m = KA_2Y\sqrt{2g_c\rho_1(p_1-p_2)} \tag{11.17}$$

式中，Q_m 为流体的质量流量。

对流经喷嘴和文杜利管的气体，膨胀因子 Y 可以从理论上加以计算确定。而对于流经孔板流量计的气体来说，只能通过实验来确定 Y 值。下面给出的计算 Y 值的公式适用于文杜利管和流量喷嘴：

$$Y = \left[\left(\frac{p_2}{p_1}\right)^{2/k}\left(\frac{k}{k-1}\right)\left(\frac{1-(p_2/p_1)^{(k-1)/k}}{1-(p_2/p_1)}\right)\left(\frac{1-\beta^4}{1-\beta^4(p_2/p_1)^{2/k}}\right)\right]^{1/2} \tag{11.18}$$

式中，k＝恒压时的比热/恒体积时的比热。

对方形的孔板孔，Y 值用下述经验公式计算：

$$Y = 1-(0.41+0.35\beta^4)\left(\frac{p_1-p_2}{kp_1}\right) \tag{11.19}$$

图 11.10(a)和(b)分别示出了 $k=1.4$ 时文杜利管和喷嘴的 Y 值以及方形边孔板的 Y 值。

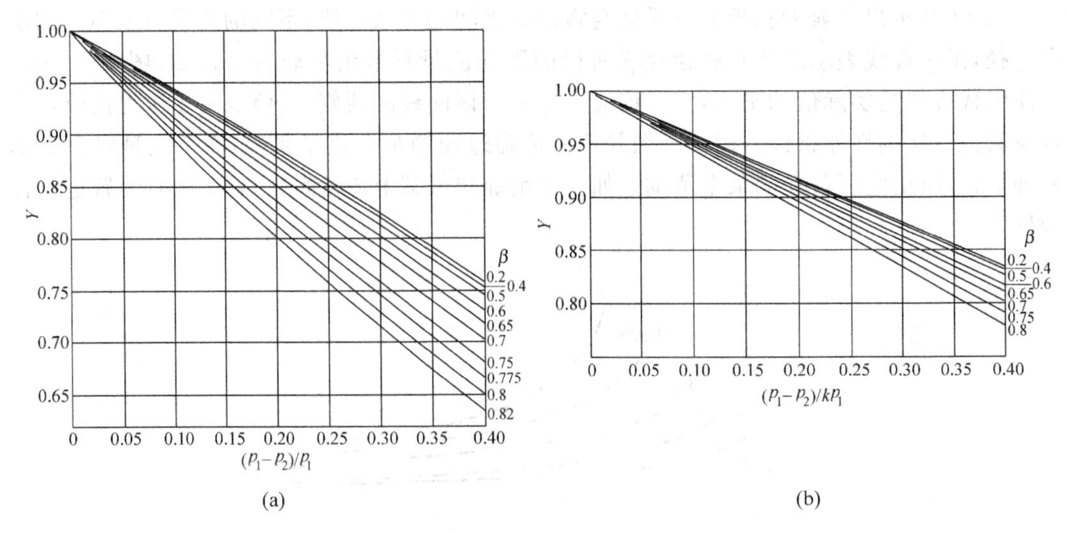

图 11.10 不同节流式流量计的流体膨胀因子

(a) 文杜利管和喷嘴(k=1.4)；(b) 方形边同心孔板

11.2.2 可变面积式流量计(转子流量计)

转子流量计(rotameter)由一根带锥形孔的垂直管组成，一个能上下浮动的浮子被置于管中，其位置对应于流经管子的流量(图 11.11(a))。对一定的流量，由于作用在浮子上的上、下压差产生的垂直方向力、重力、流体的黏滞力以及浮力达到平衡，因此浮子保持静止。由于流量计液流面积(浮子和管子间的环形面积)随垂直位移连续地变化，因此浮子的这种平衡是一种自保持式的平衡，由此也可将这种流量计装置看作是一个可调面积式的孔板流量计。由于向下作用的力(重力减去浮力)是恒定的，因此向上作用的力(主要是压降乘以浮子的截面积)也必须是恒定的。由于浮子的面积是恒定的，因而压降就必须是恒定的。对于一固定的流量面积，压降 Δp 随流量的平方而变化，因此为使 Δp 对不同的流量保持恒定，流量面积必须改变。流量面积的改变在流量计中是用锥形管来达到的。浮子的位置是流量计的输出，为使该输出与流量呈线性的关系，可将管子面积做成随垂直位移呈线性变化。因而转子流量计的精度范围约为 10∶1(指垂直位移变化达 10 倍的一个范围)，其测量精确度为满量程的±2%(若仪器经过标定，该精度可达±1%)，重复精度约为读数的 0.25%。假设为不可压缩流体且为上述简化的模型，则可导出下述的流量计算关系式：

$$Q_V = \frac{C(A_t - A_f)}{\sqrt{1 - \left(\frac{A_t - A_f}{A_t}\right)^2}} \sqrt{2gV_f \frac{w_f - w_{ff}}{A_f w_{ff}}} \tag{11.20}$$

式中，Q_V 为体积流量，m^3/s；C 为卸流系数；A_t 为管子面积，m^2；A_f 为浮子面积，m^2；g 为当地重力加速度，m/s^2；V_f 为浮子体积，m^3；w_f 为浮子密度，kg/m^3；w_{ff} 为流动流体的密度，kg/m^3。

若卸流系数 C 随浮子位置的变化很小，且$[(A_t - A_f)/A_t]^2 \ll 1$，则式(11.20)可简化为

$$Q_V = K(A_t - A_f) \tag{11.21}$$

式中，K 为比例常数，m/s。

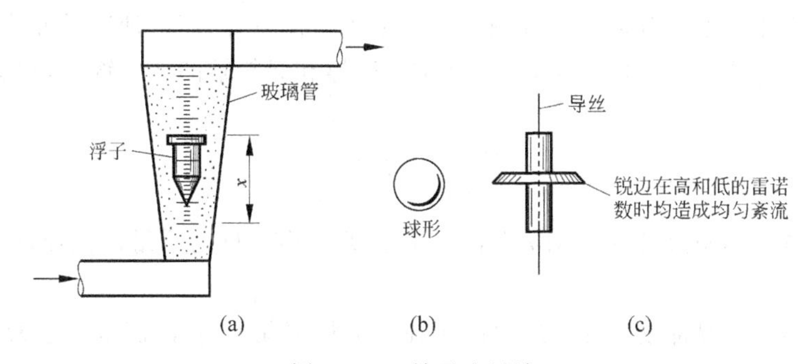

图 11.11 转子流量计

又若将管子形状做成可使管子面积 A_t 随浮子位置 x 线性变化，则 $Q_V = K_1 + K_2 x$，其中 K_1，K_2 为常数，于是便得到流量与浮子位置 x 完全呈线性关系的式子。为测量特定的液体或气体流量，转子流量计的浮子可用不同材料制造以得到所需的密度差($w_f - w_{ff}$)。某些浮子的形状，比如球形浮子(图 11.11(b))，不需要在管子中设置导引装置。但其他形状的浮子则需要用导引线或内肋等装置将其保持在管子中央(图 11.11(c))。管子常用高强度的玻璃制成，以能直接观察到浮子的位置。当要求管子有更高的强度时，则常用金属管，此时浮子位置采用磁性检测方法透过管壁进行检测。若要求将流量转换为气动或电气的信号时，可采用合适的位移传感器来检测浮子运动。当流量超出最大转子流量计的量程范围时，可采用一孔板和一转子流量计组合成旁路配置的形式。

11.2.3 涡轮式流量计

若将一个涡轮放在具有流体的管道内，其转速则取决于流体的流量。图 11.12 示出了涡轮式(turbine-type flowmeter)流量计的结构。涡轮转轴的轴承被固定在壳体上的导流器所支承，导流器为一十字形叶片式结构，其作用是使流体顺着导流器流过涡轮，从而推动涡轮转动，通过测量转速便可确定对应的流量。设计中通过降低轴承摩擦并将其他损耗降至最小，可使涡轮转速与流量呈线性比例关系。

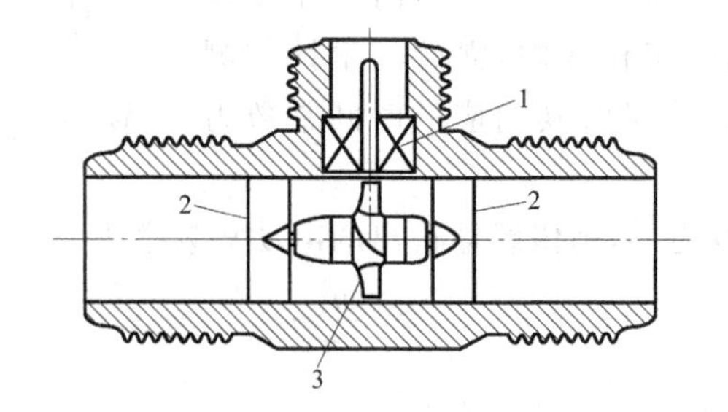

图 11.12 涡轮式流量计结构示意图

1—可变磁阻式传感器；2—轴承支承和引流叶片；3—涡轮转子

涡轮转速是采用非接触式磁电传感器来检测的。该传感器为一套有感应线圈的永磁铁，线圈用交流电来激励。由于涡轮叶片是铁磁性材料，在涡轮转动时，叶片经磁铁下面时会改变磁路的磁阻，从而使传感器线圈输出一个电脉冲信号，脉冲频率与转速成正比。测量脉冲频率即可确定瞬时流量。另外，通过累计一定时间间隔内的脉冲数，还可求得这段时间内的总流量。由于是通过脉冲数字计数的方式来求得流量，因而这种测量方式精度很高。

对涡轮流量计作量纲上的分析，若忽略轴承摩擦和涡轮轴的功率输出，则有下列关系式成立：

$$\frac{Q_V}{\pi D^3}=f\left(\frac{nD^2}{\nu}\right) \tag{11.22}$$

式中，Q_V 为流体的体积流量，m^3/s；n 为转子角速度，rad/s；D 为流量计孔径，m；ν 为流体运动黏滞度，m^2/s。

上式中流体运动黏滞度 ν 的作用仅限于在低流量情况下，在高流量处于紊流情况时，该作用是次要的。当可忽略黏滞度效应时，可得到如下基于严格动力学关系的简化公式：

$$\frac{Q_V}{nD^3}=\frac{\pi L}{4D}\left[1-\alpha^2-\frac{2m(D_b-D_h)t}{\pi D^2}\sqrt{1+\left(\frac{\pi D_b}{L}\right)^2}\right] \tag{11.23}$$

式中，L 为转子导程，m；$\alpha=D_h/D$；m 为叶片数；D_b 为转子叶片尖直径，m；D_h 为转子毂直径，m；t 为转子叶片厚，m。

由式(11.23)可得

$$Q_V=Kn \tag{11.24}$$

式中，K 为常数，与流体参数无关。

显然这是一种理想状况，亦即是在紊流状况下得到的公式。图 11.13 示出了 $D=25.4$mm 时的涡轮流量计的实际标定特性曲线。由图可见，当 nD^2/ν 的值足够大时，Q_V/nD^3 基本为一常数。图中 $Q_V/nD^3=1.92$ 时至少对应横坐标 nD^2/ν 的一个 10∶1 的范围(指 nD^2/ν 的值变化达 10 倍的一个范围，见图中的线性区)，这一范围可认为是该流量计的线性工作范围。当流量较低时会出现非线性，从而导致测量不准，此时可根据图 11.13 的曲线加以校正。但这一点较难做到，因为涡轮流量计的尺寸变化范围很大，每个流量计的线性工作范围均不一样。在测量累计总流量时，流量计的线性性尤其重要。一般来说，实际流量计在所设计的范围(通常为 10∶1)内其非线性度应优于 0.05%。在线性工作区内，涡轮流量计的测量精度约为±0.5%，最大流量时其响应的时间常数为 2～10ms。

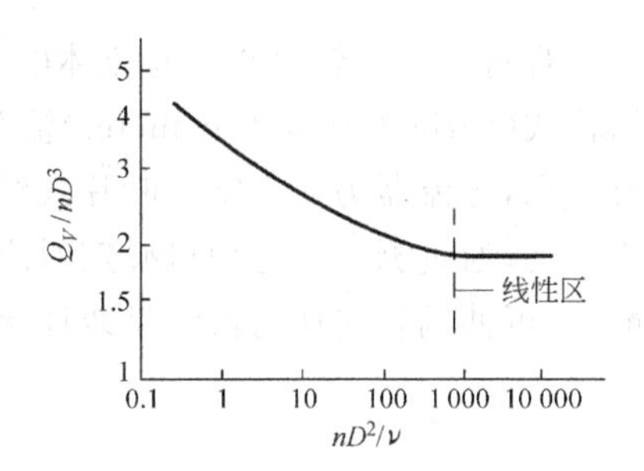

图 11.13 转子流量计特性曲线

若导磁的涡轮叶片数为 m，则传感器输出的电动势频率为

$$f=\frac{n}{2\pi}m \tag{11.25}$$

式中，n 为转子角速度，rad/s。

由于涡轮转速 n 与流量计输出的脉冲频率成正比，因此常用流量计的仪表常数 ξ 来表示频率与流量间的比例关系，即

$$\xi=\frac{f}{Q} \tag{11.26}$$

它表示流量计的频率与流量间的转换关系。

工业用涡轮流量计满量程流量范围为 0～120m^3/min(液体)和 0～400m^3/min(气体)。仪器出厂前以水作工作介质进行标定。在被测流体的运动黏滞度小于 $5\times10^{-6}m^2/s$ 时，在

规定的流量测量范围内，可直接使用厂家给出的仪表常数 ξ，而无需另行标定。但在液压系统的流量测量中，因被测液体黏滞度大，因而在厂家所提供的流量测量范围内便可能不保持一定的线性关系，此时应对流量计重新标定，从而对每种特定的介质得到一种定度曲线，据此对测量结果作修正。

11.2.4 磁流量计

磁流量计(magnetic flowmeter)的工作原理是基于电磁感应定律：当运动导体在一磁场中切割磁力线时，由该导体产生的感应电动势为

$$e = Blv \tag{11.27}$$

式中，e 为感应电动势，V；B 为磁通密度，T；l 为导体长度，m；v 为导体运动速度，m/s。

图 11.14 示出了基本磁流量计的配置形式。流动介质通过一管子，管子的截面经受一横向磁通的作用。流体本身起着导体的作用，其直径 D 等于管子内径，流动速度 v 粗略等于流体平均速度。产生的电动势用放置在管壁上的电极加以检测。整个装置既可采用交流磁通，也可采用直流磁通。但出于对输出作后续放大的方便性考虑，优先采用交流磁场。

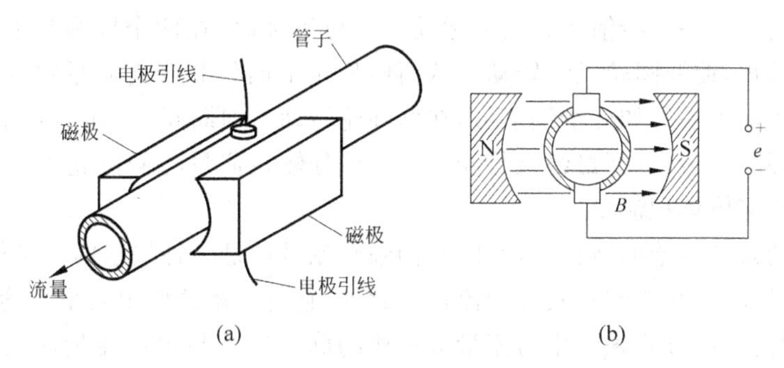

图 11.14 磁流量计工作原理

(a) 磁流量计的结构示意图；(b) 磁流量计的结构截面图

通常有两种类型的磁流量计。第一种流量计中，要求流体是导电的，而流体通道一般用玻璃或其他类似的非导电材料制成。电极与内通道表面相连，从而能直接接触流动的流体。这种流量计的输出电压较低，因而常用交流磁场来加以放大并用来消除极化现象。为从输出信号中去除那些非流量成分所造成的虚假输出，要采用专用的电路。

第二种类型的磁流量计主要用于测量高导电性的流体，例如液体金属。这种类型的流量计的工作原理与第一种相同，但采用导电的材料作为流体通道，通常用不锈钢。用一永磁铁来提供所需的磁通量，检测电极则可简单地放置于管子外部相对的两位置上。这种配置形式的优点是电极安装简单、方便，且能放置于管子长度方向上的任一位置。其输出的电压足以驱动普通的显示或记录装置，另外，它没有非液量造成的附加输出。

磁流量计的标称测量精度为 0.5%～1%。它们特别适用于腐蚀性液体和泥浆类液体的测量。

11.2.5 椭圆轮流量计

椭圆轮流量计(oval rotor flowmeter)属带运动分隔室的体积流量测量仪器。该流量计

在其测量室中有两个椭圆轮，它们互相啮合并以相反的方向在外壳内表面上滚动。图 11.15 示出了这种椭圆轮流量计的工作原理。

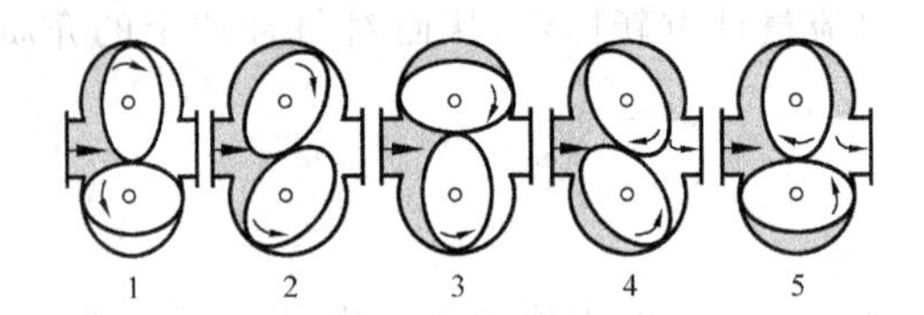

图 11.15 椭圆轮流量计工作原理

流量计的测量室装有一输入和输出口，在流入液体压强作用下，测量室中两互相啮合齿轮所组成的分隔室开始运动。被测流体的输送量按精确确定的部分量进行，该部分量的体积根据流量计的几何尺寸由齿轮旋转 1 周所确定的形如月牙状表面的 4 个部分体积所产生(图 11.15)。因此椭圆流量计输出的是精确确定的流体量。

如图 11.15 所示，在位置 1 时，由左方流入的被测介质按图中箭头方向作用于下方的椭圆轮上一转矩，该转矩与同时作用于上面椭圆轮上的一转矩相互抵消。这样液体压力作用的结果使椭圆轮产生一个沿箭头方向的运动。在位置 2 时，在两个椭圆轮上均作用有一个沿箭头方向的转矩，使椭圆轮继续转动。从而使位于上面轮和固定测量室内壁之间的流量体积进一步被传递下去。如此继续下去，在椭圆轮转动 1 周期间，共有 4 个月牙形部分体积的流体被形成、隔开、传送，并最终被排出。4 个部分体积流量与椭圆轮副转动次数的乘积即给出了流经的流体体积流量。

在具有运动式分隔壁的液体流量计中，椭圆轮流量计是一种快速的测量仪器，亦即它具有较小的结构尺寸，但却能测量较大的流量。此外，它对力矩的要求几乎是均匀的。根据这些特性，可以用简单的方式来产生与流量成正比的脉冲以及与单位流量成正比的直流电流或脉冲频率，据此来作远距离传送和显示，也可用作输入量对自动化设备进行控制和调节。

椭圆轮是用流体的输入与输出端间的压力差来驱动的。为降低传输过程中的摩擦力和压力损耗，应设计使椭圆轮能充分自由转动，亦即两轮仅在啮合线上相互接触，而与测量室内壁和内端面完全不接触。另外，为使间隙损耗降至最小，又应使齿轮与壁端面之间形成的间隙尽量小。否则间隙损耗会极大地影响所能达到的测量精度。

椭圆轮流量计的测量误差是由间隙流量产生的。这种误差取决于分隔壁部件间的间隙大小以及分隔壁和测量室壁间的间隙大小，还取决于流量计输入端和输出端间的压降以及被测液体的黏滞性等因素。液体流量对流量计转角的依赖关系并不处处都是一样的，这种转动的不均匀性可借助于补偿装置来加以消除。由于转子间的密封是通过多个齿来达到的，且由于椭圆轮与测量室壁间的间隙很小，因而对体积较小的椭圆轮流量计来说，其间隙损耗一般较小。采取其他一些结构和制造工艺上的措施，可将椭圆轮流量计的液体流阻及可能产生的摩擦阻力降至最低，同时也使流量计中的压降降至最小。

图 11.16 示出了椭圆轮流量计对不同流体的测量误差曲线。可以看出，在测量范围的中间部分有一稍稍隆起部分。这种流量计中由于液流过程条件较为合理，故压力损耗相对较小(图 11.17)。这种流量计的测量精度较高，一般为±0.5%左右，好的可达 0.1%～±0.2%。这种流量计的主要缺点是工作过程中始终存在有噪声。此外，它对脏物也比较灵敏，因此要求对被测流体在测量之前加以过滤。

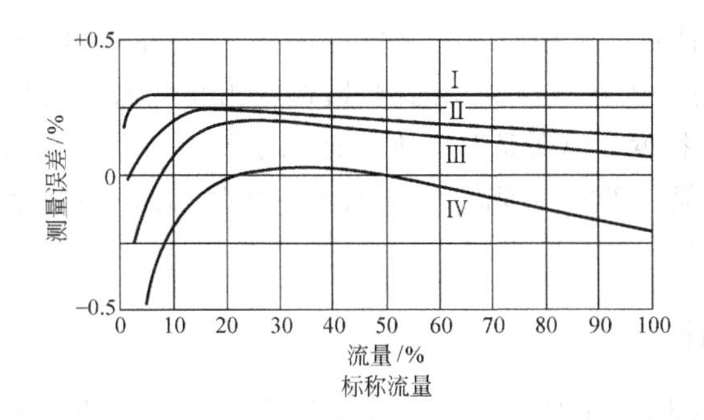

图 11.16 椭圆轮流量计测量误差曲线

Ⅰ—润滑油,≤3 000mPa·s;Ⅱ—燃油;Ⅲ—石油;Ⅳ—汽油

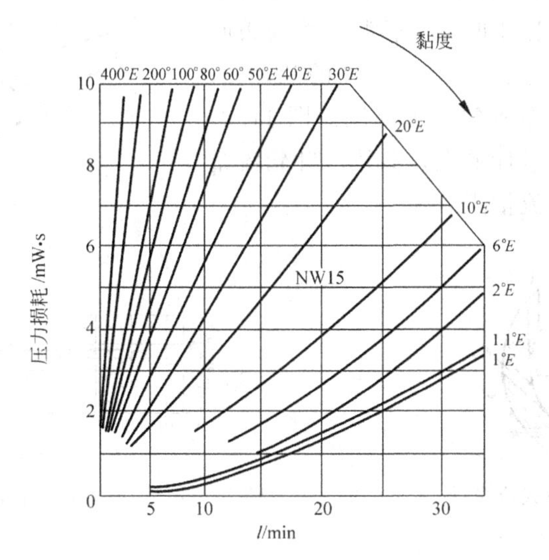

注:°E—恩氏黏度,与运动黏度ν的转换关系为$\nu=\left(7.31°E-\frac{6.31}{°E}\right)\times10^{-6}\text{m}^2/\text{s}$

图 11.17 椭圆轮流量计的压力损耗

椭圆轮流量计的外伸轴一般带有机械计数器,由它的读数便可确定流经流量计的流体总量。若配合以秒表读出时间,还可确定平均流量。但这种方式测量精度较低。采用外伸轴上安装测速发电机或光电式测速盘,并结合相应的二次仪表,则可测量平均和累计流量。

11.2.6 旋转活塞式气体流量计

旋转活塞式气体流量计(rotating piston gas flowmeter)制成双扭线形状的光滑旋转活塞被埋入在通常的滚动支承之中,并通过一个在油中转动的齿轮传动装置互相连接起来。两个活塞相对放置,间隙为0.05~0.1mm,当在由气体流所引起的运动中,两活塞并不互相接触(图 11.18)。

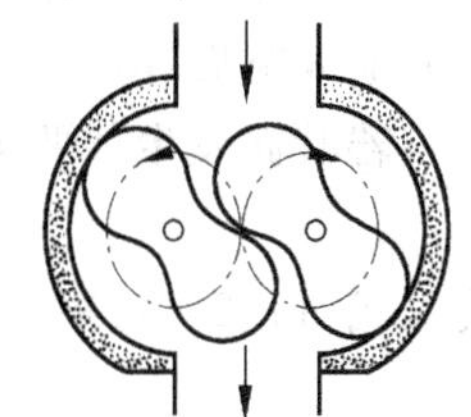

图 11.18 旋转活塞式气体流量计

旋转活塞式流量计具有一条与椭圆轮流量计相似的误差曲线。在测量高压气体时,因介质黏滞度升高,随着压力的不断升高,流量计的压力损耗随之提高。由于黏滞度高,而测量室中的间隙损耗较小,因此尽管压力损耗有所增大,其误差特性并不因此而变坏。由于

其结构上的特点，流量计对气体中脏物的灵敏度很高，因此在使用一段时间后用一装在里面的清扫装置来清洗。对于工业气体体积的测量，迄今为止只有用旋转活塞式气体流量计才能达到高于1%的测量精度。这种流量计尤其适用于测量天然气或有价值的工业气体。尽管这种流量计价格贵，但由于它精度高，因而对那些压强小而要求高测量精度的工业气体来说一般都采用这种仪表。

11.2.7　叶轮流量计

叶轮流量计(winged rotor flowmeter)分单流束式和多流束式两种类型(图11.19和图11.20)。单流束流量计具有一条平直的流束通道，叶轮受到切向液流的冲击而转动，并将流体带至出口处。输出的流量正比于叶轮的转数。多流束叶轮流量计(图11.20)与此不同，有一特殊的叶片桶，液体流束由导向装置散布到整个桶周围。图11.21示出了多流束式叶轮流量计的误差曲线。叶轮流量计主要用于家庭自来水流量表。

图11.19　单流束式流量计

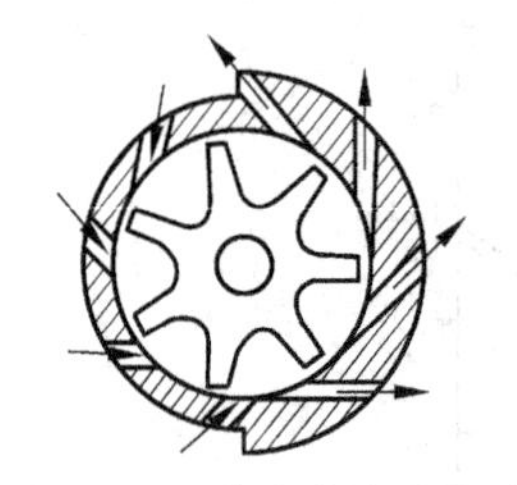

图11.20　多流束式流量计

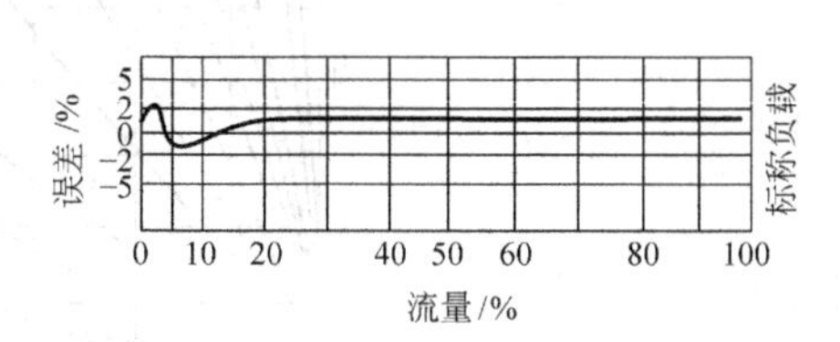

图11.21　多流束式叶轮流量计的误差曲线

11.2.8　涡流式流量计(卡尔曼涡街，涡频流量计)

涡流式流量计(vortex shedding meter)的原理是当将一个非流线型物体放置于一液流中时，在该物体的下游将交替形成漩涡，亦即先形成在物体的一侧，然后出现在物体的另一侧，如图11.22所示。这两排平行的漩涡列称卡尔曼涡街，非流线型物体称漩涡发生体。当液流管子的雷诺数 Re 大于10 000时，这种涡流是很可靠的，此时漩涡形成的频率 f 与流速成正比。对不可压缩流体来说，有

$$f = \frac{Sr}{d}v \tag{11.28}$$

式中，Sr 为斯特劳哈尔(Strouhal)数，亦称标定常数；v 为液流速度，m/s；d 为漩涡发生体迎流面最大宽度，m。

若漩涡发生体两侧的流通面积为 A，则流量可计算为

$$Q_V = Av \tag{11.29}$$

代入式(11.28)，得

$$Q_V = \frac{Ad}{Sr}f \tag{11.30}$$

由式(11.30)可见，流量 Q_V 与漩涡频率 f 成正比，因此，只要测出频率 f 即可求得 Q_V。

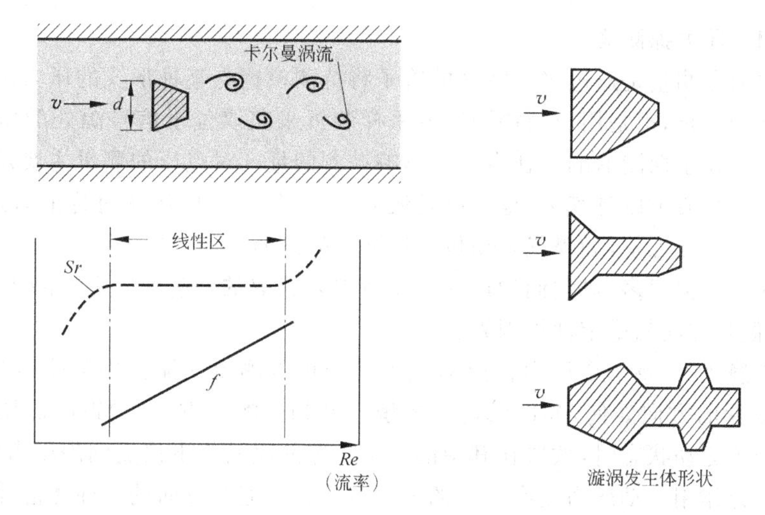

图 11.22 涡流式流量计原理

对可压缩流体来说,式(11.28)不再成立,因为此时 Sr 为雷诺数的一个函数。实际中通过对漩涡发生器形状进行合理的设计,可使雷诺数在一个很宽的范围内保持恒定,从而也使流速保持恒定。这样 f 完全正比于流速 v,进而通过对涡流频率进行简单的数字计数便可测出流量来。图 11.22 示出了几种不同的漩涡发生器的结构形状。由于产生的漩涡会在漩涡发生体上产生交变的力和局部压力,因而可采用压电的和应变片的方法来加以检测。将热丝式风速计传感器埋于漩涡发生器中可用来检测周期性的流速波动。另外在超声波检测法中,当漩涡流经超声波束时会对它产生周期性的阻断,对这种阻断的频率计数便可测出涡轮频率;在漩涡发生体内部做一中空室,内放一镍质小球,由涡轮所诱发的室前后的压差会引起小球的振动,采用电感式接近传感器可检测这种振动,用弹簧膜片传感器亦可检测这种压差。

用涡流式流量计可检测多种液体和气体的流量,其线性范围约为 15∶1,最高可达 200∶1。在最大流速时的漩涡频率为 200～500Hz 的量级,而对变化流速的响应频率约为 1Hz。

涡流式流量计是一种价格便宜、性能可靠的工业测量仪器。它没有任何运动部件,涡频不受流体脏物的影响,其特性曲线是线性的,且不随工作时间而发生变化,测量的不确定度很小(图 11.23)。被测体积流量可在测量范围的 3%～100%加以变化。另外,这种流量计的频率信号易于采用计数器计数实现数字式测量,因此测量精度高。

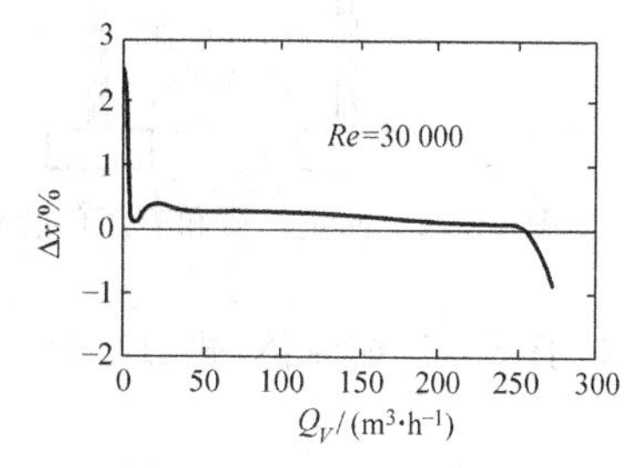

图 11.23 涡流式流量计测量不确定度

11.2.9 流速的测量

流量通常正比于流速,因此通过测量流速便可得到对流量的一个度量。有时也常常要求知道流速本身,尤其是要了解相对于某种流体的速度,例如飞机飞行时相对于大气的速度。本节主要研究流体的绝对和相对速度。所用的仪器通常用来测量局部速度而不是平均速度,因此以下如无特殊说明,所用的速度 v 均指局部速度。

11.2.9.1 压力探测器

流体压力的点测量是通过采用特殊的管子将待测位置与某种形式的压力传感器相连接来完成的。迄今为止，都是用压力探测器或采样装置来获取位于信号源处的压力值。但是这种方式的困难在于探测器的存在会多少影响被测的量。对点压的测量主要是为了确定流体的状况。流体介质可以是气体，也可以是液体，一般位于几何形状对称的管道中，也可以处在较为复杂的情况之下，如喷气发动机或压缩机的情形。

压力探测器种类很多，对它们的选择主要考虑要获取的信息、所利用空间大小、压力梯度大小、流量值和方向的稳定性等因素。

流体处于静止时，将一个压力传感器放入其中可以测得在流体中某个点处的静压力。无论传感器放置的方向如何，亦即无论它的敏感面朝向哪个方向，测得的静压力都是一样的。当流体处于运动状态时，放置在其中的一个物体的表面将不仅受到静压力作用，而且也将受一个动压力作用。动压力是有方向的。只有垂直于流速方向的表面才能受到动压力的作用。如图 11.24 所示，在一气流通道中，用两根管子来对空气压力采样。B 处的传感器仅敏感通道中的静压力。而 A 处的管子则被配置成使得气流能撞击其管子开口，从而可用它来敏感总压力或滞止压力。流体的静压力此时等于随着气流一起运动时所测得的压力，而滞止压力则被定为当气流被带至等熵静止时所测得的压力。由流体运动所产生的滞止压力和静压力之差称为速度压力或动压力。因此，

$$p_v = p_t - p_s \tag{11.31}$$

式中，p_t 为总压力(滞止压力)；p_s 为静压力；p_v 为速度压力(动压力)。

压力探测器通常用来测量以上两种压力中的一种，有时也可同时测量两种压力，图 11.25 示出了一种同时测量总压和静压的探测器装置。

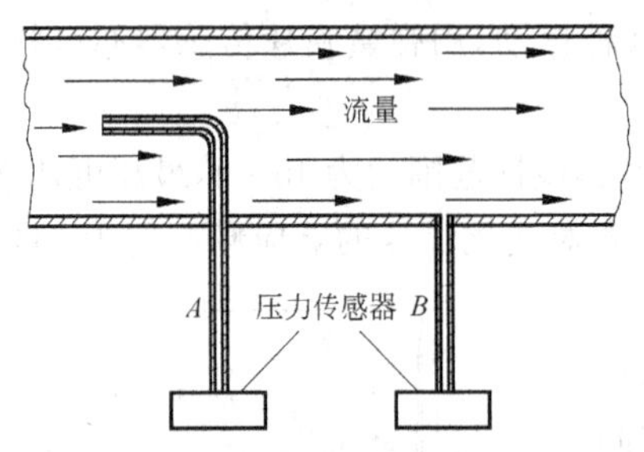

图 11.24 测量总压和静压的装置原理

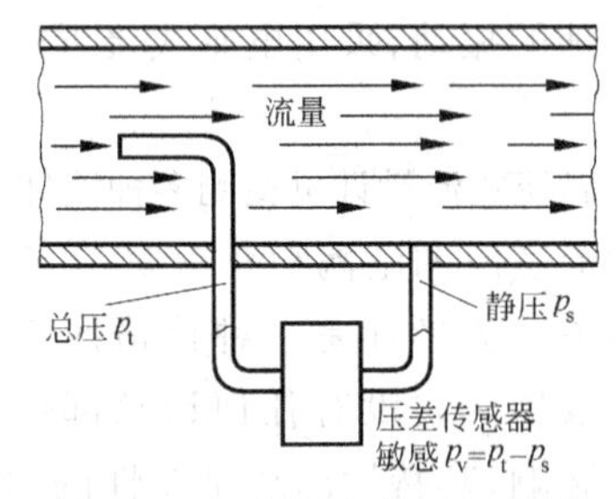

图 11.25 总压和静压探测器

对于不可压缩流体，式(11.31)可写为

$$p_t = p_s + \frac{\rho_s v^2}{2g_c} \tag{11.32}$$

式中，ρ_s 为流体密度(静态时)，kg/m^3；v 为流速，m/s；g_c 为转换常数，$kg\cdot m/(N\cdot s^2)$。

从中解出速度：

$$v = \sqrt{\frac{2g_c(p_t - p_s)}{\rho_s}} = \sqrt{\frac{2g_c \Delta p}{\rho_s}} \tag{11.33}$$

由式(11.33)可见，通过测量总压与静压之差可确定流体流速。

对可压缩流体来说，当压力从 p_s 变为 p_t 时，在速度探测器头部会发生流体的等熵压

缩。此时,有

$$v=\sqrt{2\left(\frac{k}{k-1}\right)\left(\frac{p_s}{\rho_s}\right)\left[\left(\frac{p_t}{p_s}\right)^{\frac{k-1}{k}}-1\right]g_c}$$

$$=\sqrt{2\left(\frac{k}{k-1}\right)\left(\frac{p_s}{\rho_s}\right)\left[\left(1+\frac{\Delta p}{p_s}\right)^{\frac{k-1}{k}}-1\right]g_c} \tag{11.34}$$

式中,k 为比热比,$k=c_p/c_v$;$\Delta p=p_t-p_s$。

在用流速来测量流量时,应考虑整个通道横截面上的速度分布。通过确定截面上的速度分布轮廓曲线来找出一个均值,从而也可从中确定一个标定常数。

1. 总压探测器(total pressure probe)

相对来说,总压或冲击压力的测量要比静压测量容易,采用图 11.24 中 A 处的皮托管便可测量总压力。但常常将皮托管与静压测量孔相结合组成所谓的皮托-静压管,亦称普朗陀-皮托管(Prandtl-Pitot tube),如图 11.26 所示。对于稳流来说,可简单采用倾斜或差动压力计来测量压力,从而可直接确定 p_t-p_s;但对非稳流情况,则要采用某些压力传感器,如膜片式压力传感器等。

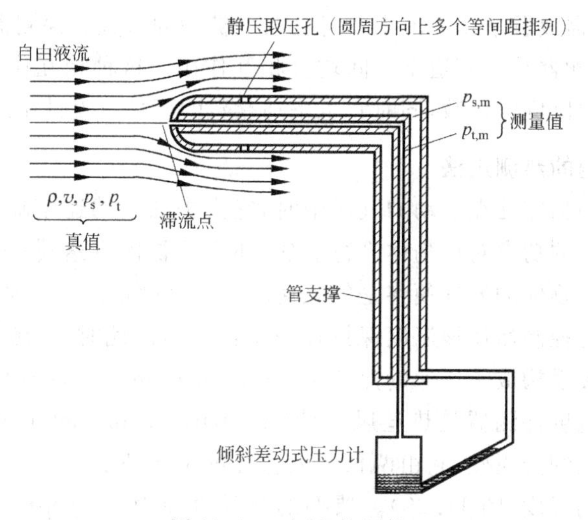

图 11.26 皮托-静压管

使用普通的皮托-静压管的一个主要问题是如何正确地将管子与流动方向对准。探测器轴与压力孔处液流流线间的夹角称为偏流角。该偏流角正常情况下应等于零,然而在实际情况下它经常不稳定。由于流体流动的幅度和方向均不固定,因而偏流角灵敏度是个十分重要的参数。图 11.27 示出皮托-静压管对偏流角的灵敏度曲线。尽管灵敏度受到总压孔和静压孔两者的影响,但主要是受静压孔的影响。

2. 静压探测器(static pressure probe)

静压探测器有多种型式。但其基本条件是,其压力孔轴线应与流体流动方向垂直。孔上的不光滑及偏流角均会带来测量误差。如前所述,偏流角在许多情况下均会连续转变,为此常采取某些专门的探测器。图 11.28 示出了一些常用的静压探测器以及它们的偏流角灵敏度曲线。

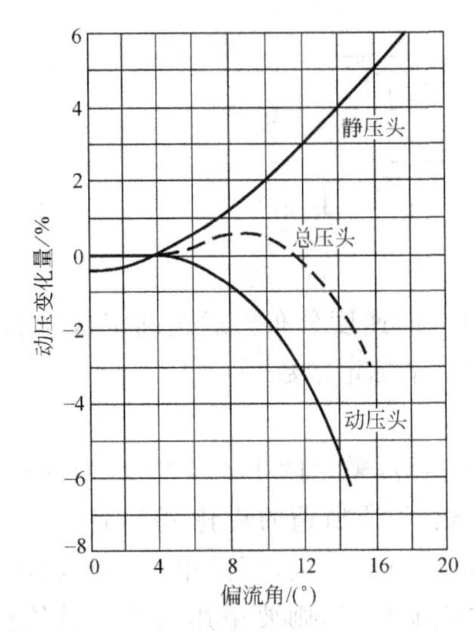

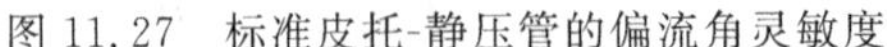

图 11.27 标准皮托-静压管的偏流角灵敏度

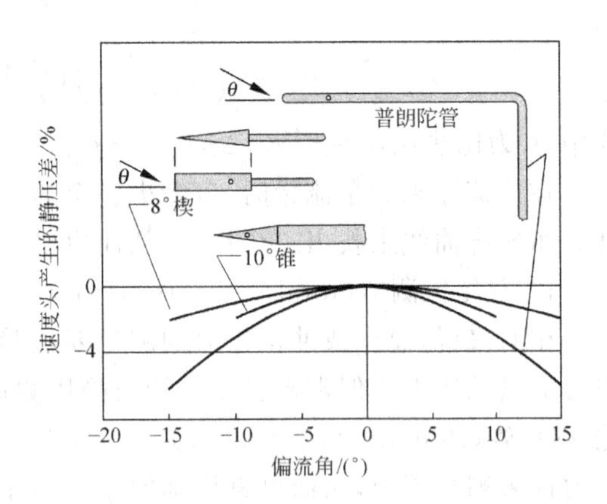

图 11.28 静压灵敏元件的角度特性

前已提及,探测器放置于压力流中本身会改变被测的参数。探测器与探测器间、探测器与其支撑装置间、探测器与其管道壁之间均会相互作用。这种相互作用首先是探测器几何尺寸以及各部分结构比例的函数,同时它也是马赫数的函数。设计中对此要加以注意。

11.2.9.2 风速的热测定法

当一个被加速的物体处在运动的气流中时,它失去热量的速率随气流的速度增加。倘若以电的方式按已知的功率对该物体进行加热,那么该物体将达到一个由气流冷却速度所确定的温度。于是该物体的温度便将是气流速度的一个度量。反过来还可以用一个反馈系统对加热的功率进行控制而使该温度保持在一个恒定值。此时,加热的功率便是气流速度的一个度量。上述关系构成了风速的热测定法(thermal anemometry)的基础。

最常用的热式速度探测器是热丝风速计(hot-wire anemometer probe)和热膜风速计。热丝风速计中有一根细金属丝,它由两根较大直径的叉子所支撑。对该细丝通电加热到一高出流体温度之上的温度(图 11.29)。典型的热丝直径为 4～10μm,长为 1mm,通常用铂或钨制成。这些细丝非常容易折裂,因而热丝探测器仅仅用在清洁的气流中。在液体或不良条件件的气流测量方面常采用热膜式探测器。在热膜式探测器中,将一根石英纤维支撑在

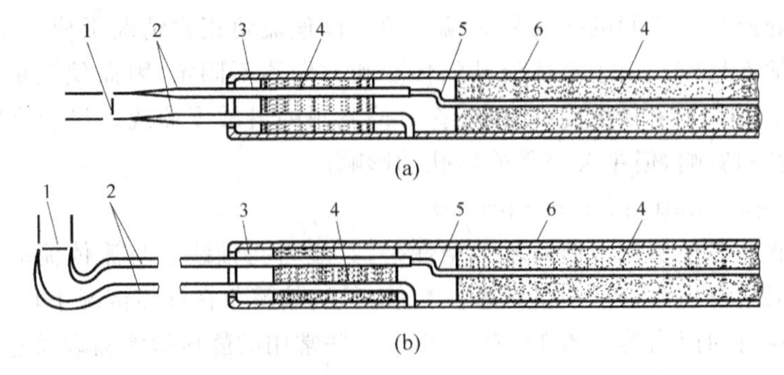

图 11.29 两种形式的热丝风速计

1—细丝位置;2—铬镍铁合金丝;3—陶瓷黏接剂;4—陶瓷管;5—陶瓷黏接剂;6—铬镍铁合金管

两叉子上，纤维表面被镀上一层铂金属膜使之成为可电加热的元件。石英纤维具有较大直径，约为 25～150μm，因此较之细金属丝具有更大的机械强度。

热丝式和热膜式探测器通常采用反馈控制的电桥使它们工作在恒温状态。如图 11.30 所示，热丝探测器组成电桥的一个桥臂。流经电桥的电流向热丝提供加热的电功率。金属丝的电阻则成为温度的函数。而气流速度的增加将降低金属丝的温度，从而也降低其阻值，导致电桥失去平衡而输出电压值。该电压值驱动反馈放大器，增加供给电桥的电压和电流值。新增加的电流又增大了加热的电功率，进而提高了金属丝温度和电阻值并使电桥重新达到平衡。供给电桥的电压也用作为电路的输出。

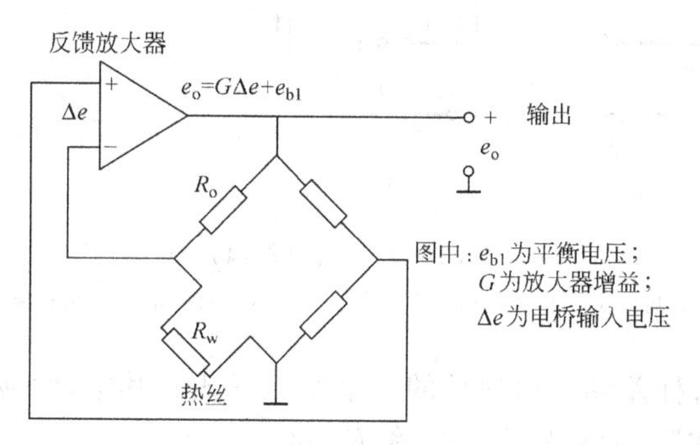

图 11.30 恒温式风速计电桥电路

流速和电桥输出之间的关系可用下式来表示：

$$P_e=\frac{e_w^2}{R_w}=\left(\frac{R_w}{R_o+R_w}e_o\right)^2\frac{1}{R_w}=e_o^2\left[\frac{R_w}{(R_w+R_o)^2}\right] \tag{11.35}$$

式中，P_e 为电功率；R_w 为电阻丝电阻；R_o 为上桥臂电阻；e_o 为电桥输出电压；e_w 为金属丝两端的压降。

可以看出，所加的电功率等于热损耗，热损耗大部分经对流传到流体，过程中的热辐射作用可忽略不计，而经热传导传到支撑叉子上的热可通过标定来加以补偿。因此热损耗具有如下的形式：

$$H_l=A_wh(T_w-T_a) \tag{11.36}$$

式中，H_l 为热损耗，W；A_w 为金属丝表面面积，m^2；T_w 为金属丝表面温度，K；T_a 为环境温度，K；h 为对流热传递系数，W/(m^2·K)。

对于小直径金属丝来说，热传递系数为

$$h=A+B\sqrt{\rho v} \tag{11.37}$$

式中，A，B 为取决于环境温度的常数；ρ 为流体密度；v 为流体接近金属丝的速度。

使电功率与热损耗相等，从而得

$$e_o^2=\left(\frac{(R_0+R_w)^2}{R_w}(T_w-T_a)A_w\right)(A+B\sqrt{\rho v}) \tag{11.38}$$

由于电桥始终使金属丝温度和阻值保持恒定，因此式(11.38)可简写为

$$e_o^2=C+D\sqrt{\rho v} \tag{11.39}$$

式(11.39)亦称为金(King)定律。

热丝和热膜在作用前均需进行标定。一般将它们与一个二次标准(比如皮托管)在不同

的流速条件下作比对，从而来确定系数 C 和 D 的值。

图 11.31 示出了一种差动式热丝风速计的测量原理。这种配置方式主要用来扩展对小流速的测量范围，用这种流量计可测量直至 $10^{-4}\mathrm{mm}^3/\mathrm{s}$ 的体积流量。风速计由两根前后配置在气流中的细铂丝组成(图 11.31(a))，两根金属丝均被加热。它们成热连接，这样在气流中，由第一根金属丝所加热的气体其后到达第二根金属丝上。由于气流的作用，第一根金属丝被冷却，而第二根金属丝则被加热。两根金属丝被接在一个电桥电路中(图 11.31(b))，对于小流量，电桥的输出电压与流速 v 呈线性比例关系(图 11.31(c))。

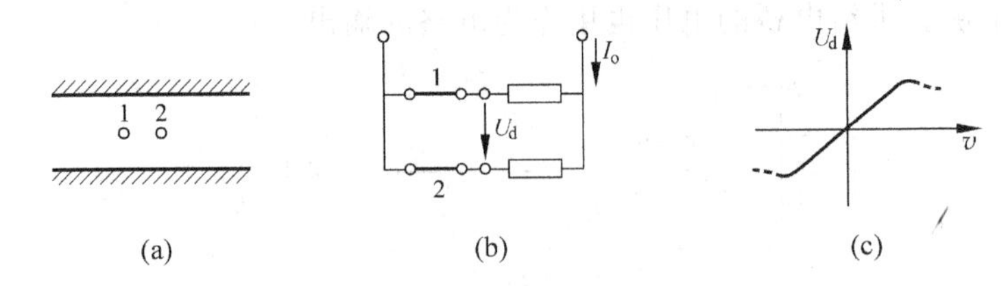

图 11.31 差动式热丝风速计

(a) 风速计的两探头 1 和 2 前后连接在气流通道中；(b) 电桥电路；(c) 特性曲线

图 11.32 示出了这种差动式风速计的一个实施形式。其中，两薄膜电阻 R_1 和 R_2 同加热电阻 R_H 一道组成实际的传感器。R_1 和 R_2 接在一桥路中。空气流静止时，两电阻同时被均匀加热，此时电桥平衡。当有气流流动时，前面的探测器被冷却，而后面的保持被加热状态。电桥因此失去平衡，其对角线输出电压便成为气流流量的一个度量。

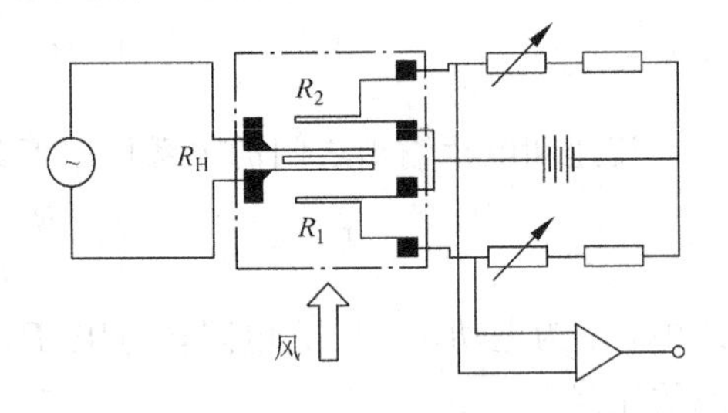

图 11.32 差动式热丝风速计的实施实例

热丝风速计在应用时出现的主要问题是它的细金属丝因强度小而易断裂；另外若气流不干净，细丝受脏物污染后也会使原先标定的值发生改变；流体中大的脏物颗粒打在细丝上会使细丝断裂；在高流速时，由于空气动力负载和颤动效应的影响，金属丝会发生振动。这种风速计主要用在气体流速的测量中，但也可用在导电和非导电的液体中，如水和油等，此时要采用专门的探测器。注意当测量的环境温度改变时，也会影响到标定的值，此时要对温度变化进行补偿。

热丝风速计的主要优点在于它具有很高的频率响应和很好的空间分辨率。一根热丝的频率响应可以很容易地达到 10kHz。若不考虑其空间分辨率，甚至可将热丝用在数倍于 10kHz 的场合。其缺点是易断裂、价格较贵。因此一般将热丝用在测量中频率响应特性要求较高的场合。

11.2.9.3 激光多普勒流速测量法

当光和声被流动气流中的物质颗粒散射开时，会经受一种多普勒频移(Doppler frequency shift)作用。在散射波中该多普勒频移正比于散射粒子的速度。因此，通过测量被散射的和未被散射的波之间的频率差，便可确定粒子或流体的流速，这便是激光多普勒流速测量法(laser-doppler anemometry)。在流体流速计中最常用的波源是激光和超声波。

多普勒频移现象在日常生活中经常可见。当一个移动的发声源经过我们身旁时，比如火车的汽笛或汽车的喇叭，我们会听到声音中音高的变化。在一个被运动颗粒所散射的波中的多普勒频移量取决于颗粒相对于入射波的方向和观察者的位置(图 11.33)。所观察到的频移量为

$$\Delta f=\left(\frac{2v}{\lambda}\right)\cos\beta\sin\left(\frac{\alpha}{2}\right) \tag{11.40}$$

式中，Δf 为多普勒频移，Hz；v 为粒子速度，m/s；λ 为原始波在散射发生前的波长，m；β 为速度向量与图 11.33 中$\angle SPQ$ 等分线的夹角，rad；α 为观察者和入射波之间的夹角，rad。

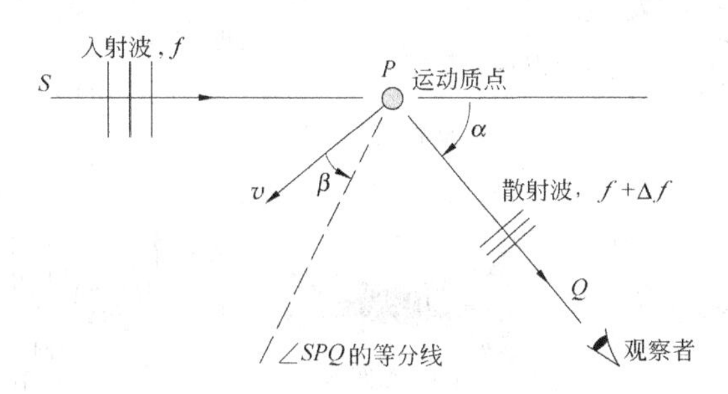

图 11.33 多普勒频移现象解释

该频移的重要性在于它与散射粒子成正比。如果测出该频移，便可确定粒子的速度，倘若该粒子随气流一起运动，该粒子的速度便等于流体的速度。

由于激光和超声波均具有较高的频率，因此多普勒频移仅仅只是原始波频率的一小部分。例如，在被散射的激光中，频率变化的部分仅占原始波频率的 $1/10^8$。为分解出多普勒频移分量，通常将被散射波同一未被移频的参考波作外差运算，以产生一个可测量的拍频。

图 11.34(a)示出了一种激光多普勒风速计的结构原理。其中使用了两束分开的光束，一束用作散射，一束用作参考光束。这两束光在一光电探测器中产生一光学频差作用。被流体中粒子所散射的光束与参考光束发生干扰以产生拍频，该拍频等于多普勒频移的一半。计算该拍频信号便可确定流体的流速。这种风速计的缺点是光学系统难于对准，因为要得到较为明显的频差作用，参考光与散射光的强度应接近相等才行。解决这一问题的方案是采用所谓的差动式多普勒配置方式(图 11.34(b))。其中将激光器发出的光分成两束具有相等强度的光，且两束光被聚焦到一个相交点上。任何经过该相交点的粒子会完全被两束光所散射。被散射的光为一光电倍增管所接收。由于两束散射光的角度不一样，因此每一根光束的多普勒频移是不一样的，但两散射波的强度却是一样的。这样便易于产生拍频。

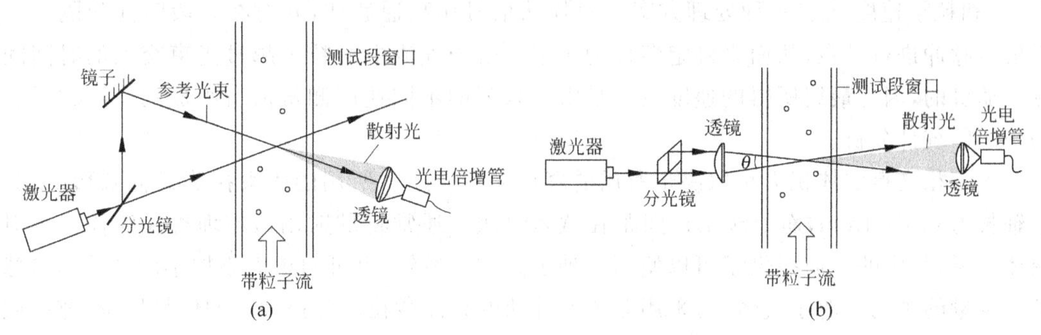

图 11.34 激光多普勒风速计原理

(a) 参考光束配置式；(b) 差动式多普勒配置方式

于是由检测器所接收的拍频等于两束光多普勒频移之差。图 11.35 示出了一种多普勒风速计的发送、接收器配置形式。

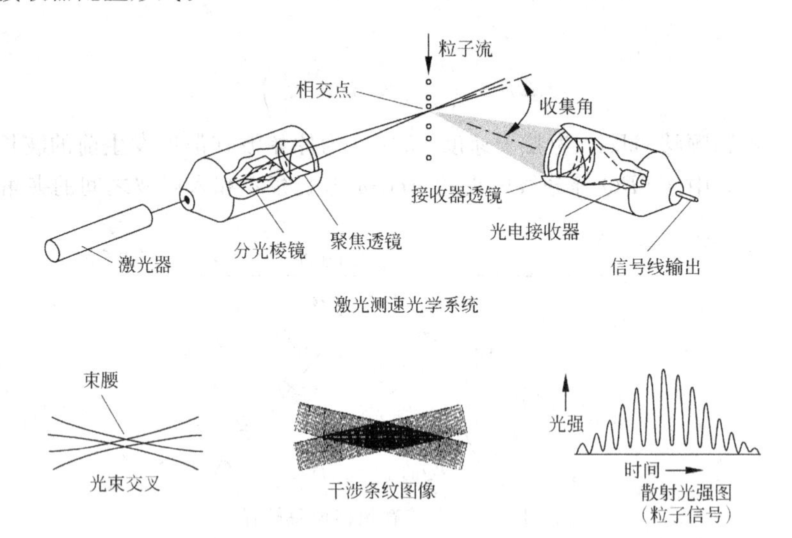

图 11.35　多普勒风速计发送器/接收器配置

由于两束光的干涉作用，在图中的光束相交点上会产生明暗交替的干涉条纹，条纹的间距为

$$\delta = \frac{\lambda}{2\sin\dfrac{\theta}{2}} \tag{11.41}$$

式中，δ 为条纹间距；λ 为激光波长；θ 为两束光的夹角。

流体中的微粒越过该干涉条纹图像时会产生一个散射光信号，其形状类似于梳子，其强度随粒子越过每根条纹而变化(图 11.35)。该多普勒梳状信号的频率为

$$f_D = \frac{v_x}{\delta} = \frac{2v_x}{\lambda}\sin\frac{\theta}{2} \tag{11.42}$$

式中，f_D 为多普勒频移；v_x 为垂直于条纹方向的粒子速度。

要注意的是，该梳状信号的频率仅取决于垂直于干涉条纹平面的速度分量，而且在这种情况下多普勒频率已不取决于光电倍增管的位置。对光电倍增管接收的信号进行处理可确定 f_D 和粒子速度 v_x。一种处理方案是对梳状信号作高通滤波，并对在一段时间间隔中过零信号脉冲进行计数，从而来确定多普勒频率。由于气流中的粒子越过光束交点的时间间隔是随机的，因此最终所得的速度数据是由一系列的不同速度测量值所组成的。因此对它们必须作统计分析。

光束相交点的体积大小取决于所用的聚焦装置。通常所用的光束探头是椭圆形的，其长轴长为 0.1～1mm，而干涉条纹间距在微米量级。通常将散射用微粒埋种在流体中。对液体来说，其中的杂质提供了可以使用的种子微粒。另外，也可向里面添加小的聚苯乙烯球甚至少量的牛奶。对于气体，可采用非挥发性油的悬浮微粒。为得到好的信号质量，散射微粒的直径一般应小于干涉条纹间距，对气体流来说，种子微粒直径约为 1μm。

散射光的强度取决于观察散射粒子的角度、激光波长与微粒直径之比、微粒的折射率。

使用中要注意的是，普通的激光多普勒流速计不能分辨流体流动的方向，正的和负的 v_x 产生相同的多普勒频移。解决这一问题的方法是，在两根激光束的一根或两根中添加一个已知的频移量来产生一频偏量，该频偏量的增减则取决于多普勒频移。当流体方向改变时，测得的频率值不再经过零点，此时它或大于频偏值，或小于频偏值。由于采用了频移技术，使得激光多普勒流速计能测量反向的流动。这在众多的流速计中还是不多见的。

11.2.10 超声波流量测量

超声波的频率范围位于听觉频率范围之上，工程中常用的超声波范围为 20kHz～10MHz。频率 f、波长 λ 和声速 C_0 之间一般有如下的关系：

$$C_0 = f\lambda \tag{11.43}$$

声音传播的速度取决于介质特性及其温度。室温下，声音在空气中的传播速度为 344m/s，在水中为 1 496.7m/s。同时对一个在水中传播的频率为 100kHz 的声音来说，其波长则为 $\lambda=15\text{mm}$。

超声波通常用压电材料来产生。在超声波发生器中，通过在压电片上施加交变电压使之产生机械振动，由该振动产生的声波垂直于压电片表面向外传播。超声波接收器利用了逆压电效应，它把接收到的超声波通过激励压电片使之振动，从而产生与之对应的电压。实际应用中常将同一零件交替用作超声波发生器和接收器。图 11.36 示出超声波转换器的原理结构。

超声波流量测量(ultrasonic flow measurement)的方法通常有时差法、频差法和相位调节法。

1. 时差法(transit time difference)

图 11.37 示出了超声波流量测量装置的原理。图 11.37(a)为一斜向配置式超声波转换装置，其中转换器 1 和 2 既可作为发生器(S1,S2)，也可作为接收器(E1,E2)。两超声波转换器斜向相隔距离 L 被分开配置在管道的两侧上。管道中流经有流体，其速度为 v。当转换器 1 发送超声波而转换器2 接收时，由于流体流速的影响，声传播速度 C_0 则增加一个数量 $v\cos\alpha$。超声波测量的目的即是求出流体的平均速度 v，进而乘以管截面面积求出体积流量。图 11.37(b)将两超声波转换器配置在同一侧，而采用反射器 R 来增大测量距离 L。

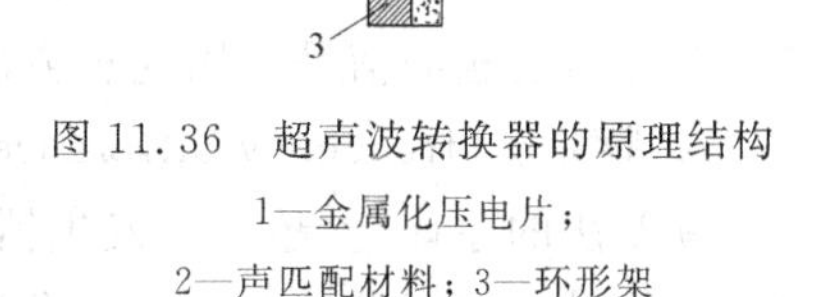

图 11.36 超声波转换器的原理结构
1—金属化压电片；
2—声匹配材料；3—环形架

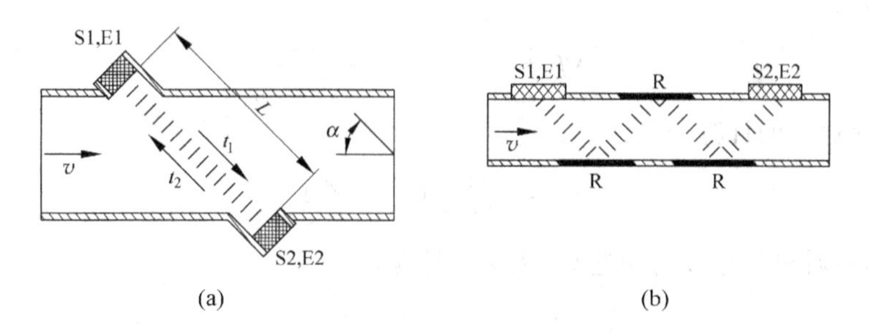

图 11.37 超声波流量测量装置原理
(a) 斜向配置式超声波转换装置，其声波的传播方向垂直于转换器表面；
(b) 固定斜向发射式超声波转换装置，采用反射器 R 来增大测量距离 L

设 t_1 为声波发生器 1 到接收器 2 走过的时间，t_2 为从发生器 2 到接收器 1 经过的时间，则有

$$t_1 = \frac{L}{C_0 + v\cos\alpha}, \quad t_2 = \frac{L}{C_0 - v\cos\alpha} \tag{11.44}$$

两运行时间之差为

$$\Delta t = t_2 - t_1 = 2L\,\frac{v\cos\alpha}{C_0^2 - v^2\cos^2\alpha} \tag{11.45}$$

由于 $v\cos\alpha \ll C_0$，因此上式可简化为

$$v \approx \frac{C_0^2}{2L\cos\alpha}(t_2 - t_1) \tag{11.46}$$

由式(11.46)可知，测量结果 v 取决于声传播速度 C_0，而 C_0 的任何波动与变化都会影响到测量的结果。为消除 C_0 的影响，可对 t_1 和 t_2 分开进行测量，并将它们相乘：

$$t_1 t_2 = \frac{L^2}{C_0^2 - v^2\cos^2\alpha} \tag{11.47}$$

将式(11.47)代入式(11.45)，有

$$\Delta t = t_2 - t_1 = 2L\,\frac{v\cos\alpha}{L^2}t_1 t_2 \tag{11.48}$$

由此则消除了声速项。由式(11.48)不经任何简化可得如下的平均流速 v 的计算公式：

$$v = \frac{L}{2\cos\alpha}\,\frac{t_2 - t_1}{t_1 t_2} \tag{11.49}$$

为精确测量 t_1 和 t_2，要求有振荡频率高的超声波转换器，其产生的脉冲应陡直。两相对配置的转换器同时发送超声波信号，它们一开始工作为声发生器，其后作为接收器来接收各自对方所发送的信号。用这种方法可十分快速地测量流速。

2. 频差法(frequency difference)

频差法的原理是，超声波发生器 1 向接收器 2 发送一脉冲，接收器 2 在接收到脉冲后发出一电信号反馈至发生器 1 并在发生器 1 中触发一新的脉冲信号。测量发生器 1 的脉冲信号频率 f_1。接下去由发生器 2 发出脉冲并测量相应的频率 f_2。这种方法称“四周发声法”。频率的计算公式为

$$f_1 = \frac{1}{t_1} = \frac{C_0 + v\cos\alpha}{L}, \quad f_2 = \frac{1}{t_2} = \frac{C_0 - v\cos\alpha}{L} \tag{11.50}$$

从中求得频差：

$$\Delta f = f_1 - f_2 = \frac{2v\cos\alpha}{L} \tag{11.51}$$

从而可得到流速 v 的计算公式：

$$v = \frac{L}{2\cos\alpha}(f_1 - f_2) \tag{11.52}$$

从式(11.52)可看出流速 v 与声速 C_0 无关。这是因为

$$\frac{t_2 - t_1}{t_1 t_2} = \frac{1}{t_1} - \frac{1}{t_2} = f_1 - f_2 \tag{11.53}$$

的缘故，因此得到的结果与式(11.48)一致。由于频率是通过一系列的超声波信号来测量的，因此测量的时间较长，这是该法的缺点。另外，较之时差法，频差法更易受流体中的杂质

反射的超声回波(气泡、刚体微粒)的干扰影响。

3. 波长恒定调节法(相位调节法)(constant wave length regulation)

声传播速度 C_0、声音频率 f 和波长 λ 之间有关系式(11.43)。若 C_0 变化而 f 保持不变,则波长 λ 也要随之改变。图 11.38 示出了这种关系。在图示的工作方式中,对超声波频率 f_0 的选择应使得在流速 $v=0$ 时两转换器之间正好容得下 n 个波长 λ_0,即 $L=n\lambda_0$。当 $v\neq 0$ 亦即有流速时,从发生器 1 向接收器 2 发送的超声波脉冲的传播速度 $C_1=C_0+v\cos\alpha$,反过来从转换器 2 向转换器 1 发送时 $C_2=C_0-v\cos\alpha$。保持频率恒定,则波长 λ_1 和 λ_2 可计算为

$$\lambda_1=\frac{C_1}{f_0},\quad \lambda_2=\frac{C_2}{f_0} \tag{11.54}$$

通过相位调节(锁相环)。波长被保持在恒定值 λ_0 上,由此在两个声波的传送方向上均可调节频率 f_1 和 f_2,其中,

$$f_1=\frac{C_1}{\lambda_0},\quad f_2=\frac{C_2}{\lambda_0} \tag{11.55}$$

由此可求得频差:

$$\Delta f=f_1-f_2=\frac{1}{\lambda_0}[(C_0+v\cos\alpha)-(C_0-v\cos\alpha)]=\frac{2v\cos\alpha}{\lambda_0} \tag{11.56}$$

由式(11.56)看出,平均流速 v 又与声传播速度无关:

$$v=\frac{\lambda_0}{2\cos\alpha}(f_1-f_2) \tag{11.57}$$

用上述方法可提供最好的测量精度。

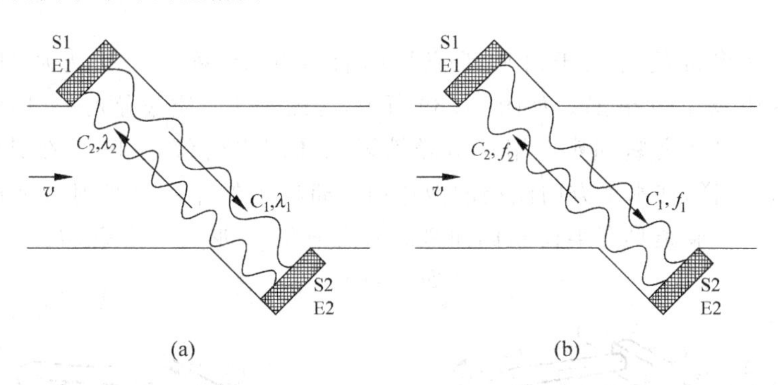

图 11.38 超声波流量计的不同工作方式

(a) 频率 f_0 保持恒定时,波长随声速变化;(b) 调节频率 f_0,则尽管声速变化,波长 λ_0 保持恒定

4. 用多普勒效应进行超声测量

如果在流动介质中相对于连续相而存在有密度不同的小微粒(如悬浊液、乳浊液)时,向液体发射一束固定频率 f_1 的超声波,则有一部分的超声能量会被微粒向旁边散射。根据多普勒定律,发生的频移为

$$f_1-f_2=2f_1\frac{\cos\beta}{C_0}v \tag{11.58}$$

式中,f_1 为超声波发送频率;f_2 为多普勒频率;C_0 为声传播速度;v 为流速;β 为流体流向矢量与超声波传播方向矢量间的夹角。

若 $f_1\cos\beta$ 和 C_0 恒定不变，则有

$$f_1 - f_2 = Kv \tag{11.59}$$

因此频移与流速成正比，求得流速即可根据流体管道面积求得体积流量。

在超声波测量方法中，由于超声波信号朝流体横向发送，因而在以流速为 v 的流动中信号也会随之移动，在整个传播时间内信号会发生漂移，漂移角按下式计算：

$$\tan\varphi = \frac{v}{C_0} \tag{11.60}$$

式中，v 为流速；C_0 为声传播速度。

一般来说，超声波测量方法能达到±0.5%的测量精度。但要在整个测量范围内始终达到这样的精度并能测量小的流速(0.1～0.5m/s)时，应选取与声速无关的测量方式，或采用精确的温度补偿方式。

11.2.11 哥氏力质量流量测量法

力学中曾学习过哥氏(Coriolis)加速度和哥氏力。哥氏力是一种惯性力。这种现象可以用一个以角速度 ω 转动的圆盘来解释。若在该圆盘上站有一观察者，他将一物体径向向外扔出，该物体并不直线飞出，而是相对旋转方向滞后一个角度。这是由于哥氏力作用的原因。哥氏力 F 正比于运动物体的速度 v、质量 m 及旋转圆盘的角速度 ω：

$$F = mv\omega \tag{11.61}$$

其方向垂直于参考系统的转动轴，且垂直于物体运动的方向。其中哥氏力的产生并不一定要求角速度恒定。式(11.61)是针对一般情况的，因此也适用于具有变化角速度的振荡参考系统。

工程上可以将哥氏力用于对质量流量的直接测量，称为哥氏力质量流量测量法(coriolis mass flow metering)。如图 11.39 所示，待测流体介质被导入一 U 形管中，管子的液体入口和出口端被夹紧固定。用一电磁铁激励使测量管绕轴 1—1 在其谐振频率(约80Hz)上振动。这样，在水平方向流动的液体由于哥氏力的作用会受到一垂直方向加速度的作用。由于 U 形管道具有半径 r，因而哥氏力绕轴 2—2 形成一力矩 M：

$$M = rF \tag{11.62}$$

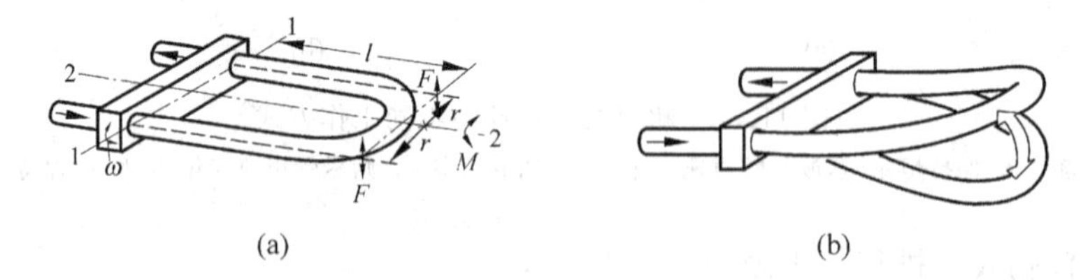

图 11.39 哥氏力流量测量 U 形管构造

(a) U 形管各部分组成；(b) 无介质流经时 U 形管的振荡

力矩 M 的符号随液体的流入和流出呈交替变化。由此形成对测量管的一个扭转作用(图 11.40)，扭转角为 α，由于弹性力的作用，从而形成一反作用力矩 M_1：

$$M_1 = C\alpha \tag{11.63}$$

式中，C 为弹性系数。

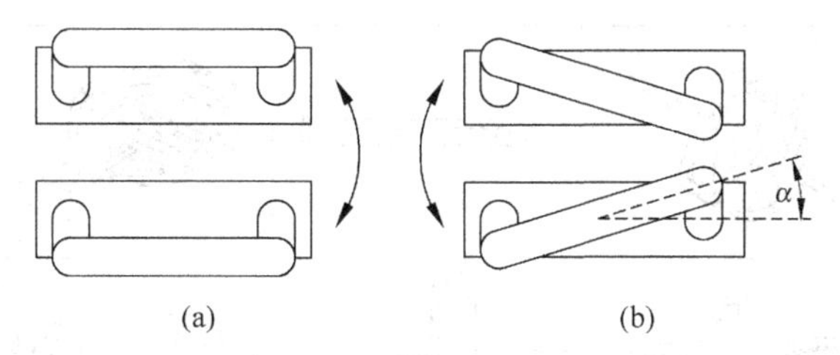

图 11.40 测量管因流体流动而造成的扭曲现象

(a) 无液流；(b) 有液流

当两力矩值相等即 $M=M_1$ 时，扭转运动停止。由此可计算出扭转角：

$$\alpha=\frac{M}{C}=\frac{rF}{C}=\frac{rv\omega}{C}m \tag{11.64}$$

而流速

$$v=\frac{l}{t} \tag{11.65}$$

式中，l 为 U 形管长度；t 为液体流经管道的时间。

将式(11.65)代入式(11.64)，得

$$\alpha=\frac{rl\omega}{C}\frac{m}{t}=kQ_m \tag{11.66}$$

式中，$k=\dfrac{rl\omega}{C}$为常数，它取决于 U 形管的半径 r、长度 l、弹性系数 C 以及转动角速度。

测量时既可以直接测量扭转角 α，也可以测量流体在测量管中运动时产生的相移。输出信号与质量流量呈线性关系。这种仪器的测量精度很高，在 20%～100%的流量测量范围内，其测量误差仅为测量值的 0.2%以下(图 11.41)。该仪器还能工作在不同的温度和压力条件下，测量范围可达流量的 1%～100%。

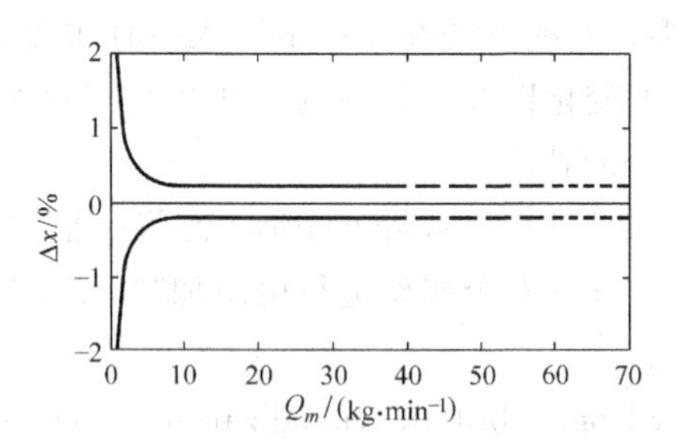

图 11.41 哥氏力质量流量计的误差曲线

U 形管的哥氏流量传感器配置形式只是众多使用该基本原理结构的形式之一。图 11.42 展示了其他几种形式，其中一些用作液体和气体的商用仪器。单直管型具有低压降、自排空、易清洗的优点。哥氏技术的一些特殊应用包括纯油计算机器，它用于油田中的原油和盐水乳液的测量。其中将普通质量流量信号与一个密度信号(从哥氏 U 形管的固有频率得到)和温度信号相结合，利用水和盐溶液的已知性质，可以测定流体中的油、水比例。

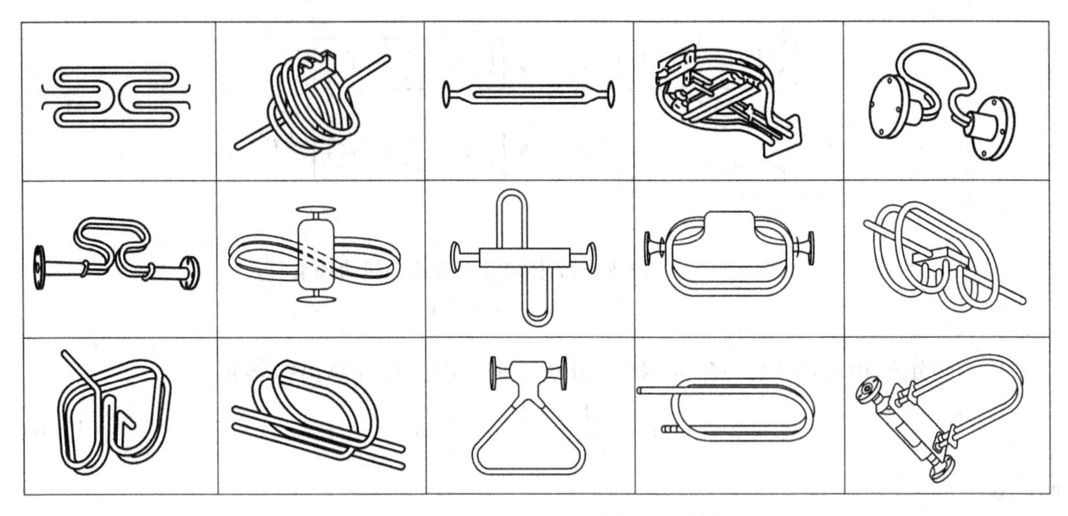

图 11.42 哥氏质量流量计的各种结构

11.3 流体可视化技术

在很多流体流量的实验研究中，有必要测定在某一点处流速的大小和(或)方向，以及它在不同点处的变化情况，即希望对流场进行描述。各种流体成像方法可以使我们对流型有一个概貌了解。有时，从直接视觉观察到的定性信息就已经足够了，但很多时候还需进行定量分析，有很多方法都可完成。一旦精确地锁定感兴趣的局部区域(通过流体成像或其他信息渠道)，就需要插入速度探头以获得精确的点测量数据。这些探头中皮托静压管、热线风速仪和激光多普勒测速仪(LDA)等是最常用的，但它们都涉及一个有限大小的敏感体积，所以真正的"点"测量是不可能的。但是，可将敏感体积做得足够小，来提供实用的数据。

流量目测技术种类很多。有些方法在流体中引入一种可见材料(如微粒或者染料)，在其他情况下，流体本身的密度变化以及折射率的变化也可提供视觉消息。以下列出了几种常见的流体成像(flow imaging)技术。

(1) 烟金属丝目测法(smoke wire visualization)。将一根细钢丝(直径约 0.1mm)涂上油后放在空气流中，用一个电脉冲对金属丝进行电阻加热，使油形成烟。细的烟丝跟随流体流动，从而显示出流体路径。

(2) 氢气泡目测法(hydrogen bubble visualization)。将一根非常细的金属丝(常为 25～100μm 直径的铂丝)放于水流中，将第二根扁平电极放置在水中靠近金属丝的地方。当约 100V 的直流电源加到金属丝上时，电流就通过水，并在金属丝表面造成电解。微小的氢气便产生出来。这些气泡因为太小而不能承受太多的浮力，相反，它们会随水流动从而形成一个可见标记。

(3) 微粒示踪器目测法(particulate tracer visualization)。用反射或染色的微粒使流动模式可见。在液体中最好采用接近液体密度的粒子，典型的直径为 25～100μm。例子如聚苯乙烯球、空心玻璃球、鱼鳞片、薄铝片和镁铝片。在气体中，必须采用很小直径的微粒，因为较大粒子趋向于沉淀下来而离开气流。也可使用烃油烟或二氧化钛烟，它们由直径为

0.01～0.5μm 的粒子组成，其他如油滴、各种空心球甚至充氦的肥皂泡等。

(4) 染料注入法(dye injection)。将着色的染料通过试验物体表面上的一个小孔或几个小孔注入液流中，当液体流过物体时，染料轨迹便会显示出液体流经的途径。

(5) 化学指示剂法(chemical indicators)。通常用电解法产生一个化学变化，从而使溶液改变颜色或形成一细粒胶体状沉淀。例如，用氢气泡电解装置能使一种百里酚蓝溶液的颜色由橙变化到蓝。

(6) 激光诱导荧光法(laser-induced fluorescence)。荧光是某些分子吸收一种颜色(或频率)的光而再发射一种不同颜色(较低频率)的光的趋势。将荧光染料加到水中，用一薄层激光来激发在特定流动面上的染料。所产生的荧光便可提供该平面上流动的目测图形。与蓝绿氩离子激光一起使用的典型染料包括若丹明——一种暗红或者黄色荧光，以及荧光素(绿荧光)。激光诱导荧光法也适用于气流。

(7) 折射率变化目测法(refractive-index-change visualization)。折射率可随流体密度或温度而变化。折射率的变化将使通过流体的光偏转或移相。对可压缩流体系统(马赫数大于 0.3 左右)，密度明显随速度变化，从而产生可测量的效应。用一个恰当的光学装置，可使这些效应能被看见。例如，在受冲击波作用时的密度突然变化会使光偏转，且能使这种变化在照片中表现为一种浅的阴影(阴影图或纹影图)。可压缩流体中的较小密度变化，或者浮力作用流体中的温度梯度也可用折射率方法(例如纹影术和全息干涉法)予以显示并定量地测量。阴影图或纹影图这两种方法中的光学装置比较简单，但多用于定性研究。为获得定量结果，需要使用更精确的干涉仪方法。其中一束参考光束和测量光之间的相移所产生的干涉效应，形成亮暗相间的图案。没有流动时，会出现一个规则的亮/暗条纹栅格；发生流动时，该栅格被扭曲，从条纹的位移就可算出密度值。

(8) 数字图像处理(digital image processing)。这是对前面介绍的很多方法的一种有效辅助手段。例如，用一个时间序列的数字化图像来处理示踪粒子运动的时间历程，从而给出一个全场速度测量结果。

一种也可以产生定量结果的重要“可视化”技术，是粒子成像测速技术(particle image velocimetry，PIV)。它发展于 20 世纪 80 年代，现已得到广泛应用。在液体或气体流中植入近中性浮力的粒子，这些粒子的速度也就是实际要测的流体速度。用柱面透镜把一根周期性发出的脉冲激光束扩展成一个两维的“光片”，在测速流体中便确定了一个平面。该光片实际具有一定的厚度，用一块球面透镜将它控制到 1mm 左右，便没有太多的离面。用一种多重曝光的方法，利用这些粒子在已知时间间隔的两个时刻的位置，就可以计算出粒子速度的大小和方向(图 11.43(a))。系统既可以采用胶片，也可以采用 CCD 摄像机记录所需的图像。图 11.43(b)示出了一种 CCD 摄像机的配置形式。

这种方法可应用于从低速自然对流到高超音速流动中。完整的测量系统由一个激光源和光学器件、一个图像记录介质、一个可编程时延和时序产生器、摄像机接口、计算机以及图像采集/分析软件构成。实际中常使用一种互相关算法软件来求得不同图像中的粒子位移。图 11.44 所示为用 PIV 测量技术揭示的圆形射流体中的瞬态漩涡结构。PIV 数据的精度取决于很多因素，在良好的测试条件下，采用适当的设备和技术，其精度能够满足很多场合的应用。

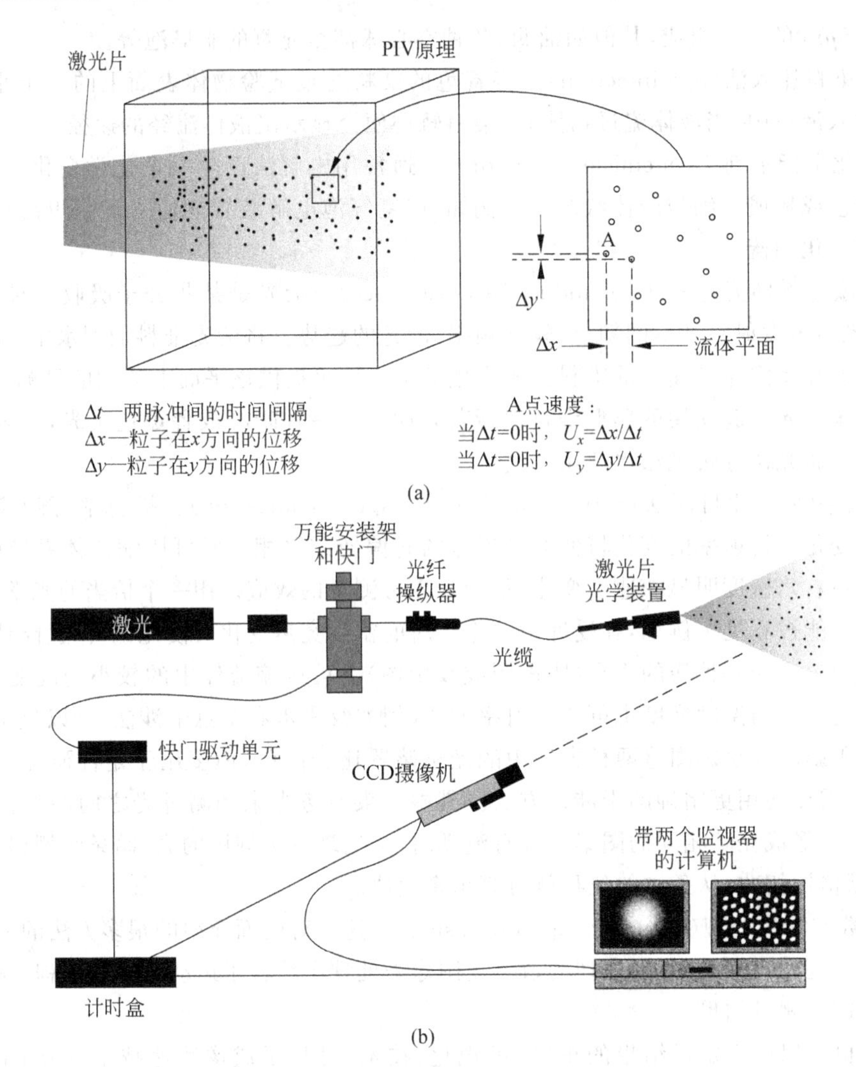

图 11.43　粒子图像测速技术原理

(a) 粒子速度的大小和方向计算；(b) 一种摄像机的配置形式

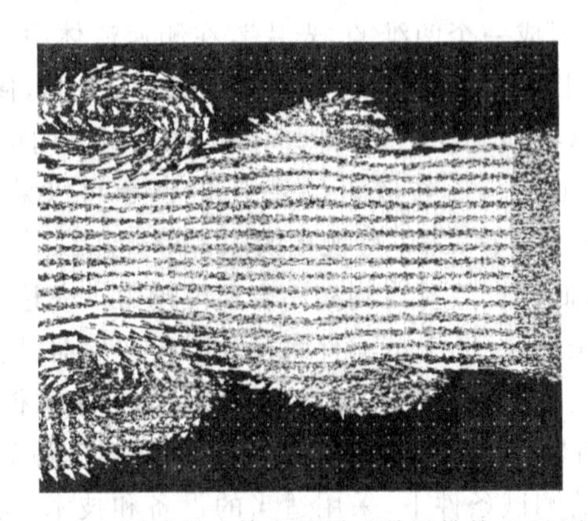

图 11.44　圆形射流体中的瞬时漩涡结构 PIV 图像

习　题

11-1　试述文杜利管、流量喷嘴和孔板的工作原理和各自的优缺点。如何根据工程实际问题来选择上述3种仪器？

11-2　试述磁流量计的工作原理。它们分别用于测量何种类型的流量介质？

11-3　试述卡尔曼涡街的工作原理和应用特点。

11-4　风速的热测定法主要有哪几种？请分别叙述这些方法的原理和特点。

11-5　试述激光多普勒流速测量的原理。其精度取决于哪些主要因素？

11-6　超声流量测量中的时差法和频差法的原理各是什么？两种方法的典型应用领域是什么？

11-7　哥氏力质量流量测量法的基本理论是什么？

11-8　一段水平方向的管道在3m长的距离上从直径16cm逐渐变细到8cm。比重为0.85的油以0.05m^3/s的速度流动。假定没有能量损失，问锥形段两端存在的压差为多少？

11-9　30℃的水以平均速度6m/s流过直径10cm的管道，计算雷诺数Re。

11-10　温度15℃、压力650kPa的水流过管直径15cm、颈部直径10cm的文杜利管，可测到的压差为25kPa，请计算其流率(kg/min)。

11-11　如果习题11-10中描述的导管以垂直位置摆放，其大直径端放在最低点，则通过该段的压差应是多少？如果较小直径在最低处，是否有差别？

11-12　15℃且650kPa的水流过15cm×10cm(管道直径15cm且颈部直径10cm)的文杜利管。可测到的压差是25kPa。请分别以kg/min和m^3/h计算流率。

11-13　颈部直径40cm的文杜利管用于测量在直径60cm管道中的15℃(50℉)的空气。如果在两缩脉式取压口测到的压差是84mm的水，并且上游压力(绝对压力)是125kPa(18.13psi)，问流率以kg/s为单位是多少？以m^3/s为单位又是多少？

11-14　一个皮托-静压管用于测量在开口通道中流动的20℃(68℉)水的速度。如果测到的压差是6cm的水，相应的流率是多少？

11-15　磁流量计为什么要采用交变磁场？

11-16　为什么超声波流量计多采用差频法？

11-17　为什么筒式传感器既能测流体压力，又能测流体密度？依据的原理有何异同？工作情况有何异同？

12 声学的测量

12.1 概　述

声音(sound)通常定义为叠加在一个激励压力源上的一种压力脉冲。根据这一定义，声音的传播要求有一个具有压力和弹性的介质，这种介质可以是固体、液体或气体。声音不可能在真空中传播。根据声音产生的介质特性，可将声音分为固体声音、液体声音和空气声音。其中空气声音(亦称气载声音)与其他两种声音相比，在对人的影响方面显得尤其重要。空气声音能在很广的压力和频率范围上为人的听觉所接收。图12.1示出了人的听觉范围，重点标出了人说话和音乐的频率及压力范围。根据介质的弹性和密度，声音完全以一种数学上可以确定的方式进行传播。压力脉冲具有简单的或复杂的结构，脉冲的重复率可以变化。利用上述约束条件便可以解释一切形式的声音现象。

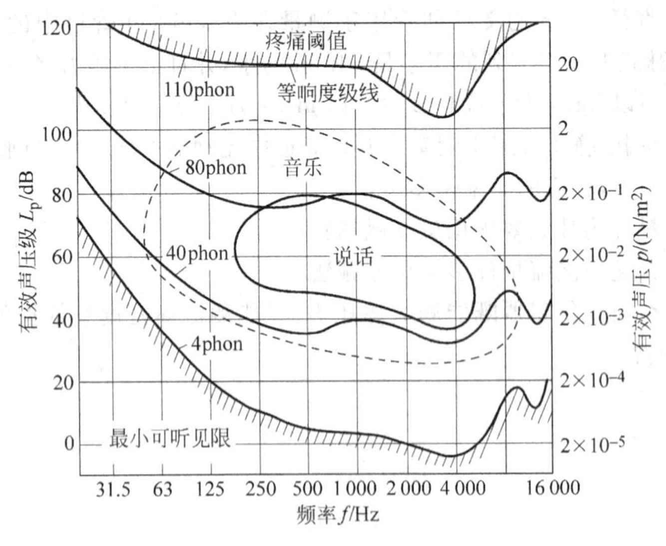

图12.1　人的听觉范围图

有时候声音不能被听到，这是因为压力脉冲的重复率低于或高于人的听觉频率范围，也可能因为压力脉冲所代表的能量太低，不足以引起听觉机构的响应；或太高，以至于引起听觉机构的疼痛或永久性损伤。

声音和声传播是种种形式的波运动，其表现的形式在一些应用中不同于绝大多数其他形式的波运动，而在另外一些应用中又完全能够如人们所期望的那样。"声学"一词是指研究全部的声源类型、传播模式以及声接收条件的学科。同样也涉及各种机械振动现象、亚音频和超音频范围，以及有关房屋和建筑物的厅、堂等空间声学性质的现象。

按照定义，声波源是指某个(分子量级或宏观尺寸的)材料体的振动或交替往复运动，因此声音的性质也由粒子的运动所决定。这种运动可以是简单的周期性运动，具有相对一个静止位置不随时间变化的固定振幅，也可以是复杂的非周期性运动，具有相对于一个平均或静止位置随时间变化的位移距离。

人类可接收到的听觉频率范围为 20～20 000Hz。但是人耳的灵敏度在该频率范围上并不是恒定的。低于 20Hz 的频率通常称为亚音频，这种频率人能够感觉到但听不到；高于 20 000Hz 的频率称为超音频。表 12.1 示出了一些普通声源和接收器的发射与接收的频率范围。

表 12.1 声音频率范围举例 Hz

		频率范围
声源	人	85～5 000
	狗	450～1 080
	猫	780～1 520
	钢琴	30～4 100
	标准音调(A)	440
	小号	190～990
	铜鼓	95～180
	蝙蝠	10 000～120 000
	蟋蟀	7 000～100 000
	知更鸟	2 000～13 000
	海豚	7 000～120 000
	喷气发动机	5～50 000
	汽车	15～30 000
接收器	人	20～20 000
	狗	15～50 000
	猫	60～65 000
	蝙蝠	1 000～120 000
	蟋蟀	100～15 000
	知更鸟	250～21 000
	海豚	150～150 000

声音可根据两个相当不同的观点进行描述：①根据声音形成的物理现象；②根据人的听觉所敏感到的"心理声学"效应。强调这一点很重要，因为测量具有简单或复杂波形的某一特定声音的物理参数，与评价人的听觉敏感到的这些参数所产生的效应相比，前者显得相当简单，而后者却复杂得多。

有时测量声音的动机可能与听觉没有关系。例如，因为大推力火箭发动机或喷气发动机运转所产生的声压变化可能大到足以危及导弹或飞机的结构完整性；又比如，某种声激励引起了结构的疲劳失效等。此时对所涉及参数的测量并不直接包含心理声学的关系。但在大多数情况下，被测声音的效果是与人的听觉直接相关的，因此不可避免地会增加测量的复杂性。

噪声也是一种声音，可把它定义为非结构性的声音。与乐音相比，乐音具有明确的结构，而噪声不是。噪声在许多方面影响人们的活动，过大的噪声会影响人们的直接对话和语言交流；在购买器具或设备时，噪声经常是一个要加以考虑的因素；持续的环境噪声会使人对噪声产生烦恼，从而降低他们的工作效率，最终能造成永久性听觉损伤甚至耳聋。噪声还会诱发头疼、头昏、神经衰弱、高血压、心血管等一系列疾病，等等。声音的所有这些方面都不可避免地与人的听觉联系在一起。但对于工程问题来说，通常我们很少关心如何来制造悦音，主要的兴趣总是有关噪声的产生、噪声的消除和控制。

12.2 声音的特征

物理上，以空气为载体的声音是在一定的频率范围内，空气压在大气压平均值上下的一种周期性振动。空气粒子沿着传播方向振荡而形成波，因此，称这种波为纵波。相对于具有复杂波形的声音而言，一个单一的音调或频率，其振荡是简谐的，可用下式表示：

$$S = S_0 \cos\left[\frac{2\pi}{\lambda}(x \pm ct)\right] \tag{12.1}$$

式中，S 为粒子在传播介质中的位移；S_0 为位移幅值；λ 为波长，$\lambda=\frac{c}{f}$；x 为在传播方向上，从某个起始点（例如信号源）出发的距离；c 为声传播的速度；t 为时间；f 为频率。

对于在气体介质中正面传播的波，有

$$p = -B\frac{\partial S}{\partial x} = -B\frac{2\pi}{\lambda}S_0\left[\frac{2\pi}{\lambda}(ct - x)\right] \tag{12.2}$$

式中，p 为在环境压力 p_{amb} 上下的压力变化；B 为绝热体积模量。

最简单的声音是纯音，它只有单一的频率，但要制造这样的信号源却极其困难。除了信号源本身固有的纯度和它与空气的耦合作用外，还要求消除来自周围物体的所有反射。这些反射，或称回响，能够产生驻波。它们在观察点附近会导致声音畸变，该畸变是由直接的入射波和返回来的反射波相互作用造成的。为消除这种畸变，可以在一个消声（无回声）室内近似产生一种自由声场条件。消音室中的墙壁上排列布置着很多楔形的吸声材料，用来将最初与墙壁碰撞所产生的微小反射一次又一次地导向到吸声材料中，直到最终所有的能量都被吸收为止，以此来达到消声效果。在这样的环境中，声音只是从信号源向外传播出去，而没有反射。但即便如此，在测量声音时，单单将一个传感器放置到该消音室中也会引起不希望的畸变，因此理想的消声效果是不可能达到的。

随机噪声是另外一个更为普遍的研究课题。数学上讲，随机噪声由许多离散信号源产生，这些信号源的输出相结合便组成了噪声源整体。到达传感器（或耳朵）的声音一般不仅仅来自最初的发声源。声音能量的基本始发源称为初级声源（简称为初级源）。在机械工程中，这些初级源通常产生于相互作用的机器部件，如齿轮轮齿和轴承；各种振动部件，如壳体面板、轴和支撑件；也来自液、气和燃烧源。从初级源向外传播的声波被周围物体（如天花板、墙壁和其他机械）截断。这些入射波一部分被吸收，剩余部分则被反射。于是每一个反射点便成为一个能被任何传感装置所“听到”的次级声源，从而与初级声源相混淆。图 12.2 示出一个空调器在工作时发出的声音在房间中的传播，从图中可以看到初级声源和次级声源在空间的分布情况。初级声源发出的声音与从不同反射源反射的次级声音合成而产生驻波，导致在贯穿于整个声音传播环境中的声音增强或抵消。在最普遍的情形下初级声并非纯音，它的幅值和频率都具有一定的随机性。因此，驻波并不一定在空间中固定，而可以被看作是在环境的各处跳跃，而且还会产生拍频现象。

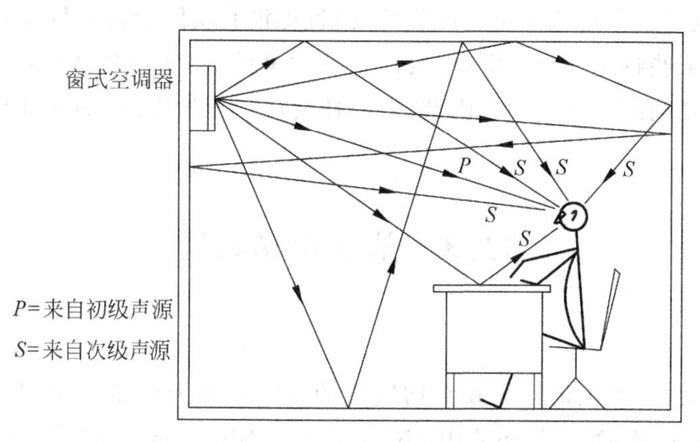

图 12.2 初级声源和次级声源(噪声)示意图

假设有两个频率接近的纯单音源，当这两个信号合成时，就会产生第三个或拍频音调(见图 12.3)。因此，拍频是两个初始音调频率差的函数。将两个幅值相等、频率接近相等的波叠加，若第一个波的频率为 f_0，第二个波的频率为 $f_1=f_0+\Delta f$，那么合成的波便为

$$y=A\sin(2\pi f_0 t)+A\sin[2\pi(f_0+\Delta f)t]$$

$$=2A\cos\left(2\pi\frac{\Delta f}{2}t\right)\sin\left(2\pi\frac{f_0+f_1}{2}t\right) \qquad (12.3)$$

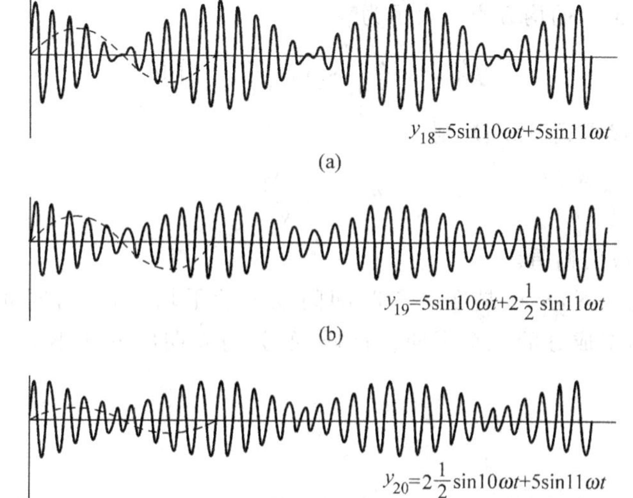

图 12.3 波的“拍”现象

从画出的图形看，该合成的波形有缓慢的“拍”，其幅值以频率$\frac{\Delta f}{2}$上升或下降。

日常生活中常用调音叉来调钢琴的音准，此时就会发生上面的波形叠加或“拍”现象。音叉和乐器产生接近相等的音调，当这两个声波一起被听到时，就会听到一种较低的拍频。当拍频为零时，就意味着乐器已经被调整好了，于是乐器的频率便精确地等于音叉的频率。

综上所述，对与某一给定声音相关联的参数做声学评价实际上非常困难。在正常环境下，将对象与环境完全分离几乎是不可能的，而且也没有实际价值。尽管采用消音室试验能帮助理解或处理某些特殊的噪声源，但要产生有意义的、真实于生活的结果，必须包括初级声源与次级声源之间的相互作用。因此，对于任何声学分析来说，都不可避免地要考虑环境因素。

12.3 基本声学参数

12.3.1 声压

在有声波时，某一点上的气压和平均气压的瞬时差称为声压(sound pressure)，单位为Pa或N/m^2，也常采用$\mu N/m^2$，还使用μbar，$1\mu bar=1dyn/cm^2=10^{-5}N/cm^2$。

如前所述，声压是瞬时绝对压力和环境压力之差。为此定义均方声压为

$$p_{rms}^2=\frac{1}{T}\int_0^T p^2\,dt \tag{12.4}$$

式中，p为某一点上的瞬时声压，Pa，$p=p(t)$；p_{rms}为均方根声压，Pa；T为平均测量时间，s。

一个纯音声波可用式(12.5)来描述：

$$p=A_0\sin\omega\left(\frac{x}{c}-t\right) \tag{12.5}$$

式中，A_0为声压幅值；$\omega=2\pi f$。

因此在任一点x上的均方声压表示为

$$p_{rms}^2=\frac{A_0^2}{T}\int_0^T \sin^2\omega\left(\frac{x}{c}-t\right)dt \tag{12.6}$$

将$T=1/f=2\pi/\omega$代入式(12.6)，则

$$p_{rms}=\frac{A_0}{\sqrt{2}} \tag{12.7}$$

式中，A_0为纯音声波的幅值。

在典型测量情况下，声压是在一段时间间隔上的平均值，该时间间隔要大到足以能包括所有感兴趣频率成分的几个周期。这样，部分的周期成分才不会对均方根值产生显著影响。

12.3.2 声压级

图12.4示出了一些典型的声压源及其对应的声压值。可以看到，从人耳的听觉敏锐阈值到使之产生疼痛的阈值为止，声压的变化范围约为$10^7\mu bar$。因此，一个具有正常听觉的人能够无痛苦地忍受的最大声压与他能够辨别的最轻声音的声压之比约为$10^7:1$。由于

这一范围很大,因此常使用对数刻度,即分贝来进行声音的度量。在第2章中已经指出,分贝基本上是功率比的一种量度:

$$1\text{dB} = 10\lg\left(\frac{\text{功率}_1}{\text{功率}_2}\right) \tag{12.8}$$

由于声功率正比于声压的平方,式(12.8)可以改写为

$$1\text{dB} = 10\lg\frac{p_1^2}{p_0^2} = 20\lg\left(\frac{p_1}{p_0}\right) \tag{12.9}$$

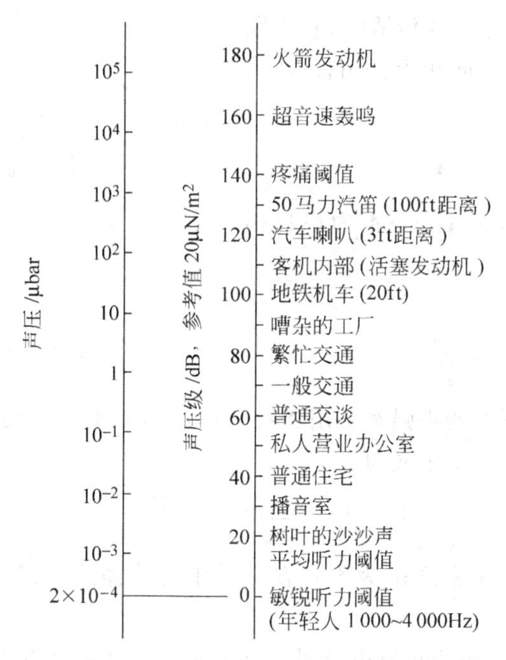

图 12.4 典型的声压值和声压源

可以看到,分贝不是一个绝对量,而是一个相对量。但如果以某些公认的基础量为参照,也可将分贝当作绝对量来使用。事实上在声学中已普遍将均方根值

$$p_0 = 0.000\,02\text{N/m}^2 = 20\mu\text{N/m}^2$$

作为声压级的标准参考。该值正好是正常人耳刚刚能听到的1 000Hz声音的声压。因此定义声压级

$$L_p = 20\lg\left(\frac{p}{p_0}\right) = 20\lg\left(\frac{p}{0.000\,02}\right) \quad \text{参考值: } p_0 = 20\mu\text{N/m}^2 \tag{12.10}$$

式中,L_p 为声压级(sound pressure level),dB;p 为声源的均方根压力,N/m^2。

下文中均将上式中的"参考值 $p_0=20\mu\text{N/m}^2$"作为参考标准,并将它省略。

例 12.1 计算对应于均方根声压 1N/m^2 的声压级。

解:采用式(12.10)容易求得

$$L_p = 20\lg\left(\frac{1}{0.000\,02}\right) \approx 94(\text{dB})$$

例 12.2 在80cm处听到的人的耳语声约为 $200\mu\text{N/m}^2$ 声压值,问该值对应的声压级为多少?

解：再次利用式(12.10)，可得

$$L_p = 20\lg\frac{p_1}{p_0} = 20\lg\left(\frac{200}{20}\right) = 20(\text{dB})$$

以下要讨论的声级、响度级、噪声级等物理量均使用了以分贝作单位的对数刻度。

12.3.3 声功率、声强和声功率级

式(12.8)告诉我们，声音大小可用功率表示，功率单位是瓦特(W)。当声功率(sound power)从一个理想点声源向外传播时，它不断地扩展到空间越来越大的面积上。由图12.5可知，声功率 P 为

$$P = \int_A \boldsymbol{I}\cdot \mathrm{d}\boldsymbol{A}$$

式中，$\boldsymbol{I}$ 为声强(sound intensity)；$\boldsymbol{A}$ 为声传播面积。

由此得

$$|\boldsymbol{I}| = I = \frac{P}{A}$$

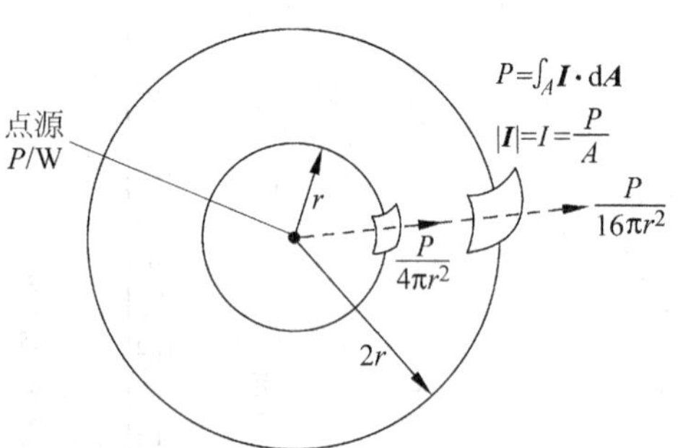

图12.5 球面波的声功率和声强间的关系

因此，任何一点位置上的声强都是用瓦特每单位面积来表示的。对于一个平面波或球面波，在传播方向上的声强 I 定义为

$$I = \frac{(p_{\text{rms}})^2}{\rho_0 c} = \frac{P}{A} \tag{12.11}$$

式中，ρ_0 为介质的平均质量密度；c 为声音在介质中的传播速度；P 为声功率，W；A 为声传播面积。

声功率级(sound power level)用分贝表示，也要给出一个参考级，通常取为 10^{-12} W。因此声功率级定义为

$$L_W = 10\lg(P/P_0) = 10\lg(P/10^{-12}) \quad 参考值：P_0 = 10^{-12}\,\text{W} \tag{12.12}$$

没有直接测量声功率级的仪器，但该值可以通过对声压级的测量值计算得到。

12.3.4 声压级的合成

当两个纯音同时发生时，其合成效应取决于接收器处的声压幅值、频率和相位关系。考虑空间中某一点如下所示的两个声波：

$$p_1 = A_{01}\cos(\omega_1 t + \phi_1) \tag{12.13}$$

$$p_2 = A_{02}\cos(\omega_2 t + \phi_2) \tag{12.14}$$

式中，p_1，p_2 为瞬时声压；A_{01}，A_{02} 为声压幅值；ω_1，ω_2 为圆频率，$\omega_1 = 2\pi f_1$，$\omega_2 = 2\pi f_2$；ϕ_1，ϕ_2 为相位角。

由这两个波产生的瞬时声压是这两个瞬时声压之和。因此，合成纯音的均方声压为

$$p_{\text{rms}}^2 = \frac{1}{T}\int_0^T (p_1 + p_2)^2\,\mathrm{d}t \tag{12.15}$$

将式(12.13)和式(12.14)代入式(12.15)并积分，可得

$$p_{\mathrm{rms}}^2 = \begin{cases} \dfrac{A_{01}^2 + A_{02}^2}{2} = p_{\mathrm{rms1}}^2 + p_{\mathrm{rms2}}^2, & \omega_1 \neq \omega_2 \\ \dfrac{A_{01}^2 + A_{02}^2}{2} + A_{01}A_{02}\cos(\phi_1 - \phi_2), & \omega_1 = \omega_2 \end{cases} \tag{12.16}$$

式中,平均时间 T 满足以下关系:

$$T \gg \frac{1}{f_{\mathrm{mim}}}$$

式中,$f_{\min}$为最低频率。因此,如果两个纯音的振幅和频率相等,相位差为零,则其合成产生的均方声压为

$$p_{\mathrm{rms}}^2 = A_{01}^2 + A_{01}^2\cos 0 = 2A_{01}^2 = 4p_{\mathrm{rms1}}^2$$

所产生的合成声压级相对于单个纯音的声压级的增加量为

$$\begin{aligned} L_{\mathrm{pCOMB}} - L_{\mathrm{p1}} &= 20\ \lg\left(\frac{2p_{\mathrm{rms1}}}{p_0}\right) - 20\ \lg\frac{p_{\mathrm{rms1}}}{p_0} \\ &= 20\ \lg 2 = 6.02 \end{aligned}$$

即约为 6dB。其中,L_{pCOMB}为合成声压级(combined sound pressure level)。

要确定两个具有相等声压幅值但不同频率的纯音相加的结果,可使用式(12.16)中的第一个表达式。这样合成声压级与单个纯音的声压级之差为

$$\begin{aligned} L_{\mathrm{pCOMB}} - L_{\mathrm{p1}} &= 20\ \lg\frac{\sqrt{2}p_{\mathrm{rms1}}}{p_0} - 20\ \lg\frac{p_{\mathrm{rms1}}}{p_0} \\ &= 20\ \lg\sqrt{2} = 3.01 \end{aligned}$$

约为 3dB。

我们所经历的大多数工业和社区噪声问题都是很多无关联声源的组合。它们的振幅和频率可能都是随机变化的。对于不相关的噪声源,可应用式(12.16)中第 2 个表达式。因此,总均方声压只不过是各个声源成分的均方声压之和。为了简化不相关噪声源的合成,可采用图 12.6 来加减噪声源。

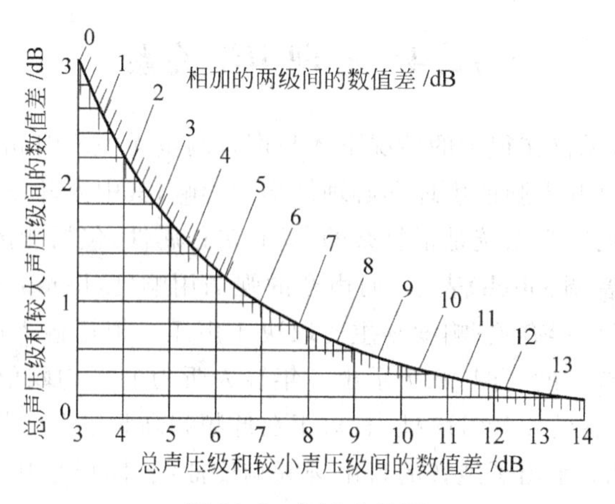

图 12.6 加减分贝图

例 12.3 某一厂房中添加了一台机器,使原来的 68dB 的环境声压级增至 72dB,问该机器所占的声压级是多少?

解：由图 12.6 可知，总声压级和原来的声压级之差为 4dB。4dB 垂直线与两分贝级之数值差曲线相交于 1.8dB 处，因此可求得该机器的分贝级为 68+1.8=69.8(dB)。

声压级随距离而衰减，在一个无损失的自由空间中，距离每增加 1 倍，声压级(L_p)就降低 6dB。这一现象解释如下。

由式(12.10)得

$$L_{p1} = 20\lg\left(\frac{p_1}{p_0}\right) \quad 和 \quad L_{p2} = 20\lg\left(\frac{p_2}{p_0}\right)$$

因此，

$$L_{p2} - L_{p1} = 20[\lg(p_2) - \lg(p_1)] = 20\lg\left(\frac{p_2}{p_1}\right) \tag{12.17}$$

根据式(12.11)，对于一个球面波有

$$\frac{p^2}{\rho c} = \frac{P}{4\pi r^2}$$

因此，

$$\frac{p_2}{p_1} = \frac{r_1}{r_2} \tag{12.18}$$

联立式(12.17)和式(12.18)，可得

$$L_{p2} - L_{p1} = 20\lg\left(\frac{r_1}{r_2}\right) \tag{12.19}$$

在一个自由场中，如果点 B 到声源的距离是点 A 到声源距离的 2 倍，那么点 A 与点 B 之间的声压级之差为

$$L_{pA} - L_{pB} = 20\lg\left(\frac{r_B}{r_A}\right) = 20\lg 2 = 6.02 \quad (\text{dB})$$

要注意的是，式(12.19)所表示的关系仅在自由场条件下成立。反过来，在某些情况下，也可以用该关系式来验证是否是一个自由场。

12.4 心理声学关系

如前所述，人的听觉仅在很少的情况下才与声音测量无关。因此，测量声音的系统和技术不可避免地受到人耳和人脑的生理和心理结构的影响，其中人耳作为传感器，而人脑则作为最终的评价器。人的听觉系统是很复杂的，具有多种属性，包括能区分声音高低和强弱的属性。声音的高低用音调(pitch)表示，而声音的强弱用响度(loudness)表示。音调与声音频率有关，也与声压及波形有关；响度则主要取决于声压。根据输入声音的幅值和频率，人的听觉系统是相当非线性的。图 12.7 示出了年轻人听力的平均阈值和声音忍受度。可以看到，最大灵敏度发生在约 4 000Hz 处，且对于在低频和高频段上的相同接收度则需要相对较大的声压级。图 12.8 示出了纯音的自由场等响度曲线，同样是从对人耳的测量得来的。从图中可以看出，人耳的频率响应是十分不平坦和非线性的。

响度是对声音收听者判断声音相对大小或相对强度的一种量度，因此是一个主观量。它依赖于从声源发射的物理波形以及作为声音接收器的许多人听觉系统的平均值。该量用"响度级"测量，单位为方(phon)。用 phon 表示的响度级在数值上等于频率为 1 000Hz 时

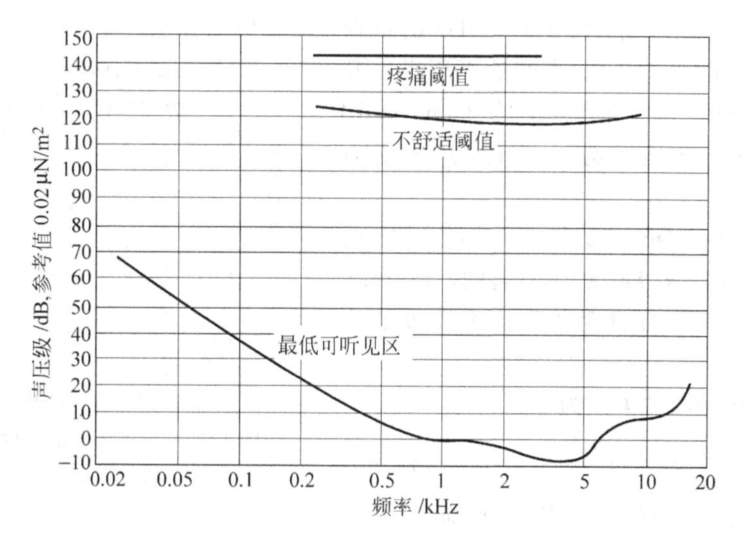

图 12.7 良好听觉的年轻人的听觉阈值和对声音的忍受度

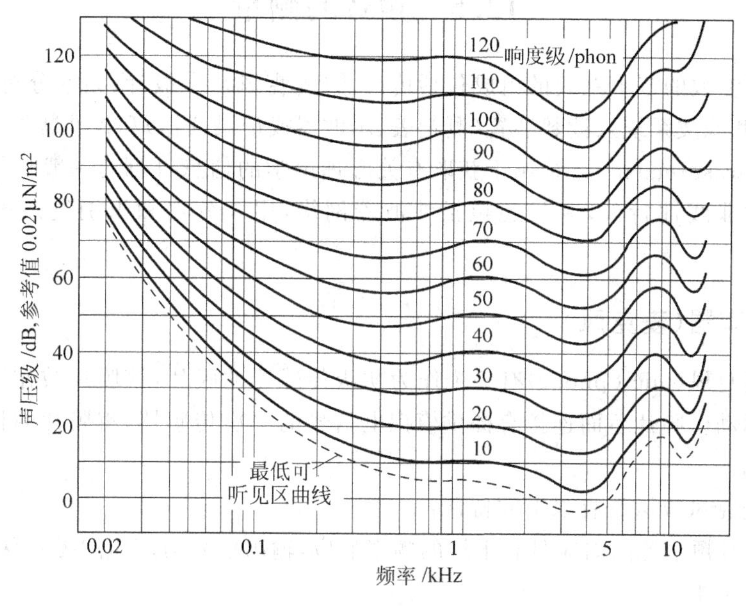

图 12.8 纯音的自由场等响度轮廓线

用 dB 表示的声压级。图 12.8 中每根曲线均标以响度单位“phon”,其中 0phon 等价于人的听觉阈值。注意:对于图 12.8 中的每一条等高线,响度级和声压级仅在 1 000Hz 处的一个点上相等。另外,图 12.8 中的等响度轮廓线是以纯音为基础的。复杂声音的响度级在 12.7 节中讨论。

为进一步理解图 12.8 中的曲线,首先注意在 1 000Hz 上 30dB 的声压级对应于 30phon。平均起来,一个人要感觉到 100Hz 时 30phon 的响度,需要 44dB 的声压级;9 000Hz 时为 40dB;等等。

用方表示的响度级是一个对数量。另外还常使用另一种度量声音强度的线性单位——宋(sone),用它来测量响度(注意响度与响度级的区别,响度的单位“sone”不是对数刻度)。

1sone 等于一个声压级为 40dB、1 000Hz 的单音的响度(也对应于 40phon)。声音的声压级每升高 10dB,响度增加 1 倍。如 50dB 为 2sone,60dB 则为 3sone,一个 n 倍响亮的单音,其响度为 $n$sone,等等。

由上可知,单位"sone"是与 1 000Hz、40dB 的一个普通纯音的声压级联系在一起的。图 12.9 表示了用 sone 表示的响度和其他声压级值的关系。

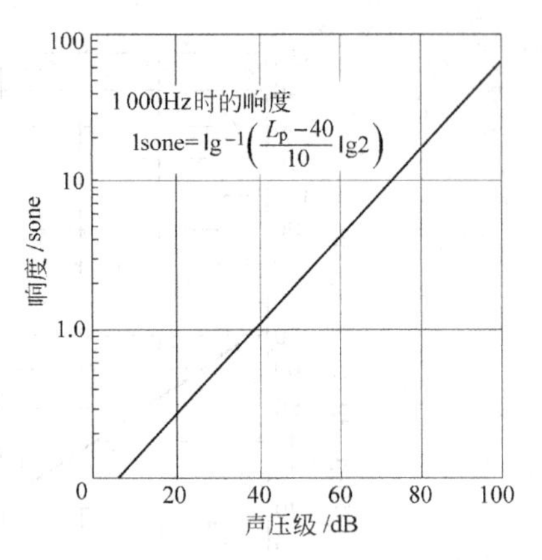

图 12.9 用宋表示的响度和声压级之间的关系

响度和声压级间的关系为

$$S_0 = 2^{\frac{L_p-40}{10}} \tag{12.20}$$

式中,S_0 为响度,sone;L_p 为声压级,phon。

12.5 声音的测量

测量声音参数的基本系统的组成包括传声器(麦克风)、声级计、频率分析仪、中间调整装置(放大器和滤波系统)、读数装置(测量表、示波器或记录仪器)和校准装置。大多数声音测量(sound measurement)系统用于获取有关心理声学的信息,因此,一般将仪器设计成具有类似人耳的非线性特性,并且还包括滤波器网络,用来分离和识别复杂声音的各频率成分。

12.5.1 传声器(麦克风)

大多数麦克风(microphone)有一个作为初级传感器的膜片,该膜片被作用在其上的空气所激励而运动。膜片后面连接有提供模拟电信号的二次传感器,将膜片的机械运动转换为电信号输出。

理想的麦克风应该具有以下的特性:

(1) 在可听频率范围内应具有平坦的频率响应,输出信号与声压间无相移。

(2) 无方向性。

(3) 在全部动态范围上具有可预知的、可重复的灵敏性。

(4) 在待测的最低声级上,输出信号应是系统内部噪声级的数倍,即信号应具有高的信噪比。

(5) 最小的尺寸和重量。

(6) 输出不受声压以外其他环境条件的影响。

实际上很难有一个麦克风能满足上述所有条件,测量时应根据实际的要求来选择合适的麦克风类型。

普通的麦克风按照二次传感器可分类如下:

(1) 电容器式;

(2) 晶体式;

(3) 电动力式(动圈式或带式);

(4) 炭精式。

电容器式麦克风是声音测量中最常用的麦克风。它配置有一个张紧的金属膜片,厚度为 0.002 5~0.05mm。该膜片组成空气介质电容器的一个动极板(图 12.10)。可变电容器的定极板是背极,上面有多个孔和槽,用作阻尼器。膜片运动时产生的气流通过这些孔或槽来产生阻尼,从而抑制膜片的共振振幅。因声压冲击所导致的膜片运动而产生一个输出电压 $E(t)$:

$$E(t) = E_{\text{bias}} \frac{d'(t)}{d_0} \tag{12.21}$$

式中,E_{bias} 为极化电压;d_0 为极板间的原始间距;$d'(t)$为由声压波动导致的极板间距的变化。

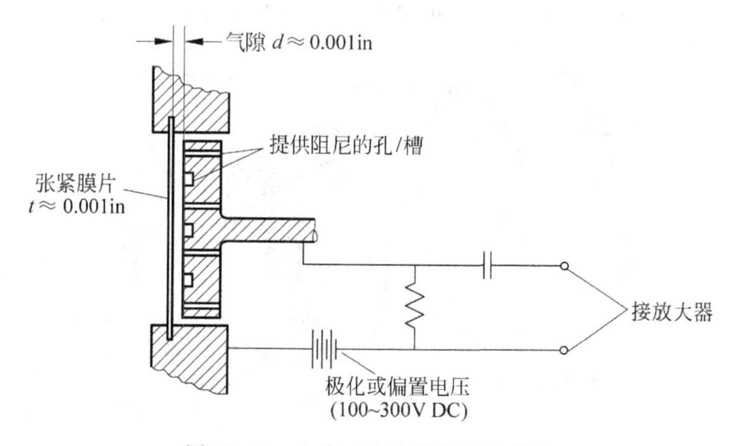

图 12.10 电容式麦克风结构示意图

麦克风的可变电容器和一个高阻值的电阻串联,并被一个 100~300V 的直流电压所极化。极化电压起着电路激励源和确定无声压时膜片中性位置的作用,因为在电容器两极板间存在有一个静电吸引力。在恒定的膜片偏移情况下,没有电流流经电阻,因而也没有输出电压。因此对膜片两端的静态压力差没有响应。当膜片上作用有一个动态压力差,即有声压作用时,导致电容发生变化,于是有电流流经电阻,产生一个输出电压。该电压通常输入到一个高阻抗(>1GΩ)的前置场效应管跟随放大器,其增益常小于 1,主要用来防止麦克风的负载效应。其输出阻抗很低(<100Ω),从而能使其输出信号容易连接到长的传输线和低阻抗负载上,不使信号幅值产生明显衰减。

声压转换为麦克风输出电压的过程较复杂。总体来说,膜片的运动可以用一个二阶单自由度的弹簧-质量-阻尼系统来描述。结合后续的处理电路,一个电容器式麦克风的频率响应函数可用图 12.11 来表示。有关其传递函数的推导请参见参考文献[7]。

电容器式麦克风广泛地用作声音测量初级传感器。

晶体式麦克风使用压电类(锆钛酸铅)元件,其结构如图 12.12 所示。为得到最高的灵敏度,一般做成一个悬臂梁式元件机械地连接到金属锥形膜片上的结构形式,通过对材料的弯曲作用来激活麦克风。其他结构也有采用膜片和元件之间直接接触,或通过黏接(元件弯曲放置)的方式,或用直接支承(元件受压)的方式。晶体麦克风广泛地用于严格的声音测量。

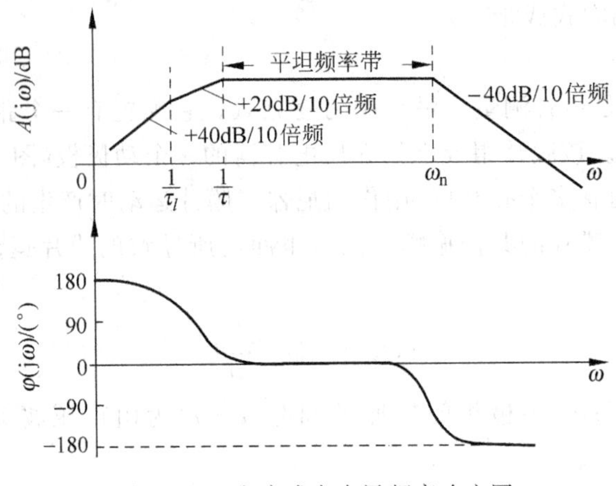

图 12.11 电容式麦克风频率响应图

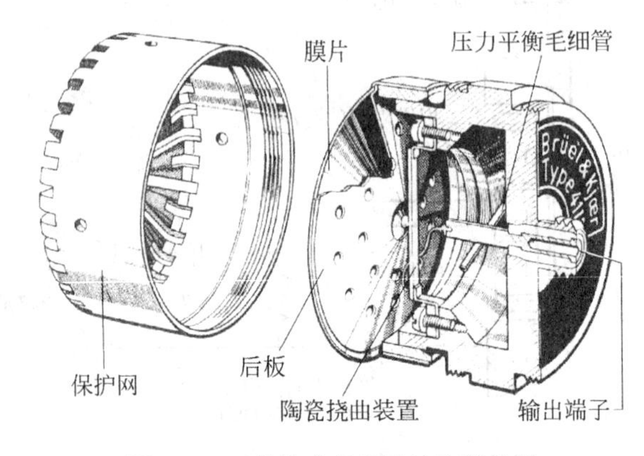

图 12.12 晶体式麦克风结构部件图

驻极体传声器或麦克风是电容器式麦克风的一种特殊形式，其结构如图 12.13 所示。它与普通电容器式麦克风的区别在于，电容器式麦克风需要一个外部极化电压，但驻极体式麦克风是自极化的，其电荷永恒地存在于膜片之中。膜片由一个塑料薄片组成，薄片的一面

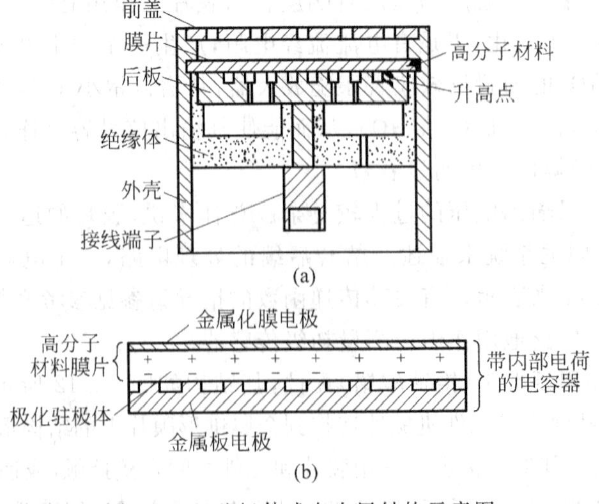

图 12.13 驻极体式麦克风结构示意图

覆盖有导电涂层，作为电容器的一个极板。

电动力式麦克风应用的是磁场中运动导体的原理。一般用一个永磁铁来提供该磁场，这种传感器实际上是一种可变磁阻型传感器。随着膜片的移动，所产生的感应电压正比于线圈相对于磁场的运动速度，由此产生一个模拟电信号输出。这种传感器有两种不同的结构：动圈式(图 12.14)和带式。后一种类型的感应部件由一个金属带形式的元件组成，该元件起着“线圈”和膜片的双重作用。

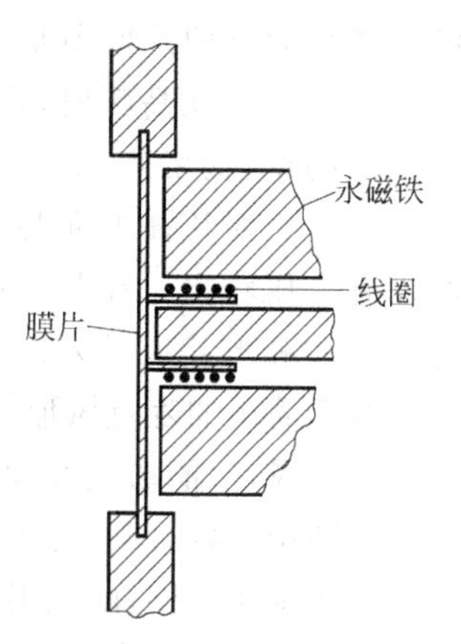

图 12.14 电动力式麦克风结构示意图

由于动圈式麦克风本质上是一种磁电式传感器，因此可视为一个单自由度振动系统。对其频率特性的分析请参见 4.9 节“磁电式传感器”的内容。

炭精麦克风的二次传感器组成有一小盒炭粒，炭粒的电阻会随着膜片所感应到的声压而变化。但由于它的高频和低频响应都很有限，因此不能用于严格的声音测量。但炭精麦克风有限的频率特性加上它的耐用性，却很适合作为普通电话听筒的发射装置。

电容式麦克风在声音测量中应用得最为广泛，其次是晶体式麦克风。在所有的声音测量中，传感器(麦克风)的存在都不可避免地改变或增加被测信号的负载，因此麦克风应该具有尽量小的尺寸。然而尺寸，尤其是麦克风膜片的直径，对测量灵敏度和响应特性有重要的影响。因此，麦克风的尺寸应该选择合适，最终的选择必须根据特定应用所提出的要求来进行权衡。表 12.2 是几种典型麦克风的特性比较。

表 12.2 典型麦克风的特性比较

麦克风类型	工作原理	相对阻抗	线性度	优　点	缺　点
电容器式	电容的	非常高	极好	稳定性好，能保持标定值；对振动不灵敏；量程范围广	对温度和压力变化敏感；较脆弱；需要高极化电压；需要靠近麦克风的阻抗耦合装置
晶体式	压电的	高	好～极好	自发电的；可做成密封型；相对耐用，便宜	需要阻抗匹配装置；对振动较敏感
电动力式	磁阻的	低	好	自发电的	尺寸大
炭精式	电阻的	中等	差	非常耐用，便宜	极有限的频率范围

麦克风的频率响应具有十分重要的意义。同样重要的还有对不同声波长和传播方向的频率响应的效应。这些动态性能问题是声学测量所特有的，也是其他测量中不经常遇到的。

麦克风的压力响应是指麦克风膜片上受到均匀声压时，麦克风输出电压与该声压之比。麦克风的压力响应通常可通过理论计算，或采用多种认可的方法实验测定。

一般都希望得到麦克风的自由场响应，它是指在把麦克风放置于声场之前存在于该麦克风位置处的声压和麦克风的输出电压之间的关系。当将麦克风置于声场中时，由于它的声阻抗完全不同于它所在之处介质(空气)的阻抗，麦克风会干扰压力场。因此，真正的自由场条件是无法被测量的。事实上，对大多数应用来说，麦克风连同膜片可被视为一个刚体。撞击在该刚体上的声波会引起复杂的反射，它们与声波的频率、传播方向以及麦克风的体积和形状有关。低频时，当声波波长与麦克风尺寸相比很大时，无论声波传播方向与膜片间所形成的入射角怎样，反射的效应均可忽略，此时的自由场响应便等于压力场。在高频时，声音波长比麦克风尺寸要小许多，此时麦克风的作用如同一个无限大的壁，而麦克风膜片表面上受到的压力在入射角为 0°时便等于没有麦克风时的压力的 2 倍。对传播方向与膜片平行（90°入射角）的声波，膜片表面上的平均压力为零，因此没有电压输出。在甚低频和甚高频之间，反射的效果很复杂，取决于声波长（频率）、麦克风尺寸和形状以及入射角。

对于简单的麦克风形状，如球形或圆柱形，一般能够进行理论计算。但对普通的复杂形状的麦克风，只能通过实验来得出它们的频率特性。图 12.15 示出了麦克风的频率响应特性。从图中可以看到，对于很低的频率范围，如低于几千赫兹，因麦克风的存在所引起的压力值变化很小。同样，入射角的影响也几乎可以忽略不计，通过减小麦克风的尺寸可进一步扩大这段平坦的频率范围。但麦克风的尺寸小了，其灵敏度也会降低。这种尺寸效应直接与麦克风的相对尺寸以及声波长有关。空气中声波的波长 λ（单位为 m）一般约为 $330/f$。

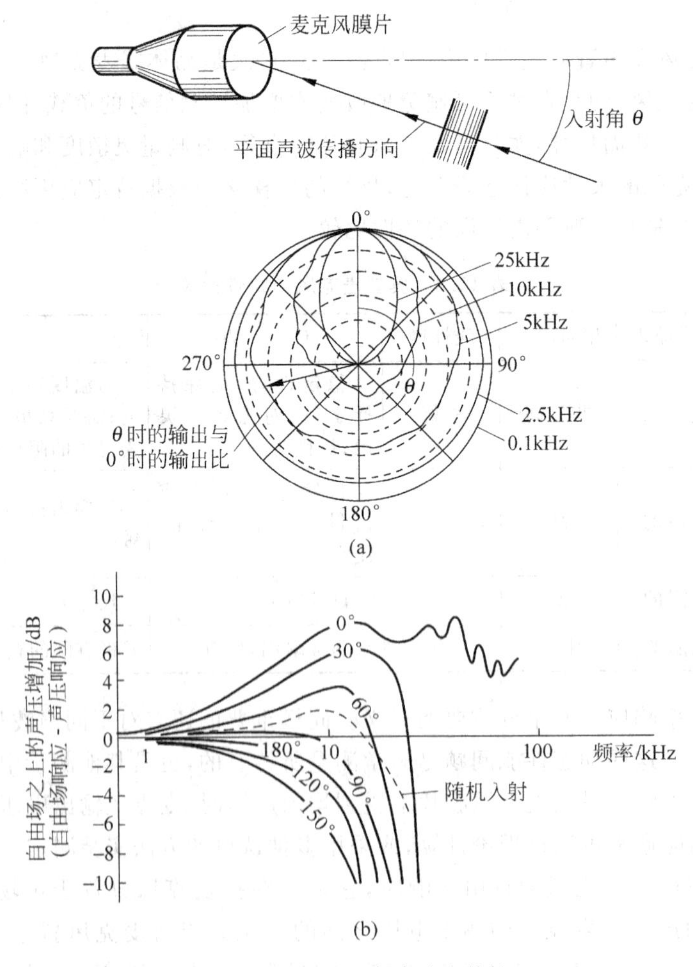

图 12.15 麦克风频率响应特性

(a) 柱形麦克风的方向特性；(b) 反射效应和入射角关系

当λ与麦克风膜片直径相比为相当时,则会产生显著的反射效应。例如,一个1in(2.54cm)直径的麦克风在高于13 000Hz的频率范围上不会产生好的频率响应。当然采用改进的机械设计可以改善上述限制条件。

图12.15(b)示出的反射效应和入射角关系曲线是一种所谓的"随机入射"响应曲线,这是指对一种扩散声场的响应。所谓扩散声场是指声音等价地从所有方向传播到麦克风,所有方向上的声波强度都相等,而在麦克风位置处声波的相角是随机的。我们可以构筑一个具有不规则形状的墙壁并且放置有不同尺寸和形状的物体的房间来近似这样一种声场。放在该房间中的一个声源会在房间中的任何一点引起一个扩散声场。这种条件可以用来对麦克风进行标定,因为许多声学测量发生在不能给出完全随机入射的情况下,因而也就不能产生完全纯的平面波。对麦克风的标定能够给出在一定入射角条件下的压力响应和自由场响应,入射角通常为0°和9°。图12.16示出了典型的标定曲线。

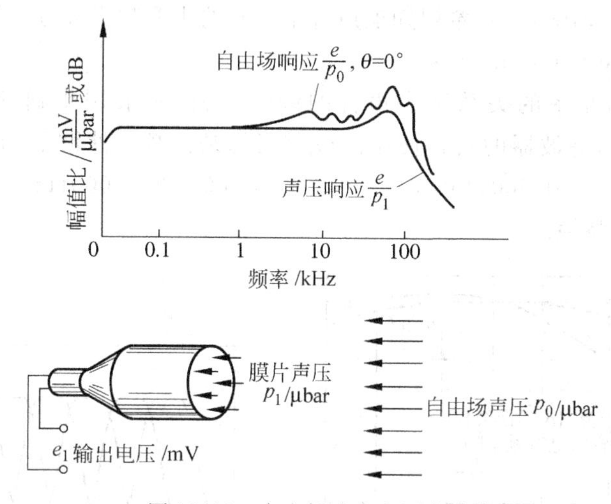

图12.16 自由场响应和压力响应

12.5.2 声级计

声级计(sound level meter)接收输入的声压,输出一个与声压成正比的计示读数。声级计通常包含由滤波器组成的权重网络,用于粗略地将仪器响应与人的听觉响应相匹配。因此,声级计的读数就包括了心理声学的因素,并能依据人耳测量系统的能力给出一个评判声音大小的数值。

图12.17示出了典型声级计的框图。当它结合读数装置来使用时,该系统也称为声级记录仪。

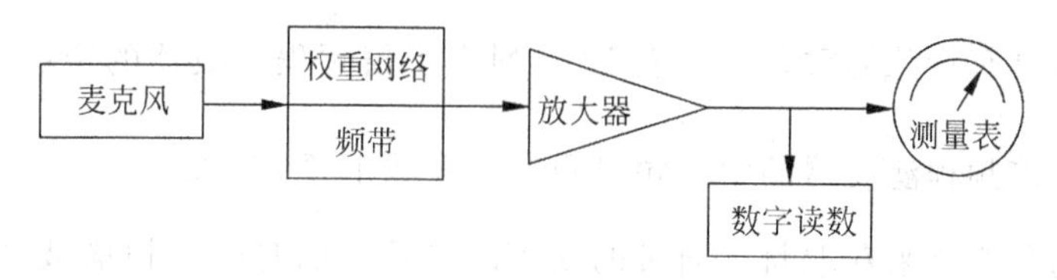

图12.17 典型声级计或声级记录仪的框图

由于人耳的频率响应是非线性的，因此声级计的频率特性应模拟人耳的频率特性。图12.18显示了一种声级计标准化加权特性，可通过对声级计仪器的设计来加以选择。由图中可以看到，其中滤波器的响应有选择地在低频和高频上较弱，非常类似于人耳的频率响应。习惯上，将特性曲线 A 用于低于55dB的声级，特性曲线 B 用于55～85dB的声级，特性曲线 C 用于大于85dB的声级。分别读取每个网络的读数就可得到有关声音频率成分组成的一般特性。

声音常常是宽带的，且具有随机的频率分布特性，也可以包括离散的单音。这些因素都将影响到声级计读数。

12.5.3　声音信号的频谱分析

测定声压或声级的值虽然提供了对声强的度量，但没有指示出声音频率是如何分布的。实际工作中，常常为了消除噪声，希望知道声音中涉及的主要频率成分。因此要对声音做频谱分析(frequency spectrum analysis)。

测定声音强度与频率的关系称为声音的频谱分析，一般用带通滤波器来实现。在5.3.4节中介绍了各种滤波器的组合使用。最常用的是倍频程滤波器，它们具有如下的中心频率：31.5，63，125，250，500，1 000，2 000，4 000，8 000和16 000Hz。图12.19描绘了这些滤波器的典型频率特性。

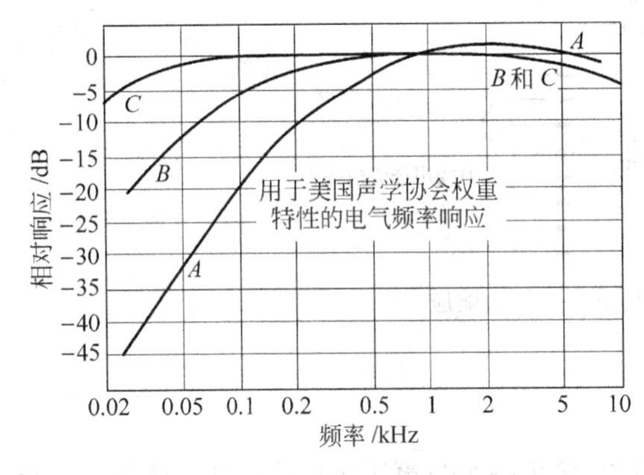

图12.18　声级计的标准加权特性

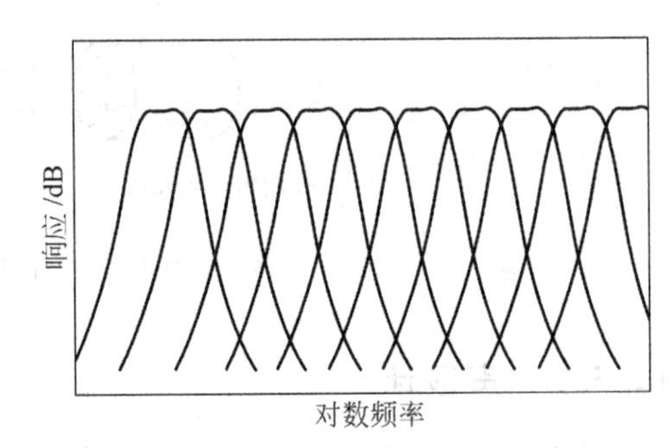

图12.19　带通式声音分析器的典型交叠滤波器特性

除了倍频程划分法外，也使用$\frac{1}{2}$，$\frac{1}{3}$，$\frac{1}{10}$和其他分倍频程的划分法。虽然耳朵能够在存在有其他音调时辨别出纯音来，但它倾向于在大约$\frac{1}{3}$倍频程的区间上综合复杂的声音，因此$\frac{1}{3}$倍频程分析器具有特殊的重要性。表12.3列出了倍频程滤波器的中心频率和上下限截止频率。有关$\frac{1}{3}$倍频程滤波器的中心频率和上下限截止频率请参见表5.2。

使用简单的分析器来获取每个通带的读数需要较长的时间来扫描被分析频率的范围。数据量不仅随着带宽的减小而增加，且当所需测量时间增加时，也要求声源具有很好的恒定性。对后一问题的解决方法是使用磁带记录仪进行采样，然后再分析被记录的声音。因此要求磁带记录仪的质量必须特别好。

最后，对声音的谱分析要用到快速傅里叶变换(FFT)。关于这方面的内容已经在2.3节中做了详细介绍，此处不再赘述。

表 12.3 倍频程频带极限范围

倍频程		
中心频率	下限	上限
31.5Hz	22.4Hz	45Hz
63Hz	45Hz	90Hz
125Hz	90Hz	180Hz
250Hz	180Hz	355Hz
500Hz	355Hz	710Hz
1kHz	710Hz	1.4kHz
2Hz	1.4kHz	2.8Hz
4Hz	2.8Hz	5.6Hz
8Hz	5.6Hz	11.2Hz
16Hz	11.2Hz	22.4Hz

12.6 工业和环境噪声的测量与分析

12.6.1 等效声级 L_{eq}

为研究工业或环境噪声中的长时间趋势，常使用等效声级 L_{eq} 来描述噪声的历史。等效声级(equivalent sound level)是指能够在与实际噪声历史相同的时间(T)内产生出相同的声音能量的连续分贝级。

将均方声压在所需时间间隔上进行平均，再转换为分贝便可得到等效声级，数学表达式为

$$L_{eq} = 10\lg\left(\frac{\overline{p_{rms}^2}}{p_0^2}\right) \tag{12.22}$$

式中，$\overline{p_{rms}^2}$ 为均方声压的时间平均。

因为 $L_p = 10\lg\frac{p_{rms}^2}{p_0^2}$，有

$$\frac{p_{rms}^2}{p_0^2} = 10^{L_p/10} \tag{12.23}$$

式(12.22)因此改写为

$$L_{eq} = 10\lg\left(\frac{1}{T}\int_0^T 10^{L_p/10}\mathrm{d}t\right) \tag{12.24}$$

式中，L_{eq} 为等效声级，dB；L_p 为均方根声压级；T 为规定的平均时间。

等效声级是一种能量平均，它不同于声级的算术平均值和中值声级。在等效声级中占支配地位的通常是高均方根声压级的读数。20dB或远低于峰值级的读数对等效声级的贡献很小，因此常常忽略。大多数积分式声级计能够对使用者所指定的任何平均时间自动计算出等效声级来。典型的平均时间为几分钟到数天，取决于特定的使用情形。图12.20示出了一个随时间变化的声压级(L_p)读数及其等效声级(L_{eq})之间的差。等效声级值可用任何加权刻度进行测定，但最常用的是A加权刻度(见图12.18曲线A)。

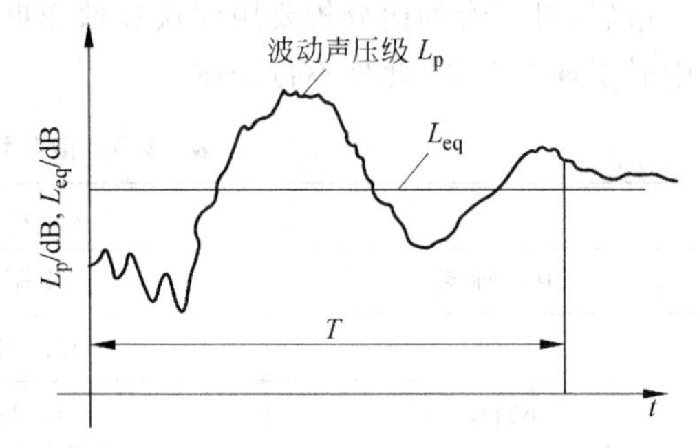

图12.20　声压级(L_p)和等效声级(L_{eq})的比较

某些具有瞬态性质的噪声信号，如飞驰过观察者身旁的汽车，头顶上飞过的飞机或锻造机械工作时产生的冲击噪声，用普通的声压级测量技术不能够可靠地获取它们，而且即使能够获取，也难以对它们做分析。对此可采用声曝级L_{exp}(sound exposure level)来测量。声曝级定义为

$$L_{exp} = 10\lg\left(\int_0^T 10^{L_p/10}\mathrm{d}t\right) \tag{12.25}$$

式中，T表示时间，且$T=1.0$s。

可以看到，式(12.25)与式(12.24)基本相同，所不同的仅仅是式(12.25)中的平均时间T现取为1.0s。因此声曝级测量法可视为等效声级测量法的一个特例。

比较式(12.24)和式(12.25)可以看到，

$$L_{exp} = L_{eq} + 10\lg T \tag{12.26}$$

声曝级值和等效声级值仅对于较大的平均时间T才有重大的差异。由于声曝级是对声波能量的一种度量，且它被归一化到1.0s的时间，因此可用声曝级读数来比较非相关的两个噪声事件。

12.6.2　声强的测量

当一个空气微粒偏离其平均位置时，会有一个临时的压力增加。压力增加表现为两种方式：一种是使微粒恢复其原始位置；另一种是将扰动传递给下一个微粒。压力增加和降低的周期的传播便形成声波。在传播过程中空气微粒的压力和速度会围绕一固定位置振荡。

因此，声强(sound intensity)是压力和微粒速度的乘积，即

$$\begin{aligned}声强 &= 压力 \times 微粒速度 \\ &= \frac{力}{面积} \times \frac{距离}{时间} = \frac{功}{面积 \times 时间} = \frac{功率}{面积}\end{aligned}$$

在一个主动场中，压力和微粒速度同时变化，且压力和微粒速度同相位。只有在这种情况下，强度的时间平均值才不等于零。因此将声强定义为

$$I_r = \frac{1}{T}\int_0^T p u_r \mathrm{d}t \tag{12.27}$$

式中，p为某一点的瞬时压力；u_r为在r方向上的空气微粒速度。

某一点的空气微粒速度可根据该点的压力梯度表示为

$$u_r = -\frac{1}{\rho}\int_{-\infty}^{t}\frac{\partial p}{\partial r}\mathrm{d}t \approx -\frac{1}{\rho}\int_{0}^{t}\frac{p_B - p_A}{\Delta r}\mathrm{d}t \tag{12.28}$$

式中,用有限差分逼近代替偏导数。如果压力 p 用平均压力代替,则由式(12.27)所确定的声强可以改写为

$$I_r = -\frac{1}{T}\int_{0}^{T}\frac{p_A + p_B}{2\rho}\left(\int_{0}^{t}\frac{p_B - p_A}{\Delta r}\right)\mathrm{d}t \tag{12.29}$$

式中,ρ 为空气质量密度;Δr 为点 A 和点 B 间的距离;p_A 和 p_B 为点 A 和点 B 各自的瞬时压力;T 为平均时间。

实践中常用一种双麦克风法来测定声强。将两个麦克风面对面放置,并且用隔离物隔开一个距离 Δr,如图 12.21(a)所示。图 12.21(b)示出了声强测量系统的方向特性。如果角度 $\theta=90°$,则声强分量为零,因为在被测的压力信号间没有差别。常使用这一特征来确定复杂声场中的噪声源位置。

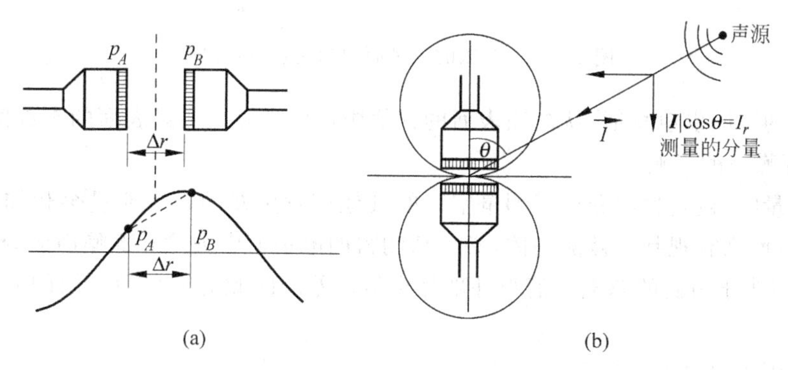

图 12.21 声强测量系统

(a) 麦克风间距和压力梯度近似;(b) 被测的声强分量

声强分析系统由一个双麦克风探测器系统和一个分析器组成。麦克风探测系统用于测量两个声压 p_A 和 p_B,分析器则将两者进行合成来得出声强。

12.6.3 声压的测量

迄今为止,对噪声源的声功率测量都是根据球面波声传播理论的方法进行的。噪声源位于球面中心,在一个反射表面上进行自由声场传播。测量时要考虑一个外部噪声校正值 K_1 和一个传播空间影响校正值 K_2,并用多个声功率电平进行平均来求出根据 A 特性曲线(见图 12.18)评价的声功率电平 L_{WA}:

$$L_{\mathrm{WA}} = L_{\mathrm{p}A} - (K_1 + K_2) + L_{\mathrm{S}} \tag{12.30}$$

式中,$L_{\mathrm{p}A}$ 为平均声压(sound pressure)电平;K_1 为外部噪声校正值;K_2 为测量空间影响校正值;L_{S} 为测量表面参数。

各个声压电平是在距噪声源一个规定的距离上,在被测物体的假想包络面上进行测量的。测量表面积 S 则是在一个固定的距离 d 上计算出来的被测物体理想化的几何形状表面。图 12.22 示出了一台中等大小机床的测量点布置情况。首先在包络面的顶部 4 个角上确定 4 个测量输出点,通过均匀分布的其他测量位置,便能精确知道机床的总的噪声特性以

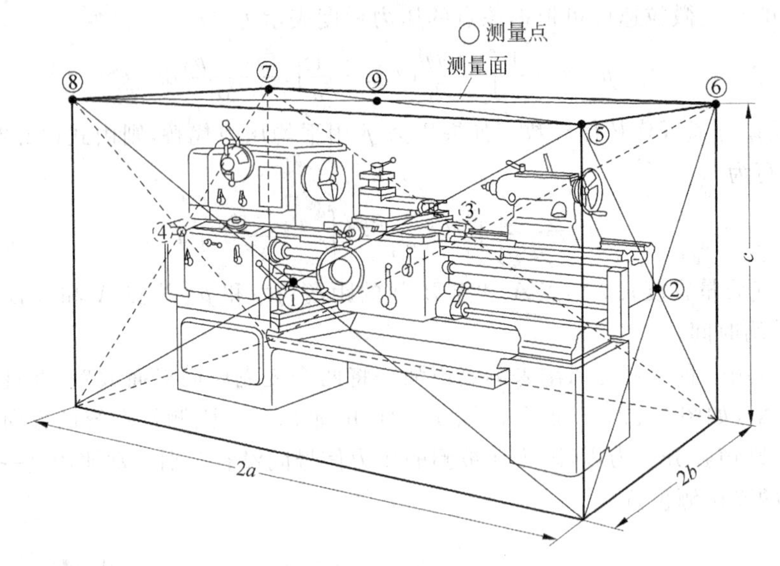

图 12.22 车床的测量面积和测点布置情况

及它们局部的不同发射特征，从被测表面的数值中可以计算出测量表面的参数值。

1. 外部噪声的影响

声音测量时，被测物体和位于测量空间的其他声发生器的声音能量会相加。为确定噪声发射源，从而来客观判断被测物体，必须从测得的电平值中去除外部噪声成分。外部噪声校正值 K_1 取决于被测的总电平值与外部噪声值之差。因此通常采用专门的方法来分离外部噪声分量。

2. 测量空间的影响

测量空间对声压电平的反作用是通过校正值 K_2 来得到的。它把声音在周围墙壁上的反射和各个测量点上声压电平的增量关联起来。利用该 K_2 值便能研究不同的空间特性。为得到声功率电平，要将 K_2 从平均声压电平中减去。根据图 12.23，可从被测空间体积对被测表面积的比值中得出 K_2 值。其中被测空间体积和空间设备假定为已知。

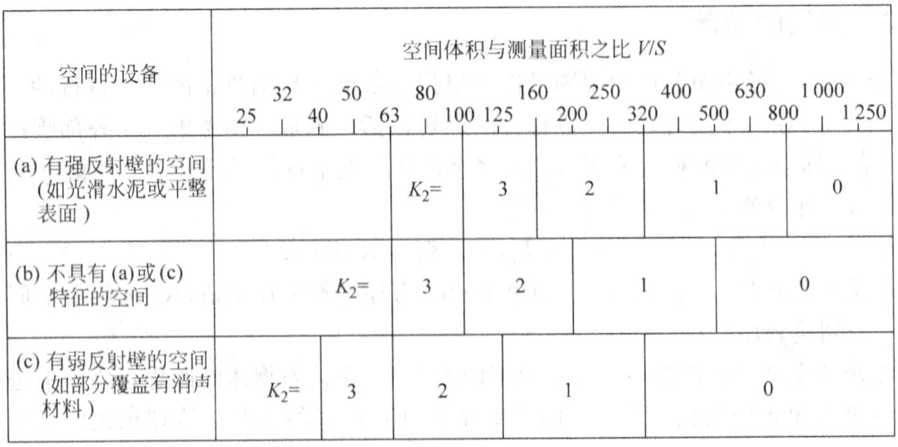

<table>
<tr><th rowspan="2">空间的设备</th><th colspan="10">空间体积与测量面积之比 V/S</th></tr>
<tr><th>25–40</th><th>40–63</th><th>63–100</th><th>100–125</th><th>125–160</th><th>160–200</th><th>200–320</th><th>320–500</th><th>500–800</th><th>800–1 250</th></tr>
<tr><td>(a) 有强反射壁的空间（如光滑水泥或平整表面）</td><td colspan="2"></td><td>K_2=</td><td colspan="2">3</td><td colspan="2">2</td><td colspan="2">1</td><td>0</td></tr>
<tr><td>(b) 不具有 (a) 或 (c) 特征的空间</td><td colspan="2">K_2=</td><td>3</td><td colspan="3">2</td><td colspan="2">1</td><td colspan="2">0</td></tr>
<tr><td>(c) 有弱反射壁的空间（如部分覆盖有消声材料）</td><td>K_2=</td><td>3</td><td colspan="2">2</td><td colspan="3">1</td><td colspan="3">0</td></tr>
</table>

图 12.23 K_2 值的确定（单位：dB）

空间影响的一个更为显著的参数值是在声源距离增加 1 倍时所产生的声压电平的下降值。对具有理想反射特性的房间来说，该参数最小值为 0，而当声音能无干扰地传播时，比如在自由场的情况下或在低反射的房间中，该值为 6dB。一般的房间中，该值位于上述两值之间。

12.7　声学测量中应注意的几个问题

以上已经看到，对所有的测量，测量行为将破坏被评价的过程。麦克风膜片上存在的声压并不等于在没有麦克风时该位置上应该具有的声压。真正的自由场条件实际是不能测量的。膜片的刚度特性和外壳性质等并不对应于它们所移动的空气的性质。对于波长小于膜片尺寸的声波（高频），膜片具有无穷大墙壁的特性；而对于垂直到达膜片表面的声波，压力值接近于不存在膜片时值的 2 倍。对于波长是膜片直径几倍的声波，该效应可以忽略。另外，对于其他入射角的波，该效应是减弱的（参见图 12.15）。

因此，一般的做法应避免麦克风直接指向声源。应该使用接近于 90°（切向）的入射角。但要注意的是，在混响声场中，由于存在着来自墙壁反射等的多重声源，因此要进行判断，并仔细地考虑各种不同情况。也有人建议使用接近于 70°的入射角。

上述问题的一个例外情况是在当人们试图隔离离散声音的输入，并且还同时使用谱分析器或频带分析器时。这种情况下，有可能希望将麦克风故意指向所怀疑的区域，并将麦克风放在比其他情况下离声源更接近的地方。

一般在测量时，应将麦克风放置在离声源多远的距离上呢？图 12.24 示出了一种由多个声源形成声场的典型情形，这些声源由很多单独的噪声发生器如齿轮、轴承、机器壳体等组成。图中的阴影区表示这样一个距离范围，在该范围上，假定输入是恒定的，麦克风的横向移动会产生声压级读数的变化。在近距离区间上，可以辨认出离散声音源。而当距离变化大时，图中的远场是交混回响的，此时反射源会导致声压级的变化。

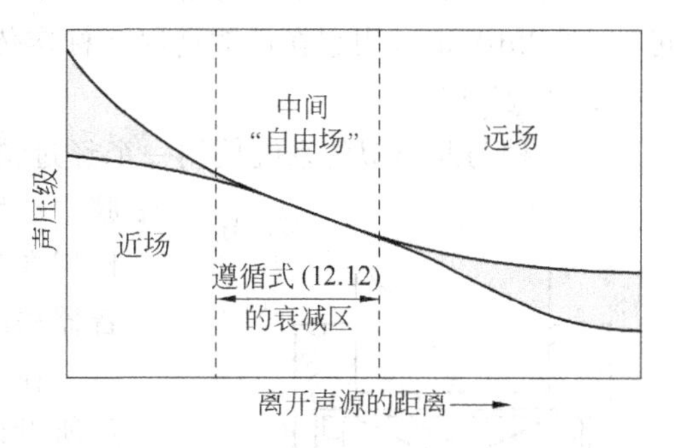

图 12.24　取决于麦克风位移的典型声压级变化情况

在自由场区间上，麦克风的横向移动不应产生或应很少产生读数差异。另外，朝向或远离声源的运动应提供近似于式（12.19）的读数。在很多情况下不存在自由场区间，近场和远场情况常常交叠在一起。

12.8　声学测量仪器的标定

所有的声音测量仪器在使用前均要进行标定。比如用声级计测量声压时，应经常对它进行标定，以确保声压级读数的准确性。和大多数机电测量系统一样，一个声音测量系统包括一个传感器（麦克风），后面接一个电的信号调理级和某种信号读出装置。系统标定时先引入一已知的声压变化，并将该已知值与系统读数进行比较。实际中常常对系统的不同部件分别进行标定，比如，对声级计的标定，常提供一种对其电调理级和读出级的简单校验方法。其中用一个严格控制和已知的电压来替代麦克风输出，并对特定的仪器将读数调节到一个预定值来进行校验。在整个过程中忽略了麦克风的影响，这种方法比较简便。通常采用的标定方法有以下 4 种。

1. 活塞发声器法

如图 12.25 所示，活塞发声器包括一个刚性空腔，其一端连接待标定的传声器，另一端连接一个小圆筒。在该小圆筒中，通过凸轮或连杆驱动使活塞在圆筒内以 250Hz 的频率作简谐运动，造成空腔中气体体积的变化，使气体压力随时间作正弦运动，产生一个预标定的声压级 124dB。测定活塞运动的振幅则可求出腔内声压的有效值：

$$p=\frac{\xi_0 A\gamma P_0}{V}\eta \tag{12.31}$$

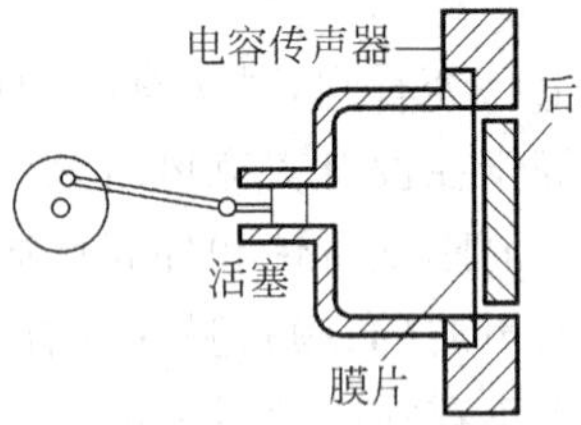

图 12.25 活塞发声器法的原理示意图

当 $A\xi_0 \ll V$，且 $\eta\approx 1$ 时，上式简化为

$$p=\frac{\xi_0 A}{C_A} \tag{12.32}$$

式中，C_A 为空腔的声顺，$\mathrm{m^3/N}$，$C_A=\dfrac{V}{\gamma P_0}$；$V$ 为活塞平均位置*时空腔的有效容积，$\mathrm{m^3}$；A 为活塞面积，$\mathrm{m^2}$；ξ_0 为活塞运动时的均方根振幅，m；η 为非完全绝热过程的修正系数，$\eta=0.992\sim0.995$；γ 为比热比，对 20℃的干空气，$\gamma=1.402$。

用活塞发生器可以标定精密的声级计，在频率为 250Hz、声压级为 124dB 时，其准确度可达±0.2dB，也可用它在低频情况下标定传声器。

2. 扩音器法

另一种与此类似的系统使用一个经过精确标定的扩音器作为驱动器。在一个声音耦合腔中产生一个 1 000Hz 的精确给定声压级的声压，作为作用在麦克风膜片上的标准信号。图 12.26 示出了扩音器法的原理。

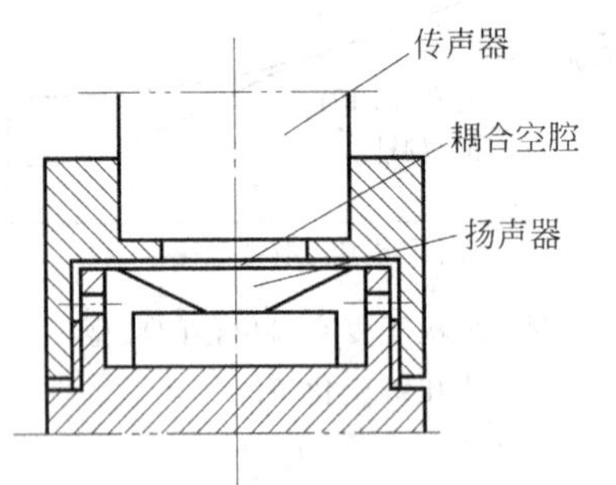

图 12.26 扩音器法的原理示意图

在上述两种情况下，只有在驱动器和麦克风之间使用所设计的耦合腔体时，才能保持正确的标定。因此，将这类标定器限制为能兼容的麦克风，亦即出自同一厂家的麦克风。

3. 互易法

该法是一种绝对标定法。除了待试验的麦克风外，还需要一个可逆线性传感器和一个具有适当耦合腔体的声源。其原理与振动传感器的互易标定法相似。用该法可测定麦克风的压力响应和自由场响应。

标定过程分为两步。首先，给试验麦克风和可逆传感器施加普通声源，并测定两者的输

---

* 平均位置指活塞的两个终端位置间的平均位置，也称为中间位置。

出 E_1,E_2,求出每个麦克风的灵敏度 $S_i=\frac{E_i}{p}$,其中 p 为声源产生的声压。联立两式可得

$$\frac{S_1}{S_2}=\frac{E_1}{E_2} \tag{12.33}$$

其次,将两麦克风用一个小空腔耦合起来。现在用可逆传感器作声源,并给予已知输入电流 i_2,产生相应的声压 p',然后测量试验麦克风的输出电压 E_1'。由互易原理得

$$S_1S_2=\frac{E_1'}{i_2}K \tag{12.34}$$

式中,K 为空腔声学特性参数,$K=\frac{\omega V}{\nu p_{\mathrm{at}}}$。其中,$\omega$ 为声音频率;V 为空腔体积;ν 为空气分子热容量比;p_{at} 为大气压。

联立式(12.33)和式(12.34),得

$$S_1=\left(\frac{E_1}{E_2}\cdot\frac{E_1'}{i_2}\cdot K\right)^{\frac{1}{2}} \tag{12.35}$$

该关系式是试验麦克风和可逆传感器灵敏度的乘积的函数。

4. 置换法

采用一个频率响应精确已知的基准声级计来标定使用的声级计。先用该基准声级计测量声压,然后换用待标定声级计来测量该同一声压;再次用基准声级计测量该声压,以确定试验过程有无变化。从这两个声级计的测量结果所产生的差值,便可以确定待标定声级计的频率响应。这种方法简单,但误差大,一般用于精度不高的普通标定。

12.9 结　束　语

声音是一个复杂的物理量。由于它涉及人的听觉因素,因此与其他工程量的评价相比,通过测量来对它进行评价显得尤其困难。

本章中对声音和噪声基本未加区别,噪声通常仅被看作是"不希望"的声音。但对于机械工作中的噪声来说,我们也可以从噪声中来寻找机械的故障源。此时,噪声便是有用的信号了。然而,噪声在大多数场合是要加以避免和消除的,尤其是噪声有损于人体健康。噪声正成为日益重要的问题,要求我们设计出"安静的"机械和加工过程,来消除所谓的"噪声污染"。因此,我们不仅要了解噪声的测量技术,还要了解噪声消除的理论和技术,这一点十分重要。

习　　题

12-1　声音测量的意义何在?为什么说与其他物理量的测量相比,声音的测量显得尤其困难?

12-2　何谓自由声场条件?实践中是如何来实现一个自由声场条件的?

12-3　试解释用音叉来调钢琴音准的声学原理。

12-4　在工厂地界线上由 12 个相同的空气压缩机同时工作所产生的噪声级为 60dB。如果在该位置上允许的最大声压级是 57dB,问可以允许多少压缩机同时运行?

12-5　计算在距一个 2.0W 均一辐射源 10m 的距离上的声压级和声强。

12-6　一个用来测量没有消声器的发动机声压级的声压级计给出的读数是 120dB。安装上消声器后，该声压级计给出的读数是 90dB。试求：

(1) 安装消声器前的均方根声压；

(2) 使用消声器后均方根声压幅度的缩减百分比。

12-7　当试验台上只有一个火箭发动机时，在 0.8km 的距离上，声压级是 108dB。如果一组 5 个这样的发动机同时进行试验，在同样的距离上，所产生的声压级是多少？如果关掉 5 个发动机中的两个，声压级将降低多少？

12-8　两个割草机制造商在工厂地面上测试各自的割草机产生的噪声，得到的数据如下表：

割草机	声压级 A/dB	割草机之上的直线距离/m
A	100	7.5
B	85	12.5

问当环境温度是 25℃时，在 25m 的距离上用这两个割草机割草能产生的声压级(A)是多少？

12-9　为测定是否已经接近自由场条件，工程师发现在距离声源 10m 时的声压级是 89dB。如果要满足自由场条件，在 7.5m 的距离上声压级应该是多少？

参考文献

[1] 严普强,黄长艺. 机械工程测试技术基础[M]. 北京：机械工业出版社,1988.

[2] 吴大正. 信号与线性系统分析[M]. 北京：高等教育出版社,1998.

[3] 陈天与,徐中信. 物探数据处理的数学方法[M]. 北京：地质出版社,1981.

[4] 吴正毅. 测试技术与测试信号处理[M]. 北京：清华大学出版社,1991.

[5] 孙传友,孙晓斌. 感测技术基础[M]. 北京：电子工业出版社,2001.

[6] 普罗福斯 P. 工业测量技术手册[M]. 北京：机械工业出版社,1992.

[7] Doebelin E O. Measurement Systems: Application and Design[M]. 4th ed. McGraw-Hill Inc. ,1990.

[8] Beckwith T C, Marangoni R D, Lienhard J H V. Mechanical Measurememts[M]. 5th ed. Addison-Wesley Publishing Company, 1993.

[9] Gabel R A, Roberts R A. Signals and Linear Systems[M]. 2nd ed. John Wiley and Sons, Inc. ,1980.

[10] Jones B E. Instrunmentation, Measurement and Feedback[M]. McGraw-Hill Book Co. ,1977.

[11] Bowron P, Stephenson F W. Active Filters for Communications and Instrmentation[M]. McGraw-Hill Book Co. ,1979.

[12] Schrüfer E. Elektrische Messtechnik[M]. 6. Auflage, Carl Hanser Verlag, 1995.

[13] Felderhoff R. Elektrische und Elektronische Messtechnik [M]. 6. Auflage, Carl Hanser Verlag, 1993.

[14] Pfeifer T. Qualität und Messtechnik in Wandel: Chancen für Innovation und Wachstum [M]. Aachener Werkzeugmaschinen Kolloquium, Aachen, 1999.

[15] Profos P, Pfeifer T. Handbuch der Industriellen Messtechnik [M]. 5. Auflage, Oldenbourg Verlag, 1992.

[16] Tränkler H R, Obermeier E. Sensortechnik[M]. Springer Verlag, 1998.

[17] Profos P, Pfeifer T. Grundlagen der Messtechnik[M]. 3. Auflage, Oldenbourg Verlag, 1992.

[18] Trietley H L. Transducers in Mechanical and Electronic Design[M]. Marcel Dekker, Inc. ,1986.

[19] Pfeifer T. Optoelektronische Verfahren Zur Messung geometrischer Größen in der Fertigung[M]. Expert Verlag, 1993.

[20] De Coulon F. Signal Theory and Processing[M]. Artech House, Inc. ,1984.

[21] 严普强. 机械工程测试技术基础[M]. 全国高校机械工程测试技术研究会,1992.

[22] 严钟豪,谭祖根. 非电量电测技术[M]. 北京：机械工业出版社,1988.

[23] 李方泽,刘馥清,王正. 工程振动测试与分析[M]. 北京：高等教育出版社, 1992.

[24] 胡广书. 数字信号处理——理论、算法与实现[M]. 北京：清华大学出版社, 2001.

[25] 纽伯特 H. 仪器传感器——性能和设计入门[M]. 北京：科学出版社, 1985.

[26] 陈延航,沈力平,林真,李士婉. 生物医学测量[M]. 北京：人民卫生出版社,1984.

[27] ISO, BIPM, IEC, OIML, International Vocabulary of Basic and General Terms in Metrology, 1984.

[28] DIN 1319, Teil 2, Grundbegriffe der Messtechnik[S], 1980.

[29] DIN 1319, Teil 3, Grundbegriffe der Messtechnik[S], 1983.

[30] Best R. Digitale Messwertverarbeitung[M]. R. Oldenbourg Verlag, 1991.

[31] Oppenheim A V, Schafer R W. Digital Signal Processing[M]. Prentice-Hall, Inc. ,1975.

[32] Oppenheim A V, Willsky R W, Young I T. Signals and Systems[M]. Prentice-Hall, Inc. ,1983.

[33] Meirovitch L. Elements of Vibration Analysis[M]. 2th ed. McGraw-Hill Book Company, 1986.

[34] Schrüfer E. Signalverarbeitung: Numerische Verarbeitung digitaler Signale[M]. 2. Auflage, Carl Hanser Verlag, 1992.

[35] Gardner J W. Microsensors: Principles and Applications[M]. John Wiley & Sons, Inc. , 1994.

[36] Braun S. Mechanical Signature Analysis: Theory and Applications[M]. Academic Press Inc. , 1996.

[37] Lyon R H. Machinery Noise and Diagnostics[M]. Butterworths Publishers, 1987.

[38] 袁希光. 传感器技术手册[M]. 北京：国防工业出版社，1989.

[39] 闫军. 光纤传感器的最新进展及应用[J]. 传感器世界，1997，7：19-21.

[40] 彭军. 传感器与检测技术[M]. 西安：西安电子科技大学出版社，2003.

[41] Udd E. Fiber Optic Smart Structures[J]. Proc. IEEE，1996，(84)：884-894.

[42] 王大珩. 现代仪器仪表技术与设计[M]. 北京：科学出版社，2002.

[43] Johnson G W. LabVIEW 图形编程[M]. 北京：北京大学出版社，2002.

[44] 杨乐平，李海涛. LabVIEW 程序设计与应用[M]. 北京：电子工业出版社，2001.

[45] 杨乐平，李海涛. LabVIEW 高级程序设计[M]. 北京：清华大学出版社，2003.

[46] 张易知，肖啸. 虚拟仪器的设计与实现[M]. 西安：西安电子科技大学出版社，2002.